数据结构（C++ Plus实现）
（第6版）

【美】内尔·戴尔　　【美】奇普·威姆斯　　【美】蒂姆·理查兹　著

陈　影　张　淼　胡云朋　译

中国水利水电出版社

www.waterpub.com.cn

·北京·

北京市版权局著作权合同登记号：01-2021-4937

ORIGINAL ENGLISH LANGUAGE EDITION PUBLISHED BY
Jones & Bartlett Learning
25 Mall Road
Burlington, MA 01803 USA
C++Plus Data Structures，Sixth Edition，by Nell Dale，Chip Weems &Tim Richards
ISBN 978-1-284-08918-9
Copyright © 2018 by Jones & Bartlett Learning, LLC.

图书在版编目（CIP）数据

数据结构：C++ Plus 实现：第 6 版 /（美）内尔·戴尔，（美）奇普·威姆斯，（美）蒂姆·理查兹著；陈影，张淼，胡云朋译 . —北京：中国水利水电出版社，2022.10
书名原文：C++ Plus Data Structures（Sixth Edition）
ISBN 978-7-5226-0788-7

Ⅰ . ①数… Ⅱ . ①内… ②奇… ③蒂… ④陈… ⑤张… ⑥胡… Ⅲ . ① C++ 语言 – 程序设计 Ⅳ . ① TP312.8

中国版本图书馆 CIP 数据核字（2022）第 107803 号

书　　名	数据结构（C++ Plus 实现）（第 6 版）
	SHUJU JIEGOU (C++ Plus SHIXIAN) (DI 6 BAN)
作　　者	【美】内尔·戴尔　【美】奇普·威姆斯　【美】蒂姆·理查兹　著
译　　者	陈影　张淼　胡云朋　译
出版发行	中国水利水电出版社
	（北京市海淀区玉渊潭南路 1 号 D 座 100038）
	网址：http：//www.waterpub.com.cn
	E-mail：zhiboshangshu@163.com
	电话：（010）62572966-2205/2266/2201（营销中心）
经　　售	北京科水图书销售有限公司
	电话：（010）68545874、63202643
	全国各地新华书店和相关出版物销售网点
排　　版	北京智博尚书文化传媒有限公司
印　　刷	河北文福旺印刷有限公司
规　　格	190mm×235mm　16 开本　42 印张　1140 千字
版　　次	2022 年 10 月第 1 版　2022 年 10 月第 1 次印刷
印　　数	0001—4000 册
定　　价	158.00 元

前　言

　　此版本中，内尔·戴尔（Nell Dale）不再是《数据结构（C++ Plus 实现）（第 6 版）》的唯一作者。本书加入了两位作者——奇普·威姆斯（Chip Weems）和蒂姆·理查兹（Tim Richards），并继续保持以往版本的优良传统。在其他论著方面，奇普与内尔合著了三十多年，如 *Java Plus Data Structures*，为本书及其早期版本奠定了基础，并对教学方法的改进作出了重大贡献。在 *Programming and Problem Solving in C++* 的最新版本中，蒂姆、奇普和内尔三人密切合作，共同致力于让世界各地的学生能够取得成功，同时他们对教学的热爱也激励着学生们每天走进教室学习。

　　在过去的二十年里，传统的数据结构课程已经发展到更广泛的主题，包括抽象数据类型（Abstract Data Type，ADT）、软件工程和算法的基本分析。

　　数据结构（Data Structures）研究如何在组织关系中表示数据集合，以及如何编写相应操作的算法。抽象数据类型是指一个定义属性的数据类型以及这个数据类型上的一组操作。计算机科学教育的重点向更加抽象的方向转变。现在，在程序中除了研究如何表示对象之外，还研究数据对象类型的抽象属性。Johannes J. Martin 说得非常简单："从观点来看，数据对象是由数据类型（对于使用者）或数据结构（对于实现者）来描述的。"[1]

　　抽象的设计和实现都与软件工程密切相关，软件工程旨在将工程方法应用于开发可靠、健壮和高质量的软件。一个糟糕的抽象会导致一组烦琐的应用案例，迫使程序员要么编写不必要的复杂代码，要么忽略重要的有效性检查。一个糟糕的实现可能导致效率低下或容易出错。

　　高效实现的一个方面是能够分析既定算法。因此，在本书中，我们将抽象和应用程序的实现分开介绍，并分析所介绍的算法。

---

[1] Johannes J.Martin, *Data Types and Data Structures*, Prentice–Hall International Series in Computer Science,C.A.R.Hoare,series editor,Prentice–Hall International(UK),Ltd.,1986,p.1.

≫ 三个抽象层次

本书的重点是从三个不同的角度来学习抽象数据类型，即规格说明、应用层、实现层。规格说明描述了逻辑层或抽象层——数据元素之间的逻辑关系和可以在该数据类型上进行的操作；应用层关注的是如何使用该数据来解决问题——为什么这些操作会做这些事；实现层使用程序设计语言编写代码具体实现这些操作。

本书主要讲述计算机科学理论和软件工程原理，包括模块化、数据封装、信息隐藏、数据抽象、面向对象分析、功能分解、算法分析和软件生命周期验证方法。我们强烈认为，计算机学科的学生应该在教育早期阶段就学习这些原则，以便他们从一开始就可以掌握良好的软件技术。

为了将这些知识传授给那些可能没有完成过大学里所学的数学课程的学生，本书在即使需要数学方面的基础的算法分析这一前提下，也始终使用直观的解释，本书的最高目标是使解释尽可能易读和容易理解。

≫ 前提假设

在这本书中，我们假设读者熟悉下列 C++ 结构：
- 内置的简单数据类型。
- 输入 / 输出流，由 <iostream> 库提供。
- 文件输入 / 输出流，由 <fstream> 库提供。
- 控制结构 while、do...while、for、if 和 switch。
- 具有返回值和引用参数的用户自定义函数。
- 内置数组类型。
- 构造函数。

在本书中加入边栏来回顾这些内容的一些细节。

≫ 更新到第 6 版

主要改变和重组　修订的第 6 版的关键变化集中在书的后半部分。在前几版中，所有的排序内容都在一个章节中进行介绍，这样更容易一起分析它们。然而，我们发现快速排序是递归的一个很自然的演示实例，所以在本书中，把它从第 12 章移到了第 7 章。在第 12 章中，快速排序作为复杂度分析的基础，只是简单地进行回顾。

上一版的第 9 章介绍了多种抽象数据类型，这一版则主要介绍堆以及与其密切相关的优先级队列，并将堆排序算法的讲解移入到了这一章，在第 12 章中对其进行了充分的讲解，以便对其进行分析并与其他排序进行比较。基于用户的反馈，本书添加了一个全新的第 10 章，即"树 +"，用来讲解 AVL 树、红黑树和 B 树。第 11 章将关联式容器集中在一起，增加了映射（Map）抽象数据类型，这部分内容添加到了集合（Set）和散列（Hashing）之间。

第 12 章介绍排序，但没有详细介绍算法，只是介绍了新的排序算法：归并排序和基数排序，并着重分析排序算法的复杂度，以及如何选择效率更高的排序算法问题。本章的新内容是介绍缓存及其对性能的影响，以及 C++ 线程库和并行归并排序算法。后者是 2013 年 ACM 课程更新的关键元素，部分基于 IEEE 并行处理技术委员会的课程建议，奇普是其中主要的贡献者。

我们认为本书对图表的广泛介绍使它值得拥有单独的章节，即第 13 章，而不是与几个不相关的数据抽象类型放在一起。这也反映了一种思想，即介绍数据结构知识文章的后半部分必须更加模块化，这样教师就可以根据其特定班级的情况定制不同 ADT 的介绍范围。

C++ 11 标准　自从第 5 版出版后，C++11 标准具有了更加广泛的可访问性。因此，本书加入了它的一些新特性，并重点介绍了基于范围的 for 循环（第 6 章）和新的线程库（第 12 章）。

》 内容和组织

第 1 章　概述了高质量软件的基本目标，以及设计和实现这些目标的软件工程基本原则。介绍了抽象、功能分解和面向对象设计等内容。本章还介绍了在软件教育中所看到的关键需求：设计和实现程序以及验证其正确性的能力。所涵盖的主题包括生命周期验证的概念；设计前置条件和后置条件判断是否正确执行；在测试前使用桌面检查、代码走查和代码检查来识别错误；调试技术、数据覆盖率（黑盒）和代码覆盖率（白盒）方法；测试计划、单元测试及使用存根和驱动程序的结构化集成测试。提出了通用测试驱动的概念，并在开发分数类 ADT 的"案例研究"中介绍了该概念。

第 2 章　介绍了数据抽象和封装，这是软件工程中与数据结构程序设计相关的概念。介绍了数据结构的三个方面：抽象层、实现层和应用层，对这三个方面使用的实例（实例库）进行了细致的讲解，并将其应用于 C++ 支持的内置数据结构——结构体和数组。C++ 类的类型在后续章节 ADT 中会介绍，这里只介绍了面向对象编程的原理——封装、继承和多态化，以及相应的 C++ 实现结构。本章末尾的应用案例强调了在设计和实现表示日期的用户自定义数据类型时的数据抽象和封装思想，并使用通用测试驱动程序进行测试。

本章还介绍了有助于用户编写更好的软件的两种 C++ 结构：命名空间和使用 try/catch 语句的异常处理，后面的章节讲述了各种错误处理方法。

因为解决问题的算法有很多种，本章只介绍了使用 Big-O 符号来分析比较算法的优劣的方法。在本书的算法实现部分，使用 Big-O 符号进行 ADT 实现的算法比较。本章的案例研究中定义了日期 ADT，实现了类，定义了测试计划，并执行了测试计划。

我们认为第 1 章和第 2 章的内容对于大多数学生来说，属于复习内容。然而，这两章中的概念对任何学生未来的学习过程都非常重要，不能认为他们以前可能看过这些内容而不去讲解。

第 3 章　介绍了 ADT 的基础知识：无序列表。本章从对 ADT 操作的一般讨论开始，给出了检查所有其他数据类型的框架：规格说明的描述和讨论、使用操作的演示程序以及操作的设计和编码。阐述了无序列表 ADT 的规格说明，并进行了基于数组实现的案例研究。

还介绍了动态分配的概念，以及使用 C++ 指针变量的语法。用图表清晰地阐述了将结点链接到列表的概念，并重新实现无序列表。使用 Big-O 符号比较基于数组和链接的实现。应用案例研究了使用列表 ADT 创建 Card 和 Deck 类代表一副纸牌。

第 4 章　介绍了抽象数据类型：有序列表，以及基于数组的有序列表的实现。为了提高有序列表的搜索性能，引入了二分查找算法。然后使用链接实现 ADT，并使用 Big-O 符号比较这些实现。

还介绍了有界结构和无界结构之间的逻辑形式和物理形式的区别。案例研究中介绍了面向对象设计的四阶段过程，该案例研究基于得克萨斯扑克规则评估手牌。

第 5 章　介绍了抽象数据类型：栈（Stack）和队列（Queue）。首先从抽象的角度考虑，接着阐述了正式的规格说明，并强调在 ADT 规格说明中如何记录抽象逻辑思想。在 C++ 应用程序中使用这些操作，然后基于数组和链接实现了这些操作。本章的案例研究使用创建的类模拟了一个纸牌游戏。

第 6 章　是先进概念和技术的集合。模板是作为实现泛型类的一种方式引入的。介绍了循环链表和双向链表。针对每个变量开发和实现插入、删除和列表遍历算法。使用静态分配（结构体数组）设计了链接结构的另一种表示方法，并详细介绍了类复制构造函数、运算符重载和动态绑定。介绍了迭代器的概念，并介绍了如何使用基于范围的 for 循环实现对列表的迭代。本章的案例研究使用双链表来实现大整数。

第 7 章　介绍了递归，让学生对递归概念可以有一个直观的理解。然后展示如何使用递归来解决编程问题。编写递归函数的指导原则有很多例子。在证明了手工模拟递归程序是非常烦琐的过程之后，介绍了一种简单的"三问法"来验证递归函数的正确性。因为许多学生对递归十分谨慎，所以对这部分内容的介绍是非常直观和非数学的。对递归工作过程的详细介绍，有助于理解如何使用迭代和栈替换递归。在递归简化算法的案例研究中，我们引入了快速排序，开发并实现了从迷宫中逃生的过程。

第 8 章　介绍了抽象数据类型：二叉搜索树（Binary Search Tree）———一种数据排列的方法，分析了链表结构的插入和删除操作的时间复杂度的灵活性。在前一章的基础上，利用二叉树固有的递归特性，首先提出了递归算法。操作递归实现后，我们对插入和删除操作进行迭代编码，以显示二叉搜索树的灵活性。最后，通过对线性列表和二叉搜索树操作的复杂度进行比较来得出结论。本章的案例研究中探讨了为手稿建立索引的进度和第一阶段的实施。

第 9 章　介绍了抽象数据类型：优先级队列（Priority Queue），它可以很容易地使用堆抽象数据类型实现。堆是完全二叉树的抽象数据类型，通常用数组实现。因此，我们从抽象层的优先级队列概述开始，然后考虑如何使用非链接的、基于数组的表示来实现完全二叉树。在介绍堆的属性（要求它是一个完全二叉树）时，前面的树实现显然是堆实现的完美基础。堆是一种很好的优先级队列的实现方法。为了进一步演示堆的效用，我们将介绍堆排序算法。

第 10 章　是新章节。它将二叉搜索树的思想扩展到更高级的自平衡形式。介绍了 AVL 树 ADT 的基本概念，它保持了高度的平衡。然后用红黑树 ADT 放松平衡约束。最后，通过对 B 树 ADT 的高层探索，将平衡树的概念从二叉形式扩展到更高阶的树结构。本章确实提到了堆，如果大家有意向，可以在学习完第 8 章之后学习本章。

第 11 章　将抽象数据类型集合和映射放在一起，是通常用于查找操作的关联结构。在集合的情况下，查找确定结构中是否包含某一个元素，而对于映射，我们还感兴趣的是检索与指定键所对应的值。考虑到查找是使用这些结构的动机之一，在这里引入散列的思想是很自然的，因为它可以用于有效地实现关联结构。因为映射是基于二叉搜索树实现的，所以本章可以在学习完第 8 章之后的任何节点进行学习。

第 12 章　介绍了许多排序和搜索算法，并提出了哪些算法更好。基于比较的排序算法包括直接选择排序、冒泡排序的两个版本、快速排序、堆排序和归并排序。归并排序是本章中唯一的新算法。

然后使用 Big-O 符号比较排序算法的好坏。在排序中使用效率分析比较排序算法，包括数据集的大小、函数调用开销、开发时间、内存空间、键的稳定性、排序指针数组和缓存。以基数排序为例，给出了直接比较值排序的方法，并对其进行了分析。最后，以归并排序作为 C++ 线程库实现并行计算的应用案例。关于排序的介绍只依赖于之前对递归、快速排序和堆排序的介绍，因此这部分内容可以在学习完第 9 章之后的任何节点进行学习。

第 13 章 忽略了早期 ADT 结构中出现的规律，只介绍了抽象数据类型图（Graph）的概念，之后介绍了邻接矩阵的实现，以及创建邻接表的两种方法。并对广度优先搜索和深度优先搜索进行了介绍和比较。本章中的内容仅依赖于栈和队列，因此可以在学习完第 5 章之后的任何节点学习本章。

》 更多特色

知识目标 在每章的开头列出了一系列学习目标，用来检验学生对该章目标要点的记忆情况。这些目标将在章末习题中进行巩固和测试。

章末练习 章末练习的难度不同，包括演示程序、算法分析，以及测试学生对概念理解程度的练习。这些练习的答案可以在教师手册中找到。

案例研究 有 8 个案例研究。每个案例研究都包括给出一个问题，对问题输入和输出的分析，以及使用适当的数据类型解决问题的介绍。大多数案例研究都给出了示例测试数据与输出结果。有两个案例只完成了一部分，要求学生完成并测试最终版本。

教师和学生资源 书中所有完整程序的源代码，教师和学生可以按照封面前勒口中的资源下载方式进行下载。此代码包括所有案例研究程序和演示程序。此外，教师可查阅以下资源：

- 教师手册，包括目标、教学笔记、练习（对课堂活动的建议）、每章的编程作业，以及章末练习的答案。
- PowerPoint 幻灯片。
- 测试题库。

》 致谢

我们首先要感谢那些对本书新版本的调查问卷给出建议的人，调查对象包括以前版本的用户和非用户：威尔克斯大学数学与计算机科学系副教授 Barbara Bracken 博士；蓝田州立学院 Lionel L.Craddock；美国帕克大学计算机科学与信息系统学系教授兼系主任 John Dean；加州理工学院 Muhammad Ghanbari；休斯敦蒂罗森大学计算机科学系副教授 Carolyn Golden 博士；柯伊学院计算机科学系教授 Terry R. Hostetler；威斯康星大学斯托特分校副教授 Amitava Karmaker；特洛伊大学蒙哥马利分校计算机科学系兼职讲师 Fred L.Strickland 博士；阿拉巴马州立大学计算机科学系副教授 Dr.Rajendran Swamidurai；加州州立大学东湾分校 Jiaofei Zhong 博士。你们的意见非常宝贵，谢谢！

感谢我们的家人在过去一年半的时间里一直给予我们支持。任何一个曾经写过教科书的人都了解，这样一个工程需要花费大量时间，因此感谢我们的家人，感谢他们的大力支持和无限宽容。

　　在此真诚地为撰写此书付出辛勤劳动的人们献上一束玫瑰花作为感谢，他们是 Laura Pagluica、Taylor Ferracane、Amanda Clerkin 和 Escaline Charlette Aarthi。

内尔·戴尔

奇普·威姆斯

蒂姆·理查兹

目　录

第 1 章

软件工程原则

✏ 知识目标

学习完本章后，你应该能够：

- 描述软件生命周期内的主要活动。
- 描述"高质量"软件的标准。
- 解释以下术语：软件需求、软件规格说明书、算法、信息隐藏、抽象、逐步求精。
- 解释并应用自上而下设计的基本理念。
- 解释并应用面向对象设计的基本理念。
- 解释如何在软件设计中使用 CRC 卡和 UML 图。
- 识别程序错误的几种来源。
- 描述避免软件出现错误的策略。
- 确定程序段或功能的前置条件和后置条件。
- 通过桌面检查、代码走查和代码检查提高软件质量并缩短软件开发周期。
- 解释以下术语：验收测试、回归测试、验证、程序确认、函数定义域、黑盒测试、白盒测试。
- 描述软件测试目标，并指出其适用场景。
- 描述集成测试策略，并指出其适用场景。
- 解释在整个软件开发过程中如何应用程序验证技术。
- 创建 C++ 测试驱动程序来测试一个简单的类。

在计算机职业生涯中，如果你已经学习了至少一门计算机科学与技术课程，则可以用 C++ 编写一个算法来解决中等复杂度问题，并验证解决方案的正确性。如果你正在学习一门新课程，也应该先复习一下这些原则。本章主要介绍了软件的设计过程和软件正确性的验证过程。

1.1　软件开发过程

当提到计算机编程时，我们首先想到的是为计算机编写一个执行程序，即用某种计算机语言生成代码。刚学习计算机编程时，所编写的程序只能解决相对简单的问题，最初的大部分时间都是在学习编程语言的语法，如 C++ 语言中的保留字、数据类型、选择结构（if-else 和 switch）、循环结构（while、do...while 和 for）以及输入 / 输出机制（cin 和 cout）。

你的指导老师提供了好的软件解决方案，你可能从问题分发描述的过程中学到了一种编程方法，并且软件工程师已经创造了许多设计技术、编码标准和测试方法来帮助你开发高质量的软件。但，为什么要用这些方法呢？为什么不坐在计算机旁写代码呢？当我们可以开始"真正地"工作时，这不是浪费了大量的时间和精力吗？

如果编程的复杂度从来没有超过简单程序的级别（如求价格的总和或求平均分），那么我们可能会摆脱这种代码优先技术（或者更准确地说，是缺乏技术）。有些新程序员就是这样工作的，不断地修改代码，直到程序差不多可以正常运行——通常还存在一些小问题。

> **软件工程**
> 软件工程是一门专门研究软件的开发、运行、维护等方面的工程学科，这些软件的开发要按时且要在预算范围内，并使用工具来帮助管理软件产品的规模和复杂性。
>
> **软件过程**
> 软件过程是项目或组织使用的一套标准的、集成的软件工程工具和技术。

随着程序规模越来越大和越来越复杂，除了编码之外，还必须注意其他软件问题。如果你是一名专业的软件开发人员，你可能会成为开发包含数万甚至数百万行代码系统的团队中的一员。成功地创建复杂的程序需要有组织的方法，因此使用**软件工程**这个术语来指代与高质量软件系统开发的各个方面有关的学科。它涵盖了软件生命周期中使用的所有技术变体以及支持活动，如文档和团队合作。**软件过程**是个人或组织用来创建系统的一系列的相互关联的软件工程技术。

软件工程是一个广阔的领域，大多数计算机教育计划都为此主题提供一门或多门高级课程，本节将对这一重要领域进行简要介绍。

1.1.1　软件生命周期

"软件工程"这一概念在 20 世纪 60 年代被提出，旨在强调在创建软件时需要类似工程的规则，当时，软件开发尚处于无组织、混乱的情况之中。早期的组织方法主要是识别和研究开发成功的系统所涉及的各种活动，正是这些活动构成了软件项目的"生命周期"，具体如下。

- **问题分析**：了解要解决的问题是什么。
- **需求抽取**：确定程序必须做什么。
- **需求规格说明**：指定程序必须执行的操作（功能性需求）以及解决方案方法的约束（非功能需求，如使用什么语言）。
- **高低层设计**：记录着程序如何满足需求，从概要设计到详细设计。
- **实现**：用计算机语言编写程序。

- **测试和验证**：检测和修复错误，并证明程序的正确性。
- **交付**：将测试过的程序移交给客户或用户（或导师）。
- **操作**：实际使用程序的操作。
- **维护**：修复操作错误，并添加或修改程序功能。

通常，软件工程活动是按照以上顺序执行的。每个阶段的最终结果都是创建文档，这将为构建下一阶段的活动奠定基础，因为其图形化描述类似于级联的瀑布，所以被称为瀑布模型（又称生命周期模型），如图1.1（a）所示。每个阶段记录的输出将被输入到下一阶段，就像瀑布流水，逐级下落。

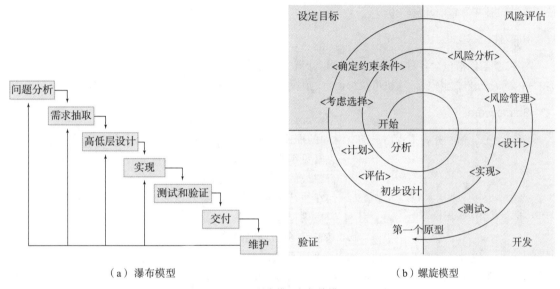

（a）瀑布模型　　　　　　　　　　　　　　（b）螺旋模型

图1.1　瀑布模型与螺旋模型

瀑布模型已被广泛使用了很多年，并且在组织软件开发中发挥了重要作用。但是，软件项目在许多方面并不相同，如规模、持续时间、范围、所需的可靠性和应用领域等。一个生命周期方法并不适用于所有项目。瀑布模型强制将项目划分为独立的阶段，并且过分强调文档化，这使得它并不适用于所有场合。当需求简单并且不太可能改变的时候，它仍然适用，但是现代软件开发通常不是这种情况。

对于不符合瀑布模型的项目，可用其他生命周期模型替代。如图1.1（b）所示的螺旋模型，其直接解决了软件开发中固有的主要风险，包括创建无用产品的风险、不必要的功能的风险以及创建混乱界面的风险。在瀑布模型中，目标设定、风险评估、开发和验证等重要的活动在刚开始时是盲目进行的，直到最后到达测试阶段。螺旋模型与瀑布模型不同，它强调对目标的持续评估和调整，在项目从最初概念到最终形式的过程中以螺旋的方式不断重复上述重要的活动。

软件工程模型还有许多其他类型，有强调原型设计的模型、实时系统开发的模型和强调创造性问题解决的模型等。从某种意义上说，有多少开发软件的组织就有多少模型。如果所有组织都拥有明智的管理，从各种目标的标准方法中汲取灵感，并创建适合自己的生命周期版本的方法，优秀的组织会不断评估其方法的工作效果，并尝试不断改进其流程，但现实中的软件开发并不容易，需要良好的组织以及更加灵活和机警的管理。

1.1.2 程序员的工具箱

使程序员或软件工程师的工作充满挑战的原因是，软件的规模和复杂性不断增长，并且在其开发的每一个阶段都在发生变化。好的软件过程的一部分是使用工具来管理这种规模和复杂性。通常程序员有几个工具箱，每个工具箱都包含帮助其构建和塑造软件产品的工具。

1. 硬件

第一个工具箱是硬件本身：计算机及其外围设备（如显示器、键盘、触控板和网络接口等），我们使用这些设备并为它们开发软件。

2. 软件

第二个工具箱包含各种软件工具：控制计算机资源的操作系统、帮助用户输入程序的开发环境、将 C++ 等高级语言翻译成计算机可执行语言的编译器、交互式调试程序、测试数据生成器等。

3. Ideaware

第三个工具箱中充满了程序员随着时间的推移所积累的共享知识。这个工具箱中既包含了用于解决常见编程问题的算法，也包含了用于对程序处理的信息进行建模的数据结构。**算法**是对问题解决方案的逐步描述，如何在执行相同任务的两种算法之间进行选择，通常取决于特定应用程序的要求。如果没有相关的需求存在，选择可能会基于程序员自己的风格。

> **算法**
> 在有限的时间内描述一个给定问题的解决方案的离散的逻辑序列。

Ideaware 包含了一些编程方法，如自上而下和面向对象的设计，以及包括信息隐藏、数据封装和抽象在内的软件概念。它包括用于创建诸如类、职责和协作（CRC）卡之类的辅助工具，以及用于描述诸如统一建模语言（UML）之类的设计方法。它还包含一些用于测量、评估和证明程序正确性的工具。本书的大部分内容用于探索第三个工具箱中的内容。

有些人可能会说，使用这些工具会让编程失去创造力，但这并不值得相信。艺术家和作曲家是有创造力的，他们的创新就是建立在他们工艺的基本原则之上的。同样，具有创造力的程序员也可以通过严格使用基本的编程工具来开发高质量的软件。

1.1.3 高质量的软件的目标

高质量的软件所需要的不仅仅是一个能以某种方式完成手头任务的程序。一个高质量的软件需要达到以下目标：

（1）可使用。

（2）无须花费过多时间和精力即可对其进行修改。

（3）可重用。

（4）按时且在预算内完成。

这些目标都很重要，但实现它们并不容易。

目标 1：可使用

首先，该程序必须正确完成设计要执行的任务。因此，开发过程中的第一步是确定程序需要做什么。

要编写有效的程序,先需要定义软件的**需求**,对于学生来说,这些需求通常包含在导师的问题描述中:"编写一个计算……的程序";而对于从事政府合同的程序员来说,需求文档可能长达数百页。

然后,要按照**软件规格说明书**来开发满足用户要求的程序。说明书指出了输入和预期的输出的格式、处理的细节、性能度量(有多快?有多大?有多精确?如果出现错误该怎么做)等。说明书确切地说明了程序的功能,但没有说明程序的完成方式。有时导师会提供详细的说明,大多时候可能需要根据需求定义与导师的对话或者猜测来自己编写。

> **需求**
>
> 关于计算机系统或软件产品提供的内容的说明。
>
> **软件规格说明书**
>
> 包含了软件产品的功能、输入、处理、输出和特殊要求的详细描述,提供了设计和实现程序所需的信息。

如何判断程序是否正确呢?程序必须是完整和正确的,必须是满足用户要求且可运行的。例如,如果程序需要直接从一个人那里接收数据,则它必须指出何时需要输入,并且该程序的输出应易于用户阅读和理解。实际上,创建良好的用户界面是软件工程中的重要课题。

最后,高质量的软件意味着具有高效率。我们绝不会有意地编写在内存中浪费时间或空间的程序,但也并非所有程序都能达到很高的效率。然而,我们必须尽可能地提高程序运行效率,否则程序将无法满足要求。例如,太空发射的控制程序必须"实时"执行,即该软件必须处理命令、执行计算并显示结果,使其与应该控制的活动相协调。言归正传,如果文字处理程序无法按用户输入的速度快速更新屏幕,那么这个程序就没有达到所需的效率。在这种情况下,软件效率不够高,就不能满足要求,程序就无法正常运行。

总而言之,一个典型的程序需要达到以下要求:

- **完整**:应该"做所有需要做的事情"。
- **正确**:应该"做对"。
- **可使用**:用户界面应该"易于操作"。
- **高效率**:考虑到任务的复杂性和规模,它应该在"合理的时间内"完成。

目标2:可修改

什么时候需要修改软件呢?这可能发生在每一个阶段。

在设计阶段修改软件。当导师或雇主交给你一个编程任务时,你就开始思考如何解决这个问题。但是,下次见面时,可能会收到有关问题描述修改的通知。

在编码阶段修改软件。由于编译错误对程序进行修改,或者对程序进行编码后,突然发现某个问题有更好的解决方案,于是对程序进行了修改。

在测试阶段修改软件。如果程序崩溃或产生错误结果,则必须进行修改。

在学术环境中,当修改后的程序被提交评分时,软件的生命周期通常就结束了。然而,当软件开发用于实际使用时,大多数修改都发生在"维护"阶段。例如,有人可能会发现在测试阶段没有发现的错误;有人可能想要包含其他功能;第三方可能想要修改输入格式;也有人可能想要在另一个系统上运行该程序。

正是如此,软件经常在其生命周期的各个阶段被修改。针对这一情况,软件工程师尝试开发易于修改的程序。如果你认为修改程序很简单,试着在最后一个程序中作一个"小改变",过一段时间后你便很难记住程序的详细信息。程序的修改通常(甚至)不是由原开发人员进行的,而是由随后的维护程序员进行的（可能有一天，你会是那个修改由其他人开发的程序的人）。

怎样能使程序易于修改？首先，它应该便于人们阅读和理解。要想修改程序，必须先理解它。当然设计良好、清晰书写、文档齐全的程序对于读者来说更容易理解。"实际"程序所需的文档页数通常超过代码页数。几乎每个组织都有自己的文档格式。阅读写得好的程序可以教会你一些编程技巧，以帮助你编写出色的程序。事实上，很难想象没有读过好的程序的人怎么能成为一个好的程序员。

其次，程序应该能够承受小的变化。关键思想是将程序划分为可管理的模块，这些模块一起工作以解决问题，同时保持相对独立。本章后面讨论的设计方法应该有助于你编写满足这一目标的程序。

目标 3：可重用

创建高质量的软件需要花费时间和精力。因此，实现尽可能多的软件价值是很重要的。

构建软件解决方案时，一种节省时间和精力的方法是重用以前项目中的程序、类、函数和其他组件。使用以前设计和测试过的代码，便可以更快、更轻松地获得解决方案。或者，当创建软件来解决问题时，有时可以对软件进行结构化，从而有利于解决将来出现的相关问题，这样便可以从创建的软件中获得更多利益。

创建可重用软件不会自动发生，在规格说明和设计阶段需要付出额外的努力。为了便于重用，软件必须有良好的文档记录并且易于阅读，以便程序员可以快速确定是否可以将其用于新项目。软件通常也具有简单的界面，可以轻松地将其移植到另一个系统中，如果需要进行少量修改以使其适应新系统，则它也是可修改的（目标 2）。

当创建软件来实现狭窄的特定功能时，有时可以额外花费很少的精力使软件更通用，增加了以后重用该软件的机会。例如，如果要创建一个将整数列表按递增顺序排列的例程，可以对该例程进行一般化，以便它也可以对其他类型的数据进行排序。此外，可以将程序设计为以排序的顺序（递增或递减）作为参数。

面向对象方法越来越流行的主要原因之一是它们可以重用。不合适的重用单元阻碍了以前的重用方法。如果重用单元太小，那么节省的工作就不值得付出努力；如果重用单元太大，则很难将其与其他系统元素组合在一起。如果设计得当，面向对象的类可以成为非常合适的重用单元。类封装了数据和数据上的操作，因此非常适合重用。

目标 4：高效率

你知道在学校迟交作业会发生什么。你可能会为一个本来很完美的课程因迟交一天作业只得到一半学分或者根本没有得到学分而感到难过。

虽然拖延的后果在学术界似乎是随意的，但在商界却意义重大。控制航天发射的软件必须在发射之前进行开发和测试。新医院在开放之前，必须安装病人数据库系统。在这种情况下，如果程序在需要时没有准备好，它就不符合要求。

"时间就是金钱"可能听起来很老套，但未能在截止日期前完成任务的代价是很昂贵的。公司通常会为软件的开发预算一定的时间和资金。作为一名程序员，你的工资是按小时计算的。如果截止日期到来时，你的那部分项目只完成了 80%，公司必须付钱给你（和其他程序员）来完成工作，然而，额外的工资支出并不是唯一的成本。其他工作人员可能正在等待将你开发的程序部分集成到系统中进行测试。如果该项目是与客户签订的合同的一部分，则可能会因错过最后期限而遭受罚款。如果是为了商业销售而开发的，该公司可能会在市场上被竞争对手抢先一步，最终被迫退出该市场。

一旦你确定了目标，怎样来实现它们？应该从哪里开始呢？软件工程师会使用许多工具和技术来实现这个目标。接下来讨论其中的一些技术，以帮助读者理解、设计和编写程序。

1.1.4　规格说明书：理解问题

无论使用哪种编程设计技术，第一个阶段都是理解问题。想象一下再熟悉不过的情景：在课程的第三天，你会收到一份 12 页的编程作业 1 的描述，该作业需要正常运行，并且必须在从昨天算起的一周后的中午之前上交。你读了作业描述，意识到这个程序比你写过的任何程序的规模要大三倍。你的第一步是什么？

下面列出的是计算机科学与技术专业的学生在这种情况下作出的典型反应：

- 恐慌：39%。
- 坐在计算机前，开始输入：30%。
- 放弃课程：27%。
- 停下来想想：4%。

第一种是没有学习好编程技术的学生意料之中的反应。第三种的学生是他们的教育进展相当缓慢。第二种似乎是个好主意，尤其是考虑到截止日期迫在眉睫。但是，要抵制诱惑的第一步是思考。在你能够提出一个程序解决方案之前，你必须理解这个问题。阅读作业，然后再读一遍。向你的导师（或经理，或客户）提问。早点开始可以让你有很多机会问问题；如果在截止前一晚开始，你根本没有机会。

首先编写代码的弊端是，倾向于把你锁定在想到的第一个解决方案中，这可能不是最好的方法。因为人们有一种自然的倾向，那就是相信一旦我们将某些东西写成书面形式，已经在这个想法上投入了太多的精力，那便无法把它丢掉并重新开始。

另一方面，当你认为自己理解问题了，就应该开始编写设计，而不要等到截止日期前一天，因为你有可能会为一些突发事情而烦恼（有可能当天你的磁盘、网络或整个计算机出现故障）。

1.1.5　编写详细规格说明

许多作家在面对一张空白的纸时都会经历一个恐怖的时刻——从哪里开始？然而，作为程序员，你不必担心从哪里开始。使用任务描述（需求），首先编写问题的完整定义，包括预期输入和输出的详细信息，必要的处理和错误处理以及有关问题的所有假设。完成此任务后，你将获得详细的规格说明——程序必须解决的问题的正式定义。它可以准确地告诉你程序应该做什么。此外，编写规格说明的过程还揭示了需求中的一些漏洞。例如，输入中的嵌入空格是否重要？是否可以忽略它们？你是否需要检查输入中的错误？程序将在哪些计算机系统上运行？如果在此阶段得到这些问题的答案，则可以从一开始就正确地设计和编写程序。

许多软件工程师使用用户 / 操作场景来理解需求。在软件设计中，场景是指程序执行一次的事件序列。例如，设计人员在为银行的自动柜员机（ATM）开发软件时，可能会考虑以下情形：

- 客户插入银行卡。
- 自动柜员机读取卡上的账号。
- 自动柜员机要求客户提供个人识别码（PIN）。
- 客户输入 PIN。
- 自动柜员机成功验证了账号 / PIN 组合。

- 自动柜员机要求客户选择交易类型（存款、显示余额、取款或退出）。
- 客户选择显示余额。
- 自动柜员机获取并显示当前账户余额。
- 自动柜员机要求客户选择一种交易类型（存款、显示余额、取款或退出）。
- 客户选择退出。
- 自动柜员机退还客户的银行卡。

此场景可以使大家感觉到系统预期的行为。当然，单个场景不能显示所有可能的行为。因此，软件工程师通常会准备许多不同的场景，以获得对系统需求的充分理解。

你必须知道一些编写和运行程序的细节，如果没有在程序的要求中明确说明，则可以根据程序员的经验处理。关于未声明的或不明确的规格说明的假设应该始终明确地写在程序文档中。

详细的说明阐明了要解决的问题。但它的作用还不止于此，它还是有关程序的重要书面文档。根据问题的性质，可以用多种方式来表达规格，也可以包括许多不同的部分，推荐的程序规格主要包括以下部分：

- 处理要求。
- 具有示例输入和预期输出。
- 假设。

如果在异常或错误情况下需要特殊处理，也应加以说明。有时包含一个所用术语的定义部分会很有帮助。同样，列出所有测试要求可能是很有用的，以便在开发过程的早期就考虑到验证程序。

1.2 程序设计

程序规格说明了程序必须执行的操作，但没有说明执行方式。一旦你完全明确了计划的目标，你就可以开始制定和记录满足这些目标的策略，换句话说，你可以开始软件生命周期的设计阶段。本节将介绍一些用于软件设计的 Ideaware 工具，包括抽象、信息隐藏、逐步求精和可视化工具。

1.2.1 抽象

宇宙中的系统错综复杂，我们通过模型了解这些系统，其中包括数学模型，比如用方程式描述卫星绕地球运动，而用于风洞试验的飞机实物模型则是另一种形式的模型。通常来讲，模型只具备系统相关的特征，而忽略次要或不相关的特性。例如，尽管地球是扁椭圆形的，而地球的模型却是球体，但地球的赤道直径和极地直径之间的微小差异对于研究地球上的政治划分和自然地标并没有影响。同样，用于研究空气动力学的模型飞机就不会在机内配备电影设备。

抽象这种模型系统，只包含对系统观察者而言必要的细节，它是管理复杂性的基本方式。观察者角度不同，对特定系统的抽象就不同。如图 1.2 所示，我们可能会把汽车视为运送我们和我们的朋友的一种工具，但汽车制动工程师可能会把它视为一个大质量的物体，并且其与道路之间的接触面积很小。

> **抽象**
> 一个复杂系统的模型仅包含观察者角度必不可少的细节。

图 1.2 与观察者角度相关的必要细节的抽象

抽象与软件开发有什么关系呢？实际上我们编写的程序是抽象的。例如，会计使用的电子表格程序可以对过去用来记录借方和贷方的账簿进行建模；一款关于野生动物的教育类电脑游戏模拟了一个生态系统。编写软件并不容易，因为建模的系统和开发软件的过程都很复杂，所以要使用抽象来管理开发软件的复杂性。在本书的几乎每一章中，都使用抽象来简化工作。

1.2.2 信息隐藏

许多设计方法都是基于将问题解决方案分解成多个模块的。**模块**是执行一部分工作的内聚系统子单元。将系统分解成模块有助于我们处理复杂的系统。此外，这些模块也是在大型系统上单独工作的不同编程团队的基础。任何设计方法的一个重要特征是，在程序设计的较低层次级别中指定的详细信息对于较高层次级别是隐藏的。程序员只看到与设计的特定级别相关的细节。这种**信息隐藏**使得高层次级别的程序员无法访问某些细节。

> **模块**
> 一个有内聚性的系统子单元，可以完成部分工作。
> **信息隐藏**
> 隐藏函数实现或数据结构细节的做法，目的是控制对模块细节的访问。

模块是一种抽象工具。由于其内部结构的复杂性可以隐藏在系统的其余部分之外，因此实现模块所涉及的细节仍然与系统其余部分的细节保持隔离。

为什么隐藏细节是可取的？难道程序员不应该了解一切吗？不！在这种情况下，一定程度的无知确实是有利的。信息隐藏可以防止更高层次的设计依赖于更有可能更改的低层次设计细节。例如，你可以在不知道汽车是盘式制动器还是鼓式制动器的情况下让车停下来，也就是说，你不需要知道汽车制动子系统的这些低级详细信息就可以让车停下来。

此外，对高级例程的设计，不希望要求完全了解低级例程的复杂细节。这样的要求会给整个程序带来更大的混乱和错误风险。例如，每次我们想要停下汽车时，不得不去思考："制动踏板是机械效益为 10.6 的杠杆，加上机械效益为 7.3 的液压系统，将半金属垫压在一个钢盘上，垫盘接触的摩擦系数为……"，这将带来灾难性的后果。

信息隐藏不仅限于驾驶汽车和计算机编程。尝试列出制作花生酱和果冻三明治所需的所有操作和信息：在制作三明治的过程中，通常不会考虑花生、葡萄和小麦的种植、生长和收获的细节。信息隐藏是我们只处理解决问题的特定层级所需的那些操作和信息。

抽象和信息隐藏的概念是软件工程的基本原理。除了帮助我们处理复杂的大型系统之外，抽象和信息隐藏还支持与质量相关的可修改性和可重用性目标。在设计良好的系统中，大多数修改都可以只局限在几个模块上。这样的更改比渗透整个系统的更改要容易得多。此外，良好的系统设计会创建在其他系统中也可以使用的通用模块上。

为了实现这些目标，模块应该具有强大内聚性的良好抽象，也就是说，每个模块都应具有单一的用途或标识，并且模块应该很好地结合在一起。内聚模块通常可以用一个简单的句子来描述。如果必须使用多个句子或一个非常复杂的句子来描述模块，那么它可能没有内聚性。每个模块之间相互信息隐藏，以使其内部的更改不会导致使用它的模块发生更改，模块的这种独立特性被称为松耦合。如果模块依赖于其他模块的内部细节，则它不是松耦合。

1.2.3　逐步求精

除了抽象和信息隐藏等概念外，软件开发人员还需要实用的方法来克服复杂性。逐步求精是一种广泛适用的方法，它有许多变体，如自上而下、自下而上、功能分解，再如"双向格式塔设计"。毫无疑问，你已经学会了一种逐步改进的方法，它是组织和撰写论文、学期论文和书籍的标准方法。例如，要写一本书，首先要确定主题和子主题；接下来，可以确定章节主题；然后，可以确定节和小节主题，也可以为每个小节制作大纲并进一步细化；最后准备好添加细节，便可以开始书写内容。

一般来说，采用逐步求精的方法，是分阶段逐步解决问题。在每个阶段都遵循类似的步骤，唯一的不同体现在所涉及的细节水平。每完成一个阶段就越接近要解决的问题。逐步求精的一些变体如下：

- **自上而下**：使用这种方法，首先将问题分解成几个大部分，每个部分依次被划分为若干小节，这些小节又被再划分，以此类推。重要的特点是，当从一般解决方案过渡到特定解决方案时，细节设计总是放在后面。编写书籍的大纲方法就是自上而下的逐步求精的形式。
- **自下而上**：使用这种方法，首先要考虑细节。自下而上的开发方法与自上而下的开发方法相反。在确定并设计了详细的组件之后，它们被组合为越来越高级的组件。例如，烹饪书的作者可以使用这种方法，首先编写所有的食谱，然后决定如何将它们组织成章和节。
- **功能分解**：这种程序设计方法使用函数的逻辑操作单元进行编程。设计的主模块为主程序（也称为主函数），子模块也会发展成函数。这种任务层次构成功能分解的基础，由主函数控制处理过程，一般函数会不断划分为子函数，直到详细程度被认为足以进行编码为止。功能分解就是强调功能自上而下的逐步求精。
- **双向格式塔设计**：这个令人费解的术语被用来定义 Grady Booch[①] 提出的面向对象设计的逐步求精方法，他是"面向对象运动"的领导者之一。双向格式塔设计方法需要自上而下逐步求精，重点是对象和数据。此方法首先确定问题域中的具体项目和事件，并将其分配给候选类和对象；接下来定义这些类和对象的外部属性和关系；最后描述了内部细节，除非这些都是微不足道的，否则设计师必须返回第一步进行另一轮设计。

优秀的软件设计师通常会结合使用这里描述的逐步求精技术。

---

① Grady Booch, *Object Oriented Design with Applications* (Benjamin Cummings, 1991).

1.2.4　可视化工具

抽象、信息隐藏和逐步求精是系统设计过程中控制复杂性的相互关联的方法。下面介绍一些可以帮助我们将设计可视化的工具。图表被应用于许多职业，如建筑师使用蓝图、投资者使用市场趋势图、卡车司机使用地图等。

软件工程师使用不同类型的图和表格，如 UML 和 CRC 卡。UML 是用来详细说明、可视化、构造和记录软件系统的组件，它总结了几十年来在建模系统方面不断发展的最佳实践，特别适合对面向对象的设计进行建模。UML 图表示系统的另一种抽象形式，其隐藏了实现细节，并允许系统设计人员仅专注于主要的设计组件，如图 1.3（a）所示。UML 包含了大量的相互关联的图表类型，每种类型都有其自己的图标和连接器。UML 是一个非常强大的开发和建模工具，有助于设计开发后系统的建模和文档化。

类名

`<access modifier><attribute>:type = initialValue*`
...
`<access modifier><attribute>:type = initialValue`

`<access modifier><operation>(arg list):return type` ... `<access modifier><operation>(arg list):return type`

类名：	超类：		子类：
主要职责			
职责		协作	

（a）UML 图（＊阴影区域是可选项）　　　　　　　　（b）空白的 CRC 卡

图 1.3　UML 类图和 CRC 卡

相反，CRC 卡是一种标记工具，可帮助我们确定初始设计。CRC 卡最初由贝克（Beck）和坎宁安（Cunningham）于 1989 年提出，作为一种方法，允许面向对象的编程人员识别一组协作类来解决问题。

程序员使用物理的"4×6"索引卡来表示作为问题解决方案一部分的类。图 1.3（b）为空白的 CRC 卡，如果是通用类别，则 CRC 卡可能会记录该类的主要职责，它始终包含关于类的以下信息的空间。

- 类名。
- 职责：文档描述中的动词，并由公共函数实现（在面向对象的术语中称为方法）。
- 协作：用于履行职责的其他类或对象。

CRC 卡是完善面向对象设计的绝佳工具，特别是在团队编程环境中，它提供了系统构建模块的物理表现形式，程序员可以遍历用户场景，确定并分配职责和协作，将在第 3 章中具体讲解使用 CRC 卡解决问题的方法。

本书没有详细介绍 UML 内容，但是使用了如图 1.3（a）所示的 UML 图来记录类，用 CRC 卡作为设计工具。

1.3　设计方法

我们已经定义了模块的概念，描述了一个好的模块的特征，并提出了逐步求精的概念作为定义模块的策略。但是这些模块具有哪些功能？如何定义它们？一种方法是将问题分解成函数子问题（先做这个，然后做这个，最后做那个）；另一种方法是将问题划分为相互作用以解决问题的"事物"或对象，本节将主要讲解这两种方法。

1.3.1　自上而下的设计

设计软件的一种方法是基于功能分解和自上而下的策略。首先，将问题分为几个大任务，每个任务依次被划分为若干小任务，这些小任务又被细分，以此类推。正如之前所说，关键特征在从一般解决方案过渡到特定解决方案时，细节设计总是放在后面。

用这种方法开发计算机程序，首先要对规格说明中定义的问题提出一个"全局"的解决方案；然后通过将其划分为可管理的功能模块来设计解决问题的总体策略；接着将每个大型功能模块细分为几个任务。不需要在源代码（如 C++）中编写顶层的功能设计；相反，可以用英语或"伪代码"来编写它（一些软件开发项目甚至使用可以编译的特殊设计语言）。这种分而治之的活动会一直持续下去，直到达到可以很容易地转换成代码行的水平。

一旦它被划分为模块，将问题编码成一个结构良好的程序就会更简单。功能分解方法鼓励用户使用函数在逻辑单元中进行编程。设计的主模块成为主程序（也称主函数），并且各个子模块都可以发展为函数。这种任务层次构成了功能分解的基础，由主程序或主函数控制处理过程。

举例来说，制作蛋糕的功能设计可以分为五个逻辑单元：

做蛋糕
准备配料
混合蛋糕配料
烤
放凉
应用糖衣

将问题分为了五个逻辑单元，每个逻辑单元都可以进一步分解为更详细的功能模块。图 1.4 说明了这种功能分解的层次结构。

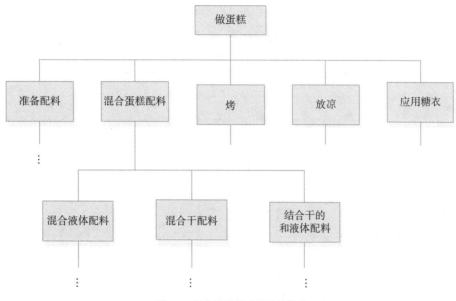

图 1.4　制作蛋糕的功能设计部分

1.3.2　面向对象设计

在面向对象的设计中，第一步是识别出使用最广泛和最简单的对象和过程，并完全地实现它们，一旦完成此阶段，便可以重用这些对象和过程来实现更复杂的对象和过程。对象的这种层次结构构成了面向对象设计的基础。

同自上而下的设计一样，面向对象的设计采用分而治之的方法。但是，不是将问题划分为功能模块，而是将其划分为在要解决的问题中有意义的实体或事物。这些称为对象的实体协作并交互以解决问题。允许这些对象进行交互的代码称为驱动程序。

在制作蛋糕的过程中需要很多对象。第一，里面有各种各样的食材：鸡蛋、牛奶、面粉、黄油等；第二，需要一些设备，如平底锅、碗、量匙和烤箱等；第三，面包师傅是另一个重要的对象。所有这些对象都必须协作来制作蛋糕。例如，量匙可以测量各种配料、碗可以盛放多种成分的混合物等。

具有相似属性和行为的对象组由**对象类**（class）描述。世界上的每个烤箱都是独一无二的。不能一一描述每个烤箱，但是可以将烤箱对象归为一个名为烤箱的类，该类具有特定的属性和行为。

> **对象类（class）**
> 具有相似属性和行为的一组对象的描述，用于创建单个对象的模式。

对象类与 C ++ 类相似。C ++ 类型是变量模板，类是对象的模板。与类一样，对象类也具有与其关联的属性和操作。例如，烤箱类可能具有一个属性来指定它是煤气还是电的，以及如何打开或关闭它，并设置其所需的温度。

对于面向对象的设计，根据问题陈述中描述的问题确定类。使用 CRC 卡记录每个对象类，因此确定了与类相关的一组信息（属性）和一组职责（行为）。在面向对象的设计中，程序的功能分布在一组协作对象之间。表 1.1 说明了参与制作蛋糕的一些对象类。

表 1.1　制作蛋糕的对象类的示例

类	属　性	行　为
烤箱	电源	打开
	尺寸	关闭
	温度	设定所需温度
	货架数	
碗	容量	添加
	当前容量	倾倒
鸡蛋	大小	打碎
		分离（蛋白和蛋黄）

　　一旦定义了一个 oven 类，就可以在其他烹饪问题中重复使用它，如烤鸡翅。类的重用是现代软件开发的一个重要方面，类在软件抽象数据类型的开发中特别重要，将在第 2 章详细介绍抽象数据类型的概念。在本书中，全面开发了许多抽象数据类型，并描述了其他数据类型，由于这些类是计算机科学的基础，通常可以从公共或私有存储库中获取它们的 C++ 代码，或者从销售 C++ 组件的供应商那里购买。事实上，C++ 语言标准包括标准模板库（STL）中的组件。你可能会想，既然它们已经存在，为什么还要花这么多时间去开发它们呢？目的是教你如何开发软件，同学习其他技能一样，在你成为一名专家之前，需要练习基本技能。

　　总而言之，自上而下的设计方法着重于将输入转换为输出的过程，从而形成任务的层次结构。面向对象的设计专注于要转换的数据对象，从而形成对象的层次结构。Grady Booch 这样说："阅读你要构建的软件规则说明。如果是过程代码，则在动词下面画线，如果是面向对象程序，则在名词下面画线。"[1]

C++　类语法

C ++ 类包含数据和对数据进行操作的函数。类的声明分为两部分：类的说明和类函数的实现。

```
class DateType
{
public:
    void Initialize(int, int, int);
    // 初始化月、日和年
    int GetMonth() const;
    // 返回月份
    int GetDay() const;
    // 返回日
    int GetYear() const;
    // 返回年份
private:
    int month;
```

---

[1] Grady Booch, "What Is and Isn't Object Oriented Design." *American Programmer*, special issue on object orientation, vol. 2, no. 7–8,Summer 1989.

```
    int day;
    int year;
};
```

成员函数的定义与其他任何函数一样,但有一个例外:声明成员的类名位于成员函数名之前,中间用双冒号(::)隔开。双冒号操作符称为作用域解析操作符。

```
void DateType::Initialize(int newMonth, int newDay, int newYear)
// 参数 newMonth 为月份、参数 newDay 为日、参数 newYear 为年份
{
    month = newMonth;
    day = newDay;
    year = newYear;
}
int DateType::GetMonth() const
// 返回类成员月份
{
    return month;
}
int DateType::GetDay() const
// 返回类成员日
{
    return day;
}
int DateType::GetYear() const
// 返回类成员年份
{
    return year;
}
```

如果 date 是 DateType 类型的变量,则下面的语句会输出 date 的数据字段。

```
cout << "Month is " << date.GetMonth() << endl;
     << "Day is " << date.GetDay() << endl;
     << "Year is " << date.GetYear() << endl;
```

建议你圈出名词并在动词下面画线。名词为属性,动词为行为,在面向函数式的设计中,动词是核心。在面向对象的设计中,名词是核心。

1.4 软件正确性验证

在本章的开头,介绍了好的程序的一些特点。首先,一个好的程序是可用的——可以完成预期的功能。如何知道程序何时达到该目标?那就是对其进行测试。

让我们看看与软件开发过程的其余部分相关的**测试**。作为程序员,首先要确保理解需求;然后,得到一个通解;接下来,使用良好的设计原则从计算机程序的角度设计解决方案;

> **测试**
> 旨在用设定的数据集执行程序以发现错误(bug)的过程。

最后，实现解决方案，使用良好的结构化编码，包括类、函数、自文档化代码等。

一旦编写好程序，就反复编译它，直到没有语法错误出现为止。然后使用精心选择的测试数据运行该程序，如果该程序无法正常工作，则表示该程序中存在 bug，尝试找出 bug 并进行修复，这一过程称为**调试**。注意测试和调试之间的区别，测试是使用旨在发现任何 bug 的数据集运行该程序，而调试是发现 bug 后将其删除。

调试完成后，软件将投入使用。在最终交付之前，有时会在一个或多个客户站点上安装软件，以便使用真实数据在真实环境中对其进行测试。通过此**验收测试**阶段后，该软件可以安装在所有客户站点上。验证过程现在完成了吗？没有！通常，整个生命周期成本和一半以上的工作量发生在程序运行后的维护阶段。某些修改可纠正原始程序中的 bug，其他变化为软件系统添加了新的功能，无论哪种情况，都必须在修改程序后进行测试，此阶段称为**回归测试**。

测试对于揭示程序中是否存在 bug 很有用，但不能证明没有 bug。只能肯定地说，该程序可以在测试的情况下正常工作。这种方法似乎有些偶然。如何知道要运行哪些测试或运行多少测试？一次性测试整个程序并不容易。同样，修复在这种测试过程中发现的 bug 有时可能会很麻烦。很遗憾，在设计程序时，不能发现这些 bug，如果能更早地发现，修复它们会容易得多。

> **调试**
> 消除已知 bug 的过程。
>
> **验收测试**
> 使用真实数据在真实环境中测试系统的过程。
>
> **回归测试**
> 进行修改以确保程序仍然正常运行后，重新执行程序测试。
>
> **程序验证**
> 确定软件产品满足其规格说明的程度的过程。
>
> **程序确认**
> 确定软件产品达到其预期目的的程度的过程。

知道使用好的设计方法可以改善程序设计，是否可以使用类似的方法来改善程序验证活动？答案是肯定的，程序验证活动不需要在程序完全编码时开始，从需求阶段就可以开始，它们可以被整合到整个软件开发过程中，因此**程序验证**不等同于测试。

除了涉及满足需求规格说明的程序验证之外，软件工程师还有另一项重要任务——确保指定的需求实际解决了潜在的问题。无数次，程序员完成了一个大型项目并交付了经过验证的软件，却被告知："好吧，这就是我要求的，但不是我所需要的。"

确定软件是否完成其预期任务的过程称为**程序确认**。程序验证会问："我们是以正确的方式构造产品吗？"程序确认会问："我们在构造正确的产品吗？"[1]

真的可以在程序运行之前，甚至在编写之前对其进行"调试"吗？在本节中，回顾一些与满足"高质量软件工作"标准相关的主题，具体如下：

- 设计的正确性。
- 执行代码和设计演练与检查。
- 使用调试方法。
- 选择测试目标和数据。
- 编写测试计划。
- 结构化集成测试。

---

[1] B. W. Boehm, *Software Engineering Economics* (Englewood Cliffs, N.J.: Prentice–Hall, 1981)

1.4.1　缺陷的来源

当夏洛克·福尔摩斯（Sherlock Holmes）去破案时，他并不是每次都从零开始。他从经验中知道了各种帮助他找到解决办法的事情。假设福尔摩斯在泥泞的田野里找到一名受害者，他立即在泥浆中寻找鞋印，因为他可以从鞋印中分辨出鞋的类型。他找到的第一个鞋印与受害者的鞋子相符，他继续找，他又发现了另一个鞋印，并且根据他对鞋印的广泛了解，可以断定这是某种类型的靴子留下的。他推断这样的靴子应该是特定类型的工人穿的，根据鞋印的大小和深度，他推测出嫌疑人的身高和体重。在了解了镇上劳工的生活习惯后，他猜测下午六点半可能会在克兰西的酒吧里找到嫌疑犯。

软件验证经常被期望扮演侦探角色。给定某些线索，必须找到程序中的 bug。如果我们知道哪种情况会导致程序错误，则更有可能检测并纠正问题。正如夏洛克·福尔摩斯有时会及时干预以阻止犯罪发生一样，甚至可以介入并阻止许多错误。

看一下在程序开发和测试的各个阶段出现的某些类型的软件错误，并了解如何避免这些错误。

1. 规格和设计错误

如果你在上交一项主要的课程作业之前，发现教授的程序描述中有一些细节不正确，该怎么办？更糟糕的是，你还发现修改方法是在你上课迟到的那天介绍过的，而且不知为何，直到对类数据集进行测试发现了错误答案时，你才知道问题的存在。你现在该怎么做？

按照错误的规格编写程序可能是最糟糕的软件错误。它有多糟糕？看一个真实的故事：不久前，一家计算机公司与政府机构签订合同，用新的硬件和软件取代政府机构过时的系统。这家公司根据客户提供的规格和算法编写了一个大型而复杂的程序。新系统在其开发的每个阶段都进行了检查，以确保其功能符合规格文档中的要求。当系统开发完成并执行新软件时，用户发现其计算结果与旧系统不匹配。对这两个系统进行仔细比较后发现，新软件的规格是错误的，因为它们基于旧系统的不准确文档中的算法。新程序是"正确的"，因为它完成了指定的功能，但对客户而言却毫无用处，因为它没有完成预期的功能，即无法正常工作。修改错误的成本高达数百万美元。

修改错误的代价怎么会这么大？首先，浪费了大量的概念和设计工作以及编码工作，花费大量时间来查明规格的哪一部分是错误的，并在重新设计程序之前修改这个文档；其次，许多软件开发活动（设计、编码和测试）必须重复进行。这是一个极端的案例，但是它说明了规格说明对于软件开发过程是多么的重要。一般来说，程序员更擅长软件开发技术，而不是他们所开发的程序的"应用"领域（如银行业、城市规划、卫星控制或医学研究）。因此，正确的程序规格说明是程序开发成功的关键。

大多数研究表明，修改在软件交付后才发现的错误的成本是在软件生命周期早期发现错误的成本的 100 倍。图 1.5 显示了在软件开发的后续阶段中成本上升的速度。纵轴表示修改错误的相对成本，这种成本可以以小时、数百美元或"程序员月"（一个程序员在一个月内可以完成的工作量）为单位来计算；横轴表示软件产品开发的各个阶段。正如你所看到的，当你开始设计时需要一个单位来修改的错误，可能在产品实际运行时需要 100 个单位来修改它。

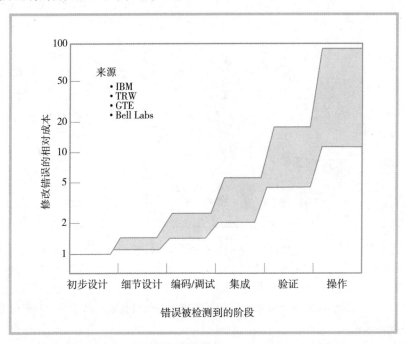

图 1.5　尽早发现软件错误的重要性

程序员（你自己）与产生问题的一方（教授、经理或客户）之间的有效沟通可以防止许多规格错误。通常，当你对程序说明中的某些内容不理解时，可以提出问题，并且问得越早越好。

在你第一次阅读编程作业时，会想到许多问题。例如，需要什么错误检查？解决方案中应使用哪种算法或数据结构？哪些假设是合理的？如果你在第一次作业开始时获得这些问题的答案，可以将其纳入程序的设计和实现中。在程序开发的后期，对这些问题的意外答案可能会花费更多时间和精力。简而言之，要编写正确的程序，必须准确了解程序应该执行的操作。

有时在程序的设计或实施过程中，规格会发生变化，在这种情况下，良好的设计可以帮助你确定程序的哪些部分必须重做。例如，如果程序定义并使用 StringType 类型实现字符串，则更改 StringType 的实现不需要重写整个程序。我们应该能够从设计（无论是面向函数还是面向对象）中看到，有问题的代码仅限于定义了 StringType 的模块。程序中需要更改的部分通常更容易从设计中找到，而不是从代码本身中找到。

2. 编译时错误

在学习第一门编程语言的过程中，你可能犯了许多语法错误。当你尝试编译程序时，这些错误会导致错误消息（如类型不匹配、非法赋值、预期有分号等）。现在对编程语言更加熟悉了，可以将调试技能用于跟踪真正重要的逻辑错误，尝试在第一时间获得正确的语法。初次尝试完整地编译程序并不是一个不合理的目标。语法错误浪费了程序员的时间，这是可以避免的。一些程序员认为，查找语法错误是在浪费他们的时间，让编译器或编辑器中的语法检查捕获所有拼写错误和语法错误会更快。这是一个错误的想法，有时编码错误被证明是合法的声明，在语法上正确，但在语义上是错误的。这种情况可能会导致非常模糊、难以定位的错误。

当你在大学生涯中取得进步或进入计算机行业工作时，学习一门新的编程语言通常是新软件任务中最容易的部分。但是，这并不意味着该语言是最不重要的部分。本书中介绍了与语言无关的抽象数据类型和算法。也就是说，它们几乎可以用任何通用编程语言来实现。实际上，实现的成功依赖于对编程语言特性的透彻理解。在一种语言中被认为可以接受的编程，在另一种语言中可能不被认同，而且相似的语法构造可能恰好导致严重的问题。

因此，有必要掌握有关控制和数据结构以及所用编程语言的语法的专业知识。通常，如果对编程语言有很好的了解并且非常谨慎，则可以避免语法错误。可能漏掉的那些内容是相对容易找到和修改的。大多数错误由编译器或编辑器标记并带有错误消息。一旦有了"干净"的编译，就可以执行程序了。

3. 运行时错误

在程序执行期间发生的错误通常比语法错误更难检测。一些运行时错误会使程序停止执行。当发生这种情况时，程序会"崩溃"或"异常终止"。

当程序员作出太多假设时，经常会发生运行时错误。例如，假设除数永远不会为零，那么 result = dividend / divisor; 是一个合法的赋值语句；但是，如果除数为零，则会导致运行时错误。

有时会发生运行时错误，是因为程序员不能完全理解编程语言。例如，在 C ++ 中，赋值运算符为"="，相等运算符为"=="。因为它们看起来非常相似，所以经常把它们搞错。你可能会认为这是编译器会捕获的语法错误，但实际上是逻辑错误。从技术上讲，C ++ 中的赋值由一个包含两部分内容的表达式组成：赋值运算符（=）右边的表达式被求值，结果被返回并存储在左边变量中，返回此处的关键字，对右边求值的结果就是表达式的结果。因此，如果将赋值运算符误认作相等运算符，或者将相等运算符误认作赋值运算符，则执行代码时会得到令人想象不到的结果。

看一个例子。考虑以下两个语句：

```
count == count + 1;
if (count = 10)
    ⋮
```

第一条语句返回 false，因为 count 永远不能等于 count +1。分号结束了语句，因此返回的值没有任何反应。计数没有改变。在下一条语句中，对表达式（count = 10）求值，会返回 10 并将其存储在count 中。由于返回非零值，因此 if 表达式的计算结果总是对的。

意料之外的用户错误也会导致运行时错误。例如，将 newValue 声明为 int 类型，如果用户输入了非数字的字符，则 cin >> newValue; 语句将导致流失败。无效的文件名也可能会导致流失败。在某些语言中，系统会报告运行时错误并停止。在 C ++ 中，程序不会停止，程序会继续处理错误数据。编写良好的程序不应意外停止（崩溃）或继续出现错误的数据。它们应该捕获此类错误并进行控制，直到用户准备退出为止。

C++ 输入流和输出流

在 C++ 中，输入和输出被视为字符流。键盘输入流是 cin，屏幕输出流是 cout。与这些流有关的重要声明由库文件 <iostream> 提供。如果计划使用标准输入流和输出流，则必须在程序中包含此文件，并使用 using 指令提供对名称空间的访问权限。

```cpp
#include <iostream>
int main()
{
  using namespace std;

  int intValue;
  float realValue;
  cout  << "Enter an integer number followed by return."
        << endl;
  cin   >> intValue;
  cout  << "Enter a real number followed by return."
        << endl;
  cin   >> realValue;
  cout  << "You entered "  << intValue  << " and "
        << realValue << endl;
  return 0;
}
```

"<<" 称为插入操作符，右侧的表达式描述的是被插入到输出流中的内容。">>" 称为提取操作符，从输入流中读取值并存储在右侧的变量中。endl 是一种特殊的语言特性，称为操作符，它用于终止当前输出行。

如果要读取或写入文件，必须用预处理指令 #include 包含头文件 <fstream>，然后才可以访问数据类型 ifstream（用于输入）和 ofstream（用于输出）。声明这些类型的变量，使用 open 函数将每个变量与外部文件名关联，并分别使用变量名代替 cin 和 cout。

```cpp
#include <fstream>
int main()
{
  using namespace std;

  int intValue;
  float realValue;
  ifstream inData;
  ofstream outData;
  inData.open("input.dat");
  outData.open("output.dat");

  inData  >> intValue;
  inData  >> realValue;
  outData << "The input values are "
          << intValue  << " and "
          << realValue   << endl;
  return 0;
}
```

无论是从键盘输入还是从文件输入，">>" 运算符都会在提取输入值之前跳过前导空格字符（空格、制表符、换行符、换页符、回车符）。为避免跳过空格字符，可以使用 get 函数，可以通过"输入流的名称 . 函数名称和参数列表"来调用它：

```
cin.get(inputChar);
```
get 函数等待在输入流中输入的下一个字符，即使它是空格字符。

流失败

　　正确地（从键盘或文件中）读取数据的关键是确保输入数据的顺序和类型与输入语句中标识符的顺序和类型一致。如果在访问 I ／ O 流时发生错误，则该流将进入失败状态，并且对该流的任何进一步引用都将被忽略。例如，如果拼写错误的文件名称是函数 open 的参数（如用 In.dat 代替 Data.In），则文件输入流将进入失败状态。或者，如果你试图在流位于文件末尾时输入一个值，则流将进入失败状态。当流处于失败状态时，程序可能会继续执行，但是对流的所有进一步引用将被忽略。

　　C++ 提供了一种测试流状态的方法：在表达式中使用的流名返回一个值，如果流处于正常状态，则返回 true；如果流处于失败状态，则返回 false。例如，如果找不到正确的输入文件，以下代码段将显示错误消息并中止执行：

```
#include <fstream>
#include <iostream>

int main()
{
  using namespace std;
  ifstream inData;

  inData.open("myData.dat");
  if (!inData)
  {
    cout  << "File myData.dat was not found."  << endl;
    return 1;
  }
    ⋮
    return 0;
}
```
通常，如果正常完成执行，则主函数退出返回 0，否则返回非零值（上述代码中使用的是 1）。

　　当错误发生时，程序能够进行自我恢复的能力称为**鲁棒性**。如果商业程序不够强大，人们就不会购买它。谁会想要一个在驱动器空间不足时说"保存"而崩溃的字处理器呢？我们希望程序告诉我们："删除驱动器上的其他文件以腾出空间，然后重试。"对于某些类型的软件，鲁棒性是至关重要的要求。飞机的自动驾驶系统或重症监护病房的患者监护程序无法承受这样的崩溃。在这种情况下，防御性会产生良好的结果。

> **鲁棒性**
> 　　程序在出现错误后进行自我恢复的能力和程序在不同环境中继续运行的能力。

　　通常，你应该积极检查是否存在错误的产生条件，而不是让它们中止程序。例如，对输入的正确性（尤其是来自键盘的输入）作出太多假设是不明智的。更好的方法是显式检查此类输入的正确类型和界限。然后，程序员可以决定如何处理错误（请求新输入、显示消息或查看下一个数据），而不必把决定权留给系统。甚至也应该由控制自己执行的程序作出退出决定。如果出现最糟糕的情况，确保让你的程序正常退出。

　　当然，并不是所有的程序输入都必须检查是否有错误，有时，已知输入是正确的（如自己验证文件的输入），则没有必要进行检查，除非程序要求进行错误检查。

　　有些运行时错误不会停止执行程序，但会产生错误的结果。可能错误地执行了算法，或在为变量赋值之前使用了该变量。你可能在函数调用时无意中交换了两个相同类型的参数，或者忘记将函数的输出数据指定为参考参数。这些"逻辑"错误通常是最难预防和查找的。稍后我们将介绍调试技术，以帮助查明运行时错误。我们还将介绍结构化的测试方法，这些方法可以隔离要测试的程序的一部分。但是越早发现错误，修复它就越容易，现在我们来讨论在运行时之前捕获运行时错误的方法。

1.4.2　正确性设计

如果有一些工具可以无须运行程序就能找出设计中代码的错误，那就太好了。这听起来不太可能，但可以考虑从几何学来类推。我们不会通过证明勾股定理适用于每个三角形来证明它，该结果仅表明该定理适用于尝试过的每个三角形。既然可以用数学方法证明几何定理，那为什么不能对计算机程序做同样的事情呢？

独立于数据测试的程序正确性验证是理论计算机科学研究的重要领域。这样的研究试图建立一种证明程序的方法，该方法类似于证明几何定理的方法。存在必要的技术，但是证明通常比程序本身更复杂。因此，验证研究的重点是尝试构建自动化程序验证——验证其他程序的可验证程序，同时，可以手动执行正式的验证技术。

1. 断言

断言是一个逻辑命题，可以为真或假。可以对程序的状态进行断言。例如，赋值语句：

```
sum = part + 1;          // sum 和 part 是整数
```

则可以断言如下："sum 的值大于 part 的值。"这种断言本身可能不是很有用，也不是很有趣，下面看看能用它做些什么。可以通过逻辑论证来证明断言为真：无论 part 有什么值（负的、零的或正的），当它加 1 时，结果都是一个更大的值。这时要注意我们并没有做什么。不必运行包含这个赋值语句的程序即可验证断言是否正确。

形式程序验证的基本概念是：可以根据其程序规格说明对程序的意图进行断言，然后通过逻辑论证（而不是通过程序的执行）证明设计或实现满足断言。因此，这个过程可以分为以下两个步骤：

（1）正确声明要验证的程序部分的预期功能。

（2）证明实际的设计或实现执行了断言的操作。

作出断言的第一步听起来似乎对设计正确程序的过程是有用的。毕竟，除非知道程序应该做什么，否则无法写出正确的程序。

2. 前置条件和后置条件

下面在设计过程中将断言降低一个层次。假设要设计一个模块(程序的逻辑块)来执行特定的操作。为确保该模块适合整个程序，必须阐明在其边界处发生的事情，即进入模块时什么必须为真，退出模块时什么必须为真。

> **断言**
> 可以是真或假的逻辑命题。
> **前置条件**
> 断言在进入操作或函数时必须为真，以保证后置条件。

为了使任务更加具体，可以将设计模块最终编码想象为程序中调用的函数。要调用该函数，必须知道其确切接口：名称和参数列表。参数列表指示了它的输入和输出。但是这些信息还不够，还必须知道操作正确运行的任何假设。将进入函数时必须为真的断言称为**前置条件**。前置条件就像产品的免责声明。

例如，当执行 sum = part + 1; 这一语句时，假设（前提条件）part 不是 INT_MAX，可以断言 sum 大于 part。如果违反了此前置条件，断言将是错误的。当操作完成时，还必须知道什么条件成立。**后置条件**是描述操作结果的断言。后置条件并没有告诉我们这些结果是如何实现的，相反，它只是告诉我们结果应该是什么。

考虑一个简单操作的前置条件和后置条件，即从列表中删除最后一个元素并将其值作为返回值输出。GetLast 的规格说明如下：

📗 GetLast(ListType list, ValueType lastValue)

功能：删除列表中的最后一个元素，并在 lastValue 中返回其值。

前置条件：列表不为空。

后置条件：lastValue 是列表中最后一个元素的值，删除最后一个元素，并且列表长度递减。

前置条件和后置条件与程序验证有什么关系？通过对模块之间的接口所期望的内容进行明确的断言，可以避免基于误解而造成逻辑错误。例如，根据前置条件可以知道，必须在此操作之外检查列表是否为空。该模块假定列表中至少存在一个元素。后置条件告诉我们，当检索到最后一个列表元素的值时，将从列表中删除该元素。对于列表，用户必须知道这一重要事实；如果只想看最后一个值而不影响列表，则不能使用 GetLast。

经验丰富的软件开发人员知道，对别人的模块接口的错误理解是程序问题的主要来源之一。在本书中，在模块或函数中使用前置条件和后置条件，是因为它们提供的信息有助于以真正的模块化方式设计程序，然后可以使用我们在程序中设计的模块，并确信不会因在假设以及模块的实际功能方面产生错误而引入新的错误。

3. 设计评审活动

当程序员设计和执行程序时，用笔和纸记录检查结果并找出一些软件错误。**桌面检查**是一种常见的人工检查程序的方法。程序员写下基本数据（变量、输入值、子程序的参数等）并遍历设计，在纸上标出数据的变化。应该对设计或代码中的已知故障点进行复查。典型错误的清单（如不终止的循环、在初始化之前使用的变量以及函数调用中参数的错误顺序）可以使桌面检查更加有效。下面是一个 C++ 程序的桌面检查示例清单。

> **后置条件**
> 在前提条件为真的情况下，断言声明在操作或函数退出时预期得到的结果。
>
> **桌面检查**
> 在纸上跟踪设计或程序的执行情况。

设计

（1）设计中的每个模块是否具有明确的功能或目的？

（2）大型模块可以分解为更小的部分吗（常见的经验法则是 C++ 函数应该在一页内完成）？

（3）所有的假设都有效吗？它们有详细的文件记录吗？

（4）前置条件和后置条件是否准确断言了在它们所指定的模块中应该发生的事情？

（5）根据程序规格说明，设计是否正确和完整？是否有遗漏事件？有错误的逻辑吗？

（6）程序是否设计得便于理解和可维护？

代码

（7）是否清晰和正确地使用编程语言实现了设计？程序设计语言的特性是否使用得当？

（8）是否为函数的所有输出参数赋值？

（9）返回值的参数是否标记为引用参数（如果参数不是数组，则类型的右侧带有 & ）？

（10）函数编码是否与设计中显示的接口一致？

（11）函数调用的实际参数是否与函数原型和定义中声明的参数一致？

（12）每个数据对象是否在适当的时间被正确地初始化？每个数据对象是否在其值被使用之前赋值？

（13）所有循环都终止了吗？

（14）设计中是否有"魔法"数字？（"魔法"数字是指读者无法立即明白其含义的数字。）

（15）每个常量、类型、变量和函数都有一个有意义的名称吗？声明中是否包含注释，以阐明数据对象的用法？

你曾经是否向同学或同事展示如何调试程序，而这个同学或同事马上就发现了错误？通常认为，其他人可以比原作者更好地检测出程序中的错误。在桌面检查时，两个程序员可以交换代码清单，并检查彼此的程序。但是，学校不鼓励学生们检查彼此的程序，因为他们担心这种交流会导致作弊。因此，许多学生在编写程序方面很有经验，但却没有太多机会来练习阅读程序。

编程团队开发了大规模的计算机程序，使用的更有效的检查方法是**代码走查**和**代码检查**。编程团队进行代码检查的目的是将发现 bug 的责任从单个程序员转移到团队。因为测试是很耗时的，而且发现错误的时间越晚，代价就越大，所以我们的目标是在测试开始之前识别错误。

代码走查
团队对程序或设计进行人工检查的一种验证方法。

代码检查
团队的一个成员逐条语句讲述程序的逻辑结构，而其他成员指出错误的一种验证方法。

在代码走查中，团队使用测试用例对设计或程序进行人工推演，在纸上或黑板上手工记录程序的数据。与全面的程序测试不同，代码走查并非旨在推演所有的测试用例，其真正目的是激发程序员关于如何选择设计或实现程序需求的讨论。

在代码检查中，团队成员在检查前的准备过程中已经熟悉了这些资料。程序编码者大声朗读程序，团队其他成员（而不是程序的作者）逐行浏览程序代码并指出错误，这些错误记录在检验报告中。与代码走查一样，团队会议的主要好处是团队成员之间进行的讨论，通过程序编码者、测试人员和其他团队成员之间的这种互动可以在测试阶段开始之前就发现程序错误。

在高级设计阶段，应将设计与程序要求进行比较，以确保已包含所有必需的功能，正确定义模块之间的"接口"。在低级设计阶段，当设计中已填充了更多详细信息时，应在实施之前对其进行重新检查。编码完成后，应再次检查已编译的清单。此检查（或走查）确保实现与需求设计均一致。成功完成此检查意味着可以开始测试程序。

三十多年来，卡内基梅隆大学的软件工程研究所在支持大型软件项目规范化检查过程的研究方面作出了很大贡献，包括赞助研讨会和会议。在 SEI 软件工程过程组（SEPG）会议上发表的一篇论文中报告了一个项目，该项目通过使用小组走查和正式检查的两层检查过程，能够将产品错误的数量减少86.6%。该过程被应用于需求、设计或生命周期的每个阶段的代码包。表 1.2 显示了在维护项目的软件生命周期的各个阶段中，每 1000 行源代码（KSLOC）中发现的错误。这个项目给一个 50 万行代码的软件程序增加了 4 万行源代码。除测试活动外，所有阶段都使用了正式的检查过程。

表 1.2　在不同阶段发现的错误 *

阶段	每 1000 行源代码中发现的错误
系统设计	2
软件需求	8
设计	12
代码检查	34
测试活动	3

* Dennis Beeson,Manager,Naval Air Warfare Center, Weapons Division, F–18 Software Development Team.

回顾图 1.5，可以看到，在编码阶段之前，修复错误的成本相对较低，在这一阶段之后，修复错误的成本会显著增加。使用正式的检查过程显然有利于这个项目。

这些设计审查活动应尽可能以不具威胁的方式进行，目的不是批评设计或设计师，而是消除产品中的错误。有时很难从这个过程中消除人类的自我优越感，但是最好的团队会采用无自我程序设计。

4. 异常

在设计阶段，应该了解如何处理程序中的**异常**。顾名思义，异常就是特殊的情况。当出现这些情况时，必须更改程序的控制流程，通常会导致程序执行的过早终止。处理异常始于设计阶段：程序应识别哪些异常情况？在程序中什么地方可以检测到这些情况？如果出现这种情况应如何处理？

> **异常**
> 一种通常不可预测的异常事件，可由软件或硬件检测到，并需要特殊处理。该事件可能是错误的，也可能不是错误的。

实际上，是否检测异常取决于语言、软件包设计、正在使用的库的设计和平台（即操作系统和硬件）。在何处检测异常取决于异常的类型、软件包设计和平台。如果发现异常，则应在相关代码段中充分记录。

可以在软件层次结构中的任何位置进行异常处理——从程序模块中第一次通过程序的顶层检测到异常的位置开始。与大多数编程语言一样，在 C ++ 中，未处理的内置异常会导致程序终止。在应用程序中，了解异常含义的层级，由设计决定处理异常的位置。

异常不一定是致命的，在非致命异常中，执行线程可以继续进行。尽管执行线程可能在程序中的任何点被拾取，但执行应可以从异常恢复的最低层级继续进行。某些故障条件可能是可以预期的，有些不是，但发生错误时，程序可能会意外失败，因此必须检测并处理所有此类错误。

可以用任何语言编写异常。某些语言（如 C++ 和 Java）提供了内置机制来管理异常。所有异常机制都包含三个部分：

- 定义异常。
- 生成（引发）异常。
- 处理异常。

C++ 提供了一种清晰的方法来实现这三个阶段：try-catch 和 throw 语句。在介绍了一些其他的 C++ 构造后，将在第 2 章的末尾介绍这些语句。

1.4.3　程序测试

在完成所有设计验证、桌面检查和代码检查之后，就该执行代码了。最后，准备开始测试，以发现可能仍然存在的任何错误。

测试过程由一组测试用例组成，如果这些用例结合在一起正常运行，那么我们断言某个程序是正确的。"断言"而不是"证明"，因为测试通常不会提供程序正确性的证明。

每个测试用例的目标是验证特定的程序功能。例如，可以设计几个测试用例来证明该程序正确处理了各种类型的输入错误。或者，可以设计案例来检查数据结构（如数组）为空或包含最大元素个数时的处理情况。

在每个测试用例中，执行一系列组件任务：

- 确定测试用例目标的输入。
- 确定给定输入的程序的预期结果。此任务通常是最困难的。对于数学函数，可能使用数值图表或计算器来计算预期结果；对于处理复杂的函数，可能会使用桌面检查或其他类型的检查解决同一问题。
- 运行程序并观察结果。
- 比较程序的预期行为和实际行为。如果它们匹配，则测试用例成功。如果不匹配，则存在错误，需要进行调试。

现在来介绍模块或函数的测试用例。与整个程序解决方案全部运行相比，测试和调试一个模块要容易得多，这样的测试称为**单元测试**。

如何知道什么样的单元测试用例是合适的？需要多少个？确定验证程序单元的测试用例集是一项艰巨的任务。存在两种指定测试用例的方法：基于测试可能的数据输入的用例和基于代码本身的测试方面的用例。

> **单元测试**
> 单独对模块或函数进行测试。
> **函数定义域**
> 一个程序或函数的有效输入数据集。

1. 数据覆盖率

在有限的有效输入集合或**函数定义域**很小的情况下，可以通过对每个可能的输入单元进行测试来验证子程序。这种称为"穷举测试"的方法可以最终证明该软件符合其规格说明。例如，以下函数的定义域由值 true 和 false 组成：

```
void PrintBoolean(bool error)
// 在屏幕上输出布尔值
{
```

```
    if (error)
      cout  << "true";
    else
      cout  << "false";
    cout  << endl;
  }
```

只有两个可能的输入值时，对这个函数应用穷举测试是有意义的。然而，在大多数情况下，函数定义域非常大，因此穷举测试几乎总是不切实际或不可能的。以下函数的定义域是什么？

```
  void PrintInteger(int intValue)
  // 在屏幕上输出 intValue 的整数值
  {
    cout  << intValue;
  }
```

通过输入所有可能的数据对函数进行测试是不切实际的。一组 int 值的元素数量显然太大了，在这种情况下，不适合使用单元测试，只能选择其他的一些度量作为测试目标。

可以以一种随意的方式进行程序测试，随机输入数据，直到导致程序失败。猜测并不会有什么坏处（除非可能是浪费时间），但可能并没有多大帮助。这种方法可能会发现程序中的一些 bug，但是很难找到所有 bug。幸运的是，已经有了以系统方式检测 bug 的策略。

一种面向目标的方法是覆盖数据类别。应该至少测试每种输入类别的一个示例，以及边界和其他特殊情况。例如，在 PrintInteger 函数中，有三种基本的 int 数据类：负值、0 和正值，你应该计划三个测试用例，每个类一个。当然，也可以尝试三个以上。例如，你可能想尝试 INT_MAX 和 INT_MIN。因为该程序只是输出其输入的值，所以其他测试用例也不适合。

还存在其他数据覆盖率方法。例如，如果输入由命令组成，则必须测试每个命令。如果输入是一个固定大小的数组，其中包含可变数量的值，则应测试最大数量的值，即边界条件。若数组不存储任何值或包含单个元素那就更简单了。基于数据覆盖率的测试称为**黑盒测试**。测试人员必须知道模块的外部接口（其输入和预期输出），但无须考虑模块内部（黑盒子内部）情况（见图 1.6）。

> **黑盒测试**
> 根据所有可能的输入值测试程序或函数，将程序视为"黑盒子"。

图 1.6　测试方法

2. 代码覆盖率

许多测试策略都基于代码覆盖率，即程序中语句或语句组的执行。这种测试方法被称为**白（或透明）盒测试**。测试人员必须查看模块内部（通过透明的盒子），以查看正在测试的代码。

> **白盒测试**
> 基于代码覆盖率的所有语句、分支或路径来测试程序或函数。
>
> **语句覆盖率**
> 程序中的每个语句至少执行一次。
>
> **分支覆盖率**
> 并非总是执行的代码段。例如，switch 语句的分支数与用例标签数一样多。
>
> **路径**
> 执行程序或函数时可能会遍历的分支的组合。

基于覆盖方式的**语句覆盖率**，要求程序中的每个语句至少执行一次。另一种方法叫**分支覆盖率**，要求测试用例要执行程序中的每个分支或代码部分。一个 if-then 语句测试用例可以实现语句覆盖，但是分支需要两个测试用例来测试语句的两个分支。

一种类似的代码覆盖率目标是测试程序**路径**。在路径测试中，尝试在不同的测试用例中执行所有可能的程序路径。

代码覆盖率方法类似于护林员在徒步旅行季节开始之前检查树林中路径的方法。如果护林员要确保所有路径都被清楚地标记，并且没有被倒下的树木阻挡，他们将检查路径的每个分支，如图 1.7（a）所示。如果他们想从头到尾根据其长度和难度对各种路径（可能是交织在一起的）进行分类，则可以使用路径测试，如图 1.7（b）所示。

（a）查看所有的分支

（b）查看所有的路径

图 1.7　树林地形图

为了创建基于代码覆盖率目标的测试用例，选择驱动不同程序路径的输入。如何判断是否执行了分支或路径？跟踪执行的方法是将调试输出语句放在每个分支的开头，表示输入了这个特定的分支。软件项目经常使用帮助程序员自动跟踪程序执行的工具。

这些策略有助于测试过程的度量。例如，可以计算程序中路径的数量，并跟踪在测试用例中覆盖了多少条路径。这些数字提供了关于当前测试状况的统计数据。例如，可以说一个程序的 75% 的分支已经被执行，或者 50% 的路径已经被测试。当一个程序员在编写一个程序时，这样的数字可能是多余的。然而，在一个有许多程序员的软件开发环境中，这样的统计数据对于跟踪测试过程非常有用。

这些测量值还可以指示何时完成特定层级的测试。实现 100% 的路径覆盖率通常不是一个可行的目标。一个软件项目可能具有较低的标准（如 80% 的分支覆盖率），编写该模块的程序员在将该模块移交给项目的测试团队之前必须达到这个标准。目标基于某些可测量因素的测试称为**基于指标的测试**。

3. 测试计划

确定测试方法的目标（数据覆盖率、代码覆盖率或两者的混合）是制定**测试计划**的前提。有些测试计划是非常不正式的——目标和测试用例列表，手写在一张纸上。甚至这种类型的测试计划也可能比你为类编程项目编写的测试计划还要多。其他测试计划（特别是那些提交给管理层或客户以获得批准的计划）是非常正式的，包含了标准化格式的每个测试用例的细节。

> **基于指标的测试**
> 基于可测量因素的测试。
> **测试计划**
> 描述了用于程序和模块测试用例活动的目的、输入、期望输出和进度的文档。
> **执行测试计划**
> 使用测试计划中列出的测试用例运行程序。

4. 执行测试计划

使用计划中列出的输入值运行程序并观察结果。如果答案不正确，将调试该程序并重新运行，直到观察到的输出始终与期望的输出匹配。当计划中列出的所有测试用例都提供预期的输出时，该过程就完成了。

为 Divide 函数开发一个测试计划，它是按照以下规格说明编写的：

📘 Divide(int dividend, int divisor, bool& error, float& result)

功能：将一个数除以另一个数，并检验除数是否为 0。

前置条件：无。

后置条件：如果除数为 0，则 error 为 true。

如果 error 为 false，则结果为两个整数相除的商。

如果 error 为 true，则结果未定义。

对于这个测试计划，应该使用代码覆盖率还是数据覆盖率？因为代码是如此的简短和直接，让我们从代码覆盖率开始。代码覆盖率测试计划基于对代码本身的检查。下面是要测试的代码：

```
void Divide(int dividend, int divisor, bool& error, float& result)
// 除数为 0 时，error 为 true
// 除数不为 0 时，将除法运算结果赋值给 result
{
  if (divisor = 0)
    error = true;
  else
    result = float(dividend) / float(divisor);
}
```

该代码由一个带有两个分支的 if 语句组成，因此，可以进行完整的路径测试。有一种情况是除数为 0，然后执行 true（if）分支，还有一种情况是除数不为 0，然后执行 else 分支。

测试用例的原因	输入值	期望输出值
divisor 为 0		
（被除数可以是任何值）	divisor 为 0	error 为 true
	dividend 为 8	result 未定义
divisor 不为 0		
（被除数可以是任何值）	divisor 为 2	error 为 false
	dividend 为 8	result 为 4.0

为了执行该测试计划，使用列出的输入值运行该程序，并将结果与预期输出进行比较。**测试驱动程序**设置参数值，并调用要测试的函数。下面列出了一个简单的测试驱动程序，执行两个测试用例：为测试 1 分配参数值，调用除法，并输出结果；使用测试 2 的新测试输入来重复该过程。运行测试，并将测试驱动程序输出与期望值进行比较。

> **测试驱动程序**
> 通过对变量声明和初始值赋值来设置测试环境的程序，然后调用要测试的子程序。

```cpp
#include <iostream>
void Divide(int, int, bool&, float&);
// 待测试的函数
void Print(int, int, bool, float);
// 输出测试用例的结果
int main()
{
  using namespace std;

  bool error;
  float result;
  int dividend = 8;                              // 测试 1
  int divisor = 0;
  Divide(dividend, divisor, error, result);
  cout  << "Test 1 : "  << endl;
  Print(dividend, divisor, error, result);
  divisor = 2;                                   // 测试 2
  Divide(dividend, divisor, error, result);
  cout  << "Test 2 : " << endl;
  Print(dividend, divisor, error, result);
  return 0;
}
```

对于测试 1，error 期望值为 true，result 期望值未定义，但是仍然要进行除法运算。当除数为 0 时怎么能进行除法运算呢？如果 if 语句的结果不是你期望的结果，则首先要检查的是关系运算符：是否使用了 = 而不是 ==？是的，没有问题。修复程序后，再次运行该程序。

对于测试 2，error 期望值为 false，但输出值为 true。测试发现了另一个错误，开始调试程序。发现在测试 1 中将 error 的值设置为 true，而在测试 2 中从未将其值重置为 false。将此函数的最终正确版本的开发留作练习。

下面为相同的功能设计一个数据覆盖率测试计划。在数据覆盖率测试计划中，对函数的内部工作一无所知，只知道函数标题文档中表示的接口。

```cpp
void Divide(int dividend, int divisor, bool& error, float& result)
// 除数为 0 时，error 为 true
// 除数不为 0 时，将除法运算结果赋值给 result
```

有两个输入参数，都是 int 类型，数据覆盖率测试计划要求为每个参数所有可能的 int 类型值来调用函数——这样做很没必要。这个接口告诉我们，当除数为 0 时发生一件事，当除数不为 0 时发生另一件事。因此至少有两个测试用例：一个是除数为 0 的，另一个是除数不为 0 的。当除数为 0 时，error 被设置为 true，其他的都不发生，所以一个测试用例应该验证这个结果；当除数不为 0 时，进行除法运算。需要多少个测试用例来验证除法是否正确？最后的情况是什么？有五种可能性：

- 除数和被除数都是正的。
- 除数和被除数都是负的。
- 除数为正，被除数为负。
- 除数为负，被除数为正。
- 被除数为 0。

完整的测试计划如下所示。

在这种情况下，数据覆盖率测试计划比代码覆盖率测试计划更复杂：有 7 种情况（其中有两种合并），而不是只有 2 种。一种情况下是零除数，其他 6 种情况下是检查除法是否正确地使用非零除数和正负号。如果知道函数使用内置的除法运算符，就不需要检查这些情况。使用数据覆盖率测试计划，无法看到函数体。

测试用例的原因	输入值	
divisor 为 0		
（被除数可以是任何值）	divisor 为 0	error 为 true
	dividend 为 8	result 未定义
divisor 不为 0		
（被除数可以是任何值）	divisor 为 2	error 为 false
比较	dividend 为 8	result 为 4.0
divisor 是正的		
dividend 是正的		
divisor 不为 0		
divisor 是负的	divisor 为 –2	error 为 false
dividend 是负的	dividend 为 –8	result 为 4.0
divisor 不为 0		
divisor 是正的	divisor 为 2	error 为 false
dividend 是负的	dividend 为 –8	result 为 –4.0
divisor 不为 0		
divisor 是负的	divisor 为 –2	error 为 false
dividend 是正的	dividend 为 8	result 为 –4.0
dividend 为 0		
（除数可以是任何值）	divisor 为 2	error 为 false
	dividend 为 0	result 为 0.0

为了使程序测试有效，必须进行计划。必须以组织的方式来设计程序测试，并且必须以书面形式进行设计。应该在测试开始之前确定所需或期望的测试级别，并计划你的整体策略和测试用例。事实上，你应该在编写一行代码之前就开始计划调试。

5. 计划调试

前面介绍了检查测试输出并在检测到错误时进行调试。可以通过在出现问题的可疑故障点添加输出语句来"实时"调试。但是，为了尽早预测和预防问题，是否还可以在运行程序之前就计划调试呢？

答案是肯定的。在编写设计时，应该识别出潜在的问题点，然后，可以在代码中可能发生错误的地方插入临时调试输出语句。例如，要通过一个复杂的函数调用序列来跟踪程序的执行，可以添加输出语句，指示何时进入和跳出每个函数。如果调试输出还显示关键变量的值，特别是函数的参数值，这样调试输出将更加有用。下面的示例显示了在函数 Divide 的开头和结尾执行的一系列调试语句：

```cpp
void Divide(int dividend, int divisor, bool& error, float& result)
// 除数为 0 时，error 为 true
// 除数不为 0 时，将除法运算的结果赋值给 result
{
  using namespace std;
  // 用于调试
  cout  << "Function Divide entered."  << endl;
  cout  << "Dividend = "  << dividend << endl;
  cout  << "Divisor = "  << divisor << endl;
  //************************
  // 其余代码放在这里
  //************************
  // 用于调试
  if (error)
    cout  << "Error = true ";
  else
    cout  << "Error = false ";
  cout  << "and Result = " << result  << endl;
  cout  << "Function Divide terminated."  << endl;
}
```

如果在运行程序之前进行手动测试无法发现 bug，那么在执行过程中设置合理的调试行至少可以帮助找到其余的错误。注意，此输出仅用于调试，这些输出行只能由测试人员看到，而不能让用户看到。当然，如果将调试输出与应用程序的实际输出混合在一起显示，会很令人头疼，并且当调试输出未集中在一个地方时，程序很难进行调试。将调试输出与"实际的"程序输出分离的一种方法是声明一个单独的文件以接收这些调试行，如以下示例所示：

```cpp
#include <fstream>
 std::ofstream debugFile;
 debugFile  << "This is the debug output from Test 1." <<endl;
```

通常，在将程序交付给客户或交给导师之前，调试输出语句会从程序中删除，或"注释掉"（"注释掉"

的意思是在语句前面加上 //，或者把它们放在 /* 和 */ 之间，把它们变成注释)。将调试语句转换为注释的一个优点是，你可以很容易地有选择地将它们重新打开，以便以后进行测试。这种技术的一个缺点是，从测试模式 (带调试) 更改为操作模式 (不带调试) 需要在整个程序中进行编辑。

另一种流行的技术是使调试输出语句依赖于布尔标志，可以根据需要将其打开或关闭。例如，可以使用布尔值 debugFlag 在各个位置标记已知易于出错的代码段以进行跟踪输出：

```
// 设置 debugFlag 以控制调试模式
const bool debugFlag = true;
⋮
if (debugFlag)
  debugFile  << "Function Divide entered." <<endl;
```

根据程序员的需要，可以通过赋值来打开或关闭此标志。更改为操作模式 (无调试输出) 只需要将 debugFlag 定义为 false，然后重新编译程序。如果使用标志，则调试语句可以保留在程序中，仅在程序的运行中执行 if 检查。该技术的缺点是调试代码始终存在，从而使编译后的程序更大。如果存在大量调试语句，则它们可能会浪费大型程序中所需的空间。调试语句还会使程序混乱，使其更难以阅读 (这种情况说明了在开发软件时面临的另一个权衡)。

某些系统具有提供跟踪输出的在线调试程序，从而使调试过程更加简单。如果你正在使用的系统具有运行时调试器，编程时一定要好好利用它！任何使任务更轻松的工具都应受到欢迎，但请记住，没有任何工具可以代替思考。

有关调试的警告：注意快速修复。程序错误通常会成群传播，因此，当你发现错误时，不要急于修复它并再次运行程序。通常，修复一个错误会产生另一个错误。对程序错误原因的表面猜测通常不会产生一个完整的解决方案。通常，花时间来考虑所做的更改而产生的后果是值得的。

如果您经常需要调试，则设计过程中就存在缺陷。花时间去考虑你所创造的设计的所有分支是最重要的。

6. 集成测试

前面介绍了单元测试和计划调试。接下来介绍集成测试的相关概念和工具，它可以帮助你将各个单元测试用例组合在一起，以对整个程序进行结构化测试。这种类型测试的目的是集成单独测试的部分，因此称为**集成测试**。

可以使用与自上而下的程序设计方法非常相似的方法，即以结构化的方式测试大型、复杂的程序。中心思想是分而治之：分别测试程序的各个部分，然后使用已验证的部分作为下一个测试的基础。测试可以使用自上而下或自下而上的方法，也可以将两者结合使用。

自上而下的方法是从顶层开始测试。该测试的目的是确保整体逻辑设计有效并且模块之间的接口正确。在每个测试层级，自上而下的方法都是基于较低层级正确工作的假设。通过用称为**存根**的"占位符"模块替换较低层级的子程序来实现此假设。存根可能包含一个跟踪输出语句 (表明我们已到达函数)，或一组调试输出语句 (显示参数的当前值)。如果调用函数 (被测试的函数) 需要值，它也可以为输出参数赋值。

> **集成测试**
> 对已经进行过独立单元测试的程序模块进行集成测试。
>
> **存根**
> 一个特殊的函数，可以在自上而下的测试中用来代替低级函数。

　　另一种测试方法是自下而上进行测试。使用这种方法，首先对最低层级的子程序进行单元测试。自下而上的方法在测试和调试关键模块时很有用，其中的错误会严重影响其他模块。诸如数学函数之类的"实用"子程序也可以使用测试驱动程序进行测试，而与最终调用它们的程序无关。此外，自下而上的集成测试方法可以证明在组组程环境中是有效的，在该环境中，每个程序员都编写并测试单独的模块。程序中较小的、经过测试的程序段随后在整个程序的测试中一起进行验证。

1.4.4　测试 C ++ 数据结构

　　本书的讨论主题是数据结构：它们是什么？我们如何使用它们？如何使用 C ++ 实现它们？本章主要概述了软件工程，第 2 章的内容重点介绍数据及其结构，在本章末尾先来介绍如何测试在 C ++ 中实现的数据结构。

　　在本书中，使用 C++ 类实现数据结构，以便许多不同的应用程序可以使用结果结构。第一次创建为数据结构建模的类时，不一定有应用程序准备好调用它。在创建应用程序之前，需要先测试类本身，因此需要使用一种利用测试驱动程序的自下而上的测试方法。

　　实现的每个数据结构都支持一组操作。对于每种结构，想创建一个测试驱动程序，并且该驱动程序允许我们在各种序列中测试操作。如何编写一个测试驱动程序来测试多个操作序列？解决方案是将要测试的特定操作集与测试驱动程序本身分开。在文本文件中列出操作和必要的参数，测试驱动程序一次从文本文件中读取一行，通过调用要测试的数据结构的成员函数执行指定的操作，并将结果报告给输出文件。测试程序还会在屏幕上报告其常规结果。

　　此测试方法使我们可以轻松更改测试用例——只需更改输入文件的内容。如果可以在运行程序时动态更改输入文件的名称，则测试将更加容易些，也就可以在需要时运行另一个测试用例或重新运行以前的测试用例。因此，构造了测试驱动程序以从控制台读取输入文件的名称，对输出文件执行相同的操作。测试架构的模型如图 1.8 所示。

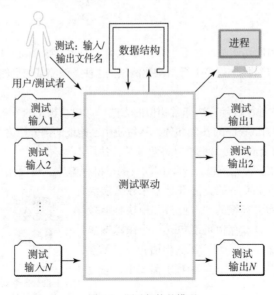

图 1.8　测试架构的模型

测试驱动程序都遵循相同的基本算法。首先，提示并读取文件名，并准备输入文件和输出文件。接下来，从输入文件中读取要执行的函数的名称，由于函数的名称决定了控制的流程，因此将其称为 command（命令）。只要命令不是 Quit，就执行该函数，输出结果并读取下一个函数名称，然后，关闭文件并退出。忘记了什么吗？输出文件应具有某种标签。提示用户为输出文件输入一个标签。还应该通过跟踪命令数量并输出结束消息来让用户知道发生了什么。因此，测试驱动程序的算法如下：

```
声明要测试的类的实例
提示：读取输入的文件名，然后打开文件
提示：读取输出的文件名，然后打开文件
提示并读取输出文件的标签
在输出文件中写入标签
从输入文件中读取下一个命令
将 numCommands 设置为 0
while 命令读取的不是 Quit 时
        通过调用相同名称的成员函数来执行命令
        将结果输出到输出文件
        将 numCommands 递增 1
        在屏幕上输出 numCommands （命令编号）
        从输入文件中读取下一个命令
关闭输入和输出文件
在屏幕上输出 "测试完成"
```

当测试数据结构时，此算法提供了最大的灵活性，以减少额外的工作。通过为特定数据结构创建测试驱动程序来实现算法后，只需更改循环中的前两个步骤，就可以轻松地为其他数据结构创建测试驱动程序。下面是测试驱动程序的代码，需要填写针对于数据结构的代码，必须填写的语句以阴影显示，我们将在 1.4.6 小节"案例研究"中演示如何编写这些代码。

```cpp
// 测试驱动程序
#include <iostream>
#include <fstream>
#include <string>
// #include 包含要测试的类的文件
int main()
{
  using namespace std;
  ifstream inFile;                    // 输入文件
  ofstream outFile;                   // 输出文件
  string inFileName;                  // 输入文件的名称
  string outFileName;                 // 输出文件的名称
  string outputLabel;
  string command;                     // 要执行的命令
  int numCommands;
  // 声明一个要测试的类型的变量
  // 提示输入文件名，读取文件名并准备文件
  cout << "Enter name of input file; press return." << endl;
```

```
    cin  >> inFileName;
    inFile.open(inFileName.c_str());

    cout << "Enter name of output file; press return." << endl;
    cin  >> outFileName;
    outFile.open(outFileName.c_str());

    cout << "Enter name of test run; press return." << endl;
    cin  >> outputLabel;
    outFile << outputLabel << endl;

    inFile >> command;
    numCommands = 0;
    while (command != "Quit")
    {
    // 以下内容针对被测试的结构
    // 调用函数的成员函数来执行命令
    // 名称相同
    // 将结果输出到输出文件
      numCommands++;
      cout << "Command number " << numCommands << " completed."
          << endl;
      inFile >> command;
    }

    cout << "Testing completed."  << endl;
    inFile.close();
    outFile.close();
    return 0;
  }
```

请注意，测试驱动程序获取测试数据并调用要测试的成员函数。它还提供有关成员函数调用效果的书面输出，以便测试人员可以直观地检查结果。有时，测试驱动程序用于测试数百或数千个测试用例，在这种情况下，测试驱动程序应自动验证是否成功处理了测试用例。这个测试驱动程序的扩展作为自动测试用例验证的一个编程任务。

这个测试驱动程序不做任何错误检查来确认输入是有效的。例如，它不会验证输入命令代码是否真的是合法的命令。请记住，测试驱动程序的目标是充当真实程序的框架，而不是真正的程序。因此，测试驱动程序不需要像它所模拟的程序那样的鲁棒性。

到现在为止，你可能会说："这些测试方法太麻烦了，几乎没有时间编写程序，更不用说像存根和驱动程序这样的'一次性代码'了。"结构化测试方法确实需要额外的工作。测试驱动程序和存根是软件项目，必须自己编写和调试它们，即使很少将它们交给教授或交付给客户。这些程序是一类软件开发工具的一部分，需要花费一些时间来创建，但对于简化测试工作却具有不可估量的价值。

这样的程序类似于承包商在建筑物周围竖立的脚手架。建造脚手架需要花费时间和金钱，而脚手架不是最终产品的一部分，但没有它，建筑物就无法建造。在大型程序中，验证在软件开发过程中起着主要作用，创建这些额外的工具可能是测试程序的唯一方法。

C++ | 读取文件名

以下代码段编译时会报错：

```cpp
ifstream inFile;
string fileName;

cout << "Enter the name of the input file" << endl;
cin  >> fileName;
inFile.open(fileName);
```

为什么会出现错误？因为 C++ 可以识别两种类型的字符串。一种是字符串数据类型的变量；另一种是从 C 语言继承的有限形式的字符串。open 函数期望其参数为所谓的 C 字符串。上面显示的代码段传递一个字符串变量，因此，它会产生类型冲突。为了解决此问题，字符串数据类型提供了一个名为 c_str 的值返回函数，该函数可以应用于字符串变量以将其转换为 C 字符串。以下是更正后的代码段：

```cpp
ifstream inFile;
string fileName;

cout << "Enter the name of the input file" << endl;
cin  >> fileName;
inFile.open(fileName.c_str());
```

1.4.5 实际问题

从本章内容可以明显看出，程序验证是非常耗时的，而且在工作环境中成本很高。要完成本章介绍的所有内容需要花费很长时间，而程序员在任何特定程序上的时间都是有限的。当然，并不是每个项目都值得付出这样的成本和精力。如何知道有多少和什么样的核查工作是必要的？

一个程序的需求可以提供所需验证级别的指示，在课堂上，你的教授可能会指定验证要求作为编程作业的一部分。例如，你可能需要提交一份书面的、执行的测试计划。你的成绩可能取决于你的计划是否完整。在工作环境中，验证需求通常由客户在特定编程工作的合同中指定。例如，与军方客户的合同可能指定在开发过程的不同时间段对软件产品进行正式的评审或检查。

对于特别复杂或容易出错的程序部分，可能会指示更高级别的验证工作。在这些情况下，明智的做法是在程序开发的早期阶段开始验证过程，以避免设计中出现代价高昂的错误。

一个程序的正确执行对人类的生活是至关重要的，这显然是一个高水平验证的候选程序。例如，与生成杂货清单的程序相比，控制航天员从太空任务返回的程序将需要更高级别的验证。举个更实际的例子，如果一家医院的病人数据库系统出现了一个错误，导致它丢失了病人对药物过敏的信息，那么可能会发生重大医疗事故。然而，在管理圣诞卡邮件列表的数据库程序中出现类似的错误，后果就会轻得多。

各个行业的错误率证实了这一区别，对人的要求越高，错误率就越低，见表 1.3。

表 1.3　按应用领域交付的错误率 [1]

应用领域	项目数量	阈值范围（错误 / KESLOC [2]）	规格说明错误率（错误 / KESLOC）	备　注
自动化	55	2 ~8	5	工厂自动化
银行业	30	3~10	6	贷款处理、ATM
命令与控制	45	0.5~5	1	指挥中心
数据处理	35	2~14	8	数据库密集型系统
环境 / 工具	75	5~12	8	案例、编译器等
军事——全部	125	0.2~3	< 1.0	查看子类别
·空降	40	0.2~1.3	0.5	嵌入式传感器
·地面	52	0.5~4	0.8	作战中心
·导弹	15	0.3~1.5	0.5	GNC 系统
·空间	18	0.2~0.8	0.4	姿态控制系统
科学	35	0.9~5	2	地震处理
电信	50	3~12	6	数字开关
测试	35	3~15	7	测试仪器设备
培训师 / 模拟	25	2~11	6	虚拟现实模拟器
网络业务	65	4~18	11	客户端 / 服务器站点
其他	25	2~15	7	所有其他的应用领域

[1] Source: Donald J. Reifer, Industry Software Cost, Quality and Productivity Benchmarks, *STN* Vol. 7(2), 2004.

[2] KESLOC: thousands of equivalent source lines of code.

1.4.6　案例研究：分数类

编写并测试一个表示分数的 C++ 类。

1. 逻辑层

分数由分子和分母组成，因此分数类必须具有这些数据成员。通常对分数做什么运算？首先，必须通过将值存储到分子和分母中来初始化一个分数，需要返回分子和分母的成员函数，然后把分数化简为最简比。现在可以测试分数是等于 0 还是大于 1，如果分数大于或等于 1（不是一个真分数），应该有一个将分数转换为整数和分数的操作。分数上有二进制操作，这里只编写和测试一个表示分数的类，二进制操作可以在之后添加。

总结一下到目前为止所讲的使用 CRC 卡的内容。CRC 卡是 4 英寸 ×6 英寸或 5 英寸 ×8 英寸的卡，在上面记录类的名称、职责和相协作的类。CRC 卡在面向对象的设计中经常使用，在后面的章节中将会更详细地介绍它们，在这里使用类来记录已经决定的分数类必须做的事情。将类必须执行的动作称为类的职责。使用手写字体来表明 CRC 卡是一种使用铅笔和纸的工具。在介绍操作的实现时，将操作更改为等间距字体。

类名: Fraction Type	超类:	子类:
主要职责 Represents a fraction		
职责	协作	
Initialize (numerator, denominator)	Integers	
Return numerator value	Integers	
Return denominator value	Integers	
Reduce to lowest terms		
Is the fraction zero?		
Is it greater than 1?		
Convert to proper fraction		

在将此 CRC 卡转换为 C++ 中的类定义之前，再次检查每个操作。将职责的表达式更改为函数名称。Initialize 操作采用两个整数值，并将它们存储到类的数据成员中。将这些数据成员称为 num 和 denom。GetNumerator 和 GetDenominator 返回数据成员的值。在面向对象的术语中，返回项目值的函数通常称为转换函数，get 附加在项目名称后。

Reduce 会检查分子和分母是否存在公因子，如果存在，则将两者除以公因子。再想想，是否应该确保分数以简化形式留给分数类的用户？如果分数不是最简比，则二元算术运算可能会存在内存溢出问题；分子和分母的大小可能会变得很大。将此操作作为成员函数删除，并将其作为分数类实例的前置条件。如果将二元运算添加到该类，则这些运算将结果分数化简为最简比。

IsZero 测试分数是否为 0？如何将 0 表示为分数？分子为 0，分母为 1，因此 IsZero 用于测试分子是否为 0。IsGreaterThanOrEqualToOne 的标识符太长，因此调用 IsNotProper 操作进行测试，以查看分子是否大于或等于分母。ConvertToProper 返回整数部分，其余部分保留在分数中。

现在准备编写类定义。我们知道每个操作应该做什么。操作的前置条件是什么？必须在调用成员函数之前初始化所有涉及的分数，并且必须采用简化形式。仅当分数是假分数时才调用ConvertToProper。

```
class FractionType
{
public:
  void Initialize(int numerator, int denominator);
  // 功能：初始化分子、分母
  // 前置条件：分子和分母是最简化形式
  // 后置条件：初始化分数
  int GetNumerator();
  // 功能：返回分子的值
  // 前置条件：分数已被初始化
  // 后置条件：返回分子
```

```
        int GetDenominator();
        // 功能：返回分母的值
        // 前置条件：分数已被初始化
        // 后置条件：返回分母
        bool IsZero();
        // 功能：判断分数是否为 0
        // 前置条件：分数已被初始化
        // 后置条件：如果分子为 0 则返回 true，否则返回 false
        bool IsNotProper();
        // 功能：判断分数是否为真分数
        // 前置条件：分数已被初始化
        // 后置条件：如果分数大于或等于 1，则返回 true，否则返回 false
        int ConvertToProper();
        // 功能：将分数转换为带分数
        // 前置条件：分数已经初始化，是最简比形式，并且是假分数
        // 后置条件：返回整数，剩下的分数是原始分数减去整数，此分数是最简比
    private:
        int num;
        int denom;
    };
```

2. 应用层（测试驱动程序）

在此阶段，在为成员函数编写任何代码之前，可以使用前面提到的算法编写测试驱动程序。让我们调用 FractionType 的实例 fraction。下面是编写的算法部分：

```
    while …
        通过调用相同名称的成员函数来执行命令
        将结果输出到输出文件中
    …
```

需要测试六个成员函数，可以设置一条 if-then-else 语句，将输入操作与成员函数名称进行比较。当名称匹配时，将调用该函数，并将结果写入输出文件。

```
    if(Initialize 命令)
        读取分子
        读取分母
        初始化分数
        输出 "Numerator:"，返回分子值
            "Denominator:"，返回分母值
    else if (GetNumerator 命令)
        输出 "Numerator:"，返回分子值
    else if ( GetDenominator 命令)
        输出 "Denominator:"，返回分母值
    else if (IsZero 命令)
        if ( 分数为 0)
        输出 Fraction is zero
```

```
                else
                    输出 Fraction is not zero
        else if (IsNotProper 命令 )
            if ( 分数是假分数 )
                输出 Fraction is improper
                else
                输出 Fraction is proper
        else
                输出 "Whole number is", 返回整数值
                输出 "Numerator:", 返回分子值
                    "Denominator:", 返回分母值
```

FractionType 类的规格说明包含在 frac.h 文件中。下面添加到通用测试驱动程序以测试该类的片段：

```cpp
#include "frac.h"                    // 包含要测试的类的文件
FractionType fraction;               // FractionType 对象的声明
while (command != "Quit")
{
  if (command == "Initialize")
  {
    int numerator, denominator;
    inFile  >> numerator;
    inFile  >> denominator;
    fraction.Initialize(numerator, denominator);
    outFile << "Numerator : "  << fraction.GetNumerator()
      << " Denominator : " << fraction.GetDenominator()
      << endl;
  }
  else if (command == "GetNumerator")
    outFile << "Numerator : "  << fraction.GetNumerator()
      << endl;
  else if (command == "GetDenominator")
    outFile << "Denominator : " << fraction.GetDenominator()
      << endl;
  else if (command == "IsZero")
    if (fraction.IsZero())
      outFile << "Fraction is zero " << endl;
    else
      outFile << "Fraction is not zero " << endl;
  else if (command == "IsNotProper")
    if (fraction.IsNotProper())
      outFile << "Fraction is improper " << endl;
    else
      outFile << "Fraction is proper " << endl;
    else
```

```
    {
      outFile << "Whole number is " << fraction.ConvertToProper()
        << endl;
      outFile <<  "Numerator : "  << fraction.GetNumerator()
        << " Denominator : " << fraction.GetDenominator()
        << endl;
    }

      ⋮
  }
```

3. 实现层

我们有测试驱动程序和包含该类的规格说明文件。现在为函数定义编写代码，并编写和实施测试计划。前 5 个函数的算法非常简单，可以直接编写而无须进一步注释。第 5 个函数 ConvertToProper 必须返回整数，是通过将分子除以分母的整数结果来提取的。整数余数成为剩余分数的分子，分母保持不变。如果剩余分数的分子为 0，则必须将分母设置为 1，以符合零分数的定义。

```
// FractionType 类的实现文件
#include "frac.h"
void FractionType::Initialize(int numerator, int denominator)
// 功能：初始化分数
// 前置条件：分子和分母是最简化形式
// 后置条件：分子存储在 num 中，分母存储在 denom 中
{
  num = numerator;
  denom = denominator;
}


int FractionType::GetNumerator()
// 功能：返回分子的值
// 前置条件：分数已被初始化
// 后置条件：返回分子
{
  return num;
}
int FractionType::GetDenominator()
// 功能：返回分母的值
// 前置条件：分数已被初始化
// 后置条件：返回分母
{
  return denom;
}


bool FractionType::IsZero()
// 功能：判断分数是否为 0
```

```
// 前置条件:分数已被初始化
// 后置条件:如果分子为 0 则返回 true,否则为 false
{
  return (num == 0);
}

bool FractionType::IsNotProper()
// 功能:判断分数是否为假分数
// 前置条件:分数已被初始化
// 后置条件:如果分子大于或等于分母,则返回 true,否则返回 false
{
  return (num >= denom);
}

int FractionType::ConvertToProper()
// 功能:将分数转换为整数和小数部分
// 前置条件:Fraction 已经初始化,分数是最简比,但不是真分数
// 后置条件:返回分子除以分母的整数部分,分子是分子除以分母的余数,分母不变
{
  int result;
  result = num / denom;
  num = num % denom;
  if (num == 0)
    denom = 1;
  return result;
}
```

这是 FractionType 类的 UML 图。

FractionType
-num: int
-denom: int
+Initialize (numerator: int, denominator: int): void
+GetNumerator(): int
+GetDenominator(): int
+IsZero(): bool
+IsNotProper(): bool
+ConvertToProper(): int

减号表示该字段是私有字段(private),加号表示该字段是公共字段(public)。回顾下 CRC 卡,看不到有关表示该类内部的信息。CRC 卡是在设计阶段使用的一种标记工具,另一方面,UML 图确实显示了内部数据字段及其类型。UML 图是那些负责维护系统的人员的文档。

4. 测试计划

有 6 个成员函数需要测试。这 6 个函数中有两个是布尔函数,每个函数都需要两个测试用例,因此这个测试计划有 8 个测试用例。注意,必须将分数初始化三次:一次是真分数、一次是假分数、一次

是 0。

下面是输入文件、输出文件的内容以及运行时的屏幕截图：

输入文件	输出文件
Initialize	Test_Run_for_FractionType
3	Numerator : 3 Denominator : 4
4	Fraction is not zero
IsZero	Fraction is proper
IsNotProper	Numerator : 3
GetNumerator	Denominator : 4
GetDenominator	Numerator : 4 Denominator : 3
Initialize	Fraction is improper
4	Whole number is 1
3	Numerator : 1 Denominator : 3
IsNotProper	Numerator : 0 Denominator : 1
ConvertToProper	Fraction is zero
Initialize	
0	
1	
IsZero	
Quit	

很幸运，测试计划已经执行，并获得了正确的结果。输入文件中的所有命令均已正确拼写。如果命令 Initialize 被写成 initialize 会发生什么？该程序将崩溃。拼写错误的命令将会被过滤掉，程序将执行最后一个 else 分支，在这种情况下，代码将尝试输出未定义的真分数。

这是一个不"鲁棒"的代码示例，为了提高驱动程序的鲁棒性，在运行之前，应将命令名称更改为全部大写或全部小写。另外，输出分数应该是一个明确的命令，对于拼写错误的命令，应该始终使用默认值。记住，如果要测试 N 个函数，则驱动程序中必须有 N+1 个分支。

1.5 小结

高质量软件的目标是如何通过抽象和信息隐藏的策略来实现的？在每个级别隐藏细节时，代码将变得更简单易读,这使程序更易于编写和修改。功能分解和面向对象的设计过程都会产生模块化的单元,这些单元也更易于测试、调试和维护。

模块化设计的一个积极的副作用是,修改往往局限于一小部分模块,因此修改的成本降低了。记住,无论何时修改模块,都必须重新测试它,以确保它在程序中仍然正确地工作。通过对受程序更改影响的模块进行模块化设计,可以限制重新测试所需的范围。

通过使设计符合逻辑图片,将令人困惑的详细信息委派给较低的抽象级别,提高了可靠性。对软件开发所涉及的广泛活动的理解——从需求分析到最终程序的维护——导致对一种规范的软件工程方法的赞赏。大家都认识一些编程高手,他们可以坐下来,独自一人在一个晚上写出一个程序,无须进行正式设计即可编写代码,但项目不能依靠魔法来控制大型复杂软件项目的设计、实现、验证和维护,这些需要许多程序员共同努力。随着计算机功能越来越强大,人们要解决的问题变得越来越大,也越来越复杂。有些人将这种情况称为软件危机,我们希望你把它看作一项软件挑战。

很明显,程序验证不是在程序到期前一晚才开始的事情,设计验证和程序测试贯穿整个软件生命周期。

验证活动在开发软件规格时开始。至此,制定了总体测试方法和目标。然后,随着程序设计工作的开始,将应用这些目标。正式的验证技术可以用于程序的一部分,可进行设计检查,并计划测试用例。在实施阶段,将开发测试用例并生成支持它们的测试数据。代码检查为程序员在运行程序之前调试程序提供了额外的支持。当代码已编译并准备好运行时,将完成单元(模块级)测试,并使用存根和驱动程序进行支持。在对这些单元进行完全测试之后,将它们组合在一起进行集成测试。找到并纠正错误后,将重新运行一些较早的测试,以确保这些修改未引发新问题。最后,对整个系统进行验收测试。图 1.9 显示了各种类型的验证活动如何适应软件开发生命周期。在整个生命周期中,有一件事是不变的:在此周期中越早发现程序错误,消除错误就越容易(在时间、精力和金钱方面的成本更低)。程序验证是一个严肃的课题,一个不能工作的程序不值得存储它的文件空间。

分析	确保完全理解规范,理解测试需求
规格说明	验证已识别的需求,与客户一起进行需求检查
设计	设计正确性(使用前置条件和后置条件等断言) 执行设计检查 计划测试方法
编码	熟悉编程语言 执行代码检查 向程序中添加调试输出语句 编写测试计划 构建测试驱动程序或存根
测试	根据测试计划进行单元测试 根据需要进行调试 集成测试模块 修正后重新测试
交付	执行已完成产品的验收测试
维护	当交付的产品更改为添加新功能或纠正检测到的问题时,执行回归测试

图 1.9 生命周期验证活动

1.6 练习

1. 请解释所说的"软件工程"是什么意思。

2. 下列哪一种说法总是正确的？

   a. 所有的程序需求必须在设计开始前完全确定。

   b. 在任何编码开始之前，所有的程序设计都必须完成。

   c. 在任何测试开始之前，所有的编码都必须完成。

   d. 不同的开发活动经常同时发生，在软件生命周期中重叠。

3. 列举三个你曾经使用过的计算机硬件工具。

4. 列举两个你在开发计算机程序时使用过的软件工具。

5. 请解释我们所说的 Ideaware 是什么意思。

6. 解释为什么在以下阶段可能需要修改软件？

   a. 设计阶段。

   b. 编码阶段。

   c. 测试阶段。

   d. 维护阶段。

7. 软件质量目标 4 表示："高质量的软件是在预算范围内按时完成的。"

   a. 向准备班级编程任务的学生说明未达到此目标的一些后果。

   b. 向开发具有高度竞争力的新软件产品的团队说明未达到此目标的一些后果。

   c. 向正在为航天器发射系统开发用户界面（屏幕输入 / 输出）的程序员说明未达到此目标的一些后果。

8. 对于以下每个内容，请为不同的观察者描述至少两个不同的抽象概念（参考图 1.1）。

   a. 一件衣服。

   b. 阿司匹林。

   c. 一个红萝卜。

   d. 一把钥匙。

   e. 萨克斯。

   f. 一根木头。

9. 功能分解基于_____的层次结构，而面向对象的设计基于_____的层次结构。

10. 对象和对象类之间有什么区别？试给出一些例子。

11. 根据本章中对 ATM 场景的描述，列出一个潜在对象列表。

12. 你是否编写过规格说明中存在错误的编程作业？如果是这样，你是在什么时候发现错误的？错误对你的设计和代码有多大影响？

13. 解释为什么在软件周期中检测到错误越晚，修复错误的成本就越高。

14. 解释一下一个精通一门编程语言的人是如何减少其花在调试上的时间的。

15. 给出一个运行时错误的示例，该错误可能是由于程序员进行过多假设而导致的。

16. 定义"鲁棒性"。程序员如何通过采取防御性方法来使其程序更具有鲁棒性？

17. 以下程序有三个独立的错误，每个错误都会导致无限循环。作为检查团队的成员，你可以通过在检查期间发现错误来节省程序员大量的测试时间，你能帮助他吗？

```
void Increment(int);
int main()
{
    int count = 1;
    while(count < 10)
    cout  << " The number after "  << count;   /* 增加功能
    Increment(count);                 count 加 1*/
    cout  << " is " << count << endl;
    return 0;
}
void Increment (int nextNumber)
// 将参数增加 1
{
    nextNumber++;
}
```

18. 有没有办法让一个程序员（如一个独自完成编程任务的学生）可以从检查过程中的一些想法中获益？

19. 什么时候开始计划程序的测试是合适的？

　　a. 在设计期间或更早的时候。

　　b. 在编码时。

　　c. 编码完成后。

20. 如何区分单元测试和集成测试？

21. 说明以下调试技术的优缺点：

　　a. 插入可以通过注释关闭的输出语句。

　　b. 使用布尔标志来打开或关闭调试输出语句。

　　c. 使用系统调试器。

22. 描述一种切合实际的面向目标的方法来测试下面指定函数的数据覆盖率：

📇 FindElement(list,targetItem,index,found)

功能：在列表中搜索 targetItem。

前置条件：列表中的元素没有特定的顺序；列表可能为空。

后置条件：如果 targetItem 在列表中，则 found 为 true；否则 found 为 false。
　　　　　　如果 found 为 true，则 index 在 targetItem 的位置。

---

23. 程序将读取数字分数（0~100）并显示适当的字母等级（A、B、C、D 或 F）。

　　a. 该程序的功能域是什么？

　　b. 此程序是否可能提供详尽的数据覆盖？

　　c. 为此程序设计一个测试计划。

24. 解释路径和分支与测试中的代码覆盖率之间的关系。可以尝试 100% 的路径覆盖率吗？

25. 区分"自上而下"和"自下而上"的集成测试。

26. 解释"生命周期验证"一词。

27. 编写 Divide 函数的更正版本。

28. 为什么在 Divide 函数中要强制转换被除数和除数？

29. "案例研究"的解决方案未考虑负分数。

    a. 负分数应如何表示？

    b. 哪些成员函数必须更改为负分数？会有哪些变化？

    c. 重写测试计划以测试负分数。

30. "案例研究"中的一个成员函数需要额外的测试。它是哪个函数，数据应该是什么？

31. 列举软件设计中使用的四种工具。

32. 定义"信息隐藏"。

33. 列出四种逐步求精的类型。

34. 自上而下的设计的主要特征是什么？

35. 功能分解的特征是什么？

36. 列出软件开发人员使用的两个可视化工具。

37. 在审查和检查中，审查或检查什么？

38. 给出一个测试驱动程序的基本设计。

39. 为什么详尽的代码覆盖率测试实际上是不可能的？

40. 为什么详尽的数据覆盖率测试几乎是不可能的？

第2章

数据设计与实现

✏️ **知识目标**

学习完本章后，你应该能够：

- 从逻辑层、应用层和实现层三个方面描述 ADT。
- 描述如何使用规格说明来表示 ADT。
- 在逻辑层上描述组件选择器，并描述 C++ 内置类型的适当应用：结构体、类、一维数组和二维数组。
- 声明一个类对象。
- 实现类的成员函数。
- 操作类（对象）的实例。
- 定义面向对象编程语言的三个特性：封装、继承和多态。
- 区分包含和继承。
- 使用继承由一个类派生另一个类。
- 使用 C++ 异常处理机制。
- 访问命名空间内的标识符。
- 解释使用 Big-O 符号来描述算法所做的工作量。

在第 1 章中，对设计过程进行了概述，并介绍了软件工程原则，如果遵循这些原则，就会设计出高质量的软件，并且还强调了测试在软件生命周期的所有阶段的作用。

在本章中，列出了用于检查数据结构的逻辑框架，并从三个方面来研究数据结构：如何指定它们、如何实现它们以及如何使用它们。此外，还提出了数据对象的面向对象视图。最后，检查 C++ 构造，这些构造可用于确保所构造的数据结构是正确的。

2.1　不同的数据视图

2.1.1　数据的含义

当介绍一个程序的函数时，使用了诸如 add、read、multiply、write、do 等动词。程序函数就是用程序设计语言中的这些动词来描述它所做的事情。

数据是计算机科学中的名词：是被操纵的对象或被计算机程序处理的信息。从某种意义上来讲，这些信息只是可以打开或关闭的二进制的集合。计算机本身需要这种形式的数据。然而，人类倾向于用更大的单位来考虑信息，如数字和列表，所以我们希望程序中人类可读的部分能够以对我们有帮助的方式来引用数据。为了将计算机的数据视图与我们自己的视图分开，我们使用**数据抽象**来创建其他视图。无论是使用功能分解来产生任务的层次结构，还是使用面向对象设计来产生合作对象的层次结构，数据抽象都是必不可少的。

> **数据抽象**
> 将数据类型的逻辑属性与其实现进行分离。

2.1.2　数据抽象

许多人更喜欢他们认为真实的事物而不是他们认为抽象的事物。因此，"数据抽象"似乎比整数等更具体的实体更令人生畏。那就让我们更仔细地看看从编写最早的程序开始，就一直在使用的那个非常具体、非常抽象的整数。

什么是整数？整数在不同的计算机上有不同的物理表示方式。在第一台机器中，一个整数可以用 2 的补码表示法表示为 32 位二进制数字；在第二台机器中，它可能是 64 位二进制数字；而在第 3 台机器中，它可能只使用 16 位。尽管你可能不知道这些术语是什么意思，但这并没有影响你使用整数。

整数的物理表示方式决定了计算机如何操作它们。作为 C++ 程序员，你很少会参与此级别的活动。相反，你仅需要使用整数。你需要知道的是如何声明一个 int 类型变量，以及如何对整数进行以下操作：赋值、加法、减法、乘法、除法和模运算等。

例如下列语句：

```
distance = rate * time;
```

此语句背后的概念很容易理解。乘法的概念并不取决于操作数是整数还是实数，尽管整数乘法和浮点数乘法可能在同一台计算机上以不同的方式实现。如果每次两个数字相乘都必须用二进制形式，计算机就不会这么流行了。但这不是必需的：C++ 用一个很好的、整洁的程序包包围了 int 数据类型，并且提供了创建和操作此类型数据所需的信息。

"包围"的另一种表示可以为"封装"。好比当你生病时从医生那里购买的包裹着药物的胶囊。你无须了解胶囊内药物的化学成分，就能识别出大的蓝白相间的胶囊是抗生素，小的黄色胶囊是解充血剂。**数据封装**意味着程序数据的物理表示是被包围的。数据的使用者看不到内部的实现过程，仅仅根据逻辑图（即抽象）来处理数据。

如果数据被封装，用户如何获取它们？必须提供操作以允许用户创建、访问和更改数据。下面看一下 C++ 为封装的数据类型 int 提供了哪些操作。首先，在程序中使用声明来创建（构造）int 类型的变量；然后，使用赋值运算符或读入值为这些整数变量赋值，并使用 +、-、*、/ 和 % 执行算法操作。图 2.1 显示了 C++ 是如何封装 int 类型的。

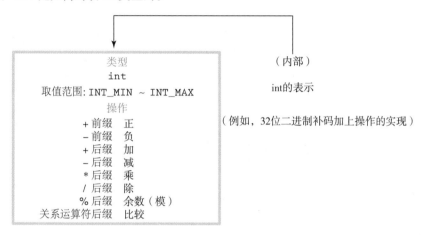

图 2.1　表示整数的黑盒

此次介绍的重点是，你从一开始就一直在处理"整数"的逻辑数据抽象。这样做的好处很明显：你可以从逻辑的角度来考虑数据和操作，并可以考虑它们的使用方法，而不必担心实现的细节。底层仍然存在，只是对你隐藏了。

请记住，设计的目标是通过抽象降低复杂性。我们可以进一步扩展此目标：通过封装来保护数据抽象。将封装数据"对象"的所有可能值（域）的集合，加上为创建和处理数据所规定的操作规格说明，称为**抽象数据类型（ADT）**。

2.1.3　数据结构

如果程序中需要计数器、求和或索引，整数可能非常有用，一般来说，我们也必须解决庞大而且关联性复杂的数据，如列表。将这种数据集合的逻辑属性描述为一个 ADT，把数据的具体实现称为**数据结构**。当程序的信息由组件组成时，必须考虑适当的数据结构。

数据结构有一些值得注意的特性。第一，可以将它们"分解"为它们的组件元素；第二，元素的排列是结构的一个特征，它影响着每个元素的访问方式；第三，元素的排列和访问它们的方式都可以封装。

下面看一个现实生活中的例子：图书馆。图书馆可以分解为它的组成元素——书籍。单个书籍的

> **数据封装**
> 将数据的表示形式与在逻辑层上使用数据的应用程序分离，是一种强制隐藏信息的编程语言特性。
>
> **抽象数据类型（ADT）**
> 一种数据类型，其属性（域和操作）的定义独立于任何特定的实现。
>
> **数据结构**
> 数据元素的集合，其组织的特征是访问用于存储和检索单个数据元素的操作，以及复合数据成员在 ADT 中的实现。

集合可以以多种方式排列，如图 2.2 所示。显然，书籍摆放在书架上的方式决定了人们如何寻找特定的书籍。然而，有些图书馆不会让顾客自己去寻找书，如果你想要一本书，你可以把你的需求告诉图书管理员，他会帮你找到那本书。

（a）到处都是无序的

（b）按标题的字母顺序排列

（c）按主题排序

图 2.2　按不同顺序排列的书籍

图书馆的"数据结构"是由元素（书籍）按特定的物理排列组成的。例如，可以根据杜威十进制图书分类法对其进行排序。访问某一特定书籍需要了解有关书籍的排列方式。但是，图书馆用户不需要了解其结构，因为它已经被封装了：用户只能通过图书管理员找到书籍。图书馆书籍的物理结构与抽象图不一样。卡片目录提供了不同于其物理排列的库的逻辑视图——按主题、作者或标题排序。

在程序中使用相同的方法来处理数据结构。数据结构是由数据元素的逻辑排列和需要访问元素的操作集定义的。

注意 ADT 和数据结构之间的区别。前者是一种高级描述：数据的逻辑图和操纵它们的操作；后者是具体的：数据元素的集合以及存储和检索单个元素的操作。ADT 与实现无关，而数据结构与实现有关。数据结构是我们如何在 ADT 中实现数据的方法，该 ADT 的值包含多个组件。ADT 上的操作将转换为数据结构上的算法。

数据的另一种观点关注于如何在程序中使用它们来解决特定的问题，即它们的应用程序。如果要编写一个跟踪学生成绩的程序，我们需要一个学生列表和一种记录每个学生成绩的方法。可以用手工评分册方法，并在程序中对它进行建模。对成绩单的操作可能包括添加姓名、添加成绩、计算学生平均成绩等。一旦为评分册数据类型编写了规格说明，必须选择一个适当的数据结构来实现它，并设计算法来实现对该结构的操作。

在程序中的数据建模中，我们身兼数职。也就是说，必须确定数据的逻辑图，选择数据的表示形式，并开发封装操作。在这个过程中，从三个不同的方面或层次来考虑数据，具体如下。

（1）应用（或用户）层：一种在特定上下文中对现实数据建模的方法，也称为问题域。

（2）逻辑（或抽象）层：数据值（域）和运用数据值的操作集合的抽象视图。

（3）实现（或具体）层：用于保存数据结构的具体表达式，以及用编程语言编写的操作（如果该语言尚未提供该操作）。

一般将第二个层次称为"抽象数据类型"。因为 ADT 可以是简单的类型，如整数或字符，也可以是包含组件元素的结构，所以也使用术语"复合数据类型"来表示可能包含组件元素的 ADT。第三个层次描述了如何实际表示和操作内存中的数据：数据结构和用于操作结构中的项的操作算法。

看看这些不同的观点在图书馆类比中意味着什么。在应用层，我们关注实体，如国会图书馆、Dimsdale 珍本藏书和奥斯汀市图书馆等。

在逻辑层，我们处理"什么"的问题。例如，什么是图书馆？图书馆可以执行什么服务（操作）？图书馆可以抽象地看作"书籍的集合"，为此指定了以下操作：

- 借出书录出。
- 还入书录入。
- 预约当前已借出的书。
- 支付逾期书的罚款。
- 为丢失的书买单。

在逻辑层上，书籍在书架上的组织方式并不重要，因为读者不能直接查找这些书籍。图书馆服务的读者并不关心图书管理员如何组织图书馆中的图书。相反，读者只需要知道使用所需操作的正确方法。例如，读者归还图书操作的视图：将图书拿到借出图书的图书馆的还书窗口，如果图书逾期，则需缴纳罚款。

在实现层，处理"如何"的问题。这些书是如何编目的？它们在书架上是如何摆放的？图书管理员在图书登记时是如何处理的？例如，实现信息包括这样一个事实：书籍是根据杜威十进制图书分类法编目的，排列在 4 层书架上，并且每层有 14 排书架。图书管理员需要有这样的知识才能找到一本书，该信息还包括每个操作发生时的详细信息。例如，当归还一本书时，图书管理员可以使用以下算法来实现录入操作：

录入书

```
检查书的到期日，看看书是否逾期。
if 书逾期了
    计算罚款。
    出具罚款单。
更新图书馆记录以标记图书已被归还。
```

> 查一下预约名单，看看是否有人在等这本书。
>
> **if** 这本书在预约名单上
>
>   把书放在预约书架上。
>
> **else**
>
>   根据图书馆的书架排列方案，把书放回适当的书架上。

当然，所有这些活动对于图书馆用户都是不可见的。设计方法的目标就是向用户隐藏实现层。

如图 2.3 所示，用一堵墙将应用层和实现层隔开。想象你在一边，程序员在另一边。你们两个对数据有不同的看法，如何跨越这堵墙进行沟通？同样，图书馆读者与图书馆管理员对图书馆的看法如何融合在一起？图书馆读者和图书馆管理员通过数据抽象进行交流。抽象视图提供了访问操作的说明，而不提供工作的细节。它告诉我们"是什么"，但不告诉我们"如何做"。例如，还书录入这一过程的抽象视图可以概括为如下说明：

📘 CheckInBook (library, book, fineSlip)

功能：录入一本书。

前置条件：书已从图书馆借出，书现在处于还书待录入状态。

后置条件：如果书已逾期，出具罚款单，并更新还书记录，预约处理。

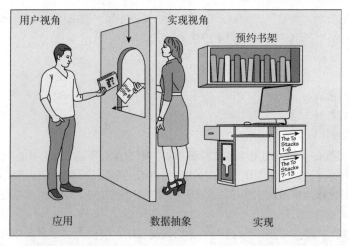

图 2.3　应用层和实现层之间的通信

从用户到实现层的唯一通信是根据输入说明和允许的假设（访问例程的前置条件）进行的。从实现层返回到用户的唯一输出是由例程的输出说明或后置条件描述的转换后的数据结构进行的。抽象视图隐藏了数据结构，但通过指定的访问操作提供了进入该结构的窗口。

当你编写一个为类的对象赋值的程序时，经常会在这三个层中处理数据。但是，在实际工作中，可能不需要这样做。有时，你可能会使用另一个程序员实现的数据类型来编写应用程序。有时，你可能会开发被其他程序调用的"实用程序"。在本书中，要求通过学习你能够处理这三个层上的数据。

2.1.4　抽象数据类型操作类别

通常，在 ADT 上执行的基本操作分为四类：构造函数、转换函数（也称为赋值函数）、观察者函数和迭代器。

构造函数是一种创建 ADT 新实例（对象）的操作，在编译时自动调用。**转换函数**是更改一个或多个数据值状态的操作。例如，将一个项插入对象中、从对象中删除项或使对象为空。执行获取两个对象并将它们合并为第三个（新的）对象的操作是二元转换函数。[①]

观察者函数是一种操作，它允许我们观察一个或多个数据值的状态而不改变其状态。有几种观察形式：询问某个属性是否为 true 的谓词；返回对象中一个项的副本的访问函数或选择函数；返回关于对象的信息的总结函数。谓词的一个示例是布尔函数，如果为空则返回 true；如果不为空（对象包含任何组件）则返回 false。访问函数的一个示例是返回放入结构中的最后一项的副本。总结函数则是返回结构中的项数。

迭代器是一种操作，按照顺序处理数据结构中的所有组件。负责打印列表中的项或返回连续的列表项。迭代器仅定义在结构化数据类型上。

在后面的章节中将使用这些基本操作来定义和实现一些有用的数据类型。

2.2　抽象和内置类型

在 2.1 节中，我们建议将诸如 int 或 float 这样内置的简单类型视为抽象，其基本实现是根据机器层次的操作定义的。同样的观点也适用于编程语言中为创建数据对象而提供的内置复合数据类型。**复合数据类型**是一种为数据项集合指定名称的数据类型。复合数据类型有两种形式：非结构化和结构化。非结构化复合数据类型是一组彼此没有相互组织的组件集合。结构化复合数据类型是有组织的组件集合，组织在其中确定用于访问各个数据组件的方法。

例如，C ++ 提供了以下复合数据类型：记录（结构）、类和不同维度的数组。类和结构可以有成员函数，也可以有数据，但这里重点关注的是数组。类和结构在逻辑上是非结构化的，而数组是结构化的。

> **构造函数**
> 创建类的新实例的操作。
>
> **转换函数**
> 更改对象内部状态的操作。
>
> **观察者函数**
> 一种操作，允许观察一个对象的状态而不改变其状态。
>
> **迭代器**
> 一种操作，允许按顺序处理数据结构中的所有组件。
>
> **复合数据类型**
> 一种数据类型，允许一组值与该类型的对象相关联。

---

① 在一些文献中，创建新实例的操作称为原始构造函数，而转换函数称为非原始构造函数。

下面从三方面来分析这些类型。首先，检查结构的抽象视图，即如何构造该类型的变量以及如何访问程序中的各个组件。然后，从应用程序的角度介绍可以使用每种结构建模的事物类型。这两种观点对作为 C++ 程序员的你来说很重要。最后，看看如何实现某些结构，即如何将"逻辑"访问函数转换为内存中的位置。对于内置类型的构造，抽象视图是构造本身的语法，而实现层仍隐藏在编译器中。只要你了解语法，作为程序员就不需要了解预定义复合数据类型的实现视图。在阅读实现部分并查看访问复合数据类型的元素所需的公式时，你应该明白为什么需要隐藏和封装信息。

2.2.1　记录

现在几乎所有的现代编程语言都支持记录。在 C++ 中，记录是通过结构体来实现的。C++ 类是记录的另一种实现。为了便于下面的介绍，我们使用通用术语"记录"，而结构和类均具有记录的行为。

1. 逻辑层

记录是由有限集合组成的复合数据类型，这些集合不一定是称为**成员**或**字段**的同类元素。访问时通过一组命名成员或字段选择器直接完成。

我们将在以下结构声明的上下文中说明组件选择器的语法和语义：

```
struct CarType
{
    int year;
    char maker[10];
    float price;
};
CarType myCar;
```

记录变量 myCar 由三个成员组成：第一个是 year，是 int 类型；第二个是 maker，是一个字符数组；第三个是 price，是 float 类型。组件的名称组成了一组成员选择器。记录变量 myCar 如图 2.4 所示。

组件选择器的语法是记录变量名，后跟一个句点，然后是组件的成员选择器。

图 2.4　记录变量 myCar

如果该表达式出现在赋值语句的右侧，则表示从该位置提取值（如 pricePaid = myCar.price）；如果它出现在左侧，则表示该值存储在该结构的成员中（如 myCar.price = 20009.33）。

这里的 myCar.maker 是一个数组，其元素为 char 类型。可以访问整个数组成员（如 myCar.maker），也可以使用索引访问单个字符。

在 C++ 中，结构可以作为参数传递给函数（通过值或引用），一个结构可以分配给另一个相同类型的结构，结构也可以是函数的返回值。

C++　传递参数

　　C++ 支持两种形参：值参数和引用参数。值参数接收相应实参值(也称实参)的副本，因为形参保存着实参值的副本，所以作为形参的函数不能改变实参值。另一方面，引用参数是接收相应实参值的位置（内存地址）的形参。因为形参保存着实参的内存地址，所以函数可以更改实参的内容。在 C++ 中，默认情况下，数组通过引用传递，而非数组参数则通过值传递。

　　若要指定非数组参数为引用参数，请在形参列表的类型名称的右侧附加一个 & 符号。　看下面的例子：

```
void AdjustForInflation (CarType&car, float perCent)
// 按百分比规定的金额提高价格
{
    car.price = car.price * perCent + car.price;
}


bool LateModel (CarType car, int date)
// 如果汽车的型号年份晚于或等于 date，返回 true
// 否则返回 false
{
    return car.year >= date;
}
```

　　函数 AdjustForInflation 会更改形参 car 的 price 数据成员，因此 car 必须是一个引用参数。在函数体内，car.price 是实参的 price 成员。LateModel 函数检查 car 但不更改它，因此 car 应该是一个值参数。在该函数中，car.year 是调用者实参的副本。

---

2. 应用层

记录（结构）对于具有许多特征的建模对象而言非常有用。这种数据类型允许我们收集有关对象的各种类型的数据，并通过单个名称引用整个对象；还可以通过名称引用对象的不同成员。

记录对于定义其他数据结构也很有用，其允许程序员将有关结构的信息与元素的存储结合起来。当我们开发程序员定义的数据结构的表示形式时，会以这种方式大量使用记录。

3. 实现层

要实现内置的复合数据类型，必须做两件事：①必须为数据保留内存单元；②必须确定访问函数。访问函数的规则是，它告诉编译器和运行时系统单个元素在数据结构中的位置。在研究具体的例子之前，先查看内存。指定用来保存值的内存单元由机器决定。图 2.5 显示了某种类型的计算机如何将内存划分为不同大小的单位。实际上，内存配置是编译器编写者需要考虑的问题。为了尽可能地使其通用化，将使用通用术语 cell（单元）来表示内存中的位置，而不是 word 或 byte。在图 2.5 中，假设一个整数或字符存储在一个单元中，一个浮点数存储在两个单元中。（这个假设在 C++ 中并不准确，但此处使用它来简单介绍一下。）

Byte 7	Byte 6	Byte 5	Byte 4	Byte 3	Byte 2	Byte 1	Byte 0
半字		半字		半字		半字	
字				字			
双字							

Intel架构

图 2.5　内存单元

程序中的声明语句告诉编译器需要多少个单元来表示该记录。记录的名称与记录的特征相关联。这些特征包括：

- 记录中第一个单元在内存中的地址，称为记录的基址。
- 包含每个记录成员所需的内存地址数的表。

一条记录占据着内存中一块连续的单元。① 记录的访问函数从指定的成员选择器中计算特定单元的位置。现在的问题是需要使用连续块中的哪个或哪几个单元？

记录的基址是记录中的第一个成员的地址。访问任何成员都需要知道要跳过多少记录才能访问到要访问的成员。对记录成员的引用会导致编译器检查特征表，从而确定该成员相对于记录起始位置的偏移量。然后，编译器可以通过将偏移量添加到基址来生成成员的地址。图 2.6 显示了这样的 CarType 表。如果 myCar 的基址是 8500，则可以在以下地址中找到该记录的字段或成员：

Member	Length	Offset
year	1	0
maker	10	1
price	2	11

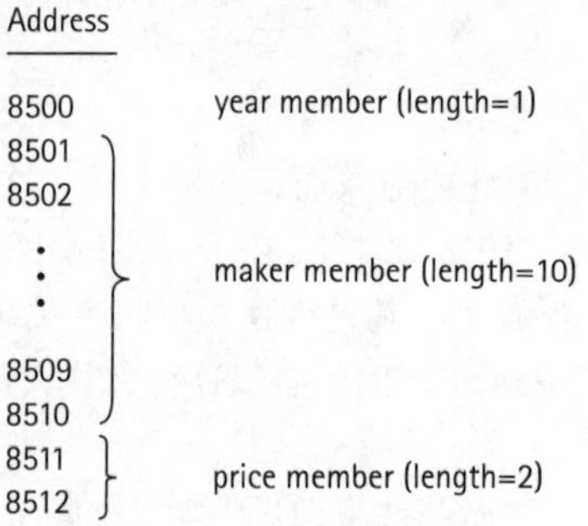

Address	
8500	year member (length=1)
8501	
8502	
⋮	maker member (length=10)
8509	
8510	
8511	price member (length=2)
8512	

图 2.6　CarType 的实现层视图

---

① 在某些机器上，这个声明可能不是完全正确的，因为边界对齐（全字或半字）可能需要跳过内存中的一些空间，以便下一个成员从能被 2 或 4 整除的地址开始（见图 2.5）。

```
myCar.year 的地址 =8500+0 = 8500
myCar.maker 的地址 =8500+1 = 8501
myCar.price 的地址 =8500+11 = 8511
```

记录是非结构化数据类型，但是组件选择器取决于记录成员的相对位置。如果从实现的角度来看，记录是一种结构化的数据类型，但是，如果从用户的角度来看，它是非结构化的，用户按名称访问成员而不是按位置访问成员。例如，如果将 CarType 定义为

```
struct CarType
{
  char make[10];
  float price;
  int year;
};
```

则操作 CarType 实例的代码不会改变。

2.2.2　一维数组

1. 逻辑层

一维数组是一种结构化的复合数据类型，由有限的、固定大小的有序同类元素组成，可以直接访问这些元素。有限表示最后一个元素是可识别的。固定大小意味着事先知道数组的大小，但这并不意味着数组中的所有槽都必须包含有意义的值。有序意味着具有第一个元素、第二个元素，以此类推。元素的相对位置是有序的，而不一定是存储在那里的值。因为数组中的元素必须都是相同类型的，所以它们在物理上是同类的，也就是说，它们都是相同的数据类型。一般来说，希望数组元素在逻辑上也是同类的，即所有元素都具有相同的用途。如果我们在整数数组中保存一个数字列表，并将列表的长度（一个整数）保存在第一个数组槽中，那么数组元素在物理上是同类的，但在逻辑上不是。

数组的成员选择机制是直接访问，这意味着可以直接访问任何元素，而无须先访问其前面的元素。使用索引指定所需的元素，该索引给出其在集合中的相对位置。接下来将介绍 C++ 如何使用索引和数组的某些特性通过确定在内存中的确切位置来找到元素。这是实现视图的一部分，使用数组应用程序的程序员无须关心它，因为其已被封装。

已经为数组定义了哪些操作？如果使用的语言缺少预定义的数组，而我们自己定义了数组，则至少需要指定三个操作，C++ 的函数调用如下所示：

```
CreateArray (anArray, numberOfSlots);
// 创建带有 numberOfSlots 位置的数组 anArray

Store (anArray, value, index);
// 将值存储到位置索引处的 anArray 中

Retrieve (anArray, value, index);
// 检索到数组元素在位置索引处的值
```

由于数组是预定义的数据类型，因此 C++ 中提供了一种特殊的方式来执行这些操作。C++ 的语

法提供了原始的构造函数，用于在内存中创建数组，并使用索引作为直接访问数组元素的方式。

在 C++ 中，数组的声明用作原始构造函数。例如，一维数组可以使用以下语句声明：

```
int numbers[10];
```

数组中元素的类型排在最前面，其后是数组名称，名称右侧的括号中是元素数量（数组大小）。这个声明定义了一个由 10 个整数项组成的线性排序集合。抽象地说，可以这样描述 numbers。

每个元素的 numbers 都可以通过其在数组中的相对位置直接访问。组件选择器的语法描述如下：

```
array-name[index-expression]
```

索引表达式必须是整型（char、short、int、long 或枚举类型）。索引表达式可以非常简单，如一个常量或变量名，也可以非常复杂，如变量、运算符和函数调用的组合。无论表达式采用哪种形式，它都必须得到一个整数值。

在 C++ 中，索引范围始终为 0 到数组大小减去 1；如果是**数字**，则该值必须在 0 到 9 之间。在某些其他语言中，用户可以明确地给出索引范围。

组件选择器的语义(含义)是"在由 array-name 标识的元素集合中找到与索引表达式相关联的元素"。组件选择器有以下两种使用方式：

（1）指定要复制的值的位置：

```
numbers[2] = 5;
或
cin >> numbers[2];
```

（2）指定要检索的值的位置：

```
value = numbers[4];
或
cout << numbers[4];
```

如果组件选择器出现在赋值语句的左侧，则它被用作转换函数：数据结构正在发生变化。如果组件选择器出现在赋值语句的右侧，则它被用作观察者函数：它返回存储在数组中某个位置的值，而不会对其进行更改。声明数组和访问单个数组元素几乎是所有高级编程语言中都要预定义的操作。

在 C++ 中，数组可以作为参数传递（仅通过引用传递），但不能赋值，也不能作为函数的返回值类型。

C++ 作为参数的一维数组

在 C++ 中，数组只能用作引用参数，无法通过值传递数组。 因此常常会忽略该类型右边的 &。当数组为形参时，无论是一维数组还是多维数组，数组的基址（数组中第一个槽的内存地址）都会传递给函数。当声明一维数组参数时，编译器只需要知道参数是一个数组，不需要知道它的大小，即使列出了形参的大小，编译器也将忽略它。处理数组的函数的代码负责确保只引用合法的数组插槽。因此，经常向函数传递一个单独的参数，以指定将处理多少个数组插槽。

```
int SumValues (int values[], int numberOfValues)
// 返回从 values[0] 到 values[numberOfValues-1] 的和
{
  int sum = 0;

  for (int index = 0; index < numberOfValues; index++)
    sum = sum + values[index];
  return sum;
}
```

如果始终将数组作为引用参数传递，那么如何保护实际参数不被意外更改呢？例如，在 SumValues 中，仅检查参数值，而不修改参数值。我们如何保护它不被更改呢？可以将其声明为 const 参数，如下所示：

```
int SumValues (const int values[], int numberOfValues)
```

const 的作用是当每次尝试在函数体内修改 values 数组值时会导致编译时错误。

2. 应用层

一维数组是存储类似数据元素列表的自然结构，如杂货店清单、价目表、电话号码表、学生记录表和字符列表（字符串）。

3. 实现层

当然，在 C++ 程序中使用数组时，不必关心所有的实现细节。从引入该数组开始，就一直在处理数组的抽象，永远不必考虑本节中描述的所有繁杂的细节。

数组声明语句告诉编译器需要多少个单元来表示该数组。然后，将数组的名称与数组的特征相关联。这些特征包括：

- 元素数量（Number）。
- 数组中第一个单元在内存中的位置，称为数组的基址（Base）。
- 数组中每个元素所需的内存地址数（SizeOfElement）。

有关数组特征的信息通常存储在称为数组描述符或内情向量的表中。当编译器处理对数组元素的引用时，它将使用这些信息来生成代码，在运行时计算元素在内存中的位置。

如何使用数组特征来计算所需的单元数并为以下数组开发访问函数？和前文一样，为简单起见，假设整数或字符存储在一个单元中，而浮点数存储在两个单元中。

```
int data[10];
float money[6];
char letters[26];
```

这些数组具有以下特征：

	data	money	letters
数量	10	6	26
基址	unknown	unknown	unknown
内存地址数	1	2	1

假设 C++ 编译器按顺序将内存单元分配给变量。如果在遇到上述声明时，下一个可用的内存单元被赋值，如 100，则存储分配如下（使用 100 来简化运算）：

data	地址	money	地址	letters	地址
[0]	100	[0]	110	[0]	122
[1]	101	[1]	112	[1]	123
·	·	·	·	·	·
·	·	·	·	·	·
·	·	·	·	·	·
[9]	109	[5]	120	[25]	147

现在已经确定了每个数组的基址：data 是 100、money 是 110、letters 是 122。这些数组在内存中的排列关系如下：

给定	程序必须访问
data[0]	100
data[8]	108
letters[1]	123
letters[25]	147
money[0]	110
money[3]	116

在 C++ 中，访问函数为我们提供了与表达式 Index 相关联的一维数组中元素的位置，该函数为

$$Address（Index）= Base + Offset（元素在 Index 位置的偏移量）$$

如何计算偏移量？通用公式为

$$Offset = Index * SizeOfElement$$

整体访问函数变为

$$Address（Index）= Base + Index * SizeOfElement$$

应用这个公式，看看是否能满足我们的要求。

	Base + Index * SizeOfElement	Address
data[0]	100+（0*1）	=100
data[8]	100+（8*1）	=108
letters[1]	122+（1*1）	=123
letters[25]	122+（25*1）	=147
money[0]	110+（0*2）	=110
money[3]	110+（3*2）	=116

　　前面了解到数组是结构化数据类型。与记录（其逻辑视图是非结构化的,但其实现视图是结构化的）不同，数组的两个视图都是结构化的，该结构是逻辑组件选择器中固有的。

　　正如在本节开始时提到的那样，在 C++ 程序中使用数组时，不必关心实现细节。这种方法的优点非常明显：你可以从逻辑的角度考虑数据和操作，并且可以考虑如何使用它们，但不必担心实现细节，细节仍然存在，只是对你隐藏了。后面将详细介绍如何在程序员定义的类中实现抽象视图和实现视图的分离。

2.2.3　二维数组

1. 逻辑层

　　关于一维数组抽象视图的大多数知识同样也适用于一维以上的数组。二维数组是一种复合数据类型，由有限的、固定大小的、按二维顺序排列的同类型元素组成。它的组件选择器是直接访问的：一对索引通过给出元素在每个维度中的相对位置来指定所需的元素。

　　二维数组是表示数据的一种自然方式，从逻辑上看，数据是一个包含行和列的表。下例演示了在 C++ 中声明二维数组的语法。

```
int table[10][6];
```

　　下面这个结构的抽象图是一个有行和列的网格。

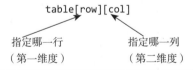

　　二维数组的组件选择器如下：

```
table[row][col]
```

指定哪一行　　　　指定哪一列
（第一维度）　　　（第二维度）

C++　　作为参数的二维数组

　　在 C++ 中，二维数组是以行的顺序进行存储的。也就是说，一行中的所有元素都存储在一起，然后是下一行中的所有元素。要访问除第一行以外的任何一行，编译器必须能够计算每一行的开始地址；这个计算取决于每行中有多少个元素。第二行从基址开始加上每行中的元素数，接下来的每行从前一行的地址开始加上每行中的元素数。第二个维度（列数）告诉我们每行中有多少个元素。因此，二维数组的形式参数的声明中必须包含第二个维度的大小。

```
int ProcessValues(int values[][5])
{
```

```
      :
      }
      ProcessValues 适用于具有任意多行的数组，只要它正好有五列即可。也就是说，实际数组参数和形式数组参
数的第二个维度的大小必须相同。为确保形式和实际数组参数的大小相同，请使用 typedef 语句定义一个二维数组类型，
然后将实际数组参数和形式数组参数都声明为该类型。例如：
      const int NUM_ROWS = 5;
      const int NUM_COLS = 4;
      typedef float TableType[NUM_ROWS][NUM_COLS];

      int ProcessValues (TableType table);

      TableType mine;
      TableType yours;
      typedef 语句将具有 5 行 4 列的二维 float 数组与类型名称 TableType 相关联；mine 和 yours 就是两个这样的数组。
ProcessValues 的任何实际参数都应为 TableType 类型。通过这种方式设置类型，不会发生任何不匹配的情况。
```

2. 应用层

二维数组是用于对数据进行建模的理想数据结构，这些数据在逻辑上被构造为具有行和列的表。第一个维度表示行，第二个维度表示列。数组中的每个元素都表示一个值，每个维度表示一个关系。例如，通常将地图表示为二维数组。

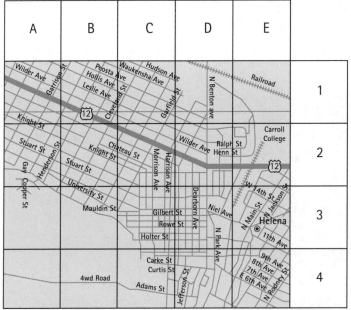

与一维数组一样，针对二维数组对象的操作非常有限（仅创建和直接访问），因此其主要应用是实现更高级别的对象。

3. 实现层

二维数组的实现涉及将两个索引映射到一个特定的内存单元，这个映射函数比一维数组的映射函数复杂。在这里不详细介绍，因为后面将讲解如何编写这些访问函数。我们的目标不是教你成为编译器的编写者，而是让你了解信息隐藏和封装的价值。

2.3 高级抽象和 C++ 类

在 2.2 节中，分别从逻辑视图、应用视图和实现视图研究了 C++ 的内置数据类型。本节将重点介绍程序中需要的但编程语言不提供的数据类型。

类属于一种构造类型，其中类的成员既可以是函数也可以是数据。也就是说，类是将数据成员以及与这些数据相关的操作绑定在一起的集合体。因为数据是与操作绑定在一起的，所以可以使用一个对象来构建另一个对象。换句话说，一个对象的数据成员可以是另一个对象。

设计 ADT 时，希望将数据类型的操作与正在处理的数据绑定在一起。类的定义体现了 ADT 的思想，因为它强制执行封装①。类的作用就像手表的外壳，阻止我们直接摆弄其内部的零件。手表的外壳由钟表匠提供，当需要修理时，他可以很容易地打开它。

> **类**
> 一种非结构化类型，用操作函数封装固定数量的数据组件，其对类实例的预定义操作是整体赋值和组件访问。
>
> **客户端**
> 声明和操作特定类的对象（实例）的软件。

类分为两部分：说明和实现。定义类接口的说明就像手表上的表盘和旋钮。说明描述了类可以提供给程序的资源。手表提供的资源可能包括当前时间的值和设置当前时间的操作。在类中，资源包括数据和对数据的操作。实现部分完成规格说明中定义的资源的实现，它就像手表内部的工作结构。

将说明从实现中分离出来可以带来明显的优势。清晰的接口非常重要，尤其是当某个类被编程团队的其他成员使用或者作为软件库的一部分时，接口中的任何歧义都可能导致问题的产生。通过将说明与实现分开，就可以将精力集中在类的设计上，而不必担心实现细节。

这种分离的另一个优点是，可以随时更改实现，而不影响使用该类的程序（该类的**客户端**）。当发现更好的算法或运行程序的环境发生变化时，可以进行更改。例如，假设需要控制文本在屏幕上的显示方式，文本控制操作可能包括将光标移动到特定位置并设置文本特征，如粗体、闪烁和下划线等。控制这些特性所需的算法通常因计算机系统的不同而不同。通过定义接口并将算法封装为成员函数，只需重写实现即可轻松地将程序移至其他系统，不必更改程序的其余部分。

2.3.1 类的规格说明

尽管类的规格说明和实现可以放在同一个文件中，但类的两个部分通常被分成两个文件：说明放在头文件（扩展名为 .h）中，实现放在同名但扩展名为 .cpp 的文件中。类的两个部分在物理上的分离强化了逻辑上的分离。②

下面在定义一个 Date ADT 的上下文中描述类类型的语法和语义。

```
// 定义一个表示 Date ADT 的类
// 以下是文件 DateType.h 内容
```

① 在 C++ 中，结构类型也可以绑定操作和数据。不同之处在于，结构的成员在默认情况下是自动公开的，这与封装的目标相反。

② 除了 .h 和 .cpp 的扩展名之外，系统可能对这些文件使用其他扩展名。例如，头文件使用 .hpp 或 .hxx（或者根本没有扩展名），实现文件使用 .cxx、.c 或 C。

```
class DateType
{
public:
    void Initialize(int newMonth, int newDay, int newYear);
    int GetYear() const;                    // 返回年份
    int GetMonth() const;                   // 返回月份
    int GetDay() const;                     // 返回日期
private:
    int   year;
    int   month;
    int   day;
};
```

类的数据成员是 year、month 和 day。类的作用域包括成员函数的参数，因此必须使用 year、month 和 day 以外的名称作为形参。数据成员被标记为 Private，这意味着尽管用户可以看到它们，但是客户端代码不能访问它们。私有成员只能由实现文件中的代码访问。

类的成员函数是 Initialize、GetYear、GetMonth 和 GetDay。它们被标记为 public，这意味着客户端代码可以访问这些函数。Initialize 是一个构造函数：它接受年、月和日的值，并将这些值存储到对象（类的实例）对应的数据成员中。[①]GetYear、GetMonth 和 GetDay 是访问函数，访问类的数据成员的成员函数。访问函数名旁边的 const 保证这些函数不会改变访问对象的任何数据成员。

C++	**C++ 中的作用域规则**

　　C++ 中管理"谁知道什么""在哪里"以及"什么时候"的规则称为作用域规则。C++ 中的标识符有三种主要作用域：类作用域、局部作用域和全局作用域。类作用域是在类中声明的标识符的作用域。局部作用域是在块中声明的标识符的作用域（包含在 {} 中的语句）。全局作用域是在所有函数和类之外声明的标识符的作用域。

- 在类中声明的所有标识符对类（类作用域）来说都是局部的。
- 形式参数的作用域与在函数体最外面的块中声明的局部变量的作用域相同（局部作用域）。
- 本地标识符的作用域包括声明该标识符之后的所有语句，直到声明该标识符的块的末尾；它包含任何嵌套块，除非在嵌套块（局部作用域）中声明了同名的局部标识符。
- 非类成员的函数名具有全局作用域。一旦声明了全局函数名，任何后续函数都可以调用它（全局作用域）。
- 当函数声明一个与全局标识符同名的本地标识符时，本地标识符优先（局部作用域）。
- 全局变量或常量的作用域从其声明一直扩展到声明该变量或常量的文件的末尾，但要以最后一条规则（全局作用域）中的条件为准。
- 标识符的范围不包括任何嵌套的块，这些嵌套的块包含具有相同名称的本地声明的标识符（本地标识符具有名称优先级）。

2.3.2　类的实现

　　只有 DateType 类的成员函数才能访问数据成员，因此必须将类名与函数定义相关联。为此，在函数名称之前插入了类名称，并用作用域解析运算符（::）分隔。成员函数的实现在 DateType.cpp 文件中。要访问类的规格说明文件，必须使用 #include 预处理指令插入 DateType.h 头文件。

```
// 定义 DateType 类的成员函数
```

───────────
① 从这里开始，在实现级别将使用对象这个词来引用类对象，即类的实例。

```
// 以下是 DateType.cpp 内容

#include "DateType.h"              // 访问类的规格说明文件

void DateType::Initialize(int newMonth, int newDay, int newYear)
// 后置条件：year 被赋值为 newYear
//           month 被赋值为 newMonth
//           day 被赋值为 newDay
{
  year = newYear;
  month = newMonth;
  day = newDay;
}

int DateType::GetMonth() const
// 数据成员 month 的访问函数
{
  return month;
}

int DateType::GetYear() const
// 数据成员 year 的访问函数
{
  return year;
}

int DateType::GetDay() const
// 数据成员 day 的访问函数
{
  return day;
}
```

　　DateType 类的客户端必须包含 #include "DateType.h" 伪指令，用于类的声明（头）文件。注意，系统提供的头文件包含在尖括号（<iostream>）中，而用户定义的头文件包含在双引号中。然后，客户端将声明类型为 DateType 的变量，就像声明任何其他变量一样。

```
#include "DateType.h"
DateType today;
DateType anotherDay;
```

　　类的成员函数的调用方式与访问结构的数据成员的方式相同——使用点表示法。下面的代码段初始化两个 DateType 类型的对象，然后在屏幕上输出日期。

```
today.Initialize(9, 24, 2003);
anotherDay.Initialize(9, 25, 2003);
cout  <<"Today is" << today.GetMonth()  <<"/" << today.GetDay()
      <<"/" << today.GetYear() << endl;
```

```
cout <<"Another date is "<< anotherDay.GetMonth() << "/"
     << anotherDay.GetDay() << "/" << anotherDay.GetYear() << endl;
```

2.3.3 带对象参数的成员函数

使用点表示法选择类对象的成员函数。如果想要一个成员函数操作多个对象，例如，比较类的两个实例的数据成员的函数，该怎么办？

用一个成员函数 ComparedTo 来扩展 DateType 类，该函数比较两个日期对象：它所应用的实例及其参数。如果实例在参数之前，函数返回 LESS；如果它们相同，则返回 EQUAL；如果实例在参数之后，则返回 GREATER。为了实现这一点，必须定义一个包含这些常量的枚举类型。下面介绍此枚举类型和函数标题。

下面的代码介绍了比较 DateType 类的两个实例。

```
enum RelationType {LESS, EQUAL, GREATER};
// 规格说明文件中的成员函数原型
RelationType ComparedTo(DateType someDate);
// 将 self 与 someDate 进行比较
```

要确定哪个日期排在前面，必须比较实例的 year 成员和参数。如果它们相同，则必须比较 month 成员。如果 year 成员和 month 成员都相同，则必须比较 day 成员。要访问实例的字段，只需使用它们的名称。要访问参数的字段，在字段名称前加上参数名称和一个句点。以下是 ComparedTo 的函数代码。

```
RelationType DateType::ComparedTo(DateType aDate)
// 前置条件：self 和 aDate 已经初始化
// 后置条件：如果 self 早于 aDate，函数值为 LESS；
//          如果 self 与 aDate 相同，函数值为 EQUAL；
//          如果 self 晚于 aDate，函数值为 GREATER
{
  if (year < aDate.year)
    return LESS;
  else if (year > aDate.year)
    return GREATER;
  else if (month < aDate.month)
    return LESS;
  else if (month > aDate.month)
    return GREATER;
  else if (day < aDate.day)
    return LESS;
  else if (day > aDate.day)
    return GREATER;
  else return EQUAL;
}
```

在此代码中，year 是指应用了该函数的对象的 year 数据成员；aDate.year 是指作为参数传递的对象的数据成员。访问成员函数的对象称为 self。在函数定义中，直接使用 self 的数据成员，而无须使用点表示法。如果将对象作为参数传递，则参数名必须附加到使用点符号访问的数据成员上。作为示例，请看下面的客户端代码：

> **self**
> 访问成员函数的对象。

```
switch(today.ComparedTo(anotherDay))
{
  case LESS :
      cout <<"today comes before anotherDay";
      break;
  case GREATER :
      cout <<"today comes after anotherDay";
      break;
  case EQUAL:
      cout <<"today and anotherDay are the same";
      break;
}
```

现在回顾 CompareTo 函数的定义方法。在该代码中，函数中的 year 是指 today 的 year 成员，函数中的 aDate.year 是指 anotherDay 的 year 成员，后者是函数的实际参数。

在日期上下文中使用 COMES_BEFORE、COMES_AFTER 和 SAME 应更有意义，但为什么我们要使用 LESS、GREATER 和 EQUAL ？在这里使用更通用的词易于理解，因为在比较数字和字符串时，使用的是 RelationType 类型的函数。

2.3.4　类与结构的区别

在 C ++ 中，类与结构之间的区别在于，在不使用保留字 public 和 private 的情况下，成员函数和数据在类中默认为私有的，而在结构中默认为公共的。在实践中，结构和类通常以不同的方式使用。由于默认情况下结构中的数据是公共的，因此将结构视为被动的数据结构。在结构上执行的操作通常是全局函数，结构作为参数传递给这些函数，尽管结构可能具有成员函数，但很少定义它们。相反，类是活动的数据结构，其中在数据成员上定义的操作是该类的成员函数。

在面向对象的编程中，对象被视为主动的数据结构，通过使用成员函数绑定在对象中。因此，C++ 类类型用于表示对象的概念。

2.4　面向对象的程序设计

在第 1 章中，功能分解设计可以得到任务的层次结构，而面向对象的设计将得到对象的层次结构。结构化编程是功能分解设计的实现，而面向对象编程（OOP）是面向对象设计的实现。然而，这些方法也有相同之处：对对象执行操作通常需要对算法进行功能分解设计。在本节中，将更深入地介绍面向对象的程序设计。

2.4.1　概念

面向对象编程的词汇源于编程语言 Simula 和 Smalltalk。诸如"向……发送消息""方法"以及"实例变量"这样的术语和短语在 OOP 文献中随处可见，这些术语和 C++ 结构之间有一个简单的转换。

对象是类对象或类实例，即类的实例。方法是公共成员函数，实例变量是私有数据成员。发送消息意味着调用公开成员函数。任何面向对象的语言都包含三个基本成分：封装、继承和多态性。前面已经介绍了封装以及如何设计 C ++ 类构造来实现封装，在接下来的两节中将重点介绍继承和多态性。

1. 继承

继承是一种机制，通过该机制可以构造类的层次结构，以便每个子类都继承其祖先类的属性（数据和操作）。通常可以将一些概念组织为一种继承层次结构，也就是说，每个概念都继承了该层次结构的上一层概念的属性。例如，可以根据图 2.7 中的继承层次对不同的交通工具进行分类。从层次结构的上层向下移动，每种交通工具都比其父级（及所有祖先）更加专业化，且比其子级（及所有后代）更一般化。轮式交通工具继承了所有交通工具的共同属性（可容纳一个或多个人，并将他们从一个地方运送到另一个地方），但又具有使其更加专业化的其他属性（它有车轮）。汽车继承了所有轮式交通工具共有的属性，但具有额外的更特殊的属性（四个车轮、一个引擎、一个车身等）。继承关系可以视为 is-a 关系。在这种关系中，对象在层次结构中的层次越低，则越专业化。

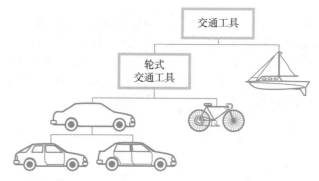

图 2.7　继承层次

继承
一种与类层次结构一起使用的机制，其中每个子类都继承其祖先类的属性（数据和操作等.)。

基类
被继承的类。

派生类
继承的类。

多态性
通过静态绑定和动态绑定确定具有相同名称的几个操作（方法）中的哪一个是最合适的。

重载
赋予多个函数相同的名称，或对多个操作使用相同的运算符，通常与静态绑定相关联。

绑定时间
名称或符号绑定到适当代码的时间。

静态绑定
在编译时确定哪种操作最合适。

动态绑定
在运行时确定哪种操作最合适。

面向对象的语言提供了一种在类之间创建继承关系的方法。可以使用一个现有的类（称为**基类**）并从它创建一个新的类（称为**派生类**）。派生类继承其基类的所有属性。特别是，为基类定义的数据和操作现在是为派生类定义的。注意 is-a 关系——派生类的每个对象同时也是基类的对象。

2. 多态性

多态性可以静态或动态地确定（在类层次结构内）应调用多个具有相同名称的方法中的哪种方法。**重载**意味着对多个不同的函数赋予相同的名称（或对不同的操作使用相同的运算符号），你已经在 C++ 中使用过重载运算符，那就是算术运算符重载，因为它们可以应用于整数值或浮点值，编译器根据操作数类型选择正确的操作。函数名或符号与代码相关联的时间称为**绑定时间**（名称绑定到代码）。使用重载时，将静态地（在编译时）确定要使用哪个特定的实现，即确定在编译时使用哪个实现称为**静态绑定**。

另一方面，**动态绑定**是一种能力，关于调用哪个操作的决定可以推迟到运行时进行。许多编程语言都支持重载，而只有包括 C++ 在内的少数语言能够支持动态绑定。多态涉及静态绑定和动态绑定的组合。

2.4.2 面向对象的 C++ 构造

在面向对象的程序设计中，类通常表现出以下关系之一：彼此独立、通过组合联系在一起、通过继承联系在一起。

1. 组合

组合（或**包含**）是指类中的数据成员是另一个类的对象。C++ 不需要任何特殊的语言符号就能够进行组合。只需要将一个类的数据成员声明为另一个类的类型即可。

> **组合（包含）**
> 一种机制，将一个类的内部数据成员定义为另一个类的对象。

例如，定义一个 PersonType 类，它具有 Date Type 类的数据成员 birthdate。

```
#include <string>
class PersonType
{
public:
  void Initialize(string, DateType);
  string GetName() const;
  DateType GetBirthdate() const;
private:
  string name;
  DateType birthdate;
};
```

2. 从一个类中派生出另一类

使用 PersonType 类作为基类，并从其派生 StudentType 类以及附加数据字段 status。

```
class StudentType : public PersonType
{
public:
  string GetStatus() const;
  void Initialize(string, DateType, string);
private:
  string status;
};

StudentType student;
```

冒号后面紧跟单词 public 和 PersonType（类标识符），表示正在定义的新类（StudentType）继承了 PersonType 类的成员。PersonType 被称为基类或超类，而 StudentType 被称为派生类或子类。

student 有三个成员变量：一个是它自己的（status），另外两个是其从 PersonType 中继承的（name 和 birthdate）。student 有五个成员函数：两个是它自己的（Initialize 和 GetStatus），三个是从 PersonType 中继承的（Initialize、GetName 和 GetBirthdate）。尽管 student 从其基类继承私有成员变量，但并不能

直接访问它们。student 必须使用 PersonType 的公共成员函数来访问其继承的成员变量。

```
void  StudentType::Initialize
  (string newName, DateType newBirthdate, string newStatus)
{
  status = newStatus;
  PersonType::Initialize(newName, newBirthdate);
}


string StudentType::GetStatus() const
{
  return status;
}
```

请注意，在成员函数的定义中，作用域解析运算符（::）用于 PersonType 类型和 Initialize 成员函数之间。因为现在有两个名为 Initialize 的成员函数，一个在 PersonType 中，另一个在 StudentType 中，所以必须指明定义该函数的类（这就是它被称为作用域解析运算符的原因）。如果不这样做，编译器会假设指明的是最近定义的运算符。

C++ 传递参数的基本规则是实际参数及其对应的形式参数必须为同一类型，而在继承方面，C++ 在一定程度上放宽了这一规则，实际参数的类型可以是形式参数的派生类的对象。

记住，继承是一个逻辑问题，而不是一个实现问题。一个类继承了另一个类的行为，并以某种方式对其进行了增强。继承并不意味着继承对另一个类的私有变量的访问。尽管某些语言确实允许访问基类的私有成员，但是这种访问通常会破坏封装和信息隐藏的概念。在 C ++ 中，不允许访问基类的私有成员。外部客户端代码或派生类代码都不能直接访问基类的私有成员。

3. 虚方法

前面我们定义了两个具有相同名称 Initialize 的方法，如下所示：

```
person.Initialize("Al", date);
student.Initialize("Al", date, "freshman");
```

其并不具有二义性，因为编译器可以通过检查所应用对象的类型确定使用哪个 Initialize。然而，有些时候编译器无法确定要使用哪个成员函数，并且必须在运行时作出决定。如果在运行时作决定，则必须在基类定义中的成员函数标题之前加上 virtual 一词，并且作为形参传递给虚函数的类对象必须是引用形参。

2.5 程序验证的构造

第 1 章介绍了验证软件正确性的一般方法。在本节中，将介绍 C ++ 中提供的两种结构，以帮助确保软件的质量。第一种是异常机制，在第 1 章中已简要提及；第二种是命名空间机制，它有助于处理大型程序中出现重复名称的问题。

异常

大多数程序（特别是学生编写的程序）都是在最乐观的假设下编写的：它们在第一次编译时就能正确执行。对于 Hello world 以外的几乎所有程序来说，这样的假设都过于乐观。程序必须处理各种错误情况和异常情况——有些是由硬件问题引起的，有些是由错误的输入引起的，还有一些是由未发现的错误引起的。

出现此类错误之后中止程序是不可行的，因为用户将失去自上次保存以来执行的所有操作。至少，程序必须警告用户，允许用户保存并正常退出。大多数情况下，即使异常管理技术要求终止程序，检测错误的代码也不知道如何关闭程序，更不用说完美地关闭程序了。将控制线程和信息传递给异常处理程序是至关重要的。

正如在第 1 章中所介绍的，处理异常始于设计阶段，其中指定了异常情况和可能的错误条件，并给定处理异常的执行动作。接下来介绍一下 try-catch 和 throw 语句，它们能够向系统发出异常警报（throw 异常），检测异常（try 包含可能的异常代码），以及处理异常（catch 异常）。

1. try-catch 和 throw 语句

可能发生异常的代码段包含在 try-catch 语句的 try 子句中。如果发生异常，则使用保留字 throw 来警告系统控件应该将控制传递给异常处理程序。异常处理程序是 try-catch 语句的 catch 子句中的代码块，它负责处理这种情况。

可能引发异常的代码放在 try 块中，后面是一个或多个 catch 块。catch 块由关键字 catch 和异常声明组成，而异常声明后跟一个代码块。如果抛出异常，则执行从 try 块转移到与抛出的异常类型相匹配的 catch 块，异常变量重新接收由 try 块中抛出的异常类型。这样，抛出的异常会将有关事件的信息传达给异常处理程序。

```
try
{
  // 可能引发异常或设置某些条件的代码
  if (condition)
    throw exception_name; // 通常是一个字符串
}
catch (typename variable)
{
  // 处理异常的代码
  // 如果必须终止程序，它会调用 cleanup 例程并退出
}
// 继续运行代码
// 除非 catch 块停止处理，否则将执行此操作
```

来看一个具体的例子。例如，正在从文件中读取正值并对其求和，如果遇到负值，则会发生异常。如果发生此事件，要求屏幕上输出一条消息并停止运行该程序。

```
try
{
  infile >> value;
```

```
    do
    {
      if (value < 0)
        throw string("Negative value"); // 抛出一个字符串: Negative value
        sum = sum + value;
    } while (infile);
  }
catch (string message)
// catch 的参数是 string 类型
{
  // 处理异常的代码
  cout << message <<"found in file. Program aborted."
  return 1;
}
// 如果未引发异常则继续处理的代码
cout << "Sum of values on the file: " << sum;
```

如果 value 小于 0，则抛出一个字符串，字符串作为 catch 的参数。系统根据异常的类型和 catch 参数的类型来识别适当的处理程序。之后会继续介绍如何处理异常情况，并展示 try-catch 语句更复杂的用法。

以下是在开发的 ADT 环境中使用异常时所遵循的规则：

- 函数的前置条件 / 后置条件表示客户端与 ADT 之间的约定，该约定定义了异常，并指定了谁（客户端或 ADT）负责检测异常。
- 客户始终负责处理异常。
- ADT 代码不检查前置条件。

> **客户**
> 软件用户。

在设计 ADT 时，使用它的软件称为类的客户端（**客户**）。在讲解过程中将交替使用术语客户和用户，将他们看作编写使用类的软件的人，而不是软件本身。

2. 标准库的异常

在 C++ 中，运行时环境（如被零除的错误）除了由程序显式抛出的异常外，还可能隐式生成异常。C++ 标准库在标准头文件 stdexcept 中提供了错误类的预定义层次结构，具体如下：

- logic_error。
- domain_error。
- invalid_argument。
- length_error。
- out_of_range。

此外，runtime_error 类提供了以下错误类：

- range_error。
- overflow_error。
- underflow_error。

3. 命名空间

不同的代码编写者习惯于使用许多相同的标识符名称（如 name）。因为库的编写者通常有相同的习惯，其中一些名称可能会出现在库目标代码中。如果同时使用这些库，可能会发生名称冲突，因为 C++ 有一个"单定义规则"，它规定 C++ 程序中的每个名称都应该只定义一次。将许多名称转储到命名空间的影响称为命名空间污染。

解决命名空间污染的方法包括使用命名空间机制。命名空间是一种 C++ 语言技术，用于将逻辑上相同的名称集合分组。此功能允许在类似于类作用域的作用域中封装名称，但是，与类作用域不同的是，命名空间可以扩展到多个文件，并允许在一个特定的文件中被分成多个部分。

4. 声明命名空间

使用关键字 namespace 声明命名空间，在包含该空间中所有名称的块声明之前进行声明。访问命名空间中的变量和函数时，要将范围解析运算符（::）放在命名空间名称和变量名称或函数名称之间。例如，如果用同一个函数定义两个命名空间，代码如下：

```
namespace myNames
{
  void GetData(int&);
};

namespace yourNames
{
  void GetData(int&);
};
```

你可以按如下方式访问函数：

```
myNames::GetData(int& dataValue);        // 访问 myNames 中的 GetData
yourNames::GetData(int& dataValue);      // 访问 yourNames 中的 GetData
```

这种机制允许相同的名称在同一个程序中存在。

5. 访问命名空间的标识符

通过使用范围解析运算符（::）显式限定命名空间的名称，可以始终获得对命名空间中声明的名称的访问，如上一个示例所示，显式限定名称就足以使用这些名称。但是，如果一个特定的命名空间中使用了许多名称，或者经常使用一个名称，那么重复限定就会很烦琐。using 声明避免了对特定标识符的重复限定。using 声明在声明限定名称的块中为限定名称创建了一个本地别名，从而使限定不再是必需的。

例如，通过在程序中添加以下声明：

```
using myNames::GetData;
```

函数 GetData 可以不加限定地使用。要访问命名空间 yourNames 中的 GetData，必须将其限定为 yourNames :: GetData。

另一种访问方法是使用 using 指令。例如：

```
using namespace myNames;
```

提供了对命名空间 myNames 中所有标识符的访问功能。也就是说，可以使用 using 指令来访问命名空间 std 中定义的 cout 和 cin，而不必对它们进行限定。

using 指令不会将这些名称引入给定的作用域，相反，它会使名称查找机制考虑该指令指定的额外名称空间。using 指令更易于使用，但它会使大量的名称在这个作用域中可见，并且可能导致名称冲突。

6. 使用命名空间 std 的规则

为了平衡命名空间 std 中的限定标识符需要遵循以下规则：

- 在函数原型和（或）函数定义中，我们限定了标题中的标识符。
- 在函数块中，如果一个名称只被使用一次，那么它就是限定的。如果名称被多次使用，则对该名称使用 using 指令。
- 如果在一个命名空间中使用了两个或多个名称，将使用 using 指令。
- 不能在类或函数块之外使用 using 指令。

遵循这些规则的目的是永远不要对全局命名空间造成不必要的污染。

2.6 算法比较

大多数问题的解决方法不是只有一种。如果有人问你去往 Joe's DINER 的路怎么走（见图 2.8），你可以给出以下两条正确路线：

（1）沿着大公路向东行驶到达 Y'ALL COME INN，然后向左转。

（2）沿着蜿蜒的乡间小路到 HONEYSUCKLE LODGE，然后向右转。

这两条路线是不同的，但不管走哪一条路线，都可以到达 Joe's DINER。因此，两个答案都是正确的。

如果对方有特殊要求，则一条路线可能比另一条更好。例如，"我快要迟到了，前往 Joe's DINER 最快的路线是什么？"答案是第一个选择。而"有没有一条沿途风景很好的路线可以到达 Joe's DINER？"则答案就是第二个选择。如果没有特殊要求，则选择哪条路线取决于个人喜好。

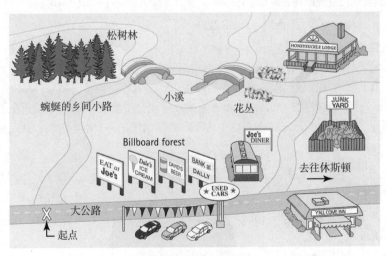

图 2.8 Joe's DINER 地图

如何在执行相同任务的两种算法之间进行选择，通常取决于特定应用程序的要求。如果没有相关要求，则可以根据程序员自己的习惯进行选择。

算法之间的选择通常可以归结为效率的问题。哪一个需要最少的计算时间？哪一个工作量最少？我们在这里讨论的是计算机所做的工作量，后面还会对算法中程序员所做的工作量进行比较（其中一种往往以牺牲另一种为代价）。

为了比较竞争算法所做的工作量，必须先定义一套可应用于每个算法的客观度量方法。算法分析是理论计算机科学的一个重要领域，在高级课程中，学生们需要在这方面做大量的工作。在本书中，了解了这个主题的一小部分，就能够确定两种算法中的哪一种能够以更少的工作量来完成特定的任务。

程序员如何衡量两种算法所完成的工作？首先想到的解决方案是编写算法，然后比较运行两个程序的执行时间。执行时间较短的算法显然是更好的算法。是这样吗？使用这种技术，只能确定 A 程序比 B 程序在特定计算机上的效率更高。执行时间是特定于特定机器的。当然，也可以在所有可能的计算机上测试算法，与其如此还不如开发一个更普遍的度量方法。

第二个思路是计算执行的指令或语句的数量。然而，这种度量方法因所使用的编程语言以及各个程序员的风格而有所不同。为了使这种度量方法标准化，可以计算算法中通过关键循环的次数。如果每次迭代都涉及恒定的工作量，则此度量方法就提供了一个有意义的效率衡量标准。

另一个思路是分离出算法的一个基本的特定操作，并计算这个操作执行的次数。例如，假设正在对一个整数列表中的元素求和，为了测量所需的工作量，可以计算整数相加运算量。对于一个包含 100 个元素的列表，有 99 个加法操作。然而，实际上并不需要计算加法操作的数量，它是列表中元素个数（N）的函数。因此，可以用 N 来表示加法操作的次数：对于一个有 N 个元素的列表，执行 $N-1$ 次加法操作。现在可以比较一般情况下的算法，而不仅仅是一个特定的列表大小的算法。

如果想比较用于对实数列表求和与计数的算法，可以使用结合了实数乘法和整数增量运算的度量方法。此示例提出了一个有趣的考虑：有时一个操作在算法中起着主导作用，以至于其他操作逐渐淡出，成为背景中的"噪声"。例如，如果要购买大象和金鱼，并且正在考虑两家宠物供应商，则只需比较大象的价格即可。因为相比之下，金鱼的花费显得微不足道。同样，在许多计算机上，就计算机时间而言，浮点加法要比整数增量花销多得多，以至于增量操作对于整个算法的效率而言是一个微不足道的因素。不妨只计算加法运算而忽略增量运算。在分析算法时，经常可以找到一种主导算法的操作，从而有效地将其他操作降到"噪声"级别。

2.6.1　Big-O

前面提到了算法效率中的输入值的大小（如求和的列表中的元素的数量）。可以使用称为数量级或 **Big-O 表示法** 的数学表示法来表示此函数的近似值（文中是字母 O，而不是数字 0）。函数的数量级与函数中相对于问题的大小增长最快的项相一致。例如，假设

$$f(N) = N^4 + 100N^2 + 10N + 50$$

则 $f(N)$ 的阶数为 N^4，或以 Big-O 表示法表示为 O(N^4)。也就是说，对于较大的 N 值，当 N 足够大时，N^4 项起主要作用。

> **Big-O 表示法（数量级）**
>
> 将计算时间（复杂度）表示为函数中相对于问题的大小增长最快的项的一种符号。

为什么可以忽略低阶项呢？还记得之前讨论过的大象和金鱼吗？大象的价格高得多，因此可以忽略金鱼的价格。类似地，对于较大的 N 值，N^4 比 50、10N、100N^2 要大得多，因此可以忽略其他项。这并不意味着其他项不会增加计算时间，而是当 N 很大时，它们在近似值中并不重要。

这个 N 是多少？N 代表问题的大小。本书中其余的大多数问题都涉及数据结构——列表、栈、队列和树，每个结构都由元素组成。开发算法将元素添加到结构以及从结构中修改或删除元素，可以用 N 来描述完成这些操作所需的工作量，其中 N 是结构中元素的数量。通常，将列表中元素的数量称为列表的长度。但是，数学家用 N 来表示，所以当比较使用 Big-O 符号的算法时，用 N 来表示长度。

假设要将列表中的所有元素写入一个文件，需要多少工作量？答案取决于列表中有多少元素。我们的算法是

```
打开文件
While( 列表中有未写入的元素 )
    写入下一个元素
```

如果 N 是列表中的元素数，则执行此任务所需的时间为

（$N \times$ 写入一个元素所需的时间）+ 打开文件所需的时间

这个算法的结果是 O(N)，因为执行任务所需的时间与元素的数量（N）成正比，再加上打开文件所需的时间。在确定 Big-O 近似值时，我们怎么能忽略打开文件的时间呢？假设打开一个文件所需的时间是恒定的，这部分算法就是"金鱼"。如果列表中只有几个元素，那么打开文件所需的时间可能会很长。然而，对于较大的 N 值，写入元素与打开文件的时间相比就显得长得多。

算法的数量级并不会告诉你解决方案在计算机上运行需要多长时间（以微秒为单位），但有时候我们需要这类信息。例如，文字处理程序的要求可能是，程序必须能够在 2 秒内（在特定计算机上）对一份 50 页的文档进行拼写检查。对于这类信息，我们不使用 Big-O 分析，而是使用其他的测量方法。可以基于对数据结构的不同实现进行编码，然后运行测试，从而在测试前后比较计算机时钟上记录的时间。这种"基准测试"告诉我们，使用特定的编译器在特定的计算机上执行操作需要多长时间。然而，Big-O 分析允许在不参考这些因素的情况下比较算法。

2.6.2　常见的数量级

O(1) 称为"有界时间"。工作量受一个常数的约束，与问题的大小无关。向含有 N 个元素的数组中的第 i 个元素分配值的时间是 O(1)，因为可以直接通过其索引访问数组中的元素。尽管有界时间通常称为常数时间，但工作量不一定是恒定的，相反，它被一个常数所约束。

O($\log_2 N$) 称为 "对数时间"。它的工作量依赖于底数为 2 的算法的问题规模。一般情况下，此类算法每执行一步，就会将待处理的数据筛掉一半。例如，使用二分查找算法（又称二分搜索算法）在有序元素列表中查找值需要的时间为 O($\log_2 N$)。

O(N) 称为 "线性时间"。工作量是常数乘以问题规模。例如，打印一个包含 N 个元素的列表中的所有元素的时间为 O(N)，在无序元素列表中搜索特定值的时间也是 O(N)，因为（可能）必须搜索列表中的每个元素才能找到它。

O($N \log_2 N$) 称为 "$N \log_2 N$ 时间"（因为没有合适的术语）。这类算法一般会把对数算法执行 N 次。越是好的算法，越存在 $N \log_2 N$ 复杂度，如后面章节中将会介绍的快速排序、堆排序和归并排序算法。也就是说，这些算法可以在 O($N \log_2 N$) 的时间内将一个无序列表转换成一个有序列表。

O(N^2) 称为 "二次时间"。这类算法一般会把线性算法执行 N 次。大部分简单的排序算法属于 O(N^2) 算法。

O(N^3) 称为 "立方时间"。使三维整数表中的每个元素递增的例程属于 O(N^3) 算法。

O(2^N) 称为 "指数时间"。这类算法需要更多的时间。如表 2.1 所列，指数时间基于 N 的大小急剧增加。注意，最后一列中的值增长得很快，以至于这种顺序的问题所需的计算时间可能超过宇宙的预期寿命！

表 2.1　增长率的比较

N	$\log_2 N$	$N \log_2 N$	N^2	N^3	2^N
1	0	1	1	1	2
2	1	2	4	8	4
4	2	8	16	64	16
8	3	24	64	512	256
16	4	64	256	4 096	65 536
32	5	160	1 024	32 768	4 294 967 296
64	6	384	4 096	262 114	用超级计算机也要执行 10 分钟左右
128	7	896	16 384	2 097 152	大约是以纳秒为单位的宇宙年龄（138 亿年估计值）的 7.8×10^{11} 倍
256	8	2 048	65 536	16 777 216	超出计算能力

2.6.3　例 1：连续整数和

在之前的介绍中，我们一直在讨论计算机执行一个算法所需的时间。这种决定不一定与算法的大小有关，如代码行数。考虑以下两种算法，将具有 N 个元素的数组中的每个元素初始化为零：

```
算法 Init1                  算法 Init2
items[0] = 0;               for (index = 0; index < N; index++)
items[1] = 0;                   items[index] = 0;
items[2] = 0;
items[3] = 0;
```

```
    ⋮
    items[N - 1]  = 0;
```

即使它们在代码行数上有很大差异，但两种算法需要的时间都是 O(N)。

下面看看使用两种不同的算法计算从 1 到 N 的整数的和。算法 Sum1 是一个简单的 for 循环，它将连续的整数相加以保持运行总数：

```
算法 Sum1
sum = 0;
for(count = 1; count <= N;count++)
    sum = sum + count;
```

这似乎很简单。第二种算法通过使用公式来计算总和。为了理解该公式，请在 N = 9 时考虑以下计算：

$$1+ 2+ 3+ 4+ 5+ 6+ 7+ 8+ 9$$
$$+9+ 8+ 7+ 6+ 5+ 4+ 3+ 2+ 1$$
$$\overline{10 + 10 + 10 + 10 + 10 + 10 + 10 + 10 + 10} = 10 \times 9 = 90$$

将每个数字从 1 到 N 与另一组配对，这样每对加起来就等于 $N+1$。共有 N 个这样的对，所以总共得到 $(N+1) \times N$。现在，因为每个数字都包含两次，将乘积除以 2。使用此公式，可以计算出 1~9 的整数和：$(9+1) \times 9/2 = 45$。得到第二种算法：

```
算法 Sum2
sum =(n + 1) * n / 2;
```

这两种算法都是一小段代码,使用 Big-O 表示法比较它们。Sum1 所需的工作量是 N 大小的函数。随着 N 变大，工作量成比例地增加。如果 N 为 50，则 Sum1 的工作量是 N 为 5 时的 10 倍。因此，算法 Sum1 的工作量为 O(N)。

Sum1 算法   Sum2 算法

为了分析 Sum2 算法，考虑 N = 5 和 N = 50 这两种情况。它们应花费相同的时间。事实上，无论给 N 赋什么值，该算法都用相同的工作量来解决问题。因此，算法 Sum2 的工作量为 O(1)。

Sum2 算法总是更快吗？它总是比 Sum1 算法更好吗？那得看情况。Sum2 似乎做更多的工作，因为公式涉及乘法和除法，而 Sum1 算法是简单的累计。事实上，对于很小的 N 值，Sum2 可能比 Sum1 做更多的工作（当然，对于非常大的 N 值，Sum1 进行的工作量成比例地增加，而 Sum2 保持不变）。因此，对于较小或较大的 N 值，算法之间的选择部分取决于算法的使用方式。

另一个问题是 Sum2 不如 Sum1 易懂，因此对于程序员（人类）来说更难理解。有时候，解决问题的有效方法更复杂，以牺牲程序员的时间为代价来节省计算机时间。

如何进行选择？在计算机程序设计中，通常需要权衡取舍。必须查看程序的要求，然后决定哪种解决方案更好。

2.6.4　例 2：在电话簿中查找电话号码

假如你需要在电话簿中查找一个朋友的电话号码，你怎么去找这个号码呢？为了简单起见，假设你要搜索的名字在电话簿中——你不会一无所获，这里有一个简单的方法。

算法 Lookup1

```
在电话簿中查第一个名字
while( 未找到名字 )
    在电话簿中查下一个名字
```

尽管该算法效率很低，但它是正确的，并且确实有效。

此算法的 Big-O 效率等级是多少？查找某人的名字需要多少步骤？显然，这些问题的答案取决于电话簿的大小和你要查找的名字。如果你要查找 Aaron Aardvark，则可能只需要一到两步。如果要查找 Zina Zyne，那你可就没那么幸运了。

Lookup1 算法在不同的输入条件下显示不同的效率等级。这并不罕见，为了处理这种情况，分析人员定义了三种复杂度情况：最好情况、最坏情况和平均情况。**最好情况复杂度**告诉我们非常幸运的时候的复杂度，表示一个算法所需的最少步骤数。通常，最好情况复杂度并不是非常有用的复杂度度量。相比之下，**最坏情况复杂度**代表了一个算法所需的最多步骤数。**平均情况复杂度**表示考虑了所有可能的输入后所需的平均步骤数。

> **最好情况复杂度**
> 与算法所需的最少步骤数有关，在效率方面给出一组理想输入值。
>
> **最坏情况复杂度**
> 与算法所需的最多步骤数有关，在效率方面给出可能的最差输入值。
>
> **平均情况复杂度**
> 与算法所需的平均步骤数有关，该算法是在所有可能的输入值上计算的。

在以上三种情况下评估 Lookup1。按照以前的惯例，将电话簿的大小标记为 N。我们的基本操作是"查找一个名字"。

- **最好情况**：要查找的名字是电话簿中的第一个名字，因此只需一步就可以找到这个名字。算法的 Big-O 复杂度为常数或 $O(1)$。
- **最坏情况**：要查找的名字是电话簿中的最后一个名字，因此需要 N 步才能找到这个名字。算法的 Big-O 复杂度是 $O(N)$。
- **平均情况**：假设电话簿中的每个名字都可能是要查找的名字，则平均所需步骤数为 $N/2$。有时名字在电话簿的前面，有时在电话簿的后面。平均而言，它在电话簿的中间，也就是 $N/2$ 步。算法的 Big-O 复杂度也是 $O(N)$。

平均情况复杂度的分析一般是最困难的。就像在本例中，它的计算结果与最坏情况的 Big-O 效率等级相同。经过思考，我们通常选用最坏情况复杂度进行分析。

下面介绍一个更有效的算法来查找电话簿中的名字。

算法 Lookup2

```
将搜索区域设置为整个电话簿
在搜索区域中检查中间的名字
while( 未找到名字 )
    if   ( 中间的名字大于目标名字 )
         将搜索区域设置为搜索区域的前半部分
    else
         将搜索区域设置为搜索区域的后半部分
在搜索区域中检查中间的名字
```

使用此算法，每次检查名字时，就无须考虑另一半电话簿中的名字。最坏情况复杂度是多少？另一种询问方式是："你可以将 N 减半多少次，才能降到 1 ？"这实质上是 $\log_2 N$ 的定义。因此，Lookup2 的最坏情况复杂度为 $O(\log_2 N)$。这比 Lookup1 的最坏情况要好得多。例如，如果你的电话簿中列出了纽约市的 850 万人，那么在最坏的情况下，Lookup1 需要你执行 850 万步，而 Lookup2 只需要 24 步。

注意，算法 Lookup2 的成功应用依赖于电话簿按字母顺序组织姓名这一事实。这是一个很好的例子，说明数据的结构和组织方式会影响数据的使用效率。

目标：找到 Smith, John

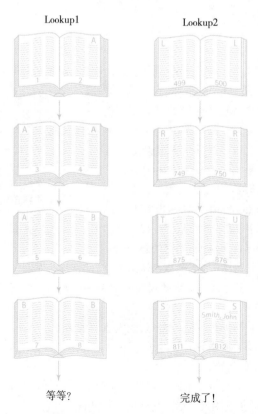

在本节中，研究了算法和数据结构的不同选择。使用 Big–O 表达式对它们进行了比较，同时也检

查了项目需求和竞争解决方案的"优雅性"。作为程序员，在设计软件解决方案时需要考虑很多因素。

家庭洗衣：类比

　　一个家庭每周洗一次衣服需要多长时间？我们可以用算法来描述这个问题的答案：

$$f(N) = c * N$$

其中，N 代表家庭成员的数量，c 代表每个人的平均洗衣时间（单位为分钟），该算法需要的时间是 $O(N)$，因为总的洗衣时间取决于家庭中的人数。常数 c 对于不同的家庭来说可能会有所不同，例如，取决于洗衣机的大小以及家庭成员叠衣服的速度。也就是说，两个不同家庭的洗衣时间可以用以下表达式来表示：

$$f(N) = 100 * N$$
$$g(N) = 90 * N$$

总体而言，这两个表达式需要的时间都为 $O(N)$。

　　现在，如果爷爷奶奶来家里住一两个星期会怎么样呢？洗衣时间表达式变为

$$f(N) = 100 * (N + 2)$$

需要的时间仍然是 $O(N)$。怎么可能呢？多给两个人洗衣服不需要花时间洗、烘干和叠吗？当然需要！如果 N 小（家庭由母亲、父亲和婴儿组成），多给两个人洗衣服就很重要了。但是随着 N 的增长（家庭由母亲、父亲、12 个孩子和一个保姆组成），多给两个人洗的衣服并没有多大区别（家里人要洗的衣服是大象，客人要洗的衣服是金鱼。记住：当我们使用 Big-O 表示法比较算法时，我们很关心的是 N 大时的情况）。

　　如果我们问："我们能及时洗完衣服并赶上 7：05 的火车吗？"需要一个准确的答案。Big-O 分析并没有为我们提供此信息，它只是给我们一个近似值。如果 $100 * N$、$90 * N$ 和 $100 * (N + 2)$ 都为 $O(N)$，能够说哪个"更好"吗？答案是不能。因为用 Big-O 来表示，对于 N 的较大值都大致相等。能找到一个更好的算法来完成洗衣吗？如果这家人中了彩票，他们可以将所有脏衣服送去距离他们家 15 分钟车程（往返 30 分钟）的专业洗衣店，表达式为

$$f(N) = 30$$

所需时间为 $O(1)$。答案不依赖于家庭中的人数。如果这家人换到离他们家 5 分钟车程的洗衣房，该表达式将变为

$$f(N) = 10$$

所需时间也是 $O(1)$。用 Big-O 术语来说，两种洗衣解决方案是等效的：无论你的家庭中有多少成员或住客人，洗衣所花费的家庭时间都是恒定的（我们不关心专业洗衣店的时间）。

C ++　字符和字符串库函数

　　C++ 在其标准库中提供了许多字符和字符串处理工具。通过 <cctype> 进行操作，其中包括测试以查看字符是字母、数字还是控制字符，查看字母是大写还是小写。通过 <cstring> 进行操作，其中包括连接两个字符串、比较两个字符串以及将一个字符串复制到另一个字符串。有关更多详细信息，请参见附录 C。

2.6.5　案例研究：用户定义的日期 ADT

　　到目前为止，已经多次提到过日期，并定义了一个 DateType 类，它具有四个函数：Initialize、GetMonth、GetYear 和 GetDay。稍后将介绍 CompareTo 函数，该函数可以比较两个日期对象。显然，日期是非常有用的对象，每天都需要使用很多次。创建一个 ADT，它包含可能要应用于日期的所有操作。

1. 逻辑层

　　在逻辑层上，都知道日期有三个属性，即月、日和年。需要有函数返回这些值。还需要其他函数吗？假设需要使用预约日历中的一个日期，如果在预约日历中查找一个日期，将需要比较两个日期。也就是说，需要确定几天后的某一特定日期。例如，预约可能是两周后的一天。

　　前面定义的 DateType 将日期表示为三个整数值，并以整数值返回日期的每一部分。如果把月份看成一个字符串而不是一个数字，就需要包含一个返回表示月份的字符串的函数。需要一个打印日期的函数吗？C ++ 已经为用户提供了以他们希望的任何格式编写日期的函数，所以这样的函数是多余的。

这些意见总结在下面的 CRC 卡中。

类名：DateType	超类：	子类：
主要职责　　Represent a date		
职责	协作	
Initialize (month, day, year)		
Return month value as integer		
Return month value as a string	String	
Return day value as integer		
Return year value as integer		
Compare two dates returning LESS, EQUAL, GREATER	RelationType	
Adjust a date (days) returns a date		

在介绍第一个 ADT 规格说明之前，先对表示法进行说明。因为希望规格说明尽可能与编程语言无关，所以使用通用布尔词作为布尔型变量的名称，而不是 C++ 中的 bool。另外，输入和输出文件类型没有通用词，因此分别使用 C++ 的 ifstream 和 ofstream，还使用符号 & 表示引用形参。

回想一下，为了区分逻辑层和实现层，逻辑层标识符是手写字体，实现层标识符是代码（等宽）字体。在 ADT 规格说明中，始终使用规则段落字体，还将 CRC 卡中使用的短语转换为操作标识符。你可能已经注意到，返回字段值的函数通常以 Get 开头。这是标准的面向对象的术语。对于改变字段值的转换函数，其相应名字是在字段前加上一个 Set。

日期 ADT 规格说明

结构：日期。

定义（由用户提供）：

| 类型： | 由 LESS、GREATER、EQUAL 组成的枚举类型。 |
| self： | 应用函数的实例。 |

操作：

Initialize(int month, int day, int year)

功能：	初始化日期。
前置条件：	无。
后置条件：	已定义 self 实例。

int GetMonth

功能：	返回月字段。
前置条件：	self 已初始化。
后置条件：	函数返回值为 month 的整数值。

string GetMonthAsString

| 功能： | 以字符串形式返回月份。 |

日期 ADT 规格说明

前置条件:	self 已初始化。
后置条件:	函数返回值为 month 的字符串。

int GetDay

功能:	返回日字段。
前置条件:	self 已初始化。
后置条件:	函数返回值为 day 的整数值。

int GetYear

功能:	返回年字段。
前置条件:	self 已初始化。
后置条件:	函数返回值为 year 的整数值。

RelationType ComparedTo(DateType aDate)

功能:	确定两个 DateType 对象的顺序。
前置条件:	self 和 aDate 已初始化。
后置条件:	如果 self 早于 aDate 日期，函数返回值为 LESS。
	如果 self 晚于 aDate 日期，函数返回值为 GREATER。
	如果 self 与 aDate 相同，函数返回值为 EQUAL。

DateType Adjust(int daysAway)

功能:	返回 self 之后的 daysAway 天数的日期。
前置条件:	self 已初始化。
后置条件:	函数返回值为从 self 之后 daysAway 天数的日期。

---

2. 应用层

当准备将一个类放入自己的库时，测试驱动程序就是应用层程序。可以使用与测试类 FractionType 相同的模式。下面是 while 循环内部读取和执行命令的算法。该算法的编码很简单，因此在这里不详细介绍。

```
if (Initialize 命令 )
    提示读取月、日、年
    date.Initialize(month, day, year)
    写入输出文件命令并调用 date
else if (GetMonth 命令 )
    写入输出文件命令并调用 GetMonth()
else if (GetMonthAsString 命令 )
    写入输出文件命令并调用 GetMonthAsString()
else if (GetDay 命令 )
    写入输出文件命令并调用 GetDay()
```

```
    else if (GetYear 命令 )
        写入输出文件命令并调用 GetYear()
    else if (ComparedTo 命令 )
        提示读取 date2
        date2.Initialize(month, day, year)
        写入输出文件命令
            switch (date.ComparedTo(date2))
                case LESS : 写入输出文件，date 早于 date2
                case GREATER : 写入输出文件，date 晚于 date2
                case EQUAL : 写入输出文件，date 等于 date2
    else
        提示读取 days
        date2 = date.Adjust(days)
        写入输出文件，date+days=date2
```

3. 实现层

通过使用三个整数字段（月、日和年）实现了上一个简化的 DateType 类。这很简单并且有效。已经实现了 GetMonth、GetDay、GetYear 和 CompareTo，仅剩下 GetMonthAsString 和 Adjust。

GetMonthAsString：实现此算法的一种显而易见的方法是获取 month 字段并创建一个大型 if-then-else 语句，该语句将值与以 1 开头的整数进行比较，直到找到匹配项，然后返回适当的字符串。由于有 12 个月，因此该语句将有 12 个分支。另一种方法是使用 switch 语句确定适当的字符串，那么，在 switch 语句中将有 12 种可能性。

实现该算法的第三种方法是使用索引为 0 ~ 12 的字符串数组。将其称为 conversionTable。"1 月"将在 conversionTable [1] 中，"2 月"将在 conversionTable [2] 中，以此类推。因此，每个月的字符串都可以通过 month 字段中的值直接索引。注意，在这里需要进行权衡。放弃了一个数组槽插使得每次调用该方法都不会节省一个减法。这值得吗？答案取决于调用该方法的次数。下面使用这个方法直接对该算法进行编码。

```
static string conversionTable[] =
            {"Error", "January", "February", "March", "April",
             "May", "June", "July", "August", "September",
             "October", "November", "December"};

String DateType::GetMonthAsString()
{
  return conversionTable[month];
}
```

Adjust：此算法比其他算法更复杂。如果当前日期加上 daysAway 仍在同一个月内，则没有问题。如果当前日期加上 daysAway 在下个月之内，则必须计算日期，并且月份必须递增。实际上，daysAway 可能是几个月后，甚至是明年（或下一年）。

通过将 daysAway 添加到 day 字段，并将此值（称为 newDay）与当前月份的最大天数进行比较，可以确定当前日期（self）加上 daysAway 是否在当月之内。如果 newDay 大于一个月中的天数，则月份必须增加，并且必须调整 newDay。重复此过程，直到 newDay 在当前月份之内。当月份从 12 月更改为 1 月时，不要忘记增加年份，而当月份为 2 月时，则要检查是否为闰年。

可以用古韵诗"三十天有 9 月、4 月、6 月、11 月……"来确定每个月的天数。可以创建 if 语句或 switch 语句来确定特定月份的天数。也可以用内存来换一个更简单的算法，就像使用 GetMonthAsString 那样。可以创建一个 int 数组 daysInMonth，索引范围从 0 到 12。从 1 到 12 的内容包含当月的天数。如果月份是 2 月，必须检查是否为闰年。

该算法的实现过程如下：

```
DateType Adjust(int daysAway)
设置 newDay 为 day 与 daysAway 之和
设置 newMonth 为 month 值
设置 newYear 为 year 值
设置 finished 为 false
while (finished 为 false)
    设置 daysInMonth[newMonth] = daysInThisMonth
    if  newMonth = 2
        if 是闰年
            daysInThisMonth+1
        if  newDay <=daysInThisMonth
            设置 finished 为 true
        else
            设置 newDay 为 newDay 减去 daysInThisMonth 之差
            设置 newMonth 为 newMonth 除以 12 取余数 +1
            if  newMonth =1
                newYear+1
    初始化 returnDate, 其值为 newMonth, newDay, newYear
    返回 returnDate 值
```

大多数人都知道闰年是可以被 4 整除的年份。然而，这一规则也有一些例外，即它不能是 100 的倍数，但是，当年份是 400 的倍数时，它就是闰年。

判断是否为闰年的表达式如下：

```
return (newYear MOD 4 is 0) AND NOT (newYear MOD 100 is 0) OR (newYear MOD 400 is 0)
```

接下来可以编写 Adjust 函数。按顺序编写闰年测试代码，而不是编写一个辅助函数。

```
DateType DateType::Adjust(int daysAway) const
// 前置条件：self 已初始化
// 后置条件：函数 newDate 值为 self 之后 daysAway 的日期
{
  int newDay = day + daysAway;
  int newMonth = month;
  int newYear = year;
  bool finished = false;
  int daysInThisMonth;
  DateType returnDate;
  while (! finished)
  {
```

```
        daysInThisMonth = daysInMonth[newMonth];
        if (newMonth == 2)
          // 闰年测试
          if (((newYear % 4 == 0) && !(newYear % 100 == 0))|| (newYear % 400 == 0))
            daysInThisMonth++;
        if (newDay <= daysInThisMonth)
          finished = true;
        else
        {
          newDay = newDay - daysInThisMonth;
          newMonth = (newMonth % 12) + 1;
          if (newMonth == 1)
            newYear++;
        }
      }
```

异常: 在将所有部分组合在一起之前，必须检查一下函数，看看是否应该进行错误检查。例如，如果用户输入了无效的月、日或年，会发生什么情况？是的，必须确保月份在 1 到 12 之间，并且这一天是该月份的有效日期。年就不用考虑吗？任何年份都是可以的吗？不是的，1583 年之前的任何年份都是无效的。现在使用的公历是由教皇格里高利十三世于 1582 年建立的。当时，为了弥补多年来累积的小错误，从日历中删除了 10 天。因此，还必须测试年份，以确保年份在 1582 年之后。

要在哪里进行这项测试？DateType 类可以向 Initialize 函数添加一个日期有效的前置条件，从而将测试留给应用程序。另外，Initialize 函数也可以检查日期，如果参数不代表有效日期，则抛出异常。更好的面向对象的风格是让类掌握自己的命运，因此应该在 Initialize 函数中添加有效性检查。当然，文档必须警告任何 Initialize 抛出异常的应用程序。

下面是经过修改的 Initialize 函数和扩展文档。

```
  void Initialize(int newMonth, int newDay, int newYear);
  // 后置条件: 如果 newMonth、newDay、newYear 是有效的日期，将 self 初始化；否则抛出一个字符串异常，
  // 说明第一个错误的参数
  ...
  void DateType::Initialize
      (int newMonth, int newDay, int newYear)
  // 如果 newMonth 不在 1~12 之间，如果 newDay 与 newMonth 不一致，或者如果 newYear 在 1583 年之前，
  // 就会抛出一个异常
  {
    if (newMonth < 1 || newMonth > 12)
      throw string("Month is invalid");
    else if (newDay < 1 || newDay > daysInMonth[newMonth])
      throw string("Day is invalid");
    else if (newYear < 1583)
      throw string("Year is invalid");
    year = newYear;
    month = newMonth;
```

```
        day = newDay;
    }
```

由于 DateType 类的表示遍及整个章节，所以在此处收集了声明和实现。[①]

```
// 文件 DateType.h 包含用于代表 Date ADT 类的声明和定义
#include <string>
#include <fstream>
using namespace std;
enum RelationType {LESS, EQUAL, GREATER};

class DateType
{
public:
    void Initialize(int newMonth, int newDay, int newYear);
// 后置条件：如果 newMonth、newDay 和 newYear 是一个有效日期，将 self 初始化；
// 否则抛出一个字符串异常，说明第一个错误的参数
    int GetMonth() const;                    // 返回月份
    int GetYear() const;                     // 返回年份
    int GetDay() const;                      // 返回日
    string GetMonthAsString() const;         // 作为一个字符串返回月份

    DateType Adjust(int daysAway) const;
    // 返回 daysAway 天数的日期
    RelationType ComparedTo(DateType someDate) const;
private:
    int  year;
    int  month;
    int  day;
};

// 文件 DateType.cpp 包含类 DateType 的实现
#include "DateType.h"
#include <fstream>
#include <iostream>
using namespace std;

// 每个月的天数
static int daysInMonth[] =
    {0, 31, 28, 31, 30, 31, 30, 31, 31, 30, 31, 30, 31};

// 月份的名称
```

[①] 为了简洁起见，不会重复成员函数原型的前置条件和后置条件，除非它们与 ADT 规格说明中列出的条件有所不同。网站上有完整的代码及文档。

```
static string conversionTable[] =
              {"Error", "January", "February", "March", "April",
               "May", "June", "July", "August", "September",
               "October", "November", "December"};

void DateType::Initialize
     (int newMonth, int newDay, int newYear)
// 如果 newMonth 不在 1~12 之间,
// 如果 newDay 的值不在 newMonth 的最多天数的有效范围内, 或者如果 newYear 小于 1583, 则抛出异常。
{
  if (newMonth < 1 || newMonth > 12)
    throw string("Month is invalid");
  else if (newDay < 1 || newDay > daysInThisMonth(newMonth))
    throw string("Day is invalid");
  else if (newYear < 1583)
    throw string("Year is invalid");
  year = newYear;
  month = newMonth;
  day = newDay;
}
int DateType::GetMonth() const
{
  return month;
}

string DateType::GetMonthAsString() const
{
  return conversionTable[month];
}

int DateType::GetYear() const
{
  return year;
}

int DateType::GetDay() const
{
  return day;
}

RelationType DateType::ComparedTo(DateType aDate) const
{
  if (year < aDate.year)
    return LESS;
```

```
    else if (year > aDate.year)
      return GREATER;
    else if (month < aDate.month)
      return LESS;
    else if (month > aDate.month)
      return GREATER;
    else if (day < aDate.day)
      return LESS;
    else if (day > aDate.day)
      return  GREATER;
    else return EQUAL;
}

DateType DateType::Adjust(int daysAway) const
{
  int newDay = day + daysAway;
  int newMonth = month;
  int newYear = year;
  bool finished = false;
  int daysInThisMonth;
  DateType returnDate;
  while (! finished)
  {
    daysInThisMonth = daysInMonth[newMonth];
    if (newMonth == 2)
      if (((newYear % 4 == 0) && !(newYear % 100 == 0))||(newYear % 400 == 0))
        daysInThisMonth++;
    if (newDay <= daysInThisMonth)
      finished = true;
    else
    {
      newDay = newDay - daysInThisMonth;
      newMonth = (newMonth % 12) + 1;
      if (newMonth == 1)
      newYear++;
    }
  }

  returnDate.Initialize(newMonth, newDay, newYear);
  return returnDate;
}
```

4. 测试计划

有了测试驱动程序，现在必须创建测试计划。DateType 类中有七个函数。有四种访问函数，每种情况都可以测试。函数初始化需要六种情况：一种在参数有效的情况下，至少五种是在参数无效的情况下。CompareTo 函数需要七个案例来测试每个分支。

确定 Adjust 函数的情况比较困难，因为情况并不明显。是否需要检查以确保每个月以及年份正确滚动？不，可以通过选择 daysAway 一次性测试以简化流程，如输入 367，然后需要选择 2 月和 3 个不同的年份，以测试是否为闰年。以下测试计划中总结了这些观察结果：

要测试的操作和操作说明	输入值	期望的输出
初始化		
有效数据	1, 1, 1956	1956 年 1 月 1 日
无效数据	0, 1, 1956	Month is invalid
	13, 1, 1956	Month is invalid
	1, 0, 1956	Day is invalid
	1, 32, 1956	Day is invalid
	1, 1, 1492	Year is invalid
ComparedTo	1, 1, 2007 & 2, 1, 2007	LESS
	2, 1, 2007 & 1, 2, 2007	GREATER
	1, 2, 2007 & 1, 3, 2007	LESS
	1, 3, 2007 & 1, 2, 2007	GREATER
	1, 1, 2006 & 1, 1, 2007	LESS
	1, 1, 2007 & 1, 1, 2006	GREATER
	1, 1, 2008 & 1, 1, 2008	EQUAL
Adjust	1, 1, 2006 & 367	2007 年 1 月 3 日
	2, 27, 2000 & 3	2000 年 3 月 1 日
	2, 27, 2100 & 3	2100 年 3 月 2 日
	2, 27, 1964 & 3	1964 年 3 月 1 日

下面是使用此数据进行测试时的输出结果。

```
Initialize: January 1, 1956
Month is invalid
Month is invalid
Day is invalid
Day is invalid
Year is invalid
Initialize: January 1, 2007
ComparedTo
January 1, 2007 comes before February 1, 2007
Initialize: February 1, 2007
```

```
ComparedTo
January 2, 2007 comes before February 1, 2007
Initialize: January 2, 2007
ComparedTo
January 2, 2007 comes before January 3, 2007
Initialize: January 3, 2007
ComparedTo
January 2, 2007 comes before January 3, 2007
Initialize: January 1, 2006
ComparedTo
January 1, 2006 comes before January 1, 2007
Initialize: January 1, 2007
ComparedTo
January 1, 2006 comes before January 1, 2007
Initialize: January 1, 2008
ComparedTo
January 1, 2008 and January 1, 2008
 are equal
Initialize: January 1, 2006
Adjust
January 1, 2006 plus 367 is January 3, 2007
Initialize: February 27, 2000
Adjust
February 27, 2000 plus 3 is March 1, 2000
Initialize: February 27, 2100
Adjust
February 27, 2100 plus 3 is March 2, 2100
Initialize: February 27, 1964
Adjust
February 27, 1964 plus 3 is March 1, 1964
```

但任务还没有全部完成。下面是 DateType 类的 UML 图。

DateType
−month: int   -day: int   -year: int
+Initialize(month: int, day: int,   year: int): void   +GetMonth(): int   +GetDay(): int   +GetYear(): int   +GetYearAsString(): string   +ComparedTo(aDate: Datetype): RelationType   +Adjust(daysAway: int): DateType

2.7 小结

本章讨论了如何从多个方面查看数据，以及 C++ 如何封装其预定义类型的实现，并封装自己的类实现。

当创建数据结构时，使用内置数据类型（如数组、结构和类）来实现它们，实际上存在许多层次的数据抽象。数组的抽象视图可以看作程序员定义的数据类型 List 的实现层，该数据类型使用数组来保存其元素。从逻辑上讲，不是通过 List 类型的数组索引来访问元素的，而是通过一组专门为 List 类型的对象定义的访问操作来访问。为容纳其他对象而设计的数据类型称为容器或集合类型。再往上一层，可能会看到 List 的抽象视图作为另一个程序员定义的数据类型 ProductInventory 等的实现层。

不同视角的数据

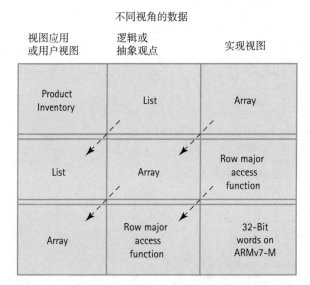

通过分离这些数据视图，可以获得什么？第一，在较高的设计层次上降低了复杂度，使程序更易于理解。第二，使程序更易于修改：可以完全更改实现，而不会影响使用数据结构的程序。在本书中将利用此功能，在不同的章节中开发相同对象的各种实现程序。第三，开发可重复使用的软件：只要维持正确的接口，其他程序就可以将结构及其访问操作用于完全不同的应用程序。在第 1 章中了解到，高质量计算机软件的设计、实现和验证是一个非常费力的过程，重用已经设计、编码和测试的部分，可以减少工作量。

在后面的章节中，将扩展这些思想，以构建 C++ 没有提供的其他容器类：列表、栈、队列、优先级队列、树、图和集合。从逻辑的角度考虑这些数据结构：对数据的抽象情况是什么？可以使用哪些操作来创建、分配和操作数据结构中的元素？将逻辑视图表示为 ADT，并将其描述记录在数据规格说明中。

本章的后面在一个简短的示例中使用了该数据类型的实例，以获取数据的应用程序视图。

最后转到了数据类型的实现视图。考虑代表数据结构的 C++ 类型声明以及实现抽象视图规格说明的函数设计。数据结构可以通过多种方式实现，因此可以使用不同的表示方式和方法来比较它们。在后面的章节中展示了一个较长的"案例研究"，其就是使用数据类型的实例来解决问题的。

2.8　练习

1. 解释"数据抽象"的含义。

2. 什么是数据封装？解释编程目标"通过封装保护数据抽象"的含义。

3. 列举查看数据的三个方面。使用逻辑数据结构"学生学业成绩清单"的例子，从每个方面描述可能了解到的有关数据的信息。

4. 以 ADT GroceryStore 为例：

    a. 在应用层上，描述 GroceryStore。

    b. 在逻辑层上，可以为客户定义哪些杂货店操作？

    c. 指定（在逻辑层上）操作 CheckOut。

    d. 为 CheckOut 操作编写算法（在实现层）。

    e. 解释 c 和 d 部分如何表示信息隐藏。

5. C ++ 语言预定义了哪些复合类型？

6. 在逻辑层描述结构和类的成员选择器。

7. 在实现层描述结构和类的访问函数。

8. 在逻辑层描述一维数组的组件选择器。

9. 在实现层描述一维数组的访问函数。

10. a. 声明一个包含 20 个字符的一维数组 name。

    b. 如果每个字符在内存中占据一个单元，并且 name 的基址为 1000，那么以下语句中引用的单元的地址是什么？

```
name[9] = 'A';
```

在练习 11 和练习 12 中使用以下声明：

```
enum MonthType {JAN, FEB, MAR, APR, MAY, JUN, JUL, AUG, SEP, OCT, NOV, DEC};
struct WeatherType
{
    int avgHiTemp;
    int avgLoTemp;
    float actualRain;
    float recordRain;
};
```

假设 int 型需要内存中的一个单元，float 型需要两个单元，结构体成员位于没有间隔的连续内存位置。

11. a. 声明 WeatherType 组件的一维数组类型 WeatherListType，该数组类型由 MonthType 类型的值索引。声明 WeatherListType 的变量 yearlyWeather。

    b. 将值 1.05 分配给 yearlyWeather 中 7 月记录的实际降雨量成员。

    c. 如果 yearlyWeather 的基址为 200，那么在 b 部分中分配的成员的地址是多少？

12. a. 声明一个包含 WeatherType 组件的二维数组 decadeWeather，该数组将在第一维中以 MonthType 类型的值进行索引。

    b. 画一张 decadeWeather 的图片。

c. 将值 26 赋给 2006 年 3 月的 avgLoTemp 成员。

13. a. 在逻辑层定义一个三维数组。

　　b. 对三维阵列的应用提出一些建议。

在练习 14~16 中使用以下声明：

```
typedef char String[10];
struct StudentRecord
{
  String firstName;
  String lastName;
  int id;
  float gpa;
  int currentHours;
  int totalHours;
};
StudentRecord student;
StudentRecord students[100];
```

假设 int 型需要内存中的一个单元，float 型需要两个单元，并且结构体成员位于没有间隔的连续内存位置。

14. 为 StudentRecord 构造一个成员长度偏移表。

15. 如果 student 的基址为 100，编译器将生成哪个地址作为以下赋值语句的目标？

student.gpa = 3.87;

16. 编译器为 student 留出了多少空间？

17. 指出哪种预定义的 C++ 类型将最适合为以下类型建模（可能不止一个选择）：

　　a. 一个棋盘。

　　b. 库存控制程序中有关单个产品的信息。

　　c. 名人名言列表。

　　d. 1995—2005 年，得克萨斯州高速公路事故的伤亡数字（每年的死亡人数）。

　　e. 1995—2005 年，各州高速公路事故的伤亡数字。

　　f. 1995—2005 年，每月各州高速公路事故的伤亡数字。

　　g. 电话簿（你所有朋友的姓名、地址和电话信息）。

　　h. 收集 24 小时的每小时温度。

18. 哪种 C++ 结构用于表示 ADT？

19. 解释 C++ 结构和类之间的区别。

20. 如何阻止客户端直接访问类实例的细节？

21. a. 类的用户可以查看私有成员的详细信息。（正确或错误）

　　b. 客户端程序可以访问私有成员的详细信息。（正确或错误）

22. 将类声明放在一个文件中，并将实现放在另一个文件中，为什么这是一种很好的做法？

23. 说出类可以相互关联的三种方式。

24. 如何区分组合和继承？

25. 如何区分基类和派生类？

26. 派生类是否可以访问基类的私有数据成员？

27. 派生类是否可以访问基类的公共成员函数？

28. a. 编写 ADT 矩阵的规格说明（矩阵可以由具有 N 行和 N 列的二维数组表示）。你可以假定最大为 50 行和 50 列。包括以下操作：

　　MakeEmpty(n)：清空矩阵。

　　StoreValue(i，j，value)：将值存储到 [I,j] 位置。

　　Add：将两个矩阵加在一起。

　　Subtract：用一个矩阵减去另一个矩阵。

　　Copy：将一个矩阵复制到另一个矩阵。

　b. 将规格说明转换为 C++ 类的声明。

　c. 实现成员函数。

　d. 为类编写一个测试计划。

29. DateType 仅保留月、日和年的整数表示形式。当需要以字符串形式表示月时，将计算该字符串。另一种方法是在日期中添加一个字符串字段，并在 Initialize 函数中计算并存储字符串形式。哪些方法必须更改？此更改是否会使使用 if 语句来查找合适的字符串变得更简洁？编写 if 语句的代码。

30. 如果将每个月的天数作为 DateType 类的数据字段，而不是在必要时进行查找，则有必要进行哪些更改？若使用 switch 语句来查找一个月中的天数，这种更改是否会使 switch 语句变得更简洁？编写 switch 语句的代码。

31. 比较和对比"案例研究"中使用的 DateType 类的实现以及练习 29 和练习 30 中提出的解决方法。这两种方法代表了空间与时间算法复杂度之间的经典权衡，请给出意见。

在练习 32~36 中使用以下可能的答案。

　a. $O(1)$。

　b. $O(\log_2 N)$。

　c. $O(N)$。

　d. $O(N \log_2 N)$。

　e. $O(N*N)$。

　f. $O(N*N*N)$。

32. 使用一种较好的排序算法（如快速排序）对包含 N 个元素的数组进行排序。

33. 使用较慢的排序算法（如选择排序）对包含 N 个元素的数组进行排序。

34. 在一个有 N 行的三维表格中，对每个元素进行递减运算。

35. 在一个有 N 行的二维表格中，对每个元素进行递减运算。

36. 比较三个项的顺序。

37. $O(N)$ 称为线性时间。（正确或错误）

38. $O(N)$ 称为对数时间。（正确或错误）

39. $O(N*N)$ 称为二次时间。（正确或错误）

40. $O(1)$ 称为常数时间。（正确或错误）

41. 复杂度为 $O(\log_2 N)$ 的算法总是比复杂度为 $O(N)$ 的算法快。（正确或错误）

第3章

无序列表 ADT

📝 知识目标

学习完本章后，你应该能够：

- 从三个方面描述无序列表 ADT。
- 使用无序列表操作来实现实用程序例程，以执行以下应用层任务：
    - ◆ 打印元素列表。
    - ◆ 从文件中创建元素列表。
- 使用基于数组的实现方式来完成以下无序列表操作：
    - ◆ 创建和销毁列表。
    - ◆ 确定列表是否已满。
    - ◆ 在列表中插入一个元素。
    - ◆ 从列表中获取一个元素。
    - ◆ 从列表中删除一个元素。
- 为抽象数据类型编写并执行测试计划。
- 声明指针类型的变量。
- 访问指针指向的变量。
- 使用链接的实现方式来完成上面列出的列表操作。
- 以 Big-O 近似比较无序列表 ADT 的两种实现。

在第 2 章中，定义了抽象数据类型，并讲述了如何从三个角度查看所有数据：逻辑角度、实现角度和应用程序角度。逻辑角度描述的是 ADT 如何操作的抽象视图；实现角度提供了如何执行逻辑操作的图片；应用程序角度说明了 ADT 为何这样运行，即该行为如何在现实问题中发挥作用。

3.1 列表

在计算机程序中，列表是非常有用的抽象数据类型。它们是抽象数据类型的一般类别的成员，称为容器，其目的是保存其他对象。在某些语言中，列表是内置结构。在 C ++ 中，虽然标准模板库中提供了列表，但是构建列表和其他抽象数据类型的技术非常重要，因此本章将介绍如何设计和编写自己的列表。

从逻辑的角度来看，列表是同构元素的集合，元素之间存在一种**线性关系**。这里的线性是指：在逻辑层，列表中除第一个元素外的每个元素都有一个唯一的前驱元素，而除最后一个元素外的每个元素都有一个唯一的后继元素。在实现层上，元素之间也存在关系，但是物理关系可能与逻辑关系不同。列表中元素的数量称为列表的**长度**，是列表的一个属性，也就是说，每个列表都有长度。

列表可以是无序（**无序列表**）的——元素可以不按特定顺序放置在列表中，或者可以通过多种方式对列表进行排序（**有序列表**）。例如，数字列表可以按值排序，字符串列表可以按字母顺序排序，成绩列表则可以按数字排序。当排序列表中的元素是复合类型时，它们的逻辑（通常是物理）顺序由结构的一个成员确定，这个成员称为**键**成员。例如，优秀学生列表可以按姓名的字母顺序排序，也可以按学号的数字大小排序。在第一种情况下，姓名是键；在第二种情况下，学号是键。这样的排序列表也称为"键序列表"。

如果列表不能包含具有重复键的元素，则称该列表具有唯一键。本章主要是处理无序列表，在第 4 章中，将讲解由具有唯一键值的元素组成的列表，这些列表按键值（从小到大）排序。

> **线性关系**
>
> 除第一个元素外，每个元素都有一个唯一的前驱元素；除最后一个元素外，每个元素都有一个唯一的后继元素。
>
> **长度**
>
> 列表中的元素个数，可以随着时间的推移而变化。
>
> **无序列表**
>
> 数据项未按特定顺序放置的列表，数据元素之间的唯一关系是前驱和后继关系。
>
> **有序列表**
>
> 按键值排序的列表，列表中元素的键之间存在语义关系。
>
> **键**
>
> 记录（结构或类）的成员，其取值用于确定列表元素中的逻辑及（或）物理顺序。

3.2 抽象数据类型的无序列表

3.2.1 逻辑层

程序员可以为列表提供许多不同的操作。对于不同的应用程序，可以想象用户可能需要对元素列表进行各种操作。在本章中，正式定义了一个列表，并开发了一组用于创建和操作列表的通用操作。通过这种做法，构建了一个 ADT。

接下来将设计列表 ADT 的规格说明，其中列表中的元素是无序的，也就是说，元素和它的前驱或后继之间不存在语义关系，表项仅在列表中逐个出现。

3.2.2 抽象数据类型操作

设计任何 ADT 的第一步都要退后一步，思考该数据类型的用户希望它提供什么。回顾四种操作：构造函数、转换函数、观察者函数和迭代器。下面介绍每种操作并考虑与列表 ADT 有关的每一种操作。在逻辑层上，操作名称使用手写字体，当引用特定的实现时，将其更改为等宽字体。

1. 构造函数

构造函数是创建数据类型的新实例，通常使用语言级别的声明来实现。

2. 转换函数（也称为赋值函数）

转换是以某种方式更改结构的操作：它们可以使结构为空，将一个元素插入结构中或从结构中删除一个特定元素。对于无序列表 ADT，则将这些转换函数称为 MakeEmpty、PutItem 和 DeleteItem。

MakeEmpty 只需要列表，不需要其他参数。当我们将操作实现为成员函数时，列表就是函数所应用的对象。PutItem 和 DeleteItem 需要另外一个参数：要插入或删除的元素。对于无序列表 ADT，通常假设要插入的元素不在当前列表中，而要删除的元素在当前列表中。

如果一个转换函数获取两个列表，并将一个列表追加到另一个列表中来创建第三个列表，那么它就是一个二元转换函数。

3. 观察者函数

观察者函数有几种形式。它们会询问有关数据类型的真假问题（结构是否为空），选择或访问特定元素（给我最后一个元素的副本），或返回结构的属性（结构中有多少个项？）。无序列表 ADT 至少需要两个观察者函数：IsFull 和 GetLength。如果列表已满，则 IsFull 返回 true；否则返回 false。GetLength 指明在列表中出现了多少项。另一个有用的观察者函数是在列表中搜索具有特定键的元素，如果找到了相关信息，则返回该信息的副本，一般称之为 GetItem。

如果 ADT 对组件类型进行了限制，则可以定义其他观察者函数。例如，如果知道 ADT 是一个数值列表，则可以定义统计观察者函数，如 Minimum、Maximum 和 Average。在这里，我们只关注一般性，对列表中项的类型一无所知，因此在 ADT 中仅使用一般观察者函数。

到目前为止，关于错误检查的介绍中，大多数意见是将检查错误条件的责任交给用户。通过使用前置条件来实现，若存在错误，则禁止调用操作。然而，在让用户负责检查错误条件之前，必须确保 ADT 为用户提供了用于检查错误条件的工具。还有一种方法，可以在列表中保留一个错误变量，让每个操作记录是否发生错误，并提供测试该变量的操作。检查是否发生错误的操作是观察者函数。然而，在指定的无序列表 ADT 中，通常让用户通过遵守 ADT 操作的前置条件来防止错误条件。

4. 迭代器

迭代器与组合类型结合应用，允许用户逐个组件地处理整个结构。为了使用户能够按顺序访问每个元素，提供了两个操作：一个用于初始化迭代过程（类似于对文件进行"重置"或"打开"），另一个用于在每次调用"下一个组件"时返回它的副本。然后，用户可以设置一个循环来处理每个组件，这些操作被称为 ResetList 和 GetNextItem。注意，ResetList 本身不是一个迭代器，而是支持迭代的辅助函数。还有另一种迭代器，它获取一个操作，并将其应用于列表中的每个元素。

C++	声明和定义

在一般的编程术语中，声明将标识符与数据对象、操作（如函数）或数据类型相关联。C++ 中的术语区分声明和定义。当声明将存储绑定到标识符时，它便成为定义。因此，所有定义都是声明，但并非所有声明都是定义。例如，函数原

型是声明，而带有主体的函数标题是函数定义。另一方面，诸如 typedef 之类的声明绝不能是定义，因为它们未绑定到存储。由于 C++ 处理类的方式，它们的规格说明也是一个定义。在引用类时，ISO / ANSI C ++ 标准使用术语"定义"而不是"声明"，因此在这里也这样做。

3.2.3　泛型数据类型

泛型数据类型定义了操作，但没有定义要操作元素的数据类型。某些编程语言具有用于定义泛型数据类型的内置机制，其他语言则缺少此功能。尽管 C++ 确实具有这种机制（称为模板），但将在第 6 章中详细介绍。在这里，提供了一种简单、通用的方法来模拟在任何编程语言中都适用的泛型。让用户在名为 ItemType 的类中定义列表中元素的数据类型，并让无序列表 ADT 包含该类的定义。

> **泛型数据类型**
> 定义了操作的类型，但没有定义要操作元素的数据类型。

列表的两个操作（DeleteItem 和 GetItem）将涉及两个列表组件的键的比较（如果列表按键值排序，则 PutItem 也是如此）。可以要求用户将键数据成员命名为 key，并使用 C++ 关系运算符比较键数据成员。但是，这种方法并不是非常令人满意，其原因有两个：key 在应用程序中并不总是有意义的标识符，并且 key 将被限制为简单类型的值。C++ 中确实有一种方法可以改变关系运算符的含义（称为重载），但是现在提出的是一种通用的解决方案，而不是依赖于语言的解决方案。

让用户在 ItemType 类中定义成员函数 ComparedTo。此函数比较两个元素，并根据一个元素的键是在另一个元素的键之前、之后或相等，分别返回 LESS、GREATER 或 EQUAL。如果键是简单的类型（如标识符），则将使用关系运算符来实现 ComparedTo。如果键是字符串，则 ComparedTo 将使用 <string> 中提供的字符串比较运算符。如果键是人们的名字，则将同时比较姓氏和名字。因此，我们的规格说明假定 ComparedTo 是 ItemType 的成员。

ADT 需要从用户那里获得更多信息：列表中元素的最大数量。由于此信息会因应用程序不同而不同，因此用户提供它是合乎逻辑的。

用两张 CRC 卡总结一下观察结果：一张用于 ItemType，另一张用于 UnsortedType。请注意，UnsortedType 与 ItemType 需要进行协作。

类名：ItemType		超类：		子类：
职责			**协作**	
Provide				
MAX_ITEMS				
enum RelationType (LESS, GREATER, EQUAL)				
ComparedTo (item) returns RelationType				
⋮				

类名: UnsortedType	超类:	子类:
职责	协作	
MakeEmpty		
IsFull returns Boolean		
GetLength returns integer		
GetItem (item, found) returns item	ItemType	
PutItem (item)	ItemType	
DeleteItem (item)	ItemType	
ResetList		
GetNextItem returns item	ItemType	
⋮		

无序列表 ADT 的规格说明如下:

无序列表 ADT 规格说明

结构: 列表元素是 ItemType 类型。该列表具有一个称为当前位置的特殊属性, 即 GetNextItem 在迭代列表期间访问的最后一个元素的位置, 只有 ResetList 和 GetNextItem 会影响当前位置。

定义 (由用户提供):

　　MAX_ITEMS :　　　　　　　　　　一个常量, 指定列表上的最大元素数。

　　ItemType :　　　　　　　　　　　封装列表中元素类型的类。

　　RelationType :　　　　　　　　　包含 LESS、GREATER、EQUAL 的枚举类型。

ItemType 类包含的成员函数:

RelationType ComparedTo (ItemType item)

　　功能:　　　　　　　　　　　　　根据两个 ItemType 对象的键确定它们的顺序。

　　前置条件:　　　　　　　　　　　实例和 item 的键成员已初始化。

　　后置条件:　　　　　　　　　　　如果实例的键值小于 item 的键值, 则返回 LESS。

　　　　　　　　　　　　　　　　　如果实例的键值大于 item 的键值, 则返回 GREATER。

　　　　　　　　　　　　　　　　　如果键值相等, 则返回 EQUAL。

操作 (由无序列表 ADT 提供):

MakeEmpty

　　功能:　　　　　　　　　　　　　将列表初始化为空状态。

无序列表 ADT 规格说明

前置条件：	无。
后置条件：	列表为空。

Boolean IsFull

功能：	确定列表是否已满。
前置条件：	列表已经初始化。
后置条件：	若列表已满，则返回 true，否则 false。

int GetLength

功能：	确定列表中元素的数量。
前置条件：	列表已经初始化。
后置条件：	返回列表的长度。

ItemType GetItem (ItemTypeitem, Boolean& found)

功能：	获取与元素的键值匹配的列表元素（如果存在）。
前置条件：	列表已经初始化。
	元素的键成员被初始化。
后置条件：	如果列表元素的键值与 item 的键值匹配，则 found = true 并返回这个元素的副本；否则 found= false，返回 item。
	列表不变。

PutItem(ItemType item)

功能：	将元素放入列表。
前置条件：	列表已经初始化。
	列表未满。
	元素不在列表中。
后置条件：	元素在列表中。

DeleteItem (ItemType item)

功能：	删除键与元素的键匹配的元素。
前置条件：	列表已经初始化。
	元素的键成员被初始化。
	列表中只有一个元素的键与元素的键相匹配。
后置条件：	列表中没有元素的键与元素的键相匹配。

ResetList

功能：	初始化列表迭代的当前位置。

无序列表 ADT 规格说明	
前置条件：	列表已经初始化。
后置条件：	当前位置在列表最前面。

ItemType GetNextItem ()

功能：	获取列表中的下一个元素。
前置条件：	列表已经初始化。
	当前位置已定义。
	当前位置的元素不是列表的最后一项。
后置条件：	当前位置更新为下一个位置。
	返回当前位置的元素的副本。

因为不知道 ItemType 中键成员的构成，所以必须将 ItemType 的整个对象作为参数传递给 GetItem 和 DeleteItem。请注意，这两个操作的前置条件都表明参数 item 的键成员已初始化。如果找到了具有相同键的列表元素，则 GetItem 会填充 item 的其余成员，而 DeleteItem 从列表中删除其键与 item 的键匹配的元素。

操作的规格说明有些随意。例如，在 DeleteItem 的前置条件中指定要删除的元素必须存在于列表中，并且必须是唯一的。还可以指定一个操作，该操作不需要元素位于列表中，并且如果该元素不存在，则保持列表不变。该决定是一种设计选择，如果正在为特定的应用程序设计规格说明，则设计选择将基于问题的要求。在这种情况下，作出了一个随意的决定，即在练习中，需要检查不同设计选择的效果。

规格说明中定义的操作足以创建和维护无序的元素列表。没有任何操作取决于结构中元素的类型。这种数据独立性使无序列表 ADT 真正具有抽象性。每个使用无序列表 ADT 的程序都在应用程序的上下文中定义了 ItemType，并提供了一个比较成员函数，该函数定义在两个 ItemType 类型的项上。

3.2.4 应用层

提供给无序列表 ADT 的一组操作集似乎很小且很原始。实际上，这组操作为我们提供了一种工具，该工具可以创建需要 ItemType 知识的特殊用途例程。例如，没有包含输出操作，为什么？因为要编写输出例程，所以必须知道数据成员的外观。用户（确实知道数据成员的外观）可以使用 GetLength、ResetList 和 GetNextItem 操作迭代列表，依次输出每个数据成员。在接下来的代码中，假定用户已为 ItemType 定义了一个成员函数，该函数输出一个元素的数据成员。我们还假定无序列表 ADT 本身是作为一个类来实现的，其操作是成员函数。

```
    void PrintList(std::ofstream& dataFile, UnsortedType list)
    // 前置条件：列表已初始化
    //           dataFile 已打开，准备写入
    // 后置条件：列表中的每个组件都已写入 dataFile
    //           dataFile 仍处于打开状态
    {
      int length;
```

```
      ItemType item;

      list.ResetList();
      length = list.GetLength();
      for (int counter = 1; counter <= length; counter++)
      {
        item = list.GetNextItem();
        item.Print(dataFile);
      }
    }
```

请注意,这里定义了一个局部变量 length,存储 list.GetLength() 的结果,并在循环中使用该局部变量。这样做是为了提高效率:该函数仅被调用一次,从而节省了额外的函数调用开销。

另一个依赖于应用程序的操作是从文件中读取数据(ItemType 类型),并创建一个包含这些元素的列表。在不知道列表是如何实现的情况下,用户可以使用无序列表 ADT 中指定的操作编写函数 CreateListFromFile。假设有一个函数 GetData,该函数访问文件中的各个数据成员并以 item 的形式返回它们。

```
    void CreateListFromFile(std::ifstream&dataFile,UnsortedType&list)
    // 前置条件: dataFile 存在并已打开
    // 后置条件: 列表包含 dataFile 中的元素
    //          文件结束, dataFile 处于关闭状态
    //          列表已满后读取的元素将被丢弃
    {
      ItemType item;

      list.MakeEmpty();
      GetData(dataFile, item);          // 从 dataFile 读取一个元素
      while (dataFile)
      {
        if (!list.IsFull())
        list.PutItem(item);
        GetData(dataFile, item);
      }
    }
```

在这两个函数中,调用了为无序列表 ADT 指定的列表操作,在不知道列表是如何实现的情况下创建并输出了列表。在应用层,这些任务是对列表的逻辑操作。在较低的层次中,这些操作是通过 C++ 函数实现的,这些函数操作数组或保存列表元素的其他数据存储介质。可以使用多种功能正确的方法来实现 ADT。在用户脑海中的印象与计算机内存中的最终表示之间,存在抽象和设计决策的中间层是可能的。例如,列表元素的逻辑顺序如何反映在它们的物理顺序中?接下来介绍 ADT 的实现层以解决这样的问题。

3.2.5　实现层

列表元素的逻辑顺序可能与实际存储数据的方式相同,也可能不相同。如果在数组中实现一个列表,则对组件进行排列,使其组件的前驱和后继在物理上位于它之前和之后。在本章的后面,将介绍一种实现列表的方法,其中组件按逻辑排序而不是按物理排序。然而,列表元素的物理排序肯定会影响访

问列表元素的方式。这种安排可能会影响列表操作的效率。例如，无序列表 ADT 的规格说明中没有要求实现以随机顺序存储元素的列表。如果将元素存储在一个完全排序的数组中，仍然可以实现无序列表的所有操作。存储的元素是无序还是有序的，这有区别吗？将在第 4 章中回答这个问题。`

有两种方法可以实现保持列表中的列表项的顺序，以物理方式存储元素，即从一个列表元素直接访问其逻辑后继元素，下面介绍这两种方法。

第一种方法是基于顺序数组的列表表示。这种实现的主要特点是元素按顺序存储在数组中相邻的槽中。元素在数组中的位置隐含了它们的顺序。第二种方法是链表表示。在链接的实现中，元素不必位于连续的内存地址中，相反，是单个元素存储在"内存中的某个地方"，它们的顺序是通过它们之间的显式链接来维护的。图 3.1 说明了数组与链接列表之间的区别。

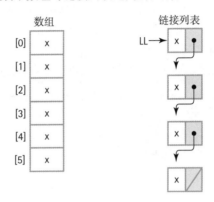

图 3.1　数组与链接列表的比较

在学习新内容前，先建立一个可以在算法中使用的设计术语，这个术语与最终的列表实现无关。

1. 列表设计术语

假设 location "访问"一个特定的列表元素：

Node(location) 是指位置上的所有数据，包括特定于实现的数据。

Info(location) 是指用户在该位置的数据。

Info(last) 是指列表中最后一个位置的用户数据。

Next(location) 给出 Node(location) 之后的结点的位置。

那么，什么是 location？对于基于数组的实现，location 是一个索引，因为用户通过它们的索引访问数组槽。例如，设计声明

Print element Info(location)

表示"输出在索引位置的数组槽中的用户数据"，可以用 C++ 编码为

list.info[location].Print(dataFile);

在本章后面有一个链接的实现，编码转换是不同的，但是算法是相同的。也就是说，实现操作的代码发生了变化，但算法没有变化。因此，使用这种设计术语为无序列表 ADT 定义了与实现无关的算法。

但是 Next(location) 在基于数组的顺序实现中是什么意思呢？要回答这个问题，请考虑如何访问存储在数组中的下一个列表元素：递增 location 值，即索引值。设计声明

Set location to Next(location)

因此，可以用 C++ 编码为

```
location++;                    // location 是一个数组索引
```

这个设计术语列表并不是为了强迫大家学习另一种计算机语言的语法。相反，是希望能够鼓励大家将列表和列表元素的各个部分视为抽象的。有意使设计术语与函数调用的语法相似，以强调在设计阶段可以隐藏实现细节。更低级别的细节被封装在函数 Node、Info 和 Next 中。使用这种设计术语，希望可以记录基于数组和链接实现的编码算法。

2. 数据结构

在实现中，列表的元素存储在类对象的数组中。

```
ItemType info[MAX_ITEMS];
```

需要一个 length 数据成员来跟踪已存储在数组中的元素的数量和最后一个元素的存储位置。因为列表项未排序，所以将第一项放入列表的第一个槽中，将第二项放入第二个槽中，以此类推。因为使用的语言是 C++，所以必须记住第一个槽的索引是 0，第二个槽的索引是 1，最后一个槽的索引是 MAX_ITEMS − 1。现在我们应该知道列表从哪里开始——第一个数组槽。列表在哪里结束？数组在索引为 MAX_ITEMS − 1 的槽位结束，而列表在索引长度减 1（length−1）的槽位结束。

关于列表，还有必须包含的信息吗？ ResetList 和 GetNextItem 操作都指向"当前位置"。当前位置是什么？它是链表迭代中访问的最后一个元素的索引，称为 currentPos。ResetList 将 currentPos 初始化为 − 1。GetNextItem 将 currentPos 加 1，并返回 info[currentPos] 的值。ADT 规格说明中指出，只有 ResetList 和 GetNextItem 影响当前位置。图 3.2 展示了 UnsortedType 类的数据成员。

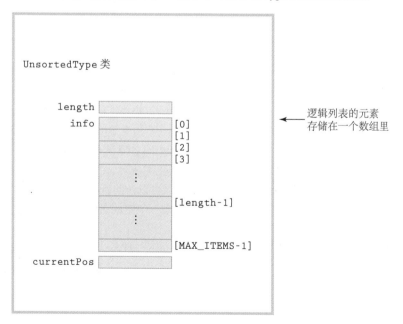

图 3.2　UnsortedType 类的数据成员

```
#include "ItemType.h"
// 文件 ItemType.h 必须由该类的用户提供
// ItemType.h 必须包含以下定义:
// MAX_ITEMS: 列表中元素的最大数量
// ItemType: 列表中对象的定义
// RelationType:{LESS, GREATER, EQUAL}
// 成员函数 ComparedTo(ItemType item) 的返回值
// 如果实例在 item 之前, 返回 LESS
// 如果实例在 item 之后, 返回 GREATER
// 如果实例和 item 相同, 返回 EQUAL

class UnsortedType
{
public:
  UnsortedType();
  void MakeEmpty();
  bool IsFull() const;
  int GetLength() const;
  ItemType GetItem(ItemType item, bool& found);
  void PutItem(ItemType item);
  void DeleteItem(ItemType item);
  void ResetList();
  ItemType GetNextItem();
private:
  int length;
  ItemType info[MAX_ITEMS];
  int currentPos;
};
```

现在看看为无序列表 ADT 指定的操作。

3. 构造函数操作

CRC 卡没有构造函数，但是一个类应该有一个构造函数。前面提到过，构造函数通常是一种语

> **类构造函数**
> 类的特殊成员函数，在定义类对象时隐式调用。

言级别的操作。C++ 提供了一个称为**类构造函数**的语言级构造函数，当声明了类的变量时，该构造函数自动进行初始化。类构造函数是与类同名但没有返回类型的成员函数。构造函数的目的是初始化类成员，并在必要时为所构造的对象分配资源（通常是内存）。与任何其他成员函数一样，构造函数可以访问所有成员，包括公共与私有的数据成员和函数成员。与所有成员函数一样，类构造函数可以有一个空的参数列表（称为默认类构造函数），也可以有一个或多个参数。

在前面的类声明中包含了一个类构造函数。现在，UnsortedType 类构造函数必须做什么呢？后置条件声明列表为空，但是由于插槽的存在，任何数组都不能为空。而列表仅包含存储在数组中的那些值，即从位置 0 到位置长度减 1（length-1）。因此，空列表就是长度为 0 的列表。

```
UnsortedType::UnsortedType ()
{
  length = 0;
}
```

注意,不需要对保存列表项的数组进行任何操作,就可以使列表为空。如果 length 为 0,则列表为空。如果 length 不为 0,则必须在数组中存储 length-1 个元素,覆盖原来的元素。用户对数组中从长度位置到末尾的内容不感兴趣。这个区别非常重要:列表位于位置 0 和 length-1 之间,该数组位于位置 0 和 MAX_ITEMS - 1 之间。

C++ **使用类构造函数的规则**

C++ 有复杂的规则来管理构造函数的使用。以下规则特别重要:

(1)构造函数不能返回函数值,因此该函数在声明时没有返回值类型。虽然不是必需的,但是允许在构造函数的末尾使用没有表达式的 return 语句。因此,return 在构造函数中是合法的,但不能是 return 0。

(2)像其他任何成员函数一样,构造函数可以被重载。因此,一个类可以提供多个构造函数。在声明类对象时,编译器根据构造函数的形参的数量和数据类型选择适当的构造函数,就像其他重载函数的调用一样。

(3)向构造函数传递实参的方式是将实参列表放在被声明的类对象的名称之后,语句如下:

```
SomeType myObject(argument1, argument2);
```

(4)如果类对象在声明时没有参数列表,如

```
SomeType myObject;
```

那么运行效果取决于类提供的构造函数(如果有的话)。如果类没有构造函数,编译器将生成一个不执行任何操作的默认构造函数。如果类有构造函数,则调用默认(无参数)构造函数。如果类有构造函数但没有默认构造函数,则会发生语法错误。

(5)如果类至少有一个构造函数,并且类对象数组在语句中声明

```
SomeType myObject[5];
```

那么其中一个构造函数必须是默认(无参数)构造函数。数组中的每个元素都会调用此构造函数。

---

4. 观察者函数操作

观察者函数 IsFull,检查 length 是否等于 MAX_ITEMS。

```
bool UnsortedType::IsFull() const
{
  return (length == MAX_ITEMS);
}
```

观察者函数的成员函数 GetLength 的主体也是一个语句。

```
int UnsortedType::GetLength() const
{
  return length;
}
```

到目前为止,我们还没有使用特殊设计术语。这些算法一直都是一个(显式的)声明。接下来的 GetItem 操作更为复杂。GetItem 操作允许列表用户访问具有指定键的列表项(如果该元素存在于列表中)。将 item(已初始化键)输入到该操作中,会返回 item 和 found(标志)。如果 item 的键与列表中的键匹配,则 found 为 true,并返回具有匹配键的元素的副本;否则,found 为 false,item 为返回输入值。注意,item 既用于函数的输入,也用于函数的输出。从概念上讲,关键成员是输入;其他数据成员是输出,

因为函数填充了它们。

　　要检索一个元素，首先必须找到它。因为这些元素是无序的，所以必须使用线性搜索（又称顺序搜索）。从列表中的第一个元素开始循环，直到找到具有相同键的元素或没有其他需要检查的元素为止。识别匹配很简单：item. ComparedTo (info[location]) 返回 EQUAL。但怎么知道什么时候该停止查找呢？如果已经查找到最后一个元素，就可以停止了。因此，在设计术语中，只要没有检查 Info(last)，就会继续查找。循环语句是一个带有表达式 moreToSearch AND NOT found 的 while 语句。循环体是基于 ComparedTo 函数结果的 switch 语句。以下算法中总结了这些分析结果：

GetItem

```
将 location 初始化为第一个元素的位置
将 found 设置为 false
将 moreToSearch 设置为"尚未检查 Info(last)"
while moreToSearch AND NOT found
  switch (item.ComparedTo(Info(location)))
    case LESS:
    case GREATER : 将 location 设置为 Next(location)
                   将 moreToSearch 设置为"尚未检查 Info(last)"
    case EQUAL :   将 found 设置为 true
                   将 item 设置为 Info(location)
  return item
```

　　在编写此算法之前，看看在哪些情况下在列表中找到了相应元素，以及在哪些情况下检查了 Info(last) 却没有找到它。在图 3.3 中，用优秀生名单的形式描述了这些情况。首先，要查找 Sarah，因为 Sarah 在列表中，所以 moreToSearch 为 true、found 为 true、location 为 1，如图 3.3（a）所示。接下来，查找 Susan，因为 Susan 不在列表中，所以 moreToSearch 为 false、found 为 false，location 等于 length，如图 3.3（b）所示。

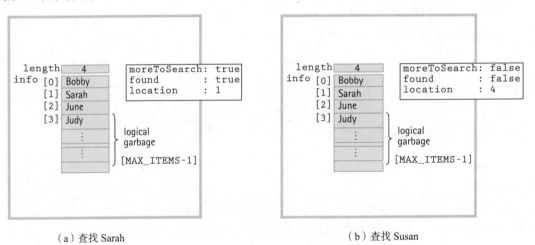

（a）查找 Sarah　　　　　　　　　　　　　　　（b）查找 Susan

图 3.3　查找无序列表中的元素

　　现在准备编写算法，用等效的数组术语代替一般的设计术语，除了初始化 location 和确定是否检查了 Info(last) 之外，其他的替换很简单。为了在基于数组的 C++ 实现中初始化 location，将其设置为 0。只要 location 小于 length，就意味着没有检查过 Info(last)。注意：因为 C++ 的数组索引是从 0 开始的，所以在索引 length − 1 处找到的是列表中的最后一个元素。以下是编码算法：

```
ItemType UnsortedType::GetItem (ItemType item, bool& found)
// 前置条件：初始化列表的键成员
// 后置条件：如果找到，则 item 的键与列表中元素的键匹配，并返回该元素的副本；否则，返回 item
{
  bool moreToSearch;
  int location = 0;
  found = false;

  moreToSearch = (location < length);

  while (moreToSearch && !found)
  {
    switch (item.ComparedTo (info[location]))
    {
      case LESS    :
      case GREATER : location++;
                     moreToSearch = (location < length);
                     break;
      case EQUAL   : found = true;
                     item = info[location];
                     break;
    }
  }
  return item;
}
```

请注意，上面代码返回的是列表元素的副本。调用者不能直接访问列表中的任何数据。

5. 转换函数操作

在哪里插入一个新元素？因为列表元素未按键值排序，所以可以将新元素放在任何地方。一个简单的策略是将元素放在 length 位置，然后将 length 加 1。

PutItem

设置 Info(length) 为 item
增加 length

该算法可以很容易地转换为 C++ 代码。

```
void UnsortedType::PutItem(ItemType item)
// 后置条件：元素在列表中
{
  info[length] = item;
  length++;
```

```
    }
```

DeleteItem 函数接受一个带有键成员的元素，该键成员指示要删除哪个元素。这个操作分为两个步骤：找到要删除的元素然后删除它。可以使用 GetItem 算法来搜索列表：当 ComparedTo 返回 GREATER 或 LESS 时，增加 location；当返回 EQUAL 时，退出循环并删除元素。

如何从列表中删除元素？看一下图 3.4 中的示例。从列表中删除 Judy 很容易，因为 Judy 是列表中的最后一个元素，如图 3.4（a）和图 3.4（b）所示。但是，如果要从列表中删除 Bobby，需要向上移动后面的所有元素来填充空格吗？如果列表按值排序，则必须将所有元素向上移动，如图 3.4（c）所示。然而，因为列表是无序的，所以可以只交换 length – 1 位置的元素与被删除的元素，如图 3.4（d）所示。在基于数组的实现中，实际上并没有删除元素；相反，会使用紧跟在它后面的元素（如果列表已排序）或最后一个位置的元素（如果列表未排序）来覆盖它，最后再递减 length。

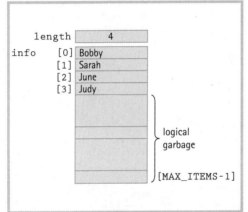

（a）原始列表

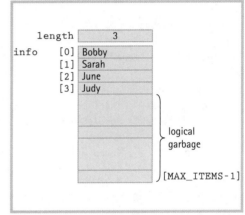

（b）删除 Judy

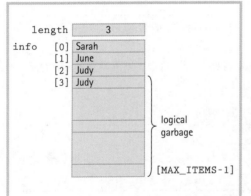

（c）删除 Bobby（上移）

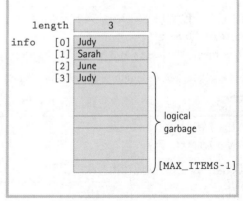

（d）删除 Bobby（交换）

图 3.4　删除无序列表中的元素

因为 DeleteItem 的前置条件声明，列表中一定存在具有相同键的元素，所以不需要测试列表的末尾。

这个选择极大地简化了算法，因此不需要进一步讲解，代码如下：

```
void UnsortedType::DeleteItem(ItemType item)
// 前置条件：item 的 key 已经初始化
//          列表中的元素有一个与 item 匹配的键
// 后置条件：列表中的元素没有与 item 匹配的键
{
  int location = 0;
  while (item.ComparedTo(info[location]) != EQUAL)
    location++;

  info[location] = info[length - 1];
  length--;
}
```

如何使列表为空？把长度设为 0 即可，代码如下：

```
void UnsortedType::MakeEmpty()
// 后置条件：列表为空
{
    length = 0;
}
```

6. 迭代器操作

ResetList 函数类似于文件的打开操作，其中文件指针位于文件的开头，以便第一个输入操作访问文件的第一个组成元素。对输入操作的每次连续调用都将获得文件中的下一个。因此，ResetList 必须初始化 currentPos，使其指向列表中第一个元素的前驱。

GetNextItem 操作类似于输入操作，它通过递增 currentPos 并返回 Info(currentPos) 来访问下一个元素。

ResetList

初始化 currentPos

GetNextItem

设置 currentPos 为 Next(currentPos)
返回 Info(currentPos)

在被 ResetList 初始化之前，currentPos 一直是未定义的。在第一次调用 GetNextItem 之后，currentPos 是 GetNextItem 访问的最后一个元素的位置。因此，要在 C++ 中基于数组的列表中实现此算法，currentPos 必须初始化为 –1。这些操作的代码如下：

```
void UnsortedType::ResetList()
// 后置条件：已初始化 currentPos
{
  currentPos = -1;
}
```

如果在 GetNextItem 调用之间执行转换函数操作会发生什么？迭代将是无效的。为防止这种情况发生，应该增加一个前置条件，代码如下：

```
ItemType UnsortedType::GetNextItem()
// 前置条件：调用 ResetList 来初始化迭代
//            自上次调用以来没有执行任何转换函数
//            已定义 currentPos
// 后置条件：元素是当前元素
//            当前位置已更新
{
  currentPos++;
  return info[currentPos];
}
```

ResetList 和 GetNextItem 被设计为在客户端程序中循环使用，用于迭代列表中的所有项。
GetNextItem 规格说明中的前置条件是禁止访问不在列表中的数组元素。这个前置条件要求：在调用
GetNextItem 之前，当前位置的元素不是列表中的最后一项。注意，此前置条件仅负责访问客户端定义
的元素，而不是在 GetNextItem 中定义的元素。

下面是基于数组版本的 UnsortedType 类的完整规格说明和实现文件，其中包含简化的文档。

```
// UnsortedType.h 文件中包含了 UnsortedType 类的规格说明
#include "ItemType.h"
// 文件 ItemType.h 由该类的用户提供
// ItemType.h 必须包含以下定义：
// MAX_ITEMS: 列表中元素的最大数量
// ItemType: 列表中对象的定义
// RelationType: {LESS, GREATER, EQUAL}
// 成员函数 ComparedTo(ItemType item) 的返回值
// 如果实例在 item 之前，返回 LESS
// 如果实例在 item 之后，返回 GREATER
// 如果实例与 item 相同，返回 EQUAL
class UnsortedType
{
public:
  UnsortedType();
  void MakeEmpty();
  bool IsFull()const;
  int GetLength()const;
  ItemType GetItem(ItemType item, bool& found);
  void PutItem(ItemType item);
  void DeleteItem(ItemType item);
  void ResetList();
  ItemType GetNextItem();
private:
  int length;
  ItemType info[MAX_ITEMS];
```

```
    int currentPos;
};

// Unsorted.h 的实现文件

#include "unsorted.h"
UnsortedType::UnsortedType()
{
  length = 0;
}
bool UnsortedType::IsFull() const
{
  return (length == MAX_ITEMS);
}
int UnsortedType::GetLength() const
{
  return length;
}
ItemType UnsortedType::GetItem(ItemType item, bool& found)
// 前置条件: 初始化 item 的键成员
// 后置条件: 如果找到, 则 item 的键与列表中元素的键相匹配, 并返回该元素的副本; 否则, 返回 item
{
  bool moreToSearch;
  int location = 0;
  found = false;

  moreToSearch = (location < length);

  while (moreToSearch && !found)
  {
    switch (item.ComparedTo(info[location]))
    {
      case LESS    :
      case GREATER : location++;
                     moreToSearch = (location < length);
                     break;
      case EQUAL   : found = true;
                     item = info[location];
                     break;
    }
  }
  return item;
}
void UnsortedType::MakeEmpty()
```

```
// 前置条件：列表为空
{
  length = 0;
}
void UnsortedType::PutItem(ItemType item)
// 后置条件：item 在列表中
{
  info[length] = item;
  length++;
}
void UnsortedType::DeleteItem(ItemType item)
// 前置条件：item 的键已经初始化，列表中的元素具有与 item 相匹配的键
// 后置条件：列表中没有任何元素具有与 item 相匹配的键
{
  int location = 0;

  while (item.ComparedTo(info[location]) != EQUAL)
    location++;

  info[location] = info[length - 1];
  length--;
}
void UnsortedType::ResetList()
// 后置条件：currentPos 已经初始化
{
  currentPos = -1;
}
ItemType UnsortedType::GetNextItem()
// 前置条件：调用 ResetList 初始化迭代
//          自上次调用以来没有执行任何转换器
//          currentPos 已定义
// 后置条件：item 是当前 item
//          当前位置已更新
{
  currentPos++;
  return info[currentPos];
}
```

7. 基于数组的列表实现的注意事项

在几个列表操作中，声明了局部变量 location，它包含正在处理的列表项的数组索引。数组索引的值永远不会在列表操作之外显示，这些信息仍然是无序列表 ADT 实现的内部信息。如果列表用户想获取列表中的一个元素，GetItem 操作不会返回该元素的索引；相反，它返回元素的副本。如果用户希望更改元素中数据成员的值，这些更改不会反映在列表中，除非用户删除原始值并插入修改后的版本。列表用户永远不能看到或操作存储列表的物理结构，因为 ADT 封装了列表实现的这些细节。

8. 测试计划

UnsortedType 类有一个构造函数和其他七个成员函数：转换函数 PutItem 和 DeleteItem、观察者函数 GetLength 和 GetItem、迭代器 ResetList 和 GetNextItem 以及 IsFull 函数。因为操作与列表中对象的类型无关，所以可以将 ItemType 定义为 int 类型。如果操作处理这些数据，也可以处理任何其他 ItemType。以下是在测试计划中对 ItemType 的定义，将最大元素个数设置为 5，包含一个成员函数，用于将 ItemType 类的元素输出到 ofstream 对象（文件）。需要在驱动程序中使用这个函数来查看列表项中的值。

```cpp
// 在 ItemType.h 文件中的声明和定义
#include <fstream>

const int MAX_ITEMS = 5;
enum RelationType  {LESS, GREATER, EQUAL};

class ItemType
{
public:
  ItemType();
  RelationType ComparedTo(ItemType) const;
  void Print(std::ofstream&) const;
  void Initialize(int number);
private:
  int value;
};

// 在 ItemType.cpp 文件中的定义
#include <fstream>
#include "ItemType.h"
ItemType::ItemType()
{
  value = 0;
}

RelationType ItemType::ComparedTo(ItemType otherItem) const
{
  if (value < otherItem.value)
    return LESS;
  else if (value > otherItem.value)
    return GREATER;
  else return EQUAL;
}

void ItemType::Initialize(int number)
{
```

```
    value = number;
}

void ItemType::Print(std::ofstream& out) const
// 前置条件：out 已经打开
// 后置条件：值已经发送到流输出
{
    out << value << " ";
}
```

规格说明中的前置条件和后置条件决定了黑盒测试策略所需的测试。函数的代码决定了白盒测试策略。为了测试无序列表 ADT 的实现，使用两种策略的组合。因为其他所有操作的前置条件是列表已经初始化，所以通过检查列表最初是否为空来测试构造函数（调用 GetLength 返回 0）。

GetLength、PutItem 和 DeleteItem 必须同时进行测试。也就是说，插入元素并检查长度，删除元素并检查长度。如何判断 PutItem 和 DeleteItem 是否在正常工作？我们编写了一个辅助函数 PrintList，它使用 GetLength、ResetList 和 GetNextItem 来迭代列表并输出值。通过调用 PrintList 来检查经过一系列插入和删除操作之后的列表的状态。为了测试 IsFull 操作，插入 4 个元素并输出测试结果，然后插入第 5 个元素并输出测试结果。要测试 GetItem，将搜索已知在列表中存在的元素和已知在列表中不存在的元素。

我们如何选择测试计划中使用的值？来看看列表中的最终情况，该项位于列表中的第一个位置，该元素位于列表中的最后一个位置，且该元素是列表中唯一的一个元素。我们必须确保 DeleteItem 能够正确地删除这些位置上的元素，还必须确认 GetItem 可以在这些相同的位置找到元素，并正确地确定没有找到小于第一个位置的值或大于最后一个位置的值。请注意，这个测试计划包含一个黑盒测试。也就是说，按照接口中描述的方式来看看列表，而不是代码。

这些观察结果总结在下面的测试计划中，测试按照它们应该执行的顺序显示。

要测试的操作和操作说明	输入值	期望的输出
构造函数		
输出 GetLength		0
PutItem		
输入四个元素并输出	5, 7, 6, 9	5 7 6 9
输入元素并输出	1	5 7 6 9 1
GetItem		
查找 4 并输出查找结果		未找到该元素
查找 5 并输出查找结果		找到该元素
查找 9 并输出查找结果		找到该元素
查找 10 并输出查找结果		未找到该元素
IsFull		
调用（列表已满）		列表已满

要测试的操作和操作说明	输入值	期望的输出
删除 5 并调用		列表未满
DeleteItem		
删除 1 并输出结果		7 6 9
删除 6 并输出结果		7 9

如何测试 GetLength、ResetList 和 GetNextItem？它们没有明确出现在测试计划中，但是每次调用辅助函数 PrintList 来输出列表中的内容时都会对其进行测试。

以下是用于测试的 ItemType 和 UnsortedType 的 UML 图。这些图是 UnsortedType 类文档的一部分。当一个类包含另一个类的实例时，如 UnsortedType 中包含类 ItemType 的数组，就在 UnsortedType 类旁边的直线末端绘制一个实心菱形。方法（函数）标题上参数类型后面的"与"符号（&）表示该参数是引用参数。

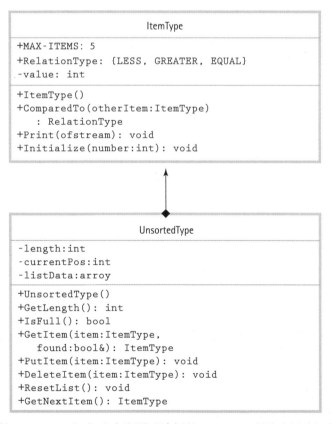

在 Web 上，文件 listType.in 包含反映此测试计划的 listDr.cpp（测试驱动程序）的输入；listType.out 和 listTest.screen 包含输出。

3.3 指针类型

3.3.1 逻辑层

指针是一种简单数据类型，不是复合类型，但它们允许在运行时创建复合类型。本节介绍了指针的创建过程、访问函数和使用方法。

指针变量不包含一般意义上的数据值，而是包含另一个变量的内存地址。要声明一个可以指向整型数值的指针，可以使用以下语法：

```
int* intPointer;
```

数据类型的后缀符号 * 表示所定义的变量是指向该类型对象的指针：intPointer 可以指向内存中包含 int 类型的值的位置（* 也可以作为变量名的前缀符号）。与所有新定义的变量一样，intPointer 的内容是未定义的。下图显示了执行此语句后的内存（为了便于说明，我们假设编译器已经将位置 10 分配给了 intPointer）。

如何获得 intPointer 指向的地址？一种方法是使用前缀"&"运算符，它被称为取址运算符。声明语句如下：

```
int alpha;
int* intPointer;
```

赋值语句如下：

```
intPointer = &alpha;
```

上面这句语句表示获取 alpha 的地址并将其存储到 intPointer 中。如果 alpha 位于地址 33，则内存如下所示：

地址	内存	变量名
	⋮	
0010	33	intPointer
	⋮	
0033	?	alpha
	⋮	

有一个指针，还有一个指针指向的地址，如何访问这个地址呢？星号（*）作为指针名称的前缀访问指针所指向的位置。星号被称为**解引用运算符**。将 25 存储在 intPointer 所指向的地址。

```
*intPointer = 25;
```

内存如下所示：

地址	同存	变量名
	⋮	
0010	33	intPointer
	⋮	
0033	25	alpha
	⋮	

*intPointer ccontains 25

因为 intPointer 指向 alpha，所以下面的语句：

```
*intPointer = 25;
```

表示 alpha 的间接寻址。计算机首先访问 intPointer，然后利用它的内容定位 alpha。与之对应，下面的语句：

```
alpha = 10;
```

表示 alpha 的直接寻址。直接寻址类似于打开一个邮政信箱（如 15 号信箱），并找到一个包裹，而间接寻址类似于打开 15 号信箱，找到一张便条，上面写着："你的包裹在 23 号信箱中。"

获得 intPointer 所指向的地址的第二种方法称为**动态分配**。在前面的例子中，intPointer 和 alpha 的内存空间都是在编译时静态分配的。或者，程序也可以在运行时动态分配内存。

为了实现变量的动态分配，使用 C++ 中的 new 操作符，后跟数据类型的名称，语句如下：

> **解引用运算符**
> 一种运算符，应用于指针变量时，指示指针所指向的变量。
>
> **动态分配**
> 在运行时为变量分配内存空间（相对于编译时的静态分配）。

```
intPointer = new int;
```

在运行时，new 操作符分配一个能够保存 int 值的变量并返回其内存地址，然后将其存储在 intPointer 中。如果 new 操作符在执行上述语句后返回地址 90，则内存如下所示：

由 new 创建的变量存储在**自由存储区（堆）**上，这是为动态分配而预留的内存空间。动态分配的变量没有名称，不能直接寻址，必须通过 new 返回的指针进行间接寻址。

> **自由存储区（堆）**
> 为动态分配数据保留的内存空间。

有时想要一个指向空的指针。根据 C++ 中的定义，值为 0 的指针称为空指针，它没有指向任何内容。为了帮助用户区分空指针和整数值 0，<cstddef> 提供了命名常量 NULL 的定义，使用该常量来代替直接引用 0。下面再看几个例子。

```
bool*  truth = NULL;
float*  money = NULL;
```

在绘制指针的图片时，用一条从右上到左下的对角线来表示该值为 NULL。

再多进行几次指针操作，并检查内存。

```
truth = new bool;
*truth = true;
money = new float;
* money = 33.46;
float* myMoney = new float;
```

当绘制指针和它们所指向的对象的图片时，使用方框和箭头。

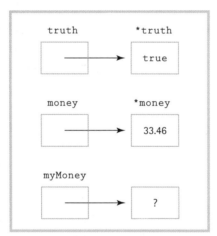

任何可以应用于常量或 int 类型变量的操作都可以应用于 *intPointer。任何可以应用于常量或 float 类型变量的操作都可以应用于 *money。任何可以应用于常量或 bool 类型变量的操作都可以应用于 *truth。例如，可以用下面的语句将一个值读入 *myMoney：

```
std::cin >> *myMoney;
```

如果输入流中的当前值为 99.86，则在执行前面的语句后，*myMoney 包含 99.86。

只要指针变量指向相同数据类型的变量，就可以比较它们是否相等并相互赋值。考虑以下两条语句：

```
* myMoney = *money;
myMoney = money;
```

第一条语句将 money 指向的地址的值复制到 myMoney 指向的地址。

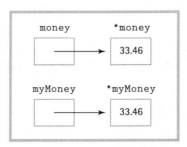

第二条语句将 money 中的值复制到 myMoney 中，并进行如下配置：

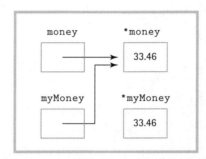

此时，存放 33.46 的第二个副本的地址不能被访问，因为没有指针指向它。这种情况称为**内存泄漏**，不能再访问的内存空间称为**垃圾**。一些编程语言（如 Java）提供了垃圾收集机制，也就是说，在运行时支持系统定期地遍历内存并回收不存在访问路径的内存空间。

> **内存泄漏**
> 只动态分配内存但从不释放内存时，导致可用内存空间丢失。
>
> **垃圾**
> 无法再访问的内存空间。

为了避免内存泄漏，C++ 提供了 delete 运算符，该运算符将先前分配的内存空间返回给自由存储区，即 new 操作符预先分配的内存空间。如果需要，可以再次分配这些内存空间。下面的代码段可以防止内存泄漏：

```
delete myMoney;
myMoney = money;
```

myMoney 最初指向的地址不再被分配。注意，delete 并不是删除指针变量，而是删除指针所指向的变量。

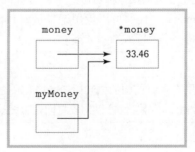

注意将一个指针赋值给另一个指针（myMoney = money）和赋值指向的地址（*myMoney = *money）之间的区别。一定要注意区分指针和它所指向的对象！

3.3.2 应用层

是否传递了一个数组作为参数？如果是，则使用了指针常量。没有索引方括号的数组的名称是常量指针表达式，即数组的基址。看看下面的代码段：

```
char alpha[20];
char *alphaPtr;
char *letterPtr;
void Process(char[]);
    ⋮
alphaPtr = alpha;
letterPtr = &alpha[0];
Process(alpha);
```

在这里，将常量指针 alpha 赋值给 alphaPtr，letterPtr 被赋值为数组 alpha 中第一个位置的地址。alphaPtr 和 letterPtr 都包含数组 alpha 中第一个位置的地址。当 Process 函数的原型说它接受一个 char 数组作为参数时，这意味着它需要一个指针表达式（数组的基址）作为实际参数。因此，调用语句将不带任何索引方括号的数组名发送给函数。

指针也可以与其他复合类型一起使用，代码如下：

```
struct MoneyType
{
  int dollars;
  int cents;
};
MoneyType *moneyPtr = new MoneyType;
moneyPtr–>dollars = 3245;
moneyPtr–>cents = 33;
```

箭头运算符（–>）为解引用指针和访问结构体或类成员提供了快捷方式。也就是说，moneyPtr–>cents 是 (*moneyPtr).cents 的缩写。解引用运算符的优先级比点运算符低，因此圆括号是必需的。

在下一节中，将使用指向复合类型变量的指针的概念，其中一个数据成员是指向同一复合类型变量的另一个变量的指针。使用这种技术，可以构建链接结构。一个命名指针充当结构的外部指针，通过将链中每个变量中的数据成员作为指向链中下一个变量的指针，从而将结构链接在一起。链中的最后一个变量的指针成员为 NULL。

3.3.3 实现层

指针变量只包含一个内存地址。操作系统控制内存分配，并根据请求为程序分配内存。

3.4 将 UnsortedType 类实现为链接结构

在第一个实现中，使用了一个数组。数组的组件可以通过它们在结构中的位置进行访问。正如本章前面所介绍的，数组是学生通常学习的第一个组织结构，用于实现其他结构。在大多数高级编程语言中，它们都是一种基本的语言结构。

　　如前所述，链接结构是独立元素的集合，每个元素都链接到列表中紧随其后的元素。可以把链表看作一串元素。链表是一种通用的、功能强大的基本实现结构，和数组一样，它是复杂结构的主要构建块之一。学会如何使用链接和链表是这本书的重要目标之一。链接不仅可以用于实现更复杂的经典结构，还可以用于创建自己的结构。

　　接下来将学习如何使用动态存储分配的概念来实现链表。

3.4.1　链接结构

　　当考虑如何实现一个链接结构时，使用 UnsortedType 类的 PutItem 函数作为示例。可以修改 PutItem 函数，为每个新元素动态分配空间。

PutItem

```
为新元素分配空间
将新元素放入分配的空间中
将分配的空间放入列表中
```

实现这个操作的第一部分很简单。使用 C++ 内置的 new 操作符动态分配空间。

```
// 为新元素分配空间
itemPtr = new ItemType;
```

　　new 操作符分配一个足够大的内存块来保存 ItemType 类型的值（列表中包含的数据类型）并返回块的地址，该地址被复制到变量 itemPtr 中。现在假设 itemPtr 已被声明为 ItemType* 类型。接下来可以使用解引用运算符（*）将 newItem 放入分配的空间中：*itemPtr = newItem。此时的情况如图 3.5 所示，newItem 为 E。

　　PutItem 操作的第三部分是将分配的空间放入列表中。如何做到这一点？想一想插入几个字符后会发生什么。为每个新元素分配空间，并将每个字符放入该空间。调用 PutItem 将字符 D、A、L 和 E 添加到列表中的结果如图 3.6 所示。

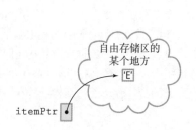

图 3.5　将新元素放入分配空间

图 3.6　调用四次 PutItem 之后的结果

　　我们在动态分配的空间中看到了数据，但它不是一个列表，因为它没有顺序。更糟糕的是，由于没有从 PutItem 函数返回指向动态分配空间的指针，因此无法访问任何元素。显然，PutItem 操作的第三部分需要做些什么来解决这个问题，可以在哪里存储指向数据的指针呢？

　　可以想到的一种方法是将列表声明为一个指针数组，并将指向每个新项的指针放入该数组中，如图 3.7 所示。这个解决方案会以正确的顺序跟踪指向所有元素的指针，但它不会解决最初的问题：仍然需要声明一个特定大小的数组。还能把指针放在哪里呢？如果能以某种方式将所有元素链接在一起就好了，如图 3.8 所示。将这个"链接"列表中的每个元素称为一个结点。

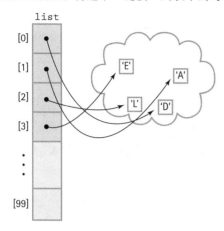

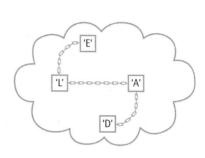

图 3.7　跟踪指针的一种方法

图 3.8　将列表元素链接在一起

这个解决方案看起来很有希望。看看如何使用这个想法来实现列表。首先插入字符 D。PutItem 使用 new 操作符为新结点分配空间，并将 D 放入该空间。现在列表中有一个元素。不想丢失指向这个元素的指针，所以需要列表类中的数据成员来存储指向列表顶部的指针（listData）。第一次调用 PutItem 操作的过程（放入第一个元素）如图 3.9 所示。

现在调用 PutItem 将字符 A 添加到列表中。PutItem 应用 new 操作符为新元素分配空间，并将 A 放入空间中。接下来，想要将 A 链接到 D，也就是原来的顶部列表元素。可以通过让一个元素"指向"下一个元素来建立两个元素之间的联系，也就是说，可以在每个列表元素中存储下一个元素的地址。为此，需要修改列表结点类型，让列表中的每个结点包含两个部分：info 和 next。info 成员包含列表用户的数据，如一个字符。next 成员包含列表中下一个元素的地址。单个结点如图 3.10 所示。

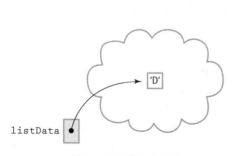

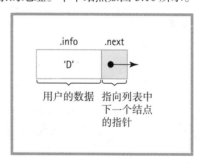

图 3.9　放入第一个元素

图 3.10　单个结点

从图 3.10 中可以看出，每个结点的下一个成员指向列表中的下一个结点。那么最后一个结点的下一个成员呢？列表中最后一个结点的下一个成员必须包含一些非有效地址的特殊值。NULL 指针不指向任何内容，是一个在 <cstddef> 中可用的特殊指针常量，可以将 NULL 放在最后一个结点的下一个成员中，以标记列表的结束。如果图形化表示，则可以在下一个成员上使用斜杠（/）来表示 NULL 指针。

在本章的前面，我们介绍了一个包含结点抽象的列表设计术语（见图 3.11）。

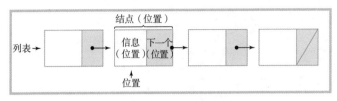

图 3.11　结点术语

在基于数组的实现中，位置是一个索引；在基于指针的实现中，位置必须是一个指向记录的指针，该记录既包含用户信息，又包含指向列表中下一个结点的指针。

现在再看看 PutItem 算法。已经使用 new 操作符分配了一个结点来包含新元素 A［见图 3.12（a）］。让我们回到设计术语，调用指针位置。

> 设置 location 为 ItemType 类型的新结点的地址　　　// 为新元素分配空间

然后将新值 A 放入结点［见图 3.12（b）］：

> 设置 Info(location) 为 newItem　　　　　　　　　　　// 将新元素放入分配的空间

现在准备将新结点链接到列表。应该在哪里链接它？新结点应该出现在包含 D 的结点之前还是之后？在基于数组的实现中，将新元素放在末尾，因为那是最容易放置的地方。与链接实现中类似的位置是什么？在列表的开头。因为列表是未排序的，可以将新元素放在选择的任何地方，选择最简单的位置：在列表的开头。

将新结点链接到列表中的第一个结点需要两个步骤：

> 使 Next(location) 指向列表的顶部结点　　　　// 见图 3.12（c）
> 使 listData 指向新结点　　　　　　　　　　　// 见图 3.12（d）

请注意，这些步骤的顺序至关重要。如果在使 Next (location) 指向列表的开头之前更改 listData 指针，我们将无法访问列表结点（见图 3.13），当我们处理链接结构时，这种情况通常是正确的：你必须非常小心地按照正确的顺序更改指针，以免失去对任何数据的访问权限。

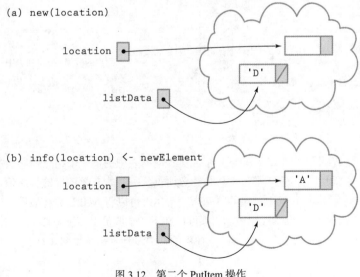

图 3.12　第二个 PutItem 操作

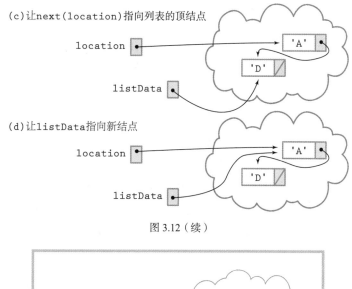

(c)让 next(location) 指向列表的顶结点

location

'A'

'D'

listData

(d)让 listData 指向新结点

location

'A'

'D'

listData

图 3.12（续）

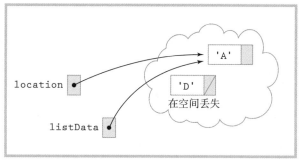

location

'A'

'D'

在空间丢失

listData

图 3.13   更改指针时要小心

在编写这个算法之前，先来看看列表数据是如何声明的。记住，从 UnsortedType 用户的角度来看，什么都没有改变。PutItem 成员函数的原型与基于数组的实现是相同的。

```
void PutItem(ItemType newItem);
```

ItemType 仍然是用户希望放入列表的数据类型。然而，UnsortedType 类需要新的定义，它不再是一个带有数组成员的类，它的成员是 listData，一个指向列表顶部的单个结点的指针。listData 指向的结点包含两个部分：info 和 next，建议使用 C++ 结构或类表示这两个部分。我们选择将 NodeType 作为结构而不是类，因为结构中的结点是被动的，UnsortedType 的成员函数会对它们进行操作。

我们在 UnsortedType 类的上下文中完成了 PutItem 的编码。

3.4.2   UnsortedType 类

为了实现 Unsorted List ADT，除了元素列表之外，还需要记录关于结构的两条信息。GetLength 操作返回列表中元素的数量。在基于数组的实现中，length 成员定义了数组中列表的长度，因此，length 成员必须存在。在基于链接的列表中，有一种选择：要么保留 length 成员，要么在每次调用 GetLength 操作时计算元素的数量。保持 length 成员需要在每次调用 PutItem 时进行加法操作，在每次调用 DeleteItem 时进行减法操作。哪个更好？我们不能抽象地作决定，它取决于 GetLength、PutItem

和 DeleteItem 操作的相对使用频率。这里，通过在 UnsortedType 类中包含 length 成员来显式跟踪列表的长度。

ResetList 和 GetNextItem 要求在迭代过程中跟踪当前位置，因此需要 currentPos 成员。在基于数组的实现中，currentPos 是一个数组索引。那么在链表中，逻辑上等价的是什么？一个指针。图 3.14 描绘了这个结构。

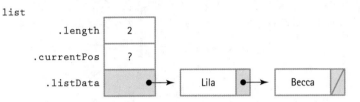

图 3.14　有两个元素的荣誉名单列表（ResetList 未被调用）

```
struct NodeType;

class UnsortedType
{
public:
  UnsortedType();
  void MakeEmpty();
  bool IsFull()const;
  int GetLength()const;
  ItemType GetItem(ItemType item, bool& found) ;
  void PutItem(ItemType item) ;
  void DeleteItem(ItemType item) ;
  void ResetList();
  ItemType GetNextItem();
Private:
  NodeType* listData;
  int length;
  NodeType* current Pos;
};
```

具有完整的规格说明的函数标题（原型）与基于数组的实现相同。记住，类的规格说明是用户看到的接口。接口文档告诉用户操作做了什么，这不会随着实现而改变。然而，在链接实现中，私有数据字段是不同的：currentPos 和 listData 是指向结点的指针。

NodeType 包含一个用户数据的结构体，以及一个指向下一个结点的指针。在定义 NodeType 之前，通过在类之前使用 struct NodeType 语句，提醒编译器我们将使用指向 NodeType 的指针。

该语句称为前向声明，类似于函数原型，在完全定义标识符之前，编译器被告知标识符的性质。NodeType 的定义出现在头文件或实现文件中，如下所示：

```
struct NodeType
{
  ItemType info;
```

```
        NodeType* next;
    };
```

在查看其他操作之前，要完成 PutItem 的实现。

3.4.3　PutItem 函数

以下是收集到的详细的算法片段。

> **PutItem**
>
> 将 location 设置为 ItemType 类型的新结点的地址
> 将 Info(location) 设置为 item
> 使 Next(location) 指向列表的顶部结点
> 使 listData 指向新结点

表 3.1 总结了设计和代码术语之间的关系。使用此表，我们可以编写 PutItem 函数。

表 3.1　结点设计符号与 C++ 代码的关系

设计符号	C++ 代码
Node(location)	*location
Info(location)	location–>info
Next(location)	location–>next
将 location 设置为 Next(location)	location = location–>next
将 Info(location) 设置为值	location–>info = value

使用 NodeType* 类型的局部变量 location。前两个任务很简单：

```
// 为新元素分配空间
location = new NodeType;

// 将新元素放入分配的空间
location->info = newItem;
```

图 3.15（a）中的阴影区域对应 location，（b）中的阴影区域对应 *location，（c）中的阴影区域对应 location–>info。

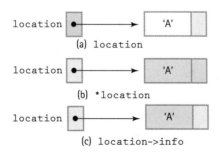

(a) location

(b) *location

(c) location->info

图 3.15　解引用指针和成员选择

location–>info 与用户数据类型相同，将 newItem 赋值给它。到目前为止，一切顺利。

下面是链接任务：

使 Next(location) 指向列表的第一个结点	// 图 3.12（c）
使 listData 指向新结点	// 图 3.12（d）

Next(location) 是 location 所指向的结点的 next 成员。我们可以像访问 info 成员一样访问它：location->next。在这方面能做什么呢？它被声明为指针，因此可以将相同指针类型的另一个值赋给它。如果想让这个成员指向列表的顶部结点，我们有一个指向列表第一个结点（listData）的指针，所以这个赋值很简单。

```
location->next = listData;
```

最后，需要通过使 listData 指向新结点来完成链接。listData 被声明为一个指针，因此可以将相同指针类型的另一个值赋给它。因为有一个指向新结点的指针（局部变量 location），所以可以这样赋值：

```
listData = location;
```

下面是 PutItem 的完整函数。

```
void UnsortedType::PutItem(ItemType item)
// 元素在列表中，列表长度（length）已经增加了
{
  NodeType* location;                    // 声明一个指向结点的指针

  location = new NodeType;               // 获取新结点
  location->info = item;                 // 将元素存储在结点中
  location->next = listData;             // 存储第一个结点的地址
                                         // 在新结点的下一个字段中
  listData = location;                   // 新结点的存储地址
                                         // 进入外部指针
  length++;                              // 递增列表长度
}
```

你已经了解了该算法在包含至少一个值的列表上是如何工作的。当列表为空时调用这个函数会发生什么？为新元素分配空间，并将新元素放入该空间［见图 3.16（a）］。函数是否正确地将新结点链接到空列表的顶部？让我们来看看，新结点的下一个成员将被分配 listData 的值。当列表为空时，这个值是多少？它是 NULL，这正是想放入链表最后一个结点的下一个成员中的内容［见图 3.16（b）］。然后 listData 被重置为指向新结点［见图 3.16（c）］。所以这个函数既适用于空列表，也适用于至少包含一个元素的列表。

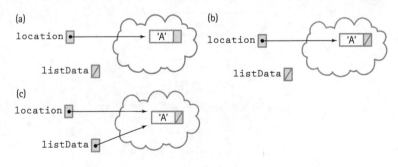

图 3.16　将元素放入空列表

从 Unsorted List ADT 实现者的角度来看，用于其余列表操作的算法与用于顺序（基于数组）实现的算法非常相似。

3.4.4 构造函数

要初始化一个空列表，只需将 listData（指向链表的外部指针）设置为 NULL，并将 length 设置为 0。下面是实现该操作的类构造函数：

```
UnsortedType::UnsortedType()                // 类构造函数
{
  length = 0;
  listData = NULL;
}
```

3.4.5 观察者函数

那么函数 IsFull 呢？使用动态分配的结点而不是数组，就不再对列表大小有明确的限制。可以继续获取更多的结点，直到耗尽空闲存储空间上的内存。ISO C++ 标准规定，当没有更多空间可分配时，C++ 中的 new 操作符会抛出一个 bad_alloc 异常。在 <new> 头文件中定义了 bad_alloc 异常。该异常需要被处理，因为未处理的异常将导致程序的终止。

```
bool UnsortedType::IsFull() const
// 在自由存储区，如果没有空间容纳另一个 ItemType，则返回 true；否则返回 false
{
  NodeType* location;
  try
  {
    location = new NodeType;
    delete location;
    return false;
  }
  catch(std::bad_alloc exception)
  {
    return true;
  }
}
```

与基于数组的实现一样，GetLength 操作只返回 length 数据成员。

```
int UnsortedType::GetLength() const
// 后置条件：返回列表中的元素数
{
  return length;
}
```

3.4.6 MakeEmpty 函数

链表的 MakeEmpty 操作要比顺序列表操作复杂，因为必须释放元素使用的动态分配的空间，每次释放一个结点。当列表超出作用域时，数据成员 listData 将被释放，但 listData 所指向的结点不会。必须使用 delete 运算符遍历链表，将结点返回到自由存储区。最简单的方法是解除列表中每个后续结点的链接并释放它。如何知道什么时候"列表中有更多结点"？只要 listData 不为 NULL，列表就不为空。因此循环的结果条件是 while (listData != NULL)。还必须将 length 设为 0。

```cpp
void UnsortedType::MakeEmpty()
// 后置条件：列表为空，所有元素都已解除分配
{
  NodeType* tempPtr;

  while (listData != NULL)
  {
    tempPtr = listData;
    listData = listData->next;
    delete tempPtr;
  }
  length = 0;
}
```

3.4.7 GetItem 函数

链接实现的算法与基于数组的实现的算法相同。给定参数 item，然后遍历列表，寻找 item.ComparedTo(Info(location)) 返回 EQUAL 的位置。区别在于如何遍历列表以及如何访问 Info(location) 以将其作为参数发送给 ComparedTo。

当编写基于数组的函数时，直接用索引表示法代替列表表示法。可以直接用指针表示法代替链表中的链表表示法吗？可以试试看，算法如下：

GetItem

```
初始化 location 为 listData

设定 found 为 false
设定 moreToSearch 为 (location != NULL)
while moreToSearch AND NOT found
   switch (item.ComparedTo(location -> info))
       case LESS:
       case GREATER:        设定 location 为 location -> next
                            设定 moreToSearch 为 (location != NULL)
       case EQUAL:          设定 found 为 true
                            设定 item 为 location -> info

return item
```

看一下这个这个算法，并通过检查最后的 location 值来确保替换能够达到我们想要的结果。有两种情况：

（1）location = NULL。如果在列表的末尾没有找到一个键值与元素的键值相等的元素，则该元素不在列表中。location 值为空指针值［见图 3.17（a）］。

（2）item.ComparedTo (location->info) = EQUAL。此种情况说明，已经找到了列表中的元素并将其复制到 item 中［见图 3.17（b）］。

(a) Get Kit

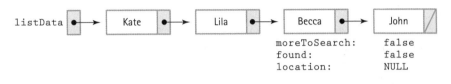

(b) Get Lila

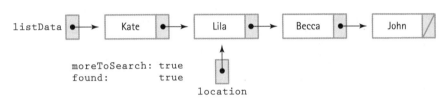

图 3.17　检索无序链表中的元素

我们现在可以编码这个算法，并确保它是正确的。

```
ItemType UnsortedType::GetItem (ItemType item, bool& found)
// 前置条件: 初始化 item 的键成员
// 后置条件: 如果找到, item 的键匹配列表中元素的键, 并返回该元素的副本; 否则, 返回 item

{
  bool moreToSearch;
  NodeType* location;

  location = listData;
  found = false;
  moreToSearch =(location != NULL);

  while (moreToSearch && !found)
  {
    switch (item.ComparedTo (info[location]))
    {
      case LESS:
      case GREATER: location = location->next;
                    moreToSearch = (location != NULL);
```

```
                          break;
        case EQUAL: found = true;
                    item = location->info;
                    break;
      }
    }
    return item;
}
```

3.4.8　DeleteItem 函数

要删除一个元素，必须先找到它。在图 3.18 中，可以看到 location 向左指向要搜索的元素的结点，也就是要删除的元素。要删除它，必须更改前一个结点中的指针。也就是说，必须将前一个结点的 next 数据成员更改为正在删除的结点的 next 数据成员。

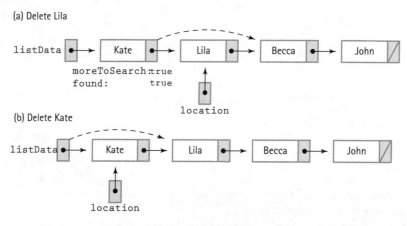

图 3.18　删除内部结点和删除第一个结点

location 现在指向不再需要的结点，因此必须使用 delete 运算符解除对它的分配。

因为从规格说明中知道要删除的元素在列表中，所以我们可以稍微改变搜索算法。不是将要搜索的元素与 Info(location) 中的信息进行比较，而是将其与 Info(location->next) 进行比较。当找到匹配项时，指针指向前一个结点（location）和包含要删除项的结点（location-> next）。注意，删除第一个结点是一种特殊情况，因为必须更改指向列表的外部指针（listData）。删除最后一个结点是一种特殊情况吗？不。要被删除的结点的 next 数据成员是 NULL，它存储在它所属的 Node(location) 的 next 数据成员中。

```
void UnsortedType::DeleteItem (ItemType item)
// 前置条件: item 的 key 已经初始化，列表中有一个元素的键与 item 键相匹配
// 后置条件: 列表中没有任何元素具有与 item 匹配的键
{
  NodeType * location = listData;
  NodeType * tempLocation;
```

```
// 找到要删除的结点
if (item == listData->info)
{
tempLocation = location;              // 保存指向结点的指针
    listData = listData->next;        // 删除第一个结点
}
else
{
  while ((item.ComparedTo(location->next)->info) != EQUAL)
    location = location->next;

    // 删除位于 location->next 处的结点
    tempLocation = location->next;
    location->next = (location->next)->next;
}
delete tempLocation;                  // 返回结点
length--;
}
```

注意，为了将结点返回到可用空间，必须保存指向被删除结点的指针。

3.4.9　ResetList 函数和 GetNextItem 函数

Unsorted List ADT 规格说明定义了"当前位置"，表示在列表迭代期间访问的最后一项的位置。在基于数组的实现中，ResetList 将 currentPos 初始化为 −1，GetNextItem 将 currentPos 递增并返回 info[currentPos]。对于 currentPos，使用特殊值 −1 表示"在列表的第一项之前"。在链接的实现中，可以使用什么特殊的指针值来表示"列表的第一项之前"？可以使用特殊的指针值 NULL。因此，ResetList 将成员 currentPos 设置为 NULL，GetNextItem 将 currentPos 设置为 listData（如果 currentPos 为 NULL）或 currentPos->next（如果 currentPos 不是 NULL），然后返回 currentPos->info。

```
void UnsortedType::ResetList()
// 前置条件: 当前位置已初始化
{
  currentPos = NULL;
}
ItemType UnsortedType::GetNextItem()
// 前置条件: 自上次调用以来没有执行任何转换函数
// 后置条件: 返回列表中下一项的副本, 当到达列表末尾时, currentPos 被重置以重新开始
{
  if (currentPos == NULL)
    currentPos = listData;
  else
    currentPos = currentPos->next;
```

```
    return currentPos->info;
  }
```

回想一下，在规格说明中，GetNextItem 的主体不需要检查是否超出了列表的末尾。这是调用者的责任。GetNextItem 的一个前置条件是：当前位置的项不是列表中的最后一项。然而，在使用链表时，一个错误可能会导致程序在没有警告的情况下崩溃。因此，我们更改了后置条件，以表明如果最后一项已被访问，则列表将重新开始。

下面是 UnsortedType 类的链接版本的实现文件。

```cpp
// 该文件包含 UnsortedType 类的链接实现

#include "UnsortedType.h"

UnsortedType::UnsortedType ()                    // 类构造函数
{
  length = 0;
  listData = NULL;
}
bool UnsortedType::IsFull() const
// 在自由存储区，如果没有其他 ItemType 的空间，返回 true ; 否则为 false
{
  NodeType* location;
  try
  {
    location = new NodeType;
    delete location;
    return false;
  }
  catch(std::bad_alloc exception)
  {
    return true;
  }
}


int UnsortedType::GetLength() const
// 后置条件 : 返回列表的长度
{
  return length;
}


void UnsortedType::MakeEmpty()
// 后置条件 : 列表为空; 所有项都已解除分配
{
NodeType* tempPtr;
```

```
    while (listData != NULL)
    {
      tempPtr = listData;
      listData = listData->next;
      delete tempPtr;
    }
    length = 0;
}
void UnsortedType::PutItem(ItemType item)
// 项在列表中, 递增 length
{
    NodeType* location;                      // 声明一个指向结点的指针
    location = new NodeType; // 获取新结点
    location->info = item;                   // 将项存储在结点中
    location->next = listData;               // 将第一个结点的地址存储在新结点的下一个字段中

    listData = location;                     // 将新结点的地址存储到外部指针中
    length++;                                // 递增列表长度
}
ItemType UnsortedType::GetItem(ItemType item, bool& found)
// 前置条件 : 初始化 item 的键成员
// 后置条件 : 如果找到, 则 item 的键匹配列表中元素的键, 并返回该元素的副本; 否则, 返回 item

{
    bool moreToSearch;
    NodeType<ItemType>* location;

    location = listData;
    found = false;
    moreToSearch = (ocation != NULL);

    while (moreToSearch && !found)
    {
      switch (item.ComparedTo(info[location]))
      {
        case LESS:
        case GREATER : location = location->next;
                       moreToSearch = (location != NULL);
                       break;
        case EQUAL: found = true;
                    item = location->info;
                    break;
```

```
        }
      }
      return item;
    }
    void UnsortedType::DeleteItem (ItemType item)
    // 前置条件：item 的键已经初始化，列表中的元素的键与 item 匹配
    // 后置条件：list 中没有任何元素具有与 item 匹配的键
    {
      NodeType<ItemType>* location = listData;
      NodeType<ItemType>* tempLocation;

      // 找到需要删除的结点
      if (item == listData->info)
      {
        tempLocation = location;
        listData = listData->next;                        // 删除第一个结点
      }
      else
      {
        while (item.ComparedTo (location->next)->info) != EQUAL)
          location = location->next;

        // 删除位于 location->next 处的结点
        tempLocation = location->next;
        location->next = (location->next)->next;
      }
      delete tempLocation;
      length--;
    }


    void UnsortedType::ResetList()
    // 后置条件：当前位置已初始化
    {
      currentPos = NULL;
    }


    ItemType UnsortedType::GetNextItem()
    // 后置条件：返回列表中下一项的副本，当到达列表的末尾时，currentPos 被重置以重新开始
    {
      if (currentPos == NULL)
        currentPos = listData;
      else
```

```
        currentPos = currentPos->next;
    return currentPos->info;
}
```

下面是链接 UnsortedList 类的 UML 图。

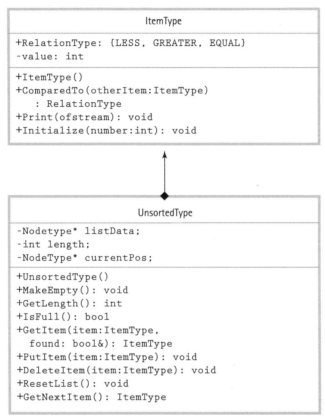

注意，UnsortedType 的 CRC 卡没有改变，因为它不包含实现信息。然而，用于维护文档的 UML 图确实发生了变化。它显示了数据字段。还要注意，ItemType 的 UML 图不再包含对 MAX_ITEMS 的引用。为基于数组的版本开发的测试计划对于链接版本同样有效。

C++　变量的生命周期

变量的生命周期是指在程序执行期间该变量被分配了存储空间的时间。
- 全局变量的生命周期是程序的整个执行过程。
- 局部变量的生命周期是声明它的块的执行过程。
- 动态分配的变量的生命周期是从它被分配到它被释放的时间。

有时候，局部变量保留其值是有用的，因此 C++ 允许用户将局部变量的生命周期延长到程序的整个运行阶段。为此，在定义变量时，在数据类型标识符之前使用保留字 static。默认存储类是自动的，在进入块时分配存储空间，退出块时释放存储空间。

3.4.10 类的析构函数

在链接实现中设计 MakeEmpty 函数时，应当指出，当列表超出作用域时，listData 将被释放，但 listData 指向的结点不会被释放。因此，必须包含类的析构函数。类的析构函数是一个与类的构造函数相同的成员函数，只是析构函数在类型名前加了一个波浪号（~）。当类对象超出范围时，会隐式调用析构函数。例如，当控制离开声明对象的块时。在类定义的公共部分包含析构函数的以下原型：

```
~UnsortedType();                    // 析构函数
```

并实现如下功能：

```
UnsortedType::~UnsortedType()
// 前置条件：列表为空；所有项都已解除分配
{
  NodeType* tempPtr;

  while (listData != NULL)
  {
    tempPtr = listData;
    listData = listData->next;
    delete tempPtr;
  }
}
```

看出析构函数与使列表为空的操作的区别了吗？类的析构函数释放分配给数组的空间，但不将 length 设置为 0。使结构为空是在 ADT 规格说明中定义的逻辑操作，但析构函数是实现级操作。不使用动态分配空间的实现通常不需要析构函数。然而，使用动态分配空间的实现几乎总是需要析构函数。

3.5 比较无序列表的实现

接下来比较无序列表 ADT 的顺序实现和链接实现。为了确定这些函数的复杂性的 Big-O 表示法，必须首先确定规模因子。这里考虑的是操作列表项的算法。因此，规模因子是列表的长度：length。

我们将关注两个不同的因素：存储结构所需的内存数量和解决方案所做的工作量。不管实际使用了多少数组插槽，列表大小的数组变量占用的内存都是相同的，因为我们需要为最大可能的空间（MAX_ITEMS）预留空间。使用动态分配存储空间的链接实现只需要足够的空间来容纳运行时列表中实际的元素数量。并且每个结点元素都较大，因为必须存储链接（next 成员）和用户数据。

可以使用 Big-O 符号来比较两种实现的效率，这两种实现中的大多数操作几乎是相同的。两个实现中的构造函数、IsFull、Reset 和 GetNextItem 函数的复杂度是 O(1)，因为它们不依赖于列表的长度。MakeEmpty 是顺序表的 O(1) 操作，但在动态存储中变成了链表的 O(N) 操作。顺序实现仅仅将列表标记为空，而链接实现必须实际访问每个列表元素以释放其动态分配的空间。

在基于数组的实现中，GetLength 的复杂度总是 O(1)，但在链接实现中，选择方法不同，因此复杂度也不同。如果选择保留一个包含插入和删除元素数量的计数器来实现 GetLength 时，复杂度为 O(1)；如果选择通过计算每次调用函数时元素的数量来实现 GetLength 时，那么操作的复杂度将是 O(N)。这里的意思是，你必须知道如何在链接实现中实现 GetLength，以便指定其 Big-O 度量。

对于这两个实现，GetItem 操作实际上是相同的。该算法从第一个元素开始，逐个检查元素，直到找到正确的元素。因为它们必须潜在地搜索列表中的所有元素，所以两种实现中的循环的复杂度都是 O(N)。

因为列表是无序的，所以我们可以选择将新项放在一个直接可访问的位置——基于数组的实现中的最后一个位置或链接结构的前端。因此，PutItem 在两种实现中的复杂度都是 O(1)。在这两种实现中，DeleteItem 具有 O(N) 复杂度，因为必须在列表中搜索要删除的项，即使在链接结构中实际删除的操作的复杂度是 O(1)，但在基于数组结构中仍然是 O(N)。

表 3.2 总结了这些复杂度。用 N 代替了 length，N 是规模因子的通用名称。对于那些需要初始搜索的操作，可以将 Big-O 分成两部分：搜索和搜索之后所做的工作。

表 3.2 无序列表操作的 Big-O 比较

	数组实现	链接实现
构造函数	O(1)	O(1)
MakeEmpty	O(1)	O(N)
IsFull	O(1)	O(1)
GetLength	O(1)	O(1)
ResetList	O(1)	O(1)
GetNextItem	O(1)	O(1)
GetItem	O(N)	O(N)
PutItem		
Find	O(1)	O(1)
Insert	O(1)	O(1)
Combined	O(1)	O(1)
DeleteItem		
Find	O(N)	O(N)
Insert	O(1)	O(1)
Combined	O(N)	O(N)

案例研究：创建一副纸牌

作为一个狂热的纸牌玩家，你计划编写程序来玩纸牌。作为前提，首先要开发一组 ADT，用来模拟一副 52 张纸牌的牌组，由 4 种花色（红心、梅花、方块、黑桃）组成，每种花色有 13 个值（从 A 到 K）。一旦这些工作完成，你就可以在其他程序中使用它们。

1. 逻辑层

写 ADT 的目的是什么？让我们从纸牌和牌组开始，一张牌由花色和等级表示。需要单独的类来表示花色和等级吗？或者可以只用字符串和整数或者枚举吗？在确定表示方式之前，先考虑一下对单张纸牌可能做些什么。需要返回其属性（花色和等级），还应该将纸牌转换为用于输出的字符串。纸牌不需要转换函数，因为卡片不会改变，它是不可变的。1~13 之间的整数表示纸牌的等级。花色没有这样明显的选择，但是枚举类型 CLUB、DIAMOND、HEART 和 SPADE 就足以表示花色了。因此，花色和等级本身不是类。

把用户的观察变成一张纸牌的职责。应该提供一个带有花色和等级的构造函数。空卡片没有意义，但是应该提供一个默认构造函数。例如，设为梅花 A，这两个数据成员都需要观察者函数。用户需要比较纸牌吗？是的，所以还应该支持比较运算符。最后，我们需要一个将纸牌作为字符串返回的操作。下面是纸牌的 CRC 卡：

类名：CardType	超类：None	子类：None
职责	协作	
Initialize Card ()		
Initialize Card (int, Suits)		
GetRank returns int		
GetSuit returns Suits		
CompareTo returns RelationType		
ToString returns string		

Card ADT 规格说明

结构：一张纸牌。

定义：

类型：	由 LESS、GREATER、EQUAL 组成的枚举类型。
Suits :	由 CLUB、DIAMOND、HEART、SPADE 组成的枚举类型。
self :	应用函数的实例。

操作：

Initialize(int, Suits)

功能：	将 card 初始化为其参数值。
前置条件：	无。
后置条件：	定义了 self 实例。

Initialize

功能：	将 card 初始化为默认值。

Card ADT 规格说明		
前置条件:	无。	
后置条件:	定义了 self 实例。	

int GetRank

功能:	返回等级字段。	
前置条件:	self 已经初始化。	
后置条件:	级别值为整数。	

Suits GetSuit

功能:	将花色作为枚举类型返回。	
前置条件:	self 已经初始化。	
后置条件:	函数值是花色。	

string ToString

功能:	以字符串形式返回纸牌。	
前置条件:	self 已经初始化。	
后置条件:	函数值是字符串型的纸牌。	

RelationType ComparedTo(Card aCard)

功能:	确定两个 Card 对象的顺序。	
前置条件:	self 和 aCard 已经初始化。	
后置条件:	函数值。	
	= LESS，如果 self 出现在 aCard 之前。	
	= GREATER，如果 self 出现在 aCard 之后。	
	= EQUAL，如果 self 和 aCard 相同。	

2. 实现层

与 ADT DateType 的情况一样，ADT Card 的应用层是对类的测试。在我们使用 ADT Card 之前，它会一直存放在程序库。现在已经准备好编写这个类了，以下是 Card 类的规格说明文件。

```cpp
// Card 类的规格说明文件, 它代表一张纸牌
#include <string>
using namespace std;
enum Suits {CLUB, DIAMOND, HEART, SPADE};
enum RelationType {LESS, EQUAL, GREATER};
class Card
{
public:
    // 构造函数
```

```
    Card();
    Card(int initRank, Suits initSuit);
    // 观察者函数
    int GetRank() const;
    Suits GetSuit() const;
    string ToString() const;
    // 关系运算符
    RelationType ComparedTo
       (const Card& aCard) const;
 private:
    int rank;
    Suits suit;
 };
```

最复杂的操作是 ToString 和 ComparedTo。ToString 可以使用一个由花色索引的 4 个元素字符串数组来提供花色的书面形式。并且使用一个由 13 个元素组成的字符串数组，这些字符串以等级为索引，以提供等级的书面形式。判断两张牌是否相等很简单，但是小于和大于是二义性的。新牌的排序将 A 作为花色中最低的值。但在许多纸牌游戏中，A 被认为比同花色中的其他牌都高。那么，我们需要的顺序是哪一种呢？在这里，我们假设桥牌和扑克牌的顺序是：A 是花色中最大的。需要比较花色，如果它们相等，作为特殊情况，将其值与 A 进行比较。

ComparedTo(aCard)

```
    if suit < aCard.suit
        return LESS
    else if suit > aCard.suit
        return GREATER
    else if rank = aCard.rank
        return EQUAL
    else if rank = Ace
        return GREATER
    else if aCard.rank = Ace
        return LESS
    else if rank < aCard.rank
        return LESS
    else if rank > aCard.rank
        return GREATER
    else
        return EQUAL
```

ToString

```
    创建一个 4 槽字符串数组 (convertSuit)
    在每个插槽中存储花色名称
    创建一个 13 槽的字符串数组 (convertRank)
    在每个插槽中存储等级名称
    将 printString 设置为 convertRank[rank-1]+ "of"+ convertSuit[suit] ;
    return printString
```

现在可以编写 Card 类的实现文件了。

```
// Card 类的实现文件
#include "card.h"

Card::Card()
{
  rank = 1:
  suit = CLUB;
}

Card::Card(int initRank, Suits initSuit)
{
  rank = initRank;
  suit = initSuit;
}

int Card::GetRank() const
{ return rank; }

Suits Card::GetSuit() const
{ return suit; }

RelationType Card::ComparedTo(const Card& someCard) const
// 返回 self 与 someCard 的相对位置
{
  if (suit < someCard.suit)
    return LESS;
  else if (suit > someCard.suit)
    return GREATER;
  else if (rank == someCard.rank)
    return EQUAL;
  else if (rank == 1)
    return GREATER;
  else if (someCard.rank == 1)
    return LESS;
  else if (rank < someCard.rank)
    return LESS;
  else if (rank > someCard.rank)
    return GREATER;
  else
    return EQUAL;
}

string Card::ToString() const
{
  string convertRank[13] = {"Ace", "Two", "Three", "Four",
    "Five", "Six", "Seven", "Eight", "Nine", "Ten", "Jack", "Queen",
```

```
        "King"};
    string convertSuit[4] = {"Clubs", "Diamonds", "Hearts",
        "Spades"};
    string printString = convertRank[rank-1]+ "of" + convertSuit[suit];
    return printString;
    }
```

3. 逻辑层

回到逻辑层来确定牌组 ADT 的职责。默认构造函数可以将牌组设置为空。GenerateDeck 操作可以按顺序构建完整的牌组。用户需要洗牌、检查牌、插入牌以及询问牌组是否为空。知道牌堆里还有多少张牌也很有帮助，除了洗牌操作外，它听起来像列表 ADT 的 UnsortedType 操作。我们可以创建 UnsortedType 的子类，它具有 GenerateDeck 和洗牌操作。

下面是一张 CRC 卡，概括了这些职责：

类名: Deck		超类: UnsortedType	子类: none
职责		协作	
Create Deck			
GenerateDeck		Card	
Shuffle deck		Card	

下面是牌组 ADT 的规格说明：

牌组 ADT 规格说明

结构：52 张扑克牌的集合。

操作：

Initialize

功能:	将纸牌列表初始化为空列表。
前置条件:	无。
后置条件:	self 实例为空。

GenerateDeck

功能:	按照桥牌顺序初始化纸牌列表。
前置条件:	无。
后置条件:	self 实例按桥牌（扑克牌）顺序。

Shuffle

功能:	随机化列表中纸牌的顺序。
前置条件:	self 已经初始化。
后置条件:	self 实例按伪随机顺序。

---

4. 实现层

现在准备进入实现层来完成牌组 ADT 的编码。

```cpp
// Deck 类的规格说明文件，它表示一副由 52 张纸牌组成的扑克牌
// Deck 类派生自 UnsortedType 类，并且使用列表来包含扑克牌
#include "unsorted.h"
class Deck : public UnsortedType
{
public:
  // 构造函数
  Deck();                    // 将牌组置为空
  // 转换函数
  void GenerateDeck();
  // 按桥牌（扑克牌）顺序生成牌组
  void Shuffle();
  // 重新排列纸牌
};
```

唯一需要深思熟虑的操作是 GenerateDeck。可以使用 PutItem 将纸牌插入 Deck 中。但是如何按顺序生成这些纸牌呢？通过一个嵌套的 for 循环，在外层循环中对 Suits 进行计数，并在内层循环中对其进行排名，即可完成此任务。洗牌呢？一个人如何手工完成？把牌分成几乎相等的两部分，然后把这两部分合并在一起。这个过程可以直接实现。可以使用随机数生成器来确定两部分的相对大小，但不希望分割太不平衡，就保持在 23~30 之间吧。然后将牌组中的牌复制到前半部分（deckA），然后将剩余的牌复制到后半部分（deckB）。最后重新初始化牌组并将这两部分合并在一起。因为这个过程比较复杂，让我们先来编写伪代码。

```
洗牌
    拆分牌组
    合并牌组
拆分牌组
    将分割大小设置为 23~30 之间
    用于从 1~splitSize 的计数器
        从牌组中获取纸牌
        将纸牌放入牌组 A 中
    从 splitSize 到牌组大小（即 52）的计数器
        从牌组中获取纸牌
        把纸牌放入牌组 B 中
```

我们可以用随机数生成器来确定分割的大小。从哪里得到随机数生成器？你可以在统计学书中找到这个公式，并自己编写代码。然而，还有一种更简单的方法。C++ 编译器在标准库中有一个可用的函数——rand 函数。

```cpp
#include <stdlib.h>
    ⋮
randomInt = rand();
```

　　rand 函数返回一个 0~RAND_MAX 范围内的随机整数，RAND_MAX 是在 \<stdlib.h\> 中定义的常量。RAND_MAX 通常与 INT_MAX 相同。为了把这个数转换成 1~52 之间的数，取这个随机数对 52 取余数加 1。随机数生成器在执行之前必须设置一个种子。rand 函数带有一个默认的种子，但是应该通过使用 srand 函数来设置它。使用机器的时钟是选择种子的好方法，可以使用 \<time.h\> 中的 time（NULL）函数来访问时钟。

```
合并牌组
    设置牌组为空
    设置 lengthA 为 deckA.length
    设置 lengthB 为 deckB.length
    if lengthA < = lengthB
        for 从 1 到 lengthA 的计数器
            从 deckA 获得纸牌
            把纸牌放在牌组里
            从 deckB 获得纸牌
            把纸牌放在牌组里

        for 从 lengthB + 1 到牌组大小的计数器
            从 deck B 获得纸牌
            把纸牌放在牌组里
    else
        for 从 1 到 lengthB 的计数器
            从 deckA 获得纸牌
            把纸牌放在牌组里
            从 deckB 获得纸牌
            把纸牌放在牌组里
        for 从 lengthA + 1 到牌组大小的计数器
            从 deckA 获得纸牌
            把纸牌放在牌组里
```

　　这里有很多重复的代码，可以通过让 Merge 成为一个以两副牌作为参数的辅助函数来减少重复。第一个参数总是较短的牌组，以下是修改后的算法：

```
合并 (shorterDeck, longDeck) 返回牌组
        for 从 1 到短牌组长度的计数器
        从短牌组获得纸牌
        把纸牌放在牌组里
        从长牌组获得纸牌
        把纸牌放在牌组里
    for 从更长的牌组长度 + 1 到牌组大小的计数器
            从长牌组获得纸牌
            把纸牌放在牌组里
    返回牌组
// Deck 类的实现文件，它表示 52 张扑克牌的集合
```

```cpp
#include <iostream>
#include "Deck.h"
#include <cstdlib>
#include <time.h>

Deck::Deck()
// 调用 UnsortedType 构造函数
{}

void Deck::GenerateDeck()
// 按桥牌 ( 扑克牌 ) 顺序生成牌组
{
  MakeEmpty();
  for(Suits suit = CLUB; suit <= SPADE; suit = Suits(suit+1))
    for(int value = 1; value <= 13; value++)
      PutItem(Card(value, suit));
}

Deck Merge(Deck shorterDeck, Deck longerDeck)
//  合并两个牌组, 每次一张, 直到第一个牌组是空的, 附加第二个牌组的其余部分
{
  Deck deck;
  Card card;
  int counter;
  shorterDeck.ResetList();
  longerDeck.ResetList();
  for (counter = 1; counter <= shorterDeck.GetLength(); counter++)
  {
    card = shorterDeck.GetNextItem();
    deck.PutItem(card);
    card = longerDeck.GetNextItem();
    deck.PutItem(card);
  }
  int remaining = longerDeck.GetLength() - shorterDeck.GetLength();
  for (counter = 1; counter <= remaining; counter++)
  {
    card = longerDeck.GetNextItem();
    deck.PutItem(card);
  }
  return deck;
}

void Deck::Shuffle()
// 将牌组分成两部分, 使用随机数生成器来确定这两部分的大小
```

```
// 使用辅助函数 Merge，每次合并一张纸牌
{
  srand(time(NULL));
  Deck deckA;
  Deck deckB;
  Card card;
  ResetList();
  int splitSize;
  int counter;
  splitSize = ((rand() % 8 + 1) + 22;

  for (counter = 1; counter <= splitSize; counter++)
  {
    card = GetNextItem();
    deckA.PutItem(card);
  }

  for (counter = splitSize+1; counter <= GetLength();
    counter ++)
  {
    card = GetNextItem();
    deckB.PutItem(card);
  }

  MakeEmpty();
  if (splitSize < (52 - splitSize))
    *this = Merge(deckA, deckB);
  else
    *this = Merge(deckB, deckA);
}
```

5. 测试

应该尽可能多地执行这些类的适当驱动程序，限于篇幅，这里只做一些基本的测试。创建一个牌组并输出以检查默认构造函数，然后应用 GenerateDeck 并输出结果。洗牌并输出。实际上，应该洗牌 7 次然后输出结果。为什么是 7 次呢？在 20 世纪 80 年代，数学家佩尔西·戴康尼斯（Persi Diaconis）和戴夫·拜耳（Dave Bayer）认为 7 次洗牌就足以确保随机化。在 2000 年，特雷费森（Trefethen）教授提出，洗牌 6 次就足够了。出于安全考虑，这里选择洗牌 7 次。

下面是实现这些测试的驱动程序。注意，我们使用了一个辅助函数 PrintDeck。

```
// Deck 类的测试驱动程序
#include <iostream>
#include "Deck.h"
int main ()
{
  void PrintDeck(Deck deck);
```

```
  Deck deck;
  Card card;
  cout << "Deck after default constructor" << endl;
  PrintDeck(deck);
  deck.GenerateDeck();
  cout << "Deck after GenerateDeck" << endl;
  PrintDeck(deck);
  for (int count = 1; count <=10; count++)
    deck.Shuffle();
  cout << "Deck after ten shuffles" << endl;
  PrintDeck(deck);
  return 0;
}

void PrintDeck(Deck deck)
{
  if (deck.GetLength() == 0)
    cout << "Deck is empty." << endl;
  else
  {
    deck.ResetList();
    Card card;
    for (int counter = 1; counter <= deck.GetLength(); counter++)
    {
      card = deck.GetNextItem();
      cout << card.ToString() << endl;
    }
  }
  cout << endl;
}
```

在运行这个驱动程序之前，需要在 Card 和 ItemType 之间建立连接，这是 UnsortedType 要求的。回想一下 UnsortedType 包含了一个 ItemType.h 文件，它定义了要出现在列表中的元素。必须在 Card 中包含一个 typedef 语句，使其等同于 ItemType，并包含一个最大化的列表，在本例中是 52。

以下是输出，为节省空间，这里以三列显示。

Deck after default	Two of Diamonds	Nine of Hearts
constructor	Three of Diamonds	Ten of Hearts
Deck is empty.	Four of Diamonds	Jack of Hearts
	Five of Diamonds	Queen of Hearts
Deck after	Six of Diamonds	King of Hearts
GenerateDeck	Seven of Diamonds	Ace of Spades
Ace of Clubs	Eight of Diamonds	Two of Spades

Two of Clubs

Three of Clubs

Four of Clubs

Five of Clubs

Six of Clubs

Seven of Clubs

Eight of Clubs

Nine of Clubs

Ten of Clubs

Jack of Clubs

Queen of Clubs

King of Clubs

Ace of Diamonds

Nine of Diamonds

Ten of Diamonds

Jack of Diamonds

Queen of Diamonds

King of Diamonds

Ace of Hearts

Two of Hearts

Three of Hearts

Four of Hearts

Five of Hearts

Six of Hearts

Seven of Hearts

Eight of Hearts

Three of Spades

Four of Spades

Five of Spades

Six of Spades

Seven of Spades

Eight of Spades

Nine of Spades

Ten of Spades

Jack of Spades

Queen of Spades

King of Spades

Deck after ten

shuffles

Seven of Diamonds

Ace of Spades

Three of Spades

Ten of Diamonds

Two of Hearts

Ace of Hearts

King of Diamonds

Seven of Spades

Queen of Clubs

King of Spades

Three of Diamonds

Queen of Spades

Nine of Diamonds

Jack of Spades

King of Hearts

Nine of Hearts

Four of Clubs

Jack of Diamonds

Six of Diamonds

Eight of Spades

Five of Diamonds

Six of Hearts

Four of Diamonds

Six of Spades

Two of Spades

Five of Spades

Two of Diamonds

Four of Spades

Ten of Clubs

Eight of Diamonds

Ace of Diamonds

King of Clubs

Six of Clubs

Eight of Clubs

Jack of Clubs

Nine of Spades

Two of Clubs

Queen of Hearts

Nine of Clubs

Jack of Hearts

Ten of Spades

Ten of Hearts

Five of Clubs

Seven of Clubs

Three of Clubs

Eight of Hearts

Ace of Clubs

Seven of Hearts

Queen of Diamonds

Five of Hearts

Four of Hearts

Three of Hearts

下面是纸牌组的 UML 图。

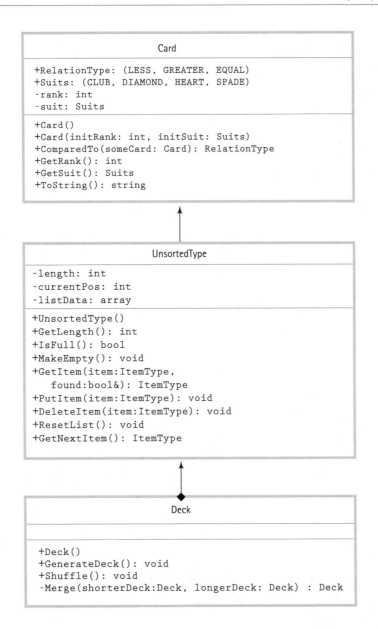

3.6 小结

在本章中，我们创建了一个表示列表的 ADT。无序列表 ADT 假定列表元素不是按键排序的，并从三个角度来分析它：逻辑层、应用层和实现层。

本章介绍了封装无序列表 ADT 的类的两种截然不同的实现。第一种是基于数组的实现，其中列表中的项存储在数组中；第二种是链表实现，其中项目存储在链接在一起的结点中。本章还研究了 C++ 指针数据类型，它允许链表中的结点被链接起来。

为了使软件尽可能地可重用，每个 ADT 的规格说明都规定 ADT 的用户必须准备一个类来定义每个容器类中的对象。定义中必须包含比较此类的两个对象的成员函数 ComparedTo。此函数返回 RelationType 中的常量之一：LESS、EQUAL、GREATER。通过要求用户提供有关列表中对象的信息，ADTs 的代码非常通用。

此外，本章还介绍了使用 Big-O 符号比较两个 ADT 的操作。在这两种操作的实现中，插入到无序列表的操作复杂度都是 O(1)。两者的删除操作复杂度都是 O(N)。在无序列表中搜索的复杂度是 O(N)；如果使用二分查找算法（二分搜索算法），则在有序列表中搜索的增长阶为 O($\log_2 N$)。

本章的"案例研究"模拟了一副纸牌。将一张纸牌与另一张纸牌进行比较，演示了在 RelationType 枚举类型中抽象的使用。牌组是使用 UnsortedType 的派生类实现的，演示了继承的值。

图 3.19 显示了"案例研究"中列表数据的三个视图之间的关系。

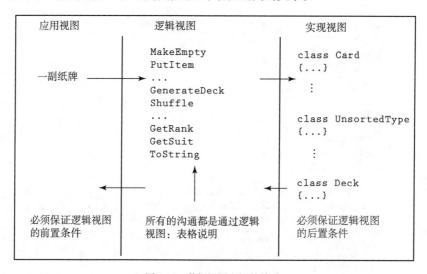

图 3.19　数据视图之间的关系

3.7　练习

1. 无序列表 ADT 将使用一个布尔成员函数 IsThere 进行扩展，该函数将 ItemType 类型的项作为参数，并确定列表中是否存在具有此键的元素。

　　a. 编写此函数的规格说明。

　　b. 编写此函数的原型。

　　c. 使用基于数组的实现编写函数定义。

　　d. 使用链接实现编写函数定义。

　　e. 用 Big-O 来描述这个函数。

2. 要求不通过添加成员函数 IsThere 来增强无序列表 ADT，而是编写一个客户端函数来完成相同的任务。

　　a. 编写此函数的规格说明。

b. 编写函数定义。

c. 写一段针对相同任务进行比较的客户端函数和成员函数（练习 1）。

d. 用 Big-O 来描述这个函数。

3. UnsortedType ADT 将通过添加 SplitLists 函数进行扩展，该函数具有以下规格说明：

SplitLists（UnsortedType list, ItemType item, UnsortedType& list1, UnsortedType& list2）

功能：根据 item 的键值将列表分成两个列表。

前置条件：列表已初始化且不为空。

后置条件：list1 包含列表中所有键小于或等于 item 键的项；

list2 包含列表中所有键大于 item 键的项。

a. 将 SplitLists 实现为无序列表 ADT 的基于数组的成员函数。

b. 将 SplitLists 实现为无序列表 ADT 的基于链接的成员函数。

4. 将练习 3 中描述的 SplitLists 实现为客户端函数。

5. 无序列表 ADT 的规格说明中规定要删除的元素在列表中。

a. 重写 DeleteItem 的规格说明，以便如果要删除的元素不在列表中，则列表不变。

b. 使用基于数组的实现来实现 a 中指定的 DeleteItem。

c. 重写 DeleteItem 的规格说明，以便删除所要删除的项的所有副本（如果它们存在的话）。

d. 使用基于数组的实现来实现 c 中指定的 DeleteItem。

6. 重做练习 5 中的 b 和 d，使用链接实现。

7. a. 解释列表的基于数组的实现和链接实现之间的区别。

b. 举例说明基于数组的列表将是更好的解决方案。

c. 举例说明链表是更好的解决方案。

8. 判断正确或错误，如果你的答案为错误，请更正该陈述。

a. 数组是一种随机访问结构。

b. 顺序列表是一种随机访问结构。

c. 链表是一种随机访问结构。

d. 顺序列表始终存储在静态分配的结构中。

在练习 9 ~ 12 中使用下图所示的链表。

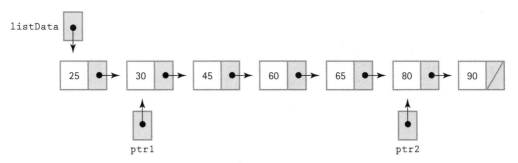

9. 给出下列表达式的值：

    a. ptr1–>info

    b. ptr2–>next–>info

    c. listData–>next–>next–>info

10. 下列说法是正确的还是错误的？

    a. listdata–>next == ptr1

    b. ptr1–>next–>info == 60

    c. ptr2–>next == NULL

    d. listData–>info == 25

11. 判断下列语句的语法是有效还是无效。如果有效，则标记为 OK；如果无效，请说明问题所在。

    a. listData–>next = ptr1–>next;

    b. listData–>next = *（ptr2–>next）;

    c. *listData = ptr2;

    d. ptr2 = ptr1–>next–>info;

    e. ptr1–>info = ptr2–>info;

    f. ptr2 = ptr2–>next–>next;

12. 写出完成以下任务的一条语句：

    a. 使 listData 指向包含 45 的结点。

    b. 使 ptr2 指向列表中的最后一个结点。

    c. 使 listData 指向一个空列表。

    d. 设置包含 45 ~ 60 的结点的 info 成员。

如果分配的内存位置如下表的第二列所示，那么第一列中的语句将输出什么？将练习 13~18 填写在下表的最后一列。练习编号在注释的第一列中。

声明	内存分配	输出什么?
int value;	将值分配给位置 200	
value = 500;		
char*charPtr;	charPtr 位于位置 202	
char string[10] = "Good luck";	string[0] 位于位置 300	
charPtr = string;		
cout << &value; // 练习 13	& 表示"取地址"	
cout << value; // 练习 14		
cout << &charPtr; // 练习 15	& 表示"取地址"	
cout << charPtr; // 练习 16		
cout << *charPtr; // 练习 17		
cout << string[2]; // 练习 18		

13. 无序列表 ADT 通过添加成员函数 Head 进行扩展, 其前置条件和后置条件如下:

前置条件: 列表已初始化且不为空。

后置条件: 返回值是列表中插入的最后一项。

a. 该函数添加在基于数组的 UnsortedType 类中是否容易实现? 解释一下。

b. 该函数添加在基于链接的 UnsortedType 类中是否容易实现? 解释一下。

14. 无序列表 ADT 通过添加 Tail 函数进行扩展, 其前置条件和后置条件如下:

前置条件: 列表已初始化且不为空。

后置条件: 返回值是一个新列表, 并且删除了列表中插入的最后一项。

a. 该函数添加在基于数组的 UnsortedType 类中是否容易实现? 解释一下。

b. 该函数添加在基于链接的 UnsortedType 类中是否容易实现? 解释一下。

15. DeleteItem 不维护插入顺序, 因为算法将最后一项替换到被删除项的位置, 然后递减长度。让 DeleteItem 维护插入顺序有什么好处吗? 证明你的答案。

16. 对在练习 5 和练习 6 中编写的函数的运行时间给出一个 Big-O 估计。

17. a. 更改基于数组的无序列表 ADT 的规格说明, 使 PutItem 在列表满时抛出异常。

b. 执行 a 中修订后的规格说明。

18. 根据下面的声明, 判断下面的每个语句在语法上是合法的 (是) 还是非法的 (否)。

int* p;

int* q;

int* r;

int a;

int b;

int c;

	是 / 否		是 / 否		是 / 否
a. p = new int;	_____	f. r = NULL;	_____	k. delete r;	_____
b. q* = new int;	_____	g. c = *p;	_____	l. a = new p;	_____
c. a = new int;	_____	h. p = *a;	_____	m. q* = NULL;	_____
d. p = r;	_____	i. delete b;	_____	n. *p = a;	_____
e. q = b;	_____	j. q = &c;	_____	o. c = NULL;	_____

19. 下面的程序有几行错误。查找并更正错误, 并在横线上写出输出结果。

```cpp
#include <iostream>
int main ()
{
    int* ptr;
    int* temp;
    int x;

    ptr = new int;
    *ptr = 4;
    *temp = *ptr;
```

```
    cout  << ptr  << temp;
    x = 9;
    *temp = x;
    cout  << *ptr  << *temp;
    ptr = new int;
    ptr = 5;
    cout  << *ptr  << *temp;              // 输出：_____
    return 0;
  }
```

练习 20~28 涉及下面代码段中的空白部分。

```
Class UnsortedType
{
public:
    // 所有原型都放在这里
private:
    int length;
    NodeType* listData;
};
void UnsortedType::DeleteItem(ItemType item)
// 前置条件：元素在列表中
{
    NodeType* tempPtr;                    // 删除指针
    NodeType* predLoc;                    // 尾指针
    NodeType* location;                   // 位置指针
    bool found = false;

    location = listData;
    predLoc = _____;                 // 20
    length--;
    // 找到要删除的结点
    while (_____)                    // 21
    {
        switch (_____)              // 22
        {
            case GREATER: ;
            case LESS   : predLoc = location;
                          location = _____;  // 23
                          break;
            case EQUAL  : found = _____;     // 24
                          break;
        }
    }
    // 删除位置
```

```
    tempPtr =          ;                          // 25
    if (_____)                                 // 26
        _____ = location->next;                // 27
    else
        predLoc->next = _____;                 // 28
    delete tempPtr;
}
```

20. 阅读代码段并选择正确答案进行填空 #20。

    a. NULL

    b. true

    c. false

    d. listData

    e. 以上答案均不正确

21. 阅读代码段并选择正确答案进行填空 #21。

    a. true

    b. !found

    c. false

    d. moreToSearch

    e. 以上答案均不正确

22. 阅读代码段并选择正确答案进行填空 #22。

    a. item.ComparedTo (listData–>info)

    b. item.ComparedTo (location–>next)

    c. item.ComparedTo (location–>info)

    d. item.ComparedTo (location)

    e. 以上答案均不正确

23. 阅读代码段并选择正确答案进行填空 #23。

    a. item

    b. *location.next

    c. (*location).next

    d. predLoc

    e. 以上答案均不正确

24. 阅读代码段并选择正确答案进行填空 #24。

    a. false

    b. true

    c. predLoc == NULL

    d. location != NULL

    e. 以上答案均不正确

25. 阅读代码段并选择正确答案进行填空 #25。

    a. preLoc

    b. location

    c. predLoc->next

    d. location->next

    e. 以上答案均不正确

26. 阅读代码段并选择正确答案进行填空 #26。

    a. predLoc == NULL

    b. location == NULL

    c. predLoc == location

    d. predLoc->next == NULL

    e. 以上答案均不正确

27. 阅读代码段并选择正确答案进行填空 #27。

    a. predLoc

    b. location

    c. location->next

    d. listData

    e. 以上答案均不正确

28. 阅读代码段并选择正确答案进行填空 #28。

    a. listData

    b. predLoc->next

    c. location->next

    d. newNode->next

    e. 以上答案均不正确

第4章

有序列表 ADT

知识目标

学习完本章后，你应该能够：

- 从三个方面描述有序列表 ADT。
- 使用基于数组的实现方式来完成以下有序列表操作：
  - ◆ 创建和销毁列表。
  - ◆ 确定列表是否已满。
  - ◆ 在列表中添加一个元素。
  - ◆ 从列表中获取一个元素。
  - ◆ 从列表中删除一个元素。
- 在动态分配的存储空间中创建数组。
- 使用链接的实现方式来完成上面列出的列表操作。
- 实现二分查找算法。
- 以 Big-O 近似比较有序列表 ADT 的两种实现。
- 在 Big-O 分析方面比较无序列表 ADT 和有序列表 ADT 的实现。
- 在逻辑层和实现层上区分有界 ADT 和无界 ADT。
- 确定并应用面向对象方法的各个阶段。

4.1　抽象数据类型有序列表

在第 3 章中，我们说列表是项的线性序列：从任何项（最后一项除外）中都可以访问其下一项。还研究了处理列表和保证此属性的操作的规格说明和实现。

在本章中，添加了一个附加属性：任何项的键成员（第一项除外）都出现在下一项的键成员之前。具有此属性的列表称为有序列表。

4.1.1　逻辑层

在定义无序列表 ADT 的规格说明时，我们解释说，规格说明中没有任何内容阻止列表按排序顺序存储和维护。现在，必须更改规格说明以确保列表是有序的。需要为那些与顺序相关的操作添加前置条件。观察者函数不会更改列表的状态，因此不必改变它们。GetItem 的算法可以改进，但仍适用于有序列表。附加属性不会更改 ResetList 和 GetNextItem 的算法。那么，什么必须被改变呢？ PutItem 和 DeleteItem。规格说明如下，更改的部分用阴影显示。

有序列表 ADT 规格说明

结构：列表元素是 ItemType 类。该表具有一个称为当前位置的特殊属性，这个位置就是在遍历该列表的过程中 GetNextItem 访问的最后一个元素的位置。只有 ResetList 和 GetNextItem 会影响当前位置。

定义（由用户在 ItemType 类中提供）：

MAX_ITEMS：	一个常量，指定列表中的最大项数。
RelationType：	由 LESS、GREATER、EQUAL 组成的枚举类型。

必须包含的 ItemType 成员函数：

RelationType ComparedTo（ItemType 项）

功能：	根据两个 ItemType 对象的键确定它们的顺序。
前置条件：	初始化 self 和 item 的键成员。
后置条件：	如果 self 的键值小于 item 的键值，则函数值 = LESS。
	如果 self 的键值大于 item 的键值，则函数值 = GREATER。
	如果键值相等，则函数值 = EQUAL。

操作（由有序列表 ADT 提供）：

MakeEmpty

功能：	将列表初始化为空。
前置条件：	无。
后置条件：	列表为空。

Boolean IsFull

功能：	确定列表是否已满。

有序列表 ADT 规格说明

前置条件:	列表已初始化。
后置条件:	函数值 = (list is full)。

int GetLength

功能:	确定列表中的元素数量。
前置条件:	列表已初始化。
后置条件:	函数值 = 列表中的元素数。

GetItem (ItemType item, Boolean& found)

功能:	检索与键匹配的列表元素键（如果存在）。
前置条件:	列表已初始化。
	项的键成员已初始化。
后置条件:	如果存在一个元素 someItem，其键与项的键相匹配，则 found = true，并返回该项；否则 found= false，并返回原始项。
	列表不变。

PutItem (ItemType item)

功能:	将项添加到列表。
前置条件:	列表已初始化。
	列表未满。
	该项不在列表中。
	列表使用 ComparedTo 函数按键成员排序。
后置条件:	项在列表中。
	列表仍然是有序的。

DeleteItem (ItemType item)

功能:	删除其键与项的键匹配的元素。
前置条件:	列表已初始化。
	项的键成员已初始化。
	通过键成员使用 ComparedTo 函数对列表进行排序。
	列表中只有一个元素的键与项的键匹配。
后置条件:	列表中没有元素的键与项的键相匹配。
	列表仍然是有序的。

ResetList

功能:	通过列表初始化迭代的当前位置。

有序列表 ADT 规格说明	
前置条件：	列表已初始化。
后置条件：	当前位置在列表之前。
GetNextItem (ItemType)	
功能：	获取列表中的下一个元素。
前置条件：	列表已初始化。
	当前位置已被定义。
	当前位置的元素不在列表中的最后。
后置条件：	当前位置被更新为下一个位置。
	返回当前位置元素的副本。

4.1.2　应用层

有序列表 ADT 的应用程序级别与无序列表 ADT 相同。就用户而言，界面是相同的。唯一的区别是，在有序列表 ADT 中调用 GetNextItem 时，返回的元素是按键顺序排列的下一个元素。如果用户想要使用该属性，则客户端代码需要有包含 SortedType 类而不是 UnsortedType 类的文件。

4.1.3　实现层

1.PutItem 函数

要向有序列表中添加元素，必须先找到新元素所属的位置，这取决于它的键值。用一个示例来说明插入操作。假设 Becca 上了光荣榜。要将元素 Becca 添加到图 4.1（a）所示的有序列表中，同时保持字母顺序，必须完成以下三个任务：

（1）查找新元素所属的位置。

（2）为新元素创建空间。

（3）将新元素放入列表中。

（a）原始列表

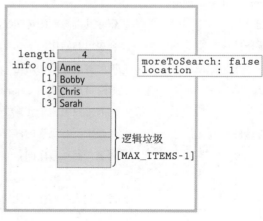

（b）放入 Becca

图 4.1　将一个元素放入有序列表中

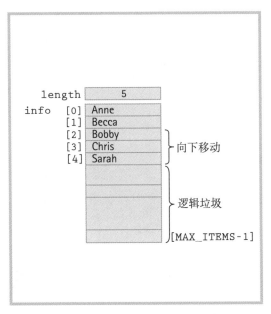

（c）结果列表

图 4.1（续）

第一个任务是遍历列表并将新项与列表中的每个项进行比较，直到找到小于新项的项（在本例中为 Becca）。当达到 item.ComparedTo(Info(location)) 为 LESS 的点时，将 moreToSearch 设置为 false。此时，location 指示新项应该放到哪里［见图 4.1（b）］。如果找不到 item.ComparedTo(Info(location)) 为 LESS 的位置，则应将该项放在列表的末尾。在这种情况下，location 等于 length。

现在知道了元素所属的位置，需要为其创建空间。由于列表已排序，因此必须将 Becca 放入 Info(location) 的列表中。当然，这个位置可能已经被占用。要为新元素创建空间，必须从 location 到 length−1 向下移动其后的所有列表元素。然后，将 item 分配给 Info(location) 并增加 length。图 4.1（c）显示了结果列表。

在编写代码之前，让我们以算法的形式总结一下这些分析结果：

PutItem

```
将位置初始化为第一项的位置
将 moreToSearch 设为"尚未检查 Info(last)"
while moreToSearch
    switch (item.ComparedTo(Info(location)))
            case LESS    : 将 moreToSearch 设为 false
            case EQUAL   : // 不可能发生，因为项不在列表中
            case GREATER : 将 location 设为 Next(location)
                           将 moreToSearch 设为"尚未检查 Info(last)"
for 从 length 到 location + 1 的每个 index
    设 Info(index) 为 Info(index − 1)
将 Info(location) 设为 item
增加 length
```

回想一下，PutItem 的前置条件是该 item 尚未存在于列表中，因此在 switch 语句中不需要使用 EQUAL 作为标签。将列表表示法转换为基于数组的实现可以得到以下函数：

```
void SortedType::PutItem(ItemType item)
{
  bool moreToSearch;
  int location = 0;

  moreToSearch = (location < length);
  while (moreToSearch)
  {
    switch (item.ComparedTo(info[location]))
    {
      case LESS    : moreToSearch = false;
                     break;
      case GREATER : location++;
                     moreToSearch = (location < length);
                     break;
    }
  }
  for (int index = length; index > location; index--)
    info[index] = info[index – 1];
  info[location] = item;
  length++;
}
```

如果新元素在列表的开头或结尾处，这个函数还有效吗？试着画一幅图来确认在每种情况下函数是如何工作的。

2. DeleteItem 函数

在介绍无序列表 ADT 的 DeleteItem 函数时提到过，如果列表已排序，则必须将元素上移一个位置以覆盖要删除的元素。将元素上移一个位置是将元素下移一个位置的镜像。查找要删除项的循环控制和无序版本是一样的。

```
初始化 location 到第一项的位置
将 found 设为 false
while NOT found
      switch (item.ComparedTo(Info(location)))
            case GREATER :       将 location 设为 Next (location)
            case LESS    :       // 不能发生，因为 list 是有序的
            case EQUAL   :       将 found 设为 true
for 从 location + 1 到 length — 1 的每个 index
      将 Info(index — 1) 设为 Info(index)
递减 length
```

仔细检查这个算法，并相信它是正确的。尝试删除第一项和最后一项的情况。

```
void SortedType::DeleteItem(ItemType item)
{
  int location = 0;

  while (item.ComparedTo(info[location]) != EQUAL)
    location++;
  for (int index = location + 1; index < length; index++)
    info[index – 1] = info[index];
  length--;
}
```

3. 改进的 GetItem 函数

如果列表未排序,则搜索值的唯一方法是从头开始查看列表中的每一项,将要搜索的项的键成员与其中每个项的键成员依次进行比较。在无序列表 ADT 的 GetItem 操作中已经使用了此算法。

如果列表按键值排序,则有两种方法可以改进搜索算法。第一种方法是在发现项(如果它存在的话)的位置停止,如图 4.2(a)所示。如果你正在搜索 Chris,而且与 Judy 的比较将表明 Chris 是 LESS。因此,你已经过了可以找到 Chris 的地方。此时,你可以停止搜索并返回 found 为 false。图 4.2(b)显示了当你搜索 Susy 时发生的情况:location 等于 4,moreToSearch 为 false,found 为 false。

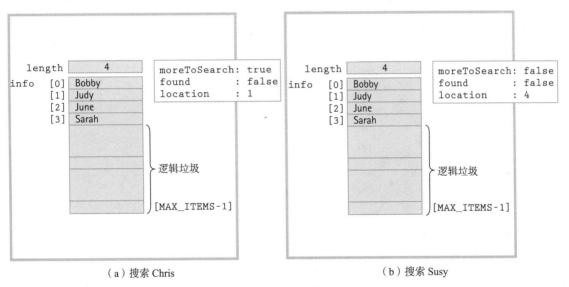

（a）搜索 Chris   （b）搜索 Susy

图 4.2　从有序列表中搜索项

如果要查找的项在列表中,则对无序列表和有序列表的查找操作都相同。但是,当项不存在列表中时,新算法会更有效,我们不必搜索所有项来确认想要的项不存在。然而,对列表进行排序后,就可以进一步改进算法。

4. 二分查找算法

二分查找算法是一个非常重要的算法,让我们仔细研究一下。想想如何在电话簿中查找一个名字,你就会了解一种更快的查找方法。找一下 David 这个名字。将电话簿从中间位置打开,看到那里的名字是以 M 开头。M 比 D 大，所以搜索电话簿的前半部分，即包含 A 到 M 的部分。再转到前半部分的中间，看到那里的名字以 G 开头。G 比 D 大，所以再搜索本部分的前半部分，即从 A 到 G。转到本部分的中间页，发现那里的名字以 C 开头。C 比 D 小，因此搜索本部分的后半部分，即从 D 到 G。以此类推，直到找到包含 David 的单个页面。图 4.3 给出了这种算法的操作过程。

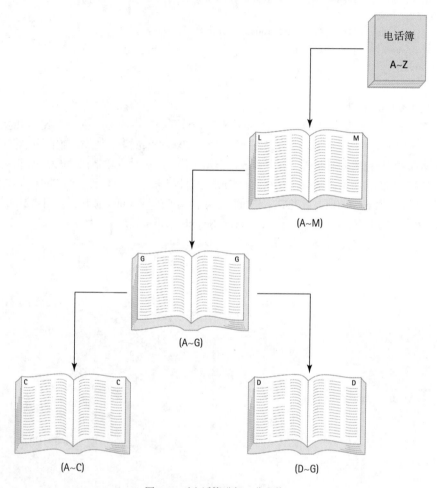

图 4.3　对电话簿进行二分查找

从要检查的整个列表开始查找，也就是说，当前的查找区域是从 info[0] 到 info[length–1]。在每次迭代中，在中点将当前查找区域分为两部分，如果在此处找不到该项，将查找相应的另一半。列表中随时被查找的部分是当前查找区域。例如，在循环的第一次迭代中，如果比较显示此项在中点的元素之前，则新的当前查找区域将是索引 0 到中点 –1。如果项在中点的元素之后，新的当前查找区域是中点 +1 到 length–1。无论哪种方式，当前查找区域已经被一分为二。可以使用一对索引（first 和 last）跟踪当前查找区域的边界。在循环的每次迭代中，如果找不到与 item 具有相同键的元素，则将重置其中一个索引，以缩小当前查找区域的大小。

如何知道什么时候停止查找？有两种可能的终止条件：item 不在列表中或者 item 已被找到。第一个终止条件发生在当前查找区域中没有更多元素可查找时；第二个终止条件发生在找到该项时。

```
将 first 设为 0
将 last 设为 length-1
将 found 设为 false
将 moreToSearch 设为 (first <= last)
while moreToSearch AND NOT found
        将 midPoint 设为 (first + last) / 2
        switch (item.ComparedTo(Info[midPoint]))
                case LESS    :      将 last 设为 midPoint-1
                                    将 moreToSearch 设为 (first <= last)
                case GREATER :      将 first 设为 midPoint + 1
                                    将 moreToSearch 设为 (first <= last)
                case EQUAL   :      将 found 设为 true
return item
```

注意，当查看查找区域的后半部分或前半部分时，可以忽略中点，因为我们知道它不存在。因此，将 last 设置为 midPoint–1，或者将 first 设置为 midPoint+1。算法的代码如下：

```cpp
ItemType SortedType::GetItem(ItemType item, bool& found)
{
  int midPoint;
  int first = 0;
  int last = length-1;
  bool moreToSearch = first <= last;
  found = false;
  while (moreToSearch && !found)
  {
    midPoint = (first + last) / 2;
    switch (item.ComparedTo(info[midPoint]))
    {
      case LESS    : last = midPoint-1;
                     moreToSearch = first <= last;
                     break;
      case GREATER : first = midPoint + 1;
                     moreToSearch = first <= last;
                     break;
      case EQUAL   : found = true;
                     item = info[midPoint];
                     break;
    }
  }
  return item;
}
```

回顾一下二分查找算法。假如我们要查找 bat 这一项。图 4.4（a）显示了第一次迭代过程中 first、last 和 midPoint 的值。在此迭代中，将 bat 与 dog（info[midpoint] 中的值）进行比较。因为 bat 小于 dog（在

dog 之前），所以 last 变为 midPoint–1，first 保持不变。图 4.4（b）显示了第二次迭代期间的情况。这次，将 bat 与 chicken（info [midpoint] 中的值）进行比较。由于 bat 小于（先于）chicken，因此 last 变为 midPoint–1，first 依然保持不变。

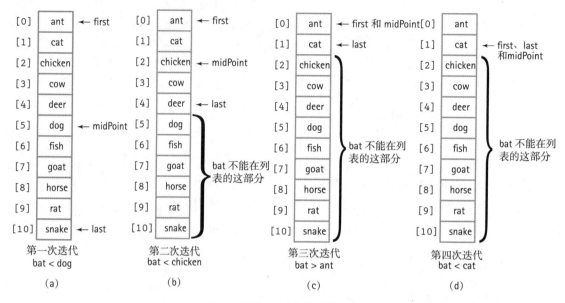

图 4.4　跟踪二分查找算法的过程

在第三次迭代中［见图 4.4（c）］，midPoint 和 first 均为 0。将 bat 项与 ant（info [midpoint] 中的项）进行比较。因为 bat 大于 ant（在 ant 之后），所以 first 变为 midPoint+1。在第四次迭代［见图 4.4（d）］中，first、last 和 midPoint 都相同。同样地，将 bat 与 info [midPoint] 中的项进行比较。因为 bat 小于 cat，所以 last 变为 midPoint–1。found 等于 false。

二分查找算法是迄今为止研究过的最复杂的算法。表 4.1 显示了用于查找 fish、snake 和 zebra 的 first、last、midPoint 和 info [midpoint] 值，并使用与上一个示例相同的数据。仔细检查表 4.1 中的结果。

表 4.1　二分查找算法的迭代跟踪

迭代	first	last	midPoint	info[midPoint]	终止条件
item : fish					
第一次	0	10	5	dog	
第二次	6	10	8	horse	
第三次	6	7	6	fish	found 为 true
item : snake					
第一次	0	10	5	dog	
第二次	6	10	8	horse	
第三次	9	10	9	rat	

迭代	first	last	midPoint	info[midPoint]	终止条件
第四次	10	10	10	snake	found 为 true
item : zebra					
第一次	0	10	5	dog	
第二次	6	10	8	horse	
第三次	9	10	9	rat	
第四次	10	10	10	snake	
第五次	11	10			last < first

注意，执行循环的次数不得超过四次。它在包含 11 个成员的列表中执行的次数绝不会超过四次，因为每次循环时该列表都会被分成两部分。表 4.2 根据查找项比较了线性查找和二分查找所需的平均迭代次数。

表 4.2　线性查找和二分查找的比较

长度	平均迭代次数	
	线性查找	二分查找
10	5.5	2.9
100	50.5	5.8
1 000	500.5	9.0
10 000	5000.5	12.4

如果二分查找的速度更快，为什么不一直使用它呢？就循环的次数而言，它当然更快，但是与其他查找算法相比，在二分查找循环中执行的计算更多。如果列表中的成员数量很少（如少于 20 个），则线性查找算法会更快，因为它们在每次迭代中执行的工作较少。但是，随着列表中成员数量的增加，二分查找算法变得相对更有效。注意，二分查找需要对列表进行排序，并且排序需要时间。

下面是带有简化文档的 SortedType 类实现文件。由于规格说明文件与无序列表的文件相同，因此不再赘述。

```
// sorted.h 的实现文件

#include "sorted.h"
SortedType::SortedType()
{
  length = 0;
}

void SortedType::MakeEmpty()
```

```
  {
    length = 0;
  }

  bool SortedType::IsFull() const
  {
    return (length == MAX_ITEMS);
  }

  int SortedType::GetLength() const
  {
    return length;
  }

  ItemType SortedType::GetItem(ItemType item, bool& found)
  {
    // 使用二分查找算法
    int midPoint;
    int first = 0;
    int last = length - 1;

    bool moreToSearch = first <= last;
    found = false;
    while (moreToSearch && !found)
    {
      midPoint = ( first + last) / 2;
      switch (item.ComparedTo(info[midPoint]))
      {
        case LESS    : last = midPoint -1;
                       moreToSearch = first <= last;
                       break;
        case GREATER : first = midPoint + 1;
                       moreToSearch = first <= last;
                       break;
        case EQUAL   : found = true;
                       item = info[midPoint];
                       break;
      }
    }
    return item;
  }

  void SortedType::DeleteItem(ItemType item)
  {
```

```
    int location = 0;

    while (item.ComparedTo(info[location]) != EQUAL)
      location++;
    for (int index = location + 1; index < length; index++)
      info[index - 1] = info[index];
    length--;
}

void SortedType::PutItem(ItemType item)
{
  bool moreToSearch;
  int location = 0;

  moreToSearch = (location < length);
  while (moreToSearch)
  {
    switch (item.ComparedTo(info[location]))
    {
      case LESS    : moreToSearch = false;
                     break;
      case GREATER : location++;
                     moreToSearch = (location < length);
                     break;
    }
  }
  for (int index = length; index > location; index--)
    info[index] = info[index - 1];
  info[location] = item;
  length++;
}

void SortedType::ResetList()
// 前置条件：currentPos 已初始化
{
  currentPos = -1;
}

ItemType SortedType::GetNextItem()
// 后置条件：项已是当前项，当前位置已更新
{
  currentPos++;
  return info[currentPos];
}
```

5. 测试计划

可以使用与无序列表相同的测试计划，并更改预期输出以显示排序效果。我们需要修改要删除的项，来反映这些项在列表中的位置，也就是说，需要从两端和中间分别删除一个。

要测试的操作和操作说明	输入值	期望的输出
构造函数		
输出 getLength		0
PutItem		
放入四项然后输出	5, 7, 6, 9	5 6 7 9
放入一项然后输出	1	1 5 6 7 9
GetItem		
获取 4 并输出是否找到		该项未找到
获取 1 并输出是否找到		该项已找到
获取 9 并输出是否找到		该项已找到
获取 10 并输出是否找到		该项未找到
IsFull		
调用（列表已满）		列表已满
删除 5 并调用		列表未满
DeleteItem		
删除 1 并输出		7 6 9
删除 6 并输出		7 9
删除 9 并输出		7

文件 SlistType.in 包含反映该测试计划的 listDr.cpp（测试驱动程序）的输入，SlistType.out 和 SlistTest.screen 包含输出。除了类的名称外，SortedType 的 UML 图与 UnsortedType 的 UML 图相同。

```
                    SortedType
-----------------------------------------------
-length: int
-currentPos: int
-listData: array
-----------------------------------------------
+SortedType()
+MakeEmpty(): void
+GetLength(): int
+IsFull(): bool
+RetrieveItem(item:ItemType,
   found: bool&): ItemType
+PutItem(item:ItemType): void
+DeleteItem(item:ItemType): void
+ResetList(): void
+GetNextItem(): ItemType
```

4.2　动态分配数组

如果我们能找到一种技术，使客户端能够在运行时指定列表中最大项数，那不是很好吗？当然，如果 C++ 没有提供这种方法，用户也不会提出要求。可以让最大项数作为一个类的构造函数的参数。但是实现结构是一个数组，编译器在编译时不需要知道数组的大小。前提条件是数组位于静态存储中，但是如果将其置于动态存储（自由存储区或堆）中，则可以在运行时分配该数组的内存。此更改要求对类定义进行以下更改：

```
{
public:
  SortedType (int max);           // max 是最大列表的规模
  SortedType();                   // 默认大小为 500
  // 其余的原型放在这里
private:
  int length;
  int maxList;                    // 列表项的最大数量
  ItemType* info;                 // 指向动态分配内存的指针
  int currentPos;
};
```

声明类对象时，客户端可以使用参数化构造函数指定列表项的最大数量：

```
SortedType myList (100);
// 包含最多 100 个项的列表
```

或者，客户端可以使用默认构造函数的默认大小 500：

```
SortedType yourList;
```

在每个构造函数的定义中，其思想是使用 new 操作符来分配所需规模的数组。前面我们看到表达式 new SomeType 在自由存储区中分配了 SomeType 类型的单个变量，并返回了指向该变量的指针。要分配数组，可以在数据类型名称的括号中附加数组规模：new AnotherType [size]。在这种情况下，new 操作符返回新分配数组的基址。以下是 SortedType 构造函数的实现：

```
SortedType::SortedType (int max)
{
  maxList = max;
  length = 0;
  info = new ItemType[maxList];
}
SortedType::SortedType ()
{
  maxList = 500;
  length = 0;
  info = new ItemType[maxList];
}
```

注意，info 现在是一个指针变量，而不是数组名称。它指向动态分配数组的第一个元素。但是，C++ 中的一个基本事实是，只要指针指向数组，就可以将索引表达式附加到任何指针上（不仅是数组名称）。因此，info 可以像定义为 ItemType 类型数组时那样被索引（见图 4.5）。因此，只需要修改一个成员函数即可：IsFull。

```cpp
bool SortedType::IsFull ()
{
  return (lenth == maxList);
}
```

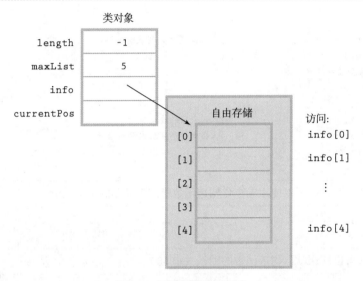

图 4.5　动态存储数组的列表

我们确实需要使用一个类的析构函数。当列表超出范围时，分配给 top、maxList 和 items 的内存会被释放，而 items 指向的数组不会被释放。若要释放数组，请在单词 delete 和指针名称之间插入方括号。

```cpp
SortedType::~SortedType()
{
  delete [] info;
}
```

在离开这个 SortedType 实现之前，看看是否有必要同时提供参数化构造函数和默认构造函数。在大多数情况下，参数化构造函数还不够好。但是，用户可能希望声明一个列表对象数组，在这种情况下，无法使用参数化构造函数。（记住这条规则：如果一个类有任何构造函数，并且声明了一个类对象数组，则其中一个构造函数必须是默认构造函数，并且数组中的每个元素都会调用它。）因此，最明智的做法是在 SortedType 类中包含一个默认构造函数，以允许下面这样的客户端代码：

```cpp
SortedType SortedGroup[10];
// 10 个有序列表，每个列表的大小为 500
```

4.3　将有序列表实现为链接结构

当编写基于数组的有序列表 ADT 的实现算法时，只需要更改无序列表版本中的 PutItem 和 DeleteItem，但是 GetItem 可以变得更加高效。因为 PutItem 和 DeleteItem 都必须搜索列表，所以先来看一下 GetItem。

4.3.1　GetItem 函数

对于无序列表版本，我们采用了基于数组的算法，并将数组表示法更改为链接表示法。让我们再次尝试这种方法。

```
GetItem
    将 location 设为 listData
    将 found 设为 false
    将 moreToSearch 设为 (location != NULL)
    while moreToSearch AND NOT found
            switch (item.ComparedTo (location->info))
                    case GREATER    :        将 location 设为 location->next
                                             将 moreToSearch 设为 (location != NULL)
                    case EQUAL      :        将 found 设为 true
                                             将 item 设为 location->info
                    case LESS       :        将 moreToSearch 设为 false
    return item
```

看一下这种算法，并通过检查 location 末尾的值来确保替换操作可以实现想要的功能。这里有三种情况，而不是两种：

（1）location = NULL。如果到达列表的末尾却没有找到键值等于该 item 的键值的项，则该项不在列表中。正确地将 location 的值设置为 NULL［假设人物姓名按字母顺序排列，见图 4.6（a）］。

（2）item.ComparedTo (location-> info) =EQUAL。在这种情况下，在列表中找到了该项，并将其复制到了 item 中［假设人物姓名按字母顺序排列，见图 4.6（b）］。

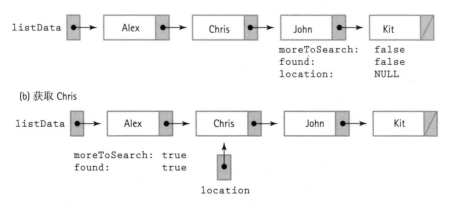

图 4.6　获取有序链表中的项

（3）item.ComparedTo (location-> info) =LESS。在这种情况下，已经传递了项的所属位置，因此它不在列表中（见图 4.7）。

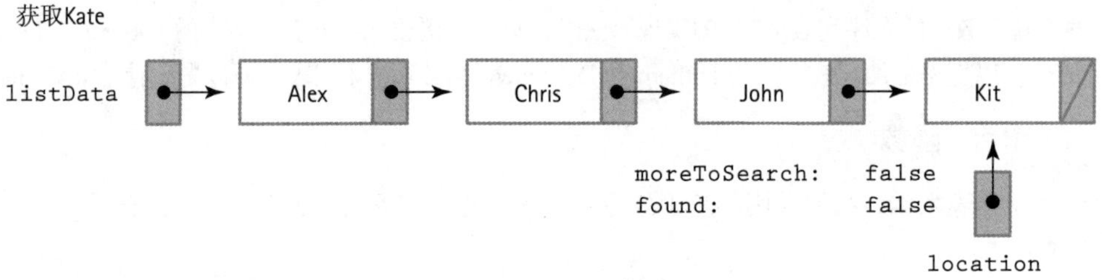

图 4.7　获取一个不存在的项

在研究了所有这三种情况后，可以再次编写这个算法，并确信它是正确的。这里也使用了关系运算符。

```cpp
ItemType SortedType::GetItem(ItemType item, bool& found)
{
  bool moreToSearch;
  NodeType* location;

  location = listData;
  found = false;
  moreToSearch = (location != NULL);

  while (moreToSearch && !found)
  {
    switch(item.ComparedTo(location->info))
    {
      case GREATER: location = location->next;
                    moreToSearch = (location != NULL);
                    break;
      case EQUAL:   found = true;
                    item = location->info;
                    break;
      case LESS:    moreToSearch = false;
                    break;
    }
  }
  return item;
}
```

4.3.2　PutItem 函数

只需要用指针表达式来代替 GetItem 中相应的索引表达式。这个做法对 PutItem 有效吗？我们不需要像在数组中那样移动任何元素，所以要先进行替换，然后进行观察。

PutItem

```
将 location 设为 listData
将 moreToSearch 设为 (location != NULL)
while moreToSearch
        switch (item.ComparedTo(location->info))
                case GREATER    :    将 location 设为 location->next
                                     将 moreToSearch 设为 (location != NULL)
                case LESS        :    将 moreToSearch 设为 false
     ⋮
```

当退出循环时，location 指向 item 所在的位置，这是正确的（见图 4.7）。只需要获取一个新结点，将 item 放入 info 成员，将 location 放入 next 成员，然后将新结点的地址放入该结点之前的 next 成员中（该结点包含 John）。可是没有指向它前面结点的指针。必须同时跟踪前一个指针和当前指针。当无序列表版本的 DeleteItem 出现类似问题时，比较前面的一项：(location->next)->info。但是在这里不可以，因为只有知道列表中存在要搜索的项，才可以使用该技术，而此次要搜索的项不在列表中。如果新项应该位于列表的末尾，那么该算法将崩溃，因为 location-> next 为 NULL（见图 4.8）。

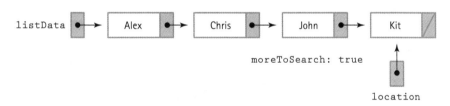

图 4.8　放在列表的末尾

我们可以改变确定 moreToSearch 的方法，但是有一种更简单的方法来处理这种情况。使用两个指针来搜索列表，其中一个指针跟在一个结点后面。我们将前面的指针称为 predLoc，并让它跟踪 location 后面的一个结点。当 ComparedTo 返回 GREATER 时，两个指针都向前移动。如图 4.9 所示，这个过程类似于尺蠖的移动。predLoc（尺蠖的尾巴）赶上 location（头部），然后 location 前移。因为没有结点在第一个结点之前，所以我们将 predLoc 初始化为 NULL。现在让我们用算法来总结一下这些想法：

PutItem (item) Revised

```
将 location 设为 listData
将 predLoc 设为 NULL
将 moreToSearch 设为 (location != NULL)
while moreToSearch
        switch (item.ComparedTo(location->info))
```

```
            case GREATER :      将 predLoc 设为 location
                                将 location 设为 location->next
                                将 moreToSearch 设为 (location != NULL)
            case LESS    :      将 moreToSearch 设为 false
      将 newNode 设置为新分配的结点地址
      将 newNode->info 设为 item
      将 newNode->next 设为 location
      将 predLoc->next 设为 newNode
      递增 length
```

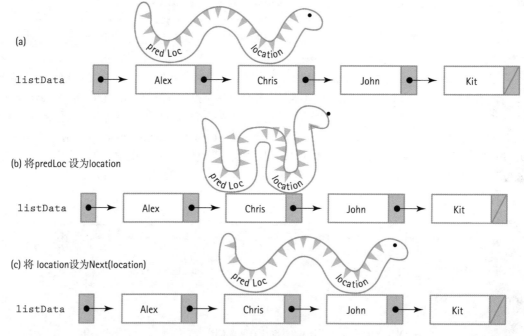

图 4.9 尺蠖效应

在编码之前，先回顾一下算法。有四种情况：新项在第一个元素之前、新项在其他两个元素之间、新项在最后一个元素之后、新项插入空列表中（见图 4.10）。如果在第一个元素处插入［见图 4.10（a）］，则将 Alex 与 Becca 进行比较会返回 LESS，然后退出循环。将 location 存储到 newNode->next 中，并将 newNode 存储到 predLoc->next 中。此时由于 predLoc 为 NULL，程序崩溃了。此时必须检查 predLoc 是否为 NULL，如果是，则必须将 newNode 存储到 listData 中，而不是 predLoc-> next 中。

那么插入项到两个元素中间的情况如何呢？插入 Kit［见图 4.10（b）］使 location 指向 Lila 的结点，而 predLoc 指向 Kate 的结点。newNode->next 指向 Lila 的结点，Kate 的结点指向新结点。这样是可以的。

在最后一个元素之后插入该怎么办？插入 Kate［见图 4.10（c）］使 location 等于 NULL，predLoc 指向 Chris 的结点。NULL 存储在 newNode-> next 中，newNode 存储在 Chris 的结点的 next 成员中。

列表为空时该算法是否有效？location 和 predLoc 均为 NULL，但是当 predLoc 为 NULL 时，将 newNode 存储在 listData 中，因此没有问题［见图 4.10（d）］。现在可以对函数 PutItem 进行编码了。

```
void SortedType::PutItem(ItemType item)
{
  NodeType* newNode;          // 指向被插入结点的指针
  NodeType* predLoc;          // 尾指针
  NodeType* location;         // 遍历指针
  bool moreToSearch;
  location = listData;
  predLoc = NULL;
  moreToSearch = (location != NULL);

  // 找到插入点
  while (moreToSearch)
  {
    switch(item.ComparedTo(location->info))
    {
      case GREATER: predLoc = location;
                    location = location->next;
                    moreToSearch = (location != NULL);
                    break;
      case LESS: moreToSearch = false;
                    break;
    }
  }

  // 准备插入结点
  newNode = new NodeType;
  newNode->info = item;
  // 将结点插入列表
  if (predLoc == NULL)          // 作为第一个结点插入
  {
    newNode->next = listData;
    listData = newNode;
  }
  else
  {
    newNode->next = location;
    predLoc->next = newNode;
  }
  length++;
}
```

(a) 插入Alex（在前面）

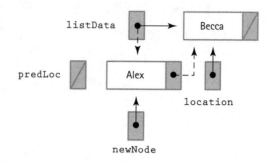

(b) 插入Kit（在中间）

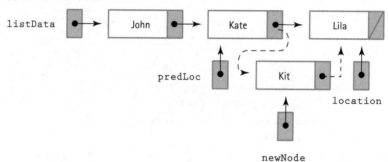

(c) 插入Kate（在后面）

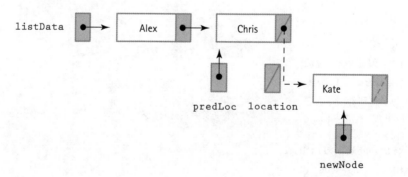

(d) 插入 John（在空列表中）

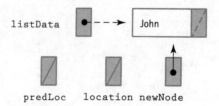

图 4.10　四种插入情况

4.3.3 DeleteItem 函数

与 GetItem 和 PutItem 的情况一样，DeleteItem 算法从查找开始。当 item.ComparedTo(location->info) 返回 EQUAL 时，在此处退出查找循环。一旦找到项后，将其删除。因为前置条件是列表中存在要删除的项，所以我们可以选择。可以完全按照原样使用无序列表算法，也可以编写一个插入操作镜像的算法。将新算法的编写作为练习留给大家。图 4.11 说明了删除结点的四种情况。

(a) 删除唯一列表结点（删除David）

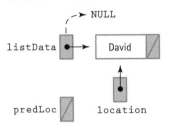

(b) 删除第一个列表结点（删除David）

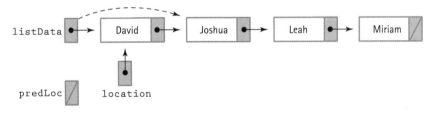

(c) 删除中间结点（删除Leah）

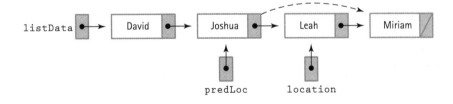

(d) 删除最后一个结点（删除Miriam）

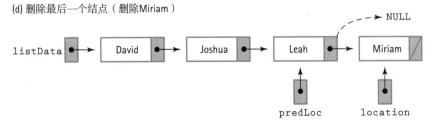

图 4.11　链表的删除操作

4.3.4 编码

下面是 SortedType 类的链接版本的规格说明，包含简化文档。注意，这里包含了一个析构函数。

```cpp
#include "ItemType.h"
// 有序列表 ADT 的头文件
struct NodeType;

class SortedType
{
public:
  SortedType();                          // 类构造函数
  ~SortedType();                         // 类析构函数

  bool IsFull() const;
  int  GetLength() const;
  void MakeEmpty();
  ItemType GetItem(ItemType item, bool& found);
  void PutItem(ItemType item);
  void DeleteItem(ItemType item);
  void ResetList();
  ItemType GetNextItem();

private:
  NodeType* listData;
  int length;
  NodeType* currentPos;
};
struct NodeType
{
    ItemType info;
    NodeType* next;
};

SortedType::SortedType()                 // 类构造函数
{
  length = 0;
  listData = NULL;
}

bool SortedType::IsFull() const
{
  NodeType* location;
  try
  {
```

```
      location = new NodeType;
      delete location;
      return false;
    }
  catch(bad_alloc exception)
  {
      return true;
  }
}

int SortedType::GetLength() const
{
  return length;
}

void SortedType::MakeEmpty()
{
  NodeType* tempPtr;

  while (listData != NULL)
  {
    tempPtr = listData;
    listData = listData->next;
    delete tempPtr;
  }
  length = 0;
}

ItemType SortedType::GetItem(ItemType item, bool& found)
{
  bool moreToSearch;
  NodeType* location;

  location = listData;
  found = false;
  moreToSearch = (location != NULL);

  while (moreToSearch && !found)
  {
    switch(item.ComparedTo(location->info)
    {
      case GREATER: location = location->next;
                    moreToSearch = (location != NULL);
                    break;
```

```
                case EQUAL:     found = true;
                                item = location->info;
                                break;
                case LESS:      moreToSearch = false;
                                break;
            }
        }
    return item;
}


void SortedType::PutItem(ItemType item)
{
    NodeType* newNode;                          // 指向被插入结点的指针
    NodeType* predLoc;                          // 尾指针
    NodeType* location;                         // 遍历指针
    bool moreToSearch;

    location = listData;
    predLoc = NULL;
    moreToSearch = (location != NULL);
    // 找到插入点
    while (moreToSearch)
    {
        switch(item.ComparedTo(location->info))
        {
            case GREATER: predLoc = location;
                          location = location->next;
                          moreToSearch = (location != NULL);
                          break;
            case LESS:    moreToSearch = false;
                          break;
        }
    }

    // 准备插入结点
    newNode = new NodeType;
    newNode->info = item;

    // 将结点插入列表
    if (predLoc == NULL)                        // 作为第一个结点插入
    {
        newNode->next = listData;
        listData = newNode;
    }
```

```
      else
      {
        newNode->next = location;
        predLoc->next = newNode;
      }
      length++;
    }

    void SortedType::DeleteItem(ItemType item)
    {
      NodeType* location = listData;
      NodeType* tempLocation;

      // 找到需要删除的结点
      if (item.ComparedTo(listData->info) == EQUAL)
      {
        tempLocation = location;
        listData = listData->next;                    // 删除第一个结点
      }
      else
      {
        while ((item.ComparedTo(location->next)->info) != EQUAL)
          location = location->next;

    // 在 location->next 处删除结点
        tempLocation = location->next;
        location->next = (location->next)->next;
      }
      delete tempLocation;
      length--;
    }

    void SortedType::ResetList()
    {
      currentPos = NULL;
    }

    ItemType SortedType::GetNextItem()
    {
      ItemType item;
      if (currentPos == NULL)
        currentPos = listData;
      item = currentPos->info;
```

```
    currentPos = currentPos->next;
    return item;
  }


SortedType::~SortedType()
{
  NodeType* tempPtr;

  while (listData != NULL)
  {
    tempPtr = listData;
    listData = listData->next;
    delete tempPtr;
  }
}
```

4.3.5　比较有序列表的实现

应用于动态分配数组的方法与应用于静态分配数组的方法的操作完全相同，因此在下面的介绍中将它们分为一组。

在基于数组的列表中，为 GetItem 开发了三种算法：线性查找、在传递项的所在位置时（如果存在）带有退出的线性查找以及二分查找。前两个具有 $O(N)$ 阶。而二分查找算法呢？这里给出了一个表格（见表 4.2），该表格比较了线性查找和二分查找在特定大小列表中搜索的项数。如何使用 Big-O 表示法描述这个算法？为了弄清楚这一点，让我们来看看可以将含有 N 个项的列表一分为二多少次。假设没有在前面的中点处找到所需的项，那么在用尽可以分割的元素前，最多能将列表进行 $\log_2 N$ 次分割。如果你不熟悉对数

$$2^{\log_2 N} = N$$

也就是说，如果 $N=1024$，则 $\log_2 N=10$（$2^{10}=1024$）。这如何应用于查找算法？线性查找为 $O(N)$，在最坏的情况下，必须查找列表中全部的 1024 个元素。二分查找是 $O(\log_2 N)$，在最坏的情况下，要进行 $\log_2 N+1$ 或 11 次搜索比较。一种启发式经验法则告诉我们，通过将其连续分成两半来解决的问题是 $O(\log_2 N)$ 算法。图 4.12 说明了按比较次数衡量的线性查找和二分查找的相对增长率。

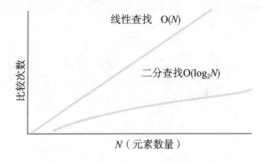

图 4.12　线性查找和二分查找的比较

前两个查找可以在链表中实现，但二分查找不行。（如何直接进入链表的中间？）因此，如果使用二分查找算法，基于数组的算法搜索列表比链接版本更快。

在这两个排序列表实现中，PutItem 函数使用线性查找来查找插入位置。因此，算法的查找部分具有 O(N) 复杂度。基于数组的列表还必须向下移动插入位置之后的所有元素，以便为新元素腾出空间。要移动的元素数范围是从 0（在列表的末尾插入）到 length（在列表的开头插入）。因此，该算法的插入部分对于基于数组的列表也具有 O(N) 复杂度。因为 O(N)+O(N)= O(N)，所以顺序列表的 PutItem 操作具有 O(N) 复杂度。即使使用二分查找来找到该项所属的位置（O($\log_2 N$)），也必须移动这些项来为新的项（O(N)）腾出空间。O($\log_2 N$)+ O(N)= O(N)。

对于链表表示算法的插入部分，只需要对几个指针重新赋值即可。这使得链表的插入任务为 O(1)，这是链接的主要优点之一。但是，将插入任务添加到查找任务后，得到 O(N)+ O(1)= O(N)——与顺序列表相同的 Big-O 近似。链接也许在效率上没有任何优势。但是请记住，Big-O 评估仅是算法所做工作量的粗略近似。

DeleteItem 函数类似于 PutItem 函数。在这两种实现中，搜索任务都以 O(N) 操作形式进行。然后，顺序列表的删除操作通过向上移动列表中的所有后续元素来"删除"该元素，从而添加 O(N)。整个函数是 O(N)+O(N) 或者 O(N)。链表通过从列表中取消链接来删除元素，从而将 O(1) 添加到查找任务中。整个函数是 O(N)+O(1) 或者 O(N)。因此，两个 DeleteItem 操作都是 O(N)，如果 N 值较大，它们大致相等。

然而，两个操作具有相同的 Big-O 度量，并不意味着它们需要相同的执行时间。对于 PutItem 和 DeleteItem，顺序实现平均需要大量的数据移动。所有这些数据移动对于本书的例子影响不大，因为列表很小。但是，如果一个列表中有 1000 个项，数据移动的次数越多，影响就越明显。

表 4.3 总结了顺序实现和链接实现的有序列表操作的 Big-O 比较。

表 4.3　有序列表操作的 Big-O 比较

	数组实现	链接实现
类构造函数	O(1)	O(1)
MakeEmpty	O(1)	O(N)
IsFull	O(1)	O(1)
GetLength	O(1)	O(1)
ResetList	O(1)	O(1)
GetNextItem	O(1)	O(1)
GetItem	O(N)[*]	O(N)
PutItem		
Find	O(N)[*]	O(N)
Put	O(N)	O(1)
Combined	O(N)	O(N)

	数组实现	链接实现
DeleteItem		
Find	O(*N*)*	O(*N*)
Delete	O(*N*)	O(1)
Combined	O(*N*)	O(*N*)

*O($\log_2 N$)，如果使用的是二分查找。

4.4　无序列表和有序列表 ADT 算法的比较

表 4.4 给出了无序列表 ADT 和有序列表 ADT 的两种实现。

表 4.4　无序列表 ADT 和有序列表 ADT 操作的 Big–O 比较

函数	无序列表 ADT		有序列表 ADT	
	基于数组	链接实现	基于数组	链接实现
类构造函数	O(1)	O(1)	O(1)	O(1)
MakeEmpty	O(1)	O(*N*)	O(1)	O(*N*)
IsFull	O(1)	O(1)	O(1)	O(1)
GetLength	O(1)	O(1)	O(1)	O(1)
ResetList	O(1)	O(1)	O(1)	O(1)
GetNextItem	O(1)	O(1)	O(1)	O(1)
GetItem	O(*N*)	O(*N*)	线性查找 O(*N*) 二分查找 O($\log_2 N$)	O(*N*)
PutItem				
Find	O(1)	O(1)	O(*N*)	O(*N*)
Put	O(1)	O(1)	O(*N*)	O(1)
Combined	O(1)	O(1)	O(*N*)	O(*N*)
DeleteItem				
Find	O(*N*)	O(*N*)	O(*N*)	O(*N*)
Delete	O(1)	O(1)	O(*N*)	O(1)
Combined	O(*N*)	O(*N*)	O(*N*)	O(*N*)

　　无序列表和有序列表在复杂度上的最大区别在于插入算法。无序列表是 O(1)，有序列表是 O(*N*)。基于数组的插入和链接到有序列表的插入都是 O(*N*)，但基于数组的版本实际上是 O(2*N*)，只是把常数

舍去了。这并不意味着应该忽略常数上的差异，如果两个算法有相同的复杂度，那么就需要考虑常数。

可以将复杂度的常见顺序看作对算法进行排序的容器（见图 4.13）。如果规模因子比较小，一个容器中的算法实际上可能比下一个更高效容器中的等效算法更快。随着规模因子的增大，不同容器中算法之间的差异也越来越大。在同一容器中选择算法时，可以查看常数来决定使用哪一种算法。

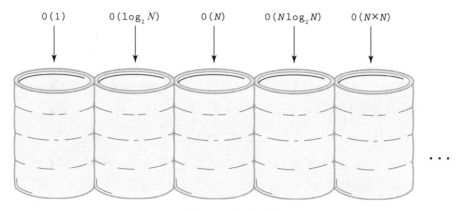

图 4.13　复杂度容器

4.5　有界 ADT 和无界 ADT

有界 ADT 是对结构中存储项的数量有逻辑限制的 ADT。**无界 ADT** 是指没有逻辑限制的 ADT。我们倾向于认为基于数组的结构是有界的，而链接结构是无界的。然而，这是一个实现解释，而不是逻辑解释。

例如，客户端可能有理由知道列表在逻辑上是有界的，即列表上的最大项数永远不会超过某个值。如果尝试添加额外的项，客户端希望通过抛出异常来得到通知。

到目前为止，已经将列表 ADT 实现为物理上有界（基于数组）或物理上无界（链接），而不考虑逻辑问题。在数组已满时通过增加数组的大小并将当前数组元素复制到新数组中，可以使基于数组的实现不受限制。如果数组是动态分配的，这很容易做到。可以通过要求客户端提供 MAX_ITEMS 并在添加项之前比较其长度来使链接的实现有界。

> **有界 ADT**
> 一种对结构中存储项的数量有逻辑限制的 ADT。
> **无界 ADT**
> 一种对结构中存储项的数量没有逻辑限制的 ADT。

这里的意思是，ADT 的文档必须说明实现是有界的还是无界的。如果有界，客户端必须有工具（可能通过构造函数）来设置结构的大小，如果试图超过该大小，则必须抛出异常。如果无界，文档必须声明只有当程序耗尽内存时，IsFull 才返回 true。然后，客户端根据 ADT 在逻辑上是有界的还是无界的来选择要使用哪一种实现方式。

4.6　面向对象的设计方法

面向对象设计有四个阶段：集体研讨、筛选、情景分析和职责算法设计。集体研讨阶段是第一次确定问题的类。筛选阶段是回顾集体研讨阶段中确定的类，找出冗余的或可以合并的类，或者是否有遗漏的类。在筛选阶段之后能够幸存的类都记录在 CRC 卡上。

情景分析阶段是确定每个类的行为。因为每个类都对自己的行为负责，所以将这些行为称为职责。在这一阶段，将探索"如果……会怎么样"的问题，以确保分析了所有的情况。当确定了每个类的所有职责后，将它们记录在这个类的 CRC 卡上，这个类必须与其他一些类进行协作（交互）来完成其职责，我们也会记下所有这些其他类的名称。

在最后的阶段，即职责算法设计，为在 CRC 卡上列出的每个职责编写算法。现在知道了 CRC 术语的来源：类、职责和协作。

虽然这些技术最初是为程序设计团队设计的，但也可以将它们应用到我们个人的思维过程中，接下来研究一下这些阶段的细节。

4.6.1 集体研讨

集体研讨到底是什么呢？词典将其定义为一种团队解决问题的方法，该方法需要团队的所有成员自发贡献自己的想法。[1] 集体研讨可以让人们想起一部电影或一个电视节目，在这个节目中，一群聪明的年轻人聚集在一起为最新的革命性产品设计广告语。这一情况似乎与传统的概念不一致。传统的情况是，一位程序员在一个封闭、没有窗户的办公室里独自工作了好几天，最后突然跳起来大喊："啊哈！"随着计算机变得越来越强大，可以用计算机解决的问题也变得越来越复杂，依靠一个天才在一间没有窗户的房间里完成任务的方法已经过时了。复杂问题需要基于团队的"啊哈！"来得出新的、创新性的解决方案。

Belin 和 Simone 列举了成功的集体研讨的四个原则。[2] 首先，所有的想法都是潜在的好想法。团队成员不要审查自己的想法，也不能对别人的想法作出武断的判断，这是非常必要的。下一个原则与节奏有关：先快速且疯狂地思考，然后再思考。刚开始的时候，节奏越快，创造力就越强。再次，让每个人都有机会发声。为了让那些倾向于独占发言时间的人慢下来，刺激那些不愿说话的人，可以使用轮流交流。继续这个模式，直到所有团队成员真正被迫"参与"过活动为止，因为他们已经没有新想法了。最后，一点幽默也能产生强大的力量。幽默有助于将一个随机的团队转变成一个有凝聚力的团队。

在面向对象的问题解决环境中，集体研讨是一种团队活动，旨在生成用于解决特定问题的候选类列表。Belin 和 Simone 指出，虽然每个项目都是不同的，每个团队都有不同的个性，但以下四个步骤是一个很好的通用方法：

第一步是在会议开始时回顾集体研讨原则，提醒每个人这是一个团队活动，个人风格应该放在一边。

第二步是陈述具体的会议目标，例如："今天想为学生项目列出一个候选课程的名单。"或者"今天想要确定在注册阶段处于活跃状态的类。"

第三步是使用循环式的技巧，让团队以一个均匀的节奏进行，同时给人们足够的时间去思考。每个人都应该向列表贡献一个可能的对象类。主持人应该让讨论围绕目标展开，而抄写员要做笔记。小组中的每个人都必须"参与"，当因为他或她想不出其他类的建议时，集体研讨也就停止了。

第四步是讨论类，并选择一个属于最终列表的类。我们更倾向于将这个步骤与集体研讨分开，在

---

[1] 韦伯斯特新大学词典。

[2] Belin, D. and Simone S. S. *The CRC Card Book*. Addison–Wesley. 1997.

4.6.2 节中会进行介绍。

正如为广告语进行集体研讨的人在会议前就对产品有所了解一样，对于类的集体研讨也要求参与者对问题有所了解。每个参与者都应该熟悉需求文件以及任何与项目技术方面相关的联系。如果有歧义，参与者应该在集体研讨会议之前通过访谈来澄清这些要点。在集体研讨会议中，每个团队成员都应该清楚地了解需要解决的问题。毫无疑问，在准备的过程中，每个团队成员都会有自己的初步的类列表。

4.6.2　筛选

集体研讨会议产生了一个初步的类列表。下一个阶段是根据类的初步列表确定哪些是问题解决方案中的核心类。列表中可能有两个类实际上是相同的东西。这些重复类的出现通常是因为组织中不同部分的人对相同的概念或实体使用了不同的名称。列表中可能有两个类具有许多共同的属性和行为。公共部分应该聚集在一个超类中，这两个类可以派生公有属性并添加不同的属性。

有些类可能并不属于问题解决方案。例如，如果模拟一个计算器，可以将用户列为一个可能的类。然而，在模拟中，用户并不作为一个类，用户是在问题之外为模拟提供输入的实体。另一个可能的类是开机按钮。然而，稍加思考就会发现，开机按钮并不是模拟的组成部分，而是启动模拟程序使其运行。

筛选完成后，应为幸存到这一阶段的每个类编写 CRC 卡。

4.6.3　情景分析

这个阶段的目标是为每个类分配职责。职责是什么？它们是每个类必须执行的任务。职责最终以子程序的形式实现。在这个阶段，我们只关心任务是什么，而不关心它们如何实现。

有两种类型的职责：类必须对自己有所了解（知识职责）；类必须能够完成的任务（行为职责）。类封装其属性，一个类中的对象不能直接访问另一个类中的属性。封装是抽象的关键。然而，每个类都有责任将知识提供给与其协作的其他类。因此，每个类都有责任知道其他类需要了解的关于自己的信息。

例如，student 类应该"知道"或"获取"它的名称和地址。尽管这个知识职责可能被称为 get name 和 get address，而对于是否保存在 student 类中，或者 student 类是否必须请求其他类来访问这个地址，在这个阶段是无所谓的。重要的是，student 类能够访问并返回（获取）自己的名字和地址。

行为职责类似于自上而下设计中描述的任务。例如，一个职责可能是 student 对象需要计算自己的 GPA（平均分数）。在自上而下的设计中，可以说这项任务是在给定数据的情况下计算 GPA。在面向对象的设计中，student 对象负责计算自己的 GPA。这种区别既微妙又有着深远的影响。计算的最终代码可能类似，但是它们的执行方式不同。在过程化设计中，主程序调用计算 GPA 的函数，并将 student 对象作为参数传递。在一个面向对象的程序中，会向 student 对象发送一条消息，以计算其 GPA。这一过程没有参数，是因为接收消息的对象知道自己的数据。

如何确定职责呢？此阶段的名称提供了一条线索，可以引导我们为类分配职责。就我们的目的而言，**情景分析**是描述客户端（用户或对象）和应用程序或程序之间交互的一系列步骤。

> **情景分析**
> 描述客户端与应用程序或程序之间交互的一系列步骤。

下面介绍这个过程是如何工作的。该团队使用角色扮演来测试不同的情景。每个小组成员扮演某个类的角色。情景是"如果这样将会如何"的脚本，允许参与者表演不同的情景。当一个类被发送了一条消息时，参与者拿起 CRC 卡对该消息作出回应，必要时可能将消息发送给其他类。在执行脚本时，会发现遗漏的职责以及不必要的职责。有时会出现对新类的需求。虽然在一开始"你"活跃地向空中挥舞卡片时，可能会觉得有点尴尬，但当团队成员看到这一方法是多么有效时，他们很快就会体会到活动的乐趣（见图 4.14）。

图 4.14　正在进行的情景分析演练

这个阶段的输出是一组 CRC 卡，代表问题解决方案中的核心类。卡片上列出了每个类的职责，还列出了每个职责必须协作的类。

合并 UML 图的正式方法将与公共目标相关的情景集合称为**用例**。用例图现在是 UML 的一部分。在这里，我们倾向于对情景的非正式讨论。

> **用例**
> 一组与公共目标相关的情景集合。

4.6.4　职责算法设计

最后，必须为每个职责编写算法。由于在面向对象的设计视图中，关注的是数据而不是操作，因此执行职责的算法往往相当简短。例如，知识职责通常只返回对象中一个变量的内容，或者向另一个对象发送一条消息来获取属性。行为职责稍微复杂一些，通常涉及计算。因此，设计一个算法的自上而下方法通常适合于多个职责算法的设计。

4.6.5　结语

总而言之，自上而下的设计方法注重于将输入转换为输出的过程，从而产生一个任务层次结构。而面向对象的设计侧重于要转换的数据对象，从而形成对象层次结构。问题描述中的名词变成了对象，动词变成了职责。在自上而下的设计中，主要关注的是动词；而在面向对象的设计中，主要关注的是名词。

前面介绍的方法是利用 CRC 卡。这张卡片只是一个帮助你组织类的符号图案；它的使用不是一种方法学。

4.6.6　案例研究：评估手牌

1. 问题

在第 3 章中，开发了两个类：Card（代表一张纸牌）和 Deck［代表一组纸牌（52 张）］。现在准备好进行下一步。许多纸牌游戏，如黑桃、红心、桥牌和扑克，都有一个共同点：它们需要一副纸牌的随机子集，即所谓的"手牌"，不同的游戏会以不同的方式检查并评估它。

当前的任务是先把纸牌分为几组手牌。完成后，将评估得州扑克（一种五张牌的扑克游戏）的手牌。

2. 集体研讨

首先，我们仔细查看问题陈述并确定可能的对象。描述中的名词构成了第一阶段。

card

collection

games

spades

hearts

bridge

poker

subset

hand

hands

Texas holdem

前两个已经由类表示了。接下来的 5 个代表游戏，与这个阶段无关。子集是对纸牌来源的描述。得州扑克是一款特殊游戏，我们需要评估每张手牌。所以只剩下两个对象：一张手牌和一组手牌。

如何描述一张手牌？这是一个纸牌列表。操作应该包括所有标准的列表操作：初始化、插入、删除和输出。这听起来就像没有出牌和洗牌操作的牌组。一副纸牌和一张手牌实际上是一样的吗？手牌可以是具有评估责任的牌的派生类吗？是的，可以这样看待手牌。然而，在大多数游戏中，一张手牌总是比另一张好。也就是说，你可以对两张手牌进行比较。在桥牌游戏中，你分配一个高牌的值，即 4 个 A、3 个 K、2 个 Q 和 1 个 J 的总和。高牌点数多的手牌比低牌好。在扑克游戏中，你要根据一套规则来评估你手上的牌，这些规则包括等级和花色。如果卡片排列整齐，评估可能会更容易。因此，应该像处理 Deck 类那样，使 ADT Hand 成为 SortedType 类的派生类。

我们现在不评估一张手牌，只是展望未来，让未来的处理更容易。 每个使用 Hand 的游戏都必须派生一个子类，根据特定游戏的规则评估手牌。

类名:　　　Hand	超类:　　　None	子类:　　　None
职责	协作	
Initialize Hand()		

其实，我们插入了一个不必要的层。Hand 没有 SortedType 中不存在的职责。因此，可以用 SortedType 类直接表示手牌。我们确实需要一种职责将一副纸牌分成两份。但是如何代表一组手牌呢？需要给每个手牌起个名字吗？并不需要。在不同的游戏中，手数和牌数各不相同。最好的结构是一组手牌。发牌的过程需要知道每组手牌的数量和手（玩家）的数量。

应该为用户提供什么样的界面？用户是否应该声明手牌的数组，并将其作为参数传递给处理手牌的过程？或者将手牌封装到一个类中，然后根据请求返回手牌是否会更好？第一种是自上而下的方法；第二种是面向对象的方法。我们选择第二种。以下是 ADT Hand 的 CRC 卡。

类名: Hands	超类: None		子类: None
职责		协作	
Initialize Hands (numPlayers)			
Deal(numCards)		Deck	
GetHand(which) returns SortedType		SortedType	

Hands ADT 规格说明

结构：一组手牌（卡片的有序列表）。

操作：

Initialize(int numPlayers)

功能：	创建一个 sortedLists 的 numPlayers 数组。
前置条件：	无。
后置条件：	self 实例为空。

Deal(int numCards)

功能：	发 numCards 给 numPlayers。
前置条件：	numCards * numPlayers <= 52。
后置条件：	self 实例是一个 numPlayers 数组，每个数组都有一个排序的 numCards（一组手牌）列表。

SortedType GetHand(int which)

功能：	返回玩家的手牌。
前置条件：	self 已被初始化。 取值范围在 1 ~ numPlayers 之间。
后置条件：	self 实例未被更改。

3. 实现层

拥有一个包含前置和后置条件的规格说明的好处在于，可以直接从这个规格说明中编写类规格说明。因为数组的大小在运行时会有所不同，所以必须动态地分配和释放数组。

```
// 类 Hands 的规格说明文件，表示手牌的集合 ( 卡片的排序列表 )

#include "deck.h"
#include "sortedType.h"
using namespace std;
class Hands
{
public:
  Hands();
  Hands(int players);
  ~Hands();
  void Deal(int numCards);
  SortedType GetHand(int which);
private:
  int numPlayers;
  SortedType* hands;
  Deck deck;
};
```

4. 职责

这里唯一有点复杂的是 Deal。至少有两种方法来将 numCards 分发给 numPlayers。可以一次给每个玩家发 numCards 张牌，或者给每个玩家每次一张轮发，发 numCards 次。这可能不会有影响，但第二个选择似乎是再次随机化纸牌。当然，是随机的，但是由于进行的处理是伪随机，所以采用第二个选项。必须声明、生成和洗牌。让我们在构造函数中生成牌组，但在发牌之前先洗牌。一定不要忘记在发牌前要把手牌清空。

```
Deal (int numCards)
    洗牌
    清空手牌
    发牌
```

```
// Hands 类的实现文件
#include "hands.h"
#include <iostream>
using namespace std;

Hands::Hands()
{
  SortedType ();
}

Hands::Hands (int players)
{
  numPlayers = players;
  hands = new SortedType[numPlayers];
```

```
    deck.GenerateDeck();
  }


  Hands::~Hands()
  {
    delete [] hands;
  }


  void Hands::Deal(int numCards)
  {
    deck.ResetList();
    for (int i = 0; i < 7; i++)
      deck.Shuffle();
    Card card;
    deck.ResetList();
    for (int i = 0; i < numPlayers; i++)
      hands[i].MakeEmpty();

    for (int cards = 0; cards < numCards; cards++)
      for (int players = 0; players < numPlayers; players++)
      {
        card = deck.GetNextItem();
        hands[players].PutItem(card);
      }
  }


  SortedType Hands::GetHand(int which)
  {   return hands[which-1]; }
```

这部分任务的测试驱动程序可以在 Deck 类的测试驱动程序的基础上建模。我们创建了一个辅助函数 PrintHand，用于输出手上的卡片。首先，输出所有的手牌，看看它们是否被正确创建，然后调用 GetHand(2)，看看两组手牌是否重复。

```
// Hands 类的测试驱动程序
#include <iostream>
#include "Hands.h"
using namespace std;

void PrintHand (SortedType&);

int main()
{
  SortedType hand;
  Hands hands(4);
  hands.Deal(5);
```

```
    for (int player = 1; player <= 4; player++)
    {
      cout << "Hand: " << player << endl;
      hand = hands.GetHand(player);
      PrintHand(hand);
    }

    hand = hands.GetHand(2);
    cout << "Hand 2: " << endl;
    PrintHand(hand);
    return 0;
}

void PrintHand(SortedType& hand)
{
    if (hand.GetLength() == 0)
      cout << "Hand is empty." << endl;
    else
    {
      hand.ResetList();
      Card card;
      for (int counter = 1; counter <= hand.GetLength(); counter++)
      {
        card = hand.GetNextItem();
        cout << card.ToString() << endl;
      }
    }
    cout << endl;
}
```

当我们尝试运行这个简单的程序时，可能会得到以下错误：

```
error: multiple definition of 'enum Suits'
error: multiple definition of 'enum RelationType'
```

怎么可能呢？每张 Card 只有一份。但 Card 同时包含在 SortedType 和 UnsortedType 中。因此，预处理器认为 RelationType 和 Suits 定义了不止一次。这种情况经常发生，因此将它们的定义放在一个单独的文件中，以便其他文件也包含这些定义。把这个文件命名为 enums.h。

```
#ifndef ENUMS
#define ENUMS
enum RelationType {LESS, EQUAL, GREATER};
enum Suits {CLUB, DIAMOND, HEART, SPADE};
#endif
```

以"#"开头的行是预处理器的指令。ENUMS（或你希望使用的任何标识符）是预处理器标识符，而不是 C++ 程序标识符。实际上，这些指令表明：如果预处理器标识符 ENUMS 尚未定义，则将 ENUMS 定义为预处理程序已知的标识符并把声明传递给编译器。

如果遇到后续的 #include"enums.h"，则测试 #ifndef ENUMS 将失败。声明将不会再次传递给编译器。

再次运行测试程序并得到一个构建错误。构建器认为有两个 Card 的副本。Card 本身包含在 SortedType 和 UnsortedType 中。必须在 Card 的定义周围加上 #ifndef。除了创建文件 enum.h，也可以将声明留在 Card 中。一旦程序编译完成，以下便是测试的输出结果：

```
Hand: 1
Three of Clubs
Four of Clubs
Eight of Hearts
Seven of Spades
Eight of Spades

Hand: 2
Five of Clubs
Six of Clubs
Four of Spades
Nine of Spades
Ten of Spades

Hand: 3
Ten of Clubs
King of Hearts
Two of Spades
Three of Spades
Ace of Spades

Hand: 4
Nine of Clubs
Four of Diamonds
King of Diamonds
Jack of Spades
King of Spades

Hand 2:
Five of Clubs
Six of Clubs
Four of Spades
Nine of Spades
Ten of Spades
```

5. 逻辑层

现在要评估手牌。测试案例是得州扑克。手牌的等级从最好到最差，如下：

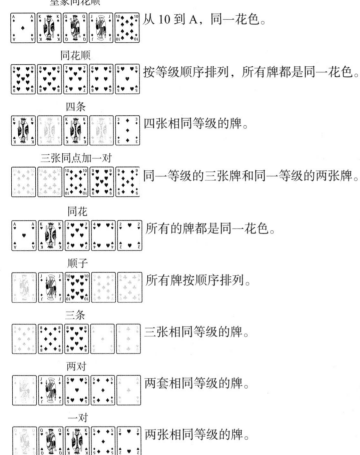

皇家同花顺　　从 10 到 A，同一花色。

同花顺　　按等级顺序排列，所有牌都是同一花色。

四条　　四张相同等级的牌。

三张同点加一对　　同一等级的三张牌和同一等级的两张牌。

同花　　所有的牌都是同一花色。

顺子　　所有牌按顺序排列。

三条　　三张相同等级的牌。

两对　　两套相同等级的牌。

一对　　两张相同等级的牌。

高牌　　手中最高级别的牌。

需要一个枚举类型来表示这些可能性。例如：

```
enum HandIs {ROYAL, STRAIGHT_FLUSH, FOUR, FULL_HOUSE, FLUSH,
             STRAIGHT, THREE, TWO_PAIR, ONE_PAIR, HIGH_CARD};
```

Evaluate 职责将返回 HandIs 值。我们可以用两种方法来处理这个算法：可以根据所有 10 个标准按顺序检查每张手牌。然而，思考一下就可以发现，有三种（皇家同花顺、同花顺和同花）首先与花色有关，然后才与等级有关，而其他的只与等级有关。因此，需要一个辅助职责 SameSuit，如果所有的牌都是相同花色，则返回 true。首先运用这一职责，如果返回 true，则检查同花的类型。因此，还需要一个辅助职责 IsStraight，如果排序是有序的，则返回 true。

HandIs CheckSuits

```
if 相同花色
    if 是顺序排列
        if 第一级是 10
            返回 ROYAL
        else
            返回 STRAIGHT_FLUSH
    else
        返回 FLUSH
```

SameSuit 需要一个循环来检查手牌是否都是同一花色。当查找完所有的手牌或找到两张不同花色的牌时，循环结束。可以使用一个 Boolean 变量 stillPossible，直到找到不同的花色或者已经比较了所有的牌时，它为 true。在循环结束时，如果 comparisons 等于 limit，则已经比较了所有的牌，并且它们是匹配的。

Boolean SameSuit

```
hand.ResetList()
将 stillPossible 设为 true
将 limit 设为 hand.GetLength()
将 card1 设为 hand.GetNextItem()
将 card2 设为 hand.GetNextItem()
将 comparisons 设为 1
while stillPossible
    if card1.GetSuit() = card2.GetSuit()
        if comparisons < limit                        // 都完成比较了吗?
            将 card1 设为 card2
            将 card2 设为 hand.GetNextItem()
            递增 comparisons
        else 将 stillPossible 设为 false
    else 将 stillPossible 设为 false
if comparisons = limit
    return true
else return false
```

可以用类似的算法来确定是否有顺子。每一个等级必须是前一级加 1。同样，可以使用一个 Boolean 变量 stillPossible，直到发现一张无序的牌，或者已经查看了所有的牌时，它为 true。

Boolean IsStraight

```
hand.ResetList()
将 stillPossible 设为 true
将 limit 设为 hand.GetLength()
将 card1 设为 hand.GetNextItem()
将 card2 设为 hand.GetNextItem()
将 comparisons 设为 1
while stillPossible
    if card1.GetRank() +1 = card2.GetRank()
```

```
            if comparisons < limit              // 都比较了吗?
                将 card1 设为 card2
                将 card2 设为 hand.GetNextItem()
                递增 Comparisons
            else 将 stillPossible 设为 false
        else
            将 stillPossible 设为 false
    if comparisons = limit
        return true
    else
        return false
```

也可以对等级采取类似的策略。除了普通的同花顺和高牌,其他的都至少包含一对。已经有一个辅助职责 IsStraight,而高牌是在没有其他适合的情况下才产生的。

回到 4 副手牌上,并评估一下。手牌 1 是 ONE_PAIR;手牌 2 是 HIGH_CARD;手牌 3 是 HIGH_CARD;手牌 4 是 ONE_PAIR。必须检查每张牌以找到对应的配对,一个辅助数据结构可以帮助用户。我们声明了一个有 14 个整数的数组,忽略 [0],每个插槽都可以是一个计数器,用来显示排序被看到的次数。一旦构建了这个数组,快速扫描就会给出剩下的评估结果。任何有 2 的单元格表示一对;任何有 3 的单元格表示一种花色有 3 张;任何有 4 的单元格表示一种花色有 4 张。

HandIs CheckRanks

```
构建 Counter
将 index 设为 1
将 onePair 设为 0
将 threeKind 设为 0
将 fourKind 设为 0
while index < 14
    if counter[index] < 2
        index++
    else
        if counter[index] = 2
            onePair++
            index++
        else
            if counter[index] = 3
                threeKind++
                index++
            else
                if counter[index] = 4
                    four Kind++;
                    将 index 设为 14
HandIs EvaluateRanks
```

Build Counter

```
for 从 1 到手牌的数量的每个 i
    将 counter[i] 设为 0
```

```
hand.ResetList()
for 从 1 到手牌的数量的每个i
      将 increment 设为 hand.GetNextItem().GetRank()
      将 counter[increment] 设为 counter[increment] + 1
```

HandIs EvaluateRank

```
if (onePair = 1 and threeKind = 1)
      return FULL_HOUSE
else if (onePair = 2)
      return TWO_PAIR
else if (threeKind = 1)
      return THREE
else if (fourKind = 1)
      return FOUR
else if (onePair = 1)
      return ONE_PAIR
else if (IsStraight)
      return STRAIGHT
else return HIGH_CARD
```

现在有了 Evaluate 职责的算法。需要将它封装到一个具有 ToString 职责的类中。注意，评估不需要私有数据。

Evaluation ADT 规格说明

操作：

HandIs Evaluate(SortedType hand)

功能：	使用得州扑克的规则评估手牌。
前置条件：	无。
后置条件：	返回应用规则评估手牌的结果。

string ToString(HandIs evaluation)

功能：	以字符串形式返回评估结果。
前置条件：	已经定义了评估。
后置条件 ：	self 实例未改变。

6. 实现层

头文件的规格说明很简单。复杂之处在于尝试编写 Evaluate 职责的代码。

```
// Evaluation 类的规格说明

#include <string>
using namespace std;
#include "sorted.h"
enum  HandIs {ROYAL, STRAIGHT_FLUSH, FOUR, FULL_HOUSE, FLUSH,
```

```
                    STRAIGHT, THREE, TWO_PAIR, ONE_PAIR, HIGH_CARD};
    class Evaluation
    {
    public:
      HandIs Evaluate(SortedType hand);
      string ToString(HandIs eval) const;
    };
```

当我们开始编写这些算法时，应该意识到有一个很大的遗漏：需要将所有的检查放到一个函数中。也就是说，必须将 CheckSuits 和 CheckRanks 一起返回评估。这可能很棘手。这两个模块都返回一个 HandIs 变量。如果牌都是相同的花色，CheckSuits 模块将返回正确的评估。如果它们不是完全相同的花色，则返回变量是未定义的。没有办法测试一个变量来确定它是否是未定义的。因此，我们需要将 CheckSuits 变成一个带 HandIs 参数的布尔函数。以下是主要的评估模块。我们添加了 hand 作为参数。

HandIs Evaluation

```
HandIs eval
if CheckSuits(eval, hand)
      return eval
else
      return checkRanks(hand)
```

```
// Evaluation 类的实现文件
#include "Evaluation.h"
#include <iostream>

int counter[14];

bool SameSuits(SortedType hand)
{
  hand.ResetList();
  bool stillPossible = true;
  int limit = hand.GetLength();
  Card card1 = hand.GetNextItem();
  Card card2 = hand.GetNextItem();
  int comparisons = 1;
  while (stillPossible)
  {
    if (card1.GetSuit() == card2.GetSuit())
    {
      if (comparisons < limit)
      {
        card1 = card2;
        card2 = hand.GetNextItem();
        comparisons++;
      }
    }
    else stillPossible = false;
```

```
          }
        else stillPossible = false;
    }
    if (comparisons == limit)
      return true;
    else return false;
}


bool IsStraight(SortedType hand)
{
    hand.ResetList();
    bool stillPossible = true;
    int limit = hand.GetLength();
    Card card1 = hand.GetNextItem();
    Card card2 = hand.GetNextItem();
    int comparisons = 1;
    while (stillPossible)
    {
      if (card1.GetRank() +1 == card2.GetRank())
      {
        if (comparisons < limit)
        {
          card1 = card2;
          card2 = hand.GetNextItem();
          comparisons++;
        }
       else
        stillPossible = false;
      }
      else stillPossible = false;
    }

    if (comparisons == limit)
        return true;
    else return false;
 }
```

在编码阶段，通过在函数开始时评估 IsStraight 和 SameSuits 并保存结果来消除重复。这允许将常规检查直接运用到这个函数，还将 EvaluateHands 模块折叠到 CheckRanks 模块中。

```
bool CheckSuits(HandIs& eval, SortedType hand)
{
    bool found = false;

    bool isStraight = IsStraight(hand);
    bool sameSuits = SameSuits(hand);
```

```
      hand.ResetList();
      int first = hand.GetNextItem().GetRank();
      if (sameSuits)
      {
        found =  true;
        if (isStraight)
        {
          if (first == 10)
            eval = ROYAL;
          else
            eval = STRAIGHT_FLUSH;
        }
        else
          eval = FLUSH;
      }
      else if (isStraight)
      {
        eval = STRAIGHT;
        found = true;
      }
      return found;
    }


    void BuildCounter(SortedType hand)
    {
      for (int index = 0; index <= 14; index++)
        counter[index] = 0;
      hand.ResetList();
      int limit =  hand.GetLength();
      for (int index = 1; index <= limit; index++)
      {
        int increment = hand.GetNextItem().GetRank();
        counter[increment] = counter[increment]+ 1;
      }
    }


    HandIs CheckRanks(SortedType hand)
    {
      HandIs eval;
      BuildCounter(hand);
      int index = 1;
      int onePair = 0;
      int threeKind = 0;
      int fourKind = 0;
      while (index < 14)
      {
```

```
            if (counter[index] < 2)
              index++;
            else
              if (counter[index] == 2)
              {
                onePair++;
                index++;
              }
              else
                if (counter[index] == 3)
                {
                  threeKind++;
                  index++;
                }
                else
                  if (counter[index] == 4)
                  {
                    fourKind++;
                    index = 14;
                  }
    }
    if (onePair == 1 &&  threeKind == 1)
         eval = FULL_HOUSE;
      else if (onePair == 2)
        eval = TWO_PAIR;
      else if (threeKind == 1)
        eval = THREE;
      else if (onePair == 1)
        eval = ONE_PAIR;
      else if (fourKind == 1)
        eval = FOUR;
        else eval = HIGH_CARD;

  return eval;
}

HandIs Evaluation::Evaluate(SortedType hand)
{
  HandIs eval;
  if (CheckSuits(eval, hand))
    return eval;
  else
    return CheckRanks(hand);
}

string Evaluation::ToString(HandIs eval) const
```

```
{
  string convertEval[] = {"ROYAL", "STRAIGHT_FLUSH", "FOUR", "FULL_HOUSE",
                          "FLUSH", "STRAIGHT", "THREE", "TWO_PAIR",
                          "ONE_PAIR", "HIGH_CARD"};

  return convertEval[eval];
}
```

运行没有出现问题,但测试这个代码及其所有分支的任务看起来非常艰巨。如果要随机地产生手牌,它确实会这样,要运行很长时间才能产生这 10 种组合。我们所能做的就是让测试驱动程序生成已知的手牌。以下是测试驱动程序和评估 10 组这样的手牌的结果。

```
// 评估类的测试驱动程序
#include <iostream>
#include "Hands.h"
#include "Evaluation.h"
using namespace std;

void PrintHand(SortedType&);

int main ()
{
  int rank;
  int suit;
  Card card;
  SortedType hand;
  cout << "Type in hand as rank/suit pairs" << endl;
  for (int count = 1; count <=5; count++)
  {
    cin >> rank >> suit;
    hand.PutItem(Card(rank, Suits(suit)));
  }
  PrintHand(hand);
  Evaluation evaluation( );

  HandIs eval;
  eval = evaluation.Evaluate();
  cout << evaluation.ToString(eval) << endl;
  return 0;
}

void PrintHand(SortedType& hand)
{
  if (hand.GetLength() == 0)
     cout << "Hand is empty." << endl;
  else
```

```
    {
      hand.ResetList();
      Card card;
      for (int counter = 1; counter <= hand.GetLength(); counter++)
      {
        card = hand.GetNextItem();
        cout << card.ToString() << endl;
      }
    }
  cout << endl;
}
```

Type in hand as rank/suit pairs
9 0 4 1 13 1 12 3 13 3
Nine of Clubs
Four of Diamonds
King of Diamonds
Queen of Spades
King of Spades

ONE_PAIR

Type in hand as rank/suit pairs
10 0 11 0 12 0 13 0 14 0
Ten of Clubs
Jack of Clubs
Queen of Clubs
King of Clubs
Ace of Clubs

ROYAL

Type in hand as rank/suit pairs
9 0 10 0 11 1 12 2 13 3
Nine of Clubs
Ten of Clubs
Jack of Diamonds
Queen of Hearts
King of Spades

STRAIGHT

Type in hand as rank/suit pairs
9 0 9 2 10 2 10 3 13 3
Nine of Clubs
Nine of Hearts
Ten of Hearts
Ten of Spades
King of Spades

Type in hand as rank/suit pairs
9 0 10 0 11 00 12 0 13 0
Nine of Clubs
Ten of Clubs
Jack of Clubs
Queen of Clubs
King of Clubs

STRAIGHT_FLUSH

Type in hand as rank/suit pairs
9 0 4 0 6 0 12 0 14 0
Four of Clubs
Six of Clubs
Nine of Clubs
Queen of Clubs
Ace of Clubs

FLUSH

Type in hand as rank/suit pairs
9 0 9 1 9 2 9 3 13 3
Nine of Clubs
Nine of Diamonds
Nine of Hearts
Nine of Spades
King of Spades

FOUR

Type in hand as rank/suit pairs
9 0 9 1 9 2 10 3 13 3
Nine of Clubs
Nine of Diamonds
Nine of Hearts
Ten of Spades
King of Spades

```
TWO_PAIR                          THREE

Type in hand as rank/suit pairs   Type in hand as rank/suit pairs
9 0 9 1 10 1 10 2 10 3            5 0 6 0 4 3 9 3 10 3
Nine of Clubs                     Five of Clubs
Nine of Diamonds                  Six of Clubs
Ten of Diamonds                   Four of Spades
Ten of Hearts                     Nine of Spades
Ten of Spades                     Ten of Spades


FULL_HOUSE                        HIGH_CARD
```

```
                          Card
+RelationType: (LESS, GREATER, EQUAL)
+Suits: (CLUB, DIAMOND, HEART, SPADE)
-rank: int
-suit: Suits
+Card()
+Card(initRank: int, initSuit: Suits)
+ComparedTo(someCard: Card): RelationType
+GetRank(): int
+GetSuit(): Suits
+ToString(): string
```

```
            UnsortedType                          SortedType
-length: int                          -length: int
-currentPos: int                      -currentPos: int
-listData: array                      -listData: array
+UnsortedType()                       +SortedType()
+GetLength() : int                    +GetLength() : int
+IsFull() : bool                      +IsFull() : bool
+MakeEmpty() : void                   +MakeEmpty() : void
+GetItem(item: ItemType,found : bool&):  +GetItem(item: ItemType, found: bool&):
 ItemType                              ItemType
+PutItem(item: ItemType) : void       +PutItem(item: ItemType) : void
+DeleteItem(Item: ItemType) :void     +DeleteItem(Item: ItemType) :void
+ResetList() : void                   +ResetList() : void
+GetNextItem() : ItemType             +GetNextItem() : ItemType
```

```
              Deck                               Hands
                                      -numPlayers: int
+Deck()                               -hands : SortedType*
+GenerateDeck(): void                 -deck : Deck
+Shuffle(): void                      +Hands()
-Merge(shorterDeck:Deck,              +Hands(numPlayers:int)
 longerDeck: Deck) : Deck             +Deal(numCards:int) : void
                                      +GetHand(which:int) : SortedType
```

```
                   Evaluation
+HandIs: (ROYAL, SRAIGHT_FLUSH, FOUR,
FULL_HOUSE, FLUSH, STRAIGHT, THREE,
TWO_PAIR, ONE_PAIR, HIGH_CARD)
+Evaluate(hand:SortedType) : HandIs
+ToString(eval:HandIs) : string
```

下面分别是 100 次、1000 次和 10 000 次三次不同的运行结果分布。

```
Enter limit
100
ROYAL: 0
STRAIGHT_FLUSH: 1
FOUR: 0
FULL_HOUSE: 1
FLUSH: 8
STRAIGHT: 1
THREE: 1
TWO_PAIR: 16
ONE_PAIR: 138
HIGH_CARD: 834

Enter limit
1000
ROYAL: 0
STRAIGHT_FLUSH: 6
FOUR: 2
FULL_HOUSE: 4
FLUSH: 45
STRAIGHT: 17
THREE: 67
TWO_PAIR: 158
ONE_PAIR: 1663
HIGH_CARD: 8038

Enter limit
10000
ROYAL: 0
STRAIGHT_FLUSH: 62
FOUR: 0
FULL_HOUSE: 62
FLUSH: 572
STRAIGHT: 94
THREE: 241
TWO_PAIR: 1277
ONE_PAIR: 14952
HIGH_CARD: 82740
```

4.7 小结

在本章中，创建了两种实现——基于数组的和基于链接的——来表示有序列表 ADT。有序列表 ADT 假设列表元素按键值排序。我们分别从逻辑层、应用层和实现层三个角度学习了 ADT。

本章介绍了一个包含四个阶段的面向对象设计方法。集体研讨是在问题解决方案中提出一组可能的对象类的过程。筛选是重新检查暂定性类、删除不合适的类、合并一些类以及在必要时创建其他类的过程。在情景分析这一阶段，你可以检查每个提出的类和所扮演角色的职责，以查看是否涵盖了所有情况。职责算法设计是推导出算法来执行职责的阶段。CRC 卡被用作记录类及其职责的一种可视化手段。与之相对，UML 图用于记录类，并显示数据字段及其类型。

扩展的"案例研究"使用了面向对象设计方法和有序列表 ADT。

4.8 练习

1. 有序列表 ADT 将使用布尔成员函数 IsThere 进行扩展，该函数以 ItemType 类型的项作为参数，并确定列表中是否存在具有此键值的元素。

    a. 写出这个函数的规格说明。

    b. 编写这个函数的原型。

    c. 使用二分查找算法编写基于数组的函数定义。

    d. 用 Big-O 来描述这个函数。

2. 使用基于链接的实现重做练习 1 的 c 部分。

3. 与其通过添加成员函数 IsThere 来增强有序列表 ADT，不如编写一个客户端函数来完成同样的任务。

    a. 写出这个函数的规格说明。

    b. 编写函数定义。

    c. 可不可以使用二分查找算法？解释你的答案。

    d. 用 Big-O 来描述这个函数。

    e. 针对同一任务比较一下客户端函数和成员函数。

4. 使用以下规格说明编写一个客户端函数，合并有序列表 ADT 的两个实例。

▣ MergeLists(SortedType list1, SortedType list2, SortedType& result)

函数：将两个有序列表合并成第三个有序列表。

前置条件：list1 和 list2 已经初始化，并已经使用 ComparedTo 函数按键值排序。

          list1 和 list2 没有任何共同的键值。

后置条件：结果是一个有序列表，包含 list1 和 list2 中的所有项。

---

    a. 编写 MergeLists 的原型。

    b. 使用基于数组的实现编写函数定义。

    c. 使用基于链接的实现编写函数定义。

    d. 用 Big-O 描述算法。

5. 重做练习 4，使 MergeLists 成为有序列表 ADT 的基于数组的成员函数。

6. 重做练习 5，使 MergeLists 成为有序列表 ADT 的基于链接的成员函数。

7. 有序列表 ADT 的规格说明中声明要删除的项在列表中。

a. 重写 DeleteItem 的规格说明，确保如果要删除的项不在列表中，列表不会发生改变。

b. 使用基于数组的实现来实现 a 中指定的 DeleteItem。

c. 使用基于链接的实现来实现 a 中指定的 DeleteItem。

d. 重写 DeleteItem 的规格说明，以便删除要删除的项的所有副本（如果它们存在的话）。

e. 使用基于数组的实现来实现 d 中指定的 DeleteItem。

f. 使用基于链接的实现来实现 d 中指定的 DeleteItem。

8. 一个有序列表 ADT 将通过添加 SplitLists 函数进行扩展，它具有以下规格说明：

📄 SplitLists (SortedType list, ItemType item, SortedType& list1, SortedType& list2)

函数：根据 item 的键值将列表分成两个列表。

前置条件：列表已经初始化并且不为空。

后置条件：list1 包含列表中键值小于或等于 item 的键值的所有项；
　　　　　　　list2 包含列表中键值大于 item 的键值的所有项。

---

a. 将 SplitLists 实现为一个基于数组的有序列表 ADT 的成员函数。

b. 将 SplitLists 实现为一个基于链接的有序列表 ADT 的成员函数。

c. 比较 a 和 b 中使用的算法。

d. 将 SplitLists 实现为基于数组的有序列表 ADT 的客户端函数。

e. 将 SplitLists 实现为基于链接的有序列表 ADT 的客户端函数。

9. 有序列表 ADT 通过添加成员函数 Head 进行扩展，Head 函数具有以下前置条件和后置条件：

前置条件：列表已经初始化并且不为空。

后置条件：返回值是插入到列表中的最后一项。

a. 在基于数组的 SortedType 中，这一添加是否容易实现？解释原因。

b. 在基于链接的 SortedType 中，这一添加是否容易实现？解释原因。

10. 一个 List ADT 是通过添加 Tail 函数进行扩展的，它具有以下前置条件和后置条件：

前置条件：列表已经初始化并且不为空。

后置条件：返回值是一个最近没有插入项的新列表。

a. 在基于数组的 sortedType 中，这一添加是否容易实现？解释原因。

b. 在基于链接的 sortedType 中，这一添加是否容易实现？解释原因。

11. a. 更改有序列表 ADT 的规格说明，以便 PutItem 函数在列表已满时抛出异常。

b. 使用基于数组的实现来修改 a 中的规格说明。

c. 使用基于链接的实现来修改 a 中的规格说明。

12. 编写一个基于 UnsortedType 的类作为有界链接实现。提供一个参数化构造函数，该构造函数以最大项数作为参数。如果在列表已满时调用函数 PutItem，则抛出异常。

13. 编写一个基于 SortedType 的类作为有界链接实现。提供一个参数化构造函数，该构造函数以最大项数作为参数。如果在列表已满时调用函数 PutItem，则抛出异常。

14. 编写一个基于 UnsortedType 的类作为基于无界数组的实现。如果动态分配的数组已满，则创建一个规模为原来两倍的数组，并将元素移动到该数组中。

15. 编写一个基于 SortedType 的类作为基于无界数组的实现。如果动态分配的数组已满，则创建一个规模为原来两倍的数组，并将元素移动到该数组中。

16. 执行面向对象设计的主要步骤是什么？

17. 在航空旅客预订程序的面向对象设计中，假设"飞机"被标识为一个对象，"飞机座位"被标识为另一个对象。着重介绍飞机对象和飞机座位对象之间的关系。

18. OOP 短语"实例变量"等同于 C++ 的什么构造？

19. OOP 短语"消息传递"等同于 C++ 的什么构造？

20. 定义职责，并区分行为职责和知识职责。

21. 两个类相互关联的三种方式是什么？

22. 如何避免多次包含同一个头文件？

第5章

栈 ADT 和队列 ADT

✏️ 知识目标

学习完本章后，你应该能够：

- 在逻辑层次上描述栈的结构及其操作。
- 使用栈的特定实现演示其操作的效果。
- 使用基于数组的方式和基于链接的方式实现栈 ADT。
- 在逻辑层次上描述队列的结构及其操作。
- 使用队列的特定实现演示其操作的效果。
- 使用基于数组的方式和基于链接的方式实现队列 ADT。
- 使用继承创建一个计数队列 ADT。

在第 2 章中，我们从逻辑角度、应用角度和实现角度查看了 C++ 中的内置结构。可以看到，在语言级别，逻辑角度是构造本身的语法，而实现角度隐藏在编译器中。在第 3 章和第 4 章中，我们定义了无序列表 ADT 和有序列表 ADT。对于这些用户定义的 ADT，逻辑层是类的定义，其中成员函数原型的文档成为客户端程序和 ADT 之间的接口。在本章中，我们将扩展 ADT 工具包，包括两个重要的新工具：栈和队列。

5.1 栈

5.1.1 逻辑层

观察图 5.1 中所示的对象。尽管这些对象各不相同，但每个对象都说明了相同的概念——**栈**。在逻辑层上，栈是同构项或元素的有序组。移除现有项和添加新项只能在栈顶进行。例如，在一堆叠好的衬衫中，你最喜欢的蓝色衬衫在一件褪色的、旧的、红色衬衫下面，你必须先把红色衬衫（最上面的项）拿开。只有这样，你才能拿出

> **栈**
> 一种只从一端添加或删除元素的 ADT，
> "后进先出"（LIFO）结构。

你想要的蓝色衬衫，它现在是栈顶项。然后，红色衬衫可能会被放到这堆衣服上面或直接扔掉。

栈可以被认为是一个"有序"的项目组，因为元素按照特定的顺序出现，这些顺序是根据它们在栈中的时间来组织的。栈中出现时间最长的项位于栈底；最新的项位于栈顶。在任何时候，栈中给定的任意两个项，一个肯定比另一个优先。例如，在栈中红色衬衫比蓝色衬衫优先。

因为只能从栈顶部添加和删除项，所以最后添加的项是第一个被删除的项。一个方便的助记符可以帮助大家记住这个栈的行为规则：栈是 LIFO（后进先出）结构。

图 5.1 现实生活中的栈

栈的访问协议总结如下：无论是检索项还是存储新的项，都只访问栈的顶部。

栈的操作

结构的逻辑图只提供了 ADT 定义的一半，另一半则是允许用户访问和操作存储在结构中元素的操作集合。如果给定栈的逻辑视图，那么我们需要使用栈的哪些操作？

将元素添加到栈顶部的操作通常称为 Push（压栈），将栈顶部元素移除的操作称为 Pop（弹栈）。因为我们可能需要检查栈顶部的元素，所以可以使用 Pop 返回顶部元素，也可以使用返回栈顶元素的

Top（顶栈），而不删除它。在弹出栈中的某个元素之前，必须能够判断栈是否包含此项，因此我们需要一个布尔操作 IsEmpty。作为逻辑数据结构，栈在概念上永远不会"满"，但是对于特定的实现，可能需要在添加之前测试栈是否已满。我们把这个布尔操作称为 IsFull。图 5.2 显示了如何通过几个 Push 和 Pop 操作修改栈（将栈想象为是由构建块组成的）。

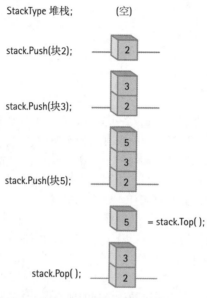

图 5.2　Push 和 Pop 操作的效果

　　现在有了栈的逻辑图，并且几乎可以在程序中使用它了。当然，使用栈的那部分程序不会关心栈到底是如何实现的，所以我们希望隐藏或封装实现层。Push、Pop、Top 等访问操作可以作为栈封装的窗口，通过这些窗口传递栈的数据。访问操作的接口在下面的栈 ADT 规格说明中描述。

栈 ADT 规格说明

结构：在栈顶部添加或删除元素。

定义（由用户在 ItemType 类中提供）：

　　　MAX_ITEMS：　　　　　　栈上可能存在的最大项数。

操作（由 ADT 提供）：

Boolean IsEmpty

　　功能：　　　　　　　　　确定栈是否为空。

　　前置条件：　　　　　　　栈已初始化。

　　后置条件：　　　　　　　函数值 = 栈为空。

Boolean IsFull

　　功能：　　　　　　　　　确定栈是否已满。

栈 ADT 规格说明

前置条件: 栈已初始化。	
后置条件:	函数值 = 栈已满。

Push(ItemType newItem)

功能:	将 newItem 添加到栈顶。
前置条件:	栈已初始化。
后置条件:	如果栈已满, 则抛出 FullStack 异常, 否则 newItem 添加在栈顶。

Pop

功能:	从栈中移除顶部元素。
前置条件:	栈已初始化。
后置条件:	如果栈为空, 则抛出 EmptyStack 异常, 否则栈中顶部元素被移除。

ItemType Top

功能:	返回栈中顶部元素的副本。
前置条件:	栈已初始化。
后置条件:	如果栈为空, 则抛出 EmptyStack 异常, 否则返回顶部元素的副本。

这个栈的规格说明有一个 Pop 操作, 它删除顶部元素, 但不返回它。因此, 必须使用 Top/Pop 组合来检查和删除项。另一种设计是让 Pop 操作返回最上面的元素。在这种情况下, 如果你希望检查但不删除元素, 那么必须使用 Pop/Push 组合。在本章末尾的"案例研究"中, 选择第二种操作更为合适。

5.1.2　应用层

现在让我们看一个例子, 看看如何在程序中使用栈操作。栈是一种非常有用的 ADT, 通常用于必须处理嵌套组件的情况。

例如, 编程语言系统通常使用栈来跟踪操作调用。主程序调用操作 A, 操作 A 依次调用操作 B, 操作 B 再依次调用操作 C。当 C 完成时, 控制权返回给 B; 当 B 完成时, 控制权返回给 A, 等等。调用序列和返回序列本质上是一个 LIFO 序列, 因此栈是跟踪它的完美结构。如果引发异常, 会在寻找合适的 catch 语句的同时遵循这个操作调用序列。

编译器经常使用栈来执行对语言语句的语法分析。编程语言的定义通常由嵌套组件组成。例如, for 循环可以包含 if-then 语句, 而 if-then 语句包含 while 循环, while 循环又包含 for 循环。当编译器处理这样的嵌套构造时, 它将当前正在栈中处理的信息"保存"起来。当它完成对最内层构造的工作时, 编译器可以从栈中"检索"其先前的状态并从停止的位置继续。类似地, 操作系统有时会将当前正在执行的进程信息保存在栈上, 以便它可以在一个优先级更高的中断进程上工作。如果该进程被一个优先级更高的进程中断, 它的信息也可以被推进进程栈。当操作系统完成对最高优先级进程的工作时, 它会弹出有关最近堆叠的进程信息, 并继续处理它。

让我们来看一个关于嵌套组件的更简单的问题——确定一组括号是否"符合语法规则"的问题。

对于这个经典问题，栈是一种合适的数据结构。一般的问题可以表述为：确定一组成对的符号是否被适当地使用。具体的问题是：给定一组不同类型的匹配符号，确定每种类型的开符号和闭符号是否正确匹配。在例子中，考虑了括号对 ()、[] 和 {}[①]。输入中可以出现任意数量的其他字符，但每个闭符号必须匹配最后一个未匹配的开符号，并且在输入完成时必须匹配所有括号符号。图 5.3 显示了符合语法规则和不符合语法规则的表达式。

```
( xx ( xx ( ) ) xx )                   ( xx ( xx ( ) ) xxx ) xxx)
[ ] ( ) { }                            ] [
( [ ] { xxx } xxx ( ) xxx )            ( xx [ xxx ) xx ]
( [ { [ ( ( [ { x } ] ) x ) ] } x ] )  ( [ { [ ( ( [ { x } ] ) x ) ] } x } )
xxxxxxxxxxxxxxxxxx                     xxxxxxxxxxxxxxxxxx {
```

（a）符合语法规则的表达式　　　　　（b）不符合语法规则的表达式

图 5.3　符合语法规则和不符合语法规则的表达式

该程序逐个字符地读取了表达式。对于每个字符，它执行三种任务中的一种，这取决于该字符是否为特殊字符，或者是否为开符号或闭符号。如果该字符不是特殊符号，则丢弃该字符并读取另一个字符。如果该字符是一个开符号，则将它保存在栈上。

如果该字符是闭符号，则必须检查它是否与栈顶部的最后一个开符号匹配。如果匹配，则丢弃该字符和最后一个开符号，程序处理下一个字符。如果闭符号与栈顶部不匹配，或者栈为空，则表达式的形式是不正确的。当程序处理完所有字符时，栈应该是空的——否则，会出现额外的开符号。

现在准备编写主算法，其中 stack 是 StackType 的实例，symbol 是正在检查的字符。

主算法

```
设置 balanced 为 true
将 symbol 设置为当前表达式中的第一个字符
while ( 存在更多的字符 AND 表达式是平衡的 )
   处理符号
   将 symbol 设置为当前表达式中的下一个字符
if (balanced)
   写入 "Expression is well formed."
else
   写入 "Expression is not well formed."
```

该算法遵循以下基本模式：

```
获取第一条信息
while( 未完成的信息处理 )
      处理当前信息
      获取下一条信息
```

它对表达式的行（如果不止一行）和每行中的字符都使用这种处理模式。当你熟悉这些模式并在适当的时候"重用"它们时，你的编程能力将会得到提高。

[①] 一位过度热心的文稿编辑曾经将程序中的括号表达式从普通括号更改为交替括号和方括号。幸运的是，当所有程序都经过测试时，这一变化被发现了。

在进入编码阶段之前，唯一需要展开的算法部分是"处理符号"命令。前面已经描述了如何处理每种类型的符号。以下是算法形式的步骤：

处理符号

```
if (symbol 是开符号)
    将符号压入栈
else if(symbol 是闭符号)
    if 栈为空
      设置 balanced 为 false
    else
      将 openSymbol 设置为栈顶部的符号
      弹出栈
      设置 balanced 为"与开符号匹配"
```

匹配

```
字符 ')' 与开字符 '(' 或
字符 '}' 与 开字符 '{' 或
字符 ']' 与 开字符 '['
```

现在准备将这个算法编写为 Balanced 程序。使用 StackType 类的栈。可以用成员函数 IsOpen、IsClosed 和 Matches 以及一个 char 类型的数据项来编写 SymbolType 类。但是，因为符号只是一个内置数据类型，所以程序解决方案更简单。

```cpp
#include "StackType.h"
#include <iostream>
bool IsOpen(char symbol);
bool IsClosed(char symbol);
bool Matches(char symbol, char openSymbol);

typedef char ItemType;
int main()
{
  using namespace std;
  char symbol;
  StackType stack;
  bool balanced = true;
  char openSymbol;

  cout << "Enter an expression and press return." << endl;
  cin.get(symbol);
  while(symbol != '￥n' && balanced)
  {
    if (IsOpen(symbol))
      stack.Push(symbol);
    else if (IsClosed (symbol))
    {
```

```
        if (stack.IsEmpty())
          balanced = false;
        else
        {
          openSymbol = stack.Top();
          stack.Pop();
          balanced = Matches(symbol, openSymbol);
        }
      }
      cin.get(symbol);
    }
    if (!stack.IsEmpty())
      balanced = false;
    if (balanced)
      cout << "Expression is well formed." << endl;
    else
      cout << "Expression is not well formed."  << endl;
    return 0;
}


bool IsOpen(char symbol)
{
  if ((symbol = '(') || (symbol = '{') || (symbol = '['))
    return true;
  else
    return false;
}


bool IsClosed(char symbol)
{
  if ((symbol = ')') || (symbol = '}') || (symbol = ']'))
    return true;
  else
    return false;
}
bool Matches(char symbol, char openSymbol)
{
  return (((openSymbol = '(') && symbol = ')')
        || ((openSymbol = '{') && symbol = '}')
        || ((openSymbol = '[') && symbol = ']'));
}
```

```
Terminal
Enter an expression and press return.
(xx(xx())xx)
Expression is well formed.
>
```

```
Terminal
Enter an expression and press return.
(XX((X)X)X)X
Expression is not well formed.
>
```

在这个表达式检查器中，我们充当栈用户。我们编写了一个有趣的栈应用程序，没有考虑栈是如何实现的。因为栈用户不需要知道如何实现！实现的细节仍然隐藏在 StackType 类中。然而，作为用户，我们并没有严格遵守规格说明。应该在 try/catch 语句中包含 Push、Pop 和 Top，我们把这个修正留作练习。

5.1.3　实现层

接下来，我们来考虑栈 ADT 的实现。毕竟，函数 Push、Pop 和 Top 并不是 C++ 程序员可以神奇地直接使用的。需要编写这些例程，以便在程序中调用它们。

因为栈的所有元素都是相同的类型，所以数组似乎是容纳它们的合理结构。我们可以将元素放入数组中的顺序槽中，将第一个元素推入第一个数组位置，将第二个元素推入第二个数组位置，依次类推。浮动的 high-water 标记是栈中的顶部元素。为什么这种方法听起来就像无序列表 ADT 的实现？因为这里的 info[length – 1] 是栈的顶部。

注意：并不是说栈是一个无序的列表。栈和无序列表是两个完全不同的 ADT。然而，我们想说的是可以对两者使用相同的实现策略。

1. 栈类的定义

我们将栈 ADT 实现为一个 C++ 类。就像对不同版本的列表 ADT 所进行的操作一样，要求用户为我们提供一个名为 ItemType 的类，它定义了栈上的项。但是，不需要比较函数，因为没有一个操作需要比较栈上的两个项。

栈 ADT 需要哪些数据成员？我们需要栈项本身和一个指示栈顶部的变量（它的行为与列表 ADT 中的 length 相同）。那么错误条件呢？我们的规格说明是将错误检查留给用户（客户端），通过让 ADT 在试图进行 Push 操作但栈已满或试图进行 Pop 或 Top 操作但栈为空时抛出异常。在下面的规格说明文件 StackType.h 中包含了两个异常类：FullStack 和 EmptyStack。

```
#include ItemType.h
// ItemType.h 必须由该类的用户提供
// 这个文件必须包括以下定义：
// MAX_ITEMS：栈的最大项数
// ItemType：栈中对象的定义

class FullStack
// 当栈已满时，Push 使用的异常类
{};
```

```
class EmptyStack
// 当栈为空时，Pop 使用的异常类
{};

class StackType
{
public:
  StackType();
  bool IsEmpty() const;
  bool IsFull() const;
  void Push(ItemType item);
  void Pop();
  ItemType Top() const;
private:
  int top;
  ItemType items[MAX_ITEMS];
};
```

2. 栈操作的定义

在列表 ADT 中，length 表示列表中存在多少元素。在栈 ADT 中，top 表示哪个元素在顶部。因此将栈 ADT 与列表 ADT 进行比较是错误的。类构造函数将 top 设为 –1 而不是 0。IsEmpty 应将 top 和 –1 比较，IsFull 应将 top 和 MAX_ITEMS–1 进行比较。

```
StackType::StackType()
{
  top = -1;
}

bool StackType::IsEmpty() const
{
  return (top == -1);
}

bool StackType::IsFull() const
{
  return (top == MAX_ITEMS-1);
}
```

现在来编写将一个将元素推到栈顶部的 Push 算法，从栈顶部 Pop 一个元素，并返回顶部元素的副本。Push 必须使 top 递增并将新元素存储到 items[top] 中。如果在调用 Push 时栈已经满了，则产生的条件称为**栈溢出**。可以用多种方法来处理溢出条件的错误检查。我们的规格说明中指出溢出会引发异常，因此，客户端负责将操作封装在 try/catch 语句中来处理溢出。或者，可以将错误标志作为参数，如果发生溢出，Push 将其设置为 true。

> **栈溢出**
> 试图将一个元素压入已满的栈中所产生的状况。

Push

```
if 栈已满
    抛出 FullStack 异常
else
    递增 top
    设置 items[top] 为 newItem
```

```cpp
void StackType::Push(ItemType newItem)
{
  if (IsFull())
    throw FullStack();
  top++;
  items[top] = newItem;
}
```

因为 C++ 要求我们抛出异常类的对象，所以在 throw 语句中调用了异常类的构造函数。因为文档说明了 Push、Pop 和 Top 函数可以抛出异常，所以对它们的调用必须包含在一个 try 代码块中。下面的例子展示了客户端代码可能会对异常的处理：

```cpp
try
{
  // 代码
  stack.Push (item);
  stack.Pop();
  // 更多代码
}
catch (FullStack exceptionObject)
{
  cerr << "FullStack exception thrown"  << endl;
}
catch (EmptyStack exceptionObject)
{
  cerr << "EmptyStack exception thrown" << endl;
}
```

在这种情况下，不会访问抛出的 FullStack 或 EmptyStack 对象。如果异常类有成员函数，它们可以应用于 exceptionObject。如果异常严重到程序应该停止的程度，则可以使用 exit 函数。

```cpp
catch (EmptyStack exceptionObject)
{
  cerr << "EmptyStack exception thrown" << endl
    << "Exiting with error code 2" << endl;
  exit(2);
}
```

C++　标准错误流（cerr）

你已经了解了在 <iostream> 头文件中定义的 cin 和 cout。cerr——在 <iostream> 中定义的第三个流，称为错误输出流。顾名思义，cerr 是专门用于错误消息的。

> **使用 exit(n)**
> 在程序的任何地方调用 exit(n)（可以在 <cstdlib> 中找到）来清除程序，并终止程序。除了 main 函数外，不能在任何函数中使用 return 来终止程序。在函数中使用 return 返回给调用者，并不会结束程序。在 main 中，exit(n) 与 return n 具有相同的效果。

> **栈下溢**
> 试图弹出空栈所导致的情况。

Pop 本质上是 Push 的反义词：递减 top。如果调用 Pop 或 Top 时栈为空，则会产生**栈下溢**。与 Push 函数一样，操作的规格说明指出在此事件中会抛出异常。

下面是 Pop 和 Top 的代码：

```cpp
void StackType::Pop()
{
  if (IsEmpty())
    throw EmptyStack();
  top--;
}

ItemType StackType::Top() const
{
  if (IsEmpty())
    throw EmptyStack();
  return items[top];
}
```

图 5.4 中显示了压入和弹出栈项为字符的结果。

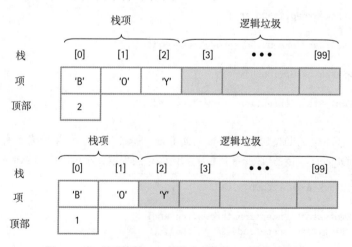

图 5.4　对一些列执行 Push 操作之后执行 Pop 操作的效果

3. 测试计划

栈 ADT 的测试计划与列表 ADT 的测试计划非常相似。我们测试刚刚编写的抽象数据类型的实现，使用白盒测试策略，检查每个操作。但是，与列表 ADT 不同的是，我们没有允许循环遍历项并输出它们的迭代器。相反，必须使用对 Top 和 Pop 的组合调用来输出栈中的内容，并在进程中销毁它。

因为栈中存储的数据类型对栈的操作没有影响，所以可以定义 ItemType 来表示 int 值，并将 MAX_ITEMS 设置为 5，而且我们知道无论 MAX_ITEMS 是 5 还是 1000，代码都将以相同的方式运行。

在 Web 上，程序 StackDr.cpp 是测试驱动程序，输入文件是 StackType.in，输出文件是 StackType.out 和 StackType.screen。检查 StackDr.cpp 来看看 try/catch 语句是如何使用的。

5.1.4 替代基于数组的实现

在第 5 章中，我们介绍了一种使用数组实现基于数组的列表的方法，数组的存储空间是在运行时分配的。可以使用同样的技术在动态分配的数组中实现栈。可以将项的最大数目作为类构造函数的形参。这种变化需要在类定义中进行以下更改：

要测试的操作和操作说明	输入值	期望的输出或程序行为
类构造函数		
立即应用 IsEmpty		栈为空
Push、Pop 和 Top		
压入 4 个项		
提取顶端元素、出栈并输出	5, 7, 6, 9	9, 6, 7, 5
重复压入		
出栈、提取顶端元素并输出	2, 3, 3, 4	4, 3, 3, 2
Push、Pop 和 Top		
交错操作		
压入	5	
弹出		
压入	3	
压入	7	
弹出		
提取顶端元素并输出		3
IsEmpty		
调用时为空		栈为空
入栈并调用		栈不为空
出栈调用		栈为空
IsFull		
压入 4 个项并调用	1, 2, 3, 4	栈不满

要测试的操作和操作说明	输入值	期望的输出或程序行为
再压入一个项并调用	5	栈已满
抛出 FullStack		驱动程序捕捉异常
压入 5 个项	1, 2, 3, 4, 5	
再压入一个项	6	
抛出 EmptyStack		驱动程序捕捉异常
当栈为空		
尝试弹出		
尝试提取顶端元素		

```
class StackType
{
public:
  StackType(int max);          // max 是栈的大小
  StackType();                 // 默认大小是 500
  // 剩下的原型放在这里
private:
  int top;
  int maxStack;                // 栈项的最大数量
  ItemType* items;             // 指向动态分配的内存的指针
};
```

当声明一个类对象时，客户端可以使用参数化构造函数来指定栈项的最大数量：

```
StackType myStack(100);
// 最多 100 项的整数栈
```

或者客户端可以使用默认构造函数接受默认大小 500：

```
StackType aStack;
```

前面我们看到，要分配一个数组，需要在括号中附加数组大小：new AnotherType[size]。在这种情况下，new 操作符返回新分配数组的基址。下面是 StackType 构造函数的实现：

```
StackType::StackType(int max)
{
  maxStack = max;
  top = -1;
  items = new ItemType[maxStack];
}
StackType::StackType()
{
  maxStack = 500;
```

```
    top = -1;
    items = new ItemType[maxStack];
}
```

注意，items 现在是一个指针变量，而不是数组名称。它指向动态分配数组的第一个元素。items 可以按照定义为 ItemType 类型数组时的方式进行索引。因此，只需要更改一个成员函数：IsFull。在前面的实现中，数组的大小被设置为常量，在这里它是一个类数据成员。

```
bool StackType::IsFull()
{
    return (top == maxStack-1);
}
```

一定不要忘记需要一个类构造函数。在类定义的 public 部分包含了以下构造函数原型：

```
~StackType();              // 构造函数
```

并实现如下功能：

```
StackType::~StackType()
{
    delete [] items;
}
```

5.2　将栈实现为链接结构

对于无序列表 ADT，在基于数组的实现中，将下一个元素放在列表的末尾，在链表实现中，将它放在列表的第一个位置。这样做是因为它使我们能够立即访问插入点。在基于数组的版本中，Push 将新元素放在末尾。在链表版本中应该把新元素放在第一个位置吗？应该，因为这样我们就能够立即访问插入点，而插入点又使我们能够立即访问最后插入的项。

栈的规格说明并没有说它在逻辑上是有界的，所以我们让这个实现只受内存的限制。下面是链表 StackType 类的头文件。

```
// 栈 ADT 的头文件
typedef char ItemType;
struct NodeType;

class StackType
{
public:
  StackType();
  ~StackType();
  void Push(ItemType);
  void Pop();
  ItemType Top();
  bool IsEmpty() const;
```

```
    bool IsFull() const;
private:
    NodeType* topPtr;
...
```

5.2.1 Push 函数

我们可以从 UnsortedType 类"借用" InsertItem 代码。然而，栈 ADT 规格说明要求在栈已满时抛出异常。因此，必须将代码放在 if–else 语句中。

```
void StackType::Push(ItemType newItem)
// 把新项加到栈顶部
// 栈受内存大小的限制
// 前置条件：栈已初始化
// 后置条件：如果栈已满，抛出 FullStack 异常；否则新项处于栈顶部

{
    if (IsFull())
        throw FullStack();
    else
    {
        NodeType* location;
        location = new NodeType;
        location->info = newItem;
        location->next = topPtr;
        topPtr = location;
    }
}
```

5.2.2 Pop 函数

现在来看一下 Pop 函数的操作。Pop 的算法是：

Pop

设置 item 为 Info(top node)　　// 访问顶部结点的信息
取消顶部结点与栈的链接
释放旧的顶部结点

```
void StackType::Pop()
// 从栈中移除顶部项并以 item 的形式返回它
// 前置条件：栈已初始化
// 后置条件：如果栈为空，抛出 EmptyStack 异常；否则顶部元素已被移除
{
    if (IsEmpty())
        throw EmptyStack();
    else
    {
```

```
        NodeType* tempPtr;
        tempPtr = topPtr;
        topPtr = topPtr->next;
        delete tempPtr;
    }
  }
```

使用图 5.5 中的栈来遍历这个函数。保存一个指向第一个结点的指针，以便稍后访问并删除它［见图 5.5（a）］。然后，指向栈的外部指针将跳过第一个结点，使第二个结点成为新的顶部项。如何知道第二个结点的地址？从第一个结点的下一个成员（topPtr->next）获得它。这个值被分配给 topPtr 以完成断开链接的任务［见图 5.5（b）］。最后，使用 delete 运算符释放旧的顶部结点占用的空间，将保存在 tempPtr 中的地址赋给它［见图 5.5（c）］。

当调用 Pop 时，如果栈中只有一个结点，该函数是否有效？让我们来看看。从栈中取消第一个 / 最后一个结点的链接。与前面一样，保存一个指向该结点的指针，然后尝试将 topPtr->next 赋值给 topPtr（见图 5.6）。topPtr->next 的值是多少？因为这是列表中的最后一个结点，所以它的下一个成员应该包含 NULL。NULL 赋给了 topPtr，这正是我们想要的，因为 NULL 栈指针意味着栈是空的。因此，该函数适用于只有一个元素的栈。

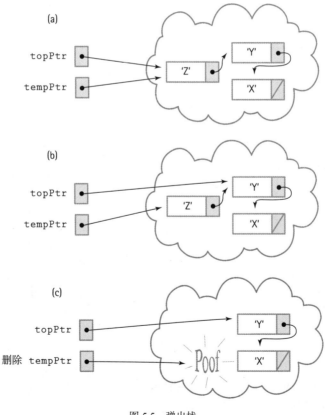

图 5.5　弹出栈

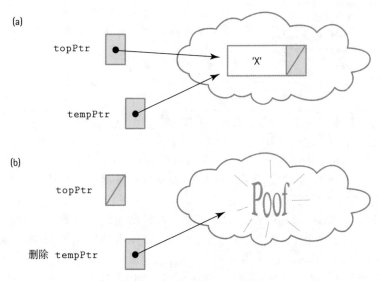

图 5.6　弹出栈中的最后一个元素

如果 Pop 不检查空栈会发生什么？如果 topPtr 包含 NULL，则赋值语句

```
topPtr = topPtr->next;
```

会导致运行时错误。在一些系统上，你会得到一条消息：ATTEMPT TO DEREFERENCE NULL POINTER；在其他系统上，屏幕会冻结。但这不是我们的问题，因为在继续操作之前，代码确实会检查空栈。

5.2.3　Top 函数

看一看前面的图，就会发现栈顶部的信息位于第一个结点的信息字段中。

```
ItemType StackType::Top()
// 返回栈顶部元素的副本
// 前置条件：栈已初始化
// 后置条件：如果栈为空，抛出 EmptyStack 异常；否则返回顶部元素的副本
{
  if (IsEmpty())
    throw EmptyStack();
  else
    return topPtr->info;
}
```

5.2.4　其他栈函数

在对压入第一个元素的解释中，注意到空栈是用一个 NULL 指针表示的。这一事实对其他栈操作也有影响。为了将栈初始化为空，只需要将 topPtr 设置为 NULL：

```
StackType::StackType()                        // 类构造函数
{
  topPtr = NULL;
}
```

这比较简单，函数 IsEmpty 相对也比较简单。如果通过将 topPtr 设置为 NULL 来初始化空栈，那么就可以通过检查 NULL 指针来检查空栈。

```
bool StackType::IsEmpty() const
// 如果栈里没有元素则返回 true, 否则返回 false
{
  return (topPtr == NULL);
}
```

IsFull 函数呢？可以从其他链表类中借用代码，因为在所有情况下请求和查找结点是否存在的算法都是相同的。

```
bool StackType::IsFull() const
// 在自由存储空间中，如果不存在另一个 ItemType 的空间则返回 true；否则返回 false
{
  NodeType* location;
  try
  {
    location = new NodeType;
    delete location;
    return false;
  }
  catch (std::bad_alloc exception)
  {
    return true;
  }
}
```

类定义还提供了类析构函数。我们需要吗？需要。请记住，任何使用动态数据的类都需要析构函数。

```
StackType::~StackType()
// 后置条件: 栈是空的，所有元素都已回收
{
  NodeType* tempPtr;
  while (topPtr != NULL)
  {
    tempPtr = topPtr;
    topPtr = topPtr->next;
    delete tempPtr;
  }
}
```

栈 ADT 的链表实现可以使用与基于数组的版本相同的测试计划进行测试。

5.2.5 比较栈的实现

我们已经介绍了栈 ADT 的三种不同的实现。前两个类似，因为它们使用数组来存储项，一个使用静态数组，一个使用动态分配的数组。第三种实现非常不同，对栈中的每个项都使用动态分配。可以从存储需求和算法效率方面比较这些实现。不管实际使用了多少个数组槽，最大栈的数组变量占用的内存都是相同的；我们需要尽可能地预留空间。无论如何分配数组空间，都是如此。使用动态分配存储的链表实现只需要在运行时为栈上实际的元素数量提供空间。但是请注意，元素比较大，因为必须存储链表和用户数据。

根据 Big-O 表示法比较了这三种实现的相对"效率"。在这三种实现中，类构造函数 IsFull 和 IsEmpty 的值都是 O(1)。它们总是需要一定的工作量。那 Push、Top 和 Pop 呢？栈中元素的数量是否影响这些操作所做的工作量？不，并不影响。在所有这三种实现中，都直接访问栈的顶部，因此这些操作也需要一定的工作量。它们也有 O(1) 复杂度。

类析构函数确实因实现的不同而有所不同。静态存储中的基于数组的实现不需要析构函数，但动态存储中的基于数组的实现需要析构函数。动态分配数组的析构函数返回一个单独的存储块；单元格块的大小不会改变工作量。因此复杂度为 O(1)。链表实现必须处理栈中的每个结点，以释放结点空间。因此，该操作的复杂度为 O(N)，其中 N 为栈中的结点数。

总的来说，这三种栈实现所做的工作量大致相同，只是在五种操作中的一种和类析构函数上有所不同。请注意，如果差异是在 Push、Top 或 Pop 操作中，而不是调用较少的构造函数，那么差异将更加明显。表 5.1 总结了栈操作的 Big-O 比较。

那么哪种更好呢？和往常一样，答案是：这取决于具体情况。链表实现当然提供了更多的灵活性，并且在栈项的数量变化很大的应用程序中，如果栈很小，它浪费的空间更少。在栈大小完全不可预测的情况下，链表实现更可取，因为大小在很大程度上无关紧要。那么，为什么要使用基于数组的实现呢？因为它简短、便捷、高效。如果 Push 和 Pop 频繁发生，那么基于数组的实现执行得更快，因为它不会产生 new 操作和 delete 操作的运行时开销。当 maxStack（ADT 规格说明中的 MAX_ITEMS)很小并且可以确保不需要超过声明的栈大小时，基于数组的实现是一个很好的选择。此外，如果使用不支持动态存储分配的语言进行编程，那么数组实现可能是唯一的好的选择。

表 5.1 栈操作的 Big-O 比较

	静态数组的实现	动态数组的实现	链接实现
类构造函数	O(1)	O(1)	O(1)
IsFull	O(1)	O(1)	O(1)
IsEmpty	O(1)	O(1)	O(1)
Push	O(1)	O(1)	O(1)
Pop	O(1)	O(1)	O(1)
析构函数	NA	O(1)	O(N)

5.3 队列

5.3.1 逻辑层

栈是一种抽象的数据结构，具有一个特殊的属性，即元素总是从顶部添加和移除。从经验中知道，许多数据元素集合是以反向方式操作的：在一端添加元素，在另一端删除元素。这种结构被称为 FIFO（先进先出）队列，在计算机程序中有许多用途。将 FIFO 队列数据结构分为三个层次：逻辑、实现和应用。在本章的其余部分中，"队列"指的是 FIFO 队列。在第 9 章介绍了另一种队列 ADT 类型——优先级队列。优先级队列的访问协议不同于 FIFO 队列。

队列（Queue）是一组有序的、同构的元素，其中新元素添加在一端"后端"，元素从另一端（前端）移除。以排队为例，想象一下在大学书店里排队购买课本的学生（见图 5.7）。从理论上讲，每个新学生都排在后面。当收银员准备帮助新顾客时，排在队伍前面的学生就会得到服务。

> **队列**
> 一种 ADT，其中元素添加到后端，并从前端删除，"先进先出"结构。

图 5.7　先进先出队列

要向队列中添加元素，需要访问队列的后端；要删除元素，需要访问队列的前端。即使将队列元素物理地存储在一个随机访问结构（如数组）中，中间的元素在逻辑上是不可访问的。可以很方便地把队列想象成一个线性结构，前端在队头，后端在队尾。然而，必须强调队列的"端点"是抽象的，它们可能与队列实现的任何物理特征相对应，也可能不对应。队列的基本属性是它的 FIFO 访问。

与栈一样，队列是我们后面要使用的数据存储结构。将一个元素放入队列中，当以后需要它时，将它从队列中移除。如果要更改元素的值，必须将该元素从队列中取出，并更改其值，再将其返回到队列中。我们不直接操作队列中当前元素的值。

队列的操作

大学书店的例子给出了可以应用于队列的两种操作。首先，可以将新元素添加到队列的后端，这个操作称为入队（Enqueue）。还可以从队列前端删除元素，这个操作称为出队（Dequeue）。与栈操作 Push 和 Pop 不同，队列上的添加和删除操作没有标准术语。Enqueue 有时被称为 Enq、Enqueue、Add（添加）或 Insert（插入）；Dequeue 也被称为 Deq、Deque、Remove（移除）或 Serve。

　　另一个有用的队列操作是检查队列是否为空。如果队列为空，IsEmpty 函数返回 true，否则返回 false。只有当队列不为空时，才能应用 Dequeue。理论上，我们总是可以应用 Enqueue，因为从原则上讲，队列的大小没有限制。然而，根据栈的经验，我们知道某些实现（如数组表示）要求在添加另一个元素之前测试结构是否已满。这种真实的考虑也适用于队列，因此定义了一个 IsFull 操作。还需要一个将队列恢复为空状态的操作，将其称为 MakeEmpty。图 5.8 展示了一系列这些操作对队列的影响。

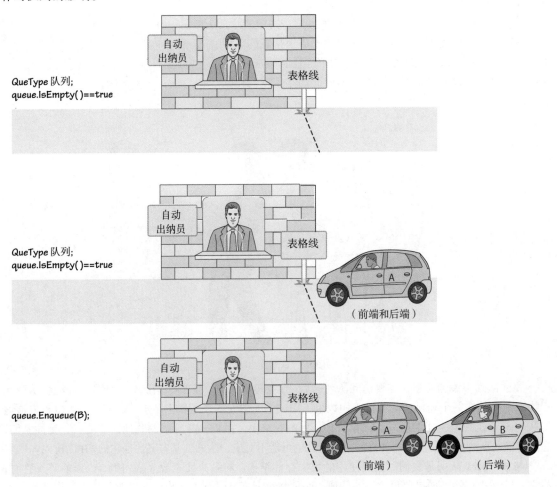

图 5.8　队列操作的效果

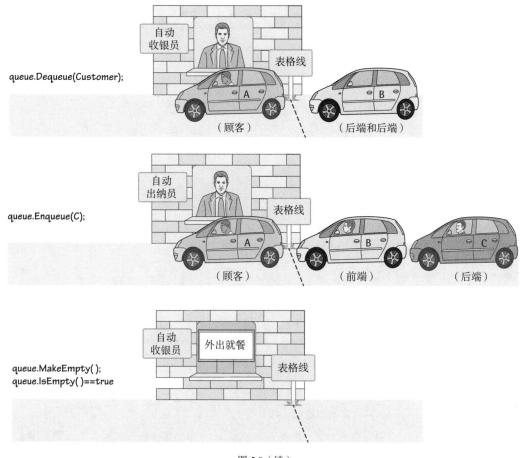

queue.Dequeue(Customer);

queue.Enqueue(C);

queue.MakeEmpty( );
queue.IsEmpty( )==true

图 5.8（续）

　　我们简要描述了队列的一组访问操作。在介绍这个结构的使用和实现之前，先定义队列 ADT 的规格说明。

　　我们继续保留在规格说明中的语句定义必须由用户提供的内容。然而，当我们使用 C++ 时，我们会假设在声明类对象时可能会提供这些信息（以构造函数参数或包含的类的形式）。

队列 ADT 规格说明

结构：元素被添加到队列的后端，并从队列的前端移除。

定义（在 ItemType 类中由用户提供）：

　　　　MAX_ITEMS：　　　　队列中可能存在的最大元素数。

操作（由 ADT 提供）：

MakeEmpty

　　　　功能：　　　　　　　将队列初始化为空状态。

队列 ADT 规格说明

前置条件：	无。
后置条件：	队列为空。

Boolean IsEmpty

功能：	确定队列是否为空。
前置条件：	队列已完成初始化。
后置条件：	函数值 = 队列为空。

Boolean IsFull

功能：	确定队列是否已满。
前置条件：	队列已完成初始化。
后置条件：	函数值 = 队列已满。

Enqueue(ItemType newItem)

功能：	在队列尾部加入新的元素。
前置条件：	队列已完成初始化。
后置条件：	如果队列已满，抛出 FullQueue 异常，除此之外，新元素加到队列后端。

Dequeue(ItemType& item)

功能：	从队列中移除首项，并以 item 的形式返回它。
前置条件：	队列已完成初始化。
后置条件：	如果队列为空，抛出 EmptyQueue 异常，且 item 未被定义，否则，前端元素被移除，item 是移除元素的副本。

5.3.2 应用层

我们已经介绍了操作系统和编译器如何使用栈。队列通常用于系统编程。例如，操作系统经常维护一个准备执行或等待特定事件发生的 FIFO 进程列表。创建操作系统的程序员可以使用队列 ADT 来实现这些列表。

计算机系统必须经常为两个进程、两个程序或者两个系统之间的消息提供一个"等待区"。这个等待区通常称为"缓冲区"，被实现为 FIFO 队列。例如，如果大量邮件消息大约同时到达邮件服务器，则这些消息将保存在缓冲区中，直到邮件服务器开始处理它们。它按照消息到达的顺序处理消息——先进先出的顺序。

为了演示队列的使用，首先看一个简单的问题：标识回文。回文是向前读取和向后读取都相同的字符串。虽然我们不确定它们的一般用途，但识别这些字符串为我们提供了一个使用队列和栈的好例子。此外，回文也很有趣。一些著名的回文有：

● 向精心打造巴拿马运河的泰迪·罗斯福致敬："A man, a plan, a canal—Panama!"

- 据说拿破仑·波拿巴在被流放到厄尔巴岛时喃喃自语（尽管这很难令人相信，因为拿破仑主要讲法语）："Able was I ere, I saw Elba."
- 在一家中餐馆无意中听到："Won ton? Not now!"
- 可能是世界上第一个回文："Madam, I'm Adam."
- 紧随其后的是世界上最短的回文之一："Eve."

如你所见，构成回文的规则比较宽松。通常，我们不担心标点、空格或匹配字母的大小写。有两种明显的算法来确定一个字符串是否为回文。第一个算法是从两端开始，在比较字符时向内移动。有三种可能的情况：

（1）有两个字符不匹配。

（2）所有字符都匹配，包括中间的两个字符。

（3）字符个数为奇数，中间字符的左右两字符匹配。

第二个算法是逆序复制字符串，并对每个字符匹配两个副本。因为我们已经有了一个逆序返回字符串的结构，所以这里使用第二种算法。

字符被一个一个地读取并存储到队列和栈中。当一行中的所有字符都被处理后，程序重复地从栈中取出一个字母，并从队列中取出一个字母。只要这些字母彼此匹配，整个过程中，就有一个回文。你知道为什么吗？因为队列是一个先进先出的列表，字母从队列中返回的顺序与它们在字符串中出现的顺序相同。但是，从栈中取出的字母返回的顺序与它们在字符串中出现的顺序相反。因此，该算法比较来自字符串的向前视角的字母和来自字符串的向后视角的字母。

现在准备编写算法主函数，假设有一个栈 ADT 的实例和一个队列 ADT 的实例。该算法的基本流程是连续地读取和处理字符，直到到达行尾。

算法主函数

```
设置 character 为字符串中的第一个字符
while (character != '\n')
    将字符压入栈
    将字符插入队列的后端
    设置 character 为下一个字符
设置 palindrome 为 true
while (palindrome AND ! queue.IsEmpty())
    设置 stackChar 为栈顶部
    弹出栈
    设置 queChar 为队列的前端
    if (stackChar != queChar)
        设置 palindrome 为 false
if (palindrome)
    输出 " 字符串是回文。"
else
    输出 " 字符串不是回文。"
```

可以使用 StackType 和 QueType 对象，立即对算法中的所有语句进行编码。该程序可以在 palindrom .cpp 文件中找到。

```
#include "QueType.h"
```

```cpp
#include "StackType.h"
#include <iostream>
int main()
{
  using namespace std;
  bool palindrome = true;
  char character;
  StackType stack(40);
  QueType queue(40);
  char stackChar;
  char queChar;
  cout << "Enter a string; press return." << endl;
  cin.get(character);
  while (character != ' ¥n')
  {
    stack.Push(character);
    queue.Enqueue(character);
    cin.get(character);
  }

  while (palindrome && !queue.IsEmpty())
  {
    stackChar = stack.Top();
    stack.Pop();
    queue.Dequeue(queChar);

    if (stackChar != queChar)
      palindrome = false;
  }

  if (palindrome)
    cout << "String is a palindrome" << endl;
  else
    cout << "String is not a palindrome" << endl;
  return 0;
}
```

以下两个屏幕截图说明了该算法的正确性和局限性。大写字母和小写字母不被认为是相同的。这个算法还有其他问题吗？请在练习中检查这个问题并改进这个算法。

```
⊗ ⊖ ⊡  Terminal
Enter a string; press return.
eve
String is a palindrome
> █
```

```
⊗ ⊖ ⊡  Terminal
Enter a string; press return.
Eve
String is not a palindrome
> █
```

5.3.3 实现层

现在我们已经有机会成为队列用户，下面来看看如何在 C++ 中实现队列。与栈一样，队列可以存储在编译时大小固定的静态数组中，也可以存储在运行时大小确定的动态分配数组中。在这里主要研究动态实现。

1. 队列类的定义

为了关注 ADT 队列本身，将其实现为一个 char 类型的队列。动态分配这个数组。与栈类一样，不需要比较函数，因为没有任何操作需要比较队列上的元素。

队列 ADT 需要哪些数据成员？需要项本身，但在这个阶段，我们不知道还需要什么。这里允许用户使用参数化构造函数来确定最大空间。还需要注意，这里实现了一个 MakeEmpty 函数和一个类构造函数。

```
typedef char ItemType;
class QueType
{
public:
  QueType(int max);                    // max 是这个队列的大小
  QueType();                           // 默认大小是 500
  ~QueType();
  void MakeEmpty();
  bool IsEmpty() const;
  bool IsFull() const;
  void Enqueue(ItemType item);
  void Dequeue(ItemType& item);
private:
  ItemType* items;
  int maxQue;
  // 我们还需要什么？
};
```

2. 队列操作的实现

要考虑的第一个问题是如何对数组中的元素进行排序。在实现栈时，我们首先将一个元素插入数组的第一个位置，然后用随后的 Push 和 Pop 操作让顶部浮动。然而，栈的底部仍然固定在数组的第一个槽中。能否在队列中使用类似的解决方案，即在添加新元素时，将队列的前端固定在第一个数组槽中，并让后端向后移动？

下面来看看，如果将第一个元素插入数组的第一个位置，将第二个元素插入第二个位置，以此类推，那么在进行一些 Enqueue 和 Dequeue 操作之后会发生什么。在使用参数 A、B、C 和 D 对 Enqueue 调用四次之后，队列看起来如下所示：

A	B	C	D	
[0]	[1]	[2]	[3]	[4]

回想一下，队列的前面固定在数组的第一个槽中，而队列的后面随着每个 Enqueue 而向后移动。现在对队列中前面的元素进行 Dequeue：

	B	C	D	
[0]	[1]	[2]	[3]	[4]

该操作删除第一个数组槽中的元素并留下一个孔。为了让队列的前端固定在数组的顶部，需要将队列中的每个元素向前移动一个槽：

B	C	D		
[0]	[1]	[2]	[3]	[4]

总结一下与此队列设计相对应的队列操作。Enqueue 操作与 Push 操作相同。Dequeue 操作比 Pop 更复杂，因为队列中所有剩余的元素都必须在数组中向前移动，以便将队列的新前端移动到第一个数组槽中。类构造函数、MakeEmpty、IsEmpty 和 IsFull 操作与等效的栈操作相同。

在进一步介绍之前，要强调一下这种设计是可行的。它可能不是队列的最佳设计，但可以成功实现。存在多种功能正确的方法来实现相同的抽象数据结构。一种设计可能没有另一种设计好（因为它在内存中占用更多空间或执行需要更长的时间），但可能仍然是正确的。虽然不提倡对程序或数据结构使用糟糕的设计，但首先必须保证程序的正确性。

现在来评估这个特殊的设计。它的优点是简单和易于编码，与栈的实现完全一样。尽管队列是从两端访问的，而不是像在栈中那样只从一端访问，但我们必须跟踪队列后端，因为前端是固定的。只有 Dequeue 操作更为复杂。这个设计的缺点是什么？每次从队列中移除一个元素时，都需要向前移动所有元素，这增加了从队列中移除元素所需的工作量。

这个缺点有多严重？要作出这个判断，必须了解如何使用队列。一方面，如果使用此队列来存储大量的元素，或如果队列中的元素很多（如类对象有许多数据成员），在移除前端元素后，向前移动所有元素所需的处理过程使它成为一个糟糕的解决方案。另一方面，如果队列通常只包含几个元素，而且它们很小（如整数），则数据移动可能不需要太多处理。此外，还需要考虑性能（程序执行的速度）对使用该队列的应用程序是否重要。因此，设计的全面评估取决于客户端程序的要求。

当然，在真实的编程世界中，你并不总是知道程序的确切用途或完整需求。例如，你可能正在与其他 100 名程序员一起设计一个非常大的项目。其他程序员可能正在为项目编写特定的应用程序，而你正在生成一些实用程序，这些实用程序被所有不同的应用程序所使用。如果不知道队列操作包的不同用户的需求，则必须设计通用实用程序。在这种情况下，这里描述的设计并不是最好的选择。

3. 另一种队列设计

之所以需要移动数组中的元素，是因为我们决定将队列前端固定在第一个数组槽中。如果同时跟踪前端和后端的索引，就可以让队列的两端都在数组中浮动。

图 5.9 显示了几个 Enqueue 和 Dequeue 操作对队列的影响。为了简单起见，该图只显示队列中的元素。其他槽包含逻辑垃圾，包括退出队列的值。Enqueue 操作的效果和前面一样，它们将元素添加到数组中的后续槽中，并增加后端指示器的索引。Dequeue 操作更简单，它不是将元素向前移动到数组的开始，而是将前端的指示器增加到下一个槽中。

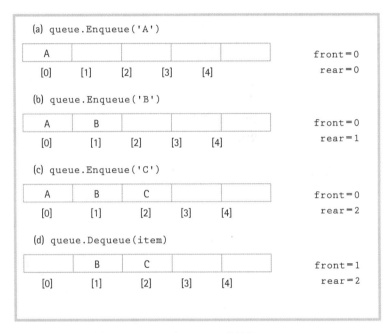

图 5.9 Enqueue 和 Dequeue 的效果

当后端指示器到达数组的末尾时，让队列元素在数组中浮动会产生一个新问题。在第一个设计中，这种情况告诉我们队列已满。但是现在，当（逻辑）队列未满时，队列的后端可能会到达（物理）数组的末尾 [见图 5.10 (a)]。

因为在数组的开头可能仍然有可用的空间，所以最明显的解决方案是让队列元素"环绕"在数组的尾部。换句话说，可以将数组视为一个循环结构，其中最后一个槽后面跟着第一个槽 [见图 5.10 (b)]。例如，要获取后端指示器的下一个位置，可以使用 if 语句：

```
if (rear == maxQue - 1)
    rear = 0;
else
    rear = rear + 1
```

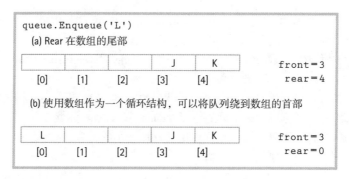

图 5.10　包围队列元素

我们也可以使用取余（%）运算符来重置 rear：

```
rear = (rear + 1) % maxQue;
```

这个解决方案带来了一个新问题：如何知道队列是空的还是满的？在图 5.11 中，删除了最后一个元素，使队列为空。在图 5.12 中，在队列的最后一个空闲槽中添加一个元素，使队列为满。但是，在这两种情况下，front 和 rear 的值是相同的。我们无法区分满队列和空队列。

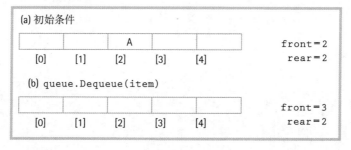

图 5.11　一个空队列

图 5.12　一个完整的队列

第一个解决方案是向队列类中添加除 front 和 rear 之外的另一个数据成员——队列中元素的计数。当计数成员为 0 时，队列为空，当计数成员等于数组槽的最大数量时，队列已满。注意，保持这个计数成员会增加 Enqueue 和 Dequeue 例程的工作量。但是，如果队列用户经常需要知道队列中元素的数量，那么这个解决方案肯定是一个很好的解决方案。将此解决方案的开发留作练习。

另一种常见但不太直观的方法是让 front 表示队列中前端元素之前的数组槽的索引，而不是前端元素本身的索引。（采用这种方法的原因可能一时还不清楚，但请继续往下读。）如果 rear 仍然表示后方元素在队列中的索引，那么当 front 等于 rear 时，队列为空。为了将一个元素从队列中取出，我们将增加 front，以指示该队列前端元素的真实位置，并将该数组槽中的值赋给 item。（在这种设计中，在赋值前先更新 front，因为 front 并不指向 Dequeue 开头的实际前端元素。）在这个 Dequeue 操作之后，IsEmpty 发现 front 等于 rear，表示队列为空，如图 5.13 所示。

为了实现这个方案，必须建立另一个约定，front 所指示的槽（真正前端元素前面的槽）是保留的。它不能包含队列元素。因此，如果有 100 个数组位置，队列的最大数目是 99 个元素。为了测试队列是否已满，我们检查下一个可用的空间（rear 后面）是否为 front 指定的特殊预留槽（见图 5.14）。

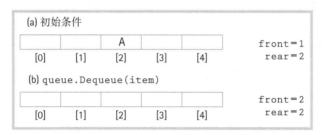

图 5.13　测试一个空队列

| C | D | reserved | A | B | front=2 |
| [0] | [1] | [2] | [3] | [4] | rear=1 |

图 5.14　测试一个完整的队列

要使一个元素进入队列，首先必须增加 rear，以使它包含数组中下一个空闲槽的索引。然后就可以将新元素插入这个位置。

使用此方案，如何将队列初始化为空？我们希望 front 表示队列前端之前的数组索引，这样当第一次调用 Enqueue 时，队列前端就在数组的第一个槽中。哪个位置在第一个数组槽的前面？因为数组是循环的，所以第一个槽的前面是最后一个槽。因此，将 front 初始化为 maxQue−1。因为对空队列的测试是检查 front 是否等于 rear，所以将 rear 初始化为 front 或 maxQue−1。

现在可以看到，必须向 QueType 类添加两个数据成员：front 和 rear，下面是头文件的内容。通过参数化构造函数，用户在声明类对象时确定最大队列的大小。因为我们的实现接受了另一个数组槽，所以在将其保存到 maxQue 中之前，必须使 max（构造函数的参数）递增。此实现称为循环队列或环形队列。

```
class FullQueue
{};
class EmptyQueue
{};
typedef char ItemType;
class QueType
```

```cpp
{
public:
  QueType(int max);
  QueType();
  ~QueType();
  void MakeEmpty();
  bool IsEmpty() const;
  bool IsFull() const;
  void Enqueue(ItemType newItem);
  void Dequeue(ItemType& item);
private:
  int front;
  int rear;
  ItemType* items;
  int maxQue;
};
QueType::QueType(int max)
// 参数化的类构造函数
// 后置条件: maxQue front 和 rear 已初始化。
//        保存队列元素的数组，其已经被动态分配
{
  maxQue = max + 1;
  front = maxQue - 1;
  rear = maxQue - 1;
  items = new ItemType[maxQue];
}
QueType::QueType()                              // 默认类构造函数
// 后置条件: maxQue、front 和 rear 已初始化。
//        保存队列元素的数组，其已被动态分配
{
  maxQue = 501;
  front = maxQue - 1;
  rear = maxQue - 1;
  items = new ItemType[maxQue];
}
QueType::~QueType()                             // 类析构函数
{
  delete [] items;
}
void QueType::MakeEmpty()
// 后置条件:  front 和 rear 已经重置为空状态
{
  front = maxQue - 1;
  rear = maxQue - 1;
```

```
}
bool QueType::IsEmpty() const
// 如果队列为空返回true, 否则返回false
{
  return (rear == front);
}

bool QueType::IsFull() const
// 如果队列已满返回true, 否则返回false
{
  return ((rear + 1) % maxQue == front);
}

void QueType::Enqueue(ItemType newItem)
// 后置条件: 如果队列未满, newItem 在队列后端;
//          否则, 抛出 FullQueue 异常
{
  if (IsFull())
    throw FullQueue();
  else
  {
    rear = (rear +1) % maxQue;
    items[rear] = newItem;
  }
}

void QueType::Dequeue(ItemType& item)
// 后置条件: 如果队列不为空, 队列的前端已被移除,
//          并以 item 形式返回副本;
//          否则抛出 EmptyQueue 异常。
{
  if (IsEmpty())
    throw EmptyQueue();
  else
  {
    front = (front + 1) % maxQue;
    item = items[front];
  }
}
```

注意, Dequeue 操作与栈 Pop 操作一样, 实际上并没有从数组中移除该项的值。移除队列的值在数组中仍然物理存在。但是, 它不再存于队列中, 并且由于 front 的更改而无法访问。也就是说, 移除队列的数据元素存于实现中, 而不是存于抽象中。

4. 测试计划

为了确保已经测试了所有必要的案例，需要制定一个测试计划，列出各种队列操作以及每种操作需要的测试，就像对栈所做的那样。例如，要测试函数 IsEmpty，必须至少调用它两次——一次是在队列为空时，一次是在队列不为空时。

我们希望 Enqueue（排列）元素直到队列排满，然后调用函数 IsEmpty 和 IsFull 来查看它们是否正确地判断了队列的状态。然后可以 Dequeue（删除）队列中的所有元素，并在运行时输出，以确认它们被正确地删除了。此时，可以再次调用队列状态函数，以查看是否正确地检测到了空条件。还可以测试基于数组的算法的"棘手"部分：Enqueue 直到队列已满，Dequeue 一个元素，然后再次 Enqueue，迫使操作循环回到数组的开头。

在 Web 上，测试驱动程序位于 QueDr.cpp 中，输入文件是 QueType.in，输出文件是 QueType.out 和 QueType.screen。

5. 比较数组实现

循环数组解决方案不像第一个队列设计那样简单或直观。通过增加设计的复杂性，能获得什么？通过使用更高效的 Dequeue 队列算法，获得了更好的性能。下面来分析一下第一个设计有多出色。因为移动所有剩余元素所需的工作量与元素的数量成正比，所以队列设计的 Dequeue 是一个 O(N) 操作。第二种基于数组的队列设计只需要 Dequeue 更改前端指示器的值，并将值放入要返回的 item 中。无论队列中有多少元素，工作量永远不会超过某个固定的常数，所以算法的复杂度为 O(1)。

其他操作的复杂度都是 O(1)。无论队列中有多少元素，它们所做的工作（本质上）都是恒定的。

5.3.4　计数队列

队列 ADT 没有确定队列上元素数量的操作。这里定义一个名为 CountedQueType 的新类，它派生于 QueType 类，具有记录队列上元素数量的数据成员的 length。

```
typedef char ItemType;
class CountedQueType : public QueType
{
public:
  CountedQueType(int max);
  void Enqueue(ItemType newItem);
  void Dequeue(ItemType& item);
  int GetLength() const;
  // 返回队列项数
private:
  int length;
};
  ⋮
```

在第 4 章的"案例研究"中已经使用了继承，在这里更详细地回顾了它。看下面这行声明：

```
class CountedQueType : public QueType
```

CountedQueType 派生自 QueType，也就是说，CountedQueType 是派生类而 QueType 是基类。保

留字 public 将 QueType 声明为 CountedQueType 的公共基类。因此，QueType 的所有公共成员也是 CountedQueType 的公共成员。换句话说，QueType 的成员函数 Enqueue、Dequeue、IsEmpty 和 IsFull 也可以被 CountedQueType 类型的对象调用。CountedQueType 类的公共部分通过重新定义继承的函数 Enqueue 和 Dequeue，并添加数据成员 length ，返回 length 值的操作，及其自己的类构造函数，进一步特殊化基类。

　　每个 CountedQueType 类型的对象都有一个 QueType 类型的对象作为子对象。也就是说，CountedQueType 类型的对象是 QueType 或更多类型的对象。图 5.15 显示了 CountedQueType 类的类接口图。公共接口在大圆圈的一侧显示为椭圆形，由客户端代码可用的操作组成。客户无法访问内部显示的私有数据项。椭圆之间的虚线表明这两个操作是相同的。例如，应用于 CountedQueType 类的 IsEmpty 是定义在 QueType 类中的 IsEmpty 成员函数。然而，应用于 CountedQueType 类的 Enqueue 不是 QueType 类中定义的 Enqueue，而是 CountedQueType 类中定义的 Enqueue。

　　C++ 使用基类和派生类这两个术语，文献中也使用了相应的术语超类(superclass)和子类(subclass)。但是，"超类"和"子类"的使用可能会引起混淆，因为前缀 sub 通常意味着某样事物比原事物更小。例如，数学集合的子集(subset)。而这里相反，子类通常"大于"其超类，也就是说，它包含更多的数据以及(或者)函数。

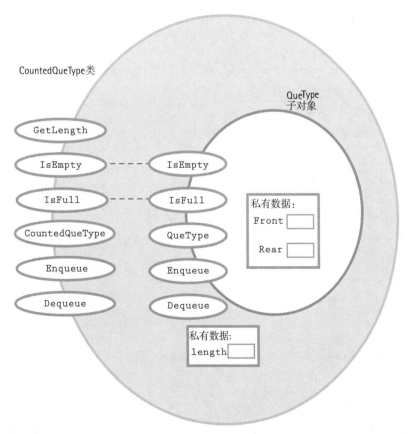

图 5.15　CountedQueType 类的类接口图

1. 派生类的实现

CountedQueType 类的实现只需要处理与 QueType 类不同的新特性。具体来说，用户必须重新编写 Enqueue 和 Dequeue 函数的代码，并且必须编写 GetLength 函数和类构造函数。新的 Enqueue 和 Dequeue 函数只需要增加或减少 length 数据成员，并调用同名的 QueType 函数。GetLength 只是返回 length 的值。类构造函数将 length 设置为 0，并可以使用 QueType 类构造函数来初始化其余的类数据成员。因为 Enqueue 和 Dequeue 可以抛出异常，所以对它们的调用必须包含在 try/catch 语句中，将异常转发给客户。下面是代码，接下来介绍语法细节。

```cpp
#include "CountedQueType.h"
void CountedQueType::Enqueue(ItemType newItem)
{
  try
  {
    QueType::Enqueue(newItem);
    length++;
  }
  catch(FullQueue)
  {
    throw FullQueue();
  }
}
void CountedQueType::Dequeue(ItemType& item)
{
  try
  {
    QueType::Dequeue(item);
    length--;
  }
  catch(EmptyQueue)
  {
    throw EmptyQueue();
  }
}

int CountedQueType::GetLength() const
{
  return length;
}

CountedQueType::CountedQueType(int max) : QueType(max)
{
  length = 0;
}
```

注意语法上的两点。要让 Enqueue 调用 QueType 中定义的 Enqueue，类名必须在函数名之前，作用域解析操作符（::）出现在两个名称之间。Dequeue 也是如此。在类构造函数中，length 被设置为 0，但是 front 和 rear 如何设置呢？派生类构造函数的形参列表后面跟着 QueType（max）的冒号将导致调用基类构造函数。这个构造（冒号后面是基类构造函数的调用）称为构造函数初始化式。

像 QueType 这样的类可以在许多不同的上下文中按原样使用，也可以通过使用继承使其适用于特定的上下文中。继承允许我们创建可扩展的数据抽象——派生类通常通过包含额外的私有数据或公共操作（或两者兼有）来扩展基类。

CountedQueType 实例上的项是字符，因为我们扩展了前面检查过的 QueType。

2. CountedQueType 类的应用

FIFO 队列通常被用作"排队队列"。这种排队现象在多用户计算机系统和联网的工作站系统中很常见。如果使用多用户或联网计算机系统，可能会与其他用户共享一台打印机。当请求文件打印输出时，请求将被添加到打印队列中。当请求到达打印队列的前端时，文件将被打印。打印队列确保一次只有一个人有访问打印机的权限，并且该权限是基于先到先得的原则分配的。类似地，队列还被用于调度其他共享资源（如磁盘）的使用。

队列作为数据结构的另一个应用领域是对现实世界情况的计算机模拟。例如，考虑一家银行计划安装免下车柜员机窗口。银行应该雇用足够的出纳员在"合理的"等待时间内为每辆车提供服务，但也不能雇用数量过多的出纳员。它可能希望运行典型客户交易的计算机进行模拟，使用对象来代表现实世界的物理对象，如出纳员、汽车和时钟。队列用来表示等待的顾客。

排队模拟通常涉及柜员机（银行出纳员）、队列中的物品（人、汽车或任何等待服务的物品）和队列中每个物品所需的时间。通过改变这些参数并跟踪平均队列长度，管理层可以确定必须使用多少柜员机才能让客户满意。因此，在使用队列的模拟中，每个队列中项的数量是重要的信息。当然，客户端程序可以通过退出队列、计数和再次进入队列来计算此信息，但派生计数队列是更好的选择。

3. 继承和可访问性

继承是一个逻辑问题，而不是实现问题。一个类继承另一个类的行为并以某种方式增强它。继承并不意味着继承对另一个类的私有变量的访问。虽然有些语言确实允许访问基类的私有成员，但这种访问通常违背了封装和信息隐藏的目的。C++ 不允许访问基类的私有成员。外部客户端代码和派生类代码也都不能直接访问基类的私有成员。

5.4　将队列实现为链接结构

5.4.1　Enqueue 函数

在基于数组的队列实现中，我们决定跟踪指向队列中数据前边界和后边界的两个索引。在链接表示中，可以使用 front 和 rear 两个指针来标记队列的前端和后端，如图 5.16 所示。（到目前为止，可以意识到在链接结构中动态分配的结点存在于"自由存储区的某个地方"，而不是像数组槽那样位于相邻的位置，但是为了清晰起见，这里将展示这些线性排列的结点。）

可以使用类似于栈 Pop 算法的算法从队列中 Dequeue（出队）元素，front 指向队列中的第一个结点。因为要通过在最后一个结点之后插入元素来向队列中添加新元素，所以需要一个新的 Enqueue（入队）算法，如图 5.17 所示。

第一个任务与栈 Push 操作很相似。使用 C++ 的 new 操作符获取空间，然后将新元素存储到结点的 info 成员中。新结点被插入到队列的后端，因此还需要将结点的 next 成员设置为 NULL。

Enqueue

> 获取新元素的结点
> 在队列的后面插入新结点
> 更新指向队列后端的指针

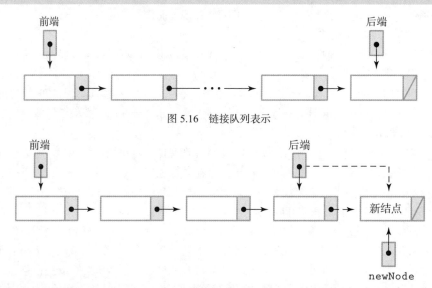

图 5.16　链接队列表示

图 5.17　入队操作

> // 获取新元素的结点
> 　　设置 newNode 为新分配的结点地址
> 　　设置 Info(newNode) 为 newItem
> 　　设置 Next(newNode) 为 NULL

Enqueue 算法的第二部分涉及更新 Node(rear) 的 next 成员，使其指向新结点。这个任务很简单：

> // 将新结点插入到队列后端
> 　　设置 Next(rear) 为 newNode

当将第一个元素执行 Enqueue（入队）时，如果队列是空的，会发生什么？在这种情况下，不存在 Node(rear)，必须设置 front 指向新结点。这里对算法进行了修改，以考虑这个条件：

> // 将新结点插入队列后端
> if（队列为空）
> 　　设置 front 为 newNode
> else
> 　　设置 Next(rear) 为 newNode

Enqueue 算法的最后一个任务是更新 rear 指针，它只涉及赋值 rear = newNode。如果该结点是队列中的第一个结点，那么这种方法是否有效？有效，我们希望 rear 总是在调用 Enqueue 之后指向后结点，而不管队列中有多少项。

注意 front 和 rear 的相对位置。如果它们被颠倒过来（见图 5.18），就可以使用栈 Push 算法来执行 Enqueue 操作。

但是怎样才能出队呢？要删除链接队列的最后一个结点，需要将 front 重置为指向被删除结点之前的结点。因为指针都向前移动，所以无法回到前面的结点。要完成这个任务，必须遍历整个列表（一个 O(N) 的解决方案——非常低效，特别是当队列很长时），或者保留一个在两个方向上都有指针的列表。如果一开始就正确设置了队列指针，那么这种双链接结构就没有必要了。

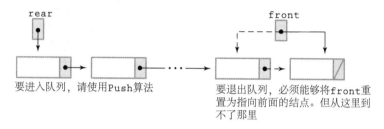

要进入队列，请使用 Push 算法

要退出队列，必须能够将 front 重置为指向前面的结点。但从这里到不了那里

图 5.18　糟糕的队列设计

5.4.2　Dequeue 函数

在编写 Enqueue 算法时，我们注意到向空队列插入元素是一种特殊情况，因为需要让 front 指向新结点。类似地，在 Dequeue 算法中，需要考虑到删除队列中的最后一个结点，让队列为空的情况。如果在删除前端结点后 front 为 NULL，则知道队列现在是空的。在这里，还需要将 rear 设置为 NULL。从链接队列中删除 front 元素的算法如图 5.19 所示。该算法假定空队列的测试是按照指定的方式执行的，因此知道该队列至少包含一个结点。（可以这样假设，如果不为真，就会抛出异常。）与 Pop 一样，需要保留一个指向被删除结点的本地指针，允许在 front 指针更改后访问该结点以进行 delete 操作。

如何知道队列何时为空？ front 和 rear 都应该是 NULL 指针。这使得类构造函数和 IsEmpty 非常简单。那么 IsFull 函数呢？可以使用和栈 ADT 一样的 IsFull 函数。

Dequeue

```
设置 tempPtr 为 front          // 保存它，以便重新分配
设置 item 为 Info(front)
设置 front 为 Next(front)
if ( 队列为空 )
    设置 rear 为 NULL
释放 Node(tempPtr)
```

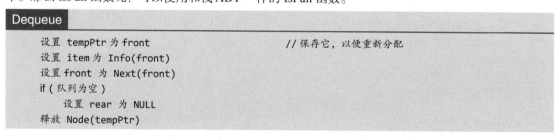

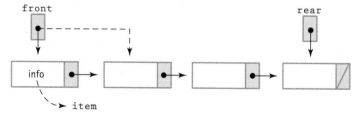

图 5.19　出队操作

在基于数组的实现中，操作 MakeEmpty 仅仅改变了 front 和 rear 的索引，使队列看起来是空的。数组中的数据槽保持不变，它们变成了逻辑垃圾，无法通过队列操作访问。在链接的实现中，MakeEmpty 必须导致一个空队列，但是这个操作涉及的不仅仅是将 front 和 rear 设置为 NULL，还必须释放动态分配的队列元素所在的空间，就像对栈中元素所做的那样。实际上，销毁队列的算法与销毁栈的算法是完全相同的。

与将栈实现更改为链接结构的情况一样，只需更改队列操作的声明和内部。对于使用队列的程序，操作的接口保持不变。先看一下声明，在我们的设计中，我们将这两个队列指针称为 front 和 rear。这些指针成为 QueType 类中的数据成员。每个指针指向链接队列中的一个结点（如果队列为空，则为 NULL 指针）。每个队列结点有两个成员：info（包含用户数据）和 next（包含指向下一个结点的指针，如果是最后一个结点，则为 NULL）。可以用下面的代码实现 FIFO 队列 ADT：

```cpp
// 队列 ADT 的头文件
class FullQueue
{};

class EmptyQueue
{};
typedef char ItemType
struct NodeType;

class QueType
{
public:
  QueType();
  ~QueType();
  void MakeEmpty();
  void Enqueue(ItemType);
  void Dequeue(ItemType&);
  bool IsEmpty() const;
  bool IsFull() const;
private:
  NodeType* front;
  NodeType* rear;
};
#include <cstddef>                          // 为 NULL
#include <new>                              // 为 bad_alloc
struct NodeType
{
  ItemType info;
  NodeType* next;
};

QueType::QueType()                          // 类构造函数
// 后置条件: front 和 rear 设置为 NULL
```

```
{
  front = NULL;
  rear = NULL;
}


void QueType::MakeEmpty()
// 后置条件：队列为空，所有的元素都已释放
{
  NodeType* tempPtr;

  while (front != NULL)
  {
    tempPtr = front;
    front = front->next;
    delete tempPtr;
  }
  rear = NULL;
}


// 类的析构函数
QueType::~QueType()
{
  MakeEmpty();
}

bool QueType::IsFull() const
// 如果在自由存储区没有空间容纳另一个 NodeType 对象，返回 true；否则返回 false
{
  NodeType* location;
  try
  {
    location = new NodeType;
    delete location;
    return false;
  }
  catch(std::bad_alloc exception)
  {
    return true;
  }
}

bool QueType::IsEmpty() const
// 如果在队列中没有元素，返回 true；否则返回 false
{
  return (front == NULL);
}
```

```
void QueType::Enqueue(ItemType newItem)
// 将新项加到队列后端
// 前置条件：队列已初始化
// 后置条件：如果队列未满，新项位于队列后端；否则抛出 FullQueue 异常

{
  if (IsFull())
    throw FullQueue();
  else
  {
    NodeType* newNode;

    newNode = new NodeType;
    newNode->info = newItem;
    newNode->next = NULL;
    if (rear == NULL)
      front = newNode;
    else
      rear->next = newNode;
    rear = newNode;
  }
}


void QueType::Dequeue(ItemType& item)
// 移除队列前端项，并以 item 形式返回
// 前置条件：队列已初始化
// 后置条件：如果队列不为空，队列前端已经被删除，并在 item 中返回一个副本；
//          否则抛出 EmptyQueue 异常
{
  if (IsEmpty())
    throw EmptyQueue();
  else
  {
    NodeType* tempPtr;

    tempPtr = front;
    item = front->info;
    front = front->next;
    if (front == NULL)
      rear = NULL;
    delete tempPtr;
  }
}
```

5.4.3 循环链接队列设计

QueType 类包含两个指针，分别指向队列的两端。本设计是基于链接队列的线性结构。如果只给出一个指向队列前端的指针，可以跟随指针到达队列后端，但是这种策略将访问队列后端（将一个元素插入队列）变成了 O(N) 操作。如果指针只指向队列的后端，则无法访问前端，因为指针只能从前端到后端。

如果使队列循环链接，则可以从一个指针访问队列的两端。即最后一个结点的 next 成员将指向队列的第一个结点（见图 5.20）。现在，QueType 类只有一个数据成员，而不是两个。关于这个队列实现的一个有趣的事情是，它不同于具有两个端点的线性结构队列的逻辑图。这个队列是一个没有端点的循环结构。使其成为队列的原因是它支持 FIFO 访问。

要想将元素插入（Enqueue）队列，可以直接通过 rear 指针访问 "后端" 结点。要删除（Dequeue）一个元素，可以访问队列的 "前端" 结点。我们没有指向这个结点的指针，但是有一个指向它前面的结点的指针——rear。指向队列 "前端" 结点的指针位于 Next(rear)。空队列由 rear = NULL 表示。将使用循环链接实现设计和编码队列操作作为编程任务留待读者练习。

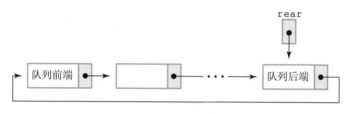

图 5.20　循环链接队列

可以使用为基于数组的实现编写的相同的测试计划来测试队列 ADT 的两个链接实现。

5.4.4 比较队列的实现

现在已经了解了队列 ADT 的几种不同实现。如何比较它们？在实现比较栈时，了解到两个不同的因素：存储结构所需的内存量和解决方案所需的工作量（如 Big-O 表示法所表示的）。下面比较一下已经完全编码的两个实现：基于数组的实现和动态链接的实现。

不管实际使用了多少个数组槽，最大尺寸队列的数组变量占用的内存都是相同的，我们需要为尽可能多的元素保留空间。使用动态分配存储空间的链接实现只需要在运行时为队列中实际的元素数量提供空间。但是请注意，结点元素会更大，因为必须存储链接（next 成员）和用户数据。

如果队列包含字符串（每个字符串都需要 80 字节），这些实现将如何进行比较？如果队列元素的最大数量是 100 个字符串，那么 maxQue 必须是 101，包含 front 之前的预留空间。在示例系统中，数组索引（int 类型）占用 2 个字节，指针占用 4 个字节。基于数组的实现的存储要求为

$$（80 字节 \times 101 数组槽）+（2 字节 \times 2 索引）= 8\,084 字节$$

与任何时候队列中有多少元素无关。链接队列实现的存储要求为

$$80 字节（字符串）+4 字节（next 指针）= 84 字节$$

每个队列结点再加上两个外部队列指针的 8 个字节。这些队列实现的存储要求如图 5.21（a）所示。注意，链接的实现并不总是比数组占用更少的空间，当队列中的元素数量超过 96 时，需要存储指针，

所以链接队列需要更多内存。

如果队列项类型较小，如字符或整数，则指针成员可以大于用户的数据成员。在这种情况下，链接表示使用的空间要比基于数组的表示使用的空间小得多。考虑一个最多包含 100 个整数元素（每个 2 字节）的队列。基于数组队列的存储要求为

$$[2 字节（每个元素）\times 101 数组槽] + (2 字节 \times 2 索引) = 206 字节$$

与任何时候队列中有多少元素无关。链接队列实现要求为

$$2 字节（数据成员）+ 4 字节（指针成员）= 6 字节$$

每个队列结点加上两个外部队列指针的 8 个字节。这个队列的存储要求如图 5.21（b）所示。当这个队列中的元素数量超过 33 时，链接队列需要更多内存，因为需要存储比 ItemType 大两倍的指针。

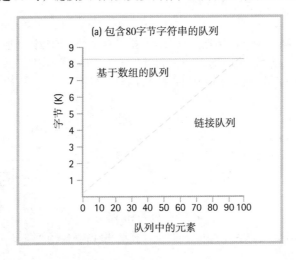

(a) 包含80字节字符串的队列

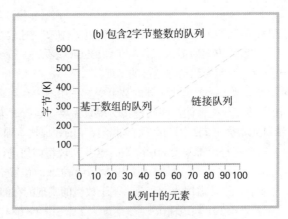

(b) 包含2字节整数的队列

图 5.21　存储要求比较

还可以根据 Big-O 符号来比较实现的相对"效率"。类构造函数 IsFull 和 IsEmpty 操作显然是 O(1)，无论队列上有多少项，它们总是需要相同的工作量。那么 Enqueue 和 Dequeue 呢？队列中元素的数量是否会影响这些操作的工作量？不，并不会。在这两种实现中，都可以直接访问队列的前端和

后端。这些操作所做的工作量与队列大小无关，所以这些操作的复杂度也是 O(1)。

只有 MakeEmpty 操作在不同的实现之间存在差异。基于数组的实现仅仅设置 front 和 rear 索引，所以它显然是一个 O(1) 操作。链接实现必须处理队列中的每个结点以释放结点空间，因此，该操作的复杂度为 O(N)，其中 N 为队列中的结点数。动态存储中基于数组实现中的类析构函数只有一条语句，因此它的复杂度为 O(1)。动态存储的链接结构中的类析构函数包含一个循环，该循环执行的次数与队列中的项数相同。因此，动态链接版本具有 O(N) 复杂度。与基于数组和链接的栈实现一样，这两个队列实现所做的工作量大致相同，只在六个操作中的一个和类析构函数上有所不同。表 5.2 总结了队列操作的 Big-O 比较。

表 5.2　队列操作的 Big-O 比较

	动态数组实现	链接实现
类构造函数	O(1)	O(1)
MakeEmpty	O(1)	O(N)
IsFull	O(1)	O(1)
IsEmpty	O(1)	O(1)
Enqueue	O(1)	O(1)
Dequeue	O(1)	O(1)
析构函数	O(1)	O(N)

5.4.5　案例研究：模拟纸牌游戏

1. 问题

有一种单人纸牌游戏，你玩了好几年都没赢过。你父亲向你保证他赢过好几次。游戏能赢还是他在骗你？你决定模拟游戏，看看是否有可能获胜。

虽然这种单人纸牌游戏是用普通的扑克牌或桥牌来玩的，但游戏规则只涉及花色，忽略大小（等级），这是规则。

（1）拿一副扑克牌，洗牌。

（2）将 4 张牌从左到右、面朝上并排放在桌子上。

（3）如果 4 张牌（或者最右边的 4 张，如果桌子上超过 4 张）是同一花色，把它们移到弃牌堆；否则，如果第 1 张和第 4 张（最右边的牌）是同一花色，将它们之间的牌移到弃牌堆。重复操作直到你无法移动为止。

（4）从洗好的牌中拿出下一张牌，把它正面朝上放在现有牌的右侧。如果正面朝上的牌少于 4 张，重复此步骤。

（5）重复步骤（3）和步骤（4），直到牌组中没有剩余的牌。如果所有的牌都在弃牌堆上，你就赢了。

图 5.22 通过一个典型游戏的开头来演示规则是如何运行的。记住，这个游戏只处理花色。在使用规则之前，至少要有 4 张牌正面朝上。

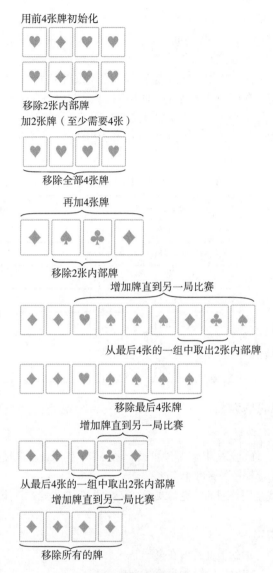

图 5.22　纸牌游戏

2. 讨论

　　这些规则读起来就像一套儿童玩具附带的规则——只有把玩具组装在一起才能理解。下面试着把规则改写成算法，但首先对模拟中的对象进行一般性的观察。我们已经拥有了主要对象：1 张纸牌和一副包含它们的牌组。以下是规则中提到的其他对象。

```
牌桌 (table)
弃牌堆 (discard pile)
```

　　牌桌只是一个容器，可以放置纸牌，以便观察它们。我们一直在查看最近的 4 张牌。"最近的"

纸牌听起来像一个栈，可能是代表牌桌的合适容器。然而，必须确保在栈中至少有 4 张牌正面朝上。栈 ADT 没有长度字段。可以像处理队列那样做：使用继承来创建一个计数栈。在逻辑层讨论栈时，一种替代方法是让 Pop 操作返回并删除顶部项，由于此应用程序没有查看并删除条目，因此这种替代方法会更好。我们可以添加一个 GetLength 操作。以下是新版本的规格说明。

计数栈 ADT 规格说明

结构：在栈顶部添加和移除元素。

定义（由用户提供）：

MAX_ITEMS：	可能在栈上的最大项数。
ItemType：	栈项的数据类型。

操作（由 ADT 提供）：

MakeEmpty

功能：	将栈设置为空状态。
前置条件：	无。
后置条件：	栈为空。

Boolean IsEmpty

功能：	确定栈是否为空。
前置条件：	栈已初始化。
后置条件：	函数值 = 栈为空。

Boolean IsFull

功能：	确定栈是否已满。
前置条件：	栈已初始化。
后置条件：	函数值 = 栈已满

Push(ItemType newItem)

功能：	在栈顶部添加新项。
前置条件：	栈已初始化。
后置条件：	如果栈已满，抛出 FullStack 异常，否则在栈顶部添加新项。

ItemType Pop

功能：	移除并返回栈顶部项。
前置条件：	栈已初始化。
后置条件：	如果栈为空，抛出 EmptyStack 异常，否则顶部项被移出栈。

计数栈 ADT 规格说明

int GetLength

功能：	返回栈项数。
前置条件：	栈已初始化。
后置条件：	栈未改变。

弃牌堆呢？这是把不再感兴趣的牌放进去的地方。如果赢了这场游戏，那么弃牌堆里就会有 52 张牌。如果输了这场比赛，桌上仍然会有牌，然后，桌子上剩下的牌与弃牌堆合并，形成一副新的牌。因此，使用一副牌作为弃牌堆是很方便的。在桌子上剩下的牌可以放到弃牌堆里，然后这个牌组会替换原来的牌组。

模拟的输入是什么？需要知道这个游戏要玩多少次。还应该让用户输入在不同游戏中洗牌的次数。输出应该回显打印获胜次数。

Main

```
提示并获取运行次数
提示并获取洗牌次数
设置 won 为 0
for 从 1 到运行次数的每个 RCount
    for 从 1 到洗牌次数的每个 SCount
        deck.Shuffle()
    Play game(deck&, won&)
输出游戏次数、洗牌次数和获胜次数
```

现在是时候将规则转化为算法了。在 Main 模块中处理洗牌，在 PlayGame 模块取一副牌，玩游戏，并在适当的时候增加赢的次数。这个模块可以将牌组放在一起，并将其返回到主程序中再次洗牌。

PlayGame (Deck& deck, int& won)

```
for 从 1 到 52 的每个 counter
    设置 card 为 deck.GetNextItem( )
    table.Push(card)
    while table.GetLength( ) >= 4
        TryToRemove(table, discardPile)
If table.IsEmpty
    递增 won
while !table.IsEmpty
    discardPile.PutItem(table.Pop( ))
设置 deck 为 discardPile
```

注意，这里已经将在桌面上至少保留 4 张纸牌的职责放入了 PlayGame 主循环中。一旦将两张牌移到弃牌堆中，就可以再次应用 TryToRemove 模块。如果移动了 4 张牌，就不需要应用。因此，需要在 TryToRemove 模块中设置一个标志，如果删除 2 个，则该标志设置为 true；如果删除 4 个，则该标志设置为 false。如果第 1 张和第 4 张牌不匹配，那么必须按正确的顺序将它们放到栈上。

TryToRemove(table, discardPile)

```
设置 keepTrying 为 true
获得 4 张牌
while keepTrying
    if first = fourth
        if first = second = third
            RemoveFour( 删除 4 张 )
            设置 keepTrying 为 false
    else
            RemoveTwo( 删除 2 张 )
            if 桌上至少有 2 张
                设置 third 为 first
                设置 keepTrying 为 true
                table.Pop(second)
                table.Pop(first)
            else
                table.Push(first)
                table.Push(fourth)
    else
            推入第 1 张、第 2 张、第 3 张、第 4 张
```

GetFour(table)

```
设置 fourth 为 table.Pop()
设置 third 为 table.Pop()
设置 second 为 table.Pop()
设置 first 为 table.Pop()
```

在编写 RemoveTwo 和 RemoveFour 代码之前，重新检查弃牌堆，这是一个把不需要的牌放在最后的地方。把它们和其他牌放回去，重新组合成一副牌，但不需要这样做，因为牌桌从来没有空过，只是一次看一张牌。可以将这副牌重新洗牌得到一组不同顺序的牌。因此，在模拟算法中不需要 RemoveTwo 和 RemoveFour。

在模拟算法中使用了自上而下的设计，使用了之前创建的对象。这些模块中哪些可以作为程序？除了 GetFour 都可以。当编写算法时，可以意识到它是非常复杂的。也许不像玩具说明那么复杂，但足以让我们意识到测试是很困难的。

```cpp
#include <iostream>
#include <time.h>
#include <stdlib.h>
#include "deck.h"
#include "CountedStack.h"
#include <string>
using namespace std;
void PlayGame(Deck& deck, int& won);
void TryToRemove(CountedStack& table);
```

```
    int main()
    {
      // 声明
      int runs;
      int shuffles;
      int won = 0;
      Deck deck;
      deck.GenerateDeck();
      // 初始化模拟变量
      cout << "Enter number of runs." << endl;
      cin >> runs;
      cout << "Enter number of shuffles between runs." << endl;
      cin >> shuffles;
      // 模拟主程序模块
      for (int count = 1; count <= runs; count++)
      {
        for (int count = 1; count <= shuffles; count++)
          deck.Shuffle();
        PlayGame(deck, won);
      }
      cout << "Number of games played: " << runs << endl
           << "Number of shuffles: " << shuffles << endl
           << "Number of games won: " << won << endl;
    }


// ***************** 辅助函数 *****************************

void TryToRemove(CountedStack& table)
// 新牌已放在桌上，看看是否有可以移除的
{
  Card first, second, third, fourth;
  bool keepTrying = true;
  // 获得前 4 张纸牌
  fourth = table.Pop();
  third = table.Pop();
  second = table.Pop();
  first = table.Pop();

  while (keepTrying)
  {
    if (first.GetSuit() == fourth.GetSuit())  // 第 1 张和第 4 张相同吗？
    {
      if ((first.GetSuit() == second.GetSuit()) &&
          (first.GetSuit() == third.GetSuit()))
```

```
                // 前4张是同花色，停止尝试
                keepTrying = false;
            else    // 只有第1张和第4张是相同的
            {
                if (table.GetLength() >= 2)
                {
                    // 得到新的前4张，继续
                    third = first;
                    second = table.Pop();
                    first = table.Pop();
                    keepTrying = true;
                }
                else    // 替换第1张和第4张，并停止尝试
                {
                    keepTrying = false;
                    table.Push(first);
                    table.Push(fourth);
                }
            }
        }
        else    // 没有可移除的牌，替换栈里的4张牌
        {
            table.Push(first);
            table.Push(second);
            table.Push(third);
            table.Push(fourth);
            keepTrying = false;
        }
    }
}

void PlayGame(Deck& deck, int& won)
// 玩单人纸牌游戏，有一副新牌
{
    CountedStack table;
    Card card;
    deck.ResetList();
    int limit = deck.GetLength();
    for (int count = 1; count <= limit; count++)
    {
        card = deck.GetNextItem();
        table.Push(card);
        if (table.GetLength() >= 4)
            TryToRemove(table);
```

```
    }
    if (table.IsEmpty())
        won++;
}
```

下面是 CountedStack 类的实现。因为可以从 StackType 中"借用"代码,所以这里不再进一步介绍。

```
#include "ItemType.h"
//    该文件的用户必须提供一个"ItemType.h"文件, 该文件定义:
//        ItemType : 栈中对象的类定义
//        MAX_ITEMS: 栈中的最大项数
class CountedStack
{
public:
    CountedStack();
    // 类构造函数
    bool IsEmpty() const;
    // 功能: 确定栈是否为空
    bool IsFull() const;
    // 功能: 确定栈是否已满
    void Push(ItemType item);
    // 功能: 在栈顶部添加新项
    ItemType Pop();
    // 功能: 移除并返回栈顶部项的副本
    int GetLength();

private:
    int top;
    ItemType   items[MAX_ITEMS];
};

#include "CountedStack.h"

#include <iostream>
CountedStack::CountedStack()
{
    top = -1;
}

bool CountedStack::IsEmpty() const
{
    return (top == -1);
}

bool countedStack::IsFull() const
```

```
{
  return (top == MAX_ITEMS - 1);
}

void CountedStack::Push(ItemType newItem)
{
  top++;
  items[top] = newItem;
}
ItemType CountedStack::Pop()
{
  top--;
  return items[top + 1];
}

int CountedStack::GetLength()
{
  return top + 1;
}
```

3. 测试

我们已经有了一个清晰的编译程序，现在要测试程序了。幸运的是，大多数类都已经测试过了：Card、Deck 和 UnsortedType。虽然 CountedStack 没有经过测试，但它几乎是从经过全面测试的类中获取的。为了彻底测试玩纸牌游戏的程序部分，必须生成 52 张纸牌的所有可能配置。虽然这在理论上是可能的，但不切实际。一副牌有 52! (52 的阶乘) 种可能排列，这是一个非常非常大的数字！

因此，需要另一种测试方法。至少需要考虑两个问题：

(1) 程序能识别出获胜的牌组吗?

(2) 程序能识别出输掉的牌组吗?

要回答这些问题，必须考察一下，至少有一个牌组被宣布为赢家，有几个牌组被宣布为输家。因为你从来没有赢过，这可能很难。折中一下，用一个程序来替换 GenerateDeck，这个程序会创建一个应该会赢的较短的牌组。例如，四张相同花色的牌应该是赢家。一副牌中有三张相同花色的牌，两张其他花色的牌，以及前三张花色相同的牌应该是赢家。下面是两个有效的测试用例以及两个无效的测试用例。

SPADE, SPADE, SPADE, SPADE

HEART, CLUB, HEART, DIAMOND, HEART, HEART, HEART, HEART

DIAMOND, CLUB, HEART, DIAMOND

SPADE, HEART, CLUB, DIAMOND, HEART

为了让这些测试用例保持这种顺序，必须记住将洗牌次数设置为 0。下面是四次运行的输出结果：

```
Enter number of runs.
1
Enter number of shuffles between runs.
```

```
0
Ace of Spades
Two of Spades
Three of Spades
Four of Spades

Number of games played: 1
Number of shuffles: 0
Number of games won: 1

Enter number of runs.
1
Enter number of shuffles between runs.
0
Ace of Hearts
Two of Clubs
Three of Hearts
Four of Diamonds
Ace of Hearts
Two of Hearts
Three of Hearts
Four of Hearts

Number of games played: 1
Number of shuffles: 0
Number of games won: 1

Enter number of runs.
1
Enter number of shuffles between runs.
0
Ace of Diamonds
Two of Clubs
Three of Hearts
Four of Diamonds

Number of games played: 1
Number of shuffles: 0
Number of games won: 0

Enter number of runs.
1
Enter number of shuffles between runs.
0
```

```
Ace of Spades
Two of Hearts
Three of Clubs
Four of Diamonds
Ace of Hearts


Number of games played: 1
Number of shuffles: 0
Number of games won: 0
```

既然我们知道程序会识别出输赢的牌，就在不同的时间段运行它。以下是结果。看来你父亲没有欺骗你。这是可以赢的，但很难做到。

游戏次数	洗牌次数	获胜次数
100	7	5
1000	4	0
1000	7	4
10000	7	0
100000	4	798
1000000	3	5390

5.5 小结

我们已经将逻辑层的栈定义为 ADT，介绍了它在应用程序中的使用，并给出了封装在类中的实现。尽管栈的逻辑描述是数据元素的线性集合，其中最新的元素（顶部）在一端，最旧的元素（尾部）在另一端，但是栈类的物理表示并不需要重新创建我们脑海中的图像。栈类的实现必须支持 LIFO 属性，然而，如何支持这一属性则是另一回事。例如，Push 操作可以用"时间戳"表示栈元素，并将它们按任意顺序放入数组中。如果要弹出，则必须搜索数组，寻找最新的时间戳。这种表示方式与在本章中开发的栈实现非常不同，但对于栈类的用户来说，它们在功能上是等效的。该实现对使用栈的程序是透明的，因为栈是由围绕类中的操作封装的。

本章还研究了队列的定义和操作。介绍了在使用数组包含队列元素时遇到的一些设计注意事项。虽然数组本身是一个随机访问结构，但将队列作为结构的逻辑视图限制了我们只能访问存储在数组中的队列前面和后面位置的元素。对于链接的实现，使用了两个指针：一个指向前端，一个指向后端。

对于相同的数据结构，通常有多个功能正确的设计。当存在多个正确的解决方案时，问题的需求和规格说明可能会决定哪一个解决方案是最好的设计。

在数据结构和算法的设计中，你会发现经常存在权衡。一个复杂的算法可能导致更有效的执行，执行时间较长的解决方案可能会节省内存空间。与往常一样，必须基于对问题需求的了解作出设计决策。

5.6 练习

1. 指出栈是否适合以下应用程序的数据结构。

   a. 根据运算符的特定顺序来计算算术表达式的程序。

   b. 银行对出纳员操作的模拟，以了解增加另一个出纳员对等待时间的影响。

   c. 接收数据的程序，这些数据将以逆序保存和处理。

   d. 需要维护的通讯录。

   e. 一个有 PF 键的字处理器，可以使前面的命令被重新显示。每当用户按下 PF 键时，程序将显示当前显示命令之前的命令。

   f. 要建立和维护的拼写检查程序所使用的单词字典。

   g. 一个跟踪病人进入医疗诊所的程序，将病人按照先到先接受服务的原则分配给医生。

   h. 一种数据结构，用于在程序运行时跟踪嵌套函数的返回地址。

2. 在抽象层描述栈的访问协议。

3. 假定 item1、item2 和 item3 是 int 变量，请描述以下代码段所编写的内容。

```
a. StackType stack;
   item1 = 1;
   item2 = 0;
   item3 = 4;
   stack.Push(item2);
   stack.Push(item1);
   stack.Push(item1 + item3);
   item2 = stack.Top();
   stack.Pop();
   stack.Push(item3*item3);
   stack.Push(item2);
   stack.Push(3);
   item1 = stack.Top();
   stack.Pop();
   cout << item1 << endl << item2 << endl << item3
        << endl;
   while (!stack.IsEmpty())
   {
     item1 = stack.Top();
     stack.Pop();
     cout << item1 << endl;
   }

b.  StackType stack;
    item1 = 4;
```

```
item3 = 0;
item2 = item1 + 1;
stack.Push(item2);
stack.Push(item2 + 1);
stack.Push(item1);
item2 = stack.Top();
stack.Pop();
item1 = item2 + 1;
stack.Push(item1);
stack.Push(item3);
while (!stack.IsEmpty())
{
  item3 = stack.Top();
  cout << item3  << endl;
  stack.Pop();
}
cout << item1 << endl << item2 << endl << item3 << endl;
```

练习 4~7 使用以下信息。该栈被实现为一个类，其中包含一个项数组、一个表示放在栈（顶部）上的最后一个项的索引的数据成员，以及两个布尔数据成员：underFlow 和 overFlow。栈项是字符，MAX_ITEM 是 5。在每个练习中，显示对栈的操作结果。在布尔数据成员中分别用 T 或 F 表示正确或错误。

4. stack.Push(letter);

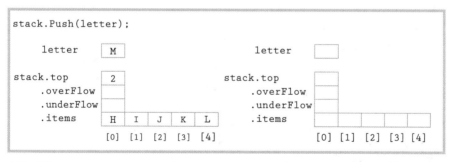

5. stack.Push(letter);

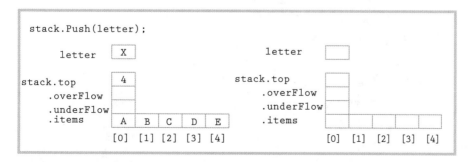

6. (letter = stack.Top ());stack.Pop();

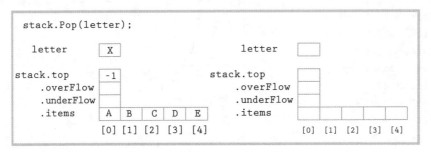

7. (letter = stack.Top());stack.Pop();

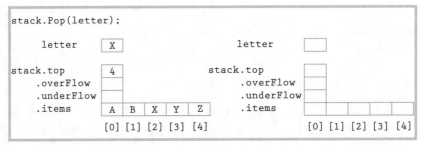

8. 编写一段代码来执行下面的操作。你可以调用 StackType 的任何成员函数。由于封装了栈类型的细节，只能使用规格说明中的栈操作来执行这些操作（可以声明额外的栈对象）。

    a. 将 secondElement 设置为栈中的第二个元素，使栈不包含原来的两个顶部元素。

    b. 设置 bottom 等于栈中的底部元素，使栈为空。

    c. 设置 bottom 等于栈中的底部元素，保持栈不变。

    d. 复制一份栈，保持栈不变。

9.（多选）下列语句：

```
stack.items[0] = stack.items[1];
```

（设置顶部元素为第二个元素）在栈类的客户端程序中会发生以下哪些情况？

    a. 会在编译时导致语法错误。

    b. 会导致运行时错误。

    c. 不会被计算机认为是错误，但会违反栈数据类型的封装。

    d. 将以一个完全合法和适当的方式来完成预定的任务。

10.（多选）下列语句

```
stack.Push(item1 + 1);
stack.Pop(item1 + 1);
```

在客户端程序中会发生以下哪些情况？

    a. 会在编译时导致语法错误。

    b. 会导致运行时错误。

c. 是合法的，但是会违反栈的封装。

d. 是完全合法和适当的。

11. 给定以下 Top 操作规格说明：

📖 ItemType Top

功能：返回放入栈的最后一项的副本。

前置条件：栈不是空的。

后置条件：函数值 = 栈顶部项的副本。

栈没有改变。

假设 Top 不是栈操作，Pop 返回被删除的项。使用 StackType 的非模板版本的操作，将此函数编写为客户端代码，记住：客户端代码不能访问类的私有成员。

12. 需要两个正整数栈，一个包含值小于或等于 1 000 的元素，另一个包含值大于 1 000 的元素。小值栈和大值栈加起来的元素总数在任何时候都不超过 200 个，但我们无法预测每个栈中有多少个元素。（所有元素都可以在小值栈中，它们可以被平均分割，两个栈都可以是空的，等等。）你能想到一种在一个数组中实现这两个栈的方法吗？

a. 画一个栈的示意图。

b. 写出这种双栈结构的定义。

c. 执行 Push 操作，它应该根据新元素的值（相对于 1000）将其存储到正确的栈中。

13. 整数元素的栈被实现为一个数组。顶部元素的索引保存在数组的 0 位置，而栈元素存储在 stack[1]..stack[stack[0]] 中。

a. 当把数组看作数据元素的同构集合时，这种实现是如何进行评估的？

b. 这个实现将如何改变栈规格说明？它将如何改变功能的实现？

14. 使用一个或多个栈，编写代码段来读取字符串并确定它是否构成回文。回文是一组前后读都一样的字符序列，如 ABLE WAS I ERE I SAW ELBA。

"." 表示字符串结束。编写一条消息，指示该字符串是否为回文。可以假设数据是正确的，并且最大字符数是 80。

15. 编写一个函数的函数体，该函数用另一项替换栈中每一项的副本。使用以下规格说明。（此函数在客户端程序中。）

📖 ReplaceItem(StackType& stack, ItemType oldItem, ItemType newItem)

功能：用 newItem 替换所有出现的 oldItem。

前置条件：栈已初始化。

后置条件：栈中出现的每一个 oldItem 都被替换为 newItem。

可以使用 StackType 的非模板版本的任何成员函数，但你可能不需要了解栈的实现。

16. 在每个装皮士糖果的塑料容器里，颜色是随机排列的。你的弟弟只喜欢黄色的，所以他煞费苦心地把所有的糖果都拿了出来，把黄色的一个一个地都吃了，并把其他的糖果保持正常的顺序，这样他就可以把它们完全按照之前的顺序放回盒子里——减去了黄色的糖果。编写算法来模拟这个过程。

可以使用栈 ADT 中定义的任何栈操作，但你可能不需要了解栈的实现。

17. 栈 ADT 的规格已更改。表示栈的类现在必须检查溢出和下溢，如果出现任何一种情况，则将错误标志（一个参数）设置为 true。

  a. 重写包含此更改的规格说明。

  b. 必须向类中添加哪些新数据成员？

  c. 必须向类中添加哪些新成员函数？

18. 实现以下客户端布尔函数的规格说明，如果两个栈相同则返回 true，否则返回 false。

■ Boolean Identical(StackType stack1, StackType stack2)

功能： 确定两个栈是否相同。

前置条件： stack1 和 stack2 已完成初始化。

后置条件： stack1 和 stack2 无变化。

    函数值 =（ stack1 和 stack2 相同）。

可以使用 StackType 的任何成员函数，但你可能不需要了解栈的实现。

下面的代码段（用于练习 19 和练习 20）是根据 1 到 5 的计数器值来控制循环的。在每次迭代时，循环计数器根据布尔函数 RanFun() 的结果输出循环计数器值或者将其放入栈中。（RanFun() 的行为无关紧要。）在循环结束时，弹出栈上的项并输出。由于栈的逻辑属性，此代码段不能输出循环计数器值的某些序列。你将得到一个输出，并要求你确定代码段是否可以生成输出。

```
for (count = 1; count <= 5; count++)
  if (RanFun())
    cout << count;
  else
    stack.Push(count);
while (!stack.IsEmpty())
{
  number = stack.Top();
  stack.Pop();
  cout << number;
}
```

19. 使用栈可以得到以下输出：1 3 5 2 4。

  a. 正确。

  b. 错误。

  c. 提供的信息不足，无法判断。

20. 使用栈可以得到以下输出：1 3 5 4 2。

  a. 正确。

  b. 错误。

  c. 提供的信息不足，无法判断。

21. 在抽象层描述队列的访问协议。

22. 假定 item1、item2 和 item3 是 int 变量，请描述以下代码段所编写的内容。

```
a.
   QueType queue;
   item1 = 1;
   item2 = 0;
   item3 = 4;
   queue.Enqueue(item2);
   queue.Enqueue(item1);
   queue.Enqueue(item1+item3);
   queue.Dequeue(item2);
   queue.Enqueue(item3*item3);
   queue.Enqueue(item2);
   queue.Enqueue(3);
   queue.Dequeue(item1);
   cout << item1 << endl << item2 << endl << item3 << endl;
   while (!queue.IsEmpty())
   {
     queue.Dequeue(item1);
     cout << item1 << endl;
   }

b.
   QueType queue;
   item1 = 4;
   item3 = 0;
   item2 = item1 + 1;
   queue.Enqueue(item2);
   queue.Enqueue(item2 + 1);
   queue.Enqueue(item1);
   queue.Dequeue(item2);
   item1 = item2 + 1;
   queue.Enqueue(item1);
   queue.Enqueue(item3);
   while (!queue.IsEmpty())
   {
     queue.Dequeue(item3);
     cout << item3  << endl;
   }
   cout << item1 << endl << item2 << endl << item3 << endl;
```

23. 队列 ADT 的规格说明已经更改。表示队列的类现在必须检查溢出和下溢，如果出现这两种情况，则将错误标志（参数）设置为 true。

　　a. 重写包含此更改的规格说明。

　　b. 必须向类中添加哪些新数据成员？

　　c. 必须向类中添加哪些新成员函数？

使用以下信息完成练习 24~29。队列被实现为一个包含元素数组的类，一个数据成员指示放入队列的最后一个元素的索引（rear），另一个数据成员指示放入队列的第一个元素之前的位置索引 (front)，以及本章介绍的两个布尔数据成员：underFlow 和 overFlow。项目类型为 char，maxQue 为 5。对于每个练习，显示队列上操作的结果。在布尔数据成员中分别用 T 或 F 表示正确或错误。

24. queue.Enqueue(letter);

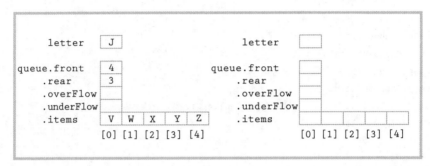

25. queue.Enqueue(letter);

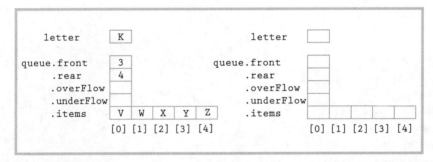

26. queue.Enqueue(letter);

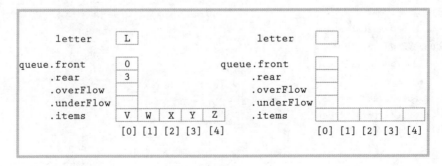

27. queue.Dequeue(letter);

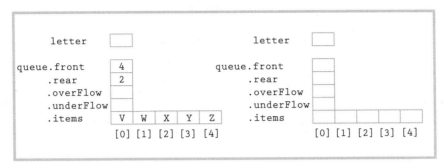

28. queue.Dequeue(letter);

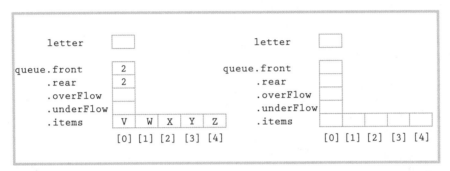

29. queue.Dequeue(letter);

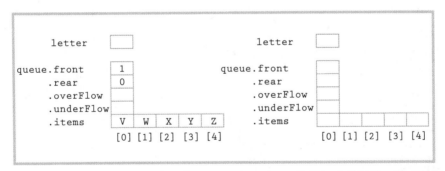

30. 编写一段代码来执行下面的操作。你可以调用 QueType 的任何成员函数。队列的细节被封装，只能使用规格说明中的队列操作来执行这些操作。（你可以声明额外的队列对象。）

    a. 将 secondElement 设置为队列中的第二个元素，使队列不包含原来的两个顶部元素。

    b. 设置 last 等于队列中的 rear 元素，使队列为空。

    c. 设置 last 等于队列中的 rear 元素，保持队列不变。

    d. 复制队列，保持队列不变。

31.（多选）下列语句

```
queue.items[1] = queue.items[2];
```

（设置一个元素等于下一个元素）在队列类的客户端程序中会发生以下哪些情况？

    a. 会在编译时导致语法错误。

b. 会导致运行时错误。

c. 不会被计算机认为是错误，但会违反队列数据类型的封装。

d. 将以一个完全合法和适当的方式来完成预定的任务。

32.（多选）下列语句：

```
queue.Enqueue(item1 + 1);
queue.Dequeue(item1 + 1);
```

在客户端程序中会发生以下哪些情况？

a. 会在编译时导致语法错误。

b. 会导致运行时错误。

c. 是合法的，但是会违反队列的封装。

d. 是完全合法和适当的。

33. 下面是一个 Front 操作的规格说明：

📄 ItemType Front

功能：返回队列前端项的副本。

前置条件：队列不为空。

后置条件：函数值 = 队列前端项的副本。

队列无变化。

---

a. 使用 QueType 类的操作，将此函数作为客户端代码编写。（请记住：客户端代码不能访问类的私有成员。）

b. 编写这个函数作为 QueType 类的新的成员函数。

34. 编写函数体，该函数用另一项替换队列中每一项的副本，使用以下规格说明。（此函数在客户端程序中。）

📄 ReplaceItem(QueType queue, int oldItem, int newItem)

功能：将所有出现的 oldItem 替换为 newItem。

前置条件：队列已初始化。

后置条件：队列中每个出现的 oldItem 已被替换为 newItem。

你可以使用 QueType 的任何成员函数，但你可能不需要了解队列的实现。

35. 指出以下应用程序哪个适合于一个队列。

a. 一个境况不佳的公司想要评估员工的记录，以便根据工作时间解雇一些员工（最先雇用的员工先被解雇）。

b. 一个程序是，在病人进入诊所检查时跟踪他们，按照先到先接受服务的原则为他们分配医生。

c. 解决迷宫的程序是当到达一个死胡同时回溯到一个较早的位置（作出选择的最后一个位置）。

d. 零件存货清单是按零件号进行处理的。

e. 操作系统是通过按照请求的顺序分配资源来处理对计算机资源的请求的。

f. 一家食品杂货连锁店想要运行一个模拟（程序），了解改变商店中收银台的数量会如何影响顾客的平均等待时间。

    g. 初始化拼写检查器使用的单词字典。

    h. 顾客要在面包店取号码,当他们的号码出现时,服务员会按顺序为他们服务。

    i. 购买彩票的顾客们选取彩票中的号码,如果他们的号码被选中,他们就中奖。

36. 在客户端程序中实现以下布尔函数的规格说明,如果两个队列相同则返回 true,否则返回 false。

Boolean Identical(QueType queue1, QueType queue2)

功能: 确定两个队列是否相同。

前置条件: queue1 和 queue2 已初始化。

后置条件: 队列未变化。

         函数值 =(queue1 和 queue2 相同)。

可以使用 QueType 的任何成员函数,但你可能不需要了解队列的实现。

37. 在客户端程序中,为返回队列中项数的整数函数实现以下规格说明,不改变队列。

int GetLength(QueType queue)

功能: 确定队列中的项数。

前置条件: 队列已初始化。

后置条件: 队列无变化。

         函数值 = 队列中的项数。

38. 本章介绍的一个队列实现在队列的前面设置一个未使用的单元,用于区分满队列和空队列。编写另一个以数据成员 length 跟踪队列长度的队列实现。

    a. 编写这个实现的类定义。

    b. 实现成员函数。(哪些成员函数必须更改,哪些不需要更改?)

    c. 将这个新实现与以前的实现用 Big-O 表示法进行比较。

39. 编写一个队列应用程序来确定两个文件是否相同。

40. 讨论规格说明中的 MakeEmpty 操作与类构造函数之间的区别。

下面的代码段(用于练习 41 和练习 42)是根据 1 到 5 的计数器值来控制循环。在每次迭代时,循环计数器根据布尔函数 RanFun() 的结果进行输出,或将其放入队列中。(RanFun() 的行为无关紧要。)在循环结束时,弹出队列上的元素并输出。由于队列的逻辑属性,此代码段不能输出循环计数器值的某些序列。你将得到一个输出,并被要求确定代码段是否可以生成输出。

```
for (count = 1; count <= 5; count++)
  if (RanFun())
    cout << count;
  else
    queue.Enqueue(count);
while (!queue.IsEmpty())
{
  queue.Dequeue(number);
```

```
    cout << number;
}
```

41. 使用队列可以得到以下输出：1 2 3 4 5。

    a. 正确。

    b. 错误。

    c. 提供的信息不足，无法判断。

42. 使用队列可以得到以下输出：1 3 5 4 2。

    a. 正确。

    b. 错误。

    c. 提供的信息不足，无法判断。

43. 更改 5.1.2 小节中的 Balanced 程序的代码，以便将 Push、Pop 和 Top 的调用嵌入到 try 子句中。catch 子句应输出适当的错误消息并停止。

44. 定义并实现一个从 StackType 继承的计数栈。

45. 为本章中实现的 ADT 创建 UML 图。

第 6 章

链表 +

知识目标

学习完本章后，你应该能够：

- 使用 C++ 模板机制来定义泛型数据类型。
- 实现一个循环链表。
- 实现一个带有头结点、尾结点或两者都有的链表。
- 实现双向链表。
- 浅拷贝和深拷贝的区别。
- 重载 C++ 运算符。
- 将链表实现为记录数组。
- 使用虚函数实现动态绑定。
- 使用 C++11 基于范围的 for 循环。
- 使用 C++11 基于范围的 for 循环实现迭代器。

本章介绍了链表的替代实现和新的理论的结合，同时还介绍了 C++ 的结构实现。本章从描述 C++ 模板机制开始，此机制允许在运行时定义数据结构中的对象类型。接下来，我们将介绍链表的三个新实现：循环链表、双向链表以及带有头部和尾部的链表。

接下来引入浅拷贝和深拷贝的概念，并演示如何通过使用类拷贝构造函数（又称复制构造函数）和重载赋值运算符来强制 C++ 使用深拷贝。最后，介绍了如何重载大多数 C++ 运算符。

最终的链表实现使用的是记录数组而不是指针。在操作系统软件中也广泛使用类似的实现。

最后，介绍了基于 C++11 范围的 for 循环来迭代内置数据结构，我们在自己的基于链表的数据结构中利用运算符重载来支持基于范围的迭代。

6.1 关于泛型的更多信息：C++ 模板

在第 3 章中，我们将泛型数据类型定义为定义了操作的类型，但没有定义被操作元素的类型。通过在一个名为 ItemType.h 的单独文件中定义结构中元素的类型，并让容器的规格说明文件包含该文件，我们介绍了容器类型是如何通用的，这种技术适用于任何允许包含或访问其他文件的语言。

> **模板**
> 一种 C++ 语言结构，它允许编译器利用参数化类型来生成类或函数的多个版本。

但是，有些语言有特殊的语言结构，允许定义泛型数据类型，C++ 就是其中之一。该结构称为**模板**。模板允许编写类类型的描述，在描述中留下"空白"，由调用函数的代码填充。就像变量是函数的形参一样，类型也是模板的参数。

让我们看看这种结构是如何使用栈 ADT 工作的：

```cpp
template<class ItemType>
class StackType
{
public:
  StackType();
  bool IsEmpty() const;
  bool IsFull() const;
  void Push(ItemType item);
  void Pop();
  ItemType Top() const;
private:
  int top;
  ItemType items<MAX_ITEMS>;
};
```

此代码称为类模板。StackType 的定义以 template<class ItemType> 开头，ItemType 被称为模板的形参。（形参可以使用任何标识符，我们在本例中使用 ItemType。）客户端程序使用如下代码创建多个栈，其组件具有不同的数据类型：

```cpp
// 客户端代码
StackType<int> myStack;
StackType<float> yourStack;
```

```
StackType<char> anotherStack;

myStack.Push(35);
yourStack.Push(584.39);
anotherStack.Push('A');
```

在 myStack、yourStack 和 anotherStack 的定义中，尖括号括起来的数据类型名称是模板的实际参数（实参）。在编译时，编译器生成（实例化）三种不同的类类型，并为每种类型提供自己的内部名称。你可能会想象这些定义在内部被转换成这样：

```
StackType_int myStack;
StackType_flo yourStack;
StackType_char anotherStack;
```

在 C++ 术语中，这三种新的类类型称为模板类（与创建它们的类模板相对）。

当编译器实例化一个模板时，它会在整个类模板中用实参替换形参，就像在文字处理器或文本编辑器中执行查找和替换操作一样。例如，当编译器在客户端代码中遇到 StackType<float> 时，它会通过将 float 替换为类模板中每次出现的 ItemType 来生成一个新类。结果与我们编写的以下内容相同：

```
class StackType_float
{
  void Push(float item);
  void Pop();
  float Top() const;
private:
  int top;
  float items<MAX_ITEMS>;
};
```

关于模板的一个有用的观点是：一个普通的类定义是一种用于剔除单个变量或对象的模式，而类模板是一种用于剔除单个数据类型的模式。

关于模板的参数有两点需要注意。第一，类模板在其形参链表 template<class ItemType> 中使用了单词 class，使用 class 只是一种必需的语法，但这并不意味着客户端的实际参数必须是类的名称。实际参数可以由任何数据类型的名称组成，无论它是内置的还是由用户定义的。在刚刚显示的客户端代码中，我们使用了 int、float 和 char 作为实际参数。第二，注意当客户端将参数传递给 StackType 模板（如 StackType<int> 中）时，该参数是数据类型名称，而不是变量名称。这种用法起初看起来很奇怪，因为当向函数传递实参时，总是传递变量名或表达式，而不是数据类型名。此外，将实参传递给模板在编译时生效，而将实参传递给函数会在运行时生效。

现在我们已经知道了如何编写类模板的定义，那么关于类成员函数的定义该怎么编写呢？需要将它们编写为函数模板，使编译器能够将其中的每个模板都与适当的模板类关联起来。例如，将 Push 函数编码为如下函数模板：

```
template<class ItemType>
void StackType<ItemType>::Push(ItemType newItem)
```

```
  {
    if (IsFull())
      throw FullStack();
    top++;
    items<top> = newItem;
  }
```

与类模板非常类似，我们以 template<class ItemType> 开始函数定义。接下来，单词 StackType 的每次出现都必须附加 <ItemType>。如果客户端已声明 StackType<float> 类型，则编译器会生成类似于如下的函数定义：

```
  void StackType<float>::Push(float newItem)
  {
    if (IsFull())
      throw FullStack();
    top++;
    items<top> = newItem;
  }
```

最后，在使用模板时，我们更改了关于将源代码放入文件的基本规则。之前，我们将类定义放在头文件 StackType.h 中，将成员函数定义放在 StackType.cpp 中。因此，可以将 StackType.cpp 编译成独立于任何客户端代码的对象代码。此策略不适用于模板。除非编译器知道模板的实际参数，并且该实际参数出现在客户端代码中，否则编译器无法实例化函数模板。不同的编译器使用不同的机制来解决这个问题。一种通用的解决方案是同时编译客户端代码和成员函数。一种流行的技术是将类定义和成员函数定义放在同一个文件 StackType.h 中。另一种技术涉及在头文件的末尾给出实现文件的 include指令。无论哪种方式，当客户端代码指定了 #include "StackType.h" 时，编译器就会立即获得所有源代码，即成员函数和客户端代码。下面的代码链出了类定义和函数实现的内容，请关注成员函数定义所需的语法：

```
  // 使用模板的 StackType 类定义

  class FullStack
  // 当栈已满时，Push 使用的异常类
  {};

  class EmptyStack
  // 当栈为空时，Pop 和 Top 使用的异常类
  {};

  #include "MaxItems.h"
  // MaxItems.h 必须由此类的用户提供。该文件必须包含 MAX_ITEMS 的定义，
  // 即栈上的最大项数

  template<class ItemType>
```

```
class StackType
{
  public: StackType();
  bool IsEmpty() const;
  bool IsFull() const;
  void Push(ItemType item);
  void Pop();
  ItemType Top() const;
private:
  int top;
  ItemType items<MAX_ITEMS>;
};

// StackType 类的函数定义
template<class ItemType> StackType<ItemType>::StackType()
{
  top = -1;
}

template<class ItemType>
bool StackType<ItemType>::IsEmpty() const
{
  return (top == -1);
}

template<class ItemType>
bool StackType<ItemType>::IsFull() const
{
  return (top == MAX_ITEMS-1);
}

template<class ItemType>
void StackType<ItemType>::Push(ItemType newItem)
{
  if (IsFull())
    throw FullStack();
  top++;
  items<top> = newItem;
}

template<class ItemType>
void StackType<ItemType>::Pop()
```

```
{
  if( IsEmpty())
    throw EmptyStack();
  top--;
}


template<class ItemType>
ItemType StackType<ItemType>::Top()
{
  if (IsEmpty())
     throw EmptyStack();
  return items<top>;
}
```

6.2 循环链表

我们在第 3~5 章中实现的链表数据结构的特征是元素之间成线性（线状）关系：每个元素（除了第一个元素）都有唯一的前驱元素，每个元素（除了最后一个元素）都有唯一的后继元素。使用线性链表确实存在一个问题：给定一个指向链表中任意结点的指针，我们可以访问它后面的所有结点，但不能访问它前面的结点。对于单链表结构（即指针都指向同一个方向的链表），必须始终有一个指向链表开头的指针，以便访问链表中的所有结点。

此外，我们想要添加到有序链表中的数据可能已经是有序的。有时，人们在将原始数据交给数据录入人员之前，会手动对其进行排序。同样，其他程序生成的数据通常也是按一定顺序排链的。给定一个有序链表 ADT 和排序输入数据，我们总是也在链表的末尾插入新项。具有讽刺意味的是，提前手动排序数据所做的额外工作实际上增加了按顺序插入数据的时间。

然而，可以稍微改变线性链表，使最后一个结点的 next 成员中的指针指向第一个结点，而不包含 NULL（见图 6.1）。现在链表变成了一个**循环链表**而不是线性链表，可以从链表中的任何结点开始遍历整个链表。如果让外部指针指向链表中的最后一项而不是第一项，就可以直接访问链表中的第一个和

> **循环链表**
> 每个结点都有一个后继结点的链表，last 元素后面是 first 元素。

最后一个元素（见图 6.2）。listData->info 引用最后一个结点中的项，listData-> next->info 引用第一个结点中的项。在第 5 章介绍循环链接队链时，提到过这种类型的链表结构。

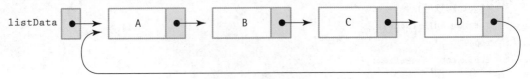

图 6.1 一个循环链表

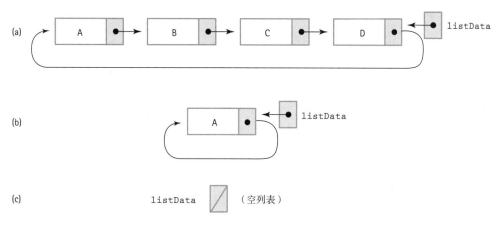

图 6.2 外部指针指向尾部元素的循环链表

不需要更改 SortedType 类中的任何声明，就可以使链表成为循环的，而不是线性的。毕竟结点中的成员是相同的，只有最后一个结点的 next 成员的值发生了变化。链表的循环性质如何改变链表操作的实现？由于空循环链表有一个 NULL 指针，因此 IsEmpty 操作根本不会改变。然而，使用循环链表需要对遍历链表的算法进行明显的更改。当遍历指针变为 NULL 时，不再停止。事实上，除非链表是空的，否则指针永远不会变成 NULL。相反，我们必须寻找外部指针本身作为停止标志。让我们在有序链表 ADT 中检查这些更改。

6.2.1 查找链表项

GetItem、PutItem 和 DeleteItem 操作都需要对链表进行搜索。不需要对微小变化来重写每一个函数，而是编写一个通用的 FindItem 例程，它将 item 作为参数并返回 location、predLoc 和 found。PutItem 和 DeleteItem 需要前驱结点的位置（predLoc），GetItem 可以忽略它。

在线性链表的实现中，使用一对指针（location 和 predLoc）来搜索链表。（还记得第 4 章中的 inchworm 吗？）对于循环链表，本章稍微修改了这种方法。在线性链表版本中，将 location 初始化为指向链表中的第一个结点，并将 predLoc 设置为 NULL［见图 6.3（a）］。对于循环链表搜索，我们将 location 初始化为指向第一个结点，将 predLoc 初始化为指向它的"前驱"，即链表中的最后一个结点［见图 6.3（b）］。

搜索循环一直执行到遇到大于或等于 item 的键，或者到达链表的尾部。在线性链表中，当 location 等于 NULL 时，将检测链表的尾部。因为指向链表的外部指针指向最后一个元素，所以当 location 再次指向第一个元素时，我们就知道已经处理了所有的元素，但没有找到匹配的项：location=listData->next。因为搜索空链表没有任何意义，所以将链表不为空作为前置条件。

(a) 对于线性链表

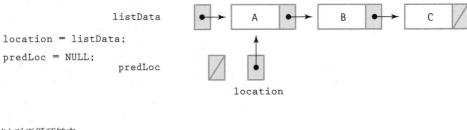

```
location = listData;
predLoc = NULL;
```

(b) 对于循环链表

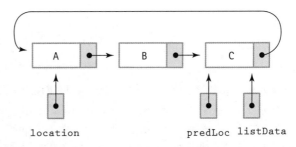

```
location = listData->next;
predLoc = listData;
```

图 6.3　初始化 FindItem

FindItem

```
设置 location 为 Next(listData)
设置 predLoc 为 listData
设置 found 为 false
设置 moreToSearch 为 true
while moreToSearch AND NOT found DO
    if item.ComparedTo(info(location)) == LESS
        设置 moreToSearch 为 false
    else if item.ComparedTo(info(location)) == EQUAL
        设置 found 为 true
    else
        设置 predLoc 为 location
        设置 location 为 Next(location)
        设置 moreToSearch 为 location != Next(listData)
```

　　循环执行之后，如果找到匹配的键，location 指向具有该键的链表结点，predLoc 指向链表中的前驱结点［见图 6.4（a）］。注意，如果 item 的键是链表中最小的键，那么 predLoc 指向它的前驱，即循环链表中的最后一个结点［见图 6.4（b）］。如果 item 的键不在链表中，那么 predLoc 指向它在链表中的逻辑前驱，location 指向它的逻辑后继［见图 6.4（c）］。注意，即使 item 的键值大于链表中的任何元素，predLoc 也是正确的［见图 6.4（d）］。因此，predLoc 被正确设置为插入的键值比链表中当前键值大的元素。

(a) 一般情况（Find B）

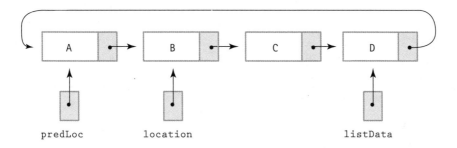

(b) 查找最小项（Find A）

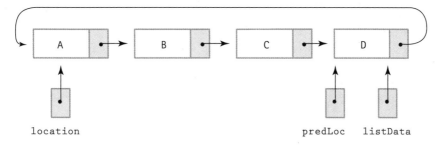

(c) 查找不在这里的项（Find C）

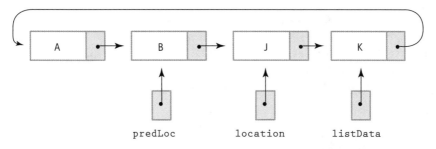

(d) 查找比链表中任何项都大的项（Find E）

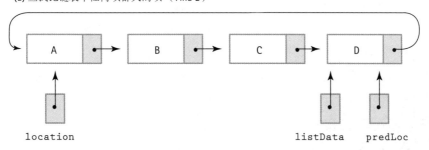

图 6.4　循环链表的 FindItem 操作

下面的 C++ 代码将 FindItem 算法实现为函数模板。函数标题中有两个注意点。第一，NodeType 在第 5 章被定义为一个 struct，在这里，它必须是一个 struct 模板。因此，使用 NodeType 的每个声明都必须在尖括号中包含一个实际参数（数据类型的名称）。例如，代码中声明 listData 的类型为 NodeType<ItemType>*，而不仅仅是 NodeType*。第二，观察 location 和 predLoc 声明的语法，你可以看到星号（*）和与号（&）相邻。虽然这种语法乍一看可能很奇怪，但它与我们通常采用的按引用传递的方式是一致的：在参数的数据类型后面加上一个 &。在这里，我们在数据类型 NodeType<ItemType>* 后面加上了一个 &，这是一个指向结点的指针：

```cpp
template<class ItemType>
void FindItem(NodeType<ItemType>* listData, ItemType item,
              NodeType<ItemType>*& location,
              NodeType<ItemType>*& predLoc, bool& found)
// 假设：ItemType 是一个具有 ComparedTo 函数的类型
// 前置条件：链表不为空
// 后置条件：如果有一个元素 someItem 的键与 item 的键匹配，则 found=true；
// 否则，found =false
// 如果 found 为 true，location 包含 someItem 的地址且 predLoc 包含 someItem 的前驱地址；
// 否则，location 包含项的逻辑后继地址，predLoc 包含项的逻辑前驱地址
{
  bool moreToSearch = true;

  location = listData->next;
  predLoc = listData;
  found = false;
  while (moreToSearch && !found)
  {
    if (item.ComparedTo(location->info) == LESS)
      moreToSearch = false;
    else if (item.ComparedTo(location->info) == EQUAL)
      found = true;
    else
    {
      predLoc = location;
      location = location->next;
      moreToSearch = (location != listData->next);
    }
  }
}
```

注意，FindItem 不是 SortedType 类的成员函数。相反，它是一个辅助操作或助手操作，隐藏在实现中，即由 SortedType 成员函数使用。

6.2.2 将元素插入循环链表

将元素插入循环链表的算法与线性链表的插入算法类似：

PutItem

设置 newNode 为新分配结点的地址
设置 Info(newNode) 为 item
找到新元素的所属位置
将新元素放入链表中

分配空间的任务与执行于线性链表的任务相同，使用 new 操作符为结点分配空间，然后将 item 存储到 newNode->info 中。下一个任务同样简单，只需调用 FindItem：

FindItem(listData,item,location,predLoc,found);

当然，找不到元素是因为它不存在，我们感兴趣的是 predLoc 指针。新结点将结点 predLoc 之后的元素链接到链表中。为了将新元素放入链表中，我们接下来将 predLoc->next 存储到 newNode->next 中，然后将 newNode 存储到 predLoc->next 中。

图 6.5（a）说明了一般情况。有哪些特殊情况？首先，将第一个元素插入空链表。在本例中，希望让 listData 指向新结点，并让新结点指向自身［见图 6.5（b）］。在线性链表的插入算法中，我们还遇到了一个特殊情况，即新元素的键比链表中的任何键都小。因为新结点成了链表中的第一个结点，所以我们必须将外部指针改为指向新结点。然而，指向循环链表的外部指针并不指向第一个结点，而是指向最后一个结点。因此，插入最小的链表元素并不是循环链表的特殊情况［见图 6.5（c）］。但是，在链表末尾插入最大的链表元素是一种特殊情况。除了将结点链接到它的前驱（链表以前的最后一个结点）和它的后继（链表的第一个结点）之外，必须将外部指针修改为指向结点（newNode）——循环链表中新的最后一个结点［见图 6.5（d）］。

(a) 一般情况（Insert C）

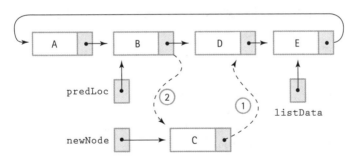

(b) 特殊情况：空表（Insert A）

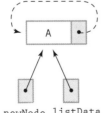

图 6.5　将元素插入循环链表

(c) 特殊情况：在链表前端的插入（Insert A）

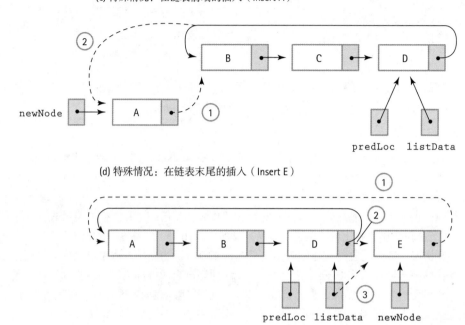

图 6.5（续）

  将新结点链接到链表末尾的语句与一般情况下的语句相同，外加外部指针 listData 的赋值。我们可以将其与一般情况一起处理，而不是在搜索之前检查这种特殊情况：在新结点中搜索插入位置和链接。然后，如果检测到已将新结点添加到链表的末尾，则重新分配 listData 以指向新结点。为了检测这种情况，将 item 与 listData->info 进行比较。

  PutItem 的最终实现如下：

```
template<class ItemType>
void SortedType<ItemType>::PutItem(ItemType item)
{
  NodeType<ItemType>* newNode; NodeType<ItemType>* predLoc;
  NodeType<ItemType>* location; bool found;

  newNode = new NodeType<ItemType>;
  newNode->info = item;
  if ((listData->info.ComparedTo(item)==LESS
  {
    FindItem(listData, item, location, predLoc, found);
    newNode->next = predLoc->next;
    predLoc->next = newNode;

    // 如果这是链表中的最后一个结点，则重新分配 listData
    if (listData->info.ComparedTo(item)==LESS
```

```
      listData = newNode;
  }
  else  // 插入一个空链表
  {
    listData = newNode;
    newNode->next = newNode;
  }
  length++;
}
```

6.2.3　从循环链表中删除元素

要从循环链表中删除一个元素，使用与线性链表相同的通用算法：

DeleteItem
在链表中找到元素 从链表中删除元素 释放结点

对于第一个任务，使用 FindItem。从 FindItem 返回后，location 指向希望删除的结点，而 predLoc 指向链表中的前驱结点。要从链表中删除结点 location，只需重置 predLoc->next，然后跳过正在删除的结点。这至少适用于一般情况［见图 6.6（a）］。

我们需要考虑哪些特殊情况？在线性链表版本中，必须检查是否删除了第一个（或第一个，也是唯一一个）元素。根据插入操作的经验，可以推测删除循环链表的最小元素（第一个结点）不是特殊情况，图 6.6（b）显示了这个猜测是正确的。但是，删除循环链表中的唯一结点是一种特殊情况，如图 6.6（c）所示，指向该链表的外部指针必须设置为 NULL，以表明该链表现在为空。我们可以通过检查 predLoc 是否等于 FindItem 执行后的 location 来检测这种情况，如果是，则要删除的结点是链表中唯一的结点。

还可以想象，从循环链表中删除最大的元素（最后一个结点）是一种特殊情况。如图 6.6（d）所示，当删除最后一个结点时，首先进行常规处理，将终点 location 从链表中断开链接，然后将 listData 重置为指向其前驱结点 predLoc。可以通过检查 location 是否等于 listData 来检测这种情况：

```
template<class ItemType>
void SortedType<ItemType>::DeleteItem(ItemType item)
{
  NodeType<ItemType>* location;
  NodeType<ItemType>* predLoc;
  bool found;

  FindItem(listData,item,location,predLoc,found);
  if (predLoc = location)                    // 链表中的唯一结点？
    listData = NULL;
  else
  {
    predLoc->next = location->next;
    if (location == listData)                // 删除链表中的最后一个结点？
```

```
        listData = predLoc;
    }
    delete location;
    length--;
}
```

(a) 一般情况（Delete B）

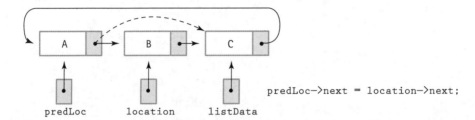

predLoc->next = location->next;

(b) 特殊情况：删除最小项（Delete A）

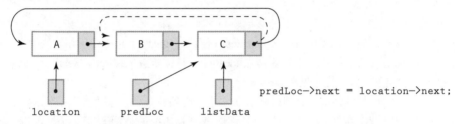

predLoc->next = location->next;

(c) 特殊情况：删除唯一项（Delete A）

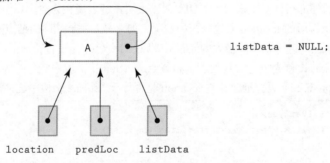

listData = NULL;

(d) 特殊情况：删除最大项（Delete C）

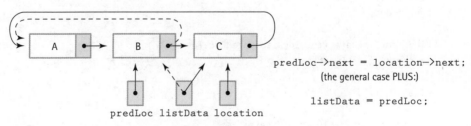

predLoc->next = location->next;
(the general case PLUS:)

listData = predLoc;

图 6.6　从循环链表中删除元素

在详细处理了多个链表操作之后，将其他有序链表 ADT 操作的循环实现作为编程任务。到目前为止，当实现改为循环链表时，所研究的任何操作都没有变得更短或更简单。那么，为什么我们要使用循环链表，而不是线性链表？对于需要访问链表两端的应用程序而言，循环链表很有用。(第 5 章中队链的循环链接版本就是这个场景的一个很好的例子。)

6.3　双向链表

如前所述，可以使用循环链表从任何起点到达链表中的任何结点。尽管这种结构比简单的线性链表更有优势，但对于某些类型的应用程序来说，它仍然太局限了。假设想要删除链表中的一个特定结点，但只给出了一个指向该结点 location 的指针。该任务涉及修改结点 location 之前结点的 next 成员。然而，正如我们在第 5 章中所看到的，由于只给出了指针的位置，不能访问它在链表中的前驱。

另一个难以在线性链表上执行的任务是反向遍历链表。例如，假设有一个学生记录链表，按平均分数(GPA)从低到高排序。系主任可能想要一份从高到低排序的学生成绩打印件，用于准备"优秀学生"名单。

在这种情况下，需要访问给定结点之前的结点，**双向链表**很有用。在双向链表中，结点是双向链接的。双向链表的每个结点包含三个部分。

> **双向链表**
> 一个链表，其中每个结点都链接到其后继结点和其前驱结点。

（1）Info：存储在结点中的数据。

（2）Next：指向下一个结点的指针。

（3）Back：指向前一个结点的指针。

图 6.7 描述了一个线性双向链表。注意，第一个结点的 back 成员以及最后一个结点的 next 成员都包含一个 NULL。下面的定义可以用来声明这样一个链表中的结点：

```
template<class ItemType>
struct NodeType
{
  ItemType info;
  NodeType<ItemType>* next;
  NodeType<ItemType>* back;
};
```

根据这个定义，让我们使用辅助函数 FindItem 编写成员函数 PutItem 和 DeleteItem。

图 6.7　线性双向链表

6.3.1　在双向链表中查找元素

在 FindItem 函数中，不再需要使用 inchworm 进行查找，相反，可以通过任何结点的 back 成员来获取其前驱。我们稍微更改了 FindItem 接口，也就是说，因为不再需要 predLoc，所以返回一个指针

location。如果 found 为真，location 指向与 item 具有相同键的结点；否则，location 指向 item 的逻辑后继结点。（回想一下 FindItem 函数模板。）

```cpp
template<class ItemType>
void FindItem(NodeType<ItemType>* listData, ItemType item,
    NodeType<ItemType>*& location,bool& found)
// 假设 :ItemType 是具有 ComparedTo 函数的类型
// 前置条件:链表不为空
// 后置条件:如果有一个元素 someItem 的键与 item 的键匹配, 则 found=true;
// 否则, found=false
// 如果 found 为 true, location 包含 someItem 的地址;
// 否则, location 包含 item 的逻辑后继的地址
{
  bool moreToSearch = true;

  location = listData;
  found = false;
  while (moreToSearch && !found)
  {
    if (item.ComparedTo(location->info) == LESS)
      moreToSearch = false;
    else if (item.ComparedTo(location->info) == EQUAL)
      found = true;
    else
    {
      location = location->next;
      moreToSearch = (location != NULL);
    }
  }
}
```

6.3.2　双向链表的操作

双向链表上的插入和删除操作的算法比单向链表上的相应操作要复杂一些。原因很简单：在双向链表中有更多的指针需要跟踪。

例如，考虑 PutItem 操作。要在一个单向链表中在给定结点 newNode 之后链接新结点 newlocation，我们需要更改两个指针：newNode->next 和 location->next［见图 6.8（a）］。对双向链表执行相同操作需要更改 4 个指针［见图 6.8（b）］。

为新结点分配空间，并调用 FindItem 来查找插入点：

```cpp
FindItem(listData, item, location, found);
```

FindItem 返回后，location 指向应该跟在新结点后面的结点。现在准备将结点 newLocation 插入链

表中。由于操作的复杂性，必须注意更改指针的顺序。例如，在结点 location 之前插入结点 newNode 时，如果先更改 location->back 中的指针，将丢失指向结点 location 前驱的指针。图 6.9 显示出了指针变化的正确顺序。

设置 Back(newNode) 为 Back(location)
设置 Next(newNode) 为 location
设置 Next(Back(location)) 为 newNode
设置 Back(location) 为 newNode

(a) 插入单向链表中（Insert Leah）

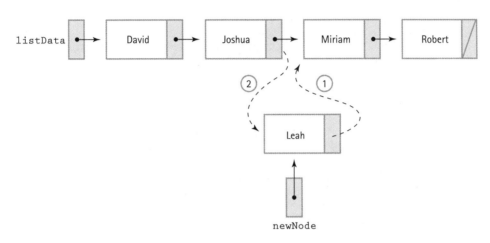

(b) 插入双向链表中

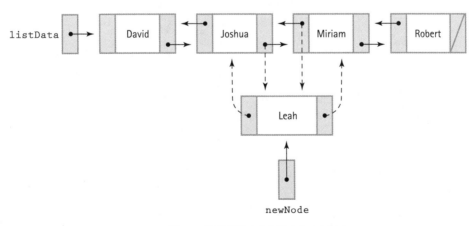

图 6.8　将元素插入单向链表和双向链表

在向空链表中插入元素时必须小心，因为这是一种特殊情况。

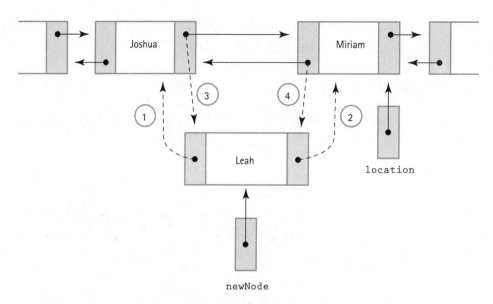

图 6.9　将新结点插入链表中

双向链表的一个有用特性是它不需要通过指向结点前驱的指针来删除结点。通过 back 成员，可以改变前一个结点的 next 成员，使其跳过不需要的结点。然后让后继结点的 back 指针指向前一个结点：

设置 Next(Back(location)) 为 Next(location)
设置 Back(Next(location)) 为 Back(location)

但是，必须注意下面的情况：如果 location->back 为 NULL，则删除第一个结点；如果 location->next 为 NULL，则删除最后一个结点；如果 location->back 和 location->next 都是 NULL，将删除唯一的结点。图 6.10 说明了此操作。另外，将 SortedType 的编码作为一个编程任务留待读者练习。

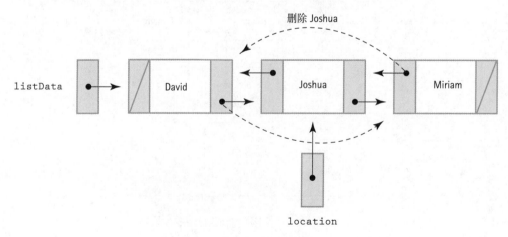

图 6.10　从双向链表中删除元素

6.4　带有头部和尾部的链表

在为链表的所有实现编写插入和删除算法时，我们看到在处理第一个结点或最后一个结点时会出现特殊情况。简化这些算法的一个方法是确保不在链表末尾插入或删除元素。

如何实现这个目标？回想一下，有序链表中的元素是根据某个键中的值进行排列的。例如，按标识号进行数字排列，或按名称的字母顺序排列。如果可以确定键值的范围，那么建立超出这个范围的一个虚拟结点通常是一件比较简单的事情。可以在链表的开始位置放置一个**头结点**，该结点包含的值小于任何可能的链表元素键值；在链表的结束位置放置一个**尾结点**，它的值大于任何合法的元素键值。

> **头结点**
> 　链表开头的占位符结点，用于简化链表处理。
>
> **尾结点**
> 　链表末尾的占位符结点，用于简化链表处理。

头结点和尾结点是规则结点，与链表中的实际数据结点类型相同。然而，它们有不同的目的，它们不是存储链表数据，而是充当占位符。

例如，如果一个学生链表按姓氏排序，我们可以假设没有名为 AAAAAAAAA 或 ZZZZZZZZZZ 的学生。因此，可以初始化链表，使其包含以这些值作为键值的头结点和尾结点，如图 6.11 所示。如果必须知道最小和最大键值，那么如何编写通用的链表算法？可以使用参数化的类构造函数，让用户将包含伪键的元素作为参数传递。或者，可以不定义键并从链表中的第二个结点开始搜索。

图 6.11　一个带有头结点和尾结点的"空"链表

6.5　复制结构

在本节中，颠倒了通常的表示顺序。这里先给出一个问题的例子，以及一般问题的解决方案。让我们看一个栈 ADT 的客户端需要 CopyStack 操作的例子：

▣ CopyStack(StackType oldStack, StackType& copy)
___

功能：创造栈的一个副本。
前置条件：oldStack 已经初始化。
后置条件：副本是 oldStack 的，oldStack 未改变。
___

客户端可以访问 StackType 的所有公共成员函数，但不能访问任何私有数据成员。要复制一个栈，必须从 oldStack 中取出所有的项，并将它们存储在一个临时栈中。然后，可以将临时栈复制回 copy 中：

```
template<class ItemType>
void CopyStack(StackType<ItemType> oldStack,
```

```
                    StackType<ItemType>& copy)
{
  StackType<ItemType> tempStack;
  ItemType item;

  while (!oldStack.IsEmpty())
  {
    item = oldStack.Top(); oldStack.Pop(); tempStack.Push(item);
  }

  // oldStack 现在是空的；tempStack 与 oldStack 相反
  while (!tempStack.IsEmpty())
  {
    item = tempStack.Top();
    tempStack.Pop();
    copy.Push(item);
  }
}
```

这种情况似乎很简单。我们意识到 oldStack 是空的，因为所有的项都弹出了，但由于 oldStack 是一个值参数，原始栈不会受到影响，对吗？错了！如果使用 StackType 的基于数组的静态实现，则该函数可以正常工作。数组在物理上位于类对象中。将类对象复制到值参数 oldStack 中，并保护原始对象不被更改。但是如果使用动态链接实现会发生什么呢？指向栈的外部指针被复制到 oldStack 中，并没有改变，但是它所指向的项发生了变化，它们没有受到保护，如图 6.12 所示。

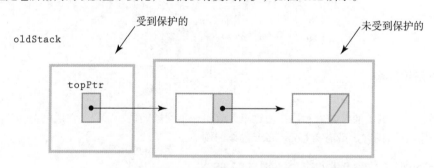

图 6.12　Stack 是一个值参数

不能通过将 tempStack 复制回 oldStack 来解决这个问题吗？让我们考虑 Push 操作的代码，看看在链接的实现中发生了什么。第一项被压入栈，其地址存储在参数 oldStack 的数据成员 topPtr 中。当每个连续的项被放置在栈上时，它的地址被存储到数据成员 topPtr 中。因此，oldStack 的 topPtr 数据成员应该包含放到栈上的最后一项的地址，这正是我们想要的。但是，由于栈是按值传递的，所以只有指向该栈的外部指针（oldStack 的数据成员 topPtr）的副本传递给了函数，原始指针不变。我们已经重新创建了栈，但是它的外部指针没有传递回调用代码。

这个问题有两种可能的解决方案：可以将第一个参数作为引用参数并重新创建栈，或者可以提供一个复制构造函数。

6.5.1 浅拷贝与深拷贝

出现前文所述问题的原因是当一个类对象按值传递时，对一个参数进行了**浅拷贝**。对于浅拷贝，仅复制参数中的数据成员。在 CopyStack 的情况下，只有指向栈的外部指针的副本作为参数传递。当涉及指针时，需要一个**深拷贝**——参数的数据成员和数据成员指向的所有内容都被复制到其中。图 6.13 显示了这两种操作的区别。

> **浅拷贝**
> 一种操作，将一个类对象复制到另一个类对象，而不复制任何指向的数据。
> **深拷贝**
> 一种操作，不仅将一个类对象复制到另一个类对象，而且还复制任何指向的数据。

如果调用代码将实际的参数 callerStack 传递给 CopyStack 函数，则浅拷贝会导致数据成员 callerStack.topPtr 被复制到 oldStack.topPtr。两个指针现在指向相同的链接结构［见图 6.13（a）］。当 CopyStack 函数从栈中删除项时，它将破坏调用者的栈！我们想要的是栈的深拷贝，以便 CopyStack 与调用者栈的相同但独立的副本一起工作［见图 6.13（b）］。在这种情况下，调用者的栈不会因函数内的任何操作而改变。

(a) 浅拷贝

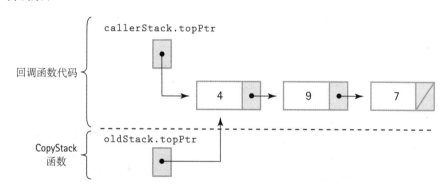

(b) 深拷贝

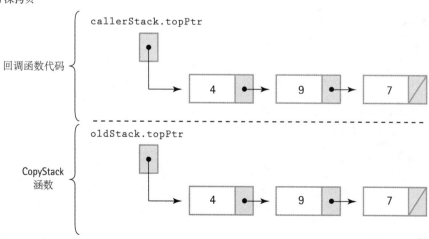

图 6.13　栈的浅拷贝与深拷贝

6.5.2　类复制构造函数

C++ 在以下情况下使用浅拷贝：按值传递参数，在声明中初始化变量（StackType myStack = yourStack;），返回一个对象作为函数的值（return thisStack;），并实现赋值操作（stack1 = stack2;）。同样，

> **复制构造函数**
> 类的特殊成员函数，当通过值传递参数、在声明中初始化变量并将对象作为函数值返回时隐式调用该函数。

由于类对象的主动状态，C++ 支持另一种称为复制构造函数的特殊类操作，稍后将会介绍。如果存在复制构造函数，则在按值传递类对象、在声明中初始化类对象并将对象作为函数返回值时，将隐式使用复制构造函数。

赋值操作呢？如果要使用深拷贝将一个对象赋值给另一个对象，则必须编写一个成员函数来执行深拷贝并显式调用它，而不是使用赋值运算符或重载赋值运算符。我们将在本小节中介绍第一种选择，在下一节中介绍第二种选择。

复制构造函数有一个特殊的语法。像类的构造函数和析构函数一样，它没有返回类型，只有类名：

```
template <class ItemType>
class StackType
{
public:
    ⋮
    // 复制构造函数
    StackType(const StackType<ItemType>& anotherStack);
    ⋮
};
```

表示复制构造函数的模式是类类型的单个引用参数。保留字 const 保护参数不被更改，即使它是通过引用传递的。因为复制构造函数是类成员函数，所以实现可以直接访问类数据。要复制链接的结构，必须一次一个结点地循环遍历结构，同时复制结点的内容。因此，需要两个运行指针：一个指向被复制结构中的连续结点，一个指向新结构的最后一个结点。请记住，在链接结构的深拷贝中，info 成员相同但 next 成员不同。在编写算法时，注意必须确保被复制的栈为空的情况：

复制构造函数

```
if anotherStack.topPtr 是 NULL
    设置 topPtr 为 NULL
else
    设置 topPtr 为新分配的结点地址
    设置 Info(topPtr) 为 Info(anotherStack.topPtr)
    设置 ptr1 为 Next(anotherStack.topPtr)
设置 ptr2 为 topPtr
while ptr1 不为 NULL 时
    设置 Next(ptr2) 为新分配的结点地址
    设置 ptr2 为 Next(ptr2)
    设置 Info(ptr2) 为 Info(ptr1)
    设置 ptr1 为 Next(ptr1)
设置 Next(ptr2) 为 NULL
```

注意，我们的算法通过将其地址直接存储在新结点所在的结构中来避免使用指向新结点的额外指针。ptr1 指向要复制的结点，ptr2 指向要复制的最后一个结点，如图 6.14 所示。

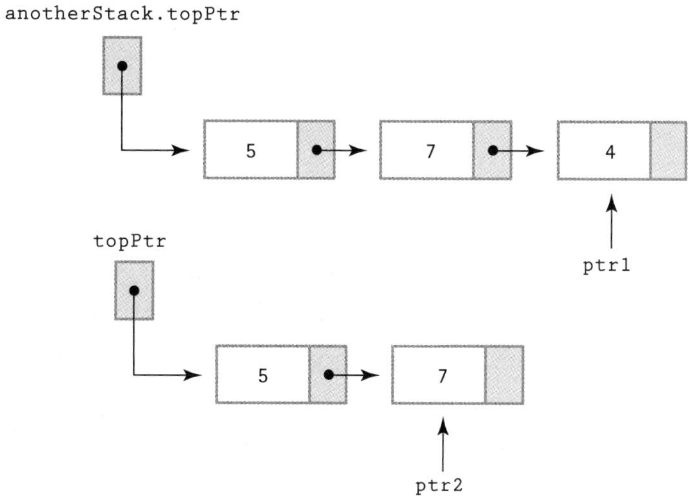

图 6.14　每次迭代开始时指针的相对位置

```cpp
template <class ItemType>
StackType<ItemType>::StackType(const StackType<ItemType>& anotherStack)
{
  NodeType<ItemType>* ptr1;
  NodeType<ItemType>* ptr2;

  if (anotherStack.topPtr == NULL)
    topPtr = NULL;
  else
  {
    topPtr = new NodeType<ItemType>;
    topPtr->info = anotherStack.topPtr->info;
    ptr1 = anotherStack.topPtr->next;
    ptr2 = topPtr;
    while (ptr1 != NULL)
    {
      ptr2->next = new NodeType<ItemType>;
      ptr2 = ptr2->next;
      ptr2->info = ptr1->info;
      ptr1 = ptr1->next;
    }
    ptr2->next = NULL;
  }
}
```

StackType oneStack = anotherStack 语句创建了 anotherStack 的一个副本并将其存储在 oneStack 中。

6.5.3 复制函数

我们知道客户端程序如何编写 CopyStack 函数来将一个栈复制到另一个栈，前提是定义了一个类复制构造函数来保持作为值参数传递的原始栈的完整性。或者，是否可以包含一个成员函数将一个栈复制到另一个栈，并让客户端显式地调用它？当然可以，但首先必须决定是将 self（调用其成员函数的对象）复制到另一个对象，还是将另一个对象复制到 self 中。也就是说，成员函数总是应用于类类型的对象。一个栈是应用该函数的对象，另一个栈是该函数的参数。语句

```
myStack.Copy(yourStack);
```

是 myStack 被复制到 yourStack 中还是 yourStack 被复制到 myStack 中？当然，在看到函数声明之前，无法回答这个问题。如果将 yourStack 复制到 myStack 中，则 Copy 的代码几乎与类复制构造函数相同。不同之处在于 myStack 已经指向一个动态结构，必须在复制开始之前通过应用 MakeEmpty 来释放这个结构的所有结点。另一方面，如果 myStack 被复制到 yourStack 中，那么必须重新考虑算法，我们将此更改留作练习。

还有第三种实现复制功能的方法。假设想编写一个函数，其中两个栈都是函数的参数：

```
Copy(myStack, yourStack);
```

与点标记相比，这种语法对于程序员来说更熟悉（因此更适合）。刚刚提到成员函数应用于类类型的对象，应该怎么做？C++ 提供了一种称为友元函数的句法，它允许定义这种构造类型。友元函数不是类的成员，但它有权直接访问私有类成员。下面是友元函数的声明和实现方式：

```
template<class ItemType>
class StackType
{
public:
  friend void Copy(StackType<ItemType>, StackType<ItemType>&);
};

template<class ItemType>
void Copy(StackType<ItemType> original, StackType<ItemType>& copy)
{
  if (original.topPtr == NULL)
    copy.topPtr = NULL;
  else
  {
    NodeType<ItemType>* ptr1;
    NodeType<ItemType>* ptr2;

    copy.topPtr = new NodeType<ItemType>;
    copy.topPtr->info = original.topPtr->info;
    ptr1 = original.topPtr->next;
    ptr2 = copy.topPtr;
    while (ptr1 != NULL)
```

```
    {

        ptr2->next = new NodeType<ItemType>;
        ptr2 = ptr2->next;
        ptr2->info = ptr1->info;
        ptr1 = ptr1->next;
    }
    ptr2->next = NULL;
  }
}
```

注意，我们没有在函数名前加上类名。Copy 是友元函数，不是成员函数。Copy 确实可以访问其参数的私有数据成员，但是对它们的访问必须通过参数名称和一个点来限定。友元函数中没有隐式 self，友元函数在类定义中声明，但它不是类的成员函数。

6.5.4 重载运算符

在前文中提到过赋值运算符（=）通常会导致浅拷贝。如果我们能写出如下语句就好了：

```
myStack = yourStack;
```

当然，如果栈被实现为动态链接结构，则此代码将导致两个指针指向同一个栈而不是两个不同的栈。可以通过重载赋值运算符的含义来解决浅拷贝的问题：

```
template<class ItemType>
class StackType
{
public:
    ⋮
  void operator=(StackType<ItemType>);
    ⋮
};
```

函数定义如下：

```
template<class ItemType>
void StackType<ItemType>::operator= (StackType<ItemType> anotherStack)
{
    ⋮
}
```

函数体与我们之前介绍过的 Copy 成员函数相同（但留作练习），因此，如果已经编写了一个 Copy 成员函数，那么为了重载赋值运算符，只需进行一个小的改动：将函数名称从 Copy 改为 operator=。

使用 StackType 类提供的 operator= 函数，客户端代码可以使用如下语句：

```
myStack = yourStack;
```

编译器隐式地将此语句转换为函数调用：

```
myStack.operator= (yourStack);
```

因此，在客户端代码中，等号左侧的类对象是 operator= 函数的对象，等号右侧的对象是该函数的参数。

我们可以为任意数量的类重载赋值运算符。当编译器看到赋值运算符时，它会查看操作数的类型并使用适当的代码，如果操作数是未重载赋值运算符的类的对象，则使用赋值的默认含义——仅复制数据成员，生成浅拷贝。

如果可以重载赋值运算符，是否也可以重载其他运算符？是的，除了 " : " " . " "sizeof" 和 "?:" 之外，所有 C++ 运算符都可以重载。在第 1 章中，介绍了一个 DateType 类。让我们通过重载关系运算符 "< >"和 "=="来扩展这个类，并使用构造函数而不是 Initialize 方法更新它。重载运算符的函数在阴影区域。

```
class DateType
{
public:
  void  Initialize(int, int, int);
  // 初始化月、日和年
  int GetMonth()const;
  // 返回月
  int GetDay()const;
  // 返回日
  int GetYear()const;
  // 返回年

  bool operator<(DateType other)const;
  // 如果实例出现在 other 之前，则返回 true；否则返回 false
  bool operator>(DateType other)const;
  // 如果实例出现在 other 之后，则返回 true；否则返回 false
  bool operator==(DateType other)const;
  // 如果实例和 other 相同，则返回 true；否则返回 false
private:
  int month;
  int day;
  int year;
};
```

重载符号的语法由关键字 operator 和其后要重载的运算符符号构成。第一个操作数是运算符应用的对象，第二个操作数是参数。这些函数是成员函数，在 C++ 中称为运算符函数。下面是它们的实现：

```
bool DateType::operator<(DateType other) const
{
  if (year < other.year)
    return true;
  else if (year > other.year)
    return false;
  else if (month < other.month)
    return true;
  else if (month > other.month)
    return false;
  else if (day < other.day)
```

```
      return true;
    else return false;
  }
  bool DateType::operator>(DateType other) const
  {
    if (year > other.year)
      return true;
    else if (year < other.year)
      return false;
    else if (month > other.month)
      return true;
    else if (month < other.month)
      return false;
    else if (day > other.day)
      return true;
    else return false;
  }
  bool DateType::operator==(DateType other) const
  {
    if (year == other.year && month == other.month && day == other.day)
      return true;
    else
      return false;
  }
```

如果 myBirthday 和 yourBirthday 已经初始化，并且客户端代码包括：

```
  if (myBirthday < yourBirthday)
```

或者

```
  if (myBirthday > yourBirthday)
```

或者

```
  if (myBirthday == yourBirthday)
```

则调用 DateType 类的相应成员函数。

对于无序链表 ADT，要求 ItemType 是一个具有成员函数 ComparedTo 的类。现在知道了如何重载关系运算符，我们可以重载 ItemType 类中的 < 和 ==，然后使用关系运算符重写 PutItem、GetItem 和 DeleteItem 的代码。可以这么做，但应该这么做吗？不能将关系运算符用作 switch 语句的标签，因此代码必须是一系链 if-else 子句。一些程序员发现 switch 语句更易于自文档化，而其他人则喜欢使用关系运算符，这个选择是个人风格的问题。

C++ 运算符重载的进一步指南

（1）重载运算符的至少一个操作数必须是类实例。

（2）不能更改运算符优先级的标准顺序、定义新的运算符号或更改运算符的操作数量。

（3）重载一元运算符：如果 data 是 SomeClass 类型，并且你想重载它，如一元减运算符 (-)，如果 operator- 是成员函数，则 -data 等同于 data.operator-()；如果 operator- 是友元函数，则 -data 等同于 operator-(data)。

（4）重载二元运算符：如果 data 是 SomeClass 的类型，并且你想重载它，如添加加运算符 (+)，如果 operator+

是成员函数，则 data+otherData 等同于 data.operator+(otherData)；如果 operator+ 是友元函数，则 data+otherData 等同于 operator+(data,otherData)。

（5）重载 ++ 和 -- 运算符需要客户端代码使用预增量形式：++someObject 或 --someObject。

（6）重载 =、()、<> 和 -> 时，运算符函数必须是成员函数。其他限制也适用。在尝试重载 ()、<>、和 -> 之前，请参阅 C++ 参考书。

（7）流运算符 << 和 >>，必须使用友元函数重载。在尝试重载 << 和 >> 之前，请参阅 C++ 参考书。

（8）只要编译器能够区分操作数的数据类型，运算符的多种含义就可以共存。

在介绍至少有一个数据成员是指针类型的类相关的问题之前，最后一条注释：如果析构函数、复制构造函数或重载赋值运算符这三个成员函数其中之一是必需的，那么很可能这三个成员函数缺一不可，这有时被称为"三巨头法则"。

6.6 作为记录数组的链表

在基于数组的实现中，使用了静态分配的数组和动态分配的数组，还使用了动态内存分配来为结点获得必要的内存，这些结点构成了本章和前几章开发的链接结构。

基于数组和链表之间的选择不同于静态和动态存储分配之间的选择，它们是两回事。通常将数组存储在静态声明的变量中，如图 6.15（a）所示，但是基于数组的实现并不一定要使用静态存储。整个数组可以存在于动态分配的内存区域中，也就是说，可以使用 new 操作符一次性获得整个结构的空间，如图 6.15（b）所示。

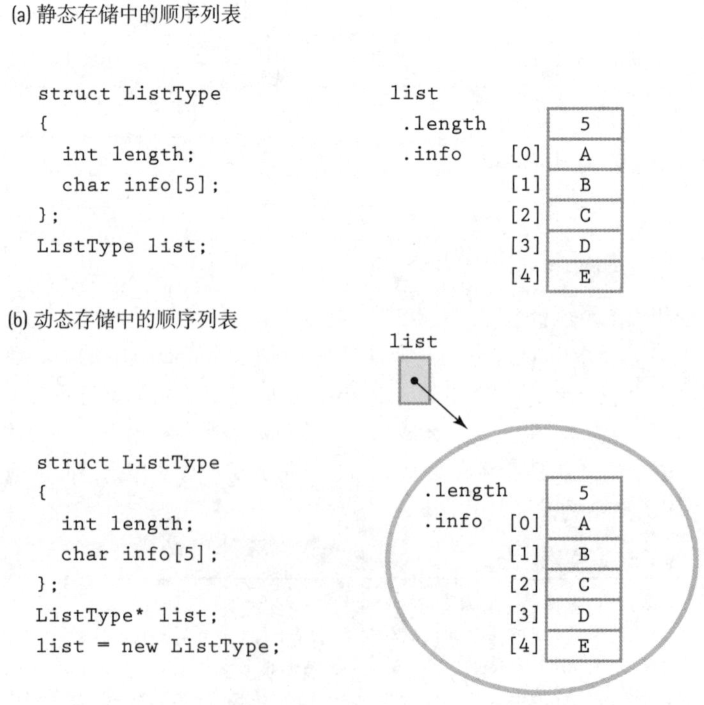

图 6.15 静态存储和动态存储中基于数组的链表

我们倾向于认为链接结构驻留在动态分配的存储中，如图 6.16（b）所示，但这不是必需的。链表可以在数组中实现，元素可以以任意顺序存储在数组中，并通过它们的索引"链接"，如图 6.16（a）所示。接下来将开发基于数组的链表实现。

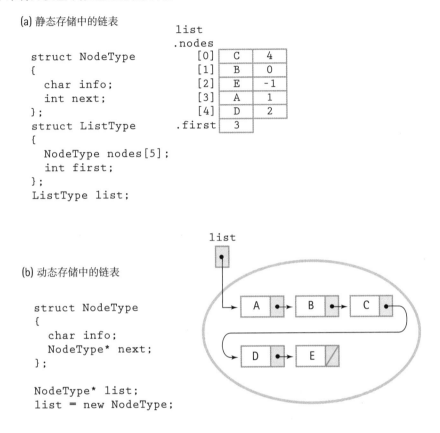

图 6.16 静态存储和动态存储中的链表

6.6.1 为什么使用数组

动态分配链表结点提供了许多优点，那么我们为什么还要介绍使用记录数组的实现呢？我们注意到，动态分配仅仅是选择一个链接实现所获得的一个优点，另一个优点与插入和删除算法的效率有关。之前介绍过的用于链接结构上的操作的算法都可以用于基于数组的实现，也可用于动态实现。主要的区别在于，需要在基于数组的实现中管理自己的自由空间。自己管理自由空间提供了更高的灵活性。

使用数组的另一个原因是许多编程语言不支持动态分配或指针类型。在使用其中一种语言进行编程时，仍然可以使用链接结构，但必须将指针值表示为数组索引。

当需要在程序运行之间将信息保存在数据结构中时，使用指针变量会出现问题。若将链表中的所有结点写入一个文件，然后在下次运行程序时使用该文件作为输入，如果链接是指针值，包含内存地址，那么它们在下次运行程序时是没有意义的，因为下次程序可能被放置在内存的其他地方。我们必须将每个结点的用户数据部分保存在文件中，在下次运行程序时重新构建链接结构。但是，数组索引在下次运行程序时仍然有效。我们可以存储整个数组，包括 next 数据成员（索引），然后在下次运行程序时将其读取回来。

最重要的是，有时动态分配是不可能的，也是不可行的，或者一次一个地动态分配每个结点，在时间方面代价太大，尤其是在操作系统代码等系统软件中。

6.6.2　如何使用数组

本小节介绍如何在数组中实现链表。如前所述，每个结点的 next 成员告诉我们下一个结点的数组索引。链表的头部是通过包含链表中第一个元素的数组索引的"指针"访问的。图 6.17 显示了如何将包含 David、Miriam、Joshua、Robert 和 Leah 元素的排序链表存储在称为结点的记录数组中。你是否看到链表中元素的顺序是如何由 next 索引链明确指示的？

最后一个链表元素的 next 成员是什么？对于实际链表元素，它的"null"值必须是无效地址。因为 nodes 数组的索引从 0 开始，所以值 –1 不是数组中的有效索引，也就是说，不存在 nodes<–1>。因此，–1 是作为"null"地址使用的理想值。我们使用常量标识符 NUL 而不是 NULL 来保持区别。可以在程序中使用文字 –1，如下所示：

```
while (location != -1)
```

但是更好的编程风格是声明一个命名常量。实际上，我们可以将 NUL 定义为 –1:

```
const int NUL = -1;
```

当使用记录数组实现来表示链表时，程序员必须编写例程来管理新链表元素的自由空间。这个自由空间在哪里？再次查看图 6.17，链表中所有不包含值的数组元素构成自由空间。与内置的动态分配内存分配器 new 不同，我们必须编写自己的函数来从自由空间中分配结点，将这个函数称为 GetNode。

当从链表中删除元素时，需要释放结点空间。但是，不能使用 delete，因为它只适用于动态分配的空间。因此，需要编写自己的 FreeNode 函数，将一个结点返回到自由空间池中。

这个未使用数组元素的集合可以链接到第二个链表中，即空闲结点的链表。图 6.18 所示为同时具有值链表和通过其 next 成员链接的自由空间链表的数组 nodes。这里，链表是指向从索引 0（包含值 David）开始的链表的外部指针。沿着下一个成员的链接，可以看到链表继续以索引 4（Joshua）、7（Leah）、2（Miriam）和 6（Robert）处的数组槽顺序排链。空闲链表从索引 1 处的 free 开始。在下一个成员的链接后面，看到空闲链表还包括索引 5、3、8 和 9 处的数组槽。下一链中出现两个 NUL 值，因为结点数组包含两个链表。

有两种方法可以为链接结构使用记录数组实现。第一个是模拟动态内存。一个数组存储许多不同的链表，就像自由存储上的结点可以动态地分配给不同的链表一样。在这种方法中，指向链表的外部指针不是存储结构的一部分，但指向空闲结点链表的外部指针是该结构的一部分。图 6.19 显示了一个包含两个不同链表的数组。list1 指示的链表包含值 John、Nell、Susan 和 Susanne，list2 指示的链表包含值 Mark、Naomi 和 Robert。图 6.19 中剩下的三个数组槽在空闲链表中连接在一起。

第二种方法是为每个链表创建一个记录数组。在这种方法中，外部指针是存储结构本身的一部分（见图 6.20）。链表构造函数接收一个参数，该参数指定链表中元素的最大数量。此参数用于动态分配适当大小的数组。注意，数组本身驻留在动态存储中，但链接结构使用数组索引作为"指针"。如果将在程序运行之间保存链表，则保存数组的内容，并且索引（链接）仍然有效。

nodes	.info	.next
[0]	David	4
[1]		
[2]	Miriam	6
[3]		
[4]	Joshua	7
[5]		
[6]	Robert	-1
[7]	Leah	2
[8]		
[9]		

list 0

图 6.17　存储在记录数组中的排序链表

nodes	.info	.next
[0]	David	4
[1]		5
[2]	Miriam	6
[3]		8
[4]	Joshua	7
[5]		3
[6]	Robert	NUL
[7]	Leah	2
[8]		9
[9]		NUL

list 0
free 1

图 6.18　具有值链表和自由空间链表的数组

free 7

nodes	.info	.next
[0]	John	4
[1]	Mark	5
[2]		3
[3]		NUL
[4]	Nell	8
[5]	Naomi	6
[6]	Robert	NUL
[7]		2
[8]	Susan	9
[9]	Susanne	NUL

list1 0
list2 1

图 6.19　包含三个链表的数组（包括空闲链表）

free 1
list 0

nodes	.info	.next
[0]	David	4
[1]		5
[2]	Miriam	6
[3]		8
[4]	Joshua	7
[5]		3
[6]	Robert	NUL
[7]	Leah	2
[8]		9
[9]		NUL

图 6.20　链表和链接结构在一起

下面来实现第二种方法。在实现类函数时，需要记住，两个不同的进程在记录数组中进行：与空间相关的簿记（如初始化记录数组、获取一个新结点和释放一个结点）和对包含用户数据的链表进行操作。簿记操作对用户是透明的。成员函数的原型保持不变，包括参数化的和默认的构造函数，但是，私有数据成员会发生变化。我们需要包含记录数组，调用这个数组结点并将其放置在动态存储中。因此，MemoryType 是一个包含两个元素的结构体：一个指向第一个空闲结点的整数"指针"和一个指向动态分配的结点数组的真实指针。

为了简化代码，假设链表中的项是整数，而不是模板类：

```
struct MemoryType;
class ListType
{
public:
// 成员函数原型在这里
private:
  int listData;
  int currentPos;
  int length;
  int maxItems;
  MemoryType storage;
};
```

进行簿记的函数是辅助（helper）函数，而不是类成员函数。成员函数是用户调用的那些函数，辅助函数是那些有助于实现成员函数的函数。先来看看这些簿记功能。结点最初都是空闲的，因此必须将它们链接在一起，并将第一个结点的索引存储到 free 中。GetNode 必须返回下一个空闲结点的索引并更新 free。FreeNode 必须将接收到的结点索引作为参数插入空闲结点链表中。因为链表中的第一项是可直接访问的，所以我们让 GetNode 返回第一个空闲项，而 FreeNode 将返回的结点插入空闲链表的开头。（将空闲链表保留为栈，不是因为需要 LIFO 属性，而是因为它的代码是最简单的。）

以下代码定义了 MemoryType 并实现了这些辅助功能：

```
// 辅助函数的原型
void GetNode(int& nodeIndex, MemoryType& storage);
// 返回 nodeIndex 中空闲结点的索引
void FreeNode(int nodeIndex, MemoryType& storage);
// 将 nodeIndex 返回到 storage
void InitializeMemory(int maxItems, MemoryType&);
// 将所有内存初始化为空闲链表

// 定义 end-of-list 符号
const int NUL = -1;

struct NodeType
{
  int info;
```

```
    int next;
  };

  struct MemoryType
  {
    int free; NodeType* nodes;
  };

  void InitializeMemory(int maxItems, MemoryType& storage)
  {
    for (int index = 1; index < maxItems; index++)
      storage.nodes<index-1>.next = index;
    storage.nodes<maxItems-1> = NUL;
    storage.free = 0;
  }

  void GetNode(int& nodeIndex, MemoryType& storage)
  {
    nodeIndex = storage.free;
    storage.free = storage.nodes<free>.next;
  }

  void FreeNode(int nodeIndex, MemoryType& storage)
  {
    storage.nodes<nodeIndex>.next = storage.free;
    storage.free = nodeIndex;
  }
```

ListType 类的类构造函数必须为记录数组分配存储空间并调用 InitializeMemory。对于默认构造函数，通常选择数组大小为 500：

```
  ListType::ListType(int max)
  {
    length = 0;
    maxItems = max;
    storage.nodes = new NodeType<max>;
    InitializeMemory(maxItems, storage);
    listData = NUL;
  }
  ListType::ListType()
  {
    length = 0;
    maxItems = 500;
    storage.nodes = new NodeType<500>;
    InitializeMemory(500, storage);
```

```
    listData = NUL;
}

ListType::~ListType()
{
    delete <> storage.nodes;
}
```

下面看看设计符号、基于动态指针的等效表示法和记录数组的等效表示法。还需要检查基于动态指针的操作和记录数组版本的簿记等效表示法。一旦理解了所有这些关系，编写 ListType 的成员函数就非常简单了。实际上它比较简单，我们将代码留作编程作业。

设计符号 / 算法	动态指针	记录数组"指针"
Node(location)	*location	storage.nodes<location>
Info(location)	location->info	storage.nodes<location>.info
Next(location)	location->next	storage.nodes<location>.next
将 location 设置为 Next(location)	location = location->next	location =storage.nodes<location>.next
将 Info(location) 设置为 value	location->info = value	storage.nodes<location>.info = value
分配一个结点	nodePtr = new NodeType	GetNode(nodePtr)
释放一个结点	delete nodePtr	FreeNode(nodePtr)

6.7 虚函数的多态性

除了封装和继承之外，面向对象编程语言中必须具备的第三个功能是多态性。在第 2 章中，将术语多态性定义为确定将哪个函数应用于特定对象的能力。这个确定可以在编译时（静态绑定）或运行时（动态绑定）进行。对于真正面向对象的语言来说，它必须同时支持静态绑定和动态绑定，也就是说，它必须支持多态性。C++ 使用虚函数来实现运行时绑定。

传递参数的基本 C++ 规则是实参与其对应的形参必须是相同的类型。通过继承，C++ 稍微放宽了这条规则。实参的类型可以是形参的派生类的对象[1]。为了强制编译器生成保证成员函数动态绑定到类对象的代码，保留字 virtual 出现在基类声明中的函数声明之前。虚函数按下链方式工作：如果一个类对象通过引用传递给某个函数，并且该函数的主体包含一条语句：

```
    formalParameter.MemberFunction(...);
```

然后：

（1）如果 MemberFunction 不是虚函数，则形参的类型决定调用哪个函数（使用静态绑定）。

（2）如果 MemberFunction 是虚函数，则实参的类型决定调用哪个函数（使用动态绑定）。

看一个例子，假设 ItemType 声明如下：

---

[1] 这种放宽允许动态绑定发生。

```
class ItemType
{
public:
  virtual RelationType ComparedTo(ItemType)const;
private:
  char lastName<50>;
};

RelationType ItemType::ComparedTo(ItemType item)const
{
  int result;

  result = std::strcmp(lastName, item.lastName);
  if (result < 0)
    return LESS;
  else if (result > 0)
    return GREATER;
  else
    return EQUAL;
}
```

现在派生一个 NewItemType 类，它包含两个字符串作为数据成员。希望 ComparedTo 在比较中同时使用它们：

```
class NewItemType : public ItemType
{
public:
  RelationType ComparedTo(ItemType) const;
private:
  // 除了继承的 lastName 成员之外
  char firstName<50>;
};

RelationType NewItemType::ComparedTo(NewItemType item)const
{
  int result;

  result = std::strcmp(lastName, item.lastName);
  if (result < 0)
    return LESS;
  else if (result > 0)
    return GREATER;
  else
  {
    result = strcmp(firstName, item.firstName);
```

```
        if (result < 0)
          return LESS;
        else if (result > 0)
          return GREATER;
        else
          return EQUAL;
      }
    }
```

ComparedTo 函数在基类（ItemType）中标记为虚函数，因此，根据 C++ 语言，ComparedTo 也是所有派生类中的虚函数。每当 ItemType 或 NewItemType 类型的对象通过引用传递到 ItemType 类型的形式参数时，确定在该函数中使用哪个 ComparedTo 将推迟到运行时。假设客户端程序包含以下函数：

```
    void PrintResult(ItemType& first, ItemType& second)
    {
      using namespace std;
      if (first.ComparedTo(second)==LESS)
        cout << "First comes before second";
      else
        cout << "First does not come before second";
    }
```

然后执行以下代码：

```
    ItemType item1, item2;
    NewItemType item3, item4:
          ⋮
    PrintResult(item1, item2);
    PrintResult(item3, item4);
```

因为 item3 和 item4 是 ItemType 派生类的对象，所以对 PrintResult 的两个调用都是有效的，PrintResult 调用 ComparedTo。但调用哪一个呢？是 ItemType::ComparedTo 还是 NewItemType::ComparedTo？因为 ComparedTo 是一个虚函数并且类对象是通过引用传递给 PrintResult 的，所以实参的类型（而不是形参）决定了调用哪个版本的 ComparedTo。在第一次调用 PrintResult 时，调用了 ItemType::ComparedTo；在第二次调用时，调用了 NewItemType::ComparedTo。这种情况如下所示：

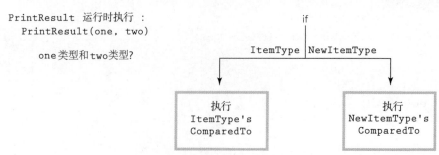

这个例子展示了动态绑定的一个重要好处。对于 ItemType 的每个可能实现，客户端不需要具有不同版本的 PrintResult 函数。如果新类是从 ItemType（或甚至是从 NewItemType）派生的，则这些类的对象可以传递给 PrintResult，而无须对 PrintResult 进行任何修改。

如果一个定义为基类指针并使用基类类型动态分配存储的指针，则该指针指向基类对象。如果使用派生类型动态分配存储，指针将指向派生类对象。例如，下面的短程序带有基类 One 和派生类 Two：

```cpp
#include <iostream>
class One
{
public:
  virtual void Print() const;
};

class Two : public One
{
public:
  void Print() const;
};

void PrintTest(One*);

int main()
{
  using namespace std;
  One* onePtr;
  onePtr = new One;

  cout << "Result of passing an object of class One: ";
  PrintTest(onePtr);

  onePtr = new Two;

  cout << "Result of passing an object of class Two: ";

  PrintTest(onePtr);
  return 0;
}

void PrintTest(One* ptr)
{
  ptr->Print();
}

void One::Print() const
```

```
    {
      std::cout  << "Print member function of class One" << endl;
    }

    void Two::Print() const
    {
      std::cout  << "Print member function of class Two " << endl;
    }
```

onePtr 首先指向 One 类的对象，然后指向 Two 类的对象。当 PrintTest 的参数指向 One 类的对象时，应用 One 类的成员函数；当参数指向 Two 类的对象时，应用 Two 类的成员函数。以下输出验证了运行时对象的类型决定执行哪个成员函数的事实。

```
⊗ ─ □  Terminal
Result of passing an object of class One:
Print member function of class One
Result of passing an object of class Two:
Print member function of class Two
>
```

在将派生类型的参数传递给任何形式参数为基类型的函数时，必须发出警告。如果通过引用传递参数，则不会出现问题。但是，如果按值传递参数，则实际上只传递基类型的子对象。例如，如果基类型有两个数据成员而派生类型有两个附加数据成员，如果形参是基类型而实参是派生类型，则只有基类型的两个数据成员被传递给函数。如果将派生类型的对象分配给基类型的对象，也会发生这种切片问题（派生类声明的任何附加数据成员都被"切片"）。

回顾第 5 章的图 5.15，其中展示了 QueType 和 CountedQueType 的对象关系。如果将 CountedQueType 对象作为值参数传递给形式参数为 QueType 类型的函数，则仅复制 QueType 的那些数据成员，而 CountedQueType 中的成员 length 没被复制。尽管这种切片在这种情况下不会出现问题，但在设计类的层次结构时应该要注意这种情况。

6.8　专用的链表 ADT

我们已经定义了无序链表 ADT 和有序链表 ADT，并给出了它们的几种实现。链表可用于许多应用程序，但是，某些应用程序总是需要特殊用途的链表。可能需要链表 ADT 未定义的特定链表操作，或者链表（唯一元素）的特性与应用程序的要求不匹配。在这种情况下，我们可以扩展一个链表类来创建满足应用程序需要的新链表。或者，可以创建一个为相关应用程序定制的新链表类。

在本章后面的"案例研究"中，需要具有一组独特属性和操作的链表。链表必须保存 int 类型的元素，允许重复元素。链表不需要支持 IsFull、GetItem 或 DeleteItem。实际上，使用的这个新链表构造只需要 GetLength 操作和能够遍历列表项的操作。

按常规顺序遍历数据结构中的项的操作通常称为迭代器。将在本章后面的 6.9 节中介绍，C++ 提供了一个构造来定义迭代器操作，以便在 for 循环中使用它们。在"案例研究"中，将需要从左到右和从右到左处理元素，因此需要支持两个迭代器。此外，计划在链表的头部和尾部插入项，这些需求的原因已在"案例研究"中说明，目前，我们只介绍声明的需求，并考虑如何实现新的链表。

在 CRC 卡中总结了这些规格说明，如下所示：

类名:　SpecializedList	超类:	子类:
职责	**协作**	
MakeEmpty		
GetLength( ) returns int		
Reset for forward traversal		
GetNextItem( ) returns int		
Reset for backward traversal		
GetPriorItem( ) returns int		
Put at the front of the list		
Put at the rear of the list		
. . .		

鉴于这组独特的需求，我们决定从头开始创建新链表 ADT。当然，可以重用链表知识，甚至可以重用（剪切和粘贴）之前基于链表实现中的一些代码。因为新的链表构造为特定应用程序创建了一个专门的链表，所以将链表类称为 SpecializedList。为了满足能够在两个方向上遍历链表的要求，SpecializedList 类的链表具有"当前向前位置"和"当前向后位置"属性，而不是标准的"当前位置"属性，并提供用于在任一方向遍历链表的迭代器操作。注意，此语句并不意味着迭代可以改变方向，相反，可以使用两种不同的迭代器操作同时进行两次单独的链表遍历，一次向前遍历，一次向后遍历。

双链接结构的一个优点是，它支持从两个方向上遍历结构。当一个结构仅在一个方向上链接时，要在另一个方向上遍历它就不简单了。因为双向链表是两个方向的链表，所以向前或向后遍历链表同样容易。另一方面，具有指向结构中最后一项的外部指针的循环结构可以直接访问前面的元素和最后一个元素。一个双向链接的圆形结构是理想的（见图 6.21）：

```
struct NodeType;
class SpecializedList
{
public:
  SpecializedList();                    // 类构造函数
  ~SpecializedList();                   // 类析构函数
  SpecializedList(const SpecializedList& someList);
  // 复制构造函数

  void ResetForward();
  // 初始化从第一项到最后一项链表迭代的当前位置

  void GetNextItem(int& item, bool& finished);
```

```
    // 获取结构中的下一项
    // 如果所有项都已被访问过，则 finished 为 true
    // GetNextItem 和 GetPriorItem 是独立的，向前遍历和向后遍历可以同时进行
    void ResetBackward();
    // 初始化从最后一项到第一个项链表迭代的当前位置
    void GetPriorItem(int& item, bool& finished);
    // 获取结构中的上一项
    // 如果所有项都已被访问，则 finished 为 true

    void PutFront(int item);
    // 将 item 作为结构中的第一项插入

    void PutEnd(int item);
    // 将 item 作为结构中的最后一项插入

    int GetLength();
    // 返回结构中的项数
private:
    NodeType* list;
    NodeType* currentNextPos;
    NodeType* currentBackPos;
    int length;
};
        ：
struct NodeType
{
    NodeType* next; NodeType* back;
    int info;
};
```

构造函数必须将链表指针设置为 NULL 并将长度设置为 0：

```
SpecializedList::SpecializedList()
{
    length = 0;
    list = NULL;
}
```

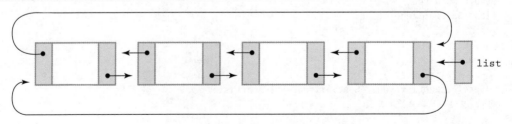

图 6.21　循环双向链表

　　尽管提供了长度操作，但我们为用户提供了另一种方法来确定最后一项何时被访问。GetNextItem 和 GetPriorItem 都有两个参数：返回的项和布尔标志。当返回最后一个项时，此标志设置为 true。

ResetForward 将 currentNextPos 设置为 NULL，GetNextItem 返回结构中的下一项，当 currentNextPos 等于 lis 时，将 finished 设置为 true。ResetBackward 将 currentBackPos 设置为 NULL，GetPriorItem 返回结构中的前一项，当 currentBackPos 等于 list->next 时，将 finished 设置为 true：

```cpp
void SpecializedList::ResetForward()
// 后置条件：currentNextPos 被初始化为向前遍历
{
  currentNextPos = NULL;
}
void SpecializedList::GetNextItem(int& item, bool& finished)
// 前置条件：在第一次调用此函数之前已调用 ResetForward
// 后置条件：item 为链表中下一项的副本；
//          如果 item 是链表中的最后一项，finished 则为 true；否则为 false
{
  if (currentNextPos == NULL)
    currentNextPos = list->next;
  else
    currentNextPos = currentNextPos->next;
  item = currentNextPos->info;
    finished = (currentNextPos == list);
}
void SpecializedList::ResetBackward()
// 后置条件：currentBackPos 已被初始化为向后遍历
{
  currentBackPos = NULL;
}
void SpecializedList::GetPriorItem(int& item, bool& finished)
// 后置条件：item 是链表中前一项的副本；
//          如果 item 是链表中的第一项，则 finished 为 true；否则为 false
{
  if (currentBackPos = NULL)
    currentBackPos = list;
  else
    currentBackPos = currentBackPos->back;
  item = currentBackPos->info;
  finished = (currentBackPos == list->next);
}
int SpecializedList::GetLength()
{ return length; }
```

PutFront 将新项作为链表中的第一项插入［见图 6.22（a）］。PutEnd 将新项作为链表中的最后一个项插入［见图 6.22（b）］。图中的结果看起来完全不同，但仔细检查会发现除了外部指针链表之外，它们是相同的。在开头插入项不会改变链表，但在结尾插入项会改变。我们可以对两者使用相同的插入程序，但使用 PutEnd 移动 list：

```cpp
void SpecializedList::PutFront(int item)
// 后置条件：项已插入链表的开头
{
  NodeType* newNode;
```

```
        newNode = new NodeType;
        newNode->info = item;
        if (list == NULL)
        {    // 链表为空
          newNode->back = newNode;
          newNode->next = newNode;
          list = newNode;
        }
        else
        {
          newNode->back = list;
          newNode->next = list->next;
          list->next->back = newNode;
          list->next = newNode;
        }
        length++;
}
void SpecializedList::PutEnd(int item)
// 后置条件: 项已插入链表的结尾
{
    PutFront(item);
    list = list->next;
}
```

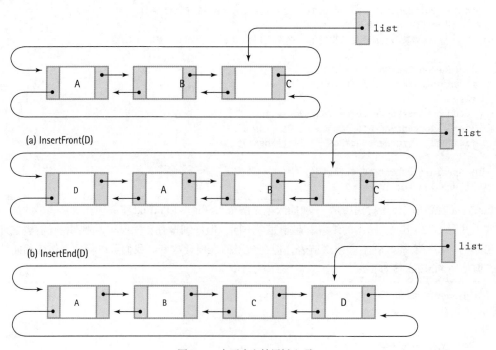

(a) InsertFront(D)

(b) InsertEnd(D)

图 6.22　在开头和结尾插入项

将类析构函数、复制构造函数和重载赋值运算符的实现，以及 LengthIs 和 MakeEmpty 函数的实现作为编程任务留待读者练习。

测试计划

必须在链表的两端插入项，并且必须同时向前和向后遍历。注意，有些操作还没有实现。例如，我们不能通过输出长度来测试构造函数。但是如何测试呢？如果其他操作正常工作，那么可以假定构造函数是正确的。与其先测试所有的前端插入，然后再测试所有的后端插入，不如让我们稍微改变一下模式并将它们混合起来：

待测操作及动作说明	输入值	预期的输出
PutFront		
插入五项	1, 2, 3, 4, 5	
PutEnd		
插入两项	0, −1	
PutFront		
插入一项	6	
PutEnd		
插入一项	−2	
ResetForward		
GetNextItem		
调用 9 次，输出		6, 5, 4, 3, 2, 1, 0, −1, −2
ResetBackward		
GetPriorItem		
调用 9 次，输出		−2, −1, 0, 1, 2, 3, 4, 5, 6

我们还应该在每次调用 GetNextItem 和 GetPriorItem 时进行测试，以查看遍历是否已经结束。在 Web 上，文件 SpecialDr.cpp 是驱动程序，Special1.in 是此测试计划的输入文件，而 pecial1.out 是输出文件。文件 SpecializedList.h 包含本章的代码。

6.9　基于范围的迭代

前面已经定义并实现了几个基于链表的 ADT，它们支持跨包含元素的迭代。遍历允许按照存储顺序对链表 ADT 中的每个元素应用相同的操作。例如，可能希望显示链表中包含的每个元素的值，或者根据学生成绩链表计算班级平均成绩。当前的链表实现提供了 ResetList 和 GetNextItem 方法，这些方法与 GetLength 和基于索引的 for 循环一起使用，用于逐步遍历每个元素。尽管这是在链表中实现遍历的一种非常合理的方法，但由于忘记调用 ResetList 或在 for 循环条件中出现 off by one 错误，就会很容易在代码中引入错误。

回顾第 3 章 3.2 节中实现的 PrintList 函数，它将无序链表中的元素输出到文件中。我们可能错误地将终止条件写成 counter < length，或者意外地将循环计数器初始化为 0。在前一种情况下，链表的最后一个元素永远不会被写入数据文件；在后一种情况下，它可能导致在基于数组的实现中访问超过最后一个元素的数组，或者访问链接实现中的 NULL 指针。这样的错误很常见，而且可能导致出现错误的结果（或者，在最坏的情况下，使程序崩溃）。为了消除这些问题并简化对数组、标准库中的集合[①] 和你自己的 ADT 的迭代，C++[②] 提供了一个基于范围的 for 循环。

基于范围的 for 循环消除了基于索引的 for 循环中通常使用的索引变量和终止条件。特别是，它实现了 foreach 遍历风格。也就是说，对于 ADT 中的每个元素 e，对元素 e 执行某些操作。考虑以下代码，使用基于索引的 for 循环遍历一个整数数组：

```
int numbers = {1, 2, 3, 4, 5};
for (int i = 0; i < 5; i++)
{
  cout << numbers<i> << endl;
}
```

这个 for 循环使用索引变量 i 进行遍历，用 i 索引 numbers 数组中的每个元素，并在 i >= 5 时终止。现在将其与基于范围的 for 循环实现进行对比：

```
for (int e : numbers)
{
  cout << e << endl;
}
```

如你所见，基于索引的 for 循环类似于基于范围的形式，但是对于后者，我们可以消除索引变量。事实上，我们不再关心元素是如何被访问的，只需要对它们进行遍历即可。基于范围的 for 循环的一般形式如下：

```
for (range declaration : collection)
{
  代码块
}
```

范围声明必须与 ADT 中包含的元素的类型相同，因为在循环的每次迭代中，它都被分配到集合中的下一个元素。声明和集合之间用冒号（:）隔开。不需要结束条件，因为基于范围的 for 循环从第一个元素开始，以最后一个元素结束。

C++ 包含许多 ADT 作为其标准库的一部分，包括链表、向量、栈、映射等。C++ 所包含的数据结构都支持基于范围的迭代，允许程序员编写更健壮的代码。例如，链表 ADT 可供使用，并支持与我们的链表 ADT 类似的操作（以及更多）。下面是一个迭代 C++ 链表 ADT 的例子：

---

① 集合是数据结构的另一个名称，就像在 C++ 标准模板库中使用的那样。

② 基于范围的 for 循环是 C++11 标准中引入的。

```
#include <list>
using namespace std;
int main()
{
  list<int> numbers(10, 50);
  for (int n : numbers){
    cout << n << endl;
  }
}
```

通过包含链表头文件，可以使用 C++ 标准库链表 ADT。有几种方法可以创建一个新链表。在这个程序中，创建了一个包含 10 个整数的链表，每个整数都被初始化为值 50。对于数组和链表，基于范围的 for 循环看起来是相同的。事实上，对于所有 C++ 集合，我们可以使用相同的迭代模式。不需要知道长度、使用哪个观察者方法（如 GetNextItem）、特殊需求（如 ResetList）或者任何 ADT 的底层实现细节就可以使用基于范围的迭代。这样做可以使逻辑和实现级别完全分离，并减少程序员出错的可能性。如何使用基于范围的 for 循环来迭代我们精心打造的 ADT？

事实证明，基于范围的 for 循环是传统 for 循环的**语法糖**，传统 for 循环希望集合实现某些方法。编译器将使用基于范围的 for 循环编写的代码扩展为使用传统 for 循环的 C++ 中。这样做时，编译器可以进行适当的检查，以确保生成的代码格式正确。

为 ADT 提供基于范围的迭代支持，必须包括以下方法作为 ADT 实现的一部分：

（1）Iterator begin()：返回一个表示 ADT 开始的 Iterator 对象。

（2）Iterator end()：返回一个表示 ADT 结束的 Iterator 对象。

Iterator 对象是"知道"如何迭代特定 ADT 的类的实例，并且需要重载三个运算符：解引用运算符（*）、自增运算符（++）和不等运算符（!=）。编译器使用 ADT 的 begin 和 end 方法以及这三个运算符将基于范围的 for 循环转换为传统的 for 循环样式。

> **语法糖**
> 使程序更易于表达和阅读的另一种形式或语法，通常转换为基本语言支持的编程结构。
>
> **重构**
> 重写现有代码以反映需求或设计决策的变化。

我们可以**重构**（重写）第 4 章中 SortedList 的链接实现，以支持基于范围的迭代。除了支持基于范围的迭代，还将使用元素类型 T 参数化排序链表，以允许实例化任意类型 T 的元素链表。下面是排序链表类的新逻辑定义：

```
template<class T>
class SortedType
{
public:
  SortedType();
  ~SortedType();
  bool IsFull() const;
  int GetLength() const;
  void MakeEmpty();
  T GetItem(T item, bool& found);
  void PutItem(T item);
```

```
      void DeleteItem(T item);
      SortedTypeIterator<T> begin();
      SortedTypeIterator<T> end();
  private:
      NodeType<T>* listData;
      Int length;
  };
```

正如你所看到的，我们扩展了排序链表的定义，以包括 begin 和 end 方法，每个方法都返回一个迭代器对象（SortedTypeIterator<T>[①]）的实例，该实例必须支持解引用、自增和不等运算符。注意，我们已经从最初的迭代实现中删除了 ResetList 和 GetNextItem 方法，以支持基于范围的迭代。在看 begin 和 end 的实现之前，首先要考虑如何实现排序链表类型迭代器。

排序类型迭代器负责从链表的开头迭代到链表的结尾。因为要实现一个链接结构，所以必须遍历一个 NodeType<T> 对象的链表。因此，排序类型迭代器的实现必须能够访问有序链表 ADT 的内部实现。特别是，有序链表 ADT 和迭代器通过一个公共头文件（NodeType.h）共享 NodeType<T> 结构体的定义。下面是 SortedTypeIterator 的定义：

```
  template<class T>
  class SortedTypeIterator
  {
  public:
      SortedTypeIterator(NodeType<T>* start);
      T& operator*();
      SortedTypeIterator<T>& operator++();
      bool operator!=(const SortedTypeIterator<T>& it) const;
  private:
      NodeType<T>* item;
  };
```

SortedTypeIterator 包含一个构造函数，该构造函数只有一个参数，表示迭代应该从哪里开始。然后定义为支持基于范围的迭代而需要实现的每个运算符。解引用运算符返回对迭代中当前元素的引用；自增运算符返回对排序类型迭代器的引用，该迭代器捕获迭代中的当前元素；不等运算符用于比较两个已排序类型迭代器，以确定它们是否相等。查看这些运算符的实现将有助于阐明方法签名以及迭代器及其运算符的使用方法：

```
  template<class T>
  SortedTypeIterator<T>::SortedTypeIterator(NodeType<T> *start)
  {
      this->item = start;
  }
```

SortedTypeIterator 维护一个指向迭代中当前元素的指针。构造函数通过将参数 start 赋值给实例变

---

① 迭代器类的名称并不重要，但是，通常会提供一个名称，将其与要迭代的 ADT 关联起来。

量 item 来记录这一事实：

```
template<class T>
T& SortedTypeIterator<T>::operator*()
{
    return item->info;
}
```

SortedTypeIterator 的解引用运算符只是返回 NodeType 对象的 info 字段。注意，在迭代期间，我们对返回整个 NodeType 对象不感兴趣（也不希望返回它）。我们只对迭代链表中包含的数据感兴趣。因此，如果链表结点包含整数值，则迭代的是整型：

```
template<class T>
SortedTypeIterator<T>& SortedTypeIterator<T>::operator++()
{
  if (item == NULL || item->next == NULL)
    item = NULL;
  else
    item = item->next;
  return *this;
}
```

当检查完当前元素并希望进入下一个元素时，自增运算符的工作只是将迭代推进到链表中的下一个元素。为了正确处理迭代，必须考虑边缘情况：链表为空或在链表的末尾。如你所见，这两种情况都由 if 语句处理，检查当前项是否为空（链表为空），或下一项的指针是否为空（链表的末尾）。如果其中一个条件为 true，则将当前项设置为 NULL，表示已经到达链表的末尾。如果这两个条件都为 false，则将当前项赋值给链表中的下一项。然后返回同一个 SortedTypeIterator 的引用：

```
template<class T>
bool SortedTypeIterator<T>::operator!=(const SortedTypeIterator<T> &it) const
{
  return item != it.item;
}
```

最后，不等运算符只是将 SortedTypeIterator 的元素与另一个 SortedTypeIterator 的元素进行比较。如前所述，基于范围的 for 循环被转换为标准的 for 循环。标准的 for 循环必须检查终止条件。特别是，它必须检查是否已到达 ADT（在本例中为链表）的末尾，以确保迭代停止。在实现中，结束元素为 NULL 的事实可用于实现 begin 和 end 方法。

基于范围的 for 循环使用为 ADT 实现的 begin 和 end 方法分别确定开始迭代点和结束迭代点。迭代的起点应该是链表中的第一个结点：

```
template<class T>
SortedTypeIterator<T> SortedType<T>::begin()
{
  SortedTypeIterator<T> it(listData);
```

```
    return it;
  }
```

begin 方法的实现很简单。返回一个新构造的 SortedTypeIterator，它的起点是已排序链表（listData）存储的链表中的第一个结点。注意模板类型 T 对于有序链表 ADT 和配对排序类型迭代器来说是相同的类型。也就是说，创建一个由 int、float、double 等类型组成的排序链表将确保返回的排序类型迭代器也具有相同的参数化类型。

End 方法的实现同样简单：

```
template<class T>
SortedTypeIterator<T> SortedType<T>::end()
{
  SortedTypeIterator<T> it(NULL);
  return it;
}
```

将有序链表 ADT 的末尾表示为初始化为 NULL 的排序类型迭代器。当基于范围的 for 循环使迭代器自增到下一个元素，且该元素为 NULL 时，将使用重载的不等运算符检测终止条件，以比较排序后的类型迭代器的值与 end 返回的值。

尽管刚刚演示了支持基于范围迭代的 ADT 的特定实现，但相同的模式可以应用于任何可以定义开始和结束迭代点的数据结构。例如，链表的基于数组的实现可能使用索引 0 作为它的起始迭代点，索引 length−1 作为它的结束迭代点。begin 和 end 的一般方法签名是：

```
Iterator begin();
Iterator end();
```

其中 Iterator 类型包括以下方法：

```
T& operator*();
Iterator& operator++();
bool operator!=(const Iterator& it) const;
```

类型 T 是包含在 ADT 中并由迭代器迭代的值的数据类型。const 的使用确保 Iterator 不会被修改。

基于范围的 for 循环提供了对 ADT 进行迭代的抽象。通过在迭代器对象中隔离迭代的内部实现（如索引、链表遍历），有助于减少程序员的错误。此外，它简化了代码，使其更容易理解程序员的意图。尽管使用基于范围的迭代有明显的好处，但它目前只支持前向迭代。也就是说，没有直接的方法可以反转开始迭代点和结束迭代点，从而允许对 ADT 进行反向迭代。

案例研究：实现大整数 ADT

可以支持的整数值范围因计算机而异。在大多数 C++ 环境中，文件 <climits> 显示了限制。例如，在许多机器上，long 整数的范围为 − 2147 483 648~ 2147 483 647。不管整数在特定机器上的范围有多长，有些用户肯定希望使用更大的值表示整数。让我们设计并实现一个 LargeInt 类，它允许用户操作整数，其中数字的数量只受自由存储区大小的限制。

因为我们为数学对象（整数）提供了另一种实现，所以大多数操作已经指定：加、减、乘、除、赋值和关系运算。对于这个案例研究，我们将注意力限制在加法、减法、相等和小于运算上。使用其他操作来增强这个 ADT 留作编程任务。

除了标准的数学运算外，还需要一个每次构造一个数字的运算。这个操作不能是参数化的构造函数，因为整数参数可能太大，无法在机器中表示，毕竟，这就是这个 ADT 的思想。相反，我们需要一个特殊的成员函数，可以在循环中调用，每次插入一个数字。还需要一个操作，将整数一次一位，从最高位到最低位写入文件。

在开始研究这些操作的算法之前，需要决定表示方式。在本章的前面，设计了 SpecializedList 类用于本案例研究，因此你知道我们将使用一个循环的双向链表。为什么是双向链接？因为我们需要从最高位到最低位访问数字才能将它们写入文件，需要从最低位到最高位访问数字才能对它们进行算术操作。为什么是环形？因为在构造对象时，需要从最高位到最低位插入数字，而在构造算术运算的结果对象时，需要从最低位到最高位插入数字。

图 6.23 显示了单向链表和加法中的几个数字示例。图 6.23（a）和图 6.23（c）表示每个结点都是一位数字；图 6.23（b）显示了每个结点是多位数字。我们为每个结点的一位数字开发算法，练习中要求研究在每个结点中包含多个数字所需的更改。

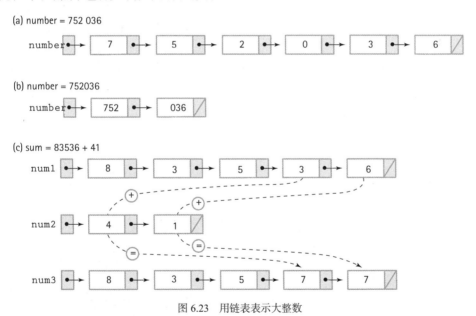

图 6.23　用链表表示大整数

下面给出 LargeInt 类的第一个近似值：

```cpp
#include "SpecializedList.h"
#include <fstream>
class LargeInt
{
public:
  LargeInt();
  ~LargeInt();
```

```
    LargeInt(const LargeInt&);
    bool operator<(LargeInt second);
    bool operator==(LargeInt second);
    LargeInt operator+(LargeInt second);
    LargeInt operator-(LargeInt second);
    void InsertDigit(int);
    void Write(std::ofstream&);
private:
    SpecializedList number;
};
```

前面说过，程序中的类通常表现出以下关系之一：①它们彼此独立；②它们在组成上有关联；③它们之间有继承关系。LargeInt 和 SpecializedList 类通过组成相关联。正如你在类定义的私有部分看到的那样，LargeInt 对象由（或包含）一个 SpecializedList 对象组成。正如继承表达的是一个 "is a（是一个）"关系［CountedQueType 对象是一个 QueType 对象（或更多）］，组合表达了一个 "has a（有一个）"关系（LargeInt 对象内部有一个 SpecializedList 对象）。

我们先看正整数的加法，然后再看符号的作用。首先将两个最低有效数字相加（个位位置）。接下来，将十位上的数字相加（如果有的话），再加上最小有效位数之和的进位（如果有的话），这个过程一直持续，直到发生以下三种情况之一：①第一个操作数的数字用完；②第二个操作数的数字用完；③二者的数字同时用完。与其在此阶段尝试确定哪个操作数是 self，不如让我们用一个算法来总结这些观察结果，该算法有三个 SpecializedList 类型的参数：first、second 和 result，其中 result = first + second：

Add(first, second, result)

```
设置 carry 为 0
设置 finished1 为 false
设置 finished2 为 false
first.ResetBackward()
second.ResetBackward()
while (!finished1 AND !finished2)
    first.GetPriorItem(digit1, finished1)
    second.GetPriorItem(digit2, finished2)
    设置 temp 为 digit1 + digit2 + carry
    设置 carry 为 temp / 10
    result.InsertFront(temp % 10)
first 的操作数用完，有进位加进位
second 的操作数用完，有进位加进位
if (carry != 0)
    result.InsertFront(carry)
```

将算法应用于以下实例：

322	388	399	999	3	1	988	0
44	108	1	11	44	99	100	0
366	496	400	1010	47	100	1088	0

现在，让我们在最简单的情况下检查减法：两个整数都是正数，并且从较大的整数（first）中减去

较小的整数（second）。同样，我们从个位位置的数字开始。调用 first digit1 中的数字和 second digit2 中的数字，如果 digit2 小于 digit1，在结果的前面减去并插入结果数字；如果 digit2 大于 digit1，就借 10 然后相减。然后访问十位位置的数字。如果借位，我们从新的 digit1 中减去 1，然后像以前一样继续。因为我们将问题限制在 first 大于 second 的情况下，它们要么同时用完数字，要么在处理 second 时 first 仍然包含数字。另外还要注意，此约束保证借用不会超出 first 的最高有效数字：

```
Sub(first, second, result)
    设置 borrow 为 false
    设置 finished1 为 false
    设置 finished2 为 false
    first.ResetBackward()
    second.ResetBackward()
    while (!finished1 AND ! finished2)
        first.GetPriorItem(digit1, finished1)
        if (borrow)
            if (digit1 != 0)
                设置 digit1 为 digit1 - 1
                设置 borrow 为 false
            else
                设置 digit1 为 9
                设置 borrow 为 true
        second.GetPriorItem(digit2, finished2)
        if (digit2 <= digit1)
            result.PutFront(digit1 - digit2)
        else
            设置 borrow 为 true
            result.PutFront(digit1 + 10 - digit2)
    while (!finished1)
        first.GetPriorItem(digit1, finished1)
        if (borrow)
            if (digit1 != 0)
                设置 digit1 为 digit1 - 1
                设置 borrow 为 false
            else
                设置 digit1 为 9
                设置 borrow 为 true
        result.PutFront(digit1)
```

到现在为止，你可能想知道如此受限制的减法算法的用处。通过这些限制性的减法和加法算法，可以实现所有符号组合的加法和减法。

1. 加法规则

（1）如果两个操作数都是正数，则使用加法算法。

（2）如果一个操作数为负，一个操作数为正，则用较大的绝对值减去较小的绝对值，并给结果以较大绝对值的符号。

（3）如果两个操作数都是负数，则使用加法算法并给结果一个负号。

2. 减法规则

还记得当你刚开始学习算术时，减法似乎比加法更难吗？不再会那样了。我们只需要使用一个减法规则——改变被减数的符号并相加。必须注意如何改变符号，实际上不想改变传递给减法的参数的符号，因为这会产生不必要的副作用。因此，创建一个新的 LargeInt 对象，使其成为第二个参数的副本，反转其符号，然后相加。

这些规则表明，符号应该与实际的加减法分开处理。因此，我们必须向 LargeInt 类添加一个 sign 数据成员。如何表示 sign 呢？定义一个名为 SignType 的枚举类型，它有两个常量（MINUS 和 PLUS），并采用零带有符号 PLUS 的约定。将简化的加法和减法算法编码到辅助函数 Add 和 Sub 中，它们分别接收三个 SpecializedList 类型的参数。每个重载运算符的代码应用其运算规则并调用 Add 或 Sub。但是，如果两个操作数相同，则不应调用 Sub，因为结果将为 0。以下是 operator+ 和 operator − 的算法：

operator+ (LargeInt second)

```
operator-(LargeInt second)
设置 copy 为 second 的副本
设置 copy.sign 为 !second.sign
Add(number, copy.number, result.number)
return result
// self 是第一个操作数
if sign = second.sign
    Add(number, second.number, result.number)
    设置 result.sign 为 sign
else
    if |self| < |second|
        Sub(second.number, number,result.number)
        设置 result.sign 为 second.sign
    else if |second| < |self|
        Sub(number, second.number, result.number)
        设置 result.sign 为 sign
return result
```

operator–(LargeInt second)

```
设置 copy 为 second 的副本
设置 copy.sign 为 !second.sign
Add(number, copy.number, result.number)
return result
```

3. 关系运算符

比较字符串时，从左到右逐个比较每个字符位置中的字符。不匹配的第一个字符确定哪个字符串最先出现。比较数字时，如果数字符号相同且长度相同（位数相同），只需逐位比较数字。规则如下：

（1）负数小于正数。

（2）如果符号为正号，且一个数字比另一个数字有更多的位数，那么位数较少的数字就是较小的值。

（3）如果符号均为负号，且一个数字的位数多于另一个数字，那么位数越多的数字的值越小。

（4）如果符号相同，数字位数相同，则从左到右比较数字。第一个不等对决定了比较结果。

仔细查看以下示例并让自己相信所有"小于"的情况都有代表：

```
    真                         假
  -1 < 1                    1 < -1
  5 < 10                    10 < 5
  -10 < -5                  -5 < -10
  54 < 55                   55 < 54
  -55 < -54                 -54 < -55
  -55 < -55
  55 < 55
```

总结一下"小于"操作的观察结果。因为每个结点只有一位数字，所以 SpecializedList 类的 GetLength 函数提供了数字中的位数。它是一个成员函数，因此第一个操作数是 self，第二个操作数是 second：

operator < (second)

```
if (sign is MINUS AND second.sign is PLUS)
    return true
else if (sign is PLUS AND second.sign is MINUS)
    return false
else if (sign is PLUS AND number.GetLength() < second.number.GetLength())
    return true
else if (sign is PLUS AND number.GetLength() > second.number.GetLength())
    return false
else if (sign is MINUS AND number.GetLength() > second.number.GetLength())
    return true
else if (sign is MINUS AND number.GetLength() < second.number.GetLength())
    return false
else       // 必须逐位进行比较
    设置 relation 为 CompareDigits(number, second.number)
    if (sign is PLUS AND relation is LESS)
        return true
    else if (sign is PLUS AND relation is GREATER)
        return false
    else if (sign is MINUS AND relation is GREATER)
        return true
    else return false
```

该算法调用了 SpecializedList 类的 GetLength 函数 8 次，应该使位数成为 LargeInt 类的数据成员，并避免这些函数调用。因此，定义新大整数的每个操作都必须调用一次 GetLength，并将此值存储在 LargeInt 对象中。调用新的数据成员 numDigits，需要指定一个操作来比较两个等长链表中的数字，并根据其两个参数的关系返回 LESS、GREATER 或 EQUAL。我们只传递数字链表，所以这个函数比较两个参数的绝对值：

RelationType CompareDigits(operand1, operand2)

```
operand1.ResetForward()
operand2.ResetForward()
设置 same 为 true
设置 finished 为 false
while !finished
```

```
        operand1.GetNextItem(digit1, finished)
        operand2.GetNextItem(digit2, finished)
        if (digit1 < digit2)
            return LESS
        else if (digit1 > digit2)
            return GREATER
    return EQUAL
```

operator== 的算法非常相似。如果符号不同，则返回 false。如果符号相同，则调用 CompareDigits 函数：

operator==(second)

```
    if (sign is MINUS AND second.sign is PLUS) OR
        (sign is PLUS AND second.sign is MINUS)
        return false
    else
        return (CompareDigits(number,second.number)== EQUAL)
```

4. 其他运算符

现在除 Write 和 InsertDigit 以及类构造函数和析构函数之外，我们已经研究了链接长整数表示的所有算法。在查看需要哪些隐式操作之前，应该检查 LargeInt 类和 SpecializedList 类之间的关系。LargeInt 中唯一包含动态指针的数据成员是 number，它属于 SpecializedList 类型。因为 SpecializedList 有析构函数，所以 LargeInt 不需要析构函数。出于同样的原因，不需要类复制构造函数。我们可以从初步的类定义中删除这些构造函数，但应该保留将对象设置为 0 的默认类构造函数。图 6.24 显示了最终的对象及其交互。

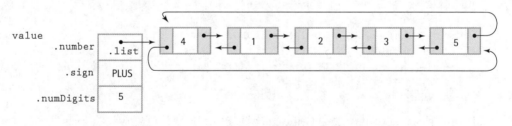

图 6.24　LargeInt 类的一个实例

以下代码显示了修改后的类定义、完整的加法运算和"小于"运算符。我们已经实现了在算法介绍中所做的更改。将完成其他操作作为编程任务。

```cpp
#include "SpecializedList.h"          // 访问 SpecializedList
#include <fstream>
enum SignType {PLUS, MINUS};
class LargeInt
{
  public: LargeInt();
  bool operator<(LargeInt second);
  bool operator==(LargeInt second);
  LargeInt operator+(LargeInt second);
  LargeInt operator-(LargeInt second);
  void InsertDigit(int);
  void Write(std::ofstream&);
private:
  SpecializedList number; SignType sign;
  int numDigits;
};


void Add(SpecializedList first, SpecializedList second,
     SpecializedList& result)
// 后置条件：  result = first + second
{
  int carry = 0;
  bool finished1 = false;
  bool finished2 = false;
  int temp;
  int digit1;
  int digit2;

  first.ResetBackward();
  second.ResetBackward();

  while (!finished1 && !finished2)
  {
    first.GetPriorItem(digit1, finished1);
    second.GetPriorItem(digit2, finished2);
    temp = digit1 + digit2 + carry;
    carry = temp / 10;
    result.PutFront(temp % 10);
  }
  while (!finished10
  {     // 将 first 中剩余的数字（如果有的话）添加到总和中
    first.GetPriorItem(digit1, finished1);
    temp = digit1 + carry;
    carry = temp / 10;
    result.PutFront(temp % 10);
  }
```

```
      while (!finished2)
      { // 将 second 中剩余的数字（如果有）添加到总和中
         second.GetPriorItem(digit2, finished2);
         temp = digit2 + carry;
         carry = temp / 10;
         result.PutFront(temp % 10);
      }
      if (carry != 0)                        // 添加进位（如果有）
         result.PutFront(carry);
   }
LargeInt LargeInt::operator+(LargeInt second)
// self 是第一个操作数
{
   SignType selfSign; SignType secondSign; LargeInt result;
   if (sign == second.sign)
   {
      Add(number, second.number, result.number);
      result.sign = sign;
   }
   else
   {
      selfSign = sign;
      secondSign = second.sign;
      sign = PLUS;
      second.sign = PLUS;
      if (*this < second =
      {
         Sub(second.number, number, result.number);
         result.sign = secondSign;
      }
      else if (second < *this)
      {
         Sub(number, second.number, result.number);
         result.sign = selfSign;
      }
      sign = selfSign;
   }
   result.numDigits = result.number.GetLength();
   return result;
}

enum RelationType {LESS, GREATER, EQUAL};
RelationType CompareDigits(SpecializedList first,
      SpecializedList second);

bool LargeInt::operator<(LargeInt second)
```

```
{
  RelationType relation;

  if (sign == MINUS && second.sign == PLUS)
    return true;
  else if (sign == PLUS && second.sign == MINUS)
    return false;
  else if (sign == PLUS && numDigits < second.numDigits)
    return true;
  else if (sign == PLUS && numDigits > second.numDigits)
    return false;
  else if (sign == MINUS && numDigits > second.numDigits)
    return true;
  else if (sign == MINUS && numDigits < second.numDigits)
    return false;
  else                          // 必须逐位比较
  {
    relation = CompareDigits(number, second.number);
    if (sign == PLUS && relation == LESS)
      return true;
    else if (sign == PLUS && relation == GREATER)
      return false;
    else if (sign == MINUS && relation == GREATER)
      return true;
    else return false;
  }
}

RelationType CompareDigits(SpecializedList first,
      SpecializedList second)
{
  bool same = true;
  bool finished = false;
  int digit1;
  int digit2;

  first.ResetForward();
  second.ResetForward();
  while (!finished)
  {
    first.GetNextItem(digit1, finished);
    second.GetNextItem(digit2, finished);
    if (digit1 < digit2)
      return LESS;
    if (digit1 > digit2)
      return GREATER;
  }
  return EQUAL;
}
```

> **C++** **显式引用 self**
>
> 成员函数所应用的对象可以直接引用其数据成员。在某些情况下，对象需要将自身作为一个整体来引用，而不仅仅是引用其数据成员。重载加运算符的代码中有一个示例，在这个函数中，必须确定 self 是否小于另一个操作数，这是算法的一部分：
>
> ```
> if |self |< |second|
>         Sub(second.number, number, result.number)
>         Set result.sign to second.sign
> ```

需要将关系运算符"<"应用于成员函数内的两个 LargeInt 对象。如何引用 self？ C++ 有一个隐藏的指针，称为 this。当调用类成员函数时，this 指向应用该函数的对象。this 指针可供程序员使用。此处显示的算法段可以通过将 *this 替换为 self 来实现：

```
secondSign = second.sign;
sign = PLUS;
second.sign = PLUS;
if (*this < second)
{
    Sub(second.number, number, result.number);
    result.sign = secondSign;
}
```

查看本案例研究中所表示的抽象层，程序员在应用程序中使用 LargeInt 类来定义和操作非常大的整数。LargeInt 程序员使用 SpecializedList 来定义和操作表示为数字链表的大整数。SpecializedList 程序员创建了一个实用程序，该实用程序将 int 类型的项插入一个循环的双向链表中，并沿任一方向遍历该链表。

5. 测试计划

每个 LargeInt 操作都必须经过单元测试。在算法中，if 语句的数量表明了每个操作的代码复杂性。代码越复杂，测试它所需的测试用例就越多。白盒测试策略需要检查每个操作的代码并识别数据以测试所有分支。黑盒测试策略将涉及选择测试各种可能输入的数据。它需要不同的符号组合和操作数之间的相对关系。在"小于"、加法和减法的情况下，前面介绍时所使用的示例将作为这些运算的测试数据。还应包括其他情况，如其中一个或两个操作数为 0 的情况。

当然，这种讨论的前提是 SpecializedList 已经得到了彻底的检验。

6.10 小结

本章是理论材料和实现技术的集合。C++ 提供了一种在程序中声明结构时提供该信息的方法，而不是要求用户提供包含结构项的信息文件。模板是一个 C++ 结构，在声明语句的类型名称旁边的尖括号中，它允许客户端指定结构中元素的类型。

链表中链接元素的概念已经被扩展到带有头结点和尾结点的链表、循环链表和双向链表。在设计许多类型的数据结构时，可以考虑将元素链接起来的思想。

浅拷贝是复制项的拷贝，但不复制它们可能指向的项的拷贝。深拷贝是指复制项及其可能指向的项。C++ 提供了一个称为复制构造函数的构造函数,可以用来强制进行深拷贝。还可以重载关系运算符,以便使用标准符号比较不同的类型,赋值运算符也可以重载。

除了介绍使用动态分配的结点来实现链接结构之外,还介绍了一种在记录数组中实现链接结构的技术。在这种技术中,链接不是指向自由存储的指针,而是指向记录数组的索引。这种类型的链接在系统软件中广泛使用。

本章通过一个如何使用 C++ 虚函数构造来实现动态绑定的示例重新介绍了多态性。还研究了深拷贝、浅拷贝和赋值运算符重载的概念。

引入了基于范围的 for 循环,并与传统的基于索引的 for 循环进行了比较。展示了在数组和 C++ 链表 ADT 上使用基于范围的 for 循环的示例。对第 4 章中的有序链表 ADT 使用模板参数进行了概括,并使用迭代器对象进行了重构以支持基于范围的 for 循环。

本章最后的"案例研究"设计了一个大整数 ADT。位数仅受内存大小的限制。为了处理这种类型的对象,重载了几个关系运算符和算术运算符。

6.11 练习

1. 虚拟结点用于通过消除一些"特殊情况"来简化链表处理。

　　a. 线性链表中的头结点消除了什么特殊情况?

　　b. 线性链表中的尾结点消除了什么特殊情况?

　　c. 虚拟结点在实现链接栈时有用吗? 也就是说,它们的使用会消除特殊情况吗?

　　d. 虚拟结点在实现带有指向前端元素和后端元素的指针的链接队链时有用吗?

　　e. 虚拟结点在实现循环链接队链时有用吗?

2. 为循环链表类实现类构造函数、析构函数和复制构造函数。

3. 如果你打算将 FIFO 队列 ADT 实现为一个循环链表,使用外部指针访问队链的"后端"结点,你需要更改哪个成员函数?

4. 编写一个成员函数 PrintReverse,以逆序输出链表中的元素。例如,对于链表 X Y Z, list. PrintReverse () 将输出 Z Y X。该链表实现为一个循环链表,listData 指向链表中的第一个元素。你可以假设该链表不为空。

5. 你能否从 SpecializedList 类派生一个 DLList 类型? 该类有一个名为 PutItem 的成员函数,该函数将元素插入链表中适当的位置。如果有,则派生该类并实现函数。如果没有,解释原因。

6. 如果要使用双向链表重写有序列表 ADT 的实现,是否需要更改类定义? 如果需要,如何重写?

7. 概述将有序列表 ADT 实现为双向链表所需的成员函数的更改。

8. 编写栈 ADT 的 Copy 成员函数,假设在参数链表中命名的栈被复制到 self 中。

9. 编写栈 ADT 的 Copy 成员函数,假设 self 被复制到参数链表中命名的栈中。

10. 使用下面的循环双向链表,给出对应于以下每个描述的表达式:

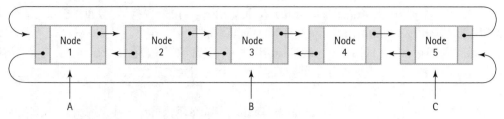

A   B   C

（例如，从指针 A 引用的 Node 1 的 info 成员的表达式将是 A–>info。）

    a. Node 1 的 info 成员，从指针 C 引用。

    b. Node 2 的 info 成员，从指针 B 引用。

    c. Node 2 的 next 成员，从指针 A 引用。

    d. Node 4 的 next 成员，从指针 C 引用。

    e. Node 1，从指针 B 引用。

    f. Node 4 的 back 成员，从指针 C 引用。

    g. Node 1 的 back 成员，从指针 A 引用。

11. 行编辑器编辑的文本由结点的双向链表表示，每个结点包含一个 80 链的文本行（为 LineType 类型）。有一个指向此链表的外部指针（LineType 类型），它指向正在编辑的文本中的"当前"行。该链表有一个头结点，其中包含字符串"－－－Top of File-－－"和一个尾结点，其中包含字符串 "－－－Bottom of File－－－"。

    a. 画出这个数据结构的草图。

    b. 编写支持此数据结构的类型声明。

    c. 编写类构造函数，用于设置头结点和尾结点。

    d. 对以下操作进行编码：

▤ GoToTop(LineType* linePtr)

    功能：回到链表的顶端。

    后置条件：currentLine 被设置为访问文本的第一行。

▤ GoToBottom(LineType* linePtr)

    功能：转到链表的底部。

    后置条件：currentLine 被设置为访问文本的最后一行。

---

    e. 用 Big-O 表示法描述 d 部分的操作。如何更改链表以使这些操作的复杂度为 O(1)？

    f. 使用以下规格说明对 InsertLine 操作进行编码：

▤ InsertLine(LinePtrType linePtr, LineType newline)

    功能：在当前行插入 newLine。

    后置条件：newLine 已插入 currentLine 之后。

                 currentLine 指向 newLine。

---

g. 还应该包括哪些其他成员函数？

12. 在链表的三种变体（循环链表、带有头结点和尾结点的链表以及双向链表）中，以下应用程序适合哪种？

　　a. 你希望在链表中搜索一个键，并返回在它之前的两个元素的键和在它之后的两个元素的键。

　　b. 文本文件包含整数元素，每行一个，按从小到大排序。你必须从文件中读取值，并创建一个包含这些值的排序链表。

　　c. 链表很短，经常变成空的。你需要一个最适合在空链表中插入元素并从链表中删除最后一个元素的链表。

13. 对于 GetNode 和 FreeNode 函数，在基于数组的链接实现中初始化空闲链表的 Big-O 方法是什么？

14. 使用图 6.19 所示数组中包含的链表回答以下问题：

　　a. list1 指向的链表中有哪些元素？

　　b. list2 指向的链表中有哪些元素？

　　c. 哪些数组位置（索引）是自由空间链表的一部分？

　　d. 从第一个链表中删除 Nell 之后，数组会是什么样子？

　　e. 假设在插入之前，数组如图 6.19 所示。将 Anne 插入第二个链表后，数组会是什么样子？

15. 记录（结点）数组用于包含双向链表，next 和 back 成员表示每个方向上链接结点的索引。

　　a. 显示数组初始化为空状态后的情况，所有结点都链接到自由空间链表中（自由空间结点只能在一个方向上链接）。

b. 画一个双向链表的方框和箭头图，将数字 17、4、25 插入正确的位置。

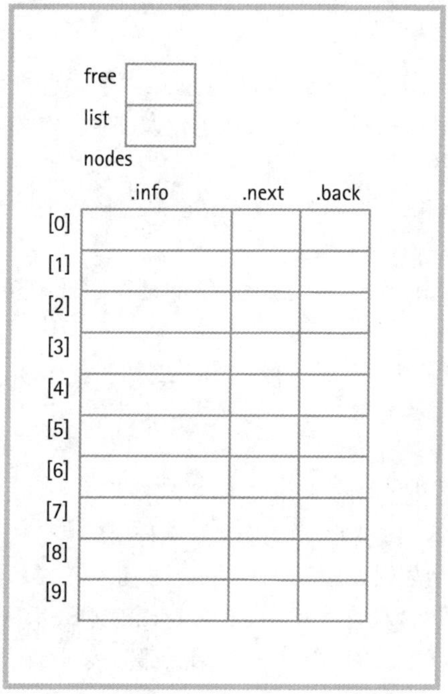

	.info	.next	.back
[0]			
[1]			
[2]			
[3]			
[4]			
[5]			
[6]			
[7]			
[8]			
[9]			

free
list
nodes

c. 将数字 17、4、25 插入双向链表中的适当位置后，在下图中填充数组的内容。

d. 说明在删除 17 后，c 部分的数组会是什么样子。

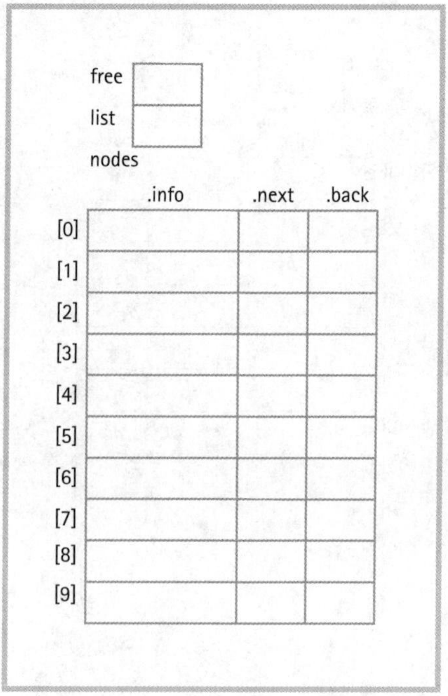

	.info	.next	.back
[0]			
[1]			
[2]			
[3]			
[4]			
[5]			
[6]			
[7]			
[8]			
[9]			

free
list
nodes

16. 如果 LargeInt 类中每个结点存储了不止一个数字，那么需要进行哪些更改？

17. 区分函数的静态绑定和动态绑定。

18. 使用模板重构 SortedType（基于数组）。

19. 使用模板重构 SortedType（链接）。

20. 使用模板重构 StackType（链接）。

21. 使用模板重构 QueType（链接）。

22. 通过假设 ItemType 类的成员函数重载关系运算符，来替换基于数组的 UnsortedList 中的 ComparedTo 函数。

23. 为 LargeInt 类创建统一建模语言（UML）图。

24. 双向链表的每个结点有两个指针。（正确或错误）

25. 头结点是链表开头的占位符结点，用于简化链表处理。（正确或错误）

26. 尾结点在语法上与链表中的其他结点没有区别。（正确或错误）

27. 尾结点与链表中的其他结点在逻辑上没有区别。（正确或错误）

28. 尾结点是链表末尾的占位符结点，用于简化链表处理。（正确或错误）

29. 一个程序员使用继承来专门化 X 类时，需要访问 X 的实现源代码。（正确或错误）

30. 在 C＋＋中，一个派生类的构造函数是在其基类构造函数执行完成后执行的。（正确或错误）

31. C++ 派生类要重写继承的成员函数，基类必须声明该函数为虚函数。（正确或错误）

第**7**章

递归编程

✎ 知识目标

学习完本章后，你应该能够：

- 明白递归是作为重复的另一种形式。
- 使用递归方法，完成以下任务：
  - ◆ 确定该解决方案暂停的条件。
  - ◆ 确定基础条件。
  - ◆ 确定一般条件。
  - ◆ 确定该解决方案能做什么。
  - ◆ 确定该解决方案是否正确，如果不正确则纠正。
- 给定一个简单的递归问题，完成以下任务：
  - ◆ 确定基础条件。
  - ◆ 确定一般条件。
  - ◆ 将解决方案设计为递归空函数或返回值函数并编写代码。
- 根据"三问法"验证递归方法。
- 确定递归解决方案是否适合某个问题。
- 比较和对照动态存储分配和静态存储分配。
- 通过显示运行时栈的内容，说明递归内部的工作情况。
- 使用迭代、栈或同时使用两者来替换递归解决方案。
- 解释为什么递归未必是实现问题解决方案的最佳选择。

本章介绍了递归这一主题，这是许多计算机语言（包括 C++）支持的一种独特的解决问题的方法。使用递归，可以通过将问题反复分解为同一问题的较小版本来解决问题，直到将子问题减小到可以轻松解决的小问题为止。然后，反复重复地组合子问题的方法，直到找到原始问题的解决方案。

尽管递归最初可能显得笨拙和尴尬，但当应用得当时，它代表了一个非常强大和有用的解决问题的工具。

7.1　什么是递归

你可能见过一套绘有鲜艳色彩、一个套着一个的俄罗斯套娃。在较大的玩偶内部是一个较小的玩偶，较小的玩偶里面是一个更小的玩偶，更小的玩偶里面是一个再小一点的玩偶，以此类推。递归就像是这样的一组俄罗斯套娃。它以越来越小的版本形式复制自身，直到达到无法再细分的版本，即直到达到最小的玩偶为止。递归算法是通过使用对自身进行**递归调用**的函数来实现的，这类似于将套娃一一分开。解决方案通常依赖于递归调用中传回的越来越大的子解决方案，这类似于将套娃重新套在一起。

在 C++ 中，任何函数都可以调用另一个函数，函数甚至可以调用自身。当函数调用自身时，它将进行递归调用。递归一词的意思是"让某一特性再次出现，或重复出现"。在这种情况下，函数本身会重复执行函数调用。这种类型的递归有时称为**直接递归**，因为该函数直接调用自身。本章中的所有示例都涉及直接递归。当函数 A 调用函数 B，而函数 B 调用函数 A 时，发生**间接递归**。函数调用链可能会更长，但是如果最终导致返回到函数 A，则它涉及间接递归。

> **递归调用**
> 一种函数调用，被调用的函数与进行调用的函数是同一个函数。
>
> **直接递归**
> 当函数直接调用自身时。
>
> **间接递归**
> 当由两个或两个以上的函数调用组成的函数链返回到发起该函数链的函数时。

递归是一种强大的编程技术，但是使用它时必须小心。对于同一问题，递归方法可能比迭代方法的效率低。实际上，本章中使用的一些示例更适合使用迭代方法。然而，许多问题都可以采用简单、优雅的递归方法，而迭代方法求解则比较复杂。一些编程语言，如早期的 FORTRAN 语言、BASIC 语言和 COBOL 语言，都不允许递归。其他语言则特别面向递归方法，如 LISP。而 C++ 可以选择，可以在 C++ 中实现迭代算法和递归算法。

7.2 递归的经典示例

数学家通常根据用于生成概念的过程来定义概念。例如，$n!$（n 的阶乘）用于计算 n 个元素的排列次数。$n!$ 的一种数学描述是

$$n! = \begin{cases} 1, & n = 0 \\ n(n-1)(n-2)\cdots\times 1, & n > 0 \end{cases}$$

考虑 $4!$ 的情况。因为 $n > 0$，所以使用公式的第二个子句的定义：

$$4! = 4 \times 3 \times 2 \times 1 = 24$$

$n!$ 的这种描述为 n 的每个值提供了一个不同的定义，因为 "$\cdots$" 代表中间因子，即定义 $2!$ 为 2×1，定义 $3!$ 为 $3 \times 2 \times 1$，等等。

对于 n 的任意非负值，也可以用单一的定义来表示 $n!$：

$$n! = \begin{cases} 1, & n = 0 \\ n(n-1)!, & n > 0 \end{cases}$$

此定义是**递归定义**，因为需要根据其本身来表达阶乘函数。

> **递归定义**
> 用某事物自身的较小版本来定义该事物的方式。

让我们直观地观察 $4!$ 的递归计算。因为 4 不等于 0，所以使用公式的第二个子句的定义：

$$4! = 4 \times (4 - 1)! = 4 \times 3!$$

当然，还不能进行乘法运算，因为不知道 $3!$ 的值。因此，可以打电话给我们的好朋友 Sue Ann，她拥有数学博士学位，可以得出 $3!$ 的值。

$$4! = 4 \times 3!$$

Sue Ann 有和我们一样的阶乘函数的计算公式，所以她知道

$$3! = 3 \times (3-1)! = 3 \times 2!$$

但她不知道 $2!$ 的值，因此她让我们等一会儿，并打电话给她的朋友 Max，他拥有数学硕士学位。

Max 和 Sue Ann 的公式是一样的，因此他很快计算出

$$2! = 2 \times (2-1)! = 2 \times 1!$$

但是 Max 不能完成乘法运算，因为他不知道 1! 的值。他让 Sue Ann 等一下，打电话给母亲，他的母亲拥有数学教育学士学位。

Max 的母亲和 Max 有着相同的公式，所以她很快就明白了这一点

$$1! = 1 \times (1-1)! = 1 \times 0!$$

当然，由于没有 0! 的值，她不能执行乘法运算，所以妈妈让 Max 等一下，打电话给她的同事 Bernie，他拥有英国文学学士学位。

Bernie 不需要懂数学就可以得出 0! = 1，因为他可以在公式的第一个子句中读取该信息（如果 $n=0$，则 $n! = 1$）。他立即将答案告诉了 Max 的母亲。现在，她可以完成她的计算：

$$1! = 1 \times 0! = 1 \times 1 = 1$$

她将答案告诉 Max，Max 现在在他的公式中执行乘法运算，并从中得知

$$2! = 2 \times 1! = 2 \times 1 = 2$$

Max 告诉 Sue Ann，Sue Ann 现在可以完成她的计算

$$3! = 3 \times 2! = 3 \times 2 = 6$$

所以4! 是 24	3! 是 6	2! 是 2	1! 是 1	0! 是 1
$n = 4$	$n = 3$	$n = 2$	$n = 1$	$n = 0$
$4! = 4 \times 3! =$ $4 \times 6 = 24$	$3! = 3 \times 2! =$ $3 \times 2 = 6$	$2! = 2 \times 1! =$ $2 \times 1 = 2$	$1! = 1 \times 0! =$ $1 \times 1 = 1$	$0! = 1$

Sue Ann 打电话告诉我们这个令人兴奋的消息。现在可以完成计算

$$4! = 4 \times 3! = 4 \times 6 = 24$$

注意，当我们到达一个不需要递归定义就知道答案的情况时，递归调用就停止了。在这个例子中，Bernie 知道 0! = 1 直接从定义中得到，无须使用递归。明确知道答案的条件称为**基础条件**。用较小版本的解表示的条件称为**递归条件**或**一般条件**。**递归算法**是用递归调用来表示解决方案的算法。递归算法必须可以终止，也就是说，它必须拥有基础条件。

> **基础条件**
> 可以非递归地表示解决方案的条件。
>
> **递归条件或一般条件**
> 以其自身的较小版本表示解决方案的条件。
>
> **递归算法**
> 用自身的较小实例和基础条件来表示的解决方案。

7.3　使用递归进行编程

当然，递归的使用并不局限于有电话的数学家。支持递归的计算机语言（如 C++）通过降低问题的复杂性或隐藏问题的细节，给程序员提供了解决某些类型问题的有力工具。

本章讨论了几个简单问题的递归方法。在最初的讨论中，你可能想知道为什么递归方法比迭代或非递归方法更可取，因为迭代的解可能看起来更简单、更有效。别担心，正如在后面你会看到，在某些情况下，递归的使用产生了一个更简单、更优雅的程序。

编码阶乘函数

如前所述，递归函数就是调用自身的函数。在前文中，Sue Ann、Max、Max 的妈妈和 Bernie 都有相同的公式求解阶乘函数。当构造一个递归的 C++ 函数阶乘来求解 $n!$ 时，我们知道在哪里可以获得公式中需要的 $(n-1)!$ 的值。已经具有执行此计算的函数：阶乘。当然，递归调用中的实际参数（number–1）不同于原始调用中的参数（number）（递归调用是函数内的调用）。因此这种差异是重要且必要的考虑因素：

```
int Factorial (int number)
// 前置条件: number 为非负数
// 后置条件: 函数值等于 number 的阶乘
{
    if (number == 0)                            // 第 1 行
      return 1;                                 // 第 2 行
    else
      return number * Factorial(number-1);      // 第 3 行
}
```

注意上述代码第 3 行中 Factorial 的用法。Factorial 涉及对函数的递归调用, 参数为 number – 1。
表 7.1 给出了使用 Factorial 函数计算 4! 的过程, 数的原值为 4。

为了进行比较, 并排看一下该问题的递归和迭代方法:

```
int Factorial(int number)        int Factorial(int number)
{                                {
  if (number == 0)                 int fact = 1;
    return 1;
  else                             for (int count = 2;
    return number *                  count <= number; count++)
      Factorial(number - 1);       fact = fact * count;
}                                  return fact;
                                 }
```

表 7.1　Factorial(4) 演示

递归调用	行	动　作
	1	4 不为 0, 所以跳到 else 子句
	3	返回 number * Factorial(4 –1)
1		第 1 次递归调用, number = 3
1	1	3 不为 0, 所以跳到 else 子句
	3	返回 number * Factorial(3 – 1)
2		第 2 次递归调用, number = 2
2	1	2 不为 0, 所以跳到 else 子句
	3	返回 number * Factorial(2 – 1)
3		第 3 次递归调用, number = 1
3	1	1 不为 0, 所以跳到 else 子句
	3	返回 number * Factorial(1 – 1)

递归调用	行	动　作
4		第 4 次递归调用，number = 0
	1	0 为 0，所以转到第 2 行代码
	2	返回 1
3	3	用 1 替换 Factorial 的调用；number = 1
		返回 1
2	3	用 1 替换 Factorial 的调用；number = 2
		返回 2
1	3	用 2 替换 Factorial 的调用；number = 3
		返回 6
	3	用 6 替换 Factorial 的调用；number = 4
		返回 24

　　这两个 Factorial 版本说明了递归方法和迭代方法之间的一些区别。首先，迭代方法使用诸如 for 循环（或 while 或 do...while 循环）之类的循环结构来控制执行。相反，递归方法使用分支结构（if 或 switch 语句）。迭代方法需要几个局部变量，而递归方法则使用函数的参数来提供其所有信息。有时，与等效的迭代方法相比，递归方法需要更多的参数。迭代方法中使用的数据通常在循环上方的例程中初始化。递归方法中使用的相似数据通常通过在例程的初始调用中选择参数值来初始化。

　　让我们总结一下递归方法的词汇。递归定义是一种用自身的较小版本来定义事物的定义。阶乘函数的定义当然符合此描述。递归调用是从函数自身内部对函数进行的调用。函数 Factorial 中的第 3 行是递归调用的示例。

　　在递归方法中，总是至少有一种条件答案是已知的。该解决方案并不是以其本身的较小版本表示。在阶乘的情况下，如果数字为 0，则答案是已知的。已知答案的条件称为基础条件。递归说明的条件是一般条件或递归条件。

7.4　验证递归函数

　　在 7.3 节中，检验一个递归函数有效性的演示是耗时、烦琐且常常令人困惑的。此外，通过模拟 Factorial(4) 的执行，知道函数在 number = 4 时有效，但它并不能告诉我们函数对所有非负值是否有效。如果有一种技术能帮助我们判断递归方法是否有效，这将是有用的。

三问法

　　我们使用一种称为"三问法"的技术来验证递归函数。为了确认递归方法有效，你必须能够对以下三个问题全部回答"是"。

　　（1）基础条件问题：是否存在一个非递归方法来退出函数，对于该基础条件，例程能否正常工作？

（2）较小调用问题：对函数的每个递归调用是否都涉及原始问题的更小情况，不可避免地导致了基础条件？

（3）一般条件问题：假定递归调用正常工作，那么整个函数是否正常工作？

让我们把这三个问题应用到 Factorial 函数中（在这里用的是 N，而不是 number 变量）。

（1）基础条件问题：当 $N=0$ 时发生基础条件。然后将 Factorial 赋值为 1，这是正确的 0! 值，不对 Factorial 进行进一步（递归）调用。答案是肯定的。

（2）较小调用问题：要回答此问题，必须查看递归调用中传递的参数。在 Factorial 函数中，递归调用传递 $N-1$。每个后续递归调用都会发送一个递减的参数值，直到最终发送的值为 0。这时，正如用基础条件问题所验证的那样，已经达到了最小的情况，不再进行任何递归调用。答案是肯定的。

（3）一般条件问题：对于像 Factorial 这样的函数，我们需要验证所使用的公式是否能得出正确的解。假定递归调用 Factorial($N-1$) 得到正确的值 $(N-1)!$，则返回语句将计算 $N(N-1)!$。这是阶乘的定义，因此我们知道该函数适用于所有正整数。在回答第一个问题时，已经确定该函数适用于 $N=0$（该函数仅针对非负整数定义）。因此，答案是肯定的。

如果你熟悉归纳证明，你应该知道我们做了什么。假设函数适用于某个基础条件 $(N-1)$，现在可以证明，将函数应用到下一个值 $(N-1)+1$ 或 N 中，可以得到正确的 $N!$ 计算公式。

7.5 编写递归函数

用于验证递归函数的问题也可以用作编写递归函数的指南。可以使用以下方法编写任何递归例程：

（1）获得要解决的问题的确切定义。（当然，这是解决任何编程问题的第一步。）

（2）确定此函数调用要解决的问题的规模。初次调用该函数时，整个问题的规模以参数的值表示。

（3）识别并解决基础条件，其中问题可以非递归地表示。这就保证了基础条件问题的答案是肯定的。

（4）根据同一问题的较小情况 —— 递归调用，正确地识别和解决一般条件。这确保了较小调用问题和一般条件问题的答案是肯定的。

在 Factorial 的例子中，在阶乘函数的定义中总结了问题的定义。问题的规模是要乘以的值的数量：N。基础条件发生在 $N=0$ 时，在这种条件下我们采用非递归方法。最后，一般条件发生在 $N>0$ 时，导致对 Factorial 的递归调用为更小的情况：Factorial($N-1$)。

编写布尔函数

将这种方法应用于编写布尔函数 ValueInList，该函数在整数列表中搜索一个值，然后返回 true 或 false 来指示是否找到了该值。该列表声明如下，并作为参数传递给 ValueInList：

```
struct ListType
{
  int length;
  int info[MAX_ITEMS];
};
ListType list;
```

这个问题的递归解决方案如下：

Return（值在列表的起始位置？）或者（值在列表的其余部分？）

可以通过将值与 list.info[0] 进行比较来回答第一个问题。但是如何知道该值是否在列表的其余部分中？如果能有一个函数，它可以搜索列表的其余部分——确实有一个，ValueInList 函数在列表中搜索一个值。只需要从第一个位置（较小的情况）开始搜索。为此，需要将搜索起始位置作为参数传递给 ValueInList。列表的末尾位于 list.length − 1，如果值不存在，可以停止搜索。因此，使用以下函数规格说明：

📰 bool ValueInList (list, value, startIndex)

功能：在列表中搜索 startIndex 和 list.length −1 之间的值。

前置条件：list.info[startIndex]..list.info[list.length −1] 包含被搜索的值。

后置条件：函数值 =（存在于 list.info[startIndex]..list.info[list.length −1] 中的值）。

要搜索整个列表，将使用以下语句调用该函数：

```
if (ValueInList(list, value, 0))
```

该算法的一般条件是搜索列表的其余部分。这种情况涉及递归调用 ValueInList，指定数组中要搜索的较小部分：

```
return ValueInList(list, value, startIndex + 1)
```

通过将表达式 startIndex + 1 作为参数，有效地减小了递归调用要解决的问题的规模。也就是说，从 startIndex + 1 到 list.length−1 的列表搜索比从 startIndex 到 list.length−1 的搜索任务小。图 7.1 显示了在执行过程中冻结的 ValueInList 函数。

图 7.1　在中间执行 ValueInList 函数

最后，需要知道何时停止搜索。这个问题涉及两个基础条件：①找到值（返回 true）；②到达列表的末尾都没有找到值（返回 false）。在这两种基础条件下，都可以停止递归调用 ValueInList。

总结一下到目前为止所介绍的内容，然后编写 **ValueInList** 函数：

ValueInList 函数	
定义：	搜索值列表。如果找到值则返回 true，否则返回 false。
规模：	在 list.info[startIndex]..list.info[list.length − 1] 中要搜索的槽位数。
基础条件：	如果 list.info[startIndex] 等于 value，返回 true；如果 startIndex 等于 list.length−1 且 list.info[list.length−1] 不等于 value，返回 false。
一般条件：	在列表的其余部分中搜索值。这是使用参数 startIndex + 1（较小的调用程序）对 ValueInList 进行的递归调用。

ValueInList 函数的代码如下：

```
bool ValueInList(ListType list, int value, int startIndex)
{
  if (list.info[startIndex] == value)
    return true;                    // 基础条件 1
  else if (startIndex == list.length-1)
    return false;                   // 基础条件 2
  else return ValueInList(list, value, startIndex+1);
}
```

startIndex 参数作为数组的索引，它在 ValueInList 的原始调用中初始化，并在每次递归调用上递增。等效的迭代解决方案将使用局部计数器，该局部计数器在循环上方的函数中初始化，并在循环中递增。

使用"三问法"来验证此功能。

（1）基础条件问题：当此调用找到值，并且函数退出而进一步调用自身时，将发生一个基础条件；当到达列表的末尾都没有找到值，并且函数在没有任何进一步的递归调用的条件下退出时，发生第二种基础条件。答案是肯定的。

（2）较小调用问题：通常情况下，递归调用会增加 StartIndex 的值，从而使列表中剩下的要搜索的部分变小。答案是肯定的。

（3）一般条件问题：假设一般条件下的递归调用可以正确告诉我们是否在列表中第二个到最后一个元素中找到了该值。如果在列表的第一个元素中找到该值，则基础条件 1 给出正确的答案（true）；如果该值不在第一个元素且该元素是列表中的唯一元素，则基础条件 2 给出正确的答案（false）。唯一可能的情况是该值存在于列表其余部分的某处。假设一般条件正确，整个函数也是正确的，那么这个问题的答案也是肯定的。

7.6　使用递归简化解决方案

到目前为止，我们已经看到了一些可以很容易（或更容易）写成迭代例程的示例。在本章的最后，更多的是介绍如何在迭代解决方案和递归解决方案之间进行选择。但是，对于许多问题，使用递归简化了解决方案。

这里考虑的第一个问题是 Combinations 函数，它告诉我们可以从一组元素中进行多少个特定大小的组合。例如，如果将 20 本不同的书传给 4 名学生，可以很容易地看出，为了公平起见，应该给每个学生 5 本书。但是对于一组 20 本的书，5 本书一组的组合能有多少种呢？

一个数学公式可以用来解决这个问题。给定 C 为组合总数，group 为要从中挑选的组的总规模，members 为每个子组的规模，且 group >= members：

$$C(\text{group,members})=\begin{cases} \text{group}, & \text{如果members}=1 \\ 1, & \text{如果members=group} \\ C(\text{group}-1, \text{ members}-1)+C(\text{group}-1, \text{ members}), & \text{如果group>members>1} \end{cases}$$

由于 C 的定义是递归的，因此很容易看出如何使用递归函数来解决问题。

下面总结一下我们的问题。

Combinations 函数	
定义：	计算从总规模中可以设计出多少个子组 (组合)。
规模：	组的大小，成员数。
基础条件：	如果 members = 1，返回 group；如果 members = group，返回 1。
一般条件：	如果 group > members > 1，返回 Combinations(group − 1, members − 1) + Combinations(group − 1, members)

下面列出了由此产生的递归函数 Combinations：

```
int Combinations(int group, int members)
// 前置条件: group 和 members 是正数
// 后置条件: 函数值 = 由总规模的成员构成的组合数量
{
    if (members == 1)
      return group;              // 基础条件 1
    else if (members == group)
      return 1;                  // 基础条件 2
    else
      return (Combinations(group-1, members-1) + Combinations(group-1, members));
}
```

图 7.2 显示了此函数的处理过程，以计算可以从一组 4 个元素中组成每组 3 个元素的组合数。

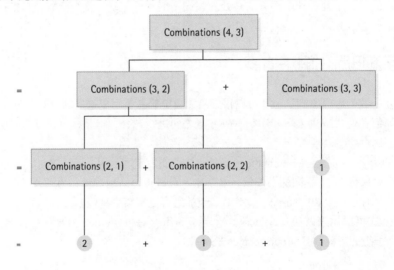

图 7.2　计算 Combinations(4,3)

回到原来的问题，现在就可以用下面的语句从附有声明的 20 本书的集合中计算出 5 本书可以有多少个组合。

```
std::cout << "Number of combinations = " << Combinations(20, 5)
          << std::endl;
```

编写递归解决方案来解决以递归定义为特征的问题（如组合或阶乘）是非常简单的。

7.7　链表的递归处理

接下来看另一种类型的问题，即输出动态分配链表中的元素的函数。该列表已使用以下声明实现。对于此示例，ListType 是一个类，而不是一个类模板。NodeType 是一个结构而不是结构模板，NodeType 类型的 info 成员的类型为 int：

```
struct NodeType;
class ListType
{
public:
  // 成员函数的原型
private:
  NodeType * listData;
};
```

到现在为止，你可能会说这个任务用迭代完成是如此简单（while(ptr!= NULL)），以至于递归地写它没有任何意义。所以让任务更有趣一点：按逆序输出列表中的元素。这个问题通过递归地求解要容易、更优雅。

要执行的任务是什么？算法如下，如图 7.3 所示。

RevPrint

以逆序输出列表中第二个到最后一个元素。
输出列表中的第一个元素。

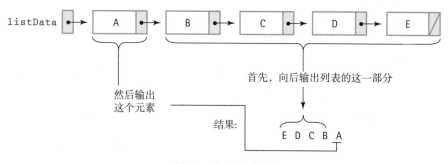

图 7.3　RevPrint 递归

任务的第二部分很简单，如果 listPtr 指向列表中的第一个结点，可以用语句 cout << listPtr->info 输出其内容。任务的第一部分（按逆序输出列表中的其他所有结点）也很简单，因为有一个按逆序输出列表的例程：递归地调用函数 RevPrint。当然，必须对参数进行一些调整以适应 RevPrint (listPtr–>next)。该调用显示为"以逆序输出 listPtr–>next 指向的链表"。反过来，此任务又依次分两步递归完成：

> RevPrint 列表的其余部分（从第三个到最后一个元素）
> 然后输出列表中的第二个元素

当然，此任务的第一部分是递归完成的，都在哪里退出？需要一个基础条件。当完成最小的情况时（RevPrint 输出一个元素的列表），可以停止调用 RevPrint。然后 listPtr–>next 的值为 NULL，可以停止进行递归调用，下面总结一下问题：

RevPrint 函数	
定义：	以逆序输出列表。
规模：	listPtr 指向的列表中元素的数量。
基础条件：	如果列表为空，则不执行任何操作。
一般条件：	递归地调用 listPtr–>next 所指向的列表，然后输出 listPtr–>info。

编写的其他递归例程都是返回值的函数。然而，RevPrint 是一个空函数。每个函数调用只是执行一个操作（输出列表结点的内容），而不向调用代码返回值：

```cpp
void RevPrint(NodeType* listPtr)
{
  if (listPtr != NULL)
  {
    RevPrint(listPtr->next);
    std::cout << listPtr->info << std::endl;
  }
}
```

给定 ListType 类，能否使 RevPrint 成为该类的公共成员函数？答案是否定的，原因如下：要输出整个链表，客户端对 RevPrint 的初始调用必须将指向链表中第一个结点的指针作为参数传递。在 ListType 类中，这个指针（listPtr）是类的私有成员，所以不允许使用以下的客户端代码：

```cpp
list.RevPrint(list.listData);        // 不被允许，因为 listData 是私有的
```

因此，必须将 RevPrint 作为一个辅助的非成员函数来处理，并定义一个调用 RevPrint 的成员函数（如 PrintReversed）：

```cpp
void PrintReversed();                // ListType 类声明中的原型
  ⋮
    void ListType::PrintReversed()
{
  RevPrint(listData);
}
```

在这种设计下，客户端可以通过下面的函数调用来输出整个列表：

```cpp
list.PrintReversed();
```

用三问法验证 RevPrint。

（1）基础条件问题：基础条件是隐含的。当 listPtr 等于 NULL 时，返回到最后一次递归调用 RevPrint 之后的语句，不再进行进一步递归调用。答案是肯定的。

（2）较小调用问题：递归调用传递 listPtr->next 所指向的列表，它比 listPtr 所指向的列表小一个结点。答案是肯定的。

（3）一般条件问题：假设 RevPrint (listPtr->next) 正确地以逆序输出列表的其余部分。此调用之后，接着是输出第一个元素的值的语句，这给出了以逆序输出的整个列表。答案是肯定的。

如何修改 RevPrint 函数（除了修改其名称之外）以使其以顺序而不是逆序输出列表？将此修改留作练习。

7.8　二分查找的递归版本

在第 4 章中，为有序列表 ADT 中的成员函数 RetrieveItem 开发了一种二分查找算法。下面回顾一下该算法：

```
BinarySearch
    将 first 设为 0
    将 last 设为 length - 1
    将 found 设为 false
    将 moreToSearch 设为 (first <= last)
    while moreToSearch AND NOT found
            将 midPoint 设为 (first + last) / 2
            switch (item.ComparedTo(Info[midPoint]))
                    case LESS    : 将 last 设为 midPoint - 1
                                   将 moreToSearch 设为 (first <= last)
                    case GREATER : 将 first 设为 midPoint + 1
                                   将 moreToSearch 设为 (first <= last)
                    case EQUAL   : 将 found 设为 true
    return item
```

尽管在第 4 章中编写的函数是迭代的，但这实际上是一种递归算法。该解决方案以原始问题的较小版本表示：如果在中间位置找不到元素，请执行 BinarySearch（一种递归调用）以搜索列表的相应一半（较小的问题）。用布尔函数的形式来概括问题，该布尔函数仅返回 true 或 false 来指示是否找到了所需的元素。假设它不是 ListType 类的公共成员函数，而是将数组信息作为参数的类的辅助函数：

bool BinarySearch	
定义：	搜索列表以查看元素是否存在。
规模：	list.info[fromLocation]..list.info[toLocation] 中的元素数。
基础条件：	如果 fromLocation > toLocation，返回 false；如果 item.ComparedTo(list.info[midPoint]) = EQUAL，返回 true。
一般条件：	如果 item.ComparedTo(list.info[midPoint]) = LESS，二分查找列表的前半部分。 如果 item.ComparedTo(list.info[midPoint]) = GREATER，二分查找列表的后半部分。

该函数的递归版本如下。由于 switch 语句的每个分支仅包含一个语句,因此使用关系运算符。注意,必须将 fromLocation 和 toLocation 更改为函数的参数,而不是局部索引变量。对该函数的初始调用将采用 BinarySearch(info,item,0,length − 1) 的形式。

```
template<class ItemType>
bool BinarySearch(ItemType info[], ItemType item,
                  int fromLocation, int toLocation)
{
    if (fromLocation > toLocation)                    // 基础条件 1
      return false;
    else
    {
      int midPoint;
      midPoint = (fromLocation + toLocation) / 2;
      if (item < info[midPoint])
        return BinarySearch(info, item, fromLocation, midPoint - 1);
      else if (item == info[midPoint])
        return true;
      else                                            // 基础条件 2
        return BinarySearch(info, item, midPoint + 1, toLocation);
    }
}
```

7.9　PutItem 和 DeleteItem 的递归版本

7.9.1　PutItem 函数

在将某一项插入有序列表的链接实现中需要两个指针:一个指向正在检查的结点,另一个指向其后面的结点。我们需要该尾随指针,因为当发现要插入结点的位置时,已经超出了需要更改的结点的范围。递归版本实际上更简单,因为可以让递归过程处理尾随指针。在这里仅编写算法,在后面将演示其工作原理。

先来看一个元素类型为 int 的示例:

如果插入 11,首先将 11 与列表的第一个结点的值 7 进行比较。数字 11 大于 7,因此在第一个结点的下一个成员所指向的列表中寻找插入点。这个新列表比原来的列表少一个结点。将 11 与该新列表中第一个结点 9 的值进行比较。因为 11 大于 9,所以在第一个结点的下一个成员所指向的列表中寻找插入点。这个新列表比当前列表少一个结点。将 11 与该新列表的第一个结点中的值 13 进行比较。数字 11 小于 13,因此我们找到了插入点。插入一个新结点,将值 11 作为正在检查的列表中第一个结点的值。

如果要插入的值大于列表中的最后一个结点的值，该怎么办？在这种情况下，列表为空，将值插入到空列表中。Insert 不是 ListType 的成员函数，而是 PutItem 调用的辅助函数，具有指向列表的指针作为参数。将其设为模板函数：

Insert 函数	
定义：	将项插入排序列表中。
规模：	列表中项的数量。
基础条件：	如果列表为空，插入项到空列表中；如果项小于 listPtr->info，插入项作为第一个结点。
一般条件：	Insert(listPtr->next, item)。

该函数编码如下。注意，指向列表的指针是一个引用参数。也就是说，该函数接收指向当前结点的指针的实际地址，而不仅仅是指针的副本。在接下来的部分中，将说明为什么这是正确的。

```
template<class ItemType>
void Insert(NodeType<ItemType>*& listPtr, ItemType item)
{
  if (listPtr == NULL || item < listPtr->info)
  {
    // 保存当前指针
    NodeType<ItemType>* tempPtr = listPtr;
    // 获取一个新结点
    listPtr = new NodeType<ItemType>;
    listPtr->info = item;
    listPtr->next = tempPtr;
  }
  else Insert(listPtr->next, item);
}
```

7.9.2 DeleteItem 函数

Delete 函数是 Insert 函数的镜像。在迭代版本中，只有在经过包含指向它的指针的结点之后，才能找到要删除的结点。在递归 Insert 中，通过将指针的地址传递给列表解决了这个问题。同样的方法是否适用于删除操作？从同一列表中删除 13 来看看结果。

该操作的前提条件是该项在列表中，因此将 13 与列表中第一个结点 7 进行比较。它们不相等，所以要在这个小列表中第一个结点的下一个成员所指向的列表中寻找 13。把 13 和 9 比较，它们不相等，所以在第一个结点的下一个成员所指向的列表中寻找 13。将 13 与列表中第一个结点的值进行比较，它们是相等的。保存指向包含 13 的结点的指针（以便稍后释放该结点），并将指向列表的指针设置为第一个结点的下一个成员：

Delete 函数	
定义：	从列表中删除元素。
规模：	列表中元素的数量。
基础条件：	如果元素 = listPtr->info, 删除 listPtr 指向的结点。
一般条件：	删除 listPtr->next,item。

同样，函数必须接收存储指向当前结点的指针的结构中的地址：

```cpp
template<class ItemType>
void Delete(NodeType<ItemType>*& listPtr, ItemType item)
{
  if (item == listPtr->info)
  {
    NodeType<ItemType>* tempPtr = listPtr;
    listPtr = listPtr->next;
    delete tempPtr;
  }
  else
    Delete(listPtr->next, item)
}
```

7.10   递归如何工作

为了理解递归是如何工作的，以及为什么有些编程语言允许递归而有些编程语言不允许，我们必须绕道而行，看看语言是如何将内存中的位置与变量名关联起来的。内存地址与变量名的关联的操作称为绑定。在编译 / 执行周期中发生绑定的点称为绑定时间。这里想强调的是，绑定时间指的是进程中的某个时间点，而不是绑定变量所需的时钟时间。

静态存储分配在编译时将变量名与内存位置相关联；动态存储分配在执行时将变量名与内存位置相关联。当查看静态和动态存储分配的工作方式时，请考虑以下问题：函数的参数何时绑定到内存中的特定地址？这个问题的答案告诉我们这种语言是否可以支持递归。

7.10.1   静态存储分配

在翻译程序时，编译器会创建一个符号表。当声明变量时，它被输入到符号表中，并为其分配一个内存位置（一个地址）。作为示例，来看看编译器将如何翻译以下 C++ 全局声明：

```cpp
int girlCount, boyCount, totalKids;
```

为了简化说明，假设整数仅占用一个内存位置。该语句会在符号表中生成三个条目（使用的地址是任意的）。

```
符号                地址
girlCount          0000
boyCount           0001
totalKids          0002
```

也就是说，在编译时，girlCount 绑定到地址 0000；boyCount 绑定到地址 0001；totalKids 绑定到地址 0002。

每当在程序中使用变量时，编译器都会在符号表中搜索其实际地址，并将该地址替换为变量名。毕竟，有意义的变量名是为了给人类用户带来方便，而地址对计算机而言是有意义的。例如，赋值语句

```
totalKids = girlCount + boyCount;
```

会被翻译成执行以下操作的机器指令：

- 获取存储在地址 0000 中的值。
- 获取存储在地址 0001 中的值。
- 把这两个值的和放在地址 0002 中。

然后，目标代码本身存储在内存的不同部分。假设转换后的指令从地址 1000 开始，在执行开始时，控制权转移到地址 1000。执行存储在其中的指令，然后执行地址 1001 中的指令，以此类推。

函数的参数存储在哪里？使用静态存储分配时，假定函数的形式参数位于特定位置。例如，编译器可能会为每个函数的代码前面的参数值留出空间。考虑一个具有两个 int 参数的 girlCount 和 boyCount 函数以及一个局部变量 totalKids。假设该函数的代码从一个称为 CountKids 的地址开始。编译器分别为两个形参和地址 CountKids–1、CountKids–2 和 CountKids–3 留出空间。给定功能定义

```
void CountKids(int girlCount, int boyCount)
{
  int totalKids;
    ⋮
    }
```

该声明

```
totalKids = girlCount + boyCount;
```

在函数体中会生成以下操作：

- 获取地址 CountKids–1 中的内容。
- 将其添加到地址 CountKids–2 中。
- 将结果存储到地址 CountKids–3 中。

图 7.4 显示了如何在内存中安排具有三个函数的程序。

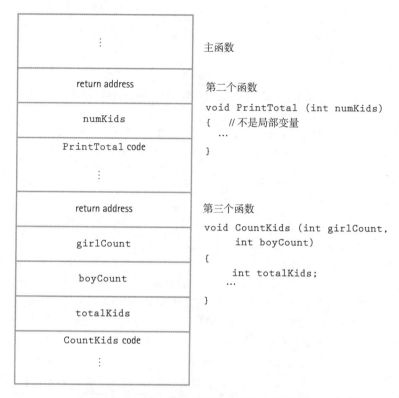

图 7.4　具有三个函数的程序的静态空间分配过程

由于编译器实际上不仅为参数和局部变量预留了空间，还为返回地址（函数完成后，下一条要处理的指令在调用代码中的位置）和计算机的当前寄存器值留出了空间，从而使过程变得更简单。但是，它吸引了人们对主要问题的关注：函数的形参和局部变量在编译时绑定到内存中的实际地址。

可以把静态分配方案比作一种分配礼堂座位的方法。活动将发出有限数量的邀请，并在演讲前设置所需的确切的座位数量。每个被邀请的客人都有一个预订的座位。然而，如果有人带朋友来，就没有地方给被邀请的朋友坐。

在程序执行之前将变量名绑定到内存位置意味着什么？每个参数和局部变量在编译时只分配了一个位置（他们就像被邀请的客人，有预订座位）。如果对函数的每次调用都是一个独立的事件，则不会出现问题。但是在递归的情况下，每个递归调用都取决于上一个调用中的值的状态。递归调用生成的参数和局部变量的多个版本存储在哪里？由于必须保留参数和局部变量的中间值，递归调用无法将其参数（实参）存储在编译时设置的固定数量的位置中。先前的递归调用中的值将被覆盖并丢失。因此，仅使用静态存储分配的语言不能支持递归。

7.10.2　动态存储分配

上面描述的情况也类似于一个班级的学生必须共享一个练习册。Joe 在练习册中提供的空白处写下他的练习答案，然后 Mary 擦掉他的答案并在同一空白处写下自己的答案。这个过程一直持续到班上每个学生都把自己的答案写在练习册上，并抹去了之前所有的答案。显然，这种情况是不现实的。真正需要做的是让每个学生从一本练习册中阅读,然后把他或她的答案写在另一张纸上。在计算机术语中,函数的每次调用都需要自己的工作空间,动态存储分配的方式提供了这种解决方案。

使用动态存储分配,变量名直到运行时才绑定到内存中的实际地址。编译器不是通过变量的实际地址,而是通过相对地址来引用变量。我们特别感兴趣的是,编译器相对于运行时已知的某个地址引用函数的形参和局部变量,而不是相对于函数代码的位置。

看一下这种情况在 C++ 中如何工作的简化版本(实际的实现取决于特定的机器和编译器)。当一个函数被调用时,它需要空间来保存它的形参、局部变量和返回地址(函数执行完成时计算机返回的调用代码中的地址)。就像共享一个练习册的学生一样,函数的每次调用都需要自己的工作空间。这个工作空间称为**活动记录或栈帧**。Factorial 函数的一个活动记录的简化版本可能包含以下"声明":

> **活动记录(栈帧)**
> 在运行时用于存储有关函数调用的信息的记录,包括参数、局部变量、寄存器值和返回地址。

```
struct ActivationRecordType
{
    AddressType returnAddr;        // 返回地址
    int result;                    // 返回值
    int number;                    // 参数
    ⋮
    };
```

对函数的每次调用(包括递归调用)都会生成一条新的活动记录。在函数中,对参数和局部变量的引用使用活动记录中的值。函数调用结束后,活动记录将被释放。这是怎么发生的?你的源代码不需要分配和释放活动记录;相反,编译器在每个函数的开头添加一个"序言",并在每个函数的末尾添加一个"尾声"。表 7.2 比较了 Factorial 的源代码与运行时执行的"代码"的简化版本。(当然,在运行时执行的代码是目标代码,但是我们将源代码列为"等效",以便读者理解。)

表 7.2 Factorial 的运行时版本(简化)

源代码说了什么?	运行时系统做了什么?
int Factorial(int number)	// 函数序言
{	actRec = new ActivationRecordType;
	actRec->returnAddr = retAddr;
	actRec->number = number;
	// actRec->restult 未定义
if (number == 0)	if (actRec->number == 0)
return 1;	actRec->result = 1;
else	else
return number *	actRec->result = actRec->number *
Factorial(number – 1);	Factorial(actRec->number–1);
}	

续表

源代码说了什么？	运行时系统做了什么？
	// 函数尾声
	returnValue = actRec->result;
	retAddr = actRec->returnAddr;
	delete actRec;
	Jump (goto) retAddr

　　当调用第二个函数时，第一个函数的活动记录会发生什么变化？考虑这样一个程序，它的 main 函数调用了 Proc1，然后 Proc1 又调用了 Proc2。当程序开始执行时，它会生成 main 函数活动记录（在程序的整个执行过程中，main 函数的活动记录一直存在）。在调用第一个函数时，生成 Proc1 的活动记录：[①]

　　当从 Proc1 中调用 Proc2 时，会生成 Proc2 的活动记录。因为 Proc1 还没有执行完，它的活动记录仍然存在。正如 7.2 节中打电话的数学家一样，一个人会"等待"，直到下一个电话结束：

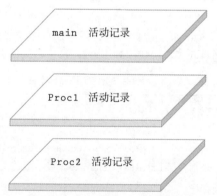

　　当 Proc2 完成执行时，它的活动记录被释放。但是对于另外两个活动记录来说，哪一个会被激活呢？是 Proc1 的活动记录还是 main 的活动记录？大家可以看到，Proc1 的活动记录被激活了。活动顺序遵循 LIFO 规则。我们知道有一种数据结构支持 LIFO 访问规则，即栈，因此在运行时跟踪活动记录的结构称为**运行时栈**也就不足为奇了。

> **运行时栈**
> *在程序执行期间跟踪活动记录的数据结构。*

　　当一个函数被调用时，它的活动记录被压入运行时栈。每个嵌套级别的函数调用将往栈中添加另

[①] 在本章表示的运行时栈（栈帧）的图中，栈的顶部位于图的底部，因为通常认为内存是按递增的地址顺序分配的。

一个活动记录。当每个函数执行结束时，其活动记录从栈中弹出。与调用其他函数一样，递归函数调用会生成一个新的活动记录。运行时栈中显示的活动记录的个数是由返回之前一个函数所经历的递归调用的次数决定的。

使用动态分配可以与礼堂中安排座位的另一种分配座位的方式进行比较。发出的邀请数量有限，但要求每位客人自带椅子。此外，每位客人可以邀请不限数量的朋友，只要他们都自带椅子即可。当然，如果额外的客人数量过多，礼堂的空间就会用完，而且可能没有足够的空间容纳更多的客人或椅子。同样，程序中的递归级别最终必须受运行时栈中可用内存量的限制。

让我们再次对 Factorial 函数进行代码演示，看看它的执行如何影响运行时栈。函数如下：

```
int Factorial(int number)
{
  if (number == 0)
    return 1;
  else
    return number * Factorial(number - 1);
}
```

假设 main 函数从内存位置为 5000 处开始加载，而 Factorial 的初始调用是在内存位置为 5200 处的语句中进行的。还假设 Factorial 函数加载在内存位置为 1000 处，在位置为 1010 处的语句中执行递归调用。图 7.5 显示了此示例程序在内存中的加载方式的简化版本。（位置编号是任意选择的，以便在活动记录的返回地址字段中显示实际编号。）

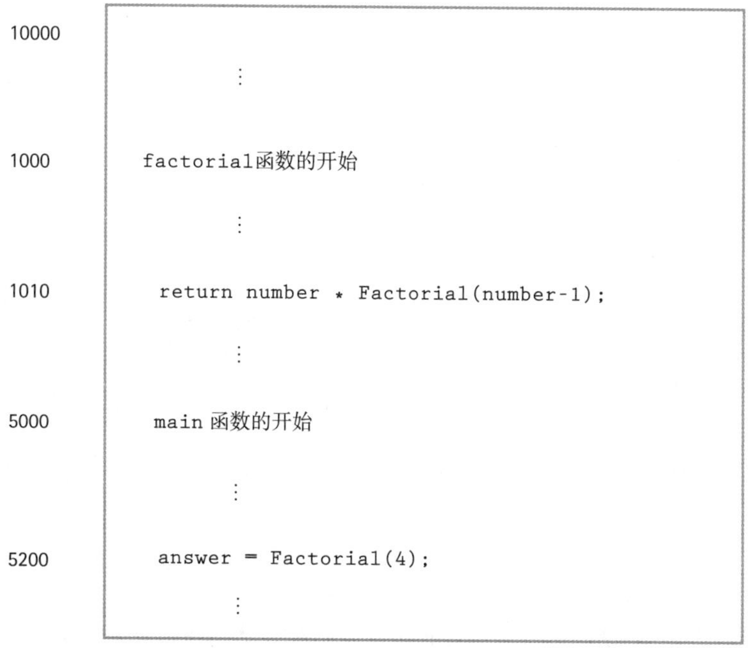

图 7.5　加载到内存中的示例程序

当第一次在主函数中内存位置为 5200 处的语句中调用 Factorial 函数时：

```
answer = Factorial(4);
```

一个活动记录被压入运行时栈以保存三块数据：返回地址（5200）、形参编号（4）和尚未计算的函数返回的值（结果）。与其将活动记录显示为图片，不如将它们显示为表格。每个新的活动记录构成表的一个新行，表最后一行中的活动记录现在位于运行时栈的顶部，还在左侧添加了一列，用于标识它是第几次调用：

Call	number	result	returnAddr	
1	4	?	5200	← top

现在执行代码，number（顶部活动记录中的数字值）是 0 吗？不，是 4，所以跳到 else 分支：

```
return number * Factorial(number - 1);
```

这一次，Factorial 函数是从不同的位置被调用的，从函数内部递归调用，从内存位置为 1010 处的语句调用。在计算 Factorial(number – 1) 的值后，要返回到这个位置，将结果乘以 number。一个新的活动记录被推送到运行时栈：

Call	number	result	returnAddr	
1	4	?	5200	
2	3	?	1010	← top

开始执行用于新调用 Factorial 函数的代码。number（顶部活动记录中的数字值）是 0 吗？不，是 3，所以跳到 else 分支：

```
return number * Factorial(number - 1);
```

因此，再次从内存位置为 1010 处的指令递归地调用 Factorial 函数。这个过程继续进行，直到出现如下所示的第 5 次调用：

Call	number	result	returnAddr	
1	4	?	5200	
2	3	?	1010	
3	2	?	1010	
4	1	?	1010	
5	0	?	1010	← top

当第 5 次调用被执行时，再次问这个问题：number（顶部活动记录中的数字值）是 0 吗？是的。这一次，执行 then 子句，将值 1 存储在 result 中（也就是顶部活动记录中的 result 实例）。函数的第 5 次调用已经执行完毕，返回顶部活动记录中 result 的值。弹出运行时栈以释放顶部的活动记录，将第 4 次调用 Factorial 的活动记录留在运行时栈的顶部。但是，我们不会从头开始重新启动第 4 次调用。与

任何函数调用一样,返回到函数被调用的位置——存储在活动记录中的返回地址（内存位置为 1010）。

接下来,将返回值（即 1）乘以顶部活动记录（即 1）中 number 的值,并将结果（即 1）存入 result（即顶部活动记录中 result 的实例）。现在,该函数的第 4 次调用已完成,并且该函数将在最高活动记录中返回 result 的值。再次弹出运行时栈以释放顶部活动记录,将第 3 次调用 Factorial 的活动记录留在运行时栈顶部:

Call	number	result	returnAddr	
1	4	?	5200	
2	3	?	1010	
3	2	2	1010	← top

返回到递归调用 Factorial 的位置。

这个过程继续进行,直到到达第 1 次调用为止:

Call	number	result	returnAddr	
1	4	?	5200	← top

此时,6 刚刚作为 Factorial(number – 1) 的值返回。将该值乘以顶部活动记录中的 number 值（即 4）,并将结果 24 存储在顶部活动记录的 result 字段中。此赋值完成了对函数 Factorial 的初始调用的执行。将顶部活动记录（即 24）中 result 的值返回到原始调用的位置（内存位置为 5200）,并弹出活动记录。该操作将主活动记录保留在运行时栈的顶部。 result 的最终值存储在变量 answer 中,并执行原始调用后面的语句。

递归调用的次数构成了递归的深度。请注意 Big-O 符号的迭代版本的复杂度与阶乘递归深度之间的关系:两者都基于参数值。递归的深度和迭代版本的复杂度相同,这是巧合吗? 不。递归代表了另一种重复方式,因此,对于相同问题,递归深度与迭代版本的迭代次数大致相同。此外,两者都是基于问题的规模。

7.11　跟踪递归函数 Insert 的执行

在本章前面,我们编写了一个递归函数 Insert,该函数将一个新结点插入动态分配的链表中。为了跟踪 Insert 的执行,将地址放在列表中的结点上方。在下图中,结点上方的数字是结点的基地址。next 成员下面的数字只是 next 数据成员的地址,指向列表的外部指针存储在位置 010 处:

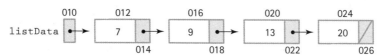

下面是要跟踪的函数模板:

```
template<class ItemType>
    void Insert(NodeType<ItemType> * & listPtr, ItemType item)
```

```
{
  if (listPtr == NULL || item < listPtr->info)
  {
    // 保存当前指针
    NodeType<ItemType> * tempPtr = listPtr;
    // 获取新结点
    listPtr = new NodeType<ItemType>;
    listPtr->info = item;
    listPtr->next = tempPtr;
  }
  else Insert(listPtr->next, item);
}
```

我们必须跟踪 listPtr、item 和返回地址。局部变量 tempPtr 在活动记录中也有一个地址。但是，并没有给出具体的返回地址，而是使用约定，即 R0 是非递归调用的返回地址，R1 是递归调用的返回地址。跟踪 Insert(listData,item)，其中 item 为 11。回想一下，形参 listPtr 是通过引用传递的，而 item 是通过值传递的。以下是非递归调用后的活动记录：

Call	listPtr	item	tempPtr	returnAddr
1	010	11	?	R0	← top

当代码开始执行时，会检查存储在 listPtr 中指定位置（位置 010）的值（因为 listPtr 是一个引用参数）。该值不是 NULL，因此 item 与位置 010 指向的结点的 info 数据成员进行比较。数字 11 大于 7，因此再次递归调用该函数：

Call	listPtr	item	tempPtr	returnAddr
1	010	11	?	R0
2	014	11	?	R1	← top

存储在 listPtr 中指定位置（位置 014）的值不是 NULL，并且 11 大于 9，因此再次递归调用该函数：

Call	listPtr	item	tempPtr	returnAddr
1	010	11	?	R0
2	014	11	?	R1
3	018	11	020	R1	← top

存储在 listPtr 中指定位置的值不是 NULL，但 11 小于 13，因此执行 then 子句，并执行以下步骤：存储在 listPtr 中指定位置的值被复制到 tempPtr 中。执行 new 操作符，NodeType 类型的结点地址存储在 listPtr 中指定的位置。假设新结点的地址是 028，栈如下所示：

Call	listPtr	item	tempPtr	returnAddr	
1	010	11	?	R0	
2	014	11	?	R1	
3	018	11	020	R1	← top

注意，listPtr 没有改变。不是刚把地址 028 存储在那里了吗？不，我们将 028 存储在 listPtr 中指定的 018 位置处，即前一个结点的下一个成员。列表现在看起来像这样：

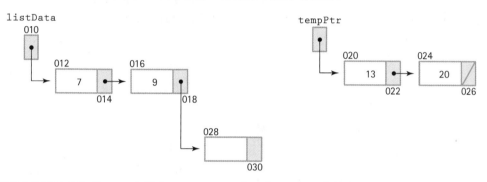

接下来的两个语句将 item 存储在 listPtr->info 中，将 tempPtr 存储在 listPtr->next 中，完成插入。如果错误地将 listPtr 作为值参数传递，让我们看看此时的活动记录是什么样的：

Call	listPtr	item	tempPtr	returnAddr	
1	012	11	?	R0	
2	016	11	?	R1	
3	028	11	020	R1	← top

当执行 new 操作符时，NodeType 类型的结点的地址存储在 listPtr 中，而不是存储在 listPtr 指定的位置。因此，028 存储在活动记录成员 listPtr 中，而不是存储在前一个结点的 next 数据成员中，就像 listPtr 是一个引用参数时的情况一样。新结点的 next 数据成员已正确设置，但指向新结点的指针存储在活动记录中，该记录在函数退出时被删除。因此，列表的其余部分将丢失。事实上，如果使用这个不正确的版本来构建列表，列表将为空。(你能解释一下原因吗？)

递归函数 Insert 可以正常工作，因为第一个参数是指向列表的外部指针或列表中结点的 next 数据成员的内存地址。

7.12 递归快速排序

将无序的数据元素列表按顺序排列是一种常见和有用的操作。有很多书都有关于排序算法，以及它们在算法复杂度方面的比较的介绍。在第 12 章中，我们将深入介绍各种排序算法的实现和复杂度。然而，在本节中，我们只介绍快速排序算法，它展示了应用递归的优雅性，这个算法是程序员最常遇到的任务之一。

快速排序算法基于这样一种理念：对两个小列表进行排序比对一个大列表进行排序更快、更容易。这个名称来源于这样一个事实：通常情况下，快速排序可以非常快速地对数据元素列表进行排序。该排序算法的基本策略是分而治之。

如果给你一大堆期末试卷，要求按姓名排序，你可能使用以下方法：选择一个分割值，如 L，然后将这堆试卷分成两摞——A~L 和 M~Z。（注意，这两摞试卷的数量不一定相等。）然后你将第一摞拿过来，并将其再分为两摞，A~F 和 G~L。A~F 摞可以再分为 A~C 和 D~F，这个划分过程一直持续下去，直到所有的摞的数量都足够少，可以人工轻松排序为止。然后对 M~Z 摞应用相同的过程。

最后，将所有有序摞一个接一个堆叠起来，形成一个有序集合（见图 7.6）。

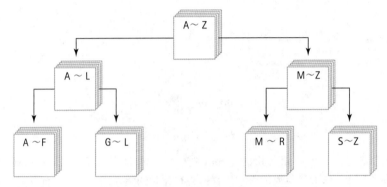

图 7.6　使用快速排序算法对列表进行排序

此策略是基于递归的：在每次尝试对一堆试卷进行排序时，先划分这一堆，然后使用相同的方法对每个较小的堆（较小的调用）进行排序。这个过程将一直持续，直到小堆不需要进一步划分为止（基础条件）。QuickSort 函数的参数列表指明了当前正在处理的列表部分：我们传递数组以及定义在此调用中要处理的数组的第一个和最后一个索引。对 QuickSort 函数的初始调用语句如下：

```
QuickSort(values, 0, numberOfValues-1);
```

QuickSort 函数

定义：	对数组中的元素进行排序。
规模：	values[first]..values[last]
基础条件：	如果在 values[first]..values[last] 中的元素少于 2 个，则不执行任何操作。
一般条件：	根据分割值分割数组。
	QuickSort 元素 <= 分割值。
	QuickSort 元素 > 分割值。

QuickSort

```
if 在 values[first]..values[last] 中有多个元素
    选择 splitVal
```

```
分割数组
        values[first]..values[splitPoint-1] <= splitVal
        values[splitPoint] = splitVal
        values[splitPoint+1]..values[last] > splitVal
对左半部分执行 QuickSort
对右半部分执行 QuickSort
```

如何选择 splitVal 呢？一个简单的解决方法是使用 values[first] 中的值作为分割值。下面展示了一个比较适合的值：

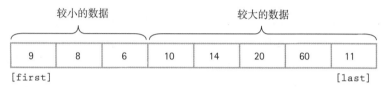

调用 Split 之后，所有小于或等于 splitVal 的项都位于该数据的左侧，所有大于 splitVal 的项都位于该数据的右侧：

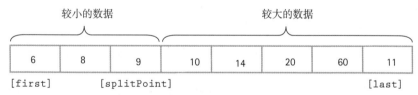

这两部分在 splitPoint 处汇合，即最后一个小于或等于 splitVal 的项的索引。注意，直到划分过程完成，我们才知道 splitPoint 的值。然后可以将 splitPoint 的值与 splitVal 的值进行交换：

较小的数据　　　　　　　　　　较大的数据

6	8	9	10	14	20	60	11

[first]　　　[splitPoint]　　　　　　　　　[last]

在一般条件中，对 QuickSort 的递归调用使用这个索引（splitPoint）来缩小问题的规模。

QuickSort(values,first,splitPoint−1) 对数组的左半部分进行排序，QuickSort(values,splitPoint + 1,last) 对数组的右半部分进行排序（两部分的大小不一定相同）。splitVal 已经处于 values[splitPoint] 的正确位置。

什么是基础条件呢？当所检查的小段只有一个元素时，就不需要继续下去了。所以"在 values[first]..values[last] 中有多个元素"可以转换成 if (first < last)。现在可以编写函数 QuickSort 的代码了：

```cpp
template<class ItemType>
void QuickSort(ItemType values[], int first, int last)
{
  if (first < last)
  {
    int splitPoint;
    Split(values, first, last, splitPoint);
    // values[first]..values[splitPoint-1] <= splitVal
```

```
        // values[splitPoint] = splitVal
        // values[splitPoint+1]..values[last] > splitVal
        QuickSort(values, first, splitPoint-1);
        QuickSort(values, splitPoint+1, last);
    }
  }
```

使用三问法验证 QuickSort：

（1）是否存在非递归基础条件？是的。当 first >= last（该部分最多包含一个元素）时，QuickSort 不执行任何操作。

（2）每个递归调用都涉及更小的问题吗？是的。Split 将一个部分分成两个不一定相等的部分，然后对每一个小的部分进行快速排序。注意，即使 splitVal 是该部分中的最大值或最小值，这两个部分仍然比原来的小。如果 splitVal 小于该部分中的所有其他值，则 QuickSort(values,first, splitPoint−1) 立即终止，因为 first > splitPoint−1。QuickSort(values,splitPoint+1,last) 对比原来少一个元素的部分进行快速排序。

（3）假设递归调用成功，整个函数是否工作？是的。我们假设 QuickSort(values, first,splitPoint−1) 实际上对第一个 splitPoint−1 元素进行排序，其值小于或等于 splitVal.values[splitPoint]。其中包含 splitVal 且位于正确的位置。我们还假设 QuickSort(values,splitPoint + 1,last) 已正确排序列表的其余部分，其值都大于 splitVal。这样，我们就确定了整个列表是有序的。

通过良好的自上而下的方式，已经证明了如果函数 Split 有效，我们的算法也有效。现在必须开发分割算法，我们必须找到一种方法，将所有等于或小于 splitVal 的元素放在 splitVal 的一边，而将所有大于 splitVal 的元素放在另一边。

通过将索引 first 和 last 移动到数组的中间，查找位于分割点错误一侧的项来实现这个目标（见图 7.7)。将 first 和 last 设置为值参数，这样就可以在不影响调用函数的情况下更改它们的值。将 first 的原始值保存在一个局部变量 saveFirst 中［见图 7.7（a）］。

首先将 first 向右、向中间移动，比较 values[first] 与 splitVal[1] 的值。如果 values[first] 小于或等于 splitVal，则递增 first；否则，将 first 留在原位，开始将 last 向中间移动［见图 7.7（b）］。

现在将 values[last] 与 splitVal 进行比较，如果前者较大，则继续递减 last；否则，将 last 保持在原位不动［见图 7.7（c）］。此时，显然 values[first] 和 values[last] 都位于数组的错误一侧。请注意，values[first] 左侧和 values[last] 右侧的元素不一定是有序的，只是相对于 splitVal 而言，位于正确的一侧。要将 values[first] 和 values[last] 移到正确的一侧，只需交换它们，然后递增 first 并递减 last 即可［见图 7.7（d）］。

现在重复整个循环，递增 first 直到遇到一个大于 splitVal 的值，递减 last 直到遇到一个小于或等于 splitVal 的值［见图 7.7（e）］。

该过程什么时候停止？当 first 和 last 相遇，不需要进一步交换时。它们在 splitPoint 相遇，这是 splitVal 所属的位置。我们将包含 splitVal 的 values[saveFirst] 与 values[splitPoint] 处的元素交换［见图 7.7（f）］。函数返回 splitPoint 的索引由 QuickSort 用于设置下一个递归调用：

---

[1] 我们假设关系运算符是在 ItemType 的值上定义的。

(a) 初始化

9	20	6	10	14	8	60	11

[saveFirst] [first]　　　　　　　　　　　　　　　　　　　　　　　　　　[last]

(b) 递增 `first` 直到 `values[first]>splitVal`

9	20	6	10	14	8	60	11

[saveFirst] [first]　　　　　　　　　　　　　　　　　　　　　　　　　　[last]

(c) 递减 `last` 直到 `values[last]<= splitVal`

9	20	6	10	14	8	60	11

[saveFirst] [first]　　　　　　　　　　　　　　　[last]

(d) 交换 `values[first]` 和 `values[last]`；移动 `first` 和 `last`，彼此靠近

9	8	6	10	14	20	60	11

[saveFirst]　　　　　[first]　　　　　[last]

(e) 递增 `first` 直到 `values[first]>splitVal` 或者 `first>last`；
　　递减 `last` 直到 `values[last]<= splitVal` 或者 `first>last`

9	8	6	10	14	20	60	11

[saveFirst]　　　　　[last]　　[first]

(f) `first>last`，循环中就不会发生交换；
　　交换 `values[saveFirst]` 和 `values[last]`

6	8	9	10	14	8	60	11

[saveFirst]　　　　　[last]
　　　　　　　　[splitPoint]

图 7.7　split 函数

```
    void Split(ItemType values[], int first, int last, int& splitPoint)
    {
      ItemType splitVal = values[first];
      int saveFirst = first;
      bool onCorrectSide;
      first++;
      do
      {
        onCorrectSide = true;
        while (onCorrectSide)                    // 将 first 向 last 移动
          if (values[first] > splitVal)
            onCorrectSide = false;
          else
          {
            first++;
            onCorrectSide = (first <= last);
          }
        onCorrectSide = (first <= last);
        while (onCorrectSide)                    // 将 last 向 first 移动
          if (values[last] <= splitVal)
            onCorrectSide = false;
          else
          {
            last--;
            onCorrectSide = (first <= last);
          }
        if (first < last)
        {
          Swap(values[first], values[last]);
          first++;
          last--;
        }
      } while (first <= last);
      splitPoint = last;
      Swap(values[saveFirst], values[splitPoint]);
    }
```

如果我们的分割值是该部分中的最大值或最小值，会发生什么情况？算法仍然正常工作，但由于不平衡的分割，它工作得不会很快。

这种情况是否有可能发生？这取决于分割值的选择和数组中数据的原始顺序。如果使用 values[first] 作为分割值，数组已经排序，那么每个分割都是不平衡的。一方面包含一个元素，另一方面包含除一个元素以外的所有元素。这时，我们的 QuickSort 不是一个快速的排序。这样的分割算法更倾向于随机顺序的数组。

然而，想要对已经接近有序的数组进行排序并不罕见。在这种情况下，更好的分割值将是中间值：

```
values[(first + last) / 2]
```

这个值可以与函数开头的 values[first] 交换。

存在许多可能的分割算法。一个我们刚刚编写的略有变化的方法如下。它使用数组中间的值作为分割值，而不将其移动到第一个槽。因此，values[splitPoint] 中的值可能在也可能不在其永久位置：

```
void Split2(ItemType values[], int first, int last, int& splitPt1, int& splitPt2)
{
  ItemType splitVal = values[(first+last)/2];
  bool onCorrectSide;
  do
  {
    onCorrectSide = true;
    while (onCorrectSide)                 // 将 first 向 last 移动
    if (values[first] >= splitVal)
      onCorrectSide = false;
    else first++;
    onCorrectSide = true;
    while (onCorrectSide)                 // 将 last 向 first 移动
      if (values[last] <= splitVal)
        onCorrectSide = false;
      else
        last--;
    if (first <= last)
    {
      Swap(values[first], values[last]);
      first++;
      last--;
    }
  } while (first <= last);
  splitPt1 = first;
  splitPt2 = last;
}
```

如果我们使用这个算法，QuickSort 必须稍微调整一下：

```
void QuickSort2(ItemType values[], int first, int last)
{
  if (first < last)
```

```
    {
      int splitPt1;
      int splitPt2;

      Split2(values, first, last, splitPt1, splitPt2);
      // values[first]..values[splitPt2] <= splitVal
      // values[splitPt1+1]..values[last] > splitVal
      if (splitPt1 < last) QuickSort2(values, splitPt1, last);
      if (first < splitPt2) QuickSort2(values, first, splitPt2);
    }
  }
```

7.13　调试递归例程

由于递归程序对自身的嵌套调用，可能会导致调试混乱。最严重的问题与例程无穷递归的可能性有关。此问题的典型"症状"是输出一条错误消息，指出由于递归调用级别，系统已耗尽运行时栈中的空间。使用三问法验证递归函数应该可以帮助我们避免这种永远完成不了的问题。如果可以对"基础条件问题"和"较小调用问题"回答"是"，那么应该能够保证例程最终可以结束——至少理论上是这样。

但是，这并不能保证程序不会因空间不足而失败。在 7.12 节中，我们看到一个函数调用需要一定的开销来保存参数、返回地址和本地数据。对递归函数的调用可能会产生很多层次的函数调用本身——事实上，这超出了系统的处理能力。

程序员在第一次编写递归例程时经常犯的一个错误是使用循环结构而不是分支结构。因为他们倾向于从重复动作的角度考虑问题，所以他们不经意间使用了 while 语句而不是 if 语句。递归例程的主体应该始终分为递归基例和递归用例。因此，我们使用分支语句，而不是循环语句。最好反复检查递归函数，确保使用了 if 或 switch 语句来实现分支效果。

递归例程是在测试期间放置调试输出语句的好地方。在函数的开头和结尾处输出参数和局部变量（如果有的话）。请务必输出递归调用的参数值，以验证每次调用都试图解决比前一个调用更小的问题。

7.14　删除递归

在不需要使用递归解决方案的情况下，或者因为语言不支持递归，或者因为认为递归方法在空间或时间方面开销太大，可以将递归算法实现为非递归函数。通常有两种通用技术可以替代递归：迭代和使用栈。

7.14.1　迭代

当递归调用是递归函数中执行的最后一个操作时，会出现一个有趣的情况。递归调用将导致活动记录放在运行时栈上，以保存函数的参数和局部变量。当这个递归调用执行完毕时，弹出运行时栈，并恢复变量以前的值。但是因为递归调用是函数的最后一条语句，所以函数结束时没有使用这些值。因此，活动记录的推入和弹出是多余的活动。我们真正需要做的是改变递归调用的参数表上的"较小调用问题"变量，然后跳回函数的开头。换句话说，确实需要一个循环。

例如，如本章后面所解释的，ValueInList 函数是递归的糟糕用法。从这个函数中删除递归是一件很简单的事情。通常情况下执行的最后一条语句是对自身的递归调用，所以可以用一个循环来替换这个递归。

递归解有两个基础条件：找到了值或者到达了列表的末尾却没有找到值。基础条件解决了这个问题，而不需要进一步执行函数。在迭代方法中，基础条件成为循环的终止条件：

```
while (!found && moreToSearch)
```

当满足终止条件时，无须进一步执行循环体即可解决问题。

在递归方法的一般条件下，调用 ValueInList 来搜索列表剩余的、未搜索的部分。函数的每次递归执行都处理一个较小版本的问题。更小的调用问题会得到肯定的回答，因为 startIndex 会递增，所以缩小了每次递归调用列表中未搜索到的部分。类似地，在迭代方法中，循环体的每次后续执行都会处理一个较小版本的问题。列表中未搜索的部分因为 startIndex 的递增会随着循环体的每次执行而缩小：

```
if value = list.info[startIndex]
  Set found to true
else
  Increment startIndex
```

下面是该函数的迭代版本：

```
bool ValueInList(ListType list, int value, int startIndex)
{
  bool found = false;

  while (!found && startIndex < list.length)
    if (value == list.info[startIndex])
      found = true;
    else startIndex++;
      return found;
}
```

递归调用是最后执行的语句的情况称为**尾递归**。注意，递归调用不一定是函数中的最后一条语句。例如，以下版本的 ValueInList 中的递归调用仍然是尾递归，即使它不是函数中的最后一条语句：

> **尾递归**
> 一个函数只包含一个递归调用并且它是函数中要执行的最后一条语句。

```
bool ValueInList(ListType list, int value, int startIndex)
{
  if (list.info[startIndex] == value)
    return true;
```

```
    else if (startIndex != list.length-1)
      return ValueInList(list, value, startIndex+1);
    else return false;
  }
```

在一般条件下，递归调用是最后执行的语句。因此，它涉及尾递归。为了从解决方案中去除递归，尾递归通常用迭代代替。事实上，许多编译器会捕获尾递归并自动用迭代替换它。

7.14.2　使用栈

当递归调用不是递归函数中执行的最后一个操作时，不能简单地用迭代代替递归。 例如，7.7 节中开发的 RevPrint 函数，进行递归调用，然后输出当前结点中的值。在这种情况下，为了消除递归，可以用程序完成的中间值的栈操作来替换系统完成的活动记录的栈操作。

如何非递归地编写 RevPrint 函数代码呢？在遍历列表时，必须跟踪指向每个结点的指针，直到到达列表的末尾（当遍历指针等于 NULL 时）。然后输出最后一个结点的 info 数据成员。接下来，我们备份并再次输出，备份并再次输出，以此类推，直到输出完第一个列表中的元素。

我们知道一种数据结构，可以在其中存储指针并以逆序检索它们：栈。RevPrint 的一般任务如下：

RevPrint (iterative)

```
创建一个空栈指针
设置 ptr 为 指向列表的第一个结点
while 列表不为空
    将 ptr 压入栈中
    ptr 前移
while 栈不为空
    弹出栈获得 ptr( 指向前一个结点 )
    输出 Info(ptr)
```

非递归的 RevPrint 函数可以进行如下所示的编码。注意，现在使 RevPrint 成为 ListType 类的成员函数，而不是辅助函数。因为 RevPrint 没有参数，我们不必再处理让客户端传递指向链表开头的不可访问的指针的问题：

```
#include "StackType.h" void ListType::RevPrint()
{
  StackType<NodeType*> stack; NodeType* listPtr;

  listPtr = listData;

  while (listPtr != NULL)              // 把指针放到栈上
  {
    stack.Push(listPtr);
    listPtr = listPtr->next;
  }
  // 逆序检索指针并输出元素
  while (!stack.IsEmpty())
```

```
    {
      listPtr = stack.Top();
      stack.Pop();
      std::cout << listPtr->info;
    }
  }
```

注意，RevPrint 的非递归版本比递归版本要长得多，特别是如果添加了栈例程 Push、Pop、Top 和 IsEmpty 的代码。这种冗长性反映了我们需要显式地堆栈和解栈指针。在递归版本中，只是递归调用 RevPrint，让运行时栈跟踪指针。

7.15　决定是否使用递归解决方案

在决定是否对问题使用递归解决方案时，你必须考虑几个因素。主要考虑的问题是解决方案的清晰度和效率，首先关注效率。

一般来说，递归解决方案在计算机时间和空间方面开销更大（但这不是绝对的，这取决于计算机和编译器）。由于嵌套的递归函数调用，递归解决方案通常需要更多的开销，包括时间（每个递归调用都必须运行函数的序言和尾声）和空间（必须创建一个活动记录）。对递归例程的调用可能会生成多层内部递归调用。例如，对 Factorial 迭代方法包含一个方法的调用，导致一个活动记录被压入运行时栈。然而，调用 Factorial 的递归版本需要将 $N+1$ 个函数调用和 $N+1$ 个活动记录压入运行时栈，其中 N 表示形参符号。也就是说，递归的深度是 $O(N)$。除了创建和删除活动记录的明显的运行时开销以外，对于某些问题，系统在运行时栈中可能没有足够的空间来运行递归解决方案。作为一个极端的例子，考虑递归函数 ValueInList 的原始版本。每次调用它时，它都会保存参数的副本，包括作为值参数传递的整个列表。随着在列表中搜索得越来越深，嵌套越来越多层次的递归调用，运行时栈所需的内存量就变得相当大。如果列表包含 100 个元素，而要查找的元素不在列表中，最终会保存 100 个包含 100 个元素的列表的副本。最终，我们耗用了太多的内存，以至于可能会完全耗尽空间。

这种情况是与递归调用相关的开销问题的一个极端例子。在这个特殊的实例中，可以将列表设置为引用形参（在返回值的函数中通常不会这样做），这样每次调用 ValueInList 都不会生成基于数组的列表的新副本（将传递 list 的唯一副本的地址）。即使如此，递归的级别是 $O(N)$，迭代解决方案的长度和清晰程度是相同的。因此，ValueInList 是递归的糟糕使用。

还有一个潜在问题是，某些特定的递归解决方案本质上效率较低。这种低效反映出的并不是该如何选择去实现算法，而是反映出算法本身的问题。例如，回顾一下在本章前面介绍过的 Combinations 函数。图 7.2 中的这个函数的示例——Combinations(4,3) 看起来好像很简单。但是考虑 Combinations(6,4) 的执行过程，如图 7.8 所示，这个函数的本质问题是同一个值被反复计算。Combinations(4,3) 在两个不同的地方进行计算，Combinations(3,2) 在三个地方进行计算，Combinations(2,1) 和 Combinations(2,2) 也是如此。不太可能用这个函数来解决任何大规模的组合问题。原因是程序会"永远"运行，或者直到耗尽计算机的容量；它是一个线性时间 $O(N)$ 问题的指数时间 $O(2^N)$ 的解。虽然递归方法很容易理解，但它不是一个切实可行的解决方案。在这种情况下，应该寻求迭代解决方案。

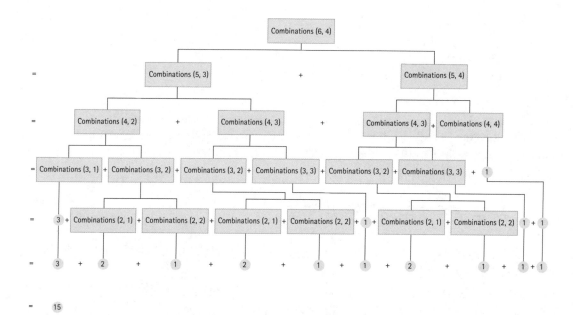

图 7.8 计算 Combinations(6,4)

问题的解决方案是否清晰也是决定是否使用递归解决方案的一个重要因素。对于许多问题，程序员编写递归解决方案更简单、更自然。可以将解决一个问题所需的工作量想象成一座冰山，通过使用递归编程，程序员可能会将他或她的视野局限在冰山一角。递归程序会处理表层以下的大量工作。例如，对比本章之前开发的链表逆序输出的递归和非递归版本。在递归版本中，系统会处理在非递归函数中必须显式处理的栈操作。因此，递归可以作为一种工具，通过隐藏一些实现细节来帮助降低程序的复杂性。随着计算机时间和内存成本的降低与程序员时间成本的增加，用递归解决方案来解决这些问题是值得的。

总而言之，在以下情况下最好使用递归：

（1）递归调用的深度相对"较浅"，只是问题规模的一部分。例如，BinarySearch 函数中的递归调用级别是 $O(\log_2 N)$，它就是一个很好的递归候选。然而，Factorial 和 ValueInList 例程中递归调用的深度是 $O(N)$。

（2）递归版本的工作量与非递归版本大致相同。你可以比较 Big-O 近似值来确定这种关系。例如，我们已经确定，与 $O(N)$ 迭代版本相比，$O(2^N)$ 递归版本的 Combinations 不能很好地使用递归。然而，BinarySearch 的递归和迭代版本都是 $O(\log_2 N)$。BinarySearch 是递归函数的一个很好的例子。

（3）递归版本比非递归版本的解决方案更短、更简单。根据这条规则，Factorial 和 ValueInList 代表递归编程的糟糕使用。它们说明了如何理解和编写递归函数，但是以迭代方式编写它们会更有效，而且不会影响解决方案的清晰度。RevPrint 是递归的一种更好的应用。它的递归解决方案非常容易理解，而非递归等效方法就没那么优雅了。

案例研究：逃离迷宫

1. 问题

当你还是个孩子的时候，你曾经想象过在迷宫里玩耍吗？如果你迷路了，一直到天黑也没有找到出去的路，这是多么有趣又令人害怕的事情啊。如果你考虑过，你可能就会在前进过程中标记自己走过的路。如果你被困住了，你可以回到最后一个十字路口，然后走另一条路。

这种返回到最后一个决策点并尝试使用另一种方法的技术称为回溯法。我们将在试图走出迷宫的背景下说明这种非常有用的解决问题的方法。给定一个迷宫和一个起点，你要确定是否有出路。迷宫只有一个出口。你可以在有开放路径的任何方向上水平或垂直移动（但不能是对角线方向），但你不能在被阻塞的方向上移动。如果你移动到一个三面受阻的位置，你必须回到你来时的路（原路返回），并尝试另一条路。

2. 集体研讨

这是一个不同类型的问题，因为这种情况并不代表我们大多数人在现实生活中所熟悉的东西。显然，中心对象是一个只有一个出口的迷宫。位置可以被阻塞，这意味着位置可以是开放路径，也可以是墙壁。这样的结构看起来像什么，用"O"表示开放路径位置，"+"表示墙壁位置，"E"表示出口。指示上说要从起点找到出路，所以用"S"标记起点：

0	0	+	E	0
0	+	S	0	+
0	0	0	0	+
+	+	0	+	+

从起点开始，可以向右或向下，但不能向左或向上，因为这两个位置都被阻塞了。试着往下走。我们现在在哪里？需要一种方法来确定位置。假设迷宫是在一个网格上，其中行号和列号从 1 开始。可以通过它的行号和列号来指定一个位置。我们现在在位置 [3,3]，阴影标记处：

0	0	+	E	0
0	+	S	0	+
0	0	0	0	+
+	+	0	+	+

不在出口，所以面临和之前一样的决定——下一步要去哪里。向左、向右、向下，向上会怎么样？那是起始位置，不想再回到那儿了，所以还是向下走吧：

0	0	+	E	0
0	+	S	0	+
0	0	0	0	+
+	+	0	+	+

我们不能向左或向右，也不能向下，否则我们就完全脱离迷宫了。注意：我们稍后必须回看这个问题（如何让程序识别迷宫的边缘）。可以向上，但以前去过那里。其实这和之前面对的情况一样，当时决定不回到起点的位置。这一次，只是另一个开放路径的位置。我们怎么知道不能回去呢？

如果你在一个未知的地区徒步旅行，你可能会通过折断树枝或在你所走过的路上留下石头来标记你的路线。我们可以用同样的方法。将已经尝试过的位置轨迹用一个特殊的符号替换符号"O"。这里我们使用一个星号（*）来表示这个符号：

0	0	+	E	0
0	+	*	0	+
0	0	*	0	+
+	+	0	+	+

我们稍微修改了一下这个规则：我们可以朝着任何开放路径或已经尝试过的方向前进。我们被困住了。

我们不确定是否有办法走出迷宫，只知道尝试过的那条路并没有让我们到达出口。当沿着通向死胡同的路径前进时，我们通过了几个开放路径 [3,2] 和 [3,4]。我们可以回到其中一个，从那里尝试另一条路。回到 [3,4]：

0	0	+	E	0
0	+	*	0	+
0	0	*	0	+
+	+	*	+	+

现在，只有一个选择——向上走：

0	0	+	E	0
0	+	*	0	+
0	0	*	*	+
+	+	*	+	+

同样，只有一个选择——向上走：

0	0	+	E	0
0	+	*	*	+
0	0	*	*	+
+	+	*	+	+

我们成功逃离了！

在我们尝试逃离迷宫的模拟中，我们没有想出任何新对象，因此我们可以跳过筛选阶段并查看迷宫的职责。它必须创建自己，并确定给定起始位置是否可以到达出口。注意，当我们试图逃离迷宫时，发生了变化。因为我们可能想尝试从迷宫内的不同位置逃离，所以我们应该允许迷宫复制自己。

类名:　　　Maze	超类:	子类:
职责	**协作**	
Create maze(file)	ifstream	
Try to escape (starting position) returns boolean		
Print		
Copy returns a copy		

3. 数据结构

对于数据结构的选择，有很多问题可以推迟到职责算法编写之后。然而，在本例中，结构和处理是如此交织在一起，因此首先需要选择数据结构。用行和列来画图，这样就可以研究不同的位置，所以用二维数组来表示迷宫似乎是一个自然的选择。我们可以将数组设置为最大规模（如 10×10），并将实际大小作为包含迷宫文件的第一个值读入。

我们不妨使用之前使用的符号。还需要其他数据字段吗？是的，为了处理它，还需要知道存储在数组中的迷宫的实际大小。下面是类数据字段：

```
private:
  char maze[10][10];
  int maxRows;                    // 最大行数
  int maxCols;                    // 最大列数
```

4.Constructor (ifstream inFile)

由于问题中没有给出迷宫输入的格式，所以我们可以确定文件的外观。为了便于处理，数据应该是每行迷宫的一行，没有嵌入空格。可以使用 ">>" 运算符读取行，然后使用 "[]" 循环遍历字符串，将每个字符移入数组。

在我们的手绘模拟中，识别了迷宫的边界。要怎么模拟？可以在迷宫数组周围放置一个 "+" 符号的边界，还可以在处理过程中检查行或列的末尾。两者都可以，但是标记迷宫边界会使代码更简单一些。让我们看看，如果 maxRows 为 4，而 maxCols 为 5，其边界数组会是什么样子：

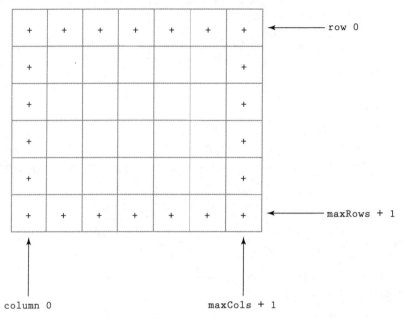

由于存在边界，第一行读取进入数组的第二行，第二行读取进入数组的第三行，以此类推，从第二列开始：

```
inFile >> maxRows >> maxCols
for 从 1 到 row 的每个 rowIndex( 从 inFile 提取 maxRows 存储在 row 中 )
    for 从 1 到 maxCols 的每个 colIndex
        设置 maze[rowIndex][colIndex] 为 row[colIndex-1]
    // 设置边界
    设置 maze[rowIndex][0] 为 '+'
    设置 maze[rowIndex][maxCols + 1] 为 '+'
// 设置上下边界
for 从 0 到 maxCols + 1 的每个 colIndex
    设置 maze[0][colIndex ] 为 '+'
    设置 maze[maxRows+1][colIndex ] 为 '++'
```

这个算法相当复杂。让我们手动模拟它，以确保它做了我们认为它应该做的。可以使用在"集体研讨"中使用的迷宫，但在起始位置放一个 O。maxRows 是 4，maxCols 是 5：

OO+EO

O+OO+

OOOO+

++O++

是的，这个算法看起来运行得很好。

rowIndex [colIndex]	row	colIndex	row	max[rowIndex] [colIndex]	
1	00+E0	1	O	maze[1][1] = O	
		2	O	maze[1][2] = O	
		3	+	maze[1][3] = +	
		4	E	maze[1][4] = E	
		5	O	maze[1][5] = O	
				maze[1][0] = +	
				maze[1][6] = +	
2	0+00+	1	O	maze[2][1] = O	
		2	+	maze[2][2] = +	第一圈
		3	O	maze[2][3] = O	
		4	O	maze[2][4] = O	
		5	+	maze[2][5] = +	
				maze[2][0] = +	
				maze[2][6] = +	
...					
4	++0++	5	+	maze[4][5] = +	
				maze[4][0] = +	
				maze[4][6] = +	
		0		maze[0][0] = +	
				maze[5][0] = +	
		1		maze[0][1] = +	
				maze[5][1] = +	第二圈
...					
		6		maze[0][6] = +	
				maze[5][6] = +	

Print

我们不需要输出边界，只需要输出实际的迷宫：

```
for 从 1 到 maxRows 的每个 rowIndex
    for 从 1 到 maxCols 的每个 colIndex
        cout << " " << maze[rowIndex][colIndex]
    cout << endl
```

boolean TryToEscape(startRow, startCol)

总结一下我们在"集体研讨"中学到的东西，使用变量 free 来记录结果：

（1）如果当前位置的内容包含"E"，则将 free 设置为 true。

（2）如果当前位置的内容包含"*"，我们就"撤退"。

（3）如果当前位置的内容是"+"，我们就"撤退"。

（4）如果当前位置的内容是"O"，我们就"处理"。

第一种情况很清楚：我们逃了出来，回到了真实的 free。第二种和第三种情况导致我们撤退或后退，这听起来显然像是一种递归情形，撤退就是退出这一调用。"处理"是一般条件：用"*"标记走过的单元格，并尝试它周围的单元格。

TryToEscape 是一个非递归函数，它将起始行和列作为参数。它的任务是调用一个递归的辅助函数来寻找出路。这个辅助函数需要迷宫（要搜索的结构）、起始位置和 free（一个返回结果的布尔字段）。布尔字段在第一次递归调用之前被初始化为 false。在递归中（如果这个变量为 true），就返回：

```
设置 free 为 false
Try (maze, row, col, free)
return free
```

Try(maze, row, col, free)

当迷宫位置包含"*"或"+"，或者 free 为 true 时返回：

```
if not free AND maze[row,col] <> '*' AND maze[row][col] <> '+'
    if maze[row,col] 是 'E'
        设置 free 为 true
    else
        设置 maze[row][col] 为 '*'
        try(maze, row+1, col, free)
        try(maze, row-1, col, free)
        try(maze, row, col+1, free)
        try(maze, row, col-1, free)
```

这个算法是可行的，但是你能找到让它更有效的方法吗？即使在第一次、第二次或第三次调用中，free 被设置为 true，也会一个接一个地进行四次递归调用。如果用 if 语句保护最后三个递归调用，就可以避免不必要的递归调用，所以我们这样编码。

但是，在编写此算法之前，通过以下三问法来验证设计：

（1）基础条件问题：基础条件发生在当前位置不是开放路径时，在这种情况下，应该停止搜索此路径（即从函数中返回）。当 free 已经为 true 并进入函数时，我们已经知道了问题的答案，并且可以退出。

（2）较小调用问题：需要在这里表明，在每次递归调用中，待搜索的迷宫部分变小了。当处理每个开放路径的位置时，将这个位置的值设置为"*"。因此，当发现开放路径位置时，需要处理的迷宫（由"O"

符号表示）的规模就会变小。通过查看递归调用的参数，以了解问题的规模是如何变化的。在本例中，可以看到调整了行和列的参数，以将出口搜索引导至与当前位置相邻的新路径。因为迷宫的边界是被阻塞的位置，所以可以保证我们不会偏离边缘。

（3）一般条件问题：假设调用 Try 可以正确地告诉我们是否能够从给定的位置走出迷宫。如果可以从迷宫中的某个已知位置走出迷宫，那么也可以从与该位置相邻的一个开放路径位置走出迷宫。因此，我们检查所有与起点相邻的位置（对 Try 的四次调用），如果发现其中的一个位置指向可以走出迷宫的位置，那么我们就知道我们可以从起点走出迷宫。反之亦然，如果没有一个相邻的位置通向出口，那么起点就不能通向出口。假设递归调用完成了它们应该完成的任务，一般条件下应该可以解决这个问题。

现在可以对算法进行编码，并确信它是正确的。规格说明和实现文件如下：

```cpp
// Maze 类的规格说明文件
// 这个类决定了是否有一条走出迷宫的路
#include <fstream>
class Maze
{
public:
  Maze(std::ifstream& inFile);
  void Print();
  bool TryToEscape(int startRow, int startCol);
  Maze(const Maze& anotherMaze);
private:
  char maze[10][10];
  int maxRows;                      // 行的最大数
  int maxCols;                      // 列的最大数
};
// Maze 类的实现文件
#include "Maze.h"

#include <iostream>
#include <fstream>
#include <string>

Maze::Maze(std::ifstream& inFile)
{
  using namespace std;
  int rowIndex, colIndex;
  inFile >> maxRows >> maxCols;
  string row;
  for (rowIndex = 1; rowIndex <= maxRows; rowIndex++)
  {
    inFile >> row;
    for (colIndex = 1; colIndex <= maxCols; colIndex++)
      maze[rowIndex][colIndex] = row[colIndex-1];
```

```
            maze[rowIndex][0] = '+';
            maze[rowIndex][maxCols+1] = '+';
        }
        for (colIndex = 0; colIndex <= maxCols+1; colIndex++)
        {
            maze[0][colIndex] = '+';
            maze[maxRows+1][colIndex] = '+';
        }
    }
    Maze::Maze (const Maze& anotherMaze)
    {
        maxRows = anotherMaze.maxRows;
        maxCols = anotherMaze.maxCols;
        for (int rowIndex = 0; rowIndex <= maxRows+1; rowIndex++)
            for (int colIndex = 0; colIndex <= maxCols+1; colIndex++)
                maze[rowIndex][colIndex] = anotherMaze.maze[rowIndex][colIndex];
    }
    void Maze::Print()
    {
        using namespace std;
        int rowIndex, colIndex;

        cout << "Maze" << endl;
        for (rowIndex = 1; rowIndex <= maxRows; rowIndex++)
        {
            for (colIndex = 1; colIndex <= maxCols; colIndex++)
                cout << " " << maze[rowIndex][colIndex];
            cout << endl;
        }
    }


void Try(char[][10], int row, int col, bool& free);

bool Maze::TryToEscape(int startRow, int startCol)
{
    bool free = false;
    Try(maze, startRow, startCol, free);
    return free;
}

void Try(char maze[][10], int row, int col, bool& free)
{
    if (!free && (maze[row][col]) != '*' && (maze[row][col]) != '+')
        if (maze[row][col] == 'E')
```

```
            free = true;
          else
          {
          maze[row][col] = '*';
          Try(maze, row+1, col, free);
          if (!free)
            Try(maze, row-1, col, free);
          if (!free)
            Try(maze, row, col+1, free);
          if (!free)
            Try(maze, row,col-1, free);
          }
      }
}
```

5. 测试

还需要为 Maze 类构建一个测试驱动程序。因为这个类不代表在其他问题中用作结构的 ADT，所以驱动程序会有所不同。我们需要创建迷宫并尝试不同的起始位置，以查看函数 TryToEscape 是否能够给出正确的答案。请提示输入循环外的行，若 row 小于 0，则停止处理：

```
打开数据文件
创建 maze
提示输入起始位置
读取 row
当 row > 0
      读取 col
      设置 anotherMaze 为 maze 的副本
      if (anotherMaze.TryToEscape(row,col))
          Print "Free"
      else
          Print "Trapped"
      提示输入起始位置
      读取 row
```

下面是驱动程序的代码，随后是各种起始位置的运行日志。迷宫是在"集体研讨"阶段使用的迷宫：

```cpp
#include <fstream>
#include <iostream>
#include <string>
#include "Maze.h" int main()
{
  using namespace std; ifstream inFile; string fileName;
  int row, col;
  cout << "Enter file name" << endl;
  cin >> fileName;
  inFile.open(fileName.c_str());
  Maze maze(inFile);
  maze.Print();
```

```
      cout << "Enter row and col of starting position; "
          << endl<< "negative row stops the processing." << endl;
      cin >> row;
      while (row > 0)
      {
        Maze anotherMaze = maze;
        cin >> col;
        if (anotherMaze.TryToEscape(row, col))
          cout << "Free" << endl;
        else
          cout << "Trapped" << endl;
          cout << "Enter row and col of starting position; "
            << endl << "negative row stops the processing."
            << endl;
        cin >> row;
      }
      return 0;
    }


    Enter file name maze1
    Maze
      0 0 + E 0
      0 + 0 0 +
      0 0 0 0 +
      + + 0 + +
    Enter row and col of starting position;
    negative row stops the processing.
    1 1
    Free
    Enter row and col of starting position;
    negative row stops the processing.
    1 5
    Free
    Enter row and col of starting position;
    negative row stops the processing.
    4 1
    Trapped
    Enter row and col of starting position;
    negative row stops the processing.
    1 5
    Free
    Enter row and col of starting position;
    negative row stops the processing.
    1 4
```

```
Free
Enter row and col of starting position;
negative row stops the processing.
2 2
Trapped
Enter row and col of starting position;
negative row stops the processing.
3 3
Free
Enter row and col of starting position;
negative row stops the processing.
-1
Process has exited with status 0.
```

以迷宫为例,可以看出所有的开放路径的单元格都通向了出口,只有起始位置被阻断并返回 Trapped。本章最后的练习中要求你设计一个迷宫,其中包含一个起点,其是开放路径并返回 Trapped。

7.16 小结

递归是一种非常强大的计算工具。如果使用得当,那么它可以简化问题的解决方案,而且通常会产生更短、更容易理解的源代码。通常在计算中,权衡是必要的:由于存在与多级别的函数调用相关的开销,因此递归函数在时间和空间方面效率一般较低。这个成本的大小取决于计算机系统和编译器。

问题的递归解必须至少有一个基础条件,即解决方案以非递归方式导出的情况。如果没有基础条件,函数将会无穷递归(或至少到计算机耗尽内存)。递归解决方案还有一种或多种包括对函数的递归调用的一般条件。递归调用必须包含一个"更小的调用"。在每次递归调用中必须更改一个(或多个)实际参数值,以便将问题重新定义为比前一次调用更小的规模。因此,每次递归调用都会将问题的解决引向基础条件。

递归的典型实现涉及栈的使用。对函数的每次调用都会生成一个活动记录,以包含其返回地址、参数和局部变量。活动记录以 LIFO 方式访问,因此,栈是所需的数据结构。

使用动态存储分配的系统和语言可以支持递归。在运行时创建活动记录之前,函数参数和局部变量不会绑定到地址。因此,可以支持对函数的递归调用的中间值的多个副本,为它们创建了新的活动记录。

相比之下,静态存储分配在编译时为函数的每个形参和局部变量保留一个位置。没有提供任何位置来存储重复嵌套调用相同函数所计算的中间值。因此,只有静态存储分配的系统和语言不支持递归。

当递归不可能或不合适时,可以通过使用循环结构非递归地实现递归算法,在某些情况下,还可以将相关值压入和弹出栈中以非递归地实现递归算法,由程序控制的栈显式替换为系统的运行时栈。在时间和空间方面,虽然这种非递归解决方案通常更有效率,但它们通常需要在解决方案的优雅性方面进行权衡。

7.17　练习

1. 请解释以下内容的含义：

    a. 基础条件。

    b. 递归或一般条件。

    c. 运行时栈。

    d. 绑定时间。

    e. 尾递归。

2. 判断以下说法正确或错误。如果是错误的，请更正陈述。递归函数：

    a. 通常具有比等效的非递归例程更少的局部变量。

    b. 通常使用 while 或 for 语句作为它们的主要控制结构。

    c. 只能在具有静态存储分配的语言中使用。

    d. 在执行速度非常关键的时候应该使用。

    e. 总是比等效的非递归例程短而清晰。

    f. 必须始终包含一条不包含递归调用的路径。

    g. 就 Big-O 复杂度而言，效率总是较低。

3. 使用三问法验证本章描述的 ValueInList 函数。

4. 描述与归纳证明相关的验证递归程序的三问法。

5. 在递归算法的非递归实现中，你最有可能看到哪种数据结构？

6. 使用递归函数 RevPrint 作为模型，编写递归函数 PrintList，它按正向顺序遍历列表中的元素。这些例程中是否有一个能够更好地使用递归？如果有，是哪一个？

在回答练习 7 和练习 8 时，使用以下函数：

```
int Puzzle(int base, int limit)
{
  if (base > limit)
    return -1;
  else
    if (base == limit)
      return 1;
    else
      return base * Puzzle(base+1, limit);
}
```

7. 确定以下两点：

    a. Puzzle 函数的基础条件。

    b. Puzzle 函数的一般条件。

8. 写出以下对递归函数 Puzzle 的调用会输出的内容：

    a. cout << Puzzle(14, 10);

    b. cout << Puzzle(4, 7);

c. cout ＜＜ Puzzle(0, 0);

9. 给定以下函数：

```
int Func(int num)
{
  if (num == 0)
    return 0;
  else
    return num + Fun(num + 1);
}
```

a. 对于可以作为参数传递给这个函数的值，回答较小调用的问题是否存在约束？

b. Func(7) 是一个很好的调用吗？如果是，会从函数中返回什么？

c. Func(0) 是一个很好的调用吗？如果是，会从函数中返回什么？

d. Func(–5) 是一个很好的调用吗？如果是，会从函数中返回什么？

10. 在以下例程上添加注释，以识别基础条件和一般条件，并解释每个例程的作用。

a.

```
int Power(int base, int exponent)
{
  if (exponent == 0)
    return 1;
  else
    return base * Power(base, exponent-1);
}
```

b.

```
int Factorial(int number)
{
  if (num > 0)
    return num * Factorial(num - 1);
  else
    if (num == 0)
      return 1;
}
```

c.

```
void Sort(int values[], int fromIndex, int toIndex)
{
  int maxIndex;

  if (fromIndex != toIndex)
  {
    maxIndex = MaxPosition(values, fromIndex, toIndex);
    Swap(values[maxIndex], values[toIndex]);
```

```
                    Sort(values, fromIndex, toIndex - 1);
             }
       }
```

11. a. 填空，以完成下列递归函数：

```
        int sum(int info[],int fromIndex,int toIndex)
        // 计算 fromIndex 和 toIndex 之间的元素的总和
        {
          if (fromIndex _____ toIndex)
            return _____;
          else
            return _____;
        }
```

    b. 哪个是基础条件，哪个是一般条件？

    c. 演示如何调用此函数对一个名为 numbers 的数组中的所有元素进行求和，该数组包含索引 0~MAX_ITEMS – 1 的元素。

    d. 在编写此函数时，你可能会遇到哪些运行时问题？

12. 给编程课打分。本课程正在学习递归，学生已经得到了这样一个简单的作业：编写一个递归函数 SumSquares，它接收一个指向整数元素链表的指针，并返回元素的平方和。

    例子：

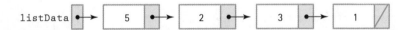

SumSquares(listPtr) 产生 $(5 \times 5)+(2 \times 2)+(3 \times 3)+(1 \times 1)=39$ 的结果。

假设列表不为空。

你已经收到了各种各样的解决方案。给下面的函数打分，并在错误的地方作出标记。

    a.

```
  int SumSquares(NodeType * list)
    {
      return 0;
      if (list != NULL)
        return (list->info×list->info) + SumSquares(list->next));
    }
```

    b.

```
  int SumSquares(NodeType * list)
    {
      int sum = 0;
      while (list != NULL)
      {
        sum = list->info + sum;
```

```
      list = list->next;
    }
  return sum;
}
```

c.

```
int SumSquares(NodeType * list)
  {
    if (list == NULL)
      return 0;
    else
      return list->info * list->info + SumSquares(list->next);
  }
```

d.

```
int SumSquares(NodeType * list)
  {
    if (list->next == NULL)
      return list->info * list->info;
    else
      return list->info * list->info + SumSquares(list->next);
  }
```

e.

```
int SumSquares(NodeType * list)
  {
    if (list == NULL)
      return 0;
    else
      return (SumSquares(list->next) * SumSquares(list->next));
  }
```

13. Fibonacci（斐波那契）序列是整数的序列

0, 1, 1, 2, 3, 5, 8, 21, 34, 55, 89, …

看到这个模式了吗？该序列中的每个元素都是前两项的和。有一个递归公式用于计算序列的第 N 个数（Fib(0) = 0 时则为第 0 个数）：

$$\text{Fib}(N) = \begin{cases} N, & N = 0\text{或}1 \\ \text{Fib}(N-2) + \text{Fib}(N-1), & N > 1 \end{cases}$$

a. 编写 Fibonacci 函数的递归版本。

b. 编写 Fibonacci 函数的迭代版本。

c. 编写一个驱动程序来测试 Fibonacci 函数的递归和迭代版本。

d. 比较递归和迭代版本的效率（使用文字，而不是 Big-O 符号）。

e. 能否想出一种使递归版本更高效的方法？

14. 下面定义了一个函数,它计算一个数值平方根的近似值,从指定公差(tol)内的近似答案(approx)开始。

SqrRoot(number,approx,tol)=

$$\begin{cases} approx, & |approx^2 - number| \leqslant tol \\ SqrRoot(number,(approx^2+number)/2 \cdot approx),tol), & |approx^2 - number| \geqslant tol \end{cases}$$

a. 如果此方法要正常工作,必须对参数值进行哪些限制?

b. 编写 SqrRoot 函数的递归版本。

c. 编写 SqrRoot 函数的迭代版本。

d. 编写一个驱动程序来测试 SqrRoot 函数的递归和迭代版本。

15. SortedType 的顺序搜索成员函数的原型如下:

```
void SortedType::Search(int value, bool& found);
```

a. 假设使用链表实现, 将函数定义编写为递归搜索。

b. 假设使用基于数组的实现, 将函数定义编写为递归搜索。

16. 我们想计算二维网格中从第 1 行第 1 列移动到第 N 行第 N 列的可能路径的数目。步骤被限制为向上或向右,但不能是对角线方向。如果 $N = 10$, 下图显示了其中的三条路径:

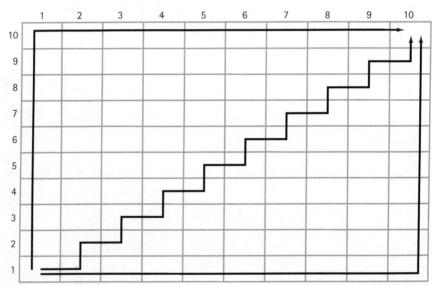

a. 下面的函数 NumPaths 应该统计路径的数目, 但是它存在一些问题, 请调试函数使其能正确运行。

```
int NumPaths(int row, int col, int n)
{
  if (row == n)
    return 1;
  else
```

```
      if (col == n)
        return NumPaths + 1;
      else
        return NumPaths(row + 1, col) * NumPaths(row, col + 1);
  }
```

b. 修正函数后，手动跟踪 n = 4 的 NumPaths 的执行。试解释为什么这个算法效率不高。

c. 你可以通过将 NumPaths 的中间值保存在一个由整数值组成的二维数组中来提高此操作的效率。这种方法使函数不必重新计算已经计算出的值。设计并编写一个使用这种方法的 NumPaths 版本。

d. 展示你在 c 部分中开发的 NumPaths 版本的调用，包括任何必要的数组初始化。

e. 两个版本的 NumPaths 在时间效率上的对比情况如何？空间效率呢？

17. 给定以下函数 [①]：

```
int Ulam(int num)
{
  if (num < 2)
    return 1;
  else
  if (num % 2 == 0)
    return Ulam(num / 2);
  else
    return Ulam (3 * num + 1);
}
```

a. 在验证这个函数时出现了什么问题？

b. 以下初始调用进行了多少次递归调用？

```
    cout  << Ulam(7)   << endl;
    cout  << Ulam(8)   << endl;
    cout  << Ulam(15)  << endl;
```

18. 说明动态存储分配和递归之间的关系。

19. 我们所说的绑定时间是什么意思？它与递归有什么关系？

20. 给定列表中的以下值：

list										
.length	10									
.info	2	6	9	14	23	65	92	96	99	100
	[0]	[1]	[2]	[3]	[4]	[5]	[6]	[7]	[8]	[9]

---

① 本书一位审稿人指出，该算法的终止证明是数学中一个著名的开放性问题。请参阅 Jon Bentley 的 *Programming Pearls* 以获得进一步的参考。

在此次调用 BinarySearch 的过程中显示运行时栈的内容：

```
BinarySearch(info, 99, 0, 9);
```

21. 下面两个递归例程的参数是一个指向数字单链表的指针，其元素是唯一（没有重复的）且无序的。列表中每个结点都包含两个成员：info（一个数字）和 next（指向下一个结点的指针）。

　　a. 编写一个递归返回值函数 MinLoc，该函数接收一个指向无序数字列表的指针，并返回一个指向列表中包含最小值的结点的指针。

　　b. 编写一个递归空函数 Sort，该函数接收一个指向无序数字列表的指针，并将列表中的值从小到大重新排序。这个函数可能会调用你在 a 部分写的 MinLoc 递归函数。提示：交换结点 info 部分的值比重新排序列表中的结点更容易。

22. 判断以下说法正确或错误。如果是错误的，请更正陈述。在以下哪种情况下应使用递归解决方案：

　　a. 计算时间至关重要。

　　b. 非递归解决方案将更长，更难以编写。

　　c. 计算空间至关重要。

　　d. 你的老师要求使用递归。

23. 设计一个迷宫，其中有起始位置，当起始位置为开放路径时返回 Trapped。（正确或错误）

24. 所有递归算法都需要一个基础条件，即使它是"什么也不做"。（正确或错误）

25. 一般条件下是允许递归终止的。（正确或错误）

26. 基础条件下是允许递归终止的。（正确或错误）

27. 递归函数必须同时包含基础条件和一般条件，尽管基础条件可能为空。（正确或错误）

28. void 函数和返回值函数都可以递归。（正确或错误）

29. 递归函数主体可以包含许多对自身的调用。（正确或错误）

30. 如果程序停止，出现类似 RUN-TIME STACK OVERFLOW 的错误信息，其原因可能是无穷递归。（正确或错误）

31. 一般来说，问题的非递归解决方案比递归解决方案的内存效率更高。（正确或错误）

32. 尾递归往往表明利用迭代可以更高效地解决问题。（正确或错误）

33. 递归例程中通常存在比等价迭代例程中更多的局部变量。（正确或错误）

第 8 章

二叉查找树

知识目标

学习完本章后，你应该能够：

- 定义和使用以下术语：
  - 二叉树。
  - 二叉查找树。
  - 祖先。
  - 根结点。
  - 双亲。
  - 孩子。
  - 后代。
  - 层次。
  - 高度。
  - 子树。
- 在逻辑层定义二叉查找树。
- 显示二叉查找树在执行一系列插入和删除操作后的样子。
- 在 C++ 中实现以下二叉查找树的算法：
  - 添加元素。
  - 删除元素。
  - 检索元素。
  - 修改元素。
  - 复制树。
  - 按先序、中序和后序遍历树。
- 研究给定二叉查找树操作的 Big-O 效率。
- 描述平衡二叉查找树的算法。

到 目前为止，已经介绍了使用线性链表存储排序信息的一些优点。然而，使用线性链表的一个缺点是查找长列表所花费的时间比较长。对（可能）整个列表中的所有结点进行顺序或线性查找的复杂度是 O(N)。在第 4 章中，介绍了二分查找算法如何在顺序存储的有序列表中找到一个元素，这种查找的复杂度是 $O(\log_2 N)$。如果能对链表进行二分查找，那就太好了，但是没有一种实用的方法找到结点链表的中点。然而，我们可以将列表的元素重组为一个链接结构，这个结构非常适合二分查找：二叉查找树。二叉查找树为我们提供了一个结构，它保留了链表的灵活性，但允许更快地［$O(\log_2 N)$］访问链表中的任何结点。

本章介绍了一些基本的树词汇，然后开发了使用二叉查找树所需操作的算法和实现。

8.1 查找

如第 2 章所介绍的，对于用于存储数据的每个特定结构，必须定义允许访问该结构中元素的函数。在某些情况下，访问仅限于结构中特定位置的元素，如栈中的顶部元素或队列中的前端元素。通常，当数据存储在列表或表中时，我们希望能够访问结构中的任何元素。

有时可以直接执行指定元素的检索。例如，在 list.info[4] 中找到顺序存储在基于数组的名为 list 的列表中的第五个元素。实际中，往往希望根据某个键值访问某个元素。例如，如果列表包含学生记录，那么你可能想要查找名为 Suzy Brown 的学生的记录或 ID 为 203557 的学生的记录。在这种情况下，你需要某种查找技术来检索所需的记录。

对于我们回顾或介绍的每种技术，算法必须满足以下规格说明。注意，这里讲的是类中的技术，而不是客户端代码：

📃 FindItem(item, location)

功能：确定列表中的某个项是否具有与该项匹配的键。

前置条件：列表已初始化。

　　　　　　元素的键已初始化。

后置条件：Location = 其键与 item 的键匹配的元素的位置（如果存在的话）；否则，location = NULL。

此规格说明适用于基于数组的列表，也适用于链表，其中 location 可以是基于数组的列表中的索引，也可以是链表中的指针，NULL 可以是基于数组的列表中的 –1 索引，也可以是链表中的空指针。

8.1.1 线性查找

如果不考虑如何将元素插入列表中，就无法研究在列表中查找元素的有效方法。因此，对查找算法的研究必须处理好列表的 InsertItem 操作问题。假设想要尽可能快地插入元素，而不必担心查找元素需要多长时间，我们可以将元素放在基于数组的列表的最后一个槽中，或链表的第一个槽中。这些是 O(1) 插入算法。生成的列表是根据插入时间而不是键值进行排序的。

要使用给定键在此列表中查找元素，我们必须使用简单的线性查找（又称顺序查找）。从列表中的第一个元素开始，通过检查每个后续元素的键来查找所需的元素，直到查找成功或列表结束为止：

LinearSearch (unsorted data)

```
初始化 location 为第一元素的位置
设置 found 为 false
设置 moreToSearch 为 "还未检查的 Info(last)"
while moreToSearch AND NOT found
    if  item=Info(location)
        设置 found 为 true
    else
        设置 location 为 Next(location)
        设置 moreToSearch 为 "还未检查的 Info(last)"
if NOT found
    设置 location 为 NULL
```

根据比较的次数，很明显，此查找为 O(N)，其中 N 表示元素的数量。在最坏的情况下，即正在寻找列表中的最后一个元素或不存在的元素时，用 N 表示键的比较次数。平均而言，假设在列表中查找任意元素的概率相等，那么进行一次成功查找需要做 N/2 次比较，即查找一半列表。

8.1.2　高概率排序

列表中每个元素的等概率假设并不总是有效的。有时某些列表元素的需求比其他元素大得多。该观察结果为改进查找提供了一种方法：将最常用的元素放在列表的开头。使用此方案，你有可能在前几次尝试中获得成功，而且几乎不必查找整个列表。

如果列表中的元素不是静态的，或者无法预测它们的相对需求，则需要某种方案将最常用的元素保留在列表的开头。实现这一目标的一种方法是将访问的每个元素移动到列表的前面。当然，这个方法并不能保证以后会频繁使用这个元素。然而，如果该元素没有被再次检索，则随着其他元素向前面移动，它会向列表的末尾移动。对于链表结构，这个方法很容易实现，只需要更改几个指针即可。由于需要将所有其他元素向下移动以便在前面留出空间，因此对于数组中顺序保存的列表而言，这种方法不太可取。

另一种方法使元素逐渐移到列表的前面，它适用于链表或顺序表。找到一个元素后，将其与前面的元素交换。在许多列表检索中，最经常用到的元素往往被分到列表的最前面。为了实现这种方法，我们只需要修改算法的结尾部分，将找到的元素与列表中的元素进行交换（第一个元素除外）。如果查找操作是作为 const 函数来实现的，并且进行了这种修改，则必须删除 const 声明，因为查找操作实际上改变了列表。此修改应记录在案，这是查找列表的意想不到的副作用。

将最活跃的元素放在列表的最前面，不会影响最坏情况。如果查找值是最后一个元素或根本不在列表中，则查找仍将进行 N 次比较。它仍然是 O(N) 查找。但是，成功查找的平均效果应有所提高。这两种算法都基于这样的假设：列表中的某些元素比其他元素使用得更频繁。如果该假设不成立，则需要不同的排序策略来提高查找技术的效率。

为了提高查找效率而更改元素相对位置的列表称为自组织列表或自调整列表。

8.1.3　键排序

如果列表是根据键值排序的，则可以编写更有效的查找例程。为了支持排序列表，必须按顺序插入元素，或者在查找列表之前对列表进行排序。按顺序插入元素是 O(N^2) 过程，因为每次插入都是 O(N)。如果将每个元素插入下一个空闲槽，然后使用 "好的" 排序对列表进行排序，则该过程的复杂

度为 $O(N \log_2 N)$。

如果列表已排序，则顺序查找不再需要查找整个列表以发现元素不存在。相反，它只需要查找，直到它通过了元素在列表中的逻辑位置，也就是说，直到它遇到一个键值较大的元素。第 4 章和第 6 章中的有序列表 ADT 的版本实现了这种查找技术。

对排序后的列表进行线性查找的优点是，如果元素不存在，可以在列表用尽之前停止查找。同样，查找是 $O(N)$，在最坏的情况下，查找最大的元素仍需要 N 次比较。然而，一个不成功的查找的平均比较次数为 $N/2$，而不是确保的 N。

线性查找的优点在于简单。缺点与它的性能有关：在最坏的情况下，进行 N 次比较。如果对列表进行排序并存储在数组中，则可以用二分查找将查找时间提高到最坏情况下的 $O(\log_2 N)$。在这种情况下，效率的提高是以牺牲简单为代价的。

8.1.4 二分查找

我们已经看到了一种将查找效率从 $O(N)$ 提高到 $O(\log_2 N)$ 的方法。如果将数据元素排序并按顺序存储在数组中，则可以使用二分查找。二分查找算法通过将查找限制在元素（可能）所在的区域来提高查找效率。它采用分而治之法，不断缩小要查找的区域，直到找到元素或查找区域消失（即元素不在列表中）。在第 4 章中开发了 BinarySearch 函数，并在第 7 章中将其转换为递归函数。

对于查找非常小的列表，二分查找并不能保证速度很快。尽管二分查找通常需要较少的比较，但每次比较都涉及较多的计算量。当 N 很小时，这种额外的工作（我们在确定 Big-O 近似时忽略的常数和较小的元素）可能会占主导地位。例如，在一个汇编语言程序中，每次线性查找比较需要 5 个时间单位，而二分查找则需要 35 个时间单位。因此，对于包含 16 个元素的列表，最坏情况的线性查找需要 $5 \times 16 = 80$ 个时间单位。最坏情况的二分查找仅需要 4 次比较，但是每次比较需要 35 个时间单位，那么总共需要 140 个时间单位。在列表包含少量元素的情况下，线性查找就已经足够了（有时比二分查找快）。

但是，随着元素数量的增加，线性查找和二分查找之间的差异会增长得非常迅速。回顾表 4.2，比较两种算法的增长率。

此处介绍的二分查找仅适用于存储在基于顺序数组表示的列表元素。如何才能高效地找到链表的中点？本章接下来将研究如何在链表中执行二分查找——二叉查找树。

8.2 树

树是具有两个属性的结构：形状属性和与结构中元素的键相关联的属性。我们首先研究形状属性。

> **二叉树**
>
> 具有唯一起始结点（根）的结构，其中每个结点都可以具有两个子结点，并且其中存在从根结点到其他每个结点的唯一路径。
>
> **根结点**
>
> 树结构的顶部结点，没有双亲结点（父结点）的结点。

单链表中的每个结点指向的可能是另一个结点跟随在它后面的结点。因此，单链表是线性结构。列表中的每个结点（最后一个结点除外）都有一个唯一的后继结点。相反，**二叉树**是一种结构，其中每个结点都可以具有两个后继结点，称为子结点。其中的每个子结点作为二叉树中的结点，也可以有两个子结点，而这些子结点又可以有两个子结点，以此类推，从而为树提供了分支结构。树的开始是一个唯一的起始结点，称为**根结点**。

图 8.1 描绘了一个二叉树,该二叉树的根结点是 A。树中的每个结点可以具有 0、1 或 2 个子结点(孩子)。结点左侧的结点（如果存在）称其为左子结点（左孩子）。例如，根结点 A 的左子结点是 B。结点右侧的结点（如果存在）称其为右子结点（右孩子）。例如，根结点 A 的右子结点是 C。因为 B 和 C 都是 A 的孩子，所以我们称根结点 A 是结点 B 和 C 的双亲结点。如果树中的结点没有子结点，则称为**叶结点**。例如，结点 G、H、E、I 和 J 是叶结点。

> **叶结点**
> 没有子结点的树结点。

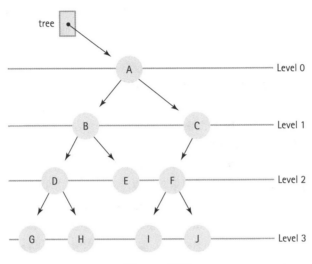

图 8.1 二叉树

除了指定一个结点最多可以有两个子结点之外，对二叉树的定义还规定了从根结点到其他每个结点存在唯一路径。因此，每个结点（根结点除外）都有一个唯一的双亲结点。在下面所示的树结构中，结点具有正确数量的子结点，但是违反了唯一路径规则：存在两个从根结点到 D 结点的路径。因此，该结构根本不是树，更不用说是二叉树了。

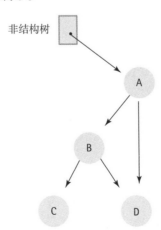

在图 8.1 中，根结点的每个子结点本身都是更小的二叉树（或子树）的根。根结点的左子结点（B）是其左子树的根，而右子结点（C）是其右子树的根。实际上，树中的任何结点都可以视为子树的根结

点。根结点 B 的子树还包括结点 D、G、H 和 E，这些结点是结点 B 的后代，例如，结点 C 的后代是结点 F、I 和 J。如果一个结点是另一个结点的双亲结点，或者是该结点其他某个祖先的双亲结点，则这个结点是另一个结点的祖先（是的，这是一个递归定义）。在图 8.1 中，结点 G 的祖先是结点 D、B 和 A，显然，树的根是树中其他结点的祖先。

结点的**层次**是指其到根的距离。如果我们将根的层次指定为 0，则结点 B、C 的层次为 1，结点 D、E、F 的层次为 2，结点 G、H、I、J 的层次为 3。

> **层次**
> 结点到根的距离，根的层次是 0。
> **高度**
> 一棵树的最大层次。

一棵树的最大层次决定了它的**高度**。任何层次 N 包含的最多结点数为 2^N。然而，通常情况下，层次并不包含最多结点数。例如，在图 8.1 中，第 2 层可以包含 4 个结点，但由于第 1 层中的结点 C 只有一个子结点，所以第 2 层包含 3 个结点。第 3 层(可以包含 8 个结点)只有 4 个结点。我们可以从该树的 10 个结点中构造许多不同形状的二叉树。图 8.2 给出了几个变化之后的二叉树。可以很容易地看到，有 N 个结点的二叉树中的最大层次数为 N。最少可以有多少层？如果通过给每个层中的每个结点赋予两个子结点来填充树，直到用完左右的结点，则该树将具有 $\log_2 N + 1$ 层［见图 8.2（a）］。可以通过绘制具有 8 个 $\log_2 (8) = 3$ 和 16 个 $\log_2 (16) = 4$ 结点的"满"树来证明这一事实。如果结点数是 7、12 或 18 呢？

树的高度是决定查找元素的效率的关键因素。考虑图 8.2（c）中的最大高度树。如果从根结点开始查找，从一个结点跟随指针到下一个结点，访问值 J（离根最远）的结点是一个 O(N) 操作——不比查找线性列表快！另一方面，给定图 8.2（a）中描述的最小高度树，要访问包含 J 的结点，只需要在找到 J 之前先查看其他 3 个结点（结点 E、A 和 G）。因此，如果树的高度最低，则其结构支持对任何元素的 O($\log_2 N$) 访问。

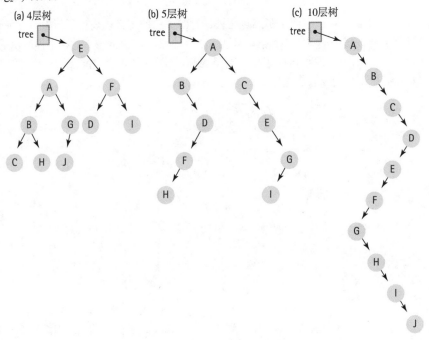

图 8.2　具有 10 个结点的二叉树

图 8.2（a）的树中的值的排列方式实际上并不能达到快速查找的效果。假设想查找结点 G，我们要先查找树的根。这个结点包含 E，而不是 G，所以需要继续查找。但是，接下来应该查找哪个子结点，是右边还是左边？结点没有按任何特殊的顺序组织，所以两边都要查找。我们可以逐层查找树，直到遇到期望的值。这是一个 O(N) 查找操作，速度不比查找链表快!

为了实现 O($\log_2 N$) 查找，为基于树中各元素的键之间的关系添加了一个特殊属性。将所有小于根结点值的结点放在其左子树中，所有大于根结点值的结点放在其右子树中。图 8.3 显示了图 8.2（a）中为满足此属性而重新排列的结点。包含 E 的根结点访问两个子树，左子树包含所有小于 E 的值，右子树包含所有大于 E 的值。

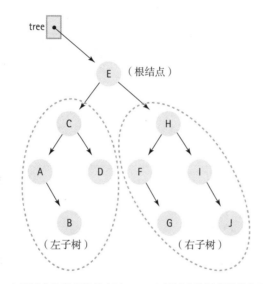

左子树中的所有值都小于
根结点中的值

右子树中的所有值都大于根
结点中的值

图 8.3 二叉查找树

要查找值 G，首先在根结点中查找。G 大于 E，因此我们知道 G 在根结点的右子树中。根结点的右子结点包含 H。接下来该怎么办？我们应该向右还是向左？该子树也根据二叉树属性进行排列：值较小的结点位于左侧，而值较大的结点位于右侧。该结点的值 H 大于 G，因此在其左侧查找。该结点的左子结点包含值 F，该值小于 G，因此重新应用该规则并向右进行查找。右侧的结点包含 G，则查找成功。

具有此特殊属性的二叉树称为**二叉查找树**。像任何二叉树一样，它通过允许每个结点最多具有两个子结点来实现其分支结构。它通过保持二叉查找属性来实现其易于查找的结构：任何结点的左子结点（如果存在）是子树的根，该子树仅包含小于该结点的值；任何结点的右子结点（如果存在）是子树的根，该子树仅包含大于该结点的值。

> **二叉查找树**
> 一种二叉树，其中任何结点的值都大于其左子结点及其任何孩子的值（左子树中的结点），并且小于其右子结点及其任何孩子的值（右子树中的结点）。

最多需要比较 10 次，在这里比较了 4 次，这似乎没什么区别，然而随着结构中元素数量的增加，差异会变得更加明显。

在最坏的情况下，即在线性链表中查找到最后一个结点，必须查找列表中的每个结点，平均而言，必须查找列表的一半。如果列表包含 1000 个结点，则必须进行 1000 次比较才能找到最后一个结点。如果 1000 个结点被排序在最低高度的二叉查找树中，无论查找哪个结点，比较次数都不会超过 10 次——$\log_2(1000)<10$。

这里给出的二叉树定义可以扩展到结点有任意数量子结点的树。树是一个具有唯一起始结点（根）的结构，在这个结构中，每个结点都可以拥有许多子结点，并且从根到其他每个结点都存在唯一的路径。在本书中，仅介绍二叉查找树和堆。在本章中，会深入介绍二叉查找树，在第 9 章中，将介绍堆。

8.3 逻辑层

现在，应该站在逻辑层上看 ADT。我们需要一个操作（PutItem）来将项放入结构，我们需要能够从结构中删除（DeleteItem）一个项，我们需要观察者函数的常规补充（GetItem、IsEmpty、IsFull 和 GetLength），还需要一个 Print 操作和一个 MakeEmpty 操作。

在二叉查找树中，遍历更加复杂。在目前所研究的列表 ADT 中，只用了两种方式遍历结构：从前向后或从后向前。在除 SpecializedList 类之外的所有类中，都是从列表的开头开始的，一直持续到访问所有元素为止。实际上，遍历树中的元素有很多方法。我们让客户端通过将遍历名称作为参数传递给 ResetTree 和 GetNextItem 操作来确定遍历树的方式。在本章后面会更详细地介绍遍历。

二叉查找树规格说明

结构：每个元素在二叉树中的位置必须满足二叉查找属性：元素的值大于其左子树中任意元素的值，小于其右子树中任意元素的值。

操作（由 TreeADT 提供）：

假设：	在对树操作进行任何调用之前，已声明了树并应用了构造函数。

MakeEmpty

功能：	将树初始化为空。
后置条件：	树存在且为空。

Boolean IsEmpty

功能：	确定树是否为空。
后置条件：	函数值 = 树为空。

Boolean IsFull

功能：	确定树是否已满。
后置条件：	函数值 = 树已满。

int GetLength

功能：	确定树中元素的数量。
后置条件：	函数值 = 树中的元素数。

二叉查找树规格说明

ItemType GetItem(ItemType item, Boolean& found)

功能：	检索其键与 item 的键相匹配的元素（如果存在）。
前置条件：	初始化 item 的键成员。
后置条件：	如果存在一个元素 someItem，其键与 item 的键相匹配，则 found= true 并返回 someItem 的副本；否则，found=false 并返回 item。树不变。

PutItem(ItemType item)

功能：	将 item 添加到树中。
前置条件：	树未满。item 不在树中。
后置条件：	item 已在树中。 二分查找属性得以维护。

DeleteItem(ItemType item)

功能：	删除其键与 item 的键相匹配的元素。
前置条件：	item 的键成员已初始化。 树中只有一个元素的键与 item 的键相匹配。
后置条件：	树中没有元素的键与 item 的键相匹配。

Print(ofstream& outFile)

功能：	在 outFile 上以键升序输出树中的值。
前置条件：	outFile 已打开可写入。
后置条件：	树中的元素已按升键顺序输出。 outFile 依然打开。

ResetTree(OrderType order)

功能：	按照 OrderType 顺序通过树初始化当前迭代位置。
前置条件：	当前位置在树的根之前。

ItemType GetNextItem(OrderType order, Boolean& finished)。

功能：	获取树中的下一个元素。
前置条件：	当前位置已定义。 当前位置的元素不在树的最后。
后置条件：	当前位置是进入 GetNextItem 时超出当前位置的一个位置。 finished = 当前位置是树的最后一个。返回当前位置的元素副本。

8.4　应用层

尽管这里的实现结构与以前使用过的任何结构都有很大不同，但这里只更改了一个列表操作的名称：用 ResetTree 替换了 ResetList。当然，为实现操作而开发的算法与用于列表操作的算法会有所不同。

在为其他列表 ADT 编写的任何应用程序中，将列表操作替换为相应的树操作，得到一个二叉查找树 ADT 的应用程序。尽管二叉查找树是有趣的数学对象，但它们在计算中主要用作列表的实现结构。

8.5　实现层

针对二叉查找树 ADT 指定操作开发算法，并将该树表示为一个动态分配结点的链表结构。由于二叉查找树本质上是一种递归结构，因此首先使用递归解决方案来实现算法。然后，我们获得 PutItem 和 DeleteItem 函数，并展示如何迭代实现它们。这里给出了 TreeType 类的第一个近似。如果我们需要更多的数据成员，可以在稍后添加它们。

与第一次使用链表时一样，我们不使类泛化。把这个实现变成一个 char 值树。要求你在本章后面的练习中将该类转换为模板类。

```cpp
#include <iostream> struct TreeNode; typedef char ItemType;
// 假设：ItemType 类型定义了 "<" 和 "==" 运算符（是适当的内置类型或重载这些运算符的类）
enum OrderType {PRE_ORDER, IN_ORDER, POST_ORDER};
class TreeType
{
public:
  TreeType();                                // 构造函数
  ~TreeType();                               // 析构函数
  TreeType(const TreeType& originalTree);    // 复制构造函数
  void operator=(TreeType& originalTree);
  void MakeEmpty();
  bool IsEmpty() const;
  bool IsFull() const;
  int GetLength() const;
  ItemType GetItem(ItemType item, bool& found);
  void PutItem(ItemType item);
  void DeleteItem(ItemType item);
  void ResetTree(OrderType order);
  ItemType GetNextItem (OrderType order, bool& finished);
  void Print(std::ofstream& outFile) const;
private:
  TreeNode* root;
};
```

现在我们需要确定树中的结点将是什么样子的。在本章前面对树的介绍中，介绍了左子树和右子树。这些结构指针将树连在一起。还需要在结点中存储用户数据，仍然将其称为 info。图 8.4 显示了一个结点的图片。

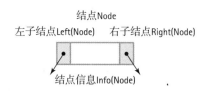

结点Node

左子结点Left(Node)　　右子结点Right(Node)

结点信息Info(Node)

图 8.4　树结点的结点术语

下面是与图 8.4 相对应的 TreeNode 的定义：

```
struct TreeNode
{
  ItemType info;
  TreeNode* left;
  TreeNode* right;
};
```

8.6　二叉查找树的递归操作

　　TreeType 类包含指向作为数据成员（root）的列表结点的外部指针。树操作的递归实现应在结点上递归。因此，每个成员函数都调用一个以 root 为参数的辅助递归函数。辅助功能的名称清楚地表明了它们有助于实现哪些操作。 因为必须在使用函数之前声明一个函数，所以在类函数之前必须列出每个递归函数，或者必须列出其原型。因为会很容易忘记以逆序放置它们，所以最好在实现的开始就列出原型。接下来推导这些递归函数。

8.6.1　IsFull 函数和 IsEmpty 函数

　　观察者函数与线性链接实现中使用的函数相同。使用适当的变量名来借用代码即可：

```
bool TreeType::IsFull()const
// 如果自由存储区没有空间存放其他结点，则返回 true；否则返回 false
{
  TreeNode* location;
  try
  {
    location = new TreeNode;
    delete location;
    return false;
  }
  catch(std::bad_alloc exception)
  {
    return true;
  }
}

bool TreeType::IsEmpty() const
```

```
    // 如果树为空则返回 true；否则返回 false
  {
    return root == NULL;
  }
```

8.6.2　GetLength 函数

在 Factorial 函数中，如果知道 $N-1$ 的阶乘，就可以确定 N 的阶乘。这里的类似语句是，如果知道左子树的结点数和右子树的结点数，我们就可以确定树的结点数。也就是说，树的结点数是

左子树的结点数 + 右子树的结点数 + 1

这很容易。如果给定一个 CountNodes 函数和一个指向树结点的指针，我们就知道如何计算子树中的结点数。以子树的指针作为参数递归调用 CountNodes，因此可以知道如何编写一般条件。那基础条件呢？叶结点没有子树，因此结点数为 1。如何确定结点没有子树？指向其子结点的指针为 NULL。我们尝试用算法总结这些观察结果，其中树是指向结点的指针。

CountNodes 版本 1

```
    if (Left(tree) is NULL) AND (Right(tree) is NULL)
        return 1
    else
        return CountNodes(Left(tree)) + CountNodes(Right(tree)) + 1
```

下面在几个示例上尝试使用此算法，以确保它有效（见图 8.5）。

将图 8.5（a）中的树称为 CountNodes。根结点（M）的左、右子树都不为 NULL，因此以结点 A 作为根结点来调用 CountNodes。由于在此调用上左、右两个子树都为 NULL，调用结果是 1。现在，以结点 Q 为根结点来调用 CountNodes。它的两个子树均为 NULL，因此调用结果还是 1。现在可以计算根为 M 的树的结点数：

$1 + 1 + 1 = 3$

这是正确的。

图 8.5（b）中的树是不平衡的，让我们看看这种情况是否会带来问题。根（L）的两个子树都是 NULL 是不正确的，因此 CountNodes 以左子树作为参数调用。我们确实有个问题。第一条语句检查根的子树是否为 NULL，但根本身为 NULL。当树为 NULL 时，尝试访问 tree->left，函数报错了。调用之前，必须先检查左子树或右子树是否为 NULL，如果是，则不调用 CountNodes。

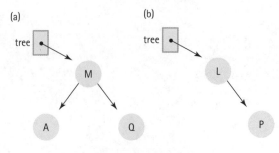

图 8.5　两个二叉查找树

CountNodes 版本 2

```
if (Left(tree) is NULL) AND (Right(tree) is NULL)
    return 1
else if Left(tree) is NULL
    return CountNodes(Right(tree)) + 1
else if Right(tree) is NULL
    return CountNodes(Left(tree)) + 1
else return CountNodes(Left(tree)) + CountNodes(Right(tree)) + 1
```

如果 CountNodes 函数具有树不为空的前置条件，则版本 2 可以正常工作。空的树会导致程序错误，所以必须检查树是否为空，作为算法中的第一条语句，如果为空，则返回 0。

CountNodes 版本 3

```
if tree is NULL
    return 0
else if (Left(tree) is NULL) AND (Right(tree) is NULL)
    return 1
else if Left(tree) is NULL
    return CountNodes(Right(tree)) + 1
else if Right(tree) is NULL
    return CountNodes(Left(tree)) + 1
else return CountNodes(Left(tree)) + CountNodes(Right(tree)) + 1
```

这个算法看起来确实很复杂。肯定有一个更简单的解决办法——确实有。可以把两个基础条件合而为一，不需要将叶结点变成特例。可以有一个基础条件：一个空树返回 0。下面是修改后的算法：

CountNodes 版本 4

```
if tree is NULL
    return 0
else
    return CountNodes(Left(tree)) + CountNodes(Right(tree)) + 1
```

我们花了很多时间来研究包含错误的版本，因为它们说明了有关使用树进行递归的两个知识要点：①永远先检查该树是否为一棵空树；②不需要将叶结点视为单独的情况来处理。表 8.1 列出了设计符号和相应的 C++ 代码。

表 8.1　结点设计符号和相应的 C++ 代码

结点设计符号	C++ 代码
Node(location)	*location
Info(location)	location->info
Right(location)	location->right
Left(location)	location->left
Set Info(location) to value	location->info = value

以下是函数规格说明：

CountNodes 函数	
定义：	计算树中的结点数。
规模：	树中的结点数。
基础条件：	如果 tree 为 NULL，则返回 0。
一般条件：	返回 CountNodes(Left(tree)) + CountNodes(Right(tree)) + 1。

```
    int CountNodes(TreeNode* tree);
    int TreeType::GetLength() const
    // 调用递归函数 CountNodes 来计算              // 树中的结点
    {
      return CountNodes(root);
    }
    int CountNodes(TreeNode* tree)
    // 后置条件：返回树中的结点数
    {
      if (tree == NULL)
        return 0;
      else
        return CountNodes(tree->left) + CountNodes(tree->right) + 1;
    }
```

8.6.3　GetItem 函数

在本节的开头，演示了如何在二叉查找树中查找一个元素。也就是说，首先检查元素是否在根中。如果不是，将元素与根进行比较，并查看其左子树或右子树。该语句看起来是递归的，让我们应用一般准则来确定递归解决方案。

对于问题的规模，有两种选择：树中的结点数或者从根到所查找的结点的路径中的结点数（或直到到达空树）。两者都可以接受。第一个更容易，但第二个更精确。当找到具有相同键的元素时，就会出现一个基础条件。当确定具有相同键的元素不在树中时，会发生另一种基础条件。一般条件是从左子树中检索元素，或者从右子树中检索元素。因为左边或右边的子树至少比原树少一个结点，且更深一个层次，所以每次调用都会减小规模。

只剩下一个问题：如何知道树中没有相同键的元素？如果树为空，则它不能包含与元素的键具有相同键的元素。来总结一下这些观察结果，我们定义递归函数 Retrieve，由 GetItem 成员函数调用。

Retrieve 函数	
定义：	查找与 item 的键相同的元素。如果找到，则存储在 item 中。
规模：	树中的结点数（或路径中的结点数）。
基础条件：	（1）如果 item 的键与 Info(tree) 中的键匹配，则 item 被设置为 Info(tree)，且 found 为 true。 （2）如果树 = NULL，found 为 false。
一般条件：	如果 item 的键小于 Info(tree) 的键，Retrieve(Left(tree),item, found)； 或 Retrieve(Right(tree), item, found)。

```
void Retrieve(TreeNode* tree, ItemType& item, bool& found);
ItemType TreeType::GetItem(ItemType item, bool& found) const
// 调用递归函数 Retrieve 在树中查找 item
{
  Retrieve(root, item, found);
  return item;
}
void Retrieve(TreeNode* tree, ItemType& item, bool& found)
// 递归查找树中的元素
// 前置条件: 如果存在一个元素 someItem, 其键与 item 的键相匹配, found 为 ture, 并将 item 设置为 someItem
的副本;
// 否则, found 为 false 并且 item 保持不变
{
  if (tree == NULL)
    found = false;                        // 未找到匹配的元素
  else if (item < tree->info)
    Retrieve(tree->left, item, found);    // 查找左子树
  else if (item > tree->info)
    Retrieve(tree->right, item, found);   // 查找右子树
  else
  {
    item = tree->info;                    // 元素已找到
    found = true;
  }
}
```

用图 8.6 中的树来跟踪这个操作。希望找到键为 18 的元素，因此非递归调用是：

```
Retrieve(root,18,found)
```

根结点不是 NULL，而且 18 > tree->info，即 18 大于 17，因此，发出了第一个递归调用：

```
Retrieve(tree->right, 18, found)
```

树现在指向键为 20 的结点，因此 18 <tree-> info，下一个递归调用是：

```
Retrieve(tree->left, 18, found)
```

现在树以键 18 指向结点，所以 18 = tree->info，设置 found 和 item，递归停止。

接下来，我们看一个键不在树中的示例。如果要查找键为 7 的元素。非递归调用是：

```
Retrieve(root, 7, found)
```

树不是 NULL，而且 7 < tree->info，所以第一个递归调用是：

```
Retrieve(tree->left, 7, found)
```

树指向含有 9 的结点。树不是 NULL，然后发出第二个递归调用：

```
Retrieve(tree->left, 7, found)
```

现在树是 NULL，将 found 设置为 false，并且 item 保持不变。

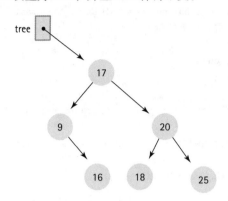

图 8.6 跟踪 Retrieve 操作

8.6.4 PutItem 函数

要创建和维护二叉查找树所存储的信息，需要一个将新结点插入树中的操作。使用以下插入方法，新结点始终以叶子的形式插入树中的适当位置。图 8.7 展示了在二叉查找树中进行的一系列插入操作。

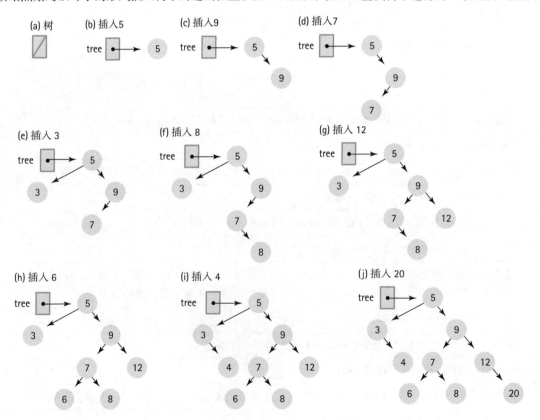

图 8.7 将新结点插入二叉查找树

　　等一下！new 的执行如何将新结点链接到现有树？为了理解这一点，我们必须考虑树在函数的递归执行中的含义。最后一个递归调用［见图 8.9（a）］是 Insert(tree-> right,item)。由于 tree 是引用参数，因此在 Insert 的最终递归执行中，树引用包含 10 的结点（新结点的逻辑双亲结点）的正确数据成员。执行 new 的语句获取新结点的地址并将其存储在树中，该结点的正确数据成员包含 10，从而将新结点链接到树结构［见图 8.9（b）］。树作为一个引用参数至关重要。如果不是，则传递给 Insert 的指针将是子树的根的副本，而不是根本身的位置。

　　这技术听起来很熟悉。在第 7 章中，当我们将元素递归地插入排序列表的链接实现中时，就使用了它。重要的是要记住，按值传递指针允许函数更改调用者的指针指向的内容；通过引用传递指针允许函数更改调用者的指针以及更改指针指向的内容。递归函数总结如下：

Insert 函数	
定义：	把元素插入二叉查找树。
规模：	从根到插入位置的路径中的元素数。
基础条件：	如果树为 NULL，返回包含元素的新结点。
一般条件：	（1）如果 item< Info(tree)，返回 Insert (Left(tree), item)。
	（2）如果 item > Info(tree)，返回 Insert (Right(tree), item)。

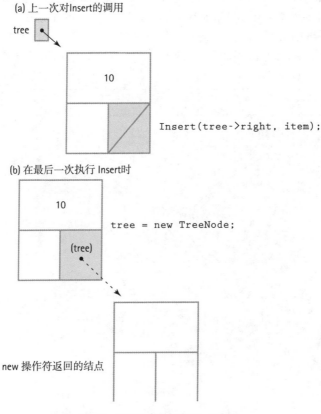

图 8.9　树的形参是树中的一个指针

以下是实现此递归算法的代码:

```
void Insert(TreeNode*& tree, ItemType item);
void TreeType::PutItem(ItemType item)
// 调用递归函数 Insert 将元素插入树中
{
  Insert(root, item);
}
void Insert(TreeNode*& tree, ItemType item)
// 将元素插入树中
// 后置条件: 元素在树中, 查找属性得到维护
{
  if (tree == NULL)
  {// 找到插入位置
    tree = new TreeNode;
    tree->right = NULL;
    tree->left = NULL;
    tree->info = item;
  }
  else if (item < tree->info)
    Insert(tree->left, item);          // 在左子树中插入
  else
    Insert(tree->right, item);         // 在右子树中插入
}
```

插入顺序和树形: 因为总是以叶子的形式添加结点, 所以插入结点的顺序决定了树的形状。图 8.10 说明了相同的数据以不同的顺序插入, 是如何生成形状非常不同的树的。如果按顺序 (或按相反顺序) 插入值, 树将会完全偏斜。元素的随机组合会生成更矮、更"茂密"的树。 由于树的高度决定了查找中最大的比较次数, 因此树的形状具有非常重要的意义。显然, 缩小树的高度可以最大限度地提高查找效率。某些算法会调整树使其形状更理想。这些计划是针对更高级课程的主题。

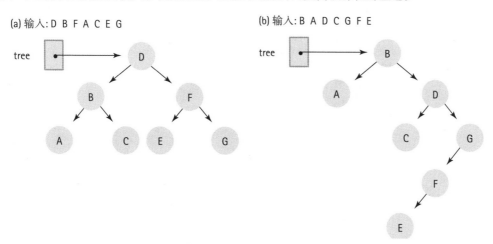

图 8.10　输入顺序决定树的形状

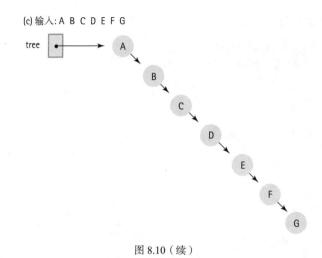

(c) 输入: A B C D E F G

图 8.10（续）

8.6.5　DeleteItem 函数

Delete（DeleteItem 的递归辅助函数）接收指向二叉查找树和元素的外部指针，然后从树中查找并删除与该元素的键匹配的结点。根据操作的规格说明，树中存在具有相同键的元素。这些规格说明建议分两部分进行操作：

Delete
在树中查找该结点
从树中删除该结点

我们知道如何找到结点，因为我们在 Retrieve 中做了这个工作。操作的第二部分——从树中删除这个结点——比较复杂。该任务根据结点在树中的位置不同而不同。显然，删除一个叶结点比删除树的根简单。实际上，可以将删除算法分为三种情况，根据要删除的结点所链接的子结点的数量来决定：

（1）删除一个叶结点（非子结点）：如图 8.11 所示，删除一个叶结点只是将其双亲结点的适当链接设置为 NULL，然后对不必要的结点进行处理。

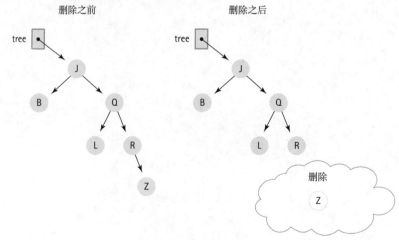

图 8.11　删除叶结点

（2）删除一个只有一个孩子的结点：删除叶结点的简单解决方案不足以删除带有孩子的结点，因为我们不想从树上丢失其所有后代。相反，希望双亲结点的指针跳过已删除的结点，并指向打算删除的结点的子结点。然后处理不需要的结点（见图 8.12）。

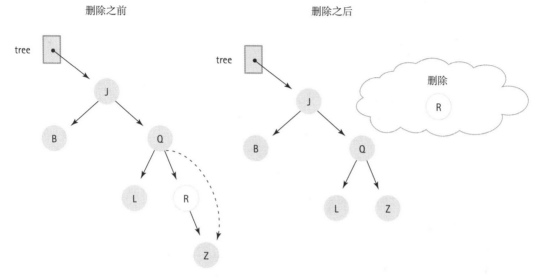

图 8.12　删除只有一个孩子的结点

（3）删除一个有两个孩子的结点：这种情况是最复杂的，因为不能使被删除结点的双亲结点指向被删除结点的两个子结点。该树必须仍为二叉树，并且查找属性必须保持不变。有几种方法可以完成此删除操作。使用的方法不会删除结点，而是将其 info 数据成员替换为维护查找属性的树中另一个结点的 info 数据成员，再删除另一个结点。

可以使用哪个元素来替换保留了查找属性的已删除 item？答案是"其键紧接在 item 之前或之后的元素，即 item 的逻辑前驱或后继元素"。将希望删除的结点的 info 数据成员替换为其逻辑前驱的 info 数据成员——其键值与带删除结点的键值最接近，但小于该结点的键的结点。查看图 8.7（j）并找到结点 5、9 和 7 的逻辑前驱。看到规律了吗？ 5 的逻辑前驱是 5 的左子树中的最大值；9 的逻辑前驱是 9 的左子树中的最大值；7 的逻辑前驱是 6，是 7 的左子树中的最大值。在没有子结点或一个孩子的结点中找到此替换值，然后通过更改其父结点的一个指针来删除最初包含替换值的结点（见图 8.13）。图 8.14 显示了所有这些类型的删除示例。

显然，删除任务涉及更改要删除的结点的双亲结点的指针。如果递归算法将树作为引用形参，则树本身就是必须更改的父级树。接下来从实现的角度来看这三种情况。

如果两个子指针均为 NULL，则该结点为叶结点，因此将树设置为 NULL。如果一个子指针为 NULL，则将树设置为另一个子指针。如果两个子指针都不为 NULL，则将树的 info 数据成员替换为该结点的逻辑前驱的 info 数据成员，并删除包含该前驱的结点。将此算法总结为 DeleteNode。

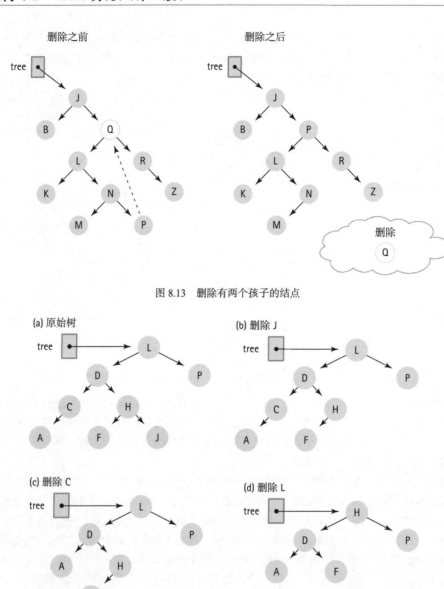

图 8.13　删除有两个孩子的结点

图 8.14　二叉查找树中的删除示例

DeleteNode

```
if (Left(tree) is NULL) AND (Right(tree) is NULL)
   设置 tree 为 NULL
else if  Left(tree) is NULL
   设置 tree 为 Right(tree)
else if  Right(tree) is NULL
   设置 tree 为 Left(tree)
else
   找到 predecessor
   设置 Info(tree) 为 Info(predecessor)
   删除 predecessor
```

现在可以为 Delete 编写递归定义和代码。

Delete 函数

定义:	从以结点为根的树中删除等于某 item 的结点。
规模:	从根到要删除的结点的路径中的结点数目。
基础条件:	如果 item 的键与 Info(tree) 中的键匹配,则按树指向删除结点。
一般条件:	如果 item < Info(tree),Delete(Left(tree), item);
	或者 Delete(Right(tree), item)。

```
void DeleteNode(TreeNode*& tree);
void Delete(TreeNode*& tree, ItemType item);
void TreeType::DeleteItem(ItemType item)
// 调用递归函数 Delete 从树中删除元素
{
  Delete(root, item);
}
void Delete(TreeNode*& tree, ItemType item)
// 从树中删除元素
// 后置条件:元素不在树中
{
  if (item < tree->info)
    Delete(tree->left, item);          // 在左子树中查找
  else if (item > tree->info)
    Delete(tree->right, item);         // 在右子树中查找
  else
    DeleteNode(tree);                  // 未找到,调用 DeleteNode
}
```

在编写 DeleteNode 代码之前,让我们再回顾一下。如果左子指针为 NULL,采取的操作也适用于两个子指针都为 NULL 的情况,则可以删除其中一个测试。当左子指针为 NULL 时,右子指针存储在树中。如果右子指针也是 NULL,那么 NULL 存储在树中,如果两者都是 NULL,这就是我们想要的。

现在,我们以一种良好的自上而下的方式来编写 DeleteNode 的代码,使用 GetPredecessor 作为操

作的名称，该操作返回带有两个子结点的前驱结点的 info 数据成员的副本：

```
void GetPredecessor(TreeNode* tree, ItemType& data);
void DeleteNode(TreeNode*& tree)
// 从树中删除结点的信息
// 后置条件：树所指向的结点中的用户数据不再存在于树中
// 如果树是叶结点或者只有一个非 NULL 子指针，则删除树指向的结点；
// 否则，用户的数据被其逻辑前驱替换，逻辑前驱的结点被删除
{
  ItemType data;
  TreeNode* tempPtr;

  tempPtr = tree;
  if (tree->left == NULL)
  {
    tree = tree->right;
    delete tempPtr;
  }
  else if (tree->right == NULL)
  {
    tree = tree->left;
    delete tempPtr;
  }
  else
  {
    GetPredecessor(tree->left, data);
    tree->info = data;
    Delete(tree->left, data);              // 删除逻辑前驱结点
  }
}
```

接下来，看看寻找逻辑前驱的操作。我们知道逻辑上的前驱是树的左子树的最大值。这个结点在哪里找到？二叉查找树中位于其最右端结点的最大值。因此，给定树的左子树，只需继续向右移动，直到右子树为 NULL。发生此事件时，我们将数据设置为结点的 info 成员。在这种情况下，没有理由递归寻找前驱。一个直到 tree->right 为 NULL 的简单迭代就足够了：

```
void GetPredecessor(TreeNode* tree, ItemType& data)
// 将数据设置为树中最右边结点的 info 成员
{
  while (tree->right != NULL)
    tree = tree->right;
  data = tree->info;
}
```

8.6.6 Print 函数

要遍历线性链表，首先要设置一个临时指针，等于列表的起点，然后沿着从一个结点到另一个结点的链接，直到到达指针值为 NULL 的结点为止。同样，要遍历二叉树，需要初始化指向树根的指针。但是要从那里走到哪里呢？向左边还是向右边？首先访问根还是叶？答案是"所有这些"。遍历列表只有两种方法：向前和向后。相比之下，遍历树有许多种方法。

中序遍历访问结点的方式：从最小到最大的顺序访问结点中的值。这是我们希望用于 Print 的技术。

首先，输出根的左子树——树中所有小于根结点的值。接下来，输出根结点的值。最后，输出根的右子树——树中所有大于根结点的值（见图 8.15 ）。

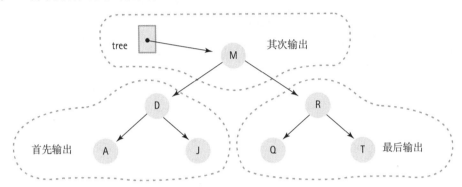

图 8.15　按顺序输出所有结点

再次描述该问题，然后进行递归思考（并编写一个名为 Print 的递归辅助函数）。以树为根按顺序输出二叉查找树中的元素，也就是说，首先按顺序输出左子树，然后输出根结点，最后按顺序输出右子树。当然，tree->left 指向左子树的根。因为左子树也是二叉查找树，所以我们可以使用 tree->left 作为根参数调用 Print 函数进行输出。当 Print 输出完左子树时，将输出根结点的值。然后调用 Print 以 tree->right 作为根参数输出右子树。

对 Print 函数的两个调用都使用相同的方法来输出子树：用一个 Print 调用来输出左子树，输出根，然后用另一个 Print 调用来输出右子树。如果传入参数在一个递归调用中为 NULL，会发生什么情况？该事件表明参数是空树的根。在这种情况下，退出函数，显然，输出空子树是没有意义的：

Print 函数	
定义：	按从小到大的顺序输出二叉查找树中的结点。
规模：	树中根为树的结点数。
基础条件：	如果树 = NULL，从函数中返回。
一般条件：	顺序遍历左子树，输出 Info(tree)，然后顺序遍历右子树。

这种描述可以在下面的递归函数中进行编码。为了简单起见，假设 tree->info 可以直接使用流插入运算符输出。以下是输出的辅助函数：

```
void PrintTree(TreeNode* tree, std::ofstream& outFile)
// 在 outFile 上按排序的顺序输出树中结点的 info 成员
```

```
  {
    if (tree != NULL)
    {
      PrintTree(tree->left, outFile);      // 输出左子树
      outFile << tree->info;
      PrintTree(tree->right, outFile);     // 输出右子树
    }
  }
```

之所以称之为中序遍历，是因为它在处理（输出）结点本身中的信息之前先访问每个结点的左子树，然后访问结点的右子树。

最后，TreeType 类的 Print 成员函数调用 PrintTree 如下：

```
  void TreeType::Print(std::ofstream& outFile) const
  // 调用递归函数 Print 来输出树中的结点
  {
    PrintTree(root, outFile);
  }
```

8.6.7　类构造函数和析构函数

默认的类构造函数只是通过将根设置为 NULL 来创建一个空树。由于没有其他逻辑方法可以构造空树，因此不提供参数化的构造函数：

```
  TreeType::TreeType()
  {
    root = NULL;
  }
```

与类构造函数负责每个类对象的初始化一样，当类对象超出范围时，类析构函数负责释放动态结点。该操作以指向二叉查找树的指针为参数调用递归例程，并销毁所有结点，使树为空。要删除元素，必须遍历树。我们没有像 8.6.6 节中那样输出每个元素，而是从树中删除了该结点。我们说过遍历二叉树的方法不止一种，那么有没有更好的方法来销毁树呢？

尽管任何遍历都能使函数正常工作，但是一种遍历可能会比其他遍历更有效率。我们知道 DeleteNode 操作删除叶结点比删除带孩子结点所做的工作要少，因此想先删除叶结点。允许先访问叶结点的遍历称为后序遍历：在处理结点本身之前，先访问每个结点的左子树及其右子树。如果按后序遍历删除结点，则每个结点在被删除时都是一个叶结点。析构函数的代码如下：

```
  void Destroy(TreeNode*& tree); TreeType::~TreeType()
  // 调用递归函数 Destroy 销毁树
  {
    Destroy(root);
  }
  void Destroy(TreeNode*& tree)
  // 后置条件：树是空的，结点已被释放
```

```
{
  if (tree != NULL)
  {
    Destroy(tree->left); Destroy(tree->right); delete tree;
  }
}
```

MakeEmpty 成员函数的主体与类析构函数的主体相同，但有一个例外：调用 Destroy 后，必须将 root 设置为 NULL。

8.6.8　树的复制

复制构造函数和赋值运算符的重载都涉及树的副本。树复制可能是与树相关的最有趣、最复杂的算法。显然，它需要递归算法。我们必须对所有其他成员函数执行相同的操作：以 root 为参数调用辅助递归函数。复制构造函数和赋值运算符都必须调用此函数：

```
void CopyTree(TreeNode*& copy, const TreeNode* originalTree);
TreeType::TreeType(const TreeType& originalTree)
// 调用递归函数 CopyTree 将 originalTree 复制到 root 中
{
  CopyTree(root, originalTree.root);
}
void TreeType::operator=
    (const TreeType& originalTree)
// 调用递归函数 CopyTree 将 originalTree 复制到 root 中
{
  {
    if (&originalTree == this)
      return;                          // 忽略将自身分配给自身
    Destroy(root);                     // 释放现有的树结点
    CopyTree(root, originalTree.root);
  }
}
```

递归函数 CopyTree 有两个参数，都指向树结点，称它们为 copy 和 otherTree。基础条件是什么？如果 otherTree 为 NULL，则 copy 为 NULL。如果 otherTree 不是 NULL，那么 copy 是什么？我们得到一个要 copy 的结点，并将 otherTree->info 放入其中。然后，将 otherTree 的左子树副本存储在 copy 的左子树中，并将 otherTree 的右子树副本存储在 copy 的右子树中。在哪里得到子树的副本？当然是递归地使用 CopyTree：

```
void CopyTree(TreeNode*& copy,const TreeNode* originalTree)
// 后置条件：copy 是一个复制了 originalTree 的根
{
  if (originalTree == NULL)
```

```
      copy = NULL;

    else
    {
      copy = new TreeNode;
      copy->info = originalTree->info;
      CopyTree(copy->left, originalTree->left);
      CopyTree(copy->right, originalTree->right);
    }
  }
```

在学习后面的内容之前，一定要了解这个代码是如何工作的。与许多递归算法一样，这个短函数优雅但不明显。让我们在下面的树中跟踪 CopyTree：

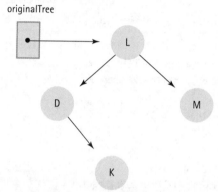

就像在第 7 章中一样，R0 代表非递归调用，R1 代表第 1 个递归调用（copy-> left），R2 代表第 2 个递归调用（copy-> right）。在跟踪中，指向结点内容的箭头代表指向该结点的指针。表格中的"注释"列显示了跟踪过程。

调用	复制	originalTree	返回	注释
1	指向新树的外部指针	→L	R0	copy 被赋予一个指向的结点；L 被复制到 info 成员中；R1 被执行
2	在调用 1 中分配的结点的左子结点	→D	R1	copy 被赋予一个指向的结点；D 被复制到 info 成员中；R1 被执行
3	在调用 2 中分配的结点的左子结点	NULL	R1	NULL 被复制到 copy 中（即在调用 2 中分配的结点的左子结点），并完成调用 3

至此，第 3 个调用完成，copy 如下所示：

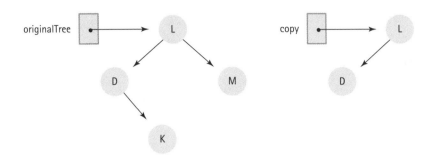

返回以完成第 2 个调用。对完成的调用涂上阴影，以表明该调用已执行，并且活动记录不再存在于栈中。

调用	复制	originalTree	返回	注释
1	指向新树的外部指针	→L	R0	copy 被赋予一个指向的结点；L 被复制到 info 成员中；R1 被执行
2	在调用 1 中分配的结点的左子结点	→D	R1	copy 被赋予一个指向的结点；D 被复制到 info 成员中；R1 被执行
3	在调用 2 中分配的结点的左子结点	NULL	R1	NULL 被复制到 copy 中（即在调用 2 中分配的结点的左子结点），并完成调用 3
4	在调用 2 中分配的结点的右子结点	→K	R2	copy 被赋予一个指向的结点；K 被复制到 info 成员中；R1 被执行
5	在调用 4 中分配的结点的左子结点	NULL	R1	NULL 被复制到 copy 中（即调用 4 中结点的左子结点），并完成调用 5

在第 5 个调用完成后，执行返回到第 4 个调用。因为第 5 个调用来自 R1，所以必须执行 R2。

调用	复制	originalTree	返回	注释
1	指向新树的外部指针	→L	R0	copy 被赋予一个指向的结点；L 被复制到 info 成员中；R1 被执行
2	在调用 1 中分配的结点的左子结点	→D	R1	copy 被赋予一个指向的结点；D 被复制到 info 成员中；R1 被执行
3	在调用 2 中分配的结点的左子结点	NULL	R1	NULL 被复制到 copy 中（即在调用 2 中分配的结点的左子结点），并完成调用 3
4	在调用 2 中分配的结点的右子结点	→K	R2	copy 被赋予一个指向的结点；K 被复制到 info 成员中；R1 被执行
5	在调用 4 中分配的结点的左子结点	NULL	R1	NULL 被复制到 copy 中（即调用 4 中分配的结点的右子结点），并完成调用 5
6	在调用 4 中分配的结点的右子结点	NULL	R2	NULL 被复制到 copy 中（即调用 4 中分配的结点的右子结点），并完成调用 6

因为第 6 个调用来自 R2，所以第 4 个调用现在已经完成，copy 现在看起来像下面这样：

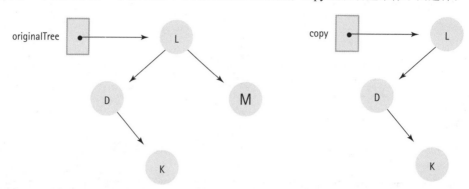

但是当第 4 个调用来自 R2 时，调用 4 也结束了，只将原始调用中的活动记录留在了栈上。从调用 1 的第 2 个递归调用继续执行。

调用	复制	originalTree	返回	注释
1	指向新树的外部指针	→L	R0	copy 被赋予一个指向的结点；L 被复制到 info 成员中；R1 被执行
2	在调用 1 中分配的结点的左子结点	→D	R1	copy 被赋予一个指向的结点；D 被复制到 info 成员中；R1 被执行
3	在调用 2 中分配的结点的左子结点	NULL	R1	NULL 被复制到 copy 中（即在调用 2 中分配的结点的左子结点），并完成调用 3
4	在调用 2 中分配的结点的右子结点	→K	R2	copy 被赋予一个指向的结点；K 被复制到 info 成员中；R1 被执行
5	在调用 4 中分配的结点的左子结点	NULL	R1	NULL 被复制到 copy 中（即在调用 4 中分配的结点的左子结点），并完成调用 5
6	在调用 4 中分配的结点的右子结点	NULL	R2	NULL 被复制到 copy 中（即在调用 4 中分配的结点的右子结点），并完成调用 6
7	在调用 1 中分配的结点的右子结点	→M	R2	copy 被赋予一个指向的结点；M 被复制到 info 成员中；R1 被执行
8	在调用 7 中分配的结点的左子结点	NULL	R1	NULL 被复制到 copy 中（即在调用 7 中分配的结点的左子结点），并完成调用 8

剩下要做的就是调用 7 中的第 2 个递归调用。

调用	复制	originalTree	返回	注释
1	指向新树的外部指针	→L	R0	copy 被赋予一个指向的结点；L 被复制到 info 成员中；R1 被执行
2	在调用 1 中分配的结点的左子结点	→D	R1	copy 被赋予一个指向的结点；D 被复制到 info 成员中；R1 被执行
3	在调用 2 中分配的结点的左子结点	NULL	R1	NULL 被复制到 copy 中（即在调用 2 中分配的结点的左子结点），并完成调用 3
4	在调用 2 中分配的结点的右子结点	→K	R2	copy 被赋予一个指向的结点；K 被复制到 info 成员中；R1 被执行
5	在调用 4 中分配的结点的左子结点	NULL	R1	NULL 被复制到 copy 中（即在调用 4 中分配的结点的左子结点），并完成调用 5
6	在调用 4 中分配的结点的右子结点	NULL	R2	NULL 被复制到 copy 中（即在调用 4 中分配的结点的右子结点），并完成调用 6
7	在调用 1 中分配的结点的右子结点	→M	R2	copy 被赋予一个指向的结点；M 被复制到 info 成员中；R1 被执行
8	在调用 7 中分配的结点的左子结点	NULL	R1	NULL 被复制到 copy 中（即在调用 7 中分配的结点的左子结点），并完成调用 8
9	在调用 7 中分配的结点的右子结点	NULL	R2	NULL 被复制到 copy 中（即在调用 7 中分配的结点的右子结点），并完成调用 9

调用 9 执行结束后执行调用 7，调用 7 执行结束后执行调用 1。由于调用 1 是非递归调用，因此该过程已完成。最后，copy 是 originalTree 的副本。

8.6.9　有关遍历的更多信息

在 Print 函数中，对二叉查找树进行了**中序遍历**：在输出左子树值和右子树值之间输出结点的值。中序遍历以键值升序顺序输出二叉查找树中的值。在实现二叉查找树的析构函数时，引入了一个**后序遍历**，在销毁其左子树和右子树后删除结点。还有一个更重要的遍历存在：**前序遍历**。在前序遍历中，结点中的值在其左子树中的值和右子树中的值之前被访问。

比较这三种遍历的算法，以确保你已经了解了它们之间的区别：

> **中序遍历（inorder traversal）**
> 一种访问二叉树中所有结点的系统方法，先访问该结点左子树中的结点，再访问该结点，然后访问该结点右子树中的结点。
>
> **后序遍历（postorder traversal）**
> 一种访问二叉树中所有结点的系统方法，先访问该结点左子树中的结点，再访问该结点右子树中的结点，然后访问该结点。
>
> **前序遍历（preorder traversal）**
> 一种访问二叉树中所有结点的系统方法，先访问该结点，再访问该结点左子树中的结点，然后访问该结点右子树中的结点。

Inorder(tree)

```
if tree 不为 NULL
    Inorder(Left(tree))
    Visit Info(tree)
    Inorder(Right(tree))
```

Postorder(tree)

```
if tree 不为 NULL
    Postorder(Left(tree))
    Postorder(Right(tree))
    Visit Info(tree)
```

Preorder(tree)

```
if tree 不为 NULL
    Visit Info(tree)
    Preorder(Left(tree))
    Preorder(Right(tree))
```

当我们说"访问"时，是指该算法对结点中的值执行所需的任何操作，例如，输出它们，对某些数据成员求和或者删除它们。请注意，每次遍历的名称指定了结点本身相对于其子树的处理位置。

如果你在可视化这些遍历时遇到困难，请尝试以下练习。通过在二叉树周围画"循环"来可视化每个遍历顺序，如图 8.16 所示。在画循环之前，请用短线扩展具有少于两个子结点的结点，以使每个结点都有两个"边"。然后从树的根结点开始，沿着左边的子树向下画，然后返回，绕着树的形状画。树的每个结点都被循环"触碰"三次（图中编号为触碰次数）：一次在到达左子树之前的向下的过程；一次在遍历完左子树之后但在开始遍历右子树之前；一次在遍历完右子树后向上的过程。

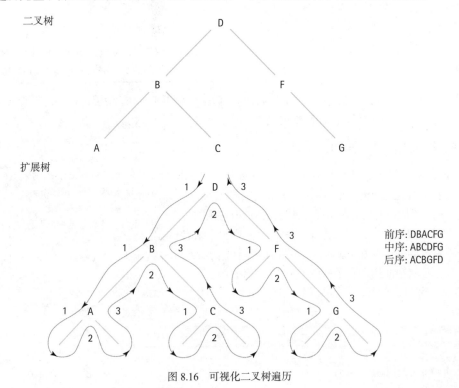

图 8.16　可视化二叉树遍历

要生成前序遍历，请遵循循环并在第一次触碰每个结点时（在访问左子树之前）访问每个结点。

要生成中序遍历，请遵循循环并在第二次触碰每个结点时（在访问两个子树之间）访问每个结点。要生成后序遍历，请遵循循环并在第三次触碰每个结点时（在访问右子树之后）访问每个结点。在图 8.17 所示的树中使用此方法，看看列出的遍历顺序是否正确。

一个中序遍历允许我们按升序输出值，一个后序遍历允许我们更有效地销毁一棵树。前序遍历在哪里有用？在处理二叉查找树时，这种遍历不是特别有用，但是，它在二叉树的其他应用程序中非常有用。

8.6.10　ResetTree 函数和 GetNextItem 函数

ResetTree 获取当前位置以进行遍历；GetNextItem 将当前位置移动到下一个结点，并返回存储在该位置的值。我们已经研究了三种遍历，那么"下一个结点"在这里是什么意思？ResetTree 和 GetNextItem 都具有 OrderType 类型的参数，该参数允许用户指定要使用哪种遍历。

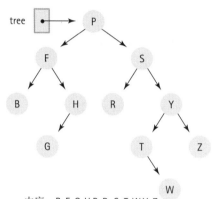

中序：B F G H P R S T W Y Z
前序：P F B H G S R Y T W Z
后序：B G H F R W T Z Y S P

图 8.17　树的三种遍历

遍历线性结构时，将明确指定从一元素移至另一元素。树遍历是递归的，因此下一元素的位置是当前元素和运行时栈的函数。还可以使用辅助栈来实现遍历，从而保存查找下一元素所需的历史记录。然而，还有一种更简单的方法：让 ResetTree 以适当的顺序生成结点内容的队列，并让 GetNextItem 处理队列中的结点内容。回想一下，OrderType 的指定如下：

```
enum OrderType {PRE_ORDER, IN_ORDER, POST_ORDER};
```

让 ResetTree 根据参数 order 的值调用三个递归函数中的一个。每个函数实现一个递归遍历，将结点内容存储到队列中。因此，必须在 TreeType 的私有部分声明三个队列：

```
enum OrderType {PRE_ORDER, IN_ORDER, POST_ORDER};
class TreeType
{
public:
    // 这里是函数原型
private:
```

```
         TreeNode* root; QueType preQue; QueType inQue;
         QueType postQue;
}
// 辅助函数的函数原型
void PreOrder(TreeNode*, QueType&);
// 对树进行前序排序
void InOrder(TreeNode*, QueType&);
// 对树进行中序排序
void PostOrder(TreeNode*, QueType&);
// 对树进行后序排序
void TreeType::ResetTree(OrderType order)
// 调用函数以所需顺序创建树元素的队列
{
  switch (order)
  {
    case PRE_ORDER : PreOrder(root, preQue);
                     break;
    case IN_ORDER  : InOrder(root, inQue);
                     break;
    case POST_ORDER: PostOrder(root, postQue);
                     break;
  }
}
void PreOrder(TreeNode* tree, QueType& preQue)
// 后置条件: preQue 包含按前序排序的树中的元素
{
  if (tree != NULL)
  {
    preQue.Enqueue(tree->info);
    PreOrder(tree->left, preQue); PreOrder(tree->right, preQue);
  }
}
void InOrder(TreeNode* tree, QueType& inQue)
// 后置条件: inQue 包含按中序排序的树中的元素
{
  if (tree != NULL)
  {
    InOrder(tree->left, inQue);
    inQue.Enqueue(tree->info);
    InOrder(tree->right, inQue);
  }
}
void PostOrder(TreeNode* tree, QueType& postQue)
// 后置条件: postQue 包含按后序排序的树中的元素
```

```
{
  if (tree != NULL)
  {
    PostOrder(tree->left, postQue);
    PostOrder(tree->right, postQue);
    postQue.Enqueue(tree->info);
  }
}
ItemType TreeType::GetNextItem(OrderType order, bool& finished)
// 以所需顺序返回下一项
// 后置条件: 对于期望的顺序, 元素是队列中的下一项
//        如果元素是队列中的最后一元素, finished 为 true; 否则 , finished 为 false
{
  ItemType item; finished = false; switch (order)
  {
    case PRE_ORDER   : preQue.Dequeue(item);
                       if (preQue.IsEmpty())
                         finished = true;
                       break;
    case IN_ORDER    : inQue.Dequeue(item);
                       if (inQue.IsEmpty())
                         finished = true;
                       break;
    case POST_ORDER  : postQue.Dequeue(item);
                       if (postQue.IsEmpty())
                         finished = true;
                       break;
  }
  return item;
}
```

8.7 插入与删除函数的迭代方法

8.7.1 查找二叉查找树

在树操作的递归版本中,将查找任务嵌入需要它的函数中。另一种选择是具有一个通用的查找函数。在这里采用这种方法,FindNode 函数接收指向二叉查找树的指针和已初始化键的元素。如果找到具有匹配键的元素,它将发送回指向所需结点的指针(nodePtr)和指向该结点的双亲结点的指针(parentPtr)。

如果没有与元素的键相匹配的键,例如,当我们插入新元素时,该如何处理? 将 nodePtr 设置为 NULL。在这种情况下, parentPtr 指向必须将新元素作为右子结点或左子结点插入的结点。还有一种情况: 如果在根结点中找到匹配的键呢? 因为不存在双亲结点,所以将 parentPtr 设置为 NULL。

以下是内部树函数 FindNode 的规格说明:

📑 FindNode(TreeNode* tree, ItemType item, TreeNode*& nodePtr, TreeNode*& parentPtr)

功能： 查找与元素的键相匹配的结点。

前置条件： 指向二叉查找树的根结点。

后置条件： 如果找到一个与元素的键相同的结点，则 nodePtr 指向该结点，parentPtr 指向其双亲结点。
如果根结点的键与元素的键相同，则 parentPtr 为 NULL。如果没有结点具有相同的键，
则 nodePtr 为 NULL，parentPtr 指向树中作为元素的逻辑双亲结点的结点。

让我们详细看看查找算法。使用 nodePtr 和 parentPtr（输出参数）来查找树。因为通过树的根访问树，所以将 nodePtr 初始化为外部指针 tree。将 parentPtr 初始化为 NULL。比较 item 和 nodePtr->info，如果键是相等的，即找到期望的结点。如果 item 的键较小，在左子树中查看；如果 item 的键更大，在右子树中查看。此操作与递归查找完全一样，只是将指针值更改为向左和向右移动，而不是进行递归调用。

```
FindNode

    设置 nodePtr 为 tree
    设置 parentPtr 为 NULL
    设置 found 为 false

    While 查找更多的元素 AND NOT found
        if item < Info(nodePtr)
            设置 parentPtr 为 nodePtr
            设置 nodePtr 为 Left(nodePtr)
        else if item > Info(nodePtr)
            设置 parentPtr 为 nodePtr
            设置 nodePtr 为 Right(nodePtr)
        else
            设置 found 为 true
```

循环何时终止？有两种终止条件。第一，如果找到正确的结点，将停止查找。在这种情况下，nodePtr 指向包含与 item 的键具有相同键的结点，parentPtr 指向该结点的双亲结点。第二，如果树中没有任何元素具有与 item 相同的键，则进行查找直到 nodePtr 指针从树上断开连接。此时，nodePtr = NULL，parentPtr 指向的结点将是 item 的双亲结点——如果它存在于树中。（在树中插入一个元素时使用 parentPtr 的这个值。）得到的循环条件是

```
while (nodePtr != NULL && !found)
```

该算法说明二叉查找树中的最大比较次数等于树的高度。正如前面介绍的，这个数字的范围可能是从 $\log_2 N$ 到 N（其中 N 是树元素的数目），取决于树的形状。

完整的函数如下：

```
void FindNode(TreeNode* tree, ItemType item,
    TreeNode*& nodePtr, TreeNode*& parentPtr)
// 后置条件：如果找到的结点具有与 item 相同的键，则 nodePtr 指向该结点，parentPtr 指向其双亲结点；
//          如果根结点的键与 item 的键相同，则 parentPtr 为 NULL；
//          如果没有结点具有相同的键，则 nodePtr 为 NULL，parentPtr 指向树中作为 item 的逻辑双亲结点的结点
{
```

```
        nodePtr = tree;
        parentPtr = NULL;
        bool found = false;
        while (nodePtr != NULL && !found)
        {
          if (item < nodePtr->info)
          {
            parentPtr = nodePtr;
            nodePtr = nodePtr->left;
          }
          else if (item > nodePtr->info)
          {
            parentPtr = nodePtr;
            nodePtr = nodePtr->right;
          }
          else
            found = true;
        }
    }
```

　　让我们使用图 8.6 中的树来跟踪这个函数。想找到带有键 18 的元素。nodePtr 最初设置为树，即外部指针。因为 item 的键（18）大于 nodePtr->info（17），所以将指针前移。现在，parentPtr 指向根结点，然后将 nodePtr 移到右侧，它指向键 20 的结点。因为 item 的键（18）小于这个键（20），所以使指针前移。现在 parentPtr 指向键为 20 的结点，将 nodePtr 移到左侧，然后，nodePtr 指向键为 18 的结点。现在 18 与 nodePtr->info 相等，并且 found 为 true，因此停止循环。当退出该函数时，nodePtr 指向具有所需键的结点，parentPtr 指向该结点的双亲结点。

　　接下来，让我们看一个在树中找不到键的示例。想找到具有键 7 的元素。nodePtr 最初设置为 tree。由于 item 的键（7）小于 nodePtr->info（17），因此向左移动。现在，nodePtr 指向包含 9 的结点，parentPtr 指向根结点。由于 item 的键小于 nodePtr->info，因此再次向左移动。现在 nodePtr = NULL，已经从树上断开连接。因为没有更多可查找的子树了，所以停止循环。当 nodePtr 等于 NULL，并且键 9 指向 parentPtr 的结点，退出函数。如果调用 FindNode 的目的是随后插入带有键 7 的结点，那么现在知道了两件事：

　　（1）因为 nodePtr = NULL，所以树不包含键为 7 的结点。

　　（2）因为 parentPtr 指向离开树之前访问的最后一个结点，所以必须将新的结点（键值为 7）附加到 parentPtr 的结点上。当开发迭代的 PutItem 操作时，此信息将非常有用。

8.7.2　PutItem 函数

　　迭代 PutItem 操作的算法必须执行与任何插入操作相同的三个任务：

PutItem

创建一个结点以包含新元素
找到插入位置
连接新结点

创建结点的方式与递归版本中的方式相同。但是，找到插入点和插入结点的操作是不同的。让我们看看 FindNode 函数如何执行查找。调用 FindNode，要求它查找与元素的键相同的结点：

FindNode (tree, item, nodePtr, parentPtr);

假设我们想将一个键值为 13 的元素插入图 8.18 所示的二叉查找树中。在函数 FindNode 中，将 nodePtr 初始化为指向树的根，并将 parentPtr 初始化为 NULL［见图 8.18（a）］。因为 item 的键（13）大于根结点（7）的键，所以将 nodePtr 移到右侧，并将 parentPtr 拖动到它的后面［见图 8.18（b）］。现在 item 的键小于 nodePtr-> info，所以将 nodePtr 移动到左边，parentPtr 跟随［见图 8.18（c）］。因为 item 的键大于 nodePtr-> info，所以 parentPtr 会跟随，并且 nodePtr 向右移动［见图 8.18（d）］。此时，nodePtr 为 NULL，因此退出 FindNode，其指针的位置如图 8.18（d）所示。

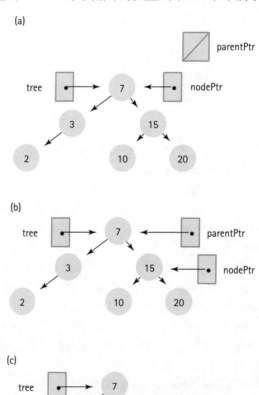

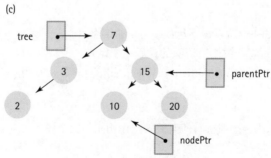

图 8.18　使用 FindNode 函数查找插入点

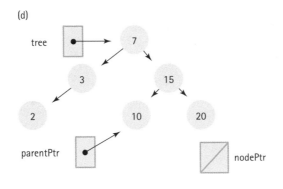

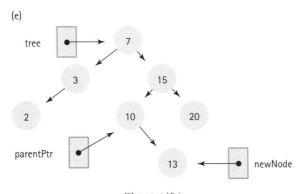

图 8.18（续）

当然，应该找不到带有 item 的键的结点，因为它是正在插入的结点。好消息是，nodePtr 刚从应插入新结点的位置退出了树。因为 parentPtr 紧跟在 nodePtr 之后，所以可以直接将新结点附加到 parentPtr 指向的结点上 [见图 8.18（e）]。

现在我们准备执行第三个任务：固定 parentPtr 指向的结点中的指针，以便附加新结点。在一般情况下，我们将新元素的键与 parentPtr-> info 的键进行比较。必须将 parentPtr-> left 或 parentPtr-> right 设置为指向新结点：

```
AttachNewNode
    if item < Info(parentPtr)
        设置 Left(parentPtr) 为 newNode
    else
        设置 Right(parentPtr) 为 newNode
```

但是，若将第一个结点插入空树中，parentPtr 仍然等于 NULL，并且取消引用 parentPtr 是非法的。我们需要使在树中插入第一个结点成为一个特例。可以测试 parentPtr = NULL，以确定树是否为空，如果是，则将树更改为指向新结点：

```
AttachNewNode(revised)
    if parentPtr =NULL
        设置 tree 为 newNode
```

```
        else if item < Info(parentPtr)

            设置 Left(parentPtr) 为 newNode
        else
            设置 Right(parentPtr) 为 newNode
```

将插入操作设计的各个部分合起来，可以为 PutItem 函数编码，其接口在二叉查找树 ADT 规格说明中描述：

```
void TreeType::PutItem(ItemType item)
// 后置条件: item 在树中
{
  TreeNode* newNode;
  TreeNode* nodePtr;
  TreeNode* parentPtr;
  newNode = new TreeNode;
  newNode->info = item;
  newNode->left = NULL;
  newNode->right = NULL;

  FindNode(root, item, nodePtr, parentPtr);

  if (parentPtr == NULL)                    // 作为根插入
    root = newNode;
  else if (item < parentPtr->info)
    parentPtr->left = newNode;
  else parentPtr->right = newNode;
}
```

8.7.3 DeleteItem 函数

迭代 DeleteItem 操作存在与递归 Delete 操作相同的三种情况：删除一个没有子结点、只有一个子结点或有两个子结点的结点。可以使用 FindNode 定位要删除的结点（由 nodePtr 指向）及其双亲结点（由 parentPtr 指向）。

递归版本中的实际删除发生在 DeleteNode 中。可以用它删除 nodePtr 指向的结点吗？ DeleteNode 只使用一个参数：指向要删除结点的指针所在的树中的位置。如果可以确定要传递给 DeleteNode 的结构中的位置，则可以使用为递归版本开发的 DeleteNode 函数。也就是说，给定 nodePtr 和 parentPtr，必须确定 nodePtr 指向的结点是 parentPtr 指向的结点的右子结点还是左子结点。如果 nodePtr 的值和 parentPtr->left 的值相同，我们就把 parentPtr->left 的值传递给 DeleteNode；否则，传递给 parentPtr->right：

```
void TreeType::DeleteItem(ItemType item)
// 后置条件 : 树中没有 info 信息成员与 item 匹配
{
  TreeNode* nodePtr;
  TreeNode* parentPtr;
```

```
        FindNode(root, item, nodePtr, parentPtr);
        if (nodePtr == root)
          DeleteNode(root);
        else
          if (parentPtr->left == nodePtr)
            DeleteNode(parentPtr->left);
          else DeleteNode(parentPtr->right);
      }
```

了解将 nodePtr 传递给 DeleteNode 与传递给 parentPtr–>right 或 parentPtr–> left 之间的区别非常重要，如图 8.19 和图 8.20 所示。

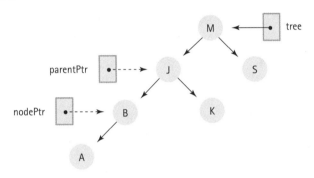

图 8.19　nodePtr 和 parentPtr 是树的外部指针

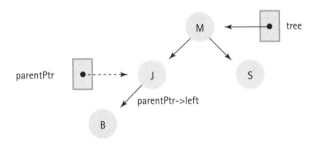

图 8.20　parentPtr 是树的外部指针，parentPtr –> left 是树的实际指针

8.7.4　测试计划

因为使用二叉查找树 ADT 来表示列表中的元素，所以可以使用与用来测试其他列表 ADT 相同的策略。然而，测试这些遍历比测试简单的线性遍历要困难得多。图 8.17 中的树可以用作测试，因为我们已经有了答案。我们需要插入元素，检索在树中找到和未找到的元素，输出树，为每次遍历重置树，使用 GetNextItem 获取每次遍历中的每个元素，删除所有元素，并在适当的地方调用其他函数。

在 Web 上，程序 TreeDr.cpp 包含测试驱动程序。TreeType 的递归版本位于 TreeType.cpp 文件中，迭代版本位于 ITreeType.cpp 文件中。输入文件是 TreeType.in，输出文件是 TreeType.out 和 TreeType.screen 的递归版本，以及 ITreeType.out 和 ITreeType.screen 的迭代版本。

8.7.5 递归还是迭代

我们已经研究了插入和删除结点的递归版本和迭代版本，那么我们可以确定哪种方法更好吗？在第 7 章中，我们给出了何时使用递归的一些准则。也可以将这些准则应用于使用二叉查找树的递归。

递归深度相对较浅吗？

是的。递归的深度取决于树的高度。如果树平衡良好（相对短而浓密，而不是高大而纤细），则递归深度更接近 $O(\log_2 N)$，而不是 $O(N)$。

递归解决方案比非递归版本更短或更清晰吗？

是的。递归解决方案肯定比非递归函数加上支持函数 FindNode 的组合要短。它更直观吗？一旦你认识到每个递归执行中，参数树实际上是树的一个结点中的指针成员，那么递归版本就会变得很直观。

递归版本的效率是否比非递归版本低得多？

不是。假定树是平衡的，插入和删除的递归版本和非递归版本都是 $O(\log_2 N)$ 操作。唯一值得关注的效率问题与空间有关，item 是一个值参数，函数在每个递归调用时都传递它的副本。如果 item 是大型结构或类对象，这些副本可能造成运行时栈溢出。（如果 ItemType 很大，树有很大的高度，最好将 item 作为 const 引用参数。）

我们给函数的递归版本加上"A"，它们代表了递归的出色用法。

8.8 比较二叉查找树和链表

对于先前介绍的许多相同的应用程序，结合其他排序列表结构，二叉查找树是合适的结构。使用二叉查找树的特殊优势在于，它便于查找，同时赋予了链接元素的好处。它提供了基于排序数组的列表和链表的最佳特性。它和基于排序数组的列表一样，可以通过二分查找来快速查找。与链表一样，它允许插入和删除，而不必移动数据。因此，这种结构特别适用于查找时间必须最小化或结点不必按顺序处理的应用程序。

像往常一样，存在一个权衡。二叉查找树在每个结点中都有额外的指针，比单链表占用更多的存储空间。另外，用于操纵树的算法有些复杂。如果列表的所有用途都涉及对元素的顺序处理而不是随机处理，则树可能没有链表那么好。

假设在一个列表中有 10 亿条客户记录。如果我们的主要活动是向客户发送更新的每月对账单，并且如果编制对账单的顺序与列表上记录的顺序相匹配，则应使用链表。但是，假设我们决定提供一个 Web 应用程序，使客户可以随时查询其账户信息。如果数据保存在链表中，则链表中的第一个客户几乎可以立即获得信息，但是最后一个客户必须等待应用程序检查完其他 999 999 999 条记录。因此当需要直接访问记录时，二叉查找树是一种更合适的结构。

8.8.1 Big-O 比较

正如我们期望的那样，在一个致力于查找的结构中，找到要处理的结点（FindNode）是最有趣的操作。在最好的情况下，即如果元素的插入顺序生成了一棵低而浓密的树，那么我们可以找到树中具有最多 $\log_2 N + 1$ 个比较的结点。我们希望在这样的树中找到一个随机元素的速度远远快于在排序的链表中找到这个元素。在最坏的情况下，即如果按照从最小到最大的顺序插入元素，或者反之亦然，树根本不会真正成为树，它是一个线性列表，通过左边或者右边的数据成员链接起来。这种结构被称为退化树。在这种情况下，树操作应执行与链表上的操作大致相同的操作。因此，在最坏情况分析中，树操作的复杂度与链表操作完全相同。然而，在下面的分析中，我们假设元素以随机顺序插入树中，以生成平衡树。

PutItem、DeleteItem 和 GetItem 操作基本上涉及查找结点 $O(\log_2 N)$ 加上 $O(1)$ 的任务。例如，创建结点、重置指针或复制数据。这些操作都被描述为 $O(\log_2 N)$。 DeleteItem 操作包括查找结点和 DeleteNode。在最坏的情况下（删除一个带有两个子结点的结点），DeleteNode 必须找到替换值，即 $O(\log_2 N)$ 操作。实际上，这两个任务加起来就是 $\log_2 N$ 次比较，因为如果要删除的结点在树中的较高处，查找它所需的比较就更少，而查找它的替换结点可能需要更多的比较。否则，如果删除的结点没有子结点或只有一个子结点，则 DeleteNode 为 $O(1)$ 操作。因此，DeleteItem 也可以描述为 $O(\log_2 N)$。

观察者函数 IsFull 和 IsEmpty 操作具有 $O(1)$ 复杂度，因为结构中的元素数不会影响这些操作。然而，GetLength 是不同的。如第 5 章所述，长度数据成员必须存在于基于数组的实现中，但它是链接实现中的一种设计选择。在第 5 章的实现中，选择保留长度字段，而不是在调用 GetLength 成员函数时统计元素的数量。在树的实现中，我们有相同的选择，选择在调用 GetLength 时统计列表中的元素数。因此，树的顺序实现的复杂度为 $O(N)$。

MakeEmpty、Print 和 destructor 操作需要遍历该树，对每个元素处理一次。因此，它们具有 $O(N)$ 复杂度。表 8.2 比较了树和列表操作的数量级，并对它们进行了编码。二叉查找树操作是基于随机插入顺序的元素，查找操作在基于数组的实现中是基于二分查找的。

表 8.2　列表操作的 Big-O 比较

函数	二叉查找树	基于数组的线性列表	链表
类构造函数	$O(1)$	$O(1)$	$O(1)$
析构函数	$O(N)$	$O(1)^*$	$O(N)$
MakeEmpty	$O(N)$	$O(1)^*$	$O(N)$
GetLength	$O(N)$	$O(1)$	$O(1)$
IsFull	$O(1)$	$O(1)$	$O(1)$
IsEmpty	$O(1)$	$O(1)$	$O(1)$
GetItem			
查找	$O(\log_2 N)$	$O(\log_2 N)$	$O(N)$
进程	$O(1)$	$O(1)$	$O(1)$
总计	$O(\log_2 N)$	$O(\log_2 N)$	$O(N)$
PutItem			
查找	$O(\log_2 N)$	$O(\log_2 N)$	$O(N)$
进程	$O(1)$	$O(N)$	$O(1)$
总计	$O(\log_2 N)$	$O(N)$	$O(N)$

函数	二叉查找树	基于数组的线性列表	链表
DeleteItem			
查找	$O(\log_2 N)$	$O(\log_2 N)$	$O(N)$
进程	$O(1)$	$O(N)$	$O(1)$
总计	$O(\log_2 N)$	$O(N)$	$O(N)$

* 如果基于数组的列表中的元素可能包含指针，则必须释放这些元素，使其成为 $O(N)$ 操作。

8.8.2 案例研究：建立索引

1. 问题

出版商要求我们为这本书编制索引。此过程的第一步是确定索引中应包含哪些单词；第二步是生成每个单词的页面列表。

我们决定让计算机生成一份清单，列出所有手稿中使用的独特单词及其出现频率，而不是试图从大脑（凭空产生）中选取单词。然后，可以查看列表并选择要包含在索引中的单词。

2. 讨论

显然，这个问题的主要对象是一个具有关联频率的单词。因此，我们首先要做的是定义一个单词。

回顾前面的段落，在这个上下文中，单词的暂定定义是什么？"两个空格之间的内容"怎么样？或者更好一点的"两个空格之间的字符串"怎么样？这个定义适用于索引中的大多数单词。然而，大多数单词的前面或后面会带有"·"和","。同时，被引号括起来的单词也会产生问题。

以下定义可以解决该问题吗？

单词是标记之间的字母数字字符串，其中标记为空格以及所有标点符号。

是的，这是可以用作索引的词的一种很好的定义。我们可以使用 <cctype> 中的 isalnum 函数来确定字符是否为字母数字字符。我们可以跳过前导的非数字字符，存储和读取字符，直到遇到一个非字母数字字符（isalnum 返回 false）或 inFile 进入关闭状态。如果没有遇到任何字母数字字符，则返回空字符串。

这个过程忽略了引号，就是缩写问题。让我们观察一下，看看能否找到一个解决方案。常见的缩写有 let's、couldn't、can't 和 that's，在单引号后面都是只有一个字母。该算法将单引号之前的字符作为一个单词返回，并将单引号之后的字符作为一个单词返回。我们想做的是忽略单引号后的字符，要求单词必须至少有三个字长才能考虑为索引，就可以解决这个问题。忽略少于三个字母的单词也会使不属于索引的单词（如 a、is、to、do 和 by 等）排除在考虑范围之外。

3. 集体研讨

与往常一样，我们的第一步是列出可能对解决问题有用的对象。扫描问题陈述，我们识别出以下名词：出版商、索引、文本、单词、列表、页面、标题、计算机、手稿、频率和出现次数。显然，其中一些名词为解决问题奠定了基础，而不是解决方案的一部分。删除这些名词剩下的是手稿、单词、列表和频率。

4. 情景分析

对于此问题，实际上只有一种情况：读取文件（手稿），将其分解为单词，处理单词，然后输出结果。处理每个单词，首先检查其长度。如果它是三个字符或更长，则检查它是否是我们之前处理过的单词。如果是，我们增加它的频率。如果不是，我们将其添加到单词列表中，频率为 1。但是，三个字符的限制相当随意，我们要让用户输入最少的字符数。

尽管频率是名词，但在这种情况下，它是单词的属性。将单词和频率组合成一个 WordType 对象。我们需要一个容器对象（列表），用于存储 WordType 的元素。可以使用编写的任何列表 ADT。要使输出文件按字母顺序列出单词，应使用有序列表 ADT。下面是 WordType 和 ListType 的 CRC 卡：

类名: WordType	超类:	子类:
职责	协作	
Initialize (word1)		
Increment frequency		
GetWord		
GetFrequency		

类名: ListType	超类:	子类:
职责	协作	
Initialize		
Put Item (item)	WordType	
Get Item (item)	WordType	
Tell a word to increment its frequency	WordType	
Print its contents in alphabetical order	WordType	

现在准备在主驱动函数中总结我们的讨论：

Driver (Main)

打开输入文件、打开输出文件、获取文件标签
在输出文件中输出文件标签
获取最小单词长度

```
        设置 letters 为 GetString(input file)
        while more data
            if letters.GetLength() >= 最小单词长度
                用 letters 初始化 WordType 对象
                list.GetItem(wordObject, found)
                if found
                    递增 wordObject 的计数
                else
                    list.PutItem(wordObject)
            设置 letters 为 GetString (input file)
        list.Print(output file)
```

　　糟糕！我们的设计有一个重大缺陷。无论使用哪个列表 ADT，GetItem 都会返回列表中该项的副本。对返回的元素进行递增，只会对列表中元素的副本进行递增。因此，所有频率最终都将变为 1。实际上，这个问题并不适合使用我们列出的 ADT。如果我们编写一个函数查找列表中的字符串，如果找到它就会增加计数，如果没有找到则会插入一个带有该字符串的结点，这样的处理效率会高得多。当查找过程中发现该字符串不存在时，该字符串已经处于结点所属的位置。

　　该讨论提出了一个非常重要的观点：有时使用现成的容器类是不合适的。使用库类，无论是 C++ 提供的类还是用户定义的类，都可以使你在更短的时间内编写更可靠的软件。这些类已经过测试和调试。如果它们符合你的问题需求，请使用它们。如果不符合，则编写一个特殊用途的函数来完成这项工作。在这种情况下，我们需要编写自己的代码。容器对象修订后的 CRC 卡如下：

类名：ListType		超类：	子类：
职责		协作	
Initialize			
PutOrIncrement		WordType	
Print its contents in alphabetical order		String	
⋮			

　　下面是修改后的主函数：

```
打开输入文件
打开输出文件
获取文件标签
在输出文件中输出文件标签
获取最小单词长度
设置 letters 为 GetString (input file)
while more data
    if letters.GetLength() >= 最小单词长度
        list.InsertOrIncrement(tree, letters)
    设置 letters 为 GetString (input file)
list.Print(output file)
```

GetString(inFile) returns string

```
设置 letters 为空字符串
        获取一个字母
while (NOT isalnum(letter) AND inFile)
        获取一个字母
if (NOT inFile)
        return letters
else
    do
        设置 letter 为 tolower(letter);
        设置 letters 为 letters + letter;
        获取一个字母
    while (isalnum(letter) AND inFile);
```

在继续进行之前，必须确定 ListType 的实现结构。对于列表中的项数没有限制，因此链接的实现是合适的。对于每个单词，都必须查找列表，以插入新单词或增加已经识别的单词的频率。基于树的列表将是最有效的，因为其查找具有 $O(\log_2 N)$ 复杂度。

在最初的设计中，使 WordType 成为具有成员函数的类，用于初始化自身，比较自身并增加其频率。因为容器类是专门为解决此问题而设计的，所以以将 WordType 作为一个结构而不是类，并让列表负责处理：

PutOrIncrement

```
if tree is NULL
        获取 tree 要指向的新结点
        设置 Info(tree) 的单词成员为 letters
        设置 Info(tree) 的 count 成员为 1
        设置 Left(tree) 为 NULL
        设置 Right(tree) 为 NULL
else if Info(tree) 的单词成员等于 letters
        递增 Info(tree) 的成员 count
else if letters 小于 Info(tree) 的单词成员
        PutOrIncrement(Left(tree), letters)
else
        PutOrIncrement(Right(tree), letters)
```

Print

```
if tree is not NULL
        Print(tree, outFile)
        word member of Info(tree).PrintToFile(TRUE, outFile)
        outFile << word
        Print(tree, outFile)
```

现在，我们准备对算法进行编码：

```
#include <fstream>
#include <cstddef>
```

```cpp
#include <iostream>
#include <string>

using namespace std;
struct WordType
{
public:
  string word;
  int count;
};
struct TreeNode
{
  WordType info;
  TreeNode* left;
  TreeNode* right;
};
class ListType
{
public:
  ListType();
  void PutOrIncrement(string letters);
  void PrintList(ofstream&);
private:
  TreeNode* root;
};
string GetString(ifstream&);
const int MAX_LETTERS = 20;
int main()
{
  ListType list;
  string inFileName;
  string outFileName;
  string outputLabel;
  ifstream inFile;
  ofstream outFile;
  string letters;
  int minimumLength;

  // 提示输入文件名，读取文件名并准备文件
  cout << "Enter name of input command file; press return." << endl;
  cin >> inFileName;
  inFile.open(inFileName.c_str());
```

```
       if (!inFile)
          cout << "file not found";
       cout << "Enter name of output file; press return." << endl;
       cin >> outFileName;
       outFile.open(outFileName.c_str());
       cout << "Enter name of test run; press return." << endl;
       cin >> outputLabel;
       outFile << outputLabel << endl;
       cout << "Enter the minimum size word to be considered." << endl;
       cin >> minimumLength;

// 阅读文本，剥离单词并将其插入列表
// 如果单词已经存在，则其计数增加
       letters = GetString(inFile);
       while (inFile)
       {
         if (letters.length() >= minimumLength)
           list.PutOrIncrement(letters);
         letters = GetString(inFile);
       }
       list.PrintList(outFile);
       outFile.close();
       inFile.close();
       return 0;
    }


string GetString(ifstream& inFile)
// 后置条件：跳过非字母数字字符。读取字母数字字符并将其连接在字符串上，直到读取非字母数字字符或到达
// 文件末尾为止。字母都转换为小写
    {
       char letter;
       string letters = "";

       inFile.get(letter);
       while (inFile && !isalnum(letter))
         inFile.get(letter);

       if (!inFile)
         // 找不到合法字母，返回空字符串
         return letters;
       else
       {  // 读取并收集字母
```

```
        do
        {
          letter = tolower(letter);
          letters = letters + letter;
          inFile.get(letter);
        } while (isalnum(letter) && inFile);
    }
    return letters;
}

ListType::ListType()
{
    root = NULL;
}

void Process(TreeNode*& tree, std::string letters)
{
    if (tree == NULL)
    {
        tree = new TreeNode;
        tree->info.word = letters;
        tree->info.count = 1;
        tree->left = NULL;
        tree->right = NULL;
    }
    else if (tree->info.word == letters)
        tree->info.count++;
    else if (tree->info.word > letters)
        Process(tree->left, letters);
    else
        Process(tree->right, letters);
}

void ListType::PutOrIncrement(string letters)
{
    Process(root, letters);
}

void Print(TreeNode*& tree, ofstream& outFile)
{
    if (tree != NULL)
    {
```

```
      Print(tree->left, outFile);
      outFile << tree->info.word;
      outFile << " " << tree->info.count;
      outFile << endl;
      Print(tree->right, outFile);
   }
}


void ListType::PrintList(ofstream& outFile)
{
   Print(root, outFile);
}
```

我们将创建索引的其余问题作为一个编程作业留待读者练习。

5. 测试

作为该程序的测试计划，我们可以获取一个文本文件，手动计算单词和频率，然后运行该程序以查看答案。在 Web 上，文件 Frequency.out 中包含使用文件 History.in 作为输入数据并在 Words.cpp 上运行程序的结果。

8.9 小结

在本章中，我们介绍了如何使用二叉树来构造已排序的信息，从而减少任何特定元素的查找时间。对于需要直接访问排序结构中元素的应用程序来说，二叉查找树是一种非常有用的数据类型。如果树是平衡的，我们可以使用 $O(\log_2 N)$ 操作访问树中的任何结点。二叉查找树结合了快速随机访问（如线性列表上的二分查找）的优点和链接结构的灵活性。

还可以使用递归非常优雅、简洁地实现树操作。这个结果是有意义的，因为二叉树本身就是一种递归类型的结构：该树中的任何结点都是另一棵二叉树的根。每次在树中向下移动一层时，从结点处向右或向左移动，都会将当前树的大小减半，这显然是较小调用问题。还介绍了迭代替代递归的情况（ PutItem 和 DeleteItem ）。

8.10 练习

1. a. 二叉查找树的级别与其查找效率有什么关系？

   b. 一个有 100 个结点的二叉查找树的最高层数是多少？

   c. 一个有 100 个结点的二叉查找树的最低层数是多少？

2. 下面这些公式中的哪个公式给出了一棵 N 层树的最大结点总数？（注意，根是 0 层。）

   a. $N^2 - 1$　　　　b. 2^N　　　　c. $2^N - 1$　　　　d. 2^{N+1}

3. 下面这些公式中的哪个公式给出了一颗二叉树第 N 层中的最大结点数？

   a. N^2　　　　b. 2^N　　　　c. 2^{N+1}　　　　d. $2^N - 1$

4. 二叉查找树的第 N 层结点中有多少个祖先？

5. a. 包含键值 1、2 和 3 的三个结点可以生成多少种不同的二叉树？

　b. 包含键值 1、2 和 3 的三个结点可以生成多少种不同的二叉查找树？

6. 画出所有可能的有 4 个叶结点的二叉树。其中，所有非叶结点都有两个子结点。

7. TreeType 类使用队列作为遍历树中元素的辅助存储结构。描述使用动态分配的基于数组的队列与动态分配的链接队列的相对优点。

使用以下树分别回答练习 8~10 中的问题：

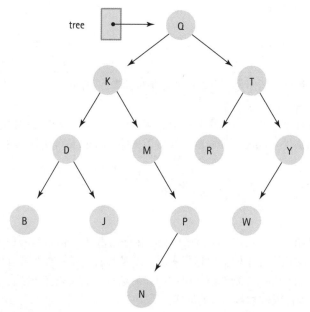

8. a. 结点 P 的祖先是什么？

　b. 结点 K 的后代是什么？

　c. 在树中结点 W 层上最大可能的结点数是多少？

　d. 在树中结点 N 层上最大可能的结点数是多少？

　e. 插入结点 O。如果树完全填满并包括结点 O 的层，树中将有多少个结点？

9. 显示以下每个更改后的树形。（使用原始树来回答每个部分。）

　a. 添加结点 C。

　b. 添加结点 Z。

　c. 添加结点 X。

　d. 删除结点 M。

　e. 删除结点 Q。

　f. 删除结点 R。

10. 显示处理树中的结点的顺序。

　a. 树的中序遍历。

　b. 树的后序遍历。

c.树的前序遍历。

11.绘制按下列顺序插入元素的二叉查找树：

　　　　50　72　96　94　107　26　12　11　9　2　10　25　51　16　17　95

练习 12~16 使用以下树：

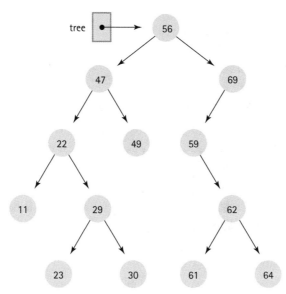

12. a. 树的高度是多少？

　　b. 第 3 层的结点有哪些？

　　c. 哪些层可以包含最大结点数？

　　d. 包含这些结点的二叉查找树的最大高度是多少？请出这样一棵树。

　　e. 包含这些结点的二叉查找树的最小高度是多少？请出这样一棵树。

13. a. 跟踪查找包含 61 的结点时将遵循的路径。

　　b. 跟踪查找包含 28 的结点时将遵循的路径。

14. 显示处理树中的结点的顺序。

　　a. 树的中序遍历。

　　b. 树的后序遍历。

　　c. 树的前序遍历。

15. 显示删除 29、59 和 47 后树的形状。

16. 显示（原始）树在插入包含 63、77、76、48、9 和 10（按此顺序）的结点后的样子。

17. 判断正误。

　　a. 在本章中调用 delete 功能可能会创建一棵比原始树具有更多层的树。

　　b. 前序遍历处理树中的结点的顺序与后序遍历处理结点的顺序完全相反。

　　c. 中序遍历始终以相同顺序处理树的元素，而不管元素插入的顺序如何。

　　d. 前序遍历始终以相同顺序处理树的元素，而不管元素插入的顺序如何。

18. 如果你要遍历一棵树，将所有元素写入文件，然后在下次运行该程序时，通过读取和插入来重建树，使用中序遍历是否合适？为什么？

19. a. 总共随机选择了 100 个整数元素，并将它们插入排序的链表和二叉查找树中。用 Big-O 表示法描述在每个结构中查找元素的效率。

b. 总共 100 个整数元素按从小到大的顺序插入排序的链表和二叉查找树中。用 Big-O 表示法描述在每个结构中查找元素的效率。

20. 二叉查找树中每个结点的键都是一个短字符串。

a. 显示在插入以下单词后（按指示的顺序）这种树的形状：

monkey canary donkey deer zebra yak walrus vulture penguin quail

b. 显示如果按以下顺序插入相同的单词的树的形状：

quail walrus donkey deer monkey vulture yak penguin zebra canary

c. 显示如果按以下顺序插入相同的单词的树的形状：

zebra yak walrus vulture quail penguin monkey donkey deer canary

21. 编写一个 PtrToSuccessor 函数，该函数找到树中键值最小的结点，将其从树中取消链接，并返回一个指向未链接结点的指针。

22. 修改 DeleteNode 函数，以便在删除具有两个子结点的结点时，使用要删除值的直接后继（而不是前驱）。你应该调用在练习 21 中编写的函数 PtrToSuccessor。

23. 使用第 7 章中的"三问法"来验证递归函数 Insert。

24. 使用三问法来验证递归函数 Delete。

25. 为 TreeType 类的迭代版本编写 IsFull 和 IsEmpty。

26. 添加一个 TreeType 成员函数 Ancestors，该函数输出其 info 成员包含值的给定结点的祖先。不输出 value。

a. 写出声明。

b. 编写迭代算法实现。

27. 编写练习 26 中描述的 Ancestors 函数的递归版本。

28. 编写一个递归版本的 Ancestors 函数（请参阅练习 27），以逆序输出祖先（先是双亲结点，然后是祖双亲结点，以此类推）。

29. 在 TreeType 类中添加一个布尔成员函数 IsBST，用于确定二叉树是否为二叉查找树。

a. 编写函数 IsBST 的声明，并加入适当的注释。

b. 编写此函数的递归实现。

30. 扩展二叉查找树 ADT 以包括成员函数 LeafCount，该函数返回树中叶结点的结点数。

31. 扩展二叉查找树 ADT 以包括成员函数 SingleParentCount，该函数返回树中只有一个子结点的结点数。

32. 编写一个客户端函数，返回计数值小于参数值的结点的个数。

33. 扩展二叉查找树 ADT 以包括布尔函数 SameTrees，该函数接收指向两棵二叉树的指针，并确定树的形状是否相同。（结点不必包含相同的值，但是每个结点必须具有相同数量的子结点。）

a. 将 SimilarTrees 函数的声明编写为 TreeType 成员函数，并加入适当的注释。

b. 编写 SimilarTrees 函数体。

34. TreeType 成员函数 MirrorImage 创建并返回树的镜像。

    a. 编写函数 MirrorImage 的声明，并加入适当的注释。

    b. 编写 MirrorImage 函数体。

    c. 从此函数返回的二叉树是否可以用于二分查找？如果是，如何实现？

35. 编写一个客户端函数 MakeTree，该函数根据整数排序列表中的元素创建一个二叉查找树。不能遍历按顺序插入元素的列表，因为这将生成具有 N 层的树。你必须创建最多具有 $\log_2 N + 1$ 层的树。

36. 编写一个客户端布尔函数 MatchingItems，它决定二叉查找树和顺序列表是否包含相同的值。

检查以下二叉查找树，并回答练习 37~40 中的问题。结点上的数字是标签，以便我们可以讨论结点，而不是结点内的键值。

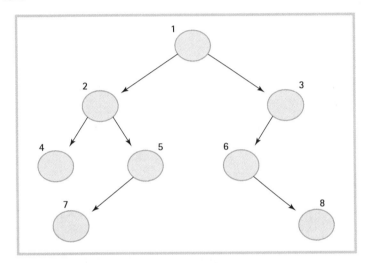

37. 如果要插入一个元素，其键值小于结点 1 中的键值，但大于结点 5 中的键值，则该元素将在哪里插入？

38. 如果要删除结点 1，可以使用哪个结点替换它的值？

39. 4 2 7 5 1 6 8 3 是按照树的什么顺序遍历的？

40. 1 2 4 5 7 3 6 8 是按照树的什么顺序遍历的？

41. 在第 6 章中，介绍了如何使用索引值作为指针将链表存储在结点数组中，以及如何管理空闲结点列表。可以使用这些相同的技术将二叉查找树的结点存储在数组中，而不是使用动态存储分配。自由空间通过 left 成员链接。

    a. 显示按以下顺序插入这些元素后数组的外观：

Q L W F M R N S

确保填写所有空格。如果你不知道空格的内容，请填写问号"？"。

	free		
	root		

	.info	.left	.right
nodes[0]			
[1]			
[2]			
[3]			
[4]			
[5]			
[6]			
[7]			
[8]			
[9]			

b. 在插入 B 并且删除 R 之后，显示数组的内容。

	free		
	root		

	.info	.left	.right
nodes[0]			
[1]			
[2]			
[3]			
[4]			
[5]			
[6]			
[7]			
[8]			
[9]			

42. 将二叉查找树 ADT 实现为模板类。

第 9 章

堆、优先级队列和堆排序

✏️ 知识目标

学习完本章后，你应该能够：

- 在逻辑层描述优先级队列，并将优先级队列实现为列表。
- 描述如何将二叉树表示为数组，以及元素之间的隐式位置链接。
- 定义满二叉树和完全二叉树。
- 描述堆的形状和顺序属性，并使用数组中的隐式链接表示的树来实现堆。
- 将优先级队列实现为堆。
- 使用堆、链表和二叉查找树实现优先级队列。
- 使用堆对一组值进行排序。

到 目前为止，我们已经深入研究了几种基本数据类型，介绍了它们的使用和操作方法，并介绍了每个类型的一种或多种实现方式。当用 C++ 提供的内置类型构造这些程序员定义的数据结构时，我们已经注意到需要使它们适应不同应用程序需求的变化。在第 8 章中，我们了解了称为二叉查找树的树结构如何方便地查找存储在链接结构中的数据。在本章中，我们考虑二叉树的另一种非常有用的形式——堆，它可用于实现一种重要的 ADT，称为优先级队列，并且构成了另一种称为堆排序的快速排序算法的基础。到目前为止，树的实现是使用父级和子级之间的显式链接，但是，如果树具有某些属性，则可以使用数组轻松实现它，数组是存储堆的一种自然有效的方法。

9.1　优先级队列 ADT

优先级队列是一种具有有趣的访问协议的 ADT：只能访问最高优先级的元素。"最高优先级"可以表示不同的事物，具体取决于应用程序。例如，考虑这个问题：公司只有一名秘书。当其他员工将工作留在秘书的办公桌上时，首先要完成哪些工作？这些工作的处理顺序是按照员工的级别进行排列的；秘书在开始处理副总裁的请求之前先完成总裁的请求，在处理程序员的请求之前先完成市场总监的请求。每项请求的优先级与发起该请求的员工的级别有关。

在电话应答系统中，按照来电顺序进行应答，也就是说，优先级最高的来电是等待时间最长的来电。因此，FIFO 队列可被视为优先级队列，其最高优先级的元素是队列中排队时间最长的元素。

9.1.1　逻辑层

优先级队列 ADT 与 FIFO 队列具有完全相同的操作。唯一的区别与 Dequeue 操作的后置条件有关。因此，不需要使用 CRC 卡，可以直接使用以下规格说明。

优先级队列 ADT 规格说明

结构：优先级队列被安排以支持对最高优先级项的访问。

操作：

　　假设：　　　　　　在对优先级队列操作进行任何调用之前，已经声明了队列并应用了构造函数。

MakeEmpty

　　功能：　　　　　　将队列初始化为空状态。

　　后置条件：　　　　队列为空。

Boolean IsEmpty

　　功能：　　　　　　测试队列是否为空。

　　后置条件：　　　　函数值 = 队列为空。

Boolean IsFull

　　功能：　　　　　　测试队列是否已满。

　　后置条件：　　　　函数值 = 队列已满。

优先级队列 ADT 规格说明

Enqueue(ItemType newItem)

　　功能：　　　　　　将 newItem 添加到队列。

　　后置条件：　　　　如果优先级队列已满，抛出 FullPQ 异常；否则将 newItem 添加到队列中。

Dequeue(ItemType& item)

　　功能：　　　　　　删除优先级最高的元素，并将其返回到 item 中。

　　后置条件：　　　　如果优先级队列为空，抛出 EmptyPQ 异常；否则，最高优先级元素已从队列中删除。item 是已删除元素的副本。

9.1.2　应用层

在第 5 章中介绍 FIFO 队列应用程序时，我们说过操作系统使用队列来维护准备执行或正在等待特定事件发生的进程队列。这类请求可以根据事件的优先级来处理。例如，断电保存关键数据是一个优先级很高的事件。因为一台计算机在其电源中储存了一定的能量，在断电后仅能工作几分之一秒；相比之下，响应用户按下键盘上的一个音量按键是低优先级事件。为了妥善处理这些请求，操作系统可以使用优先级队列。

医院急诊室按病人优先级队列顺序接诊，优先接诊受伤最严重的患者。当毕业班学生想要申请注册报名满了的课程时，他们会排在等候名单（优先级队列）的前面（见图 9.1）。

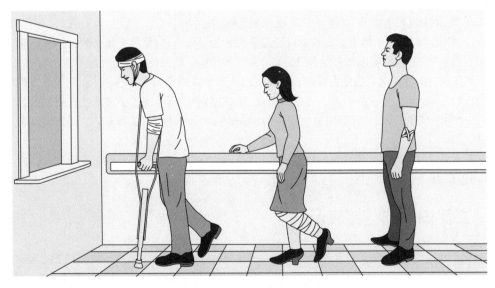

图 9.1　现实生活中的优先级队列

优先级队列在排序中也很有用。给定一组要排序的元素，可以将元素排入优先级队列中，然后按排序顺序将它们出队（删除），如从最大到最小。我们将在本章的后面介绍优先级队列如何用于排序。

9.1.3　实现层

有很多方法可以实现优先级队列。在任何实现中，我们都希望能够简单快速地访问具有最高优先级的元素。让我们思考一些可能的方法：

1. 无序列表

对于无序列表，将元素入队非常容易，只需将其插入列表的末尾即可。出队时需要查找整个列表以找到具有最高优先级的项。

2. 基于数组的排序列表

使用基于数组的排序列表很容易操作出队——仅返回具有最高优先级的项，它位于 length − 1 的位置（前提是数组按优先级递增的顺序排列）。因此，出队是 O(1) 操作。但是，入队操作花费时间较多，如果使用二分查找，找到将项入队的位置需要 $O(\log_2 N)$ 步，并在插入新项之后重新排列列表元素，所以整个入队操作是 O(N)。

3. 链表

对于链表，假设其按照从大到小的顺序进行排序。出队只需要删除并返回第一个元素，这个操作只需要几个步骤。但是入队是 O(N)，因为一次只查找列表中的一个元素以找到插入位置。

4. 二叉查找树

对于二叉查找树方法，Enqueue 操作被实现为标准的二叉查找树 Insert 操作。它平均需要 $O(\log_2 N)$ 步。假设可以访问树的底层数据结构，则可以通过返回最右边的树元素来实现 Dequeue 操作。沿着右边的子树向下移动，并一直保持尾随指针，直到到达右子树为空的结点为止。尾随引用允许我们将结点从树中"断开链接"，然后返回该结点。这平均需要 $O(\log_2 N)$ 步操作。

作为优先级队列的实现结构，二叉查找树看起来是最好的。但是，注意，这些操作平均为 $O(\log_2 N)$。实际时间取决于树中的层数，假设层数大约为 $\log_2 N$。但是优先级队列上的入队和出队操作的性质可以将二叉查找树变成具有更多层的非常偏斜的结构，从而使操作退化为 O(N)。

二叉查找树保持其内容的完美排序，从而可以快速查找任意元素。但是，在优先级队列中，我们只关心能否找到最高优先级的元素。通过放宽双亲结点和子结点之间的关系属性并施加形状属性，可以创建一个称为堆的结构，该结构仍然可以在 $O(\log_2 N)$ 时间内进行入队和出队，而且可以防止层数超过 $\log_2 N$。

作为一个附加的好处，形状属性也允许我们高效地将树存储在数组中，而无须显式链接。让我们首先学习数组表示是如何工作的，这也可以说明形状属性的必要性。

9.2　二叉树的非链接表示

到目前为止，我们对二叉树实现的介绍仅限于这一种方案，在该方案中，从父到子的指针在数据结构中是显式的。也就是说，在每个结点中为指向左子结点的指针和指向右子结点的指针声明了实例变量。

二叉树能够以这样的方式存储在数组中，即树中的关系不是由链接成员引用直接表示的，而是隐式存储在操作数组中的树的算法中。代码的自文档化程度较低，但由于我们没有指针，因此节省了内存空间。

采用二叉树，并以不丢失父子关系的方式存储在数组中。将树元素从左到右逐层存储在数组中。

如果树中的结点数为 numElements，可以将数组和 numElements 封装成如图 9.2 所示的结构。树元素的树结点存储在 tree.nodes[0] 中，最后一个结点存储在 tree.nodes[numElements – 1] 中。

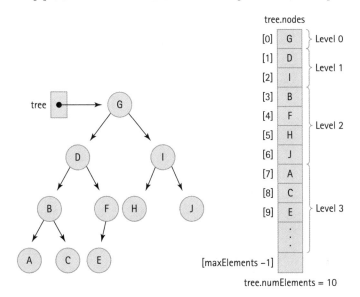

图 9.2 二叉树及其数组的具体表示

为了实现操作树的算法，必须能够找到树中结点的左右子结点。比较图 9.2 中的树和数组，我们发现：

- tree.nodes[0] 的子结点在 tree.nodes[1] 和 tree.nodes[2] 中。
- tree.nodes[1] 的子结点在 tree.nodes[3] 和 tree.nodes[4] 中。
- tree.nodes[2] 的子结点在 tree.nodes[5] 和 tree.nodes[6] 中。

可以找到以下规律。对于任意结点 tree.nodes[index]，其左子结点在 tree.nodes[index * 2 + 1] 中，右子结点在 tree.nodes[index * 2 + 2] 中（假设这些子结点存在）。请注意，数组中从 tree.nodes[tree.numElements/2] 到 tree.nodes[tree.numElements – 1] 的结点是叶结点，因此，将结点的索引与该范围进行简单比较，就可以判断该结点是否为叶结点。

我们不仅可以轻松计算结点的子结点的位置，还可以确定其双亲结点的位置。在只有从双亲结点到子结点的链接的二叉树中，找到结点的双亲结点是很困难的，但是对于隐式链接实现来说，这很简单：使用整数除法，tree.nodes[index] 的双亲结点在 tree.nodes[(index – 1)/2] 中。

因为整数除法会舍去任何余数，所以 (index – 1)/2 对于左结点或右结点都是正确的双亲结点索引。因此，二叉树的这种实现是在两个方向上链接的——从双亲结点到子结点以及从子结点到双亲结点。

隐式表示形式可以很好地适用于任何满二叉树或完全二叉树。**满二叉树**是一种二叉树，其中所有叶结点都位于同一级别，并且每个非叶结点都有两个子结点。满二叉树的基本形状是三角形：

> **满二叉树**
>
> 一种二叉树，其中所有叶结点位于同一级别，并且每个非叶子结点都有两个子结点。

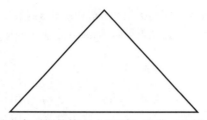

完全二叉树是一个满二叉树或直到倒数第二个层别上是满二叉树，最后一级上的叶结点尽可能位于左边。完全二叉树的形状可以是三角形（如果是满二叉树）或类似以下的形状：

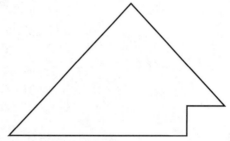

图 9.3 展示了一些不同类型的二叉树的示例

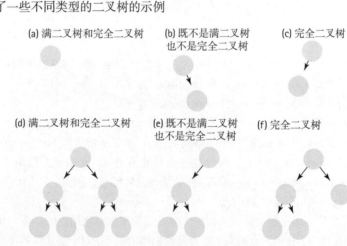

图 9.3　不同类型二叉树的示例

> **完全二叉树**
>
> 　要么是一个满二叉树，要么一直到倒数第二级都是满二叉树，最后一层的叶结点尽可能位于左边。

对于满二叉树或完全二叉树，基于数组的表示很容易实现，因为元素占据了连续的数组槽。但是，如果树不满或不完全，我们必须考虑缺失结点所造成的间隙。要使用数组表示，必须在数组中的这些位置存储一个虚拟值，以维护正确的父子关系。虚拟值的选择取决于树中存储的信息。例如，如果树中的元素是非负整数，我们可以在虚拟结点中存储一个负值。

图 9.4 说明了一棵不完全二叉树及其对应的数组。有些数组槽不包含实际的树元素，而包含虚拟值。操作树的算法必须能够反映这种情况。例如，要确定 tree.nodes[index] 中的结点是否有左子结点，必须

验证 index * 2 + 1 < tree.numElements，并且 tree.nodes[index * 2 + 1] 中的值不是虚拟值。

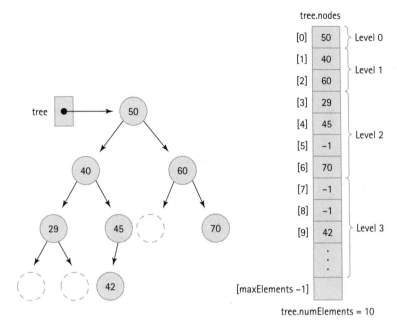

图 9.4 二叉树及其使用虚拟值的数组的具体表示

我们已经看到了如何使用数组来表示二叉树。还可以反过来，根据数组中的元素创建二叉树。事实上，可以将任何一维数组视为表示树中的结点，尽管恰好存储在其中的数据值可能无法以有意义的方式与此结构相匹配。也可以利用这种二叉树表示来实现一个堆，这是接下来要考虑的一个新的 ADT。

9.3 堆

9.3.1 逻辑层

就像二叉查找树一样，**堆**也是二叉树。此外，它满足两个属性，一个与形状有关，另一个与元素顺序有关。形状属性很简单：堆必须是完全二叉树。顺序属性要求：对于堆中的每个结点，该结点中存储的值大于或等于其每个子结点中的值。（不要将数据结构的堆与同名的不相关的计算机系统概念相混淆。堆也是自由存储的同义词——可用于动态分配数据的内存区域。）

> **堆**
> 一种完全二叉树，其每个元素都包含一个大于或等于其每个子结点的值。

图 9.5 显示了两个包含字母 A~J 的堆。请注意，值的位置在两棵树中有所不同，但是形状相同：由 10 个元素组成的完全二叉树。还要注意，两个堆都具有相同的根结点。一组值可以通过多种方式存储在二叉树中，并且仍然满足堆的顺序属性。根据形状属性，我们可以知道具有给定数量的元素的所有堆的形状都是相同的。根据顺序属性，我们可以知道根结点总是包含堆中的最大值。这一事实为如何使用此数据结构提供了帮助。堆的特殊性是我们始终知道最大值的位置：它在根结点中。

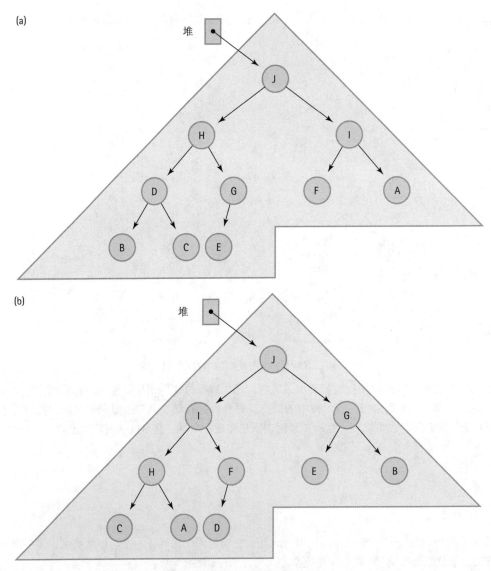

图 9.5　两个包含字母 A~J 的堆

　　在本节中提到的"堆"是指前面定义的结构。它也可能被称为"最大堆"，因为根结点在结构中包含最大值。还可以创建一个"最小堆"，其每个元素包含的值都小于或等于其每个子结点的值。

　　假设要从堆中删除具有最大值的元素。最大的元素在根结点中，因此我们可以很容易地将其删除，如图 9.6（a）所示。当然，将其删除会在根位置留下一个"洞"。由于堆的树必须是完全树，因此决定用堆中最右下角的元素填充洞。现在，该结构满足了形状属性［见图 9.6（b）］。然而，替换值来自树的底部，因为较小的值位于树的底部，所以树不再满足堆的顺序属性。

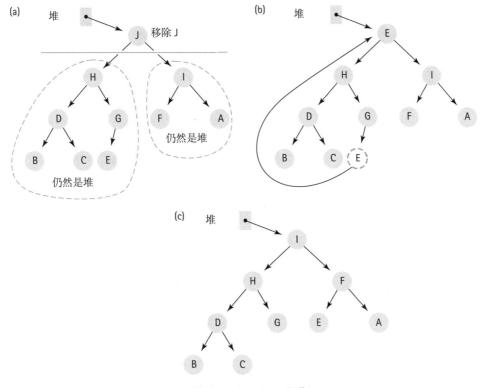

图 9.6　ReheapDown 操作

这种情况建议使用一种基本的堆操作：给定一棵完全二叉树，其元素除根位置外均满足堆顺序属性，要求修复该结构，使其再次成为堆。此操作称为 ReheapDown，它涉及将元素从根位置向下移动，直到找到满足顺序属性的位置［见图 9.6（c）］。ReheapDown 具有以下规格说明：

📖 ReheapDown (root, bottom)

功能： 恢复堆的树根和树底之间的顺序属性。
前置条件： 只有树的根结点违背堆的顺序属性。
后置条件： 顺序属性适用于堆的所有元素。

尝试通过告诉它在哪里可以找到堆的根和最右下角的元素来使此操作更加通用。使根作为参数，不只是假设从整个堆的根开始，而是概括了此例程，可以在任何子树以及原始堆上执行恢复堆操作。

现在假设要向堆中添加一个元素。形状属性告诉我们树必须是完全的，因此将新元素放在树的右下角的下一个位置，如图 9.7（a）所示。现在，形状属性已满足，但可能违反了顺序属性。这种情况说明了需要另一种堆支持的操作：给定一个包含 N 个元素的完全二叉树，其前 $N-1$ 个元素满足堆的顺序属性，请修复该结构，使其再次成为堆。要修复此结构，需要将第 N 个元素向上浮动到树中，直到将其放置在正确的位置为止［见图 9.7（b）］。此操作称为 ReheapUp。ReheapUp 具有以下规格说明：

📘 ReheapUp (root, bottom)

> **功能：** 恢复堆的树根和树底之间的顺序属性。
>
> **前置条件：** 从堆的根到倒数第二个结点都满足顺序属性。最后一个（底部）结点可能违反了顺序属性。
>
> **后置条件：** 顺序属性从根到底部适用于堆的所有元素。

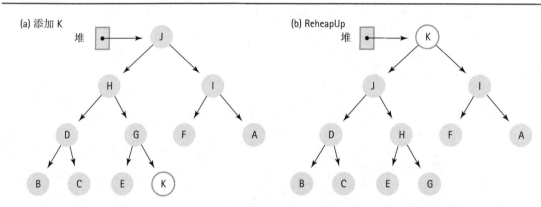

图 9.7　ReheapUp 操作

9.3.2　应用层

堆是不寻常的结构，和仅用作高级类的实现结构的数组一样，堆的主要应用是作为优先级队列的实现结构。

9.3.3　实现层

虽然已经将堆图形化地描绘成带有结点和链接的二叉树，但是使用一般的链接树表示来实现堆操作是非常不切实际的。堆的形状属性告诉我们二叉树是完全的，所以它永远不会有任何"洞"。因此，可以轻松地将树存储在具有隐式链接的数组中。图 9.8 显示了堆中的值存储在数组的表示。如果采用这种方式实现一个包含 numElements 元素的堆，形状属性表示堆元素存储在数组中的 numElements 的连续槽中，根结点放置在第一个槽中（索引为 0），最后一个叶结点放置在索引 numElements − 1 的槽中。

```
heap.elements[index] >= heap.elements[index * 2 + 1]
```

如果有右子结点，

```
heap.elements[index] >= heap.elements[index * 2 + 2]
```

我们使用以下声明来支持此堆实现：

```
template<class ItemType>
// 假设 ItemType 是一个内置的简单类型，或者是一个带有重载关系运算符的类
struct HeapType
{
    void ReheapDown(int root, int bottom);
```

```
    void ReheapUp(int root, int bottom);
    ItemType* elements;    // 动态分配的数组
    int numElements;
};
```

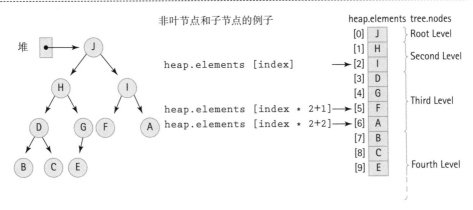

图 9.8　堆及其数组的表示形式

这个声明与我们迄今为止所使用的任何声明都有些不同，我们使 HeapType 成为一个具有成员函数的结构体。因为堆很少单独使用，所以没有把它当作类。它们由其他结构体作用而没有被激活。回想一下，在 C++ 中，结构体就像一个类，但是其成员是自动公共的。我们将恢复堆属性的函数定义为结构的一部分，但也允许对数据成员进行公共访问。算法非常通用，根元素和底部元素的位置均作为参数传递。此外，我们选择包括数据成员的 numElements 来记录堆中元素的数量，尽管示例算法未使用它。

我们指定了实用操作 ReheapDown 和 ReheapUp 来修复一端或另一端"损坏"的堆。接下来更详细地看看这些操作。

首次调用 ReheapDown 时，会出现两种可能性。如果根结点中的值（heap.elements[0]）大于或等于其子结点中的值，则顺序属性保持不变，无须执行任何操作；否则，我们知道树的最大值位于根结点的左子结点（heap.elements[1]）或右子结点（heap.elements[2]）中。必须将这些值之一与根结点中较小的值交换。现在，以交换结点为根的子树作为一个堆——其根结点除外（可能），再次应用相同的过程，询问此结点中的值是否大于或等于其子结点中的值。继续测试原始堆中越来越小的子树，将原始根结点向下移动，直到当前子树的根是叶结点或者当前子树的根中的值大于或等于其两个孩子中的值。

下面给出了用于此函数的算法，并以图 9.9 中的示例进行了说明。首先，root 是（可能）违反堆顺序属性的结点的索引：

ReheapDown(heap, root, bottom)

```
If  heap.elements[root] 不是叶结点
将 maxChild 设置为值较大的子结点的索引
    if  heap.elements[root] < heap.elements[maxChild]
    Swap(heap.elements[root], heap.elements[maxChild])
    ReheapDown(heap, maxChild, bottom)
```

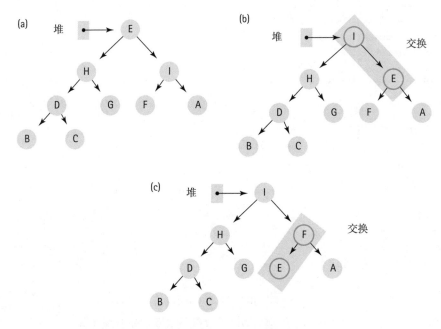

图 9.9　ReheapDown 操作

该算法是递归的。在一般情况下，首先将根结点中的值与其较大的子结点交换，然后重复该过程。在递归调用中，将 maxChild 指定为堆的根。这缩小了仍要处理的树的大小，满足了较小调用问题。存在两个基础条件：①如果 heap.elements[root] 是叶结点；②如果堆顺序属性已经满足。在这两个条件下，我们什么都不做。

如何判断 heap.elements[root] 是否为叶结点？我们知道非叶结点必须至少有一个左子结点，因此，如果计算出的左子结点的索引位置大于 bottom 索引位置，则它是叶结点。回顾图 9.8，F 结点是第一个叶结点，F 结点的索引为 5，因此，如果它的左子结点存在，则其左子结点将位于索引 11。因为 11 大于 9（bottom），F 的左子结点不在堆中，所以 F 是叶结点。

为了确定 maxChild，首先检查当前根结点是否只有一个子结点。如果是，则它是左子结点（因为树是完全的），将 maxChild 设置为它的索引。否则，比较两个子结点中的值，并将 maxChild 设置为具有较大值的结点的索引。

以下给出了整个函数代码。它使用一个实用程序函数 Swap 来交换其两个参数的值。（由于此函数很简单，因此在此不再展示它的实现。）

```
template<class ItemType>
void HeapType<ItemType>::ReheapDown(int root, int bottom)
// 前置条件：堆属性被恢复
{
  int maxChild;
  int rightChild;
  int leftChild;
  leftChild = root*2+1;
```

```
    rightChild = root*2+2;
    if (leftChild <= bottom)
    {
      if (leftChild == bottom)
        maxChild = leftChild;
      else
      {
        if (elements[leftChild] <= elements[rightChild])
          maxChild = rightChild;
          else
          maxChild = leftChild;
      }
      if (elements[root] < elements[maxChild])
      {
        Swap(elements[root], elements[maxChild]);
        ReheapDown(maxChild, bottom);
      }
    }
}
```

ReheapUp 操作应用于违反堆的顺序属性的叶结点，并将其向上移动直到找到正确的位置。将底部结点中的值与其双亲结点中的值进行比较。如果双亲结点的值较小，则违反了顺序属性，因此交换两个结点。然后，比较双亲结点，重复此过程，直到当前结点是堆的根结点或者当前结点中的值小于或等于其双亲结点中的值。这里给出了此函数的算法，并在图 9.10 中进行了说明。

ReheapDown(heap, root, bottom)

```
if bottom > root
    将 parent 设为底部结点的双亲结点索引
    if heap.elements[parent] < heap.elements[bottom]
        Swap(heap.elements[parent], heap.elements[bottom])
        ReheapUp(heap, root, parent)
```

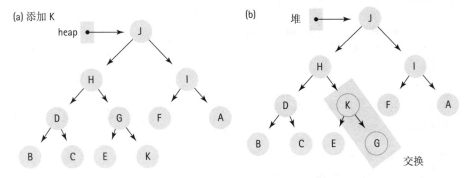

图 9.10   ReheapUp 操作

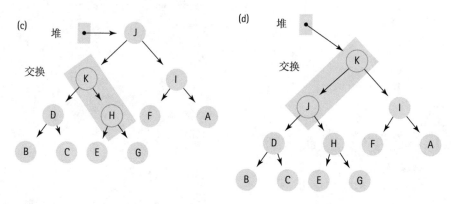

图 9.10（续）

这个算法依然是递归的。在一般情况下，将（当前）底部结点与其双亲结点交换，然后重新调用该函数。在递归调用中，将 parent 指向底部结点，这缩小了仍要处理的树的大小，因此满足了较小调用问题。存在两个基础条件：①如果已经到达根结点，②如果满足了堆顺序属性。满足以上这两个条件，直接退出该函数。

如何找到双亲结点？这个任务在只从双亲结点到子结点之间链接的二叉树中并不容易实现。然而，在隐式链接实现中，它很容易：

```
parent = (index-1) / 2;
```

现在可以对整个函数进行编码：

```cpp
template<class ItemType>
void HeapType<ItemType>::ReheapUp(int root, int bottom)
// 后置条件:堆属性已恢复
{
  int parent;
  if (bottom > root)
  {
    parent = (bottom-1) / 2;
    if (elements[parent] < elements[bottom])
    {
      Swap(elements[parent], elements[bottom]);
      ReheapUp(root, parent);
    }
  }
}
```

9.3.4 重现实现层

堆是实现优先级队列的绝佳方法。以下代码显示了如何声明 PQType 类。为简便起见，省略了复制构造函数，并保留其编码作为练习：

```cpp
class FullPQ()
```

```
{};
class EmptyPQ()
{};
template<class ItemType>
class PQType
{
public:
  PQType(int);

  ~PQType();
  void MakeEmpty();
  bool IsEmpty() const;
  bool IsFull() const;
  void Enqueue(ItemType newItem);
  void Dequeue(ItemType& item);
private:
  int length;
  HeapType<ItemType> items;
  int maxItems;
};
template<class ItemType>
PQType<ItemType>::PQType(int max)
{
  maxItems = max;
  items.elements = new ItemType[max];
  length = 0;
}
template<class ItemType>
void PQType<ItemType>::MakeEmpty()
{
  length = 0;
}
template<class ItemType>
PQType<ItemType>::~PQType()
{
  delete [] items.elements;
}
```

　　优先级队列中的元素数量保留在数据成员 length 中。在前面描述的堆实现中，元素存储在数组 items.elements 的第一个 length 槽中。由于顺序属性，知道最大的元素在根结点中，即在第一个数组槽（索引为 0）中。

　　首先来看 Dequeue 操作，根元素返回给调用方。删除根结点后，剩下两个子树，每个子树都满足堆属性。当然，不能在根位置留下一个"洞"，因为这样会违反形状属性。由于已经删除了一个元素，现在有 length–1 个元素留在优先级队列中，存储在数组槽 1 到 length–1 中。如果用底部元素填充根位置的"洞"，则数组槽 0 到 length–2 包含堆元素。现在堆形状属性满足了，但违反了顺序属性。由此产生的结构不是堆，但好像又是一个堆——除根结点之外的所有结点都满足顺序属性。这个问题是一个容易纠正的问题，已经有堆操作来确切地执行这个任务：ReheapDown。下面是 Dequeue 算法：

Dequeue

```
将 item 设置为队列中的根元素
将最后一个叶结点移动到根位置
递减 length
items.ReheapDown(0,length-1)
```

Enqueue 操作涉及在堆中的"适当"位置添加一个元素。怎么找这个位置？如果新元素的优先级大于当前根元素的优先级，则新元素属于根。但这只是典型的情况，需要一个更通用的解决方案。首先，可以将新元素放在堆底部的下一个可用叶结点位置（见图 9.4）。现在数组包含第一个 length + 1 槽中的元素，保留堆形状属性。由此产生的结构不是堆，但它好像又是一个堆——在最后一个叶结点位置违反了顺序属性。使用 ReheapUp 操作很容易解决这个问题。下面是 Enqueue 算法：

Enqueue

```
递增 length
将 newItem 放到下一个可用的位置
items.ReheapUp(0, length-1)
```

以下是实现优先级队列操作的代码：

```cpp
template<class ItemType>
void PQType<ItemType>::Dequeue(ItemType& item)
// 后置条件: 优先级最高的元素已经从队列中删除，在 item 中返回一个副本
{
  if (length == 0)
    throw EmptyPQ();
  else
  {
    item = items.elements[0];
    items.elements[0] = items.elements[length-1];
    length--;
    items.ReheapDown(0, length-1);
  }
}
template<class ItemType>
void PQType<ItemType>::Enqueue(ItemType newItem)
// 后置条件: newItem 已在队列中
{
  if (length == maxItems)
    throw FullPQ();
  else
  {
    length++;
    items.elements[length-1] = newItem;
```

```
        items.ReheapUp(0, length-1);
    }
}
template<class ItemType>
bool PQType<ItemType>::IsFull() const
// 后置条件: 如果队列已满, 则返回 true, 否则返回 false
{
    return length == maxItems;
}
template<class ItemType>
bool PQType<ItemType>::IsEmpty() const
// 后置条件: 如果队列为空, 则返回 true, 否则返回 false
{
    return length == 0;
}
```

9.3.5 堆与优先级队列的其他表示

优先级队列的堆实现效率如何？ MakeEmpty、IsEmpty 和 IsFull 操作都很简单，所以就只研究添加和删除元素的操作。

Enqueue 将新元素放入堆中的下一个空叶结点。可以直接访问此数组位置，因此该部分操作的复杂度为 $O(1)$。接下来，调用 ReheapUp 来更正顺序，此操作将新元素向上移动，逐层进行。因为完全树的高度最小，所以新元素上方最多存在 $\log_2 N$ 个层（$N=$ 元素的个数）。因此，Enqueue 是 $O(\log_2 N)$ 操作。

Dequeue 删除根结点中的元素，并将其替换为最右下的叶结点。数组中这两个元素都可以直接访问，因此这部分操作具有 $O(1)$ 复杂度。接下来，调用 ReheapDown 命令来更改顺序。此操作将树中的根元素逐层向下移动。根以下最多存在 $\log_2 N$ 层，因此 Dequeue 也是 $O(\log_2 N)$ 操作。

与本节前面提到的其他实现相比，该实现如何？ 如果使用从最高优先级到最低优先级的链表实现优先级队列，则 Dequeue 只会从列表中删除第一个结点，即 $O(1)$ 操作。但是，Enqueue 可能必须查找列表中的所有元素以找到适当的插入位置，这是 $O(N)$ 运算。

如果使用二叉查找树实现优先级队列，则操作的效率取决于树的形状。当树很浓密时，Dequeue 和 Enqueue 都是 $O(\log_2 N)$ 操作。在最坏的情况下，如果树退化为从最小到最大优先级排序的链表，则 Dequeue 和 Enqueue 都具有 $O(N)$ 复杂度。表 9.1 总结了各种实现的效率。

表 9.1 优先级队列实现效率的比较

	Enqueue	Dequeue
堆	$O(\log_2 N)$	$O(\log_2 N)$
链表	$O(N)$	$O(1)$
二叉查找树		
平衡	$O(\log_2 N)$	$O(\log_2 N)$
偏斜	$O(N)$	$O(N)$

　　总体而言，对于二叉查找树来说，如果平衡，则效率比较高。但是，它可能会偏斜，这就降低了操作效率。另一方面，堆始终是最小高度的树。对于访问随机选择的元素来说，堆不是一个很好的结构，但这个操作也不是为优先级队列定义的操作。优先级队列的访问协议指定只能访问最大（或最高优先级）元素。链表是此操作的不错选择（假设链表从最大到最小排序），但是可能必须搜索整个链表才能找到添加新元素的位置。因此，对于为优先级队列指定的操作，堆是一个很好的选择。

9.4　堆排序

　　大多数介绍性编程课程涵盖了某种形式的选择排序。编写选择排序的一种方法是找到数组中的最大值，并将其与最后一个数组元素交换，然后找到次大的元素并将其放入相应位置，以此类推（将在第 12 章中详细介绍选择排序）。这种排序算法的大部分工作来自每次迭代中查找数组的其余部分，以寻找最大值。

　　刚才介绍了堆，它是一种数据结构，具有一个非常特殊的特点：总是可以知道在哪里找到它的最大元素。由于堆的顺序属性，堆的最大值位于根结点。我们可以利用这种情况，使用堆来帮助排序。堆排序的一般步骤如下：

　　（1）将堆的根（最大）元素取出，并将其放在正确的位置。

　　（2）重新整理其余元素（此操作将第二大的元素置于根位置）。

　　（3）重复操作直到堆中没有剩余的元素。

　　该算法的步骤（1）听起来很像直接选择排序。使堆排序速度快的地方在步骤（2）：找到第二个元素。由于堆的形状属性保证了一个最小高度的二叉树，因此在每次迭代中只进行 $O(\log_2 N)$ 次比较，而在选择排序的每次迭代中进行 $O(N)$ 比较。

1. 构建堆

　　到目前为止，可能我们正在处理一个无序数组元素，而不是堆。原始堆来自哪里？在继续之前，必须将无序数组 values 转换为堆。

　　看看堆与无序数组元素的关系。本章介绍了如何使用隐式链接的数组表示堆。由于堆的形状属性，我们知道堆元素在数组中占据连续的位置。事实上，数据元素的无序数组已经满足堆的形状属性。图 9.11 显示了一个无序数组及其等价树。

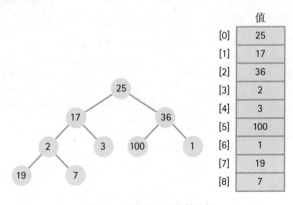

图 9.11　无序数组及其等价树

　　我们需要使无序数组元素满足堆的顺序属性。首先，看一下树的某一部分是否已经满足顺序属性。所有叶结点（只有一个结点的子树）都是堆。在图 9.12（a）中，其根包含值 19、7、3、100 和 1 的子树是堆，因为它们是根结点。

　　接下来，看一下第一个非叶结点，该结点包含值 2〔见图 9.12（b）〕。以此结点为根的子树不是堆，但它接近堆——除了根结点之外的所有结点都满足顺序属性。我们知道如何解决此问题。使用 ReheapDown 来处理这种情况。如果一棵树的元素满足堆的顺序属性（根结点除外），ReheapDown 会重新排列结点，使子树成为堆。

　　将这个函数应用到这一层的所有子树中，然后在树中向上移动一层，并继续这个操作直到恢复堆到根结点。在对根结点调用 ReheapDown 之后，整棵树应该满足堆的顺序属性。图 9.12 说明了这个堆的构建过程，图 9.13 显示了数组内容的变化。

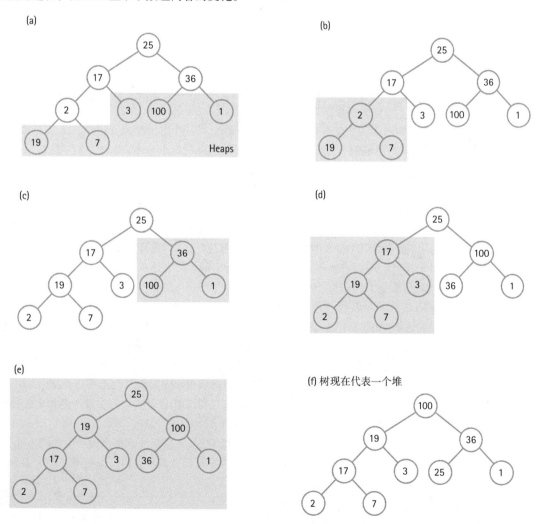

图 9.12　堆的构建过程

	[0]	[1]	[2]	[3]	[4]	[5]	[6]	[7]	[8]
原始值	25	17	36	2	3	100	1	19	7
After ReheapDown index = 3	25	17	36	19	3	100	1	2	7
After index = 2	25	17	100	19	3	36	1	2	7
After index = 1	25	19	100	17	3	36	1	2	7
After index = 0	100	19	36	17	3	25	1	2	7
树是一个堆									

图 9.13　数组内容的变化

前面我们将 ReheapDown 定义为 HeapType 的成员函数，HeapType 是一个结构类型。其中，函数有两个参数：根结点和树的最后一个结点的索引。这里，有一点变化：ReheapDown 是一个全局函数，它接收第三个参数——一个被当作堆处理的数组。

构建堆的算法总结如下：

BuildHeap

```
for 从第一个非叶结点向上直到根结点的每个 index
    ReheapDown(values, index, numValues-1)
```

我们知道根结点在堆数组表示中的存储位置为 values[0]。第一个非叶结点在哪里？由于完全二叉树的一半结点是叶结点（请自己证明），因此第一个非叶子结点可能位于 numValues/2−1 位置。

2. 使用堆排序

现在我们已经可以将无序数组元素转换为堆了，再来看看排序算法。

可以轻松地访问原始堆中最大的元素——它位于根结点中。在堆数组表示中，该位置为 values[0]。这个值属于最后一个使用的数组位置 values[numValues−1]，因此可以只对这两个位置的值进行交换。由于 values[numValues−1] 包含数组中最大的值（它的正确排序值），所以希望保持这个位置不变。现在，处理一组元素，从 values[0] 到 values[numValues−2]，这接近于堆。所有这些元素都满足堆的顺序属性，（或许）根结点除外。为了解决这个问题，调用 ReheapDown。

至此，数组中的第二大的元素位于堆的根结点中。为了将该元素放置在正确的位置，将其与 values[numValues−2] 中的元素交换。现在，两个最大的元素位于其最终正确的位置，并且在 values[0] 到 values[numValues−3] 中的元素几乎都是堆。再次调用 ReheapDown，现在第三大的元素放置在堆的根中。

重复此过程，直到所有元素都位于正确的位置，即直到堆仅包含一个元素，该元素必须是数组中的最小项，且位于 values[0]，该位置是其正确位置。现在，数组已从最小元素到最大元素完全排序。注意，在每次迭代中，未排序部分（表示为堆）的规模会变小，而已排序部分会变大。在算法的最后，排序部分的大小与原始数组的大小匹配。

正如所描述的，堆排序算法听起来像一个递归过程。每次都交换并重新堆叠整个数组中的较小部分。因为它使用了尾递归，我们可以使用简单的 for 循环清晰地为重复部分编写代码。结点排序算法如下：

Sort Nodes

```
for 从最后一个结点上移至紧邻根结点的每个 index
    交换根结点和 values[index] 的数据
    ReheapDown(values, 0, index-1)
```

HeapSort 函数首先构建堆，然后使用刚才介绍的算法对结点进行排序：

```
template<class ItemType>
void HeapSort(ItemType values[], int numValues)
// 假设: ReheapDown 函数可用
// 后置条件: 数组值中的元素已按键排序
{
  int index;
  // 将数组值转换为堆
  for (index = numValues/2-1; index >= 0; index--)
    ReheapDown(values, index, numValues-1);
  // 对数组进行排序
  for (index = numValues-1; index >=1; index--)
  {
    Swap(values[0], values[index]);
    ReheapDown(values, 0, index-1);
  }
}
```

请注意，HeapSort 实际上并未使用结构 HeapType。相反，它使用 ReheapDown 函数，将传递的值数组作为参数。如果直接使用 HeapType，方法是将数组的元素迭代地放入结构中（需要包含大小相等的数组），然后将它们按顺序出队回到数组中，这将使用两倍的内存。

图 9.14 显示了排序循环（第二个 for 循环）的每次迭代如何改变图 9.13 中创建的堆。每行表示一次操作后的数组。阴影部分为排序后的元素。本书将在第 12 章中分析堆排序的性能，并将比较和对照多种排序算法。可以看出，需要 N 个 ReheapDown 应用程序来构建堆，并需要 N 个更多的应用程序来生成排序数组。由于 ReheapDown 的每次执行都需要 $O(\log_2 N)$ 时间，因此整体排序需要的工作与 $O(N \log_2 N)$ 成正比。

	[0]	[1]	[2]	[3]	[4]	[5]	[6]	[7]	[8]
值	100	19	36	17	3	25	1	2	7
交换	7	19	36	17	3	25	1	2	100
ReheapDown	36	19	25	17	3	7	1	2	100
交换	2	19	25	17	3	7	1	36	100
ReheapDown	25	19	7	17	3	2	1	36	100
交换	1	19	7	17	3	2	25	36	100
ReheapDown	19	17	7	1	3	2	25	36	100
交换	2	17	7	1	3	19	25	36	100
ReheapDown	17	3	7	1	2	19	25	36	100
交换	2	3	7	1	17	19	25	36	100
ReheapDown	7	3	2	1	17	19	25	36	100
交换	1	3	2	7	17	19	25	36	100
ReheapDown	3	1	2	7	17	19	25	36	100
交换	2	1	3	7	17	19	25	36	100
ReheapDown	2	1	3	7	17	19	25	36	100
交换	1	2	3	7	17	19	25	36	100
ReheapDown	1	2	3	7	17	19	25	36	100
退出排序循环	1	2	3	7	17	19	25	36	100

图 9.14　HeapSort 对数组的影响

HeapSort 函数输入是一个简单的无序数组，返回的是一个按升序排序的相同值数组。堆到哪里去了？ HeapSort 中的堆只是排序结构内部的一个临时结构。它是在函数的开头创建的，以帮助排序过程，然后随着数组的排序部分的增加，元素逐渐消失。在该函数结束时，有序的部分填充了数组，并且堆已完全消失。当使用堆来实现优先级队列时，堆结构会在使用队列的整个过程中一直存在。相反，HeapSort 中的堆不是保留的数据结构，它在 HeapSort 函数内部仅存在一段时间。

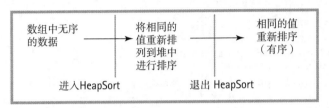

9.5 小结

在本章中，介绍了二叉树上的一个新变体。通过放宽二叉查找树的顺序属性并强加一个额外的形状属性，得到了堆。二叉查找树可以通过添加和删除而退化为拥有比最小层数更多的层，与二叉查找树不同，堆始终将自己保持为完整的树。因此，我们得到一个结构，它可以在 $O(\log_2 N)$ 时间内插入元素，同时始终能够在 $O(1)$ 时间内访问其最大值，并且可以在 $O(\log_2 N)$ 时间正比于该元素的时间内删除该元素。

我们展示了堆是优先级队列的自然实现结构，优先级队列具有许多应用程序。然后，了解了如何将堆临时叠加在数组上，以使我们能够以 $O(N\log_2 N)$ 时间对其进行排序，该时间等于第 7 章中看到的快速排序的时间。

任何二叉树（更普遍地说，每个结点有固定数量的子树）都可以用一个数组表示，该数组使用从结点索引计算的隐式链接。如果树上有许多"洞"，那么与显式链接的实现相比，基于数组表示会浪费很多空间。但是，当它是完全二叉树时，基于数组表示的空间效率很高。它还具有以下优点：能够直接确定哪些结点是叶结点，并且能够像访问其子结点一样容易地访问其双亲结点。因此，这是实现堆的极好方法，根据定义，堆是一个完全二叉树。

9.6 练习

1. a. 下列树中哪些是完全的？
   b. 下列树中哪些是满的？

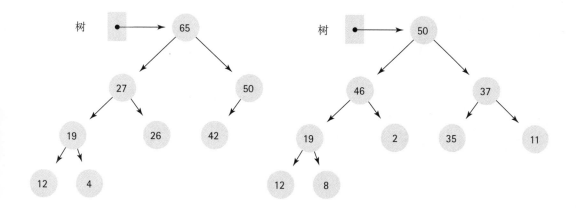

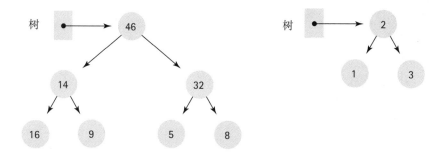

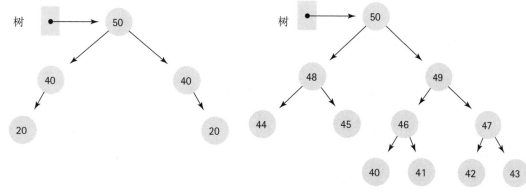

2. 如本章所述，二叉树中的元素将存储在数组中。每个元素都是一个非负的 int 值。

　　a. 如果二叉树不完全，可以使用哪个值作为虚拟值？

　　b. 给定下面的树，显示数组的内容。

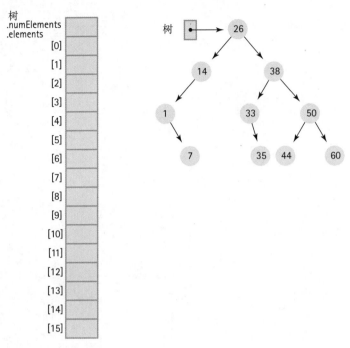

3. 如本章所述，完全二叉树中的元素将存储在数组中，每个元素都是一个非负的 int 值。给定下面的树，显示数组的内容。

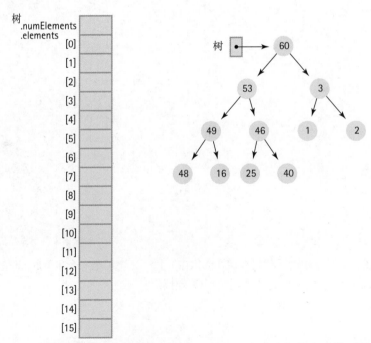

4. 给定以下数组，画出用其元素创建的二叉树。元素按照本章介绍的方式排列在数组中。

tree.numElements

	9
tree.elements [0]	1
[1]	55
[2]	59
[3]	44
[4]	33
[5]	58
[6]	57
[7]	22
[8]	11
[9]	

5. 如本章所述，二叉树存储在一个名为 treeNodes 的数组中，该数组的索引范围为 0~99。该树包含 85 个元素。将以下每个语句标记为正确或错误，并更正所有错误的语句。

    a. treeNodes[42] 是叶结点。

    b. treeNodes[41] 仅有一个子结点。

    c. treeNodes[12] 的右子结点是 treeNodes[25]。

    d. 以 treeNodes[7] 为根的子树是四层的满二叉树。

    e. 树有七个已满的层，还有一层包含一些元素。

6. 包含字符的优先级队列实现为存储在数组中的堆。前置条件说明此优先级队列不能包含重复的元素。目前，优先级队列中包含 10 个元素，如下所示。为了满足堆的属性，可以在数组位置 7~9 中存储哪些值？

pq.items.elements

[0]	Z
[1]	F
[2]	J
[3]	E
[4]	B
[5]	G
[6]	H
[7]	?
[8]	?
[9]	?

7. 最小堆具有以下顺序属性：每个元素的值小于或等于其每个子结点的值。对本章中的堆操作进行哪些更改才能实现最小堆？

8. a. 编写 ReheapDown 的非递归版本。

　　b. 编写 ReheapUp 的非递归版本。

　　c. 用 Big-O 表示法描述这些操作的非递归版本。

9. 用堆实现优先级队列：

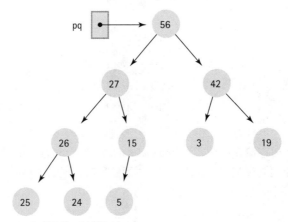

　　a. 展示堆在执行这一系列操作后的样子：

pq.Enqueue(28);

pq.Enqueue(2);

pq.Enqueue(40);

pq.Dequeue(x);

pq.Dequeue(y);

pq.Dequeue(z);

　　b. 经过了 a 部分中的一系列运算之后，x、y 和 z 的值是什么？

10. 以链表的形式实现优先级队列，按从最大到最小元素排序。

　　a. PQType 的定义将如何变化？

　　b. 使用此实现编写 Enqueue 操作。

　　c. 使用此实现编写 Dequeue 操作。

　　d. 用 Big-O 表示法将 Enqueue 和 Dequeue 操作与堆实现的操作进行比较。

11. 以二叉查找树的形式实现优先级队列。

　　a. PQType 的定义将如何变化？

　　b. 使用此实现编写 Enqueue 操作。

　　c. 使用此实现编写 Dequeue 操作。

　　d. 用 Big-O 表示法将 Enqueue 和 Dequeue 操作与堆实现的操作进行比较。在什么条件下该实现比堆实现更好或更差？

12. 以基于数组的顺序列表的形式实现优先级队列。最高优先级的元素在第一个数组的位置，第二高优先级的元素在第二个数组的位置，以此类推。

    a. 在此实现所需的优先级队列类定义的私有部分中编写声明。

    b. 使用此实现编写 Enqueue 操作。

    c. 使用此实现编写 Dequeue 操作。

    d. 用 Big-O 表示法将 Enqueue 和 Dequeue 操作与堆实现的操作进行比较。在什么条件下该实现
       比堆实现更好或更差？

13. 栈是使用优先级队列实现的。每个元素放入栈时都带有时间戳。（时间戳是介于 0~INT_MAX
的数字。每次将元素压入栈时，都会为其分配下一个更大的数字。）

    a. 什么是最高优先级的元素？

    b. 使用第 5 章中的规格说明编写 Push 和 Pop 算法。

    c. 用 Big-O 表示法将 Push 和 Pop 操作与第 5 章中实现的操作进行比较。

14. FIFO 队列是使用优先级队列实现的。每个元素放入队列时都带有时间戳。（时间戳是介于
0~INT_MAX 的数字。每次将元素加入队列时，都会为其分配下一个更大的数字。）

    a. 什么是最高优先级的元素？

    b. 使用第 5 章中的规格说明编写 Enqueue 和 Dequeue 操作。

    c. 用 Big-O 表示法将这些 Enqueue 和 Dequeue 操作与第 5 章中实现的操作进行比较。

15. 使用堆实现字符串的优先级队列。堆包含以下元素：

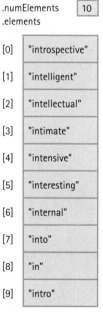

    a. 这些字符串的什么特征用于确定优先级队列中的优先级？

    b. 通过添加字符串 interviewing 来展示此优先级队列是如何受到影响的。

16. 实现 PQType 的复制构造函数。

17. 完整的二叉树的所有叶结点处于同一层，每个非叶结点都有一个或两个子结点。（正确或错误）

18. 堆是使用指针变量构建的。（正确或错误）

19. 堆必须是完全二叉树。（正确或错误）

20. 当使用隐式链接将二叉树存储在数组中时，与使用显式链接存储树相比，访问结点的双亲结点要容易得多。（正确或错误）

21. 当使用隐式链接将完全二叉树存储在数组中时，叶结点位于 numElements/2 到 numElements 索引的结点中。（正确或错误）

22. 堆可以是满二叉树。（正确或错误）

第 **10** 章

树 +

✏️ 知识目标

学习完本章后，你应该能够：

- 定义一个自平衡二叉查找树。
- 定义 AVL 树及其特性。
- 定义四个 AVL 平衡化旋转操作：*左旋转、右旋转、左右旋转和右左旋转*。
- 对不平衡的树应用正确的 AVL 旋转操作以重新获得平衡。
- 在 C++ 中实现 AVL 旋转算法。
- 定义红黑树及其特性。
- 了解用于维护红黑树的特性的重新着色操作。
- 在 C++ 中实现红黑树的重新着色和重建算法。
- 定义 B 树及其特性。
- 了解 B 树插入操作的基本知识。
- 解释为什么要在不同的应用程序域中使用不同的树 ADT，以及它们是如何影响性能的。

在第 8 章中，介绍了二叉查找树 ADT 的实现，以及它的查找操作（FindNode）如何实现与二分查找应用于有序列表相同的 O(log₂N) 查找效率。需要注意的是，必须对二叉查找树进行平衡才能实现这种性能。

假设二叉查找树中的项是按随机顺序插入的，在实际中，这通常会导致矮而"茂密"的树，最大限度地减少与根结点的距离，从而减少比较次数并最大限度地提高效率。但是，我们可以通过按排序的顺序插入元素来轻松实现最坏的情况，这将导致退化的树仅为有 O(N) 查找性能的链表。一般来说，从二叉查找树中添加和删除结点并不能确保树维持平衡，而且可能导致树不再有效。

在本章中，将探索对二叉查找树 ADT 的扩展，以便它在插入结点时实现自平衡。也就是说，修改二叉查找树的操作将执行一些其他工作以保持平衡，从而保留期望的性能特征。

10.1 AVL 树

回忆一下，如果 T 的左子树和 T 的右子树的高度之差不大于 1，则二叉查找树 T 是平衡的。这个差值通常称为树的**平衡因子**。根据将元素插入二叉查找树的方式，有些树将是平衡的，有些树则不是。二叉查找树中的结点可以重新排列以产生平衡的二分查找，正如第 9 章中对堆的实现中所介绍的那样。遗憾的是，对于变化比较频繁的树，再平衡应该发生的频率并不清楚。如果我们过于频繁地重新平衡树，可能会浪费原本基本平衡的树的工作量。

你可能想知道是否存在一种方法可以轻松地检测在插入或删除元素时树是否会变得不平衡。如果是这样，那么也许存在一种有效的再平衡操作，我们可以在插入或删除上下文中使用它。1962 年，两位苏联数学家 Georgii Adelson–Velskii 和 Evgenii Landis 首次提出了在插入和删除操作中重新平衡树的概念，并以其发明人的名字命名了一种自平衡二叉搜索树，称为 **AVL 树**。

> **平衡因子**
> 与树结点相关联的一个值，该值是其两个子树之间的高度差。
>
> **AVL 树**
> 一种高度平衡的二叉查找树，它的任意两个子树的高度之差不超过 1。

在平均情况和最坏情况下，AVL 树查找、插入和删除结点的操作都是 O(log₂N) 时间。为了保持此效率，AVL 树必须在任何可能导致形状不平衡的操作之后重新平衡自身。

因为插入和删除操作可能会通过添加和删除结点来破坏二叉查找树的平衡，所以 AVL 树的实现对这些操作进行了扩展，以便在对树进行任何更改时重新平衡。特别是，在执行通常的插入或删除操作之后，如果任意结点的两个子树的高度相差大于 1，该树就不再是 AVL 树。在这种情况下，则应用一个或多个称为树的平衡化旋转的操作来重新获得平衡。

如果 AVL 树不平衡，考虑四种旋转情况来修复它。前两种情况涉及向左或向右方向"旋转"结点。该旋转操作仅意味着将子结点设为其当前双亲结点的双亲结点。旋转的方向取决于树的结构。在某些情况下，单一的左旋转或右旋转不足以纠正这种不平衡。幸运的是，只有两种情况需要考虑两次旋转操作。树的结构和插入（或删除）的结点的位置将告诉我们是否需要先执行左旋转然后执行右旋转，或者先执行右旋转然后执行左旋转。接下来，总结每种情况，通过详细介绍以指导大家何时以及如何应用它们。

AVL 树的不平衡结点 T 中的不平衡可以按如下方法解决：

（1）如果结点被插入结点 T 的左子结点 S 的左子树中，那么应用右旋转。

（2）如果结点被插入结点 T 的右子结点 S 的右子树中，那么应用左旋转。

（3）如果结点被插入结点 T 的右子结点 S 的左子树中，那么应用右左旋转。

（4）如果结点被插入结点 T 的左子结点 S 的右子树中，那么应用左右旋转。

10.1.1　AVL 树的单旋转

图 10.1 给出了两棵二叉查找树。左边的树是 AVL 树，因为所有结点的两个子树的高度最多相差 1，而右边的树不是 AVL 树，因为取值为 6 的结点的左右子树的高度相差 2。在对 AVL 树的介绍中，我们将重点介绍如何在 AVL 树中插入元素，将删除结点作为一个练习。

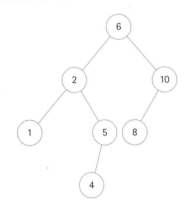

AVL树。任意结点的两个子树的高度
相差不超过1

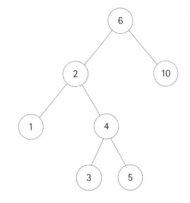

非AVL树。值为6的结点的左子树的高度是3，
右子树的高度是1

图 10.1　AVL 树和非 AVL 树

平衡因子不大于 1 的结点通常称为**平衡结点**，而平衡因子大于 1 的结点可以称为**不平衡结点**。因此，在图 10.1 中，左边树中值为 6 的结点因为其平衡因子最多为 1 而为平衡结点，右边树中值为 6 的结点因为其平衡因子大于 1 而为不平衡结点。

在图 10.2 中，将值 6、4 和 2 插入一个空的 AVL 树中。插入 6 和 4 后，树保持平衡，因此无须作出任何调整。但是，在插入 2 后，树相对于取值为 6 的结点来说，变得不平衡。即其左子树的高度为 2，右子树的高度为 0。因为差值大于 1，打破了所有结点的子树高度最多只能相差 1 的规则。要修复不平衡的树，必须通过对导致不平衡的左子树的根结点应用**右旋转**操作来对其进行重建。之所以称其为右旋转，是因为它看起来就像围绕着左子树的根（4）旋转结点一样。目的是使左子树根结点的双亲结点（6）成为左子树根结点（4）的右子结点。

同样，可以将元素插入树中，如图 10.3 所示，这样我们就必须在右子树中执行旋转。如果将值 2、4 和 6 插入新的 AVL 树中，则会有一个不平衡的结点（2），因为它的右子树导致平衡因子大于 1。为了解决该问题，执行**左旋转**操作。在这种情况下，围绕 4 旋转。

> **平衡结点**
> 平衡因子小于等于 1 的结点。
>
> **不平衡结点**
> 平衡因子大于 1 的结点。
>
> **右旋转**
> 一种旋转的形式，就像是在围绕着左子树的根旋转结点。
>
> **左旋转**
> 一种旋转的形式，就像是在围绕着右子树的根旋转结点。

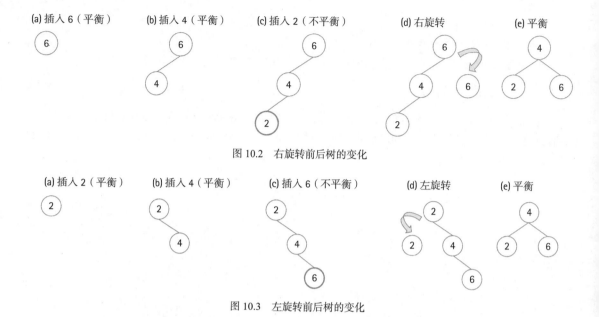

图 10.2　右旋转前后树的变化

图 10.3　左旋转前后树的变化

10.1.2　在 AVL 树上执行单旋转

一般而言，如果结点的平衡因子大于 1，并且左子树的高度大于右子树，则向右旋转，或者如果右子树的高度较大，则向左旋转。

到目前为止，我们已经研究了单个结点的旋转。当然，也可以应用于现有的不平衡树上。在图 10.4 中，我们看到不平衡结点 T 有一个根结点为 S 的左子树（A），其高度大于 T 的右子树（C）。将 T 进行右旋转，以恢复平衡。这是通过使 T 成为 S 的右子树，并使 S 的原始右子树（B）成为 T 的左子树来实现的。因为插入结点只能使子树的高度增加 1，而向右（或向左）旋转只能使子树的高度减少 1，所以不平衡子树在应用旋转后变得平衡。

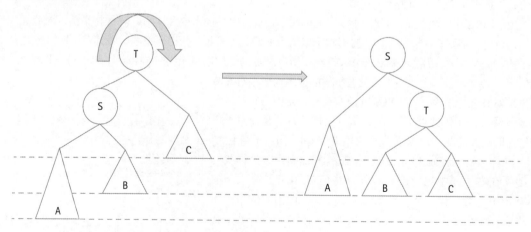

图 10.4　在 AVL 树上向右旋转以保持平衡

类似地，在图 10.5 中，展示了左旋转的一般操作。不平衡结点 T 具有以 S 为根的右子树（C），其高度大于 T 的左子树（A）。将 T 围绕 S 进行左旋转以恢复平衡。这是通过使 T 成为 S 的左子树，然后将 S 的原始左子树（B）变为 T 的右子树来实现的。在左旋转操作之后，树再次变得平衡。

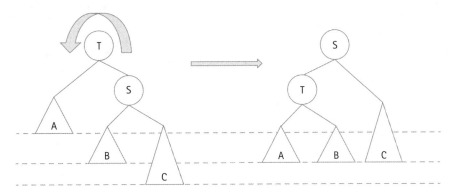

图 10.5　在 AVL 树上向左旋转以保持平衡

确定要应用哪个旋转取决于 T 的哪个子树收到一个新增结点，以及该新增结点是否会造成不平衡。如果造成了不平衡，并且该结点已插入 T 的左子结点 S 的左子树中，则应用右旋转。如果将结点插入到 T 的右子结点 S 的右子树中，则应用左旋转。

在图 10.6 中，展示了在插入一个元素后，对现有 AVL 树进行右旋转的应用。在图 10.6（a）中，在插入结点之前，是一个平衡的 AVL 树。然后，将元素 1 插入 AVL 树中，如图 10.6（b）所示，这将创建一个新结点，该结点是值为 2 的结点的左子结点。结点 T 由于其平衡因子为 2 而变得不平衡，必须将 11 围绕值为 5 的结点进行右旋转，如图 10.6（c）所示。使 T 成为 S 的右子树 [见图 10.6（d）]，然后使 S 的右子树成为 T 的左子树 [见图 10.6（e）]。与进行左旋转的操作类似。

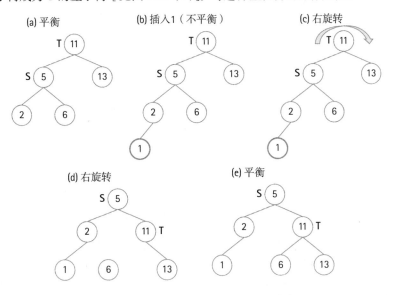

图 10.6　插入元素后对 AVL 树进行右旋转

以下是在给定的不平衡结点上执行右旋转的算法。可以对一个同时具有左子树和右子树的结点给定一个清晰的定义，如第 8 章所述。

Node RotateRight(Node T)

```
Node S = T 的左子结点
Node B = S 的右子结点
S 的右子结点 = T
T 的左子结点 = B
return S
```

是的，该算法非常简单，并且反映了图 10.6 中的步骤。我们可以设计一种以类似方式向左旋转的算法。

Node RotateLeft(Node T)

```
Node S = T 的右子结点
Node B = S 的左子结点
S 的左子结点 = T
T 的右子结点 = B
return S
```

你可能会有疑虑，单次的向右或向左旋转是否能够作为恢复平衡 AVL 树的唯一必要的操作。为了回答这个问题，可以看一下另一个 AVL 树示例，接下来便会详细介绍这个问题。

10.1.3　AVL 树的双旋转

图 10.7（a）中给出的是一个平衡的 AVL 树，但是，在图 10.7（b）中插入 60 后，AVL 树变得不平衡。要重新平衡树，需要将结点 72 围绕 54 向右旋转［见图 10.7（c）］。但是，生成的树［见图 10.7（d）］仍然不平衡。为了解决这个问题，将结点 50 再执行一次左旋转，如图 10.7（e）所示。从图 10.7（f）中可以看到最终的平衡树。当 AVL 树的添加结点发生在 T 的右子树的左子树中时，我们将应用称为"**右左旋转**"的双旋转。

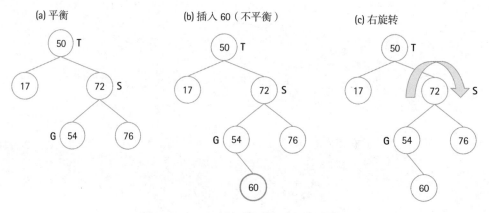

图 10.7　在 AVL 树上进行先右后左的双旋转

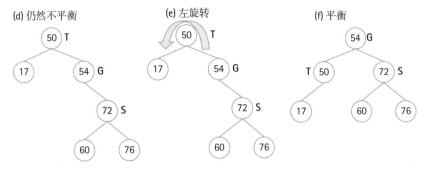

图 10.7（续）

类似地，在图 10.8（a）中，有一个平衡的 AVL 树，该树因插入 13 而变得不平衡［见图 10.8（b）］。

这就需要将结点 12 围绕 14 进行左旋转［见图 10.8（c）］，产生如图 10.8（d）所示的树。但是，树仍然是不平衡的，需要将结点 17 围绕 14 增加一个右旋转［见图 10.8（e）］来恢复平衡。由此得到的平衡树如图 10.8（f）所示。当 AVL 树的添加元素发生在 T 的左孩子的右子树中时，我们采用了一种称为"**左右旋转**"的双旋转。

> **右左旋转**
> 双旋转的一种，先向右旋转再向左旋转。
> **左右旋转**
> 双旋转的一种，先向左旋转再向右旋转。

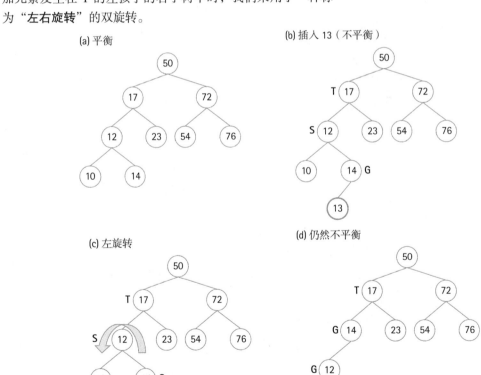

图 10.8 在 AVL 树上进行先左后右的双旋转

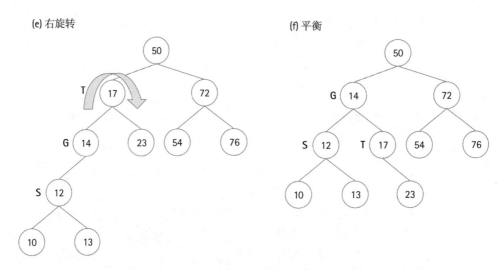

图 10.8（续）

与上一示例不同，在这两次旋转中，旋转操作都没有直接应用到不平衡结点的子结点，而是在曾孙结点上进行的。此外，它们需要两个旋转操作来恢复 AVL 树的平衡。

10.1.4　在 AVL 树上执行双旋转

在图 10.9 中展示了将元素插入 AVL 树之后执行左右旋转的一般结构。图 10.9（a）显示了插入结点 T 的右子树 S 中的一个结点（G）的情况。这种插入导致 T 变得不平衡；然而，这种不平衡表现在 T 的孙子结点（G）上，而不是 S 上。因此，需要绕 G 右旋转以尝试恢复平衡。可以看出，没有生成平衡的 AVL 树，如图 10.9（b）所示。为了实现平衡，必须绕 G 再进行一次左旋转以重新获得平衡，如图 10.9（c）所示。

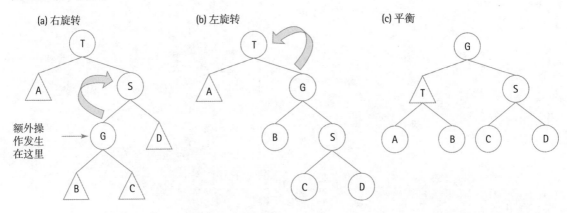

图 10.9　AVL 树上的一般右左旋转

同样，左右旋转的一般情况如图 10.10 所示，其中在 T 的左子结点 S 的右子树 G 下创建了一个新结点。T 再次成为沿着插入点路径上的第一个不平衡结点。如图 10.10（a）所示，必须围绕 T 的孙子结点 G 进行左旋转，以恢复平衡。这使我们朝着必要的方向移动，然而，还需要围绕 G 向右旋转［见图 10.10（b）］，才能重新获得平衡的 AVL 树［见图 10.10（c）］。

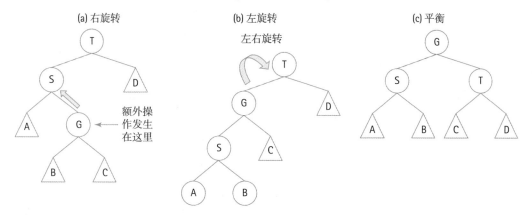

图 10.10   AVL 树上的一般左右旋转

左右旋转和右左旋转算法与前面给出的双旋转图解一致。注意，可以使用以前的右旋转和左旋转的算法定义来实现这些算法。

Node RotateRightLeft(Node T)
Node S = T 的右子结点 T 的右子结点 = RotateRight(S) return RotateLeft(T)

Node RotateLeftRight(Node T)
Node S = T 的左子结点 T 的左子结点 = RotateLeft(S) return RotateRight(T)

综上所述，在平衡的 AVL 树中插入元素后，可能会导致 AVL 树的不平衡。因为树在插入之前是平衡的，所以在到新插入的结点的路径上最多只有一个不平衡结点 T。恢复平衡需要向右、向左、右左或左右旋转，无须其他操作即可恢复平衡。可以将这些规则总结如下。

AVL 树的不平衡结点 T 中的不平衡可以采用如下方法解决：

（1）如果结点被插入结点 T 的左子结点 S 的左子树中，那么应用右旋转。

（2）如果结点被插入结点 T 的右子结点 S 的右子树中，那么应用左旋转。

（3）如果结点被插入结点 T 的右子结点 S 的左子树中，那么应用右左旋转。

（4）如果结点被插入结点 T 的左子结点 S 的右子树中，那么应用左右旋转。

为了加深对这些操作的理解，给出了关于树的结点 T 和 S 的可能插入点的分类，见表 10.1，分别如图 10.9 和图 10.10 所示。这明确地说明了根据插入发生的位置可以应用哪些操作。

表 10.1　AVL 旋转分类法

插入发生在子树 T 的右或左子结点	插入发生在 S 的右或左子树中	
	S 的左子结点	S 的右子结点
T 的左子结点	右旋转	左右旋转
T 的右子结点	右左旋转	左旋转

从 AVL 树中删除结点也可能会导致不平衡。检测不平衡并重建树以恢复平衡的过程与插入过程相同。也就是说，如果删除结点导致 AVL 树中的不平衡，则根据相对于 T 删除结点的位置，确定最接近已删除结点的不平衡结点 T 并执行上述操作之一。我们将删除操作留作练习。

10.1.5　应用层

从用户的角度来看，AVL 树在操作上与二叉查找树 ADT 没有区别。但是，根据我们所要解决的问题和要表示的数据，选择使用 AVL 树比标准的二叉查找树在应用领域上会有不同的效果。例如，如果数据具有足够的随机性，且在创建树后保持不变，那么二叉查找树是一个很好的选择。在这种情况下，将所有数据插入树中，并在树上执行最终的平衡操作，以达到高效的查找性能。这方面的一个很好的例子是字典，字典很少添加或删除单词。

涉及随时间而频繁变化的数据的问题要求使用自平衡二叉查找树（如 AVL 树）。在这种情况下，通过有效的 $O(\log_2 N)$ 查找性能优势，抵消在结点插入和删除期间进行平衡所带来的轻微开销。考虑一个 Twitter 应用程序，其中使用标签来索引 tweets。Twitter 主题标签是不断变化的，新的主题标签被引入，旧的主题标签被淘汰，针对主题标签的查找是用户经常执行的操作。对于该应用程序而言，AVL 树将是更好的选择，以确保高效的查找。

10.1.6　逻辑层

从逻辑层上定义 AVL 树 ADT 只需对第 8 章中介绍的二叉树进行较小的改动。特别是，除了修改树的那些操作之外，AVL 树在所有操作中的行为都是相同的。为此，我们为 TreeADT 的 PutItem 和 DeleteItem 方法提供了更新的规格说明，突出了这些方法调用前后的平衡属性。请参阅第 8 章，回顾树结构的细节和其他相关方法。

AVL 树规格说明

结构：AVL 树中每个元素的放置必须满足二叉查找性质：该元素的键值大于其左子树中任意元素的键值，且小于其右子树中任意元素的键值。

此外，它还必须满足平衡性质：对于 AVL 树中 T 的所有子树，T 的左子树与 T 的右子树的高度差不超过 1。

操作（由 AVLTreeADT 提供）：

假设：在对树操作进行任何调用之前，已声明树并已应用构造函数。

PutItem(ItemType item)

功能：　　　　　　　　　　　　　　　　　　　将 item 添加到树中。

AVL 树规格说明	
前置条件：	树未满，item 不在树中，树已平衡。
后置条件：	item 在树中，树是平衡的。
	保持了二分查找特性。
	平衡性质保持不变。
DeleteItem(ItemType item)	
功能：	删除其键与 item 的键相匹配的元素。
前置条件：	item 的键成员已初始化。
	树中有且只有一个元素的键与 item 的键相匹配。
	树是平衡的。
后置条件：	树中没有元素的键与 item 的键相匹配。树是平衡的。

10.1.7　实现层

我们已经介绍了在上下文中插入和删除结点的情况下，在 AVL 树中保持平衡的四种算法。每个算法都假定传递给它的结点是先前确定的不平衡结点。因此我们将在 AVLTreeADT 类中将这些算法作为单独的实用程序方法来实现。此外，需要实现一种识别不平衡结点的 Difference 方法，并实现一个 Balance 方法来确定在不平衡情况下要应用哪种旋转方法，然后更新 PutItem 方法以在发生不平衡时调用 Balance。我们将 DeleteItem 方法留作练习。

不错，每个旋转操作的算法都可以轻松转换为 C ++。为了帮助大家了解相似性，我们在这里重复这些算法的定义。

Node RotateRight(Node T)
Node S = T 的左子结点
Node B = S 的右子结点
S 的右子结点 = T
T 的左子结点 = B
return S

向右旋转的相应 C++ 代码如下：

```
TreeNode* RotateRight(TreeNode* T)
// 返回右旋转产生的树结点
{
  TreeNode* S = T->left;
  TreeNode* B = S->right;
  S->right = T;
  T->left = B;
  return S;
}
```

如你所见，这里给出的实现与我们定义的算法直接对应，但使用的是第 8 章中定义的 TreeNode 及 left 和 right 字段。我们还保留了算法定义中使用的变量，以使连接更加明确。左旋转的算法如下：

Node RotateLeft(Node T)

```
Node S = T 的右子结点
Node B = S 的左子结点
S 的左子结点 = T
T 的右子结点 = B
return S
```

向左旋转的 C++ 相关代码如下：

```
TreeNode* RotateLeft(TreeNode* T)
// 返回由左旋转产生的树结点
{
  TreeNode* S = T->right;
  TreeNode* B = S->left;
  S->left = T;
  T->right = B;
  return S;
}
```

同样，为清楚起见，我们使变量名称与算法定义一致。注意，可以消除中间变量 B 来缩短代码。

然后我们可以从双旋转方法中调用这些方法。右左旋转和左右旋转的伪代码算法利用了右旋转和左旋转的存在。下面再次给出算法：

Node RotateRightLeft(Node T)

```
Node S = T 的右子结点
T 的右子结点 = RotateRight(S)
return RotateLeft(T)
```

相应的 C++ 代码是一个简单的实现：

```
TreeNode* RotateRightLeft(TreeNode* T)
// 返回由右左旋转产生的树结点
{
  TreeNode* S = T->right;
  T->right = RotateRight(S);
  return RotateLeft(T);
}
```

同样，RotateLeftRight 的 C++ 代码反映了算法定义：

Node RotateLeftRight(Node T)

```
Node S = T 的左子结点
T 的左子结点 = RotateLeft(S)
return RotateRight(T)
```

```
TreeNode* RotateLeftRight(TreeNode* T)
// 返回由左右旋转产生的树结点
{
  TreeNode* S = T->left;
  T->left = RotateLeft(S);
  return RotateRight(T);
}
```

旋转方法实现后，在准备处理平衡问题之前，只需要实现 Difference 方法即可。为了判断 AVL 树中给定结点 T 是否平衡，需要检查 T 的左、右子树的高度差是否大于 1。因此，要确定差值，必须找到 T 的每个子树的高度，然后相减。具体实现时，可以从左子树中减去右子树的高度，也可以从右子树中减去左子树的高度。下面描述的 Balance 函数的实现，就是根据这个条件实现的，并且进行了相应的调整。以下是实现 Difference 方法的代码：

```
int Difference(TreeNode* T) const
// 返回 T 的左右子树的高度差
// 假设给定的 TreeNode* T 不为空
{
  return Height(T->left) - Height(T->right);
}

int Height(TreeNode* T) const
// 返回树 T 的高度
{
  if (T == null)
    return 0;
  else {
    int heightLeft = Height(T->left);
    int heightRight = Height(T->right);
    if (heightLeft > heightRight)
      return heightLeft + 1;
    else
      return heightRight + 1;
  }
}
```

Difference 接收到一个指向 T 的指针 TreeNode，并返回 T 的左子树和右子树之间的差值。要确定差值，必须计算 T 的每个子树的高度。Height 是递归调用算法，如果给定的 TreeNode 指针为空（基础条件），则返回 0；否则，它将根据左或右子树的较大高度，递归地计算其子树的高度并加 1。

需要注意的是，从 Difference 返回的值可能是正值，也可能是负值。因此可以使用这些信息来确定哪个子树收到了结点的添加（或删除）。也就是说，如果 Difference 返回正值，则表明更改发生在左子树中；如果 Difference 返回负值，则表明更改发生在右子树中。因为返回的值可能是正值，也可能是负值，所以在实施 Balance 时必须考虑每种情况。

现在,拥有了所有必需的实用程序方法,已经准备好实现 Balance 了。每次递归调用 Insert 后（Insert 定义见第 8 章）,将调用 Balance。换句话说,每次从对 Insert 的递归调用返回时,将调用 Balance 来判断插入是否造成了不平衡,并根据新结点插入哪个子树执行正确的旋转操作。这在下面的伪代码算法中有更正式的描述:

```
Node Balance(Node T)

    If Difference(T) > 1:
        If Difference(T 的左子树) > 1:
            return RotateRight(T)
        Else
            return RotateLeftRight (T)
    Else if Difference(T) <-1:
        If Difference(T 的右子树) < 0:
            return RotateLeft(T)
        Else
            return RotateRightLeft (T)
    Else
      return T
```

首先确定 T 的子树中的差值是大于 1 还是小于 1。无论哪种情况,都表明结点 T 是一个不平衡结点,其子树已改变,并且必须应用旋转。为了确定要调用的旋转操作,检查 T 的左右子树,以确定是否需要单旋转或双旋转。以下是实现这种算法的 C++ 代码:

```cpp
TreeNode* Balance(TreeNode* T)
// 检查和平衡 T 的子树
{
  int balanceFactor = Difference(T);
  if (balanceFactor > 1) {
    if (Difference(T->left) > 1)
      return RotateRight(T);
    else
      return RotateLeftRight(T);
  }
  else if (balanceFactor < -1) {
    if (Difference(T->right) < 0)
      return RotateLeft(T);
    else
      return RotateRightLeft(T);
  }
  else
    return T;
}
```

尽管 Balance 的代码看起来很复杂，但它是依据我们对 AVL 树以及已开发的伪代码算法的介绍。每个规则的应用都是由当前结点的平衡因子的值和符号仔细确定的。

对 AVL 树的介绍已接近尾声，我们将在结点插入 AVL 树的上下文中演示 Balance 方法的使用。如前所述，我们可以依靠现有代码将结点插入二叉树，也就是说，在第 8 章中，我们开发了实用程序方法 Insert，这是 PutItem 调用的主要方法，用于将新元素插入二叉树。将标准二叉树转换为 AVL 树只需要在正确的位置插入对 Balance 的调用。下面的代码重新实现了 Insert：

```
void Insert(TreeNode*& tree, ItemType item)
// 将项插入树中
// 后置条件：项在树中，保持二叉查找树的特性
{
  if (tree == NULL)
  {   // 插入位置已找到
    tree = new TreeNode;
    tree->right = NULL;
    tree->left = NULL;
    tree->info = item;
  }
  else if (item < tree->info) {
    Insert(tree->left, item);              // 插入左子树
    tree->left = Balance(tree->left);
  }
  else {
    Insert(tree->right, item);             // 插入右子树
    Tree->right = Balance(tree->right);
  }
}
```

回想一下，Insert 是一种递归方法，它沿着二叉树向下移动，以寻找最佳位置来插入新项。如果没有更多的子结点要遍历时，就找到了插入点，并创建一个新结点开始展开递归调用。两次调用 Balance 将标准二叉树转换为 AVL 树。如前所述，我们需要在发生插入的子树上调用 Balance。尽管平衡 AVL 树需要进行额外的工作以保持平衡，但是这部分的时间成本可以通过减少的查找时间成本来摊销。

必须通过在根结点上调用 Balance 来更新 PutItem 方法，从而完成在 AVL 树中插入新项的实现（请参见突出显示的行）：

```
void TreeType::PutItem(ItemType item)
// 调用递归函数 Insert 将项插入树中
{
  Insert(root, item);
  root = Balance(root);
}
```

从 AVL 树中删除结点依赖于与前面介绍的插入操作相同的旋转操作，并且以类似的方式实现。我们将删除项的实现留作练习。

10.2 红黑树

AVL 树对基本的二叉查找树进行了很大的改进。像许多 ADT 一样，选择哪种取决于存储在 ADT 中的数据的形状以及它们随时间的变化。

AVL 树增加了一个额外的 balance 属性，来保证在所有操作上的 $O(\log_2 N)$ 性能，尽管在原始数据中或在插入和删除引起的修改中都有隐式排序。修改 AVL 树时，通过应用额外旋转操作来维护 AVL 树的平衡。

尽管重新平衡 AVL 树的时间成本被高效查找的好处所掩盖，但需要不断更改 AVL 树的应用程序仍然受到旋转操作开销的阻碍。是否有一种 ADT，保留我们想要的查找性能特征，而且可以放松平衡属性以减少开销？幸运的是，有。

红黑树是二叉查找树的另一种实现，它通过减少旋转次数来提供 $O(\log_2 N)$ 的效率，代价是树的完全平衡。尽管红黑树的平衡并非始终精确保持，但它足以保证 $O(\log_2 N)$ 查找时间。因此，在实践中，红黑树是迄今为止最受欢迎的实施策略。它们是 C++ 标准模板库中 Set 和 Map ADT 实现的基础，也是 Java 实现 TreeMap 集合的基础。它们被用于许多计算几何的数据结构中，并在 Linux 操作系统中的任务调度程序的实现中被发现。

除了对常规二叉树的约束之外，红黑树还具有以下特性：

（1）红黑树的结点被标记为红色或是黑色。

（2）根结点被标记为黑色。

（3）所有为 NULL 的叶结点都被标记为黑色。

（4）如果一个结点被标记为红色，则它的两个子结点必须被标记为黑色。

（5）从根结点到 NULL 结点的每条路径都必须具有相同数量的黑色结点，这称为红黑树的**黑高度**。

> **黑高度**
> 红黑树的一种属性，指示从给定结点到 NULL 结点的每条路径具有相同数量的黑色结点。

将 NULL 结点标记为黑色是为了保持完整性，并且可以使红黑树的实现更加清晰。请注意，只有红色结点必须具有黑色子结点，黑色结点可以具有红色或黑色子结点。图 10.11 给出了有效和无效的红黑树，阴影部分为黑色结点，非阴影部分为红色结点。

图 10.11（a）和 10.11（b）不是红黑树，因为从根到 NULL 的黑色结点数不同。图 10.11（c）违反了特性 4，该特性要求所有红色结点都具有黑色子结点。图 10.11（d）和 10.11（e）满足红黑树的所有特性，因此它们是有效的红黑树。

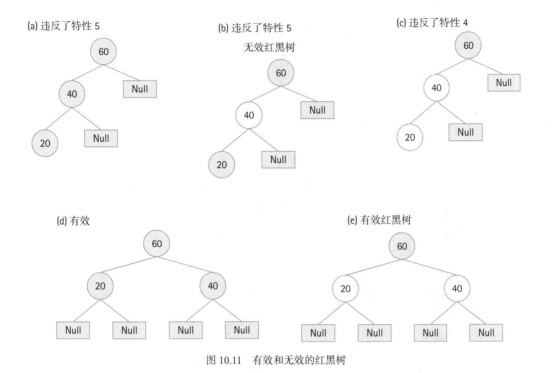

图 10.11 有效和无效的红黑树

10.2.1 插入红黑树

幸运的是，红黑树的实现不需要对第 8 章中针对标准二叉查找树所述的操作进行任何重大更改。尽管如此，我们将稍微扩展对二叉查找树的定义，以便在每个结点中包含指向其双亲结点的指针，原因稍后会介绍。

为了确保维护红黑树的特性，如果遇到违反特性的情况，必须应用额外操作来修正树。对于 AVL 树，仅使用旋转来修正树中的不平衡；而红黑树尝试为树重新着色，如果失败，则进行旋转。也就是说，在改变为红黑树之后，可能会违反着色规则。这反过来可能需要我们交换附近结点的颜色，直到满足规则为止。如果重新着色不起作用，则必须使用 AVL 旋转操作。相比执行旋转操作来说，重新着色操作开销较小。相对于费时的旋转操作，我们希望重新着色能够在许多情况下得以应用。对于插入，使用以下基本流程：

（1）插入一个新结点 N 并将其标记为红色。

（2）执行重新着色以满足红黑树的特性。

（3）如果重新着色无法满足所需的特性，请执行旋转。

如前所述，为了有效地实现此过程，扩展二叉查找树 ADT 的定义以包含给定结点的双亲结点的链接将很有帮助。这样做既可以向下浏览结点的子结点，也可以向上浏览结点的双亲结点。但是，这确实需要更新标准二叉查找树实现中的插入和删除方法，以确保正确更新引用。此扩展对于实现红黑树的算法是必需的。将其实现留作练习。

插入一个结点 N 到红黑树中最好结合树中的其他结点来描述（特别是 N 的双亲结点、N 的祖父母结点和 N 的叔叔结点）。N 的双亲结点显然是其子结点为 N 的结点。N 的叔叔结点称为 N 的双亲结点的兄弟结点。该家族树的实例如图 10.12 所示。

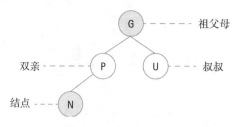

图 10.12　家族树

现在知道了它们之间的关系，就可以介绍在红黑树中插入结点的细节。

如前所述，新结点将插入红黑树中，就像把它插入传统的二叉查找树中一样。这种插入可能会违反红黑树的一个或多个特性。如果是这种情况，必须确定问题出在哪里，然后重新着色（如果可以）或通过旋转进行重建。可以根据正在检查的结点 N 的位置（最初是新插入的结点）及其双亲结点、叔叔结点或两者的颜色来确定要执行的操作。下面是形式化的算法：

ReColor(Node N)

```
如果 N 为根结点，标记为黑色              // 结点总是以红色插入
如果 N 不是根结点或者如果 N 的双亲结点不为黑色：
    如果 N 的叔叔结点为红色：
        将 N 的双亲结点和叔叔结点的颜色改为黑色
        将 N 的祖父母结点的颜色改为红色
        ReColor (N 的祖父母结点 )              // 尾递归调用
    否则                                     // N 的叔叔结点为黑色
        ReStructure(N)
```

首先，如果 N 是根结点，则其颜色必须为黑色。在这种情况中，N 要么是新创建的结点（它的颜色开始为红色），要么由于前面的重新着色（如接下来讨论的）而使结点的颜色为红色。无论哪种情况，都必须将结点重新着色为黑色。这维护了红黑树的特性，因此只需将已经有效的红黑树的黑高度加 1即可。

如果 N 不是根结点或 N 的双亲结点不是黑色，那么接下来的工作取决于 N 的叔叔结点的颜色。如果 N 的叔叔结点是红色的，将应用重新着色来满足红黑树的特性，将 N 的双亲结点和叔叔结点重新着色为黑色，并将 N 的祖父母结点更改为红色。这确保了在相对于 N 的变化的附近满足红黑树的特性。但是，我们的重新着色可能会导致 N 的祖父母结点相对于其双亲结点和叔叔结点发生问题，因此我们必须对 N 的祖父母结点进行进一步的重新着色。这是对 N 的祖父母结点的 ReColor 算法的尾递归调用。请参阅第 7 章回顾尾递归的详细信息，以了解为什么这是一种高效的实现。

图 10.13 显示了当 N 不是根结点并且 N 的双亲结点和叔叔结点都标记为红色时，将 N 插入红黑树的操作。

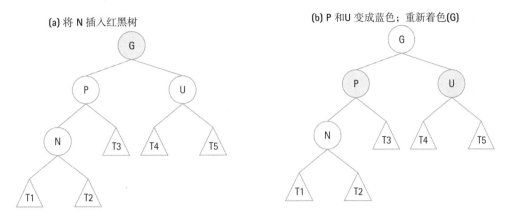

图 10.13 插入 N 后的重新着色

如果 N 不是根结点，或者 N 的双亲结点不是黑色，而 N 的叔叔结点是黑色，则我们必须对树进行重建，以保持红黑树的特性。幸运的是，在重新着色不成功的情况下，我们可以利用对 AVL 树进行旋转，来管理红黑树。像 AVL 树一样，当 N 的叔叔结点是黑色时，可分为以下 4 种情况：

（1）如果 P 是 G 的左子结点，而 N 是 P 的左子结点，则应用右旋转并交换 G 和 P 的颜色。

（2）如果 P 是 G 的左子结点，而 N 是 P 的右子结点，则应用左右旋转并交换 G 和 N 的颜色。

（3）如果 P 是 G 的右子结点，而 N 是 P 的右子结点，则应用左旋转并交换 G 和 P 的颜色。

（4）如果 P 是 G 的右子结点，而 N 是 P 的左子结点，则应用右左旋转并交换 G 和 N 的颜色。

可以通过以下算法更正式地表达这些规则：

```
ReStructure(Node N)

    P = Parent(N)
    G = Parent(P)
    如果P是G的左子结点, N是P的左子结点:
        RotateRight(G)
        交换G和P的颜色
    如果P是G的左子结点, N是P的右子结点:
        RotateLeftRight(P)
        交换G和N的颜色
    如果P是G的右子结点, N是P的右子结点:
        RotateLeft(G)
        交换G和P的颜色
    如果P是G的右子结点, N是P的左子结点:
        RotateRightLeft(P)
        交换G和N的颜色
```

该算法与本章前面针对 AVL 树介绍的 Balance 算法非常相似。但是，应用哪种旋转过程取决于结点的颜色，而不是平衡因子，应用旋转还取决于相对于结点 N 的树的结构。此外，我们根据应用的旋转对结点进行重新着色。

在图 10.14 中，重新着色的规则不适用，因为 N 不是根结点，其叔叔结点是黑色的。因此，必须进行重建，这是左 – 左情况，因为双亲结点 P 是 G 的左子结点，而 N 是 P 的左子结点。因此，将 G

围绕 P 右旋转并交换 G 和 P 的颜色，以满足红黑树的特性。右 – 右情况如图 10.16 所示，它是左 – 左情况的镜像。图 10.15 和图 10.17 分别显示了左 – 右和右 – 左两种情况。两者都需要双旋转，然后交换 G 和 N 的颜色。

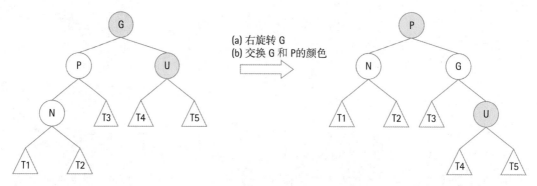

图 10.14　左 – 左重建

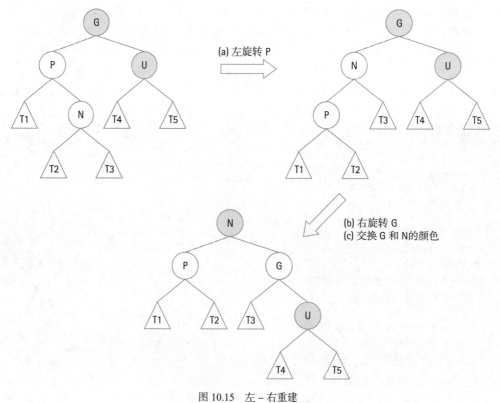

图 10.15　左 – 右重建

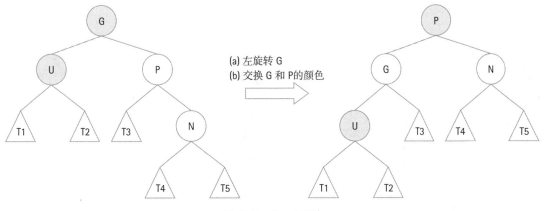

图 10.16　右 – 右重建

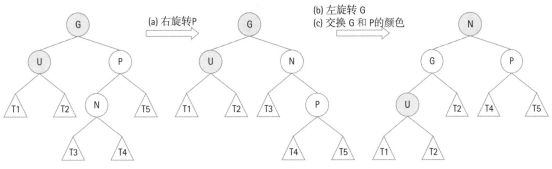

图 10.17　右 – 左重建

10.2.2　红黑树的重新着色的实现

尽管管理红黑树有一些额外的开销，但是刚刚介绍的算法在 C ++ 中仍然很容易实现。我们必须能够引用特定结点的双亲结点、祖父母结点和叔叔结点，并将每个 TreeNode 标记为红色或黑色。最好使用 C ++ 的 enum 类型来实现，以代表每种颜色。以下 C++ 代码是扩展最初在第 8 章中提到的 TreeNode 类型的合适方法：

```
enum Color { RED, BLACK };
struct TreeNode
{
  ItemType info;
  Color color;
  TreeNode* left;
  TreeNode* right;
  TreeNode* parent;
};
```

我们可以很容易地按原样使用 TreeNode 类型，但是，仅使用指针来引用结点的祖父母结点和叔叔结点将变得很烦琐。例如，要引用结点 N 的叔叔结点，需要执行以下操作：

```
    N->parent->parent->right
```

此代码不仅冗长，而且无法确定 N 的双亲结点是其双亲结点的左子结点还是右子结点。在此代码片段中，假设它是左子结点。但是，如果不是这种情况，那么叔叔结点将是祖父母结点的左子结点。此外，如果 N 是根结点，或者它没有祖父母结点或叔叔结点，会发生什么？显然，我们需要检测到这一点并提供合理的返回值。

鉴于以上原因，编写执行错误检查的辅助程序很有意义。我们可以完全重构代码，并将 TreeNode 重写为类而不是结构，但是我们将保持与前几章的向后兼容性，并将其中的一些辅助例程作为函数而不是类的方法进行说明。以下 C++ 函数巩固了这一点：

```cpp
TreeNode* Parent(TreeNode* N)
{
  return N->parent
}
TreeNode* GrandParent(TreeNode* N)
{
  TreeNode* P = Parent(N);
  if (P == NULL) return NULL;
  else return Parent(P);
}
TreeNode* Uncle(TreeNode* N)
{
  TreeNode* G = GrandParent(N);
  if (G == NULL) return NULL;
  else if (Parent(N) == G->left) return G->right;
  else return G->left;
}
```

为简单起见，如果所请求的家庭成员不存在，实用程序函数将返回 NULL。例如，如果双亲结点不存在，则 Parent 返回 NULL（也可以使用它来标识根结点），如果双亲结点或祖父母结点为 NULL，则 GrandParent 返回 NULL。如果沿该路径的任何引用为 NULL，并且 Uncle 正确地识别出叔叔结点在树中的位置，则返回 NULL。

现在，可以安全地引用对红黑树算法很重要的结点了，我们可能想提供另一个辅助函数来设置和检索给定结点的颜色。记住，我们曾经提到过，将 NULL 的叶结点视为黑色能够简化我们的算法。GetColor 函数将返回给定结点的颜色，如果是 NULL，则返回黑色。如果不是 NULL，则 SetColor 将设置结点的颜色。以下是其 C++ 函数的定义：

```cpp
Color GetColor(TreeNode* N)
{
  if (N == NULL) return BLACK;
  else return N->color;
}
void SetColor(TreeNode* N, Color color)
{
  if (N != NULL) N->color = color;
}
```

这些辅助函数有助于保持红黑树算法清晰，并且便于维护和调试。现在可以很好地实现重新着色算法：

```
void ReColor(TreeNode* N)
{
  if (N == NULL) return;     // 如果 N 为 NULL, 从函数中返回
  TreeNode* P = Parent(N);
  TreeNode* G = GrandParent(N);
  TreeNode* U = Uncle(N);
  if (P == NULL) N->color = BLACK;     // N是根结点
  else if (P != NULL || GetColor(P) != BLACK) {
    if (GetColor(U) == RED) {
      SetColor(P, BLACK);
      SetColor(U, BLACK);
      SetColor(G, RED);
      ReColor(G);
    }
    else
      ReStructure(N);
  }
}
```

从辅助函数定义中很容易派生出重新着色的算法。首先，检查作为 ReColor 的参数提供的结点 N 是否为 NULL。如果是 NULL，则无须执行其他操作，从函数中返回即可。如果 N 是根结点，将其着色为黑色；否则，如果 N 不是根结点或者 N 的双亲结点不是黑色，要么在 N 的叔叔结点为红色时重新着色，要么在 N 的叔叔结点为黑色时重建。用于 ReStructure 的 C ++ 实现依赖于先前对 AVL 树的旋转操作（如 10.1 节中所述）以及在此介绍中说明的辅助例程。我们将其实现留作练习。

将 ReColor 加入 PutItem 的标准二叉查找树实现中是干净和简单的。AVL 实现需要在每次递归调用 Insert 操作之后调用 Balance 函数，与之不同的是，在创建 TreeNode 之后可以很容易地调用 ReColor。注意，我们稍微改变了 Insert 的签名，以便包含对双亲结点的引用，这样就可以用它的正确的双亲结点初始化新的 TreeNode。下面对 Insert 和 PutItem 的扩展突出显示，这是插入过程中维护红黑树的特性所需的唯一更改：

```
void Insert(TreeNode*& tree, TreeNode* parent, ItemType item)
// 将项插入树中
// 后置条件项在树中；二叉查找树特性已保持
{
  if (tree == NULL)
  {   // 找到插入位置
    tree = new TreeNode;
    tree->right = NULL;
    tree->left = NULL;
    tree->parent = parent;
    tree->info = item;
    ReColor(tree);
  }
  else if (item < tree->info)
```

```
        Insert(tree->left, tree, item);      // 插入左子树
    else
        Insert(tree->right, tree, item);     // 插入右子树
}
void TreeType::PutItem(ItemType item)
// 调用递归函数 Insert 将项插入树中
{
    Insert(root, NULL, item);
}
```

在插入项的过程中发生的主要违反红黑树特性的表现是沿着树中的路径有两个连续红色结点。正如已经证明的那样，重新着色和重建的组合可以很容易地解决该问题。然而，通过删除结点，红黑树的黑高度属性就会被破坏。要注意的是，红黑树的黑高度属性要求从根结点到叶结点的每条路径上的黑色结点数必须相同。如果删除了一个黑色结点，则包含该结点的路径上的黑色结点数将更改，从而导致违反了黑高度属性。遗憾的是，对于红黑树的删除要比插入复杂得多。

10.2.3 红黑树总结

红黑树用一棵完全平衡的树（就像 AVL 树）来换一棵维护速度更快的基本平衡的树。在实践中，这种权衡是一个很好的选择。树的平衡并不完美，但是足以保证 $O(\log_2 N)$ 查找性能。因此，现代操作系统中许多编程语言（包括 C++）和内部数据结构的标准库在实现中都使用了红黑树。同样，决定使用 ADT 的一种实现而不是另一种实现，在很大程度上取决于要解决的问题以及数据结构中存储的数据的性质。正如在 AVL 树和红黑树的实现中所看到的，对于标准二叉查找树的接口始终保持不变。这样就允许树 ADT 的客户端轻松地将一个实现替换为另一个实现，而对周围的代码影响很小。一致的接口是软件工程的优秀范例。

10.3 B 树

在关于二叉查找树的章节（第 8 章）和本章的前两节中，重点研究了包含单个数据项（信息）且不超过两个子结点的树。一个结点中是否可能有两个以上的子树和更多的数据项？答案是肯定的。在本节中，将简要概述 B 树 ADT，它是二叉查找树的变体，它最多可以包含 $m \geq 2$ 个子结点和 $k{-}1$ 个数据项，其中 k 是子项数，$k \leq m$。

与 AVL 树和红黑二叉查找树相似，B 树也是自平衡树，它能提供对数时间效率的操作（如查找、插入和删除）。为了确保这种性能，m 阶的 B 树必须遵守以下特性：

（1）每个结点最多只能有 m 个子结点。

（2）每个内部结点至少有 $m/2$ 个子结点。

（3）如果根结点不是叶结点，则其根结点必须至少有 2 个子结点。

（4）具有 k 个子结点的非叶结点必须具有 $k{-}1$ 个数据项（键）。

（5）所有叶结点必须出现在树中的同一层。

如果所有叶结点都出现在同一层并且根结点至少有 2 个子结点（如果根不是叶结点），则二叉查找树可以视为 2 阶 B 树的实例。因为 B 树在每个结点上可能有多个键，并且所有叶结点都必须出现在同

一层，所以它们通常是宽的或浓密的，而不是像二叉查找树那么深。图 10.18 展示了 2 阶 B 树和 5 阶 B 树的例子。与先前的图示树略有不同，这些图显示了树单个结点中存在多个子链接。此外，还显示数据项之间的子链接，以使数据项与其子树中存储的值之间的关系更加清晰。稍后将详细说明这种关系是什么。

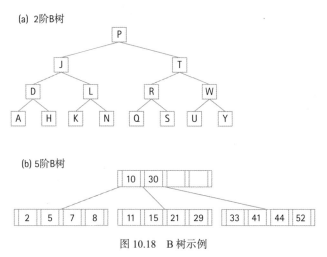

图 10.18　B 树示例

图 10.18（a）给出了 2 阶的 B 树，也称为二叉查找树。因为它满足在本章中介绍的每个特性，所以它是有效的 B 树。每个结点最多具有 2 个子结点，每个内部结点至少具有 2/2 或 0 个子结点，根结点至少具有 2 个子结点，每个具有 2 个子结点的非叶结点都有 1 个数据项，并且所有叶子都出现在同一层。由于这是一个标准的二叉查找树，因此图中不需要链接字段的显式表示。

同样，图 10.18（b）是满足这些特性的 5 阶有效 B 树。它满足特性（1），因为每个结点不超过 5 个子结点。在此示例中，没有任何内部结点，因此可以轻松满足特性（2）。如果确实有内部结点，那么每个结点必须至少有 5/2 个（上限）或 3 个子结点。在此树中唯一的非叶结点是根，它具有 3 个子结点和 2 个键，因此满足特性（4）。最后，所有叶结点都出现在同一层。我们在此处显示了显式链接字段，以明确哪些数据项之间出现了链接。

查找 B 树的方法与标准二叉查找树的方法相同。如图 10.18（a）所示，所有小于给定结点键的数据项或键位于其左子树中，所有大于该结点键的数据项或键位于其右子树中。当然，如果数据项等于正在检查的结点中的键，那么就找到了要查找的元素。

图 10.18（b）中的 5 阶 B 树需要更多的比较检查，因为每个结点从左到右最多可以包含 4 个键，k_1–k_4。特别是，如果要查找的数据项的键为 d，并且在被检查的结点中找不到 d，必须将 d 与 k_1 到 k_{m-1} 的每个键（其中 m 是对于 m 阶 B 树可能拥有的最大子树数）进行比较，以确定我们必须查找哪个子树。如果 $d < k_1$，那么必须查找最左边的子树。同理，如果 $d > k_{m-1}$，则必须查找最右边的子树。否则，对于每一个键 $2 \leqslant i < m$，我们确定是否满足 $k_i < d < k_{i+1}$，并在 k_i 和 k_{i+1} 之间查找子树。例如，如果在图 10.18（b）的 5 阶 B 树中查找键为 21 的元素，将从根结点开始依次比较每个键。在这个示例中，21 > 10，因此要查找的元素不会在其最左边的子树中。但是，10 < 21 < 30，因此将在这两个键之间遍历树。将同样的过程应用到该子树将获得成功，因为 21 是该子树根中的第三个键。

与介绍的其他平衡查找树一样，对树的修改（如插入和删除）需要进行额外的工作才能确保其特性得到维护。这对于 B 树来说并没有什么不同，但是，所涉及的工作比自平衡的二叉查找树稍微复杂一些。这里，提出了一种 B 树插入的高级算法：

InsertBTree(Node N)

在 B 树中查找叶结点，找到应该插入的叶结点 N。

将 N 按升序加到叶结点的适当位置（如有必要可将其他位置移位）。

如果树上有空间，m-1 或更少的键，然后返回。

如果没有空间，则会超过允许的键数量：

将结点分成两个相等的部分和一个中间元素。

将中间元素添加到双亲结点。

从相等的部分创建两个新结点。

使这两个新结点成为双亲结点的子结点。

如果在双亲结点中没有空间，则继续拆分树。

如果到达根结点，但没有空间，将根结点拆分并创建一个新的根结点。

该算法与本章介绍的其他插入算法之间最显著的区别是，当没有足够的空间容纳所需的元素时，可以通过拆分以及将元素重新分配给其他结点来删除和创建新结点。在图 10.19 中，演示了将值 6 插入图 10.18（b）所示的 B 树中。

首先，我们尝试将 6 插入根中，如图 10.19（a）所示。因为 6 小于 10，所以希望将其插入左子树中。左子树中的叶结点已满，因此必须执行拆分以适应插入。将结点拆分为两个相等的部分，如图 10.19（b）所示，创建两个新结点，然后将键从这两个部分复制到适当的结点中，然后删除原始结点。新元素 6 恰好是中间元素，因此将其按升序插入双亲结点中。这要求将现有元素 10 和 30 向右移动，并将 6 放置在第一个槽中。最后，适当调整子指针，以使它们引用新创建的结点。

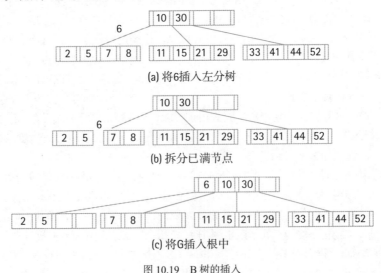

(a) 将6插入左分树

(b) 拆分已满节点

(c) 将G插入根中

图 10.19　B 树的插入

B 树是平衡二叉查找树的变体。与我们研究过的所有 ADT 一样，选择使用 B 树取决于应用程序。尽管所有的树 ADT 都可以从磁盘上保存和还原，但是 B 树恰好非常适合执行此操作。磁盘被设计为比单个值更高效地读写数据块。因为每个 B 树结点可能包含许多元素，所以它非常适合磁盘访问的这种固有特性。

当应用程序必须维护大于可用内存的树时，提高磁盘访问速度就变得非常重要。鉴于此原因，B 树通常用于实现可能存储 TB（兆字节）级数据的数据库系统和文件系统。

实际上，数据库用户很少需要同时操作所有数据。可以将现操作不需使用的数据保存到磁盘，直到需要它们为止。在这样的应用程序中，B 树的阶通常与磁盘输入 / 输出（I / O）块的大小有关，以最大程度地提高硬件效率。

10.4　小结

在本章中，介绍了三种自平衡树 ADT，以确保 $O(log_2N)$ 的查找性能。根据应用程序及其数据的性质，说明了何时以及为何使用这些树。还介绍了 AVL 树，它使用四种旋转操作来维护插入和删除操作树的平衡。这些旋转操作是根据修改后树的结构进行应用的。AVL 树连同其旋转操作，以在插入和删除过程中重建树为代价，提供对数查找性能。

本章还介绍了红黑树，该树在四个 AVL 旋转操作的同时引入了重新着色过程，以减少确保 $O(log_2N)$ 查找性能所需的工作量。尽管重新着色算法并不总是能生成平衡的树，但足以为我们保证查找所需的性能。

最后，还探索了 B 树，它是二叉查找树的变体，每个树最多可以有 m 个子结点。B 树的最大特色是拆分操作，该操作用于确保所有叶结点在树中处于同一层。

10.5　练习

1. 按插入顺序提供具有十个元素的列表，最后生成一个二叉树，这是在插入所有元素后具有 $O(N)$ 查找性能的退化树的示例。说明发生这种情况的原因，并建议另一种可以实现 $O(log_2N)$ 查找性能的插入顺序。绘制这两个结果树。

2. 解释二叉查找树和自平衡二叉查找树之间的区别。

3. 定义与 AVL 树相关的术语：平衡因子。

4. 绘制一个以字母 A~Z 为元素的 AVL 树，用平衡因子标记每个结点。再绘制一个其元素也是 A~Z 的非 AVL 树，用平衡因子标记每个结点，并标记不平衡结点。说明为什么第二个树不是 AVL 树。

5. 绘制二叉查找树，其元素按以下顺序插入：

　　17 11 22 5 13 19 20

　　生成的树是 AVL 树吗？解释其原因。

6. AVL 树 ADT 上支持的哪些操作可能会导致树不平衡？给出在应用这些操作之前和之后的树的示例，并解释为什么它导致树不平衡。

7. 将元素 7 和 8 添加到图 10.2（e）中的平衡 AVL 树中。树依然平衡吗？如果不平衡，请标识不平衡结点以及应该应用哪个旋转操作。重画树，显示出旋转的应用。

8. 将元素 1 和 0 添加到图 10.2（e）中的平衡 AVL 树中。树依然平衡吗？如果不平衡，请标识不平衡结点以及应该应用哪个旋转操作。重画树，显示出旋转的应用。

9. 扩展本章介绍的 AVL 树实现以支持结点删除。特别需要注意的是，修改 TreeType 类的

DeleteItem 方法和辅助函数 Delete（最初在第 8 章中定义），以便在删除结点之后平衡 AVL 树。

10. 本章在介绍 AVL 树的实现时介绍了两种辅助方法：Difference 和 Height，用于计算给定结点的平衡因子。另一种方法是将每个结点的平衡因子存储在结点本身内部，并更新因插入或删除而发生变化的平衡因子。

    a. 这种方法的利弊分别是什么？

    b. 修改 AVL 实现以将平衡因子存储在 TreeNode 中。更改 Difference 辅助函数以支持此方法。

11. 实现 AVL 树的非链接表示（有关非链接树表示的详细信息，请参见第 8 章）。

12. 按照树 T_i 的插入顺序考虑以下元素：

    T_1：50 40 60 30 41 55 67 51 57 63 70 69 74

    T_2：50 40 60 30 41 55 67 51 57 63 70

    T_3：50 40 60 30 45 55 67 25 33 63 70

绘制每棵树并为结点着色，使其成为红黑树。

13. 请考虑以下元素：

    5 10 15 20 25 30 35 40 45 50 55 60

    a. 将元素插入最初为空的 AVL 树中。为每个插入步骤绘制树，并指出应用于平衡树的任何旋转操作。

    b. 将元素插入最初为空的红黑树中。为每个插入步骤绘制树，并指出发生的重新着色和重建。

14. 定义红黑树的黑高度。绘制一棵具有至少 15 个结点的有效红黑树，要求具有适当颜色的结点，并指示其根结点的黑高度。

15. 展示最小的红黑树，以便在插入新结点时违反 10.2 节中介绍的红黑树的特性（4）（如果一个结点被标记为红色，则它的两个子结点必须被标记为黑色）。

    a. 解释为什么插入违反了此红黑树特性。

    b. 描述必须执行哪些操作才能恢复其红黑树特性。

16. 重新实现第 8 章中的二叉查找树实现以包含双亲指针。这将需要更改所有添加、删除或操作结点的方法和函数。

17. 如本章所述，实现红黑树插入。注意，需要在 TreeNode 结构中包含双亲指针和 Color 类，并在实现插入之前实现 ReStructure 函数。

18. 在没有显式双亲指针的情况下，能否实现红黑树？描述一种在没有双亲指针的情况下实现红黑树的替代方法。这样做的代价是什么？

19. 对于以下每个树 ADT，设计一个可能会从该树的结构和特性中受益的示例应用程序。

    a. 二叉搜索树。

    b. AVL 树。

    c. 红黑树。

    d. B 树。

20. 绘制一个阶数为 3 且高度为 3 的 B 树，其中每个结点都是满的。

21. 显示从练习 20 插入树中导致分裂的示例。应用拆分操作后，绘制 B 树。

22. 绘制其中包含最少的元素的阶数为 4 和高度为 3 的 B 树。设计一个通过插入最少数量的元素来应用拆分的示例。

第 11 章

集合、映射和散列

✏️ 知识目标

学习完本章后，你应该能够：

- 在逻辑层描述一个集合。
- 显式和隐式地实现一个集合。
- 在逻辑层描述映射。
- 实现映射。
- 定义如下术语：
    - ◆ 散列。
    - ◆ 线性探测。
    - ◆ 重散列。
    - ◆ 聚类。
    - ◆ 冲突。
- 为应用程序设计并实现适当的散列函数。
- 描述如何通过线性探测、重散列和链来解决冲突。

到目前为止，已经强调了将数据存储到特定关系中的 ADT，以及依赖于它们的访问操作。例如，栈是具有支持 LIFO 访问操作的项的线性排列。链表也是线性的，但它可以在任意点插入和删除。树以亲子关系排列项，并支持三种遍历模式。这些结构中的项可以随机排序。

在本章中，将介绍被统称为关联容器的数据结构。除了在容器中存在或不存在之外，它们之间没有明确关联的项。Set ADT 对称为集合的数学实体进行建模，表示从预定义基类型中抽取的元素的集合。Map ADT 与 Set ADT 类似，但其每个元素都有一个关联值，使其可以作为查找表使用。当我们想在一个容器中查找项时，可以使用传统的查找技术，但是基类型的性质也可以使用一种更快的技术——散列。

11.1 集合

集合与之前所介绍的其他 ADT 的不同之处在于，它们是基于数学对象建模的，这些对象具有一组定义良好的操作。因此，不需要对 ADT 所支持的操作进行集体研讨。

11.1.1 逻辑层

在数学中，集合是一组元素的集合，每个元素本身可以是一个集合或元素。对于 ADT，我们将集合定义为不同值的无序集合，这些值是从称为**组件（基）类型**的原子数据类型或复合数据类型的可能值中选择的。集合中的所有项都是相同的数据类型。

下面三种特殊类型的集合很重要：

- 子集，包含在另一个集合内的集合。
- 全集，包含基类型的所有值的集合。
- 空集，不包含任何值的集合。

我们为 Set ADT 定义了两个转换函数：Store，它将一个项放入集合中；Delete，它将一个项从集合中删除。集合中定义了三个数学运算：并集、交集和差集。**并集**操作对象是两个集合，并创建第三个集合，该集合包含任何一个输入集合中的所有元素。**交集**对象是两个集合，并创建一个只包含两个集合中共同元素的第三个集合。**差集**操作对象是两个集合，并创建第三个集合，其中包含第一个集合中所有不在第二个集合中的项。在集合术语中，集合中的项数称为集合的**基数**。

现在，让我们用几个具体的例子来回顾这些集合操作。SetA 和 SetB 如下：

> SetA = {A, B, D, Q, G, S}
>
> SetB = {A, D, S, P, Z}

SetA ∪ SetB（并集）返回一个集合，其中包含 SetA 和 SetB 中任一项（在本例中为字母）。如果两者中都有一个字母，

组件（基）类型
集合中组件或项的数据类型。

子集
如果 X 的每一项都是 Y 的元素，则集合 X 是集合 Y 的子集；如果 Y 的至少一个元素不在 X 中，则 X 是 Y 的真子集。

全集
包含基类型所有值的集合。

空集
不含任何元素的集合。

并集
二进制集合操作，返回由两个输入集合中的所有项组成的集合。

交集
二进制集合操作，返回由两个输入集合中的所有相同的项组成的集合。

差集
二进制集合操作，返回第一个集合中含有但第二个集合没有的所有项的集合。

基数
集合中的项数。

则集合中只有一个字母。

> ResultSet = {A, B, D, Q, G, S, P, Z}

SetA ∩ SetB（交集）返回包含两个集合中的相同字母的集合。

ResultSet = {A, D, S}

SetA – SetB（差集）返回包含在集合 SetA 中但不包含在集合 SetB 中的所有字母的集合。

ResultSet = {B, Q, G}

注意集合并集和集合交集是可交换的，但集合的差集不允许。也就是说，SetA ∪ SetB 和 SetB ∪ SetA 一样，SetA ∩ SetB 和 SetB ∩ SetA 一样，但是 SetA – SetB 不同于 SetB – SetA。

需要观察者操作来检验集合是空的还是满的，返回基数，并使集合为空。下面是 SetType 的 CRC 卡，它总结了反映数学定义的操作：

类名： SetType	超 类：	子类：
职责：	协作	
MakeEmpty		
IsFull returns Boolean		
CardinalityIs returns integer		
IsEmpty returns Boolean	ItemType	
Store (item)	ItemType	
Delete (item)	ItemType	
Intersection (A, B) returns SetType	ItemType	
Union (A, B) returns SetType	ItemType	
Difference (A, B) returns SetType	ItemType	
Print set members on outFile		

以下是这些职责的规格说明：

集合 ADT 规格说明

结构：插入和删除项，项中没有内在的顺序。

操作：

假设：　　　　　　　　　在对集合操作进行任何调用之前，必须先声明集合并应用构造函数。"=="和"<<"运算符适用于 ItemType 的值。

MakeEmpty

功能：　　　　　　　　　将集合初始化为空集。

后置条件：　　　　　　　集合是空集。

Boolean IsEmpty

集合 ADT 规格说明	
功能：	测试集合是否为空。
后置条件：	函数值 = 集合为空。
Boolean IsFull	
功能：	测试集合是否已满。
后置条件：	函数值 = 集合已满。
int CardinalityIs	
功能：	返回集合中的项数。
后置条件：	函数值 = 集合中的项数。
Store(ItemType newItem)	
功能：	向集合中添加 newItem。
后置条件：	如果"集合已满且 newItem 不存在"，则抛出 FullSet 异常；否则 newItem 只在集合中出现一次。
Delete(ItemType item)	
功能：	从集合中移除一项（如果有）。
后置条件：	该项不在集合中。
SetType Union(SetType A, SetType B)	
功能：	取 A 和 B 的并集。
后置条件：	返回 A 和 B 的并集。
SetType Intersection(SetType A, SetType B)	
功能：	取 A 和 B 的交集。
后置条件：	返回 A 和 B 的交集。
SetType Difference(SetType A, SetType B)	
功能：	取 A 和 B 的差集。
后置条件：	返回 A 和 B 的差集。
Print(ofstream& outFile)	
功能：	输出集合中的项。
后置条件：	在 outFile 文件上输出集合中的项。

注意，数学集合的定义中并未说明该集合已满。但是，要实现集合 ADT，必须考虑这种可能性。Store 和 Delete 实际上是没有必要的。可以创建一个空集和一个仅包含要插入项的集合，然后对两者进行并集以实现 Store。可以创建一个包含要删除项的集合，并对此集合和只具有该删除项的集合进行差集以实现 Delete。但是，使用 Store 和 Delete 可以使处理更加容易。

11.1.2　应用层

集合的一个属性是：将已经存在的项放入集合中并不会改变集合。（你有意识到规格说明上是这么说的吗？）还有，删除不存在的项也不会改变集合。例如，这些属性可用于确定项是否在一段文本中出现。文本中的所有字符都可以放在一个集合中。该过程完成后，该集合仅包含文本中出现的每个项的一个副本。

11.1.3　实现层

集合的实现有两种基本方法：第一种是在集合变量的表示中显式记录基类型（ItemType）中的每个项是否存在；第二种只记录在特定时间位于集合变量中的项。如果某项未列在集合中，则它不在集合中。也就是说，每个项在集合中的存在都被显式记录下来，项的缺失是隐式的。

1. 显式表示

每个集合变量中，基类型中每个项的显式表示称为**位向量**表示。一对一映射用布尔标志匹配基类型（ItemType）中的每个项。如果项在集合变量中，则标志为 true；如果项不在集合变量中，则标志为 false。具有内置数据类型的语言使用此技术，其中布尔标志用位表示，因此称为"位向量"。

> **位向量**
> 将组件类型中的每个项映射为布尔标志的表示方法。

可以对位向量使用基于数组的实现，因为基类型的基数决定了数组的大小。当然，这种技术不适用于无限基类型，甚至相当大的基类型。但是，对于有限的基类型，它将非常有效。例如，如果想实现一个基类型为大写字母的集合类型，可以用一个索引从 0 到 25 的布尔数组表示每个集合实例。位置 0 的标志表示字母 A 的有无，位置 1 的标志表示字母 B 的有无，以此类推。空集是所有 false 值的数组，全集是所有 true 值的数组。构造函数将创建一个数组并将每个位置设置为 false。所有二元运算都可以使用布尔运算符来完成。

这里给出了显式实现的类定义。因为基类型可以是任何类型，所以需要一个函数来将项映射到数组大小内的索引中。把这个映射函数留给集合的用户来完成。

```
#include "map.h"
// 文件 map.h 必须包含 ItemType 的定义和名为 map 的函数
// 如果使用参数化构造函数，则将 ItemType 的项映射为 0~max-1 之间的索引
// 如果使用默认构造函数，则映射为 0~399 之间的索引
class SetType
{
public:
  SetType();                              // 默认构造函数：数组大小为 400
  SetType(int max);                       // 参数化构造函数
  ~SetType();                             // 析构函数
  SetType(const SetType anotherSet);      // 复制构造函数
  void MakeEmpty();
  void Store(ItemType item);
  void Delete(ItemType item);
  bool IsEmpty();
```

```
        bool IsFull();
        int CardinalityIs();
        SetType Union(SetType setB);
        SetType Intersection(SetType setB);
        SetType Difference(SetType setB);
        void Print(std::ofstream& outFile);
private:
        int maxItems; ItemType* items;
};
```

Store(ItemType item)

将 items[map(item)] 设为 true

Delete(ItemType item)

将 items[map(item)] 设为 false

int Cardinality( )

```
将 count 设为 0
for 从 0 到 maxItems - 1 的每个 counter
    if (items[counter])
        count++
return count
```

在以下算法中，self 为 setA：

SetType Union(SetType setB)

```
将 result.maxItems 设为 maxItems
for 从 0 到 maxItems - 1 的每个 counter
    将 result.items[counter] 设为 items[counter] OR setB.items[counter]
return result
```

SetType Intersection(SetType setB)

```
将 result.maxItems 设为 maxItems
for 从 0 到 maxItems - 1 的每个 counter
    将 result.items[counter] 设为 items[counter] AND setB.items[counter]
return result
```

SetType Difference(SetType setB)

```
将 result.maxItems 设为 maxItems
for 从 0 到 maxItems - 1 的每个 counter
    将 result.items[counter] 设为 items[counter] AND NOT setB.items[counter]
return result
```

IsFull 在此实现中没有意义，但是 IsEmpty 和 MakeEmpty 起作用。将其余算法留作练习。

2. 隐式表示

不管集合中有多少个项，位向量实现的集合变量（显式集合表示）都使用相同数量的空间。这个空间与全集的基数成正比。这个事实可以将基类型限制为相对较小的有限集。

实现集合的第二种方法涉及保存集合中项的列表。空集是一个空列表。如果某项存储在集合中，则将该项存储在列表中。隐式集合表示任何时候只需要与集合中项的数量成正比的空间。在这种情况下，极限是个体集的基数，而不是全集的基数。

通过隐式集合表示，我们将集合算法实现为列表算法。在以下定义中使用 ListType，因为目前我们不知道应该使用哪个实现：

```cpp
class SetType                          // 使用 typedef 语句设置 ItemType
{
public:
    SetType();                         // 默认构造函数: 数组大小为 400
    SetType(int max);                  // 参数化构造函数
    ~SetType();                        // 析构函数
    void MakeEmpty();
    void Store(ItemType item);
    void Delete(ItemType item);
    bool IsEmpty();
    bool IsFull();
    int CardinalityIs();
    SetType Union(SetType setB);
    SetType Intersection(SetType setB);
    SetType Difference(SetType setB);
private:
    ListType items;
};
```

SetType 构造函数调用 ListType 构造函数。MakeEmpty、IsEmpty、IsFull 和 CardinalityIs 仅调用相应的列表操作。Store 操作的约束条件表明仅存在一个副本。因此，必须在 Store 之前调用 RetrieveItem 列表操作。如果该项在集合中，则该函数将不执行任何操作而返回。如果该项不在集合中，则调用 InsertItem。Delete 上的约束表示如果项在集合中，则删除该项。再次调用 RetrieveItem，如果该项在集合中，则将其删除；如果该项不在集合中，该函数将返回，不需要执行任何操作。

让我们考虑一下，如何实现 Intersection，这是使用 ListType 的一个二元运算。到目前为止，尚未决定应使用哪个列表。在算法中的是 setA，实际指的是 setA 的项成员，它是一个列表。

回想一下，两个集合的交集是由在两个集合中都存在的项组成的集合。如果手工进行此操作，则一种算法可能是从第一组中取出一个项，然后遍历第二组以查看是否存在该项。如果是，则将该项放入 result 中。对第一组中的每一项重复这个算法。这很容易用列表操作来表示：

SetType Intersection(SetType setB)

```
重置 self (setA)
for 从 1 到 length 的每个 counter
    从 self 中 GetNextItem(item)
    setB.RetrieveItem(item, found)
    if found 为 true
        result.Store(item)
return result
```

该算法的 Big-O 复杂度为 O($N * N$) 或 O($N \log_2 N$)，这取决于 RetrieveItem 的实现方式。在对 ItemType 的假设上稍加思考和稍作改动，就会产生一个复杂度为 O(N) 的算法。假设 ItemType 重载关系运算符 "<"，使我们可以使用有序列表。与其从第一个列表（集合）中查看一个项，并检查它是否在第二个列表中，不如查看每个列表中的第一项。可能会出现三种情况：

（1）来自 setA 的项出现在来自 setB 的项之前。

（2）来自 setB 的项出现在来自 setA 的项之后。

（3）这两项相等。

如果项相等，则其中一个集合中的项进入结果集合，然后从 setA 和 setB 中获得一个新项。如果来自 setA 的项先于来自 setB 的项，我们知道来自 setA 的项不能在结果集合中，因此从 setA 中得到另一个项。如果来自 setB 的项先于来自 setA 的项，我们知道来自 setB 的项不能在结果集合中，因此从 setB 中得到另一个项。

下面是经过修改的算法，基于在容器内对项已排序的假设：

```
SetType Intersection(SetType setB)

    重置 self
    重置 setB
    while NOT (self 为空 OR setB.IsEmpty)
        从 self GetNextItem(itemA)
        setB.GetNextItem(itemB)
        if (itemA < itemB)
            从 self GetNextIem(itemA)
        else if itemB < itemA
            setB.GetNextItem(itemB)
        else
            result.Store(itemA)
            从 self GetNextItem(itemA)
            setB.GetNextItem(itemB)
    return result
```

需要注意的是：集合是无序集合，但是，如果可以将集合中的值与关系运算符 "<" 进行比较，则可以对包含集合的实现结构进行排序，并且可以利用这种排序来产生用于交集操作的 O(N) 算法。在许多情况下，集合中的项确实满足序数属性。

并行向下移动两个有序列表的过程称为归并。这个非常有用的算法可用于在 O(N) 时间内实现其他二元运算。将这些算法的设计留作练习。

这两个实现都留作编程练习。

11.2 映射

集合包含来自基类型的项。对于任何给定的值，它都会记住该值是否在集合中。因此，可以认为基类型中的每个值都有一个表示存在或不存在的关联值。这就是我们显式实现的有效工作方式。

如果允许关联值是任何类型，并且提供了一个检索它的操作，则结果是一个新的 ADT，称为映射。

给定一个基类型值，如果它在映射中存在，就可以检索到相应的值。基类型的值通常称为**键**，对应的值仅称为值。映射中的每个条目都称为**键值对**。

11.2.1　逻辑层

> **键**
> 映射基类型中的值，用于查找其关联值。
>
> **键值对**
> 映射中的一项，由两个值组成：键（从基类型中获取）和关联的值（可通过查找键来检索）。

映射在概念上与集合相似。两者在逻辑上都是无序的，因为它们包含的元素之间没有显式的关系，我们可以使用多种实现结构。然而，正如在集合中所看到的，如果映射中的项支持序数属性，使它们能够进行比较，那么我们可以对其中的某些操作使用更快的算法。因此，将要求 ItemType 同时支持 "=="和 "<"运算符。ItemType 还必须包含两个值：键及其对应的值。

因为我们事先不知道用户指定的键或值的类型，所以查找操作只需要简单地将 ItemType 值作为参数来提供要查找的键，并且它将返回整个匹配项，允许用户能够检索相应的值。如果找不到匹配项，则仅返回 ItemType 参数的值。与其他查找操作一样，将包括一个布尔引用参数 found&，以指示返回值是否有效。

当然，映射不需要支持并集、交集和差集等集合操作，否则，它们的职责是相同的。以下是这些职责的规格说明：

映射 ADT 规格说明

结构：插入和删除 ItemType 类型的项；这些项没有固有的顺序。每个项都有两个组成部分，组成一个键值对。类型必须重载 "＝＝"和 "<"运算符以允许比较项键。

操作：

假设：	在对映射操作进行任何调用之前，必须先声明映射，并已应用构造函数。"＝＝" "<"和 "<<"操作符适用于 ItemType。

MakeEmpty

功能：	将映射初始化为空状态。
后置条件：	映射为空。

Boolean IsEmpty

功能：	测试映射是否为空。
后置条件：	函数值＝映射为空。

Boolean IsFull

功能：	测试映射是否已满。
后置条件：	函数值＝映射已满。

int Size

功能：	返回映射中的项数。
后置条件：	函数值＝映射中的项数。

映射 ADT 规格说明

Store(ItemType newItem)

    功能：   添加 newItem 到映射。

    后置条件：   如果"映射已满，且 newItem 不存在"，则抛出 FullMap 异常；否则 newItem 仅在映射中出现一次。

Delete(ItemType item)

    功能：   从映射中删除项（如果项已存在）。

    后置条件：   该 item 不在映射中。

ItemType Find(ItemType item, Boolean& found)

    功能：   返回映射中的项，该项的键值与 item 中的键匹配（如果它在映射中）。

    前置条件：   项已初始化。

    后置条件：   如果存在一个与 item 的键相匹配的 someItem 元素，则 found = true 并返回 someItem 的副本；否则，found = false 并返回 item。

Print(ofstream& outFile)

    功能：   输出映射的项。

    后置条件：   在 outFile 文件上输出映射的项。

像集合一样，从概念上讲，映射永远都不会满。但是要实施 Map ADT，我们必须考虑这种可能性。

11.2.2 应用层

与集合一样，在映射中放入已经存在的项不会更改映射。同样，删除不存在的项，映射也会保持不变。当应用程序需要使用一个值来查找另一个值，但该键值无法轻松地转换为数组索引时，映射就很有用。举个例子，一个电话号码簿，其中的键是姓名，值是数字，或者在给定油漆片名称的情况下，查找油漆颜料混合配方。我们甚至可以使用映射作为显式实现集合的映射函数，其中集合项是键，值提供数组索引。

11.2.3 实现层

由于映射中的项是无序的，因此可以在许多可能的实现结构中自由选择。由于内部布局并不重要，接下来介绍最常使用的映射操作，然后寻找它们最有效的 ADT 实现。映射上最常见的操作是 Store 和Find。通常，映射是在应用程序执行的早期就构建的，然后广泛用作查找函数。因此，对于实现而言，需要一个可以快速搜索的 ADT。这听起来很像二叉查找树，这确实是实现映射的一种自然方法。这里给出 MapType 的类定义：

```
class MapType
{
```

```
public:
  MapType();                              // 默认构造函数
  ~MapType();                             // 析构函数
  MapType(const MapType anotherMap);      // 复制构造函数
  void MakeEmpty();
  void Store(ItemType item);
  void Delete(ItemType item);
  bool IsEmpty();
  bool IsFull();
  ItemType Find(ItemType item, bool found&);
  void Print(std::ofstream& outFile);
private:
  TreeType items;
};
```

MapType 的默认构造函数可以简单地调用相应的 TreeType 构造函数，也可以调用复制构造函数和析构函数。MakeEmpty、IsEmpty、IsFull 和 Print 可以调用 TreeType 中的相应函数。Find 将调用 TreeType 中的 GetItem，Delete 将调用 TreeType 中的 DeleteItem。唯一需要的新算法是 Store。回想一下，TreeType 与 MapType 一样，不允许存在重复的项，但它依赖于客户端代码，在调用 PutItem 之前，它先要用客户端代码来检查树中是否已存在某个项。以下是 Store 的算法：

Store(ItemType item)

```
ItemType someItem
bool found
将 someItem 设为 GetItem，给定一个项并查找
If 没有找到
    items.PutItem(item)
```

这些算法很简单，因此将其实现留作练习。对 MapType 的定义与其他 ADT 实现方法是一致的，这使得使用现有的二叉查找树实现它变得很容易。

也可以采取其他的方法。例如，我们可以不返回原始值，将 find 作为一个 void 函数，并将 item 作为一个引用参数。用户需要负责在调用之前将 item 的 value 成员设置为某个空值，我们要么返回对应的值，要么在没有找到键的情况下保持不变。或者，我们可以通过使函数返回一个 bool 值来指示是否找到了键，从而消除了对空值的要求。

我们还可以采取其他方法。例如，C++ STL 采用了另一种方法，它提供了一种重载数组访问和赋值操作符（[ ] 和 =）的映射类型，因此可以将映射视为一个按键值建立索引的数组。尽管这非常方便，但是深入地研究 STL 实现可以发现它有多层复杂的抽象，包括对通用容器的支持，这些容器使用称为迭代器的对象访问它们。仅解释 STL 容器如何工作可能要占用一章的大部分篇幅，而展示如何实现它们则需要一章的篇幅来介绍。

在实现容器类时面临的挑战是：当我们查找某个项时，如何处理它不在容器中的情况。在这种情况下，查找应该怎么做？ STL 将一个额外的项附加到每个容器，并使用它的迭代器对象进行对容器的

所有访问。查找将返回一个迭代器对象，该对象指向容器中的匹配项。如果查找失败，则迭代器指向额外的项。然后，客户端代码可以在访问迭代器指向的项之前检查迭代器的值。这样，就不会有异常，也不会有辅助参数 found。

STL 方法的优点在于：当容器以确保查找始终成功的方式使用时，可以非常简单地编写客户端代码。缺点是容器的实现更为复杂，需要用户了解这种方法的细微之处。

11.3 散列

到目前为止，通过将列表中的项按照键值排序，已经成功地将 O(N) 查找缩减为 O($\log_2 N$) 复杂度。还可以做得更好吗？是否可以设计 O(1) 的查找？也就是说，无论元素在列表中的哪个位置，查找时间都是常数。

从理论上讲，这个目标不是不可能。来看一个例子：现有一个相当小的公司的员工名单列表。假设该公司有 100 名员工，每个员工都有一个 0~99 的 ID，我们需要通过 idNum 键访问员工记录。如果将元素存储在索引范围为 0 ~ 99 的数组中，则可以通过数组索引直接访问任何员工的记录。元素键与数组索引之间存在一一对应的关系，实际上数组索引是作为每个元素的键。

然而，事实上，键值和元素位置之间的这种完美关系并不容易创建或维护。考虑一个类似的小型公司，有 100 名员工，该公司使用其员工的五位 ID 作为主键，那么键值的范围为 00000~99999。显然，设置一个包含 10 万个元素的数组是不切实际的，但实际上只需要 100 个位置，太浪费了，因此我们只需要确保每个员工对应的键完全唯一和键值的位置可预测。

如果我们将数组的大小按实际需要的大小（一个包含 100 个元素的数组），并仅使用键的最后两位数字来标识员工，会怎么样呢？例如，员工 53374 的元素在 employeeList.info [74] 中，员工 81235 的元素在 employeeList.info [35] 中。注意，元素没有像前面的介绍中那样根据键的值进行排序；在数组中，员工 81235 的记录的位置在员工 53374 的前面，尽管它的键值较大。相反，元素是按照键值的某些函数进行排序的。

> **散列函数**
> 用于操作列表中元素的键以标识其在列表中的位置的函数。
>
> **散列**
> 用于在相对恒定的时间内对列表中的元素进行排序和访问的技术，通过操作键来确定其在列表中的位置。

该函数称为**散列函数**（又称杂凑函数或哈希函数），而使用的搜索技术称为**散列**（又称杂凑或哈希）。对于员工列表，散列函数为 (key % 100)，键（idNum）除以 100，余数用作员工元素数组的索引，如图 11.1 所示。该函数假定数组的索引范围为 0~99（MAX_ITEMS = 100）。将键值转换为索引的函数非常简单：

```
int ItemType::Hash() const
// 后置条件: 返回一个介于 0 和 MAX_ITEMS-1 的整数
{
  return (idNum % MAX_ITEMS);
}
```

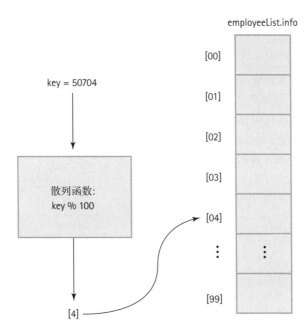

图 11.1　使用散列函数确定元素在数组中的位置

在这里，假设 Hash 是 ItemType（即列表中元素的类型）的成员函数，并且 idNum 是 ItemType 的数据成员。

该散列函数有两个用途。首先，它被用作访问列表元素的方法。散列函数的结果告诉我们在哪里可以找到特定的元素，我们需要检索、修改或删除该元素的信息。例如，下面是函数 RetrieveItem 的简单版本，它假定元素存在于列表中：

```
template<class ItemType>
void ListType<ItemType>::RetrieveItem(ItemType& item)
// 后置条件: 返回数组中 item.Hash() 位置的元素
{
  int location;
  location = item.Hash();
  item = info[location];
}
```

其次，散列函数确定数组中存储元素的位置。如果使用第 4 章的插入操作将员工列表元素插入序列数组槽中，或者插入由键值决定其相对顺序的槽中，则不能使用散列函数检索它们。必须创建一个插入操作的版本，该版本根据散列函数将每个新元素放入正确的数组槽中。以下是 InsertItem 的简单版本，它假设散列函数返回的索引处的数组槽没有被使用：

```
template<class ItemType>
void ListType<ItemType>::InsertItem(ItemType item)
// 后置条件: item 存储在数组中的 item.Hash() 位置
{
```

```
    int location;
    location = item.Hash(); info[location] = item; length++;
}
```

图 11.2（a）给出了使用 InsertItem 添加键值（唯一 ID）12704、31300、49001、52202 和 65606 的员工记录的数组。请注意，此函数不会按顺序填充数组位置。因为我们尚未插入其键会产生散列值 3 和 5 的元素，所以数组插槽 [3] 和 [5] 在逻辑上为空。此技术不同于第 4 章中创建有序列表的方法。在图 11.2（b）中，使用第 4 章中的 InsertItem 操作将相同的员工记录插入有序列表中。注意，除非散列函数用于确定插入元素的位置，否则散列函数对于查找元素是无用的。

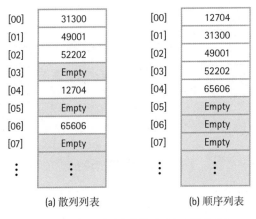

图 11.2　比较相同元素的散列列表和顺序列表

11.3.1　冲突

现在，你可能会对这种方法产生质疑，理由是它不能保证唯一的散列位置。例如，ID 01234 和 ID 91234 都"散列"到同一位置：list.info [34]。避免这些**冲突**（或称**碰撞**）的问题是设计好的散列函数的最大挑战。好的散列函数通过将元素均匀分布在整个数组中来尽量减少冲突。之所以说"尽量减少冲突"，是因为完全避免它们是极其困难的。

假设有冲突发生，那么将引起这些冲突的元素存储在哪里？后面会简单介绍几种较受欢迎的处理冲突的算法。注意，用于查找存储元素的位置的方案确定了随后用于检索元素的方法。

1. 线性探测

解决冲突的一种简单方法是将冲突元素存储在下一个可用空间中。这种技术称为**线性探测**。在

> **冲突（碰撞）**
> 当两个或多个键产生相同的散列位置时产生的状况。
>
> **线性探测**
> 通过从散列函数返回的位置开始按顺序查找散列列表来解决散列冲突。

图 11.3 所示的情况下，想要添加员工元素，其键 ID 为 77003。散列函数返回 3。但是已经在此数组槽中存储了一个元素，即员工 50003。将 location 增加到 4，然后检查下一个数组槽。list.info [4] 已经占用，因此再次增加 location。这次找到一个空槽，因此将新元素存储到 list.info[5] 中。

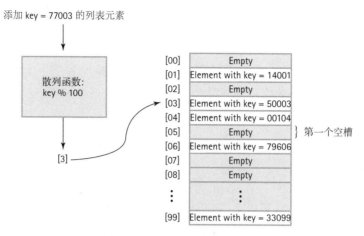

图 11.3 利用线性探测处理冲突

如果检索到散列表中的最后一个索引,并且该空间已被占用,怎么办呢?我们可以将散列表视为一个循环结构,并继续从头开始处寻找空槽。这种情况类似于我们在第 5 章中开发的基于循环数组的队列。在那里我们在增加索引时使用了"%"运算符。我们可以在这里使用类似的逻辑。

如何知道散列表的槽是否为"空"?可以初始化数组槽以包含一个特殊的 emptyItem 值。这个值(类构造函数的参数)在语法上必须合法,但在语义上是非法的。例如,如果所有员工都具有非负整数 idNum 键,则可以将 –1 用作"空"槽的键值。现在可以很容易地判断出槽是否为空:仅需要将相应位置的值与 emptyItem 进行比较。

以下版本的 InsertItem 使用线性探测来查找存储新元素的位置。它假定该数组有空间容纳另一个元素。也就是说,客户端在调用函数之前检查 IsFull。(保留了 ListType 的 length 成员。即使它不再告诉我们在哪里可以找到列表的末尾,但它在确定列表是否已满时仍然很有用。)

```cpp
template<class ItemType>
void ListType<ItemType>::InsertItem(ItemType item)
// 后置条件: item 存储在数组中的 item.Hash() 位置或下一个空位置
{

  int location;

  location = item.Hash();
  while (info[location] != emptyItem)
    location = (location + 1) % MAX_ITEMS;
  info[location] = item;
  length++;
}
```

使用这种冲突处理技术查找元素,对键执行散列函数,然后将所需键与指定位置元素中的实际键进行比较。如果键不匹配,则从数组的下一个槽开始使用线性探测。下面是使用此方法的 RetrieveItem 函数的版本。如果在列表中未找到该元素,则输出参数 found 为 false,并且 item 未定义:

```
template<class ItemType>
void ListType<ItemType>::RetrieveItem(ItemType& item, bool& found)
{
  int location;
  int startLoc;
  bool moreToSearch = true;

  startLoc = item.Hash();
  location = startLoc;
  do
  {
    if (info[location] == item || info[location] == emptyItem)
      moreToSearch = false;
    else
      location = (location + 1) % MAX_ITEMS;
  } while (location != startLoc && moreToSearch);
  found = (info[location] == item);
  if (found)
    item = info[location];
}
```

到目前为止，我们已经介绍了散列表中元素的插入和检索，但是还没有提到如何从散列表中删除元素。如果不考虑冲突，那么删除算法将很简单。

Delete

将 `location` 设为 `item.Hash()`
将 `info[location]` 设为 `emptyItem`

然而，冲突会使问题复杂化。可以使用与 RetrieveItem 相同的查找方法来查找元素。但是，当在散列表中找到该元素时，我们不能仅将其替换为 emptyItem，对 RetrieveItem 的回顾显示了此问题。在循环中，如果检测到空槽将结束查找。如果 DeleteItem "清空"已删除元素所占用的槽，我们可能会提前终止后续的查找操作。

让我们来看一个例子。在图 11.4 中，假设通过将数组槽 [5] 设置为 emptyItem 来删除键为 77003 的元素。接下来对键为 42504 元素的查找操作将从散列位置 [4] 开始。此槽中的记录不是要查找的记录，因此将散列值继续增加到 [5]。这个槽以前存放的是已被删除的项，现在是空的（emptyItem），因此终止查找。但是，还没有真正完成查找——要查找的记录就在下一个槽位中。

解决此问题的一种方法是创建第三个常量值 deletedItem，以在已删除的记录所占用的槽中使用。如果某个槽包含 deletedItem，则表示该槽当前是空闲的，但之前被占用过。

进行此更改后，必须同时修改插入和检索操作，以正确地处理槽。插入算法以相同的方式处理具有 deletedItem 和 emptyItem 的槽，对新元素的可用槽的查找结束。在这种情况下，emptyItem 会导致在 RetrieveItem 函数中的查找停止，但 deleteItem 不会。

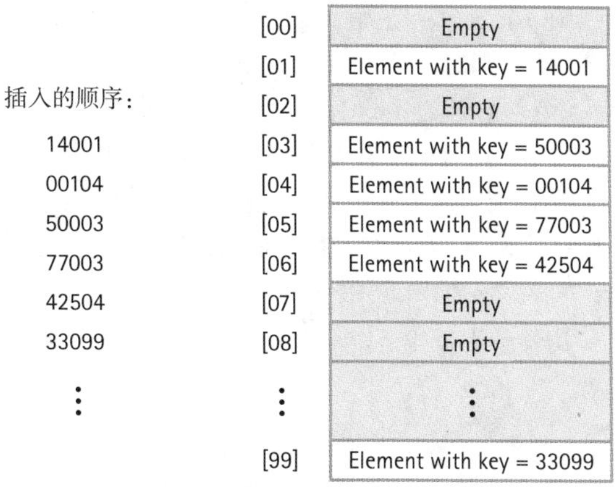

[00]	Empty
[01]	Element with key = 14001
[02]	Empty
[03]	Element with key = 50003
[04]	Element with key = 00104
[05]	Element with key = 77003
[06]	Element with key = 42504
[07]	Empty
[08]	Empty
⋮	⋮
[99]	Element with key = 33099

插入的顺序：

14001
00104
50003
77003
42504
33099
⋮

图 11.4 基于线性探测的散列程序

此解决方案可以纠正查找问题，但会造成另一个困境：多次删除后，一个记录的查找路径可能会经过多个带有 deletedItem 的数组槽。这种漫游可能导致检索元素的效率下降。这些问题说明，目前所研究的形式中，散列表并不是实现其元素可能被删除的列表的最有效的数据结构。

2. 聚类

线性探测的一个问题是它导致一种称为**聚类**的情况。良好的散列函数可在整个数组的索引范围内产生均匀分布的索引。因此，一开始，记录被插入整个数组中，每个槽被填充的可能性相同。随着时间的推移，在解决了许多冲突之后，数组中记录的分布变得越来越不均匀。当多个键开始争夺单个散列位置时，记录倾向于聚集在一起。

仔细观察图 11.4 中的散列表，只有其键产生散列值 8 的记录才到会插入数组槽 [8] 中。但是，任何带有产生散列值 3、4、5、6 或 7 的键的记录都有可能插入数组槽 [7] 中。也就是说，数组槽 [7] 被填充的可能性是数组槽 [8] 的 5 倍。聚类导致插入和检索操作的效率不一致。

3. 重散列

此处介绍的线性探测技术是通过**重散列**法解决冲突的一个示例。如果散列函数产生冲突，则散列值将用作 rehash 函数的输入，以计算新的散列值。前面我们在散列值中增加了 1 来创建一个新的散列值，即使用了 rehash 函数：

> **聚类**
> 许多元素围绕一个散列位置进行分组造成元素在散列表中不均匀分布的趋势。
>
> **重散列**
> 通过操作原始位置而非元素键的散列函数计算新的散列位置来解决冲突。

```
(HashValue + 1) % 100
```

要使用线性探测进行重散列，你可以使用以下任何函数：

```
(HashValue + constant) % array-size
```

只要常数和数组大小是互质的，即两者相同的公因子最大数为 1。例如，给定图 11.3 中的 100 个槽的数组，可以在 rehash 函数中使用常数 3：

```
(HashValue + 3) % 100
```

虽然 100 不是质数，但 3 和 100 是相对质数，它们没有大于 1 的公因子。

假设想在图 11.3 所示的散列表中添加一个键为 14001 的记录。原始散列函数 "key % 100" 返回散列值 1，但此数组槽已被占用，它包含键为 44001 的记录。为了确定下一个要尝试的数组槽，我们使用第一个散列函数的结果作为输入来应用 rehash 函数：$(1 + 3) \% 100 = 4$。索引 [4] 处的数组槽也正在使用，因此重新应用重散列函数，直到找到可用的槽。每次，我们都将使用上一次重散列计算的值作为重散列函数的输入。第二次重散列 $(4 + 3) \% 100 = 7$，该槽也被占用；第三次重散列 $(7 + 3) \% 100 = 10$，索引 [10] 处的数组槽为空，因此将新元素插入此处。

要理解为什么常数和数组槽数必须是相对质数，必须考虑 rehash 函数：

```
(HashValue + 2) % 100
```

我们想要将键为 14001 的记录添加到图 11.5 中所示的散列表中。原始散列函数 key % 100 返回散列值 1，此数组槽已被占用。通过应用上面的 rehash 函数来解决冲突，检查连续的奇数索引，直到找到可用的槽为止。如果所有具有奇数索引的槽都已使用，怎么办呢？查找将失败——尽管散列表中包含了偶数索引的空闲槽。这种 rehash 函数不覆盖数组的全部索引范围。但是，如果常数和数组槽数是互质的（如 3 和 100），则该函数会执行连续的重散列，最终覆盖数组中的每个索引。

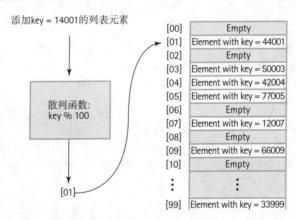

图 11.5　利用重散列处理冲突

使用线性探测的重散列函数不能消除聚类（尽管聚类在图形中并不总是可见的）。例如，在图 11.5 中，任何具有产生散列值 1、4、7 或 10 的键的记录都有可能插入索引为 [10] 的槽中。

二次探测

通过使用重散列公式 $(HashValue \pm I^2) \%$ array-size 解决散列冲突，其中 I 是已应用重散列函数的次数。

在线性探测中，第二种消除散列冲突的方法是在 rehash 函数应用中添加一个常数（通常是 1）。这种方法称为**二次探测**，使重散列的结果取决于重散列函数执行的次数。在第 *I* 次重散列中，该函数是：

```
(HashValue ± I²) % array-size
```

第一次重散列将 HashValue 加 1，第二次重散列将 HashValue 减 1，第三次重散列加 4，第四次减 4，以此类推。二次探测减少了聚类，但并不一定会检查数组中的每一个槽。例如，如果 array-size 是 2 的幂（如 512 或 1024），则会检查相对较少的数组槽。但是，如果 array-size 是 "4 * some-integer + 3" 的质数，则二次探测会检查数组中的每个槽。

第三种方法使用伪随机数生成器来确定每个重散列函数应用中 HashValue 的增量。**随机探测**是消除聚类的一种极好的技术，但是它比我们已经介绍的其他技术要慢。

4. 桶和链

处理冲突的另一种方法是允许多个元素键散列到同一位置。一种解决方案是让每个计算出的散列位置包含多个元素的槽，而不仅仅是一个元素。这些多元素位置中的每一个都称为**桶**。图 11.6 显示了一个带有桶的散列表，每个桶可以容纳三个元素。使用这种方法，可以在一定程度上允许冲突在同一散列位置中产生重复的条目。当桶装满时，必须再次处理冲突问题。

添加key = 77003的列表元素

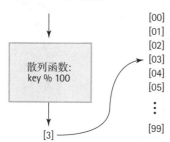

	Empty	Empty	Empty
[00]	Empty	Empty	Empty
[01]	Element with key = 14001	Element with key = 72101	Empty
[02]	Empty	Empty	Empty
[03]	Element with key = 50003	Add new element here	Empty
[04]	Element with key = 00104	Element with key = 30504	Element with key = 56004
[05]	Empty	Empty	Empty
⋮	⋮	⋮	⋮
[99]	Element with key = 56399	Element with key = 32199	Empty

图 11.6　用桶处理冲突

避免此问题的另一种解决方案是，不将散列值用作元素的实际位置，而是用作指针数组的索引。每个指针访问共享相同散列位置的元素**链**。图 11.7 介绍了这种解决冲突问题的方法。我们允许两个元素共享散列位置 [3]，而不是重散列。该位置的数组项包含一个指向包含两个元素的链表的指针。

> **随机探测**
> 通过在 rehash 函数的连续应用程序中生成伪随机散列值来解决散列冲突。
> **桶**
> 容纳与特定散列位置关联的元素的位置。
> **链**
> 共享相同散列位置的元素的链表。

添加key = 77003的列表元素

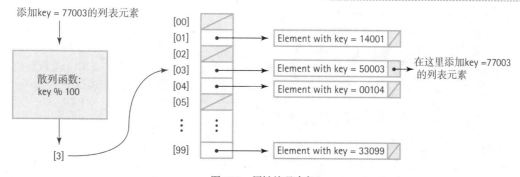

图 11.7　用链处理冲突

为了查找给定的元素，首先将散列函数应用到键中，然后在链中查找该元素。查找并不消除，但仅限于实际共享一个散列位置的元素。相比之下，在线性探测中，如果散列位置后面的槽中填充了其他散列位置上的冲突元素，则可能需要查找许多其他额外的元素。

图 11.8 比较了线性探测和链方法，这些元素的添加顺序如下：

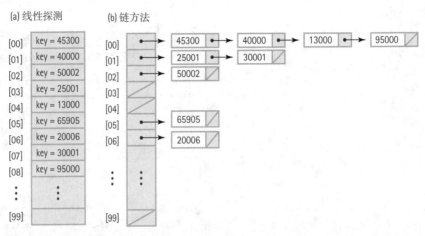

```
45300
20006
50002
40000
25001
13000
65905
30001
95000
```

图 11.8   线性探测和链方法的比较

图 11.8（a）描述了处理冲突的线性探测方法，而图 11.8（b）显示了用链处理冲突元素的结果。下面查找键为 30001 的元素。

使用线性探测，应用散列函数来获取索引 [1]。由于 list.info [1] 不包含键为 30001 的元素，因此我们顺序查找，直到在 list.info [7] 中找到该元素。

使用链方法，应用散列函数来获取索引 [1]。在这里，list.info [1] 将我们定向到其键散列为 1 的元素链。搜索此链表，直到找到具有所需键的元素。

链表的另一个优点是，它简化了从散列表中删除记录的过程。我们应用散列函数来获取数组槽的索引，该索引包含指向相应链的指针。然后可以使用第 6 章中的链表算法从该链中删除该结点。

11.3.2   选择一个好的散列函数

减少冲突的一种方法是使用一个数据结构，该结构的空间要比元素数量实际需要的空间大，从而增加散列函数的范围。在实践中，最好让数组的大小略大于所需的元素数量，从而减少冲突的次数。

数组大小的选择涉及时间和空间的权衡。散列位置的范围越大，两个键散列到同一位置的可能性就越小。但是，分配包含大量空槽的数组会浪费空间。

更重要的是，你可以自己设计散列函数来尽量减少冲突。在整个数组中尽可能均匀地分布元素。因此，你希望散列函数尽可能多地生成唯一值。一旦允许发生冲突，就必须引入某种类型的查找，通过数组或链进行查找，或者通过重散列进行查找。对每个元素的访问不再是直接的，查找也不再是 $O(1)$。事实上，如果冲突造成非常不成比例的链，则最坏的情况可能是 $O(N)$！。[①]

为了避免这种情况，需要了解键的统计分布。假设一家公司的员工记录是根据六位数的 ID 进行排序的。公司有 500 名员工，我们决定用链方法来处理冲突。我们设置了 100 个链（期望每个链平均包含 5 个元素）并使用以下散列函数：

```
idNum % 100
```

也就是说，使用六位 ID 的最后两位作为索引。计划的散列方法如图 11.9（a）所示。图 11.9（b）显示了实施散列方法时发生的情况。元素的分布怎么会如此不均衡呢？公司的 ID 是由三个字段组成的：

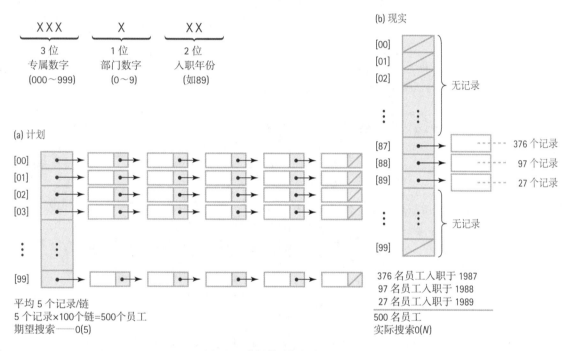

图 11.9　使用散列方法处理员工记录

散列方法完全依赖于产生散列值的年份。因为该公司成立于 1987 年，所有元素不成比例地集中在散列位置的一小块地方。在这种情况下，对员工元素的搜索为 $O(N)$。尽管这是一个夸大的示例，但它说明了需要尽可能完全地理解散列方法中键的域和预测值。

1. 除法

最常见的散列函数使用除法（%）计算散列值。在前面的示例中使用了这种类型的函数。一般函数是：

```
key % TableSize
```

我们已经提到过使数组列表的元素数略大于所需元素数的想法，以增加散列的范围。此外，当数组列表大小为质数时，使用除法可以产生更好的结果。

[①] 这里的 "!" 是 $O(N)$ 的 "感叹号"，而不是 $O(N)$ 阶乘，因为以前有一位学生在测验中答错时曾抱怨过此处有歧义。

除法散列函数的优点是简单。但是，有时必须使用更复杂的（甚至是奇特的）散列函数来获得散列值的良好分布。

2. 其他散列方法

如果元素的键是字符串而不是整数，如何使用散列？一种方法是使用字符串字符的内部表示来创建可以用作索引的数字。（回想一下，每个 ASCII 字符在内存中均以 0~127 的整数表示。）例如，以下简单的散列函数采用一个由五个元素组成的 char 数组，并产生一个介于 0 到 MAX_ITEMS−1 范围内的散列值：

```
int Hash(char letters[])
后置条件: 返回一个介于 0 ~ MAX_ITEMS - 1 的散列值
{
  int sum = 0;
  for (int index = 0; index < 5; index++)
    sum = sum + int(letters[index]);
  return sum % MAX_ITEMS;
}
```

一种称为**折叠**的散列方法是将键分为若干部分，然后对某些部分进行连接或进行异或运算（XOR）来形成散列值。另一种方法是对键求平方，然后将键的某些数字（或位）用作散列值。还有许多其他技术，所有这些技术旨在使散列位置尽可能唯一且随机（在允许范围内）。

> **折叠法**
> 一种折叠方法，可将键分为几部分，然后对某些部分进行连接或异或运算以形成散列值。

让我们看一个折叠法的例子。假设要设计一个散列函数，它的索引在 0~255 之间，并且 int 型键的内部表示形式是一个 32 位的字符串。我们知道，它需要 8 位来表示 256 个索引值（$2^8 = 256$）。创建散列函数的折叠算法可能会执行以下所有操作：

（1）将键分为四个字符串（每个 8 位）。

（2）第一个和最后一个字符串进行异或运算。

（3）中间两个字符串进行异或运算。

（4）对步骤（2）和步骤（3）的结果进行异或运算，以生成 8 位索引到数组中。

用键 618403 说明此方案。该键的二进制表示为 00000000000010010110111110100011。

我们将此位字符串分成四个 8 位的字符串：

```
00000000( 最左边的 8 位 )
00001001( 接下来的 8 位 )
01101111( 接下来的 8 位 )
10100011( 最右边的 8 位 )
```

下一步是对第一个和最后一个字符串进行异或运算。如果两位相同，则两位的异或为 0；如果不同，则为 1。对于异或（表示为 XOR）位字符串，将此规则应用于连续的位对：

$$
\begin{array}{r}
00000000 \\
(\text{XOR})\ 10100011 \\
\hline
10100011
\end{array}
$$

接下来，对中间两个字符串进行异或运算：

$$00001001$$
$$\text{(XOR) } 01101111$$

$$01100110$$

最后，对前面两个步骤的结果进行异或运算：

$$10100011$$
$$\text{(XOR) } 01100110$$

$$11000101$$

此二进制数对应十进制数 197，因此键 618403 散列到索引 197 中。将散列函数的实现留作练习。

键和索引之间的关系在直观上并不明显，但是生成的索引可能会在可能值的范围内均匀分布。

使用特殊散列函数时，应牢记两个注意事项。首先，应该考虑函数的计算效率。即使散列函数始终产生唯一的值，但如果计算散列值所花的时间比查找一半的列表所花费的时间长，那么这也不是一个好的散列函数。其次，应该考虑程序员的时间。如果可能的键值域在以后的修改中发生了变化，那么以某种方式为所有已知键值生成唯一的散列值的特殊函数可能会失败。因此，需要修改程序的程序员可能会浪费大量的时间来寻找其他有效的散列函数。

当然，如果提前知道所有可能的键，则可以确定一个好的散列函数。例如，如果你需要一个元素列表，其中的键是计算机语言中的保留字，那么可以找到一个散列函数，该函数则将每个保留字散列到一个唯一的位置。通常，要找到一个好的散列函数需要大量的工作。而且它的计算复杂度非常高，可能相当于执行二分查找所需的工作量。

11.3.3　复杂度

在本章对散列的介绍中，试图找到插入和删除具有 $O(1)$ 的复杂度的列表的实现。如果散列函数从不产生重复项，或者如果数组大小与列表中的预期项数相比非常大，那么我们已经达到了目标。然而，通常情况并非如此。显然，当元素数量接近数组大小时，算法的效率会下降。对散列的复杂度的精确分析超出了本书的范围。非正式地说，数组相对于期望的元素数越大，算法的效率就越高。

我们可以使用散列来实现支持快速查找的容器 ADT。每当 ItemType 具有适合散列的特性时，这种数据结构将是实现集合和映射的最佳选择。例如，如果要使用一个集合来表示当前在书架上的书或根据其调用编号从图书馆中借出的书，则很可能为该键开发一个近乎完美的散列函数。另一方面，如果要使用映射来表示一家拥有数千名员工的公司的电话号码簿，则名称字符串作为键的特性可能会创建如此复杂的散列函数，这时使用二叉查找树更加有效。

前面的介绍是我们一直说的另一个例子。我们设计一个 ADT 来服务于客户端，并且尽可能地使设计独立于实现。然后，对于给定的应用程序，我们可以在多个实现方法中进行选择，以满足特定的目标，比如效率。

11.4　小结

在本章中，介绍了两个关联的容器 ADT，即集合和映射。使用映射，可以将任何信息与键值相关联。而该集合是可能的最简单关联，仅指示键是否存在。集合对于检查列表等应用很有用，而映射在需要查找函数的情况下效果更好。

我们已经看到了如何用列表实现集合，以及如何用二叉查找树实现映射。但是，有许多可能的实现，而这些实现的选择取决于一些因素，如泛型集合的大小或键的类型，以及我们希望使用的可能值的数量。

例如，使用 Set ADT，有两种可能实现方法：显式的，其中基类型的每个项都与存储在数组中的布尔标志相关联；隐式的，即集合中的项保存在列表中。当泛型集合很小，并且含很多泛型集合时，显式方法是适用的。相反，如果泛型集合很大，或者集合可能只包含泛型集合中的几个元素，则隐式方法是一个更好的选择。

此外，介绍了散列方法是如何替代传统查找方法的。如果可以将查找键映射到数组中的一个位置，这样就可以避免冲突，那么散列将使我们能够平均在恒定时间内找到该键。运用散列的挑战是找到合适的映射函数。如果函数开销太大，则会违背散列的目的。例如，使用构建在二叉查找树的映射 ADT 之上的散列函数进行查找，其速度不会比直接使用树更快。另一方面，快速散列方法可以替代映射实现。

除非足够幸运地找到了一个好的散列函数，否则散列将遇到冲突。我们看到，这些问题可以通过线性探测、重散列或使用链表数组来解决。也可以通过增加数组的大小来减少冲突，这样就有更多的地方需要散列，但是这样做会浪费空间。学习完本章后，你应该更加了解即使是基于键查找值的简单的 ADTs，也可以有许多不同的实现。

11.5　练习

1. 区分集合的隐式表示和显式表示。
2. 完成对集合显式表示的算法设计。
3. 完成对集合隐式表示的算法设计。
4. 集合的显式表示使用位向量。（正确或错误）
5. 集合的隐式表示使用列表 ADT。（正确或错误）
6. 使用显式表示的集合操作使用布尔运算。（正确或错误）
7. 集合的显式表示使用列表 ADT。（正确或错误）
8. 对于 SortedList 和 UnsortedList，隐式表示二元运算的 Big-O 复杂度是相同的。（正确或错误）
9. 如本章所述，使用二叉查找树实现 Map ADT。
10. 为什么定义 Map ADT 时不允许出现重复的键值？
11. 找到项时，映射 ADT 返回什么？
12. 对于 Map ADT，ItemType 包含一个键和一个值。在映射上执行 Find 操作时，传递给它一个 ItemType 对象，该对象的 value 字段应包含什么？
13. 在映射上执行 Find 操作时，如果找到该项，则返回的 ItemType 对象中的键与传递给该函数的键相同。（正确或错误）
14. 在映射上执行 Find 操作时，如果不存在该项，则返回的 ItemType 对象中的值与传递给该函数的值相同。（正确或错误）
15. 如何判断映射上的 Find 操作是否成功？
16. 在映射上执行 Store 操作时，如果项已经存在，则不会更改映射。如果你想更改与该项的键相关联的值，该怎样做？

17. 如何使用映射来实现集合 ADT？

18. 如本章所述，更改 Map ADT 的 Find 操作的实现，使 item 成为引用参数，Find 返回 bool 值，说明是否找到了键。

对于练习 19~22，请使用以下值：

66 47 87 90 126 140 145 153 177 285 393 395 467 566 620 735

19. 使用散列的除法和解决冲突的线性探测方法，将值存储在具有 20 个位置的散列表中。

20. 使用重散列作为冲突的解决方法，将值存储在具有 20 个位置的散列表中。使用 key % tableSize 作为散列函数，并使用 (key + 3) % tableSize 作为重散列函数。

21. 将值存储在具有十个存储桶的散列表中，每个桶包含三个槽。如果一个桶已满，请使用包含空闲槽的下一个（顺序）存储桶。

22. 将值存储在散列表中，散列表使用散列函数 key % 10 来确定将值放入 10 个链中的哪一个。

23. 填写下表，使用练习 19~22 中给出的散列表示法找到每个值所需的比较次数。

比较次数

值	练习 19	练习20	练习 21	练习 22
66				
467				
566				
735				
285				
87				

24. 正确或错误？ 更正所有错误的陈述。

a. 当使用散列函数确定元素在数组中的位置时，添加元素的顺序不会影响结果数组。

b. 当使用散列时，增加数组的大小总是会减少冲突的次数。

c. 如果在散列方法中使用桶，则不必担心冲突解决方法。

d. 如果在散列方法中使用链，则不必担心冲突解决方法。

e. 成功的散列方法的目标是 O(1) 查找。

25. 选择完成以下句子的正确答案：在具有 N 个桶的散列表中查找元素所需的比较次数，其中 M 是满的：

a. 一直是 1。

b. 通常仅略小于 N。

c. 如果 M 仅略小于 N，则可能会很大。

d. 大约为 $\log_2 M$。

e. 大约为 $\log_2 N$。

第12章

排序

知识目标

学习完本章后，你应该能够：

- 设计和完成如下的排序算法：
  - ◆ 直接选择排序。
  - ◆ 冒泡排序（两个版本）。
  - ◆ 插入排序。
  - ◆ 归并排序。
  - ◆ 快速排序。
  - ◆ 堆排序。
  - ◆ 基数排序。
  - ◆ 并行归并排序。
- 根据 Big-O 的复杂度和空间要求比较排序算法的效率。
- 讨论其他排序效率的考虑因素：对少量元素进行排序，程序员时间，以及对大数据元素的数组进行排序。
- 对多个键进行排序。
- 在设计排序算法时，理解稳定性、指针和缓存的考量因素。
- 使用 C++ 线程工具来利用可用的并行性。

在本书中，我们花费了很大的精力来保持元素列表的有序性：学生记录按 ID 排序，整数按从小到大排序，单词按字母顺序排序，等等。当然，保持有序列表的一个共同目标是促进高效查找。给定合适的数据结构，如果对列表进行排序，就能更快速地找到特定的元素。在某些情况下，以特定的顺序来表示数据是很重要的，如记录事件的时间表。但是，排序可能是一项耗时耗力的操作。在本章中，将进一步研究各种排序策略的效率。

12.1 重新排序

将未排序的数据元素列表按顺序排列（排序）是非常常见且有用的操作。关于排序算法已经出版了很多书。目标是设计更好、更有效的排序方法。由于对大量元素进行排序可能会非常耗时，所以需要一种好的排序算法。在这一领域中，有时鼓励程序员牺牲代码清晰度来换取执行速度。

如何评估效率？使用大多数排序算法的核心操作：比较两个值以查看哪个是更小的操作。我们将比较次数与要排序的元素数（N）相关联，作为对每种算法效率的粗略衡量。值移动的次数是衡量排序效率的另一个常用指标。在练习中，要求大家从数据移动的角度来分析排序算法。

另一个关于效率的考虑因素是所需的内存空间。通常，内存空间不是选择排序算法的重要因素，因为大多数排序只是在给定空间内移动数据。然而，在本章中，将介绍一种排序，其中将内存空间作为需要考虑的因素。通常，时间与空间的权衡取舍也应用于排序——更多的空间可能意味着更短的时间，反之亦然。

由于处理时间通常是最令人关注的因素，因此在此进行详细介绍。当然，像往常一样，程序员必须在选择算法并开始编写代码之前确定目标和要求。

我们介绍了直接选择排序和冒泡排序，这两种简单排序是学生在第一门编程课程中经常使用的。然后，回顾了在第 7 章（快速排序）中已经研究过的更复杂的排序算法，并介绍了两个额外的复杂排序：归并排序和堆排序。假设在本章的其余部分中替换模板参数 ItemType 的实际数据类型是一个简单的内置类型或者是一个重载关系和赋值运算符的类。

正如在第 7 章中指出的，在逻辑层上，排序算法取一个无序列表对象，并将其转换为有序列表对象。在实现层，排序算法可能使用各种内部数据结构，包括数组、链表、二叉树等。为了简化介绍过程，在本章中，我们假设有一个数组，并且正在重新组织它的值，以便它们按键排列。要排序的值的数量和存储它们的数组是排序算法的参数。注意，我们不是在对 UnsortedType 类型的对象进行排序，而是对存储在数组中的值进行排序。我们把它称为数组 values，其元素的类型为 ItemType。

12.2 直接选择排序

如果你收到一份纸质名单列表并需要按字母顺序排列，则可以使用以下一般方法：

（1）找到字母表中排在第一位的姓名，并将其写在第二张纸上。

（2）在原始列表上划掉该姓名。

（3）继续此循环，直到原始列表上的所有姓名都被划掉并写到第二张纸上为止，此时第二张纸上的列表已排好序。

这种算法很容易转换为计算机程序，但是它有一个缺点：它需要内存空间去存储两个完整列表。尽管我们还没有就内存空间问题进行过多讲解，但是这种重复显然是一种浪费。然而，对该手工方法稍作调整即可消除重复空间的需求。无须将第一个姓名写在第二个列表上，当把姓名从原始列表中划掉时，会有一个可用空间，可以将列表第一个位置的值与当前划掉的项的值进行交换。"手工列表"表示为数组。

看一个示例，对图 12.1（a）中所示的五个元素的数组进行排序。由于这种算法比较简单，因此通常将其作为学生学习的第一种排序方法。下面直接介绍该算法：

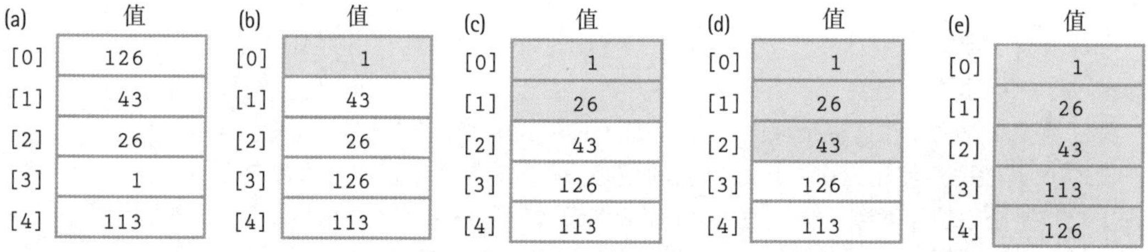

图 12.1　直接选择排序的示例（阴影部分为已排序元素）

SelectionSort（直接选择排序）

将 current 设置为数组中第一个元素的索引
While　数组的未排序部分还有更多的元素
　　　查找最小的未排序元素的索引
　　　用最小的未排序元素交换当前元素
　　　递增 current 来缩小数组的未排序部分

虽然可以立即开始编写代码，但可以使用这个算法来练习设计正确的循环。

使用变量 current 来标记数组中未排序部分的开始处。首先将 current 设置为第一个位置的索引（index 0），然后将数组的未排序部分从 current 移到 numValues−1。

在循环中进行主排序处理。在循环体的每次迭代中，数组未排序部分的最小值与当前位置的值互换。交换之后，current 位于数组的排序部分中，因此通过增加 current 来缩小未排序部分的大小。循环体现在已完成。

在循环体的顶部，数组的未排序部分从 current 索引（现在递增）到 numValues−1。未排序部分中的每个值都大于（或等于，如果允许重复）数组已排序部分中的任何值。

如何知道未排序部分中什么时候有更多元素呢？只要 current <= numValues − 1，数组的未排序部分（values[current] .. values[numValues − 1]）就包含值。在循环体的每次迭代中，current 都会递增，从而缩小数组的未排序部分。当 current = numValues − 1 时，未排序部分只包含一个元素，而且这个值必须大于（或等于）排序部分中的任何值。这样，values[numValues − 1] 中的值就在正确的位置，排序就完成了。while 循环的条件是 current < numValues − 1。图 12.2 给出了选择排序算法的快照。

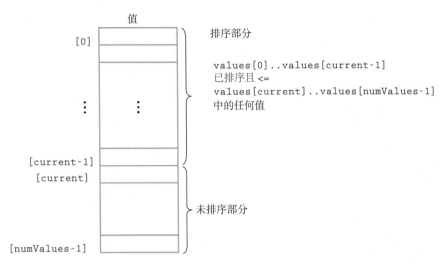

图 12.2　直接选择排序算法的快照

现在，我们需要做的就是在数组的未排序部分中找到最小值。编写一个函数来执行这个任务。函数 MinIndex 接收数组元素以及未排序部分的第一个和最后一个索引，然后返回这部分数组中最小值的索引。

```
int MinIndex(values, startIndex, endIndex)
    将 indexOfMin 设为 startIndex
    for index 从 startIndex + 1 到 endIndex
        if values[index] < values[indexOfMin]
            将 indexOfMin 设为 index
    return indexOfMin
```

现在已知道最小的未排序元素位于何处，将其与 current 索引位置的元素交换。由于在许多排序算法中，在两个数组位置之间交换数据值很常见，所以编写一个小函数 Swap 来完成此任务：

```
template<class ItemType>
inline void Swap(ItemType& item1, ItemType& item2)
// 后置条件: item1 和 item2 的内容已经交换
{
  ItemType tempItem;
  tempItem = item1;
  item1 = item2;
  item2 = tempItem;
}
```

函数标题之前的单词 inline 称为说明符。inline 术语建议编译器在每次发出调用时都为函数主体插入代码，而不是实际进行函数调用。说 "建议" 而不是 "告诉" 是因为编译器没有义务实现 inline 说明符。

回想一下对递归的介绍，每个函数调用都涉及将信息压入运行时栈中，执行函数代码，然后将运行时栈弹出到它以前的状态。Swap 函数只是将项移动 3 次。函数调用的开销是该函数完成的工作的几倍。

由于 Swap 调用非常频繁，所以开销可能会影响排序的执行时间。因此，好的编译器会注意 inline 说明符并生成避免调用开销的代码。

下面是这个排序算法的其余函数模板：

```cpp
template<class ItemType>
int MinIndex(ItemType values[], int startIndex, int endIndex)
// 后置条件: 返回 values[startIndex]..values[endIndex] 中最小值的索引
{
  int indexOfMin = startIndex;
  for (int index = startIndex + 1; index <= endIndex; index++)
    if (values[index] < values[indexOfMin])
      indexOfMin = index;
  return indexOfMin;
}
template<class ItemType>
void SelectionSort(ItemType values[], int numValues)
// 后置条件: 数组中的元素值按 key 排序
{
  int endIndex = numValues-1;
  for (int current = 0; current < endIndex; current++)
    Swap(values[current],
         values[MinIndex(values, current, endIndex)]);
}
```

分析直接选择排序

现在我们尝试衡量此算法所需的"工作量"。将比较次数描述为数组中项数的函数。为了简单起见，在下面的讲解中，将 numValues 称为 N。

比较操作发生在 MinIndex 函数中。从 SelectionSort 函数的循环条件中知道 MinIndex 被调用 $N-1$ 次。在 MinIndex 中，比较次数会有所不同，具体取决于 startIndex 和 endIndex 的值：

```cpp
for (int index = startIndex + 1; index <= endIndex; index++)
   if (values[index] < values[indexOfMin])
      indexOfMin = index;
```

在首次调用 MinIndex 时，startIndex 为 0，endIndex 为 numValues-1，因此进行 $N-1$ 次比较；在下一次调用中，比较次数是 $N-2$，以此类推。在最后一次调用中，只进行一次比较。比较的总和是

$$(N-1)+(N-2)+(N-3)+\cdots+1=N(N-1)/2$$

为了实现对 N 个元素的数组进行排序的目标，直接选择排序需要进行 $N(N-1)/2$ 次比较。注意，数组中值的特定排列不会影响函数所做的工作量。即使在调用 SelectionSort 之前数组是有序的，函数仍然进行 $N(N-1)/2$ 次比较。

表 12.1 列出了不同大小的数组所需的比较次数。注意，将数组大小增加 1 倍，大约会使比较次数增加 4 倍。

表 12.1　使用直接选择排序对不同大小的数组进行排序所需的比较次数

数组的项数	比较次数
10	45
20	190
100	4 950
1 000	499 500
10 000	49 995 000

如何用 Big-O 表示法描述该算法？如果将 $N（N–1）/2$ 表示为 $N^2/2–N/2$，就很容易看出其复杂度。在 Big-O 表示法中，我们仅考虑 $N^2/2$，因为它相对于 N 增长最快（还记得第 2 章中的大象和金鱼吗？）。进一步，忽略 1/2 这个常数，使得该算法变为 $O(N^2)$。因此，对于较大的 N 值，计算时间大约与 N^2 成比例。再次看表 12.1，我们可以发现将元素数量乘以 10 可将比较数量增加 100 倍以上，也就是说，比较的次数乘以增加的元素数量的平方。通过查看此表，我们就可以明白为什么排序算法受到了如此多的关注：使用 SelectionSort 对一个包含 1 000 个元素的数组进行排序需要进行近 50 万次的比较！

直接选择排序的标识特征是，在每次通过循环时，都会将一个元素（最小的元素）放置在适当的位置。如果想按降序排序，则可以使该函数找到最大值而不是最小值。我们还可以使循环从 numValues – 1 降到 1，将元素首先放入数组的底部。所有这些算法都是直接选择排序的变体。这些变化不会改变找到最小（或最大）元素的基本方式。

12.3　冒泡排序

冒泡排序是一种选择排序，它使用不同的方式来查找最小值（或最大值）。每次迭代都会将未排序的最小元素放入其正确位置，但同时会更改数组中其他元素的位置。第一次迭代将数组中的最小元素放入数组的第一个位置。从数组最后一个元素开始，我们比较连续的元素对，每当元素对的底部元素小于其上面的元素时就交换它们。这样，最小的元素就会"冒泡"到数组的顶部。下一次迭代使用相同的技术，将数组未排序部分中的最小元素放入数组的第二个位置上。在查看图 12.3 中的示例时，请注意，除了将一个元素放入适当位置之外，每次迭代都会在数组中产生一些中间变化。

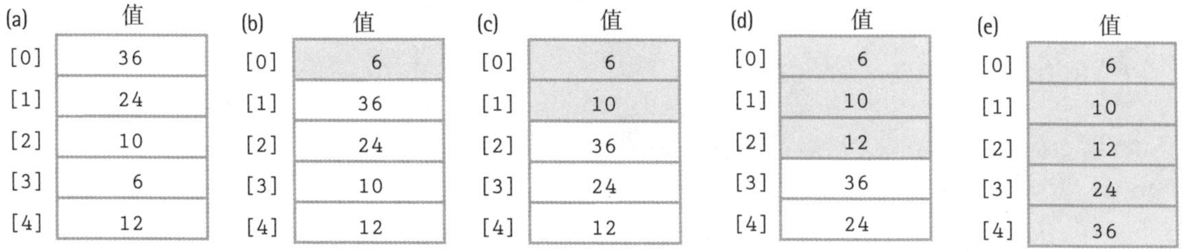

图 12.3　冒泡排序示例（阴影部分为已排序的元素）

冒泡排序的基本算法如下：

冒泡排序

将 current 设置为数组中的第一个元素的索引
While 数组未排序部分还有更多的元素
　　　未排序部分的最小项"向上冒泡"，如果需要则进行中间交换
通过增加 current 来缩小数组中的未排序部分

循环结构与 SelectionSort 函数中的结构非常相似。数组的未排序部分是从 values[current] 到 values[numValues – 1] 的区域。current 的值从 0 开始，然后循环运行，直到 current 达到 numValues – 1 为止，并且每次迭代都会递增 current。在进入循环体的每次迭代时，已经对第一个 current 值进行了排序，并且数组未排序部分中的所有元素都大于或等于已排序元素。

但是，循环体的内部则不同。循环的每次迭代，都会使数组未排序部分中的最小值"向上冒泡"到 current 位置。冒泡任务的算法如下：

BubbleUp(values, startIndex, endIndex)

for 从 endIndex 递减到 startIndex+1 的每个 index
　　if values[index] < values[index-1]
　　　　交换 index 和 index-1 的值

图 12.4 给出了该算法的快照。使用本章前面给出的代码中的 Swap 函数，BubbleSort 函数的代码如下：

```cpp
template<class ItemType>
void BubbleUp(ItemType values[], int startIndex, int endIndex)
// 后置条件: 从 values[endIndex] 开始, 无序的相邻对已经在 values[startIndex]..values[endIndex]
// 之间进行交换。
{
  for (int index = endIndex; index > startIndex; index--)
    if (values[index] < values[index-1])
      Swap(values[index], values[index-1]);
}
template<class ItemType>
void BubbleSort(ItemType values[], int numValues)
// 后置条件: 数组值中的元素按键排序
{
  int current = 0;
  while (current < numValues-1)
  {
    BubbleUp(values, current, numValues-1);
    current++;
  }
}
```

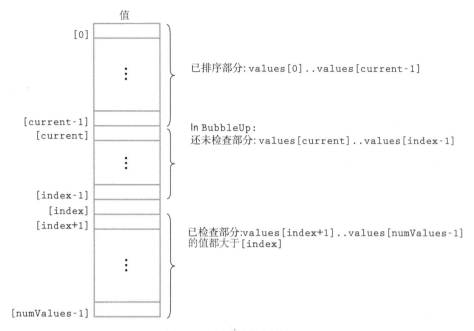

值

[0]

已排序部分: values[0]..values[current-1]

[current-1]
[current]

In BubbleUp:
还未检查部分: values[current]..values[index-1]

[index-1]
[index]
[index+1]

已检查部分: values[index+1]..values[numValues-1]
的值都大于 [index]

[numValues-1]

图 12.4　冒泡排序算法的快照

分析冒泡排序

分析 BubbleSort 所需要的工作量很简单，它与直接选择排序算法相同。比较发生在 BubbleUp 中，被调用 $N-1$ 次。第一次有 $N-1$ 次比较，第二次有 $N-2$ 次比较，以此类推。因此，就比较次数而言，BubbleSort 和 SelectionSort 需要相同的工作量。BubbleSort 所做的不只是进行比较，BubbleSort 可能会进行许多额外的数据交换（使得 inline 说明符的效果更加显著）而 SelectionSort 每次迭代只执行一次数据交换。

这些中间数据交换的结果是什么？该函数通过调换无序数据对的位置，可以在 $N-1$ 次调用 BubbleUp 之前将数组按顺序排列。然而，此版本的冒泡排序没有在数组完全排好时停止。即使在调用 BubbleSort 时数组已经处于有序状态，该函数仍会连续调用 $N-1$ 次 BubbleUp（不改变任何内容）。

如果 BubbleUp 返回一个布尔标记（sorted）来告诉我们数组何时处于有序状态，程序可以在最大迭代次数之前退出。在 BubbleUp 中，最初将 sorted 设置为 true，然后在循环中，如果发生元素交换，将 sorted 重置为 false。如果没有发生元素交换，则知道数组已经有序。现在，当数组有序时，冒泡排序仅需要对 BubbleUp 进行一次额外的调用。此版本的冒泡排序如下：

```
template<class ItemType>
void BubbleUp2(ItemType values[], int startIndex, int endIndex,
            bool& sorted)
// 前置条件: 从 values[endIndex]..sorted 开始,
// 无序的相邻对在 values[startIndex]..values[endIndex] 之间进行交换
// 如果进行了交换, 则返回 false, 否则返回 true
{
```

```
      sorted = true;
      for (int index = endIndex; index > startIndex; index--)
        if (values[index] < values[index-1])
        {
          Swap(values[index], values[index-1]);
          sorted = false;
        }
    }
    template<class ItemType>
    void ShortBubble(ItemType values[], int numValues)
    // 前置条件：数组值中的元素按键排序。一旦排好序，进程就会停止
    {
      int current = 0;
      bool sorted = false;
      while (current < numValues - 1 && !sorted)
      {
        BubbleUp2(values, current, numValues-1, sorted);

        current++;
      }
    }
```

　　分析 ShortBubble 比较困难。显然，如果数组最初已经是有序的，那么调用 BubbleUp2 时，我们就会知道数组是有序的。在这种最佳情况下，ShortBubble 为 O(N)，排序仅需要 $N-1$ 次比较。如果原始数组实际上是在调用 ShortBubble 之前按降序排序的，那该怎么办？这是最坏的情况：ShortBubble 需要与 BubbleSort 和 SelectionSort 进行同样多的比较次数，更不用说"开销"了，它包括许多额外的交换和需要设置和重置的 sorted 标志。可以计算平均情况吗？在第一次对 BubbleUp2 的调用中，当 current 为 0 时，进行 numValues-1 次比较；在第二次调用中，当 current 为 1 时，进行 numValues-2 次比较；在对 BubbleUp2 的任何调用中，比较次数为 numValues-current-1。如果用 N 表示 numValues，用 K 表示在 ShortBubble 完成其工作之前已执行的 BubbleUp2 调用次数，则需要总的比较次数为

$$(N-1) + (N-2) + (N-3) + \cdots + (N-K)$$

第 1 次调用　第 2 次调用　第 3 次调用　第 K 次调用

　　用代数[①] 运算将此公式化简为：

$$(2KN-K^2-K)\,/\,2$$

　　用 Big-O 表示法，相对于 N 增长最快的项是 $2KN$，K 在 1 到 $N-1$ 之间。平均而言，在所有可能的输入顺序中，K 与 N 成正比。因此，$2KN$ 与 N^2 成正比，也就是说，ShortBubble 算法也是 O(N^2)。

---

① 公式化简过程如下：

（N-1)+($N-2$)+$\cdots$+($N-K$)

=KN-（从 1 到 K 求和）

=KN-[$K(K+1)$]

=KN-(K^2+K)

=(2$KN-K^2-K$)/2

如果冒泡排序算法是 $O(N^2)$ 且需要额外的数据移动，我们就不需要再介绍它，因为 ShortBubble 是唯一可以识别数组何时排好序并停止的排序算法。如果程序调用 ShortBubble 时，原始数组已经排序，则仅对数组进行一次遍历。如果对已知几乎是有序的数组进行排序，那么 ShortBubble 是一个不错的选择。

12.4　插入排序

在第 4 章中，通过将每个新元素插入数组中的适当位置中来创建了一个有序列表。我们可以使用类似的方法对数组进行排序。插入排序的原理非常简单：数组中每个要排序的元素相对于其他已排序的元素，都插入了正确的位置。与前面的排序一样，我们将数组分为已排序部分和未排序部分。最初，排序的部分仅包含一个元素：数组中的第一个元素。现在取数组中的第二个元素，并将其插入排序部分中的正确位置，即 values[0] 和 values[1] 之间是有序的。现在 values[2] 中的值被放到了适当的位置，因此 values[0] .. values[2] 相对于彼此是有序的。继续此过程，直到所有元素都是有序的。图 12.5 演示了这个过程，我们将在下面的算法中描述这个过程，图 12.6 给出了算法执行期间数组的快照。

(a)	值	(b)	值	(c)	值	(d)	值	(e)	值
[0]	36	[0]	24	[0]	10	[0]	6	[0]	6
[1]	24	[1]	36	[1]	24	[1]	10	[1]	10
[2]	10	[2]	10	[2]	36	[2]	24	[2]	12
[3]	6	[3]	6	[3]	6	[3]	36	[3]	24
[4]	12	[4]	12	[4]	12	[4]	12	[4]	36

图 12.5　插入排序算法示例

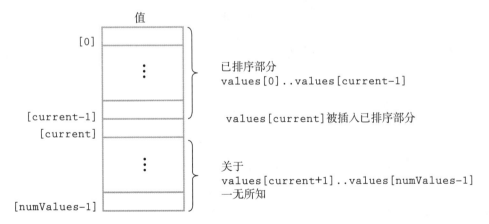

图 12.6　插入排序算法的快照

在第 4 章中，我们的策略是从数组的开头查找插入点，并将元素从插入点向下移动一个插槽，以便为新元素腾出空间。可以从数组排序部分的末尾开始，将查找移动结合起来。将 values[current] 的元素与其之前的元素进行比较，如果是更小的，交换这两项。然后，将 values[current-1] 的元素与它之前的元素进行比较，并在需要时进行交换。当比较显示值是有序的，或者已经交换到数组中的第一个位置时，进程停止。

InsertionSort

```
for 从 0 到 numValues-1 的每个 count
    InsertItem(values, 0, count)
```

InsertItem(values, startIndex, endIndex)

```
将 finished 设为 false
将 current 设为 endIndex
将 moreToSearch 设为 (current does not equal startIndex)
while moreToSearch AND NOT finished
    if values[current] < values[current-1]
        Swap(values[current], values[current-1])
        递减 current
        将 moreToSearch 设为 (current does not equal startIndex)
    else
        将 finished 设为 true
```

下面是 InsertItem 和 InsertionSort 的代码：

```cpp
template<class ItemType>
void InsertItem(ItemType values[], int startIndex, int endIndex)
// 后置条件: values[0]..values[endIndex] 现在已经排好序

{
  bool finished = false;
  int current = endIndex;
  bool moreToSearch = (current != startIndex);

  while (moreToSearch && !finished)
  {

    if (values[current] < values[current-1])
    {
      Swap(values[current], values[current-1]);
      current--;
      moreToSearch = (current != startIndex);
    }
    else
      finished = true;
  }
}


template<class ItemType>
void InsertionSort(ItemType values[], int numValues)
// 后置条件: 数组值中的元素已按键排序
```

```
{
  for (int count = 0; count < numValues; count++)
    InsertItem(values, 0, count);
}
```

分析插入排序

此算法的一般情况与 SelectionSort 和 BubbleSort 类似，因此一般情况为 O(N^2)。但是与 ShortBubble 一样，InsertionSort 也有一种最好的情况：数据已经按升序排序。当数据按升序排列时，InsertItem 会被调用 N 次，但每次只会进行一次比较，并且不会发生交换。仅当数组中的元素按逆序排列时，才进行最大数量的比较。注意，当我们从文件中读取元素并将其插入排序列表时，实际上是对插入排序进行了修改。

如果对要排序的数据的原始顺序一无所知，SelectionSort、ShortBubble 和 InsertionSort 都是 O(N^2) 排序，对大型数组进行排序非常耗时。因此，当 N 很大时，我们需要其他性能更好的排序方法。

12.5　O($N \log_2 N$) 排序

考虑到 N^2 会随着数组大小增加而快速增长，我们能做得更好吗？我们注意到 N^2 比 $(N/2)^2 + (N/2)^2$ 大得多。如果可以将数组分成两部分，对每部分进行排序，然后再将这两部分合并，那么对整个数组进行排序的工作量就会大大减少。图 12.7 给出了该方法的一个示例。

"分而治之"的理念已经以多种方式应用到排序问题中，结果产生了许多能够比 O(N^2) 更高效的算法。实际上，排序算法的整个范畴是 O($N \log_2 N$)。在第 7 章我们研究过 QuickSort。在这里，研究另外两种排序算法：MergeSort 和 HeapSort。这些算法的效率是以牺牲直接选择、冒泡和插入排序的简单性为代价的。

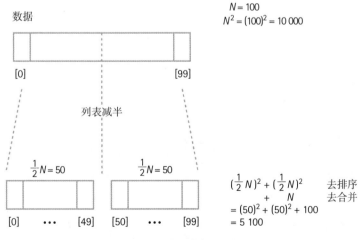

图 12.7　分而治之排序的基本原理

12.5.1　归并排序

归并排序算法直接取自分而治之的理念：

MergeSort
将数组分成两部分 对左半部分进行排序 对右半部分进行排序 将有序的两部分合并为一个有序数组

将两部分合并在一起是一项 O(*N*) 任务：我们只遍历已排序的两部分，比较连续的值对（每部分中一个值），并将较小的值放入最终解决方案的下一个槽中。即使用于每部分的排序算法为 O(N^2)，但我们应该看到对整个数组同时进行排序的一些改进。

实际上，由于 MergeSort 本身是一种排序算法，我们不妨使用它来对这两部分进行排序。可以使 MergeSort 成为递归函数，并让其调用自己来对两个子数组进行排序：

MergeSort–Recursive
将数组分成两部分 MergeSort 的左半部分 MergeSort 的右半部分 将有序的两部分合并为一个有序数组

当然，这是一般条件。什么不涉及对 MergeSort 的任何递归调用的基础条件？如果要排序的那一部分只有一个元素，它已经排好序了，则可以返回。

以其他递归算法所使用的格式来总结一下 MergeSort。初始函数调用为 MergeSort(values, 0, numValues – 1)。

MergeSort(values, first, last) 函数	
定义：	按升序对数组元素进行排序。
规模（大小）：	values[first]..values[last]。
基础条件：	如果 values[first]..values[last] 中的项少于两个，则不执行任何操作。
一般条件：	将数组分为两部分。
	MergeSort 左半部分。
	MergeSort 右半部分。
	将有序的两部分合并为一个有序数组。

将数组分成两部分只需找到第一个索引与最后一个索引之间的中间点：

```
middle = (first + last) / 2;
```

然后，我们按照较小调用的传统方法，可以对 MergeSort 进行递归调用：

```
MergeSort(values, first, middle);
MergeSort(values, middle+1, last);
```

现在只需要将两部分合并在一起就可以了。

1. 合并有序的两部分

显然，重要的工作都发生在合并这一步。让我们先看看合并两个有序数组的一般方法，然后看子数组的具体问题。

为了合并两个有序数组，我们比较连续的元素对，每个数组一个，将每个对中较小的移动到"最终"数组中。当一个数组的元素用完时可以停止，然后将另一个数组中所有剩余的元素（如果有的话）移到最终数组中。一般方法如图 12.8 所示。我们针对具体的问题使用了类似的方法，其中要合并的两个"数组"实际上是原始数组的子数组（见图 12.9）。就像在图 12.8 中，将数组 1 和数组 2 合并到最终数组中一样，我们需要将两个子数组合并到一些辅助数据结构中。我们仅临时使用此数据结构——临时数组。合并步骤完成之后，我们可以将现在有序的元素复制回原始数组。整个过程如图 12.10 所示。

图 12.8　合并两个排序数组的策略

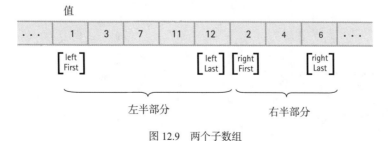

图 12.9　两个子数组

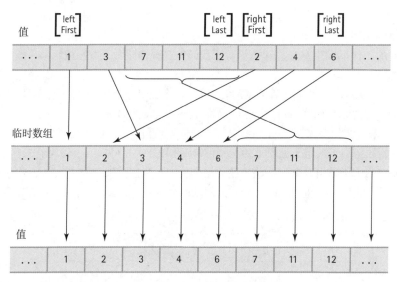

图 12.10　合并两个有序数组

指定一个 Merge 函数来执行这个任务。我们知道，需要传递给它排序的值数组，以及在每个要合并的子数组中指定第一个和最后一个值的索引。那么临时数组呢？如果在本地声明，每次递归都会在运行时栈上创建该数组的新副本。取而代之的是，将其作为参数，并要求用户提供一个工作数组和要排序的数组：

📖 Merge(ItemType values[ ], int leftFirst, int leftLast, int rightFirst, int rightLast, ItemType tempArray[ ])

功能：将两个有序子数组合并为一个有序的数组。

前置条件：values[leftFirst]..values[leftLast] 已排序；

values[rightFirst]..values[rightLast] 已排序。

后置条件：values[leftFirst]..values[rightLast] 已排序。

以下是归并的算法：

```
Merge
将 saveFirst 设为 leftFirst              // 知道在哪里复制
将 index 设为 leftFirst
while 左半部分有更多元素 AND 右半部分有更多元素
  if values[leftFirst] < values[rightFirst]
      将 tempArray[index] 设为 values[leftFirst]
      递增 leftFirst
   else
      将 tempArray[index] 设为 values[rightFirst]
      递增 rightFirst
  递增 index
复制左半部分中的剩余元素到 tempArray
复制右半部分中的剩余元素到 tempArray
将有序元素从 tempArray 复制回 values
```

在 Merge 函数的代码中，使用 leftFirst 和 rightFirst 分别指示左半部分和右半部分的当前位置。因为它们不是引用参数，这些参数的副本将传递给 Merge。副本在函数中已更改，但是更改后的值不会从 Merge 中传递出去。注意，"复制……剩余元素……"的两个循环，在这个函数的执行过程中，其中一个循环永远不会执行。你能解释为什么吗？

```cpp
template<class ItemType>
void Merge(ItemType values[], int leftFirst, int leftLast,
    int rightFirst, int rightLast, ItemType tempArray[])
// 后置条件: values[leftFirst]..values[leftLast] 和 values[rightFirst]..values[rightLast] 已合并
//          values[leftFirst]..values[rightLast] 现在是有序的
{
  int index = leftFirst;
  int saveFirst = leftFirst;
  while ((leftFirst <= leftLast) && (rightFirst <= rightLast))
  {
    if (values[leftFirst] < values[rightFirst])
    {

      tempArray[index] = values[leftFirst];
      leftFirst++;
    }
    else
    {
      tempArray[index] = values[rightFirst];
      rightFirst++;
    }
    index++;
  }

  while (leftFirst <= leftLast)
  // 从左半部分复制剩余的元素
  {
    tempArray[index] = values[leftFirst];
    leftFirst++;
    index++;
  }
  while (rightFirst <= rightLast)
  // 从右半部分复制剩余的元素
  {
    tempArray[index] = values[rightFirst];
    rightFirst++;
    index++;
```

```
    }
    for (index = saveFirst; index <= rightLast; index++)
      values[index] = tempArray[index];
  }
```

注意，在此函数中使用的 **tempArray** 类似于队列，这将是另一种实现方法。如果使用基于动态链表的队列 ADT，则可以避免将 **tempArray** 作为参数传递。但是，在本例中，我们选择了一个自包含的实现来简化代码。

2. MergeSort 函数

正如我们所说的，大多数工作发生在合并任务中。实际的 MergeSort 函数既简单又简短。但是，在编写代码之前，回顾一下使用模板函数的一个方面。模板函数声明实际上并未定义函数，在使用该函数之前，必须使用具体类型对其进行实例化。在许多情况下，C++ 编译器可以从调用方式中推断出所需的函数类型，并自动实例化该函数。但是，也可以在调用中显式指定类型，方法是将类型写在函数名后的尖括号中。在 12.8 节中，将回顾 MergeSort，并介绍使用显式实例化的原因。在这里，仅展示如何完成此操作。

```
template<class ItemType>
void MergeSort(ItemType values[], int first, int last. ItemType tempArray)
// 后置条件: values 中的元素按键排序
{
  if (first < last)
  {
    int middle = (first + last) / 2;
    MergeSort<ItemType>(values, first, middle, tempArray);
    MergeSort<ItemType>(values, middle+1, last, tempArray);
    Merge<ItemType>(values, first, middle, middle+1, last, tempArray);
  }
}
```

3. 分析归并排序

MergeSort 函数将原始数组分为两半。首先，它使用"分而治之"的方法对数组的前半部分进行排序；然后，使用相同的方法对数组的后半部分进行排序；最后，它将两个部分合并。为了对数组的前半部分进行排序，MergeSort 函数采用相同的方法进行拆分和合并。在排序过程中，拆分和合并操作混合在一起。但是，为了简化分析，我们假设所有的拆分都先发生。我们可以通过这种方式看待整个过程，而不会影响算法的正确性。

我们将 MergeSort 算法视为将原始大小为 N 的数组不断地分成两部分，直到它创建了 N 个只有一个元素的子数组。图 12.11 通过基于原始大小为 16 的数组展示这种观点。将数组一次又一次地分成两半，直到达到大小为 1 的子数组，总共需要做的工作是 O(N)。最终得到了大小为 1 的 N 个子数组。

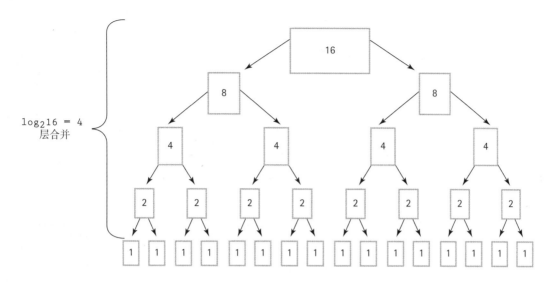

图 12.11　$N=16$ 函数的 MergeSort 的分析

　　显然，每个大小为 1 的子数组是一个有序子数组。若要使用 Merge 操作将大小为 X 和大小为 Y 的两个有序子数组合并为单个有序子数组，则需要 $O(X+Y)$ 步。因为每次通过 Merge 函数的 while 循环时，都会将 leftFirst 索引或 rightFirst 索引加 1。当这两个索引大于它们对应的 "最后" 索引时就停止处理，所以总共要执行 (leftLast–leftFirst+1)+(rightLast–rightFirst+1) 步。该表达式表示正在处理的两个子数组的长度之和。

　　Merge 函数被调用多少次呢？涉及的子数组的大小是多少呢？大小为 N 的原始数组最终被拆分为大小为 1 的 N 个子数组。根据上一段给出的分析，将其中两个子数组合并为大小为 2 的子数组需要 $O(1+1)=O(2)$ 步。也就是说，总共必须执行 Merge 操作 $N/2$ 次（有 N 个只有一个元素的子数组，并且一次将它们两个合并）。因此，创建所有已排序的两个元素子数组的步骤总数为 $O(N)$。

　　重复此过程以创建四个元素子数组。合并两个两元素的子数组需要 4 步。总共执行此 Merge 操作 $N/4$ 次（有 $N/2$ 个两个元素的子数组，并且一次将它们合并两个）。创建所有排序的四个元素子数组的总步骤数为 $O(N)$（因为 $4 \times N/4=N$）。

　　同样的推理使我们得出结论：其他每个层次的合并也都需要 $O(N)$ 步。在每个层的子数组的大小翻倍，但是子数组的数量会减半，从而使两者平衡。

　　现在可以知道，在归并的每一层执行合并总共需要 $O(N)$ 步。一共有多少层呢？合并的层的数量等于将原始数组分成两半的次数。如果原始数组的大小为 N，则有 $\log_2 N$ 层（这就像对二叉查找算法的分析一样）。例如，在图 12.11 中，原始数组的大小为 16，合并层为 4。因为有 $\log_2 N$ 层，并且每一层需要 N 步，所以合并操作的总成本为 $O(N\log_2 N)$。因为拆分阶段只有 $O(N)$，所以得出结论：MergeSort 具有 $O(N\log_2 N)$ 复杂度。表 12.2 说明，对于较大的 N 值，$O(N\log_2 N)$ 相对于 $O(N^2)$ 有一个很大的提升。

表 12.2　比较 N^2 和 $N \log_2 N$

N	$\log_2 N$	N^2	$N \log_2 N$
32	5	1 024	160
64	6	4 096	384
128	7	16 384	896
256	8	65 536	2 048
512	9	262 144	4 608
1 024	10	1 048 576	10 240
2 048	11	4 194 304	22 528
4 096	12	16 777 216	49 152

MergeSort 的缺点是：它需要一个与要排序的原始数组一样大的辅助数组。如果数组很大并且空间是关键因素，则这种排序可能不是合适的选择。接下来，介绍两种可以在原始数组内移动元素并且不需要辅助数组的类型。

12.5.2　快速排序

回顾第 7 章，QuickSort 是另一种递归的"分而治之"排序法。在算法的每个阶段，都会确定一个分割值，然后将所有小于或等于该值的值移到数组的第一部分，而将那些较大的值保留在数组的其余部分中。数组的两个部分尚未排序，但是我们可以调用 QuickSort 对它们进行排序，以便递归地重复该过程，直到达到一个元素数组的情况为止。

QuickSort 的分析与 MergeSort 的分析非常相似。在第一次调用时，将数组中的每个元素与分割值进行比较，因此所做的工作是 O(N)。数组分为两部分（不一定是两半），然后对它们进行检查。接下来将每个部分再分为两部分，以此类推。如果每一块被大致分成两半，则会发生 O ($\log_2 N$) 次拆分。在每个拆分中，进行 O(N) 次比较。因此，QuickSort 也是 O ($\log_2 N$) 算法，比本章前面介绍的 O (N^2) 排序更快。

但是 QuickSort 并不总是更快。请注意，如果每个拆分将数组的段大致分成两半，则会发生 $\log_2 N$ 次拆分，QuickSort 对数据的顺序很敏感。

当调用第一个版本的 QuickSort 时，如果数组已经排序、会发生什么情况？拆分非常不平衡，随后对 QuickSort 的递归调用分为包含一个元素的段和包含数组其余所有部分的段。这种情况下的排序一点都不快。实际上，会发生 N–1 次拆分，在这种情况下，QuickSort 具有 O (N^2) 复杂度。

这样的情况不是偶然出现，打个比方，考虑洗一副牌和拿出一个有序的牌的概率。另一方面，在某些应用程序中，你可能知道原始数组很可能已有序或接近有序。在这种情况下，你可能想使用其他拆分算法或不同的排序方式，甚至可能使用 ShortBubble。

那么空间需求呢？与 MergeSort 一样，QuickSort 不需要额外的数组。除了少数几个局部变量之外，是否有额外的空间需求？是的，记住，QuickSort 使用递归方法。可以随时在系统栈上"保存"许多层的递归。平均而言，该算法需要 O ($\log_2 N$) 个额外的空间来保存此信息，在最坏情况下，它需要 O(N) 个额外的空间——与 MergeSort 相同。

12.5.3　堆排序

在第 9 章中，研究了 HeapSort，这是另一种 O (log₂N) 排序。回想一下，在逻辑层面上，堆是具有两个特殊属性的二叉树：形状属性（树是完整的）和顺序属性（其中存储在每个结点中的值大于或等于其每个子结点中的值）。

在实现层面上可以使用数组，并在数组的依次较小的部分上使用 ReheapDown 将其转换为堆。然后，通过将根（第一个数组元素）与其正确位置（未排序部分的末尾）的值交换来对堆进行排序，将堆的大小减小 1，然后重新排列堆中其余的元素。重复该过程，直到未排序的部分中只剩下一个元素。

分析堆排序

实现 HeapSort 的代码很短，加上实用函数 ReheapDown 仅有几行代码。然而，这几行代码做了很多工作。原始数组中的所有元素都被重新排列以满足堆的顺序属性，将最大的元素移动到数组的顶部，然后将其立即放入其底部的位置。

对于元素数量少的数组，HeapSort 由于开销大，效率不是很高。然而，对于大型数组，HeapSort 是非常高效的。考虑排序循环，循环了 N–1 次，交换元素和重新排列堆。比较在 ReheapDown 中进行。具有 N 个结点的完全二叉树具有 O (log₂(N + 1)) 层。那么，在最坏情况下，如果必须将根元素向下移动到叶结点位置，则 ReheapDown 函数将进行 O(log₂N) 次比较；函数 ReheapDown 为 O (log₂N)。将此执行过程 O (N) 乘以 N–1 次迭代，则表明排序循环为 O (Nlog₂N)。

但是，最初的堆构建操作的成本如何？这确实是一个额外的 O(N) 操作。但是，由于 N 变大时，O(Nlog₂N) 占主导地位，因此 HeapSort 所做的工作仍与 O(Nlog₂N) 成正比。注意，与 QuickSort 不同，HeapSort 的效率不受元素初始顺序的影响。HeapSort 在空间方面同样有效，它仅使用一个数组来存储数据。

12.5.4　测试

我们已经介绍了几种排序算法：直接选择排序、两种版本的冒泡排序、插入排序、归并排序、快速排序和堆排序。在检查排序所涉及的其他问题之前，需要验证算法是否正确。可以使用与之前的 ADT 相同的模式：可以将排序算法的名称作为输入，将该算法应用于值数组，然后输出结果。我们需要用随机数初始化数组，在数组排序后刷新数组，并生成新值的数组。

在 Web 上，文件 SortDr.cpp 包含测试驱动程序。文件 Sorts.in 包含一个生成数组的测试计划，将每个算法应用其中，生成第二个数组，并应用其中一个算法。Sorts.out 保存驱动程序的输出，Sorts.screen 保存屏幕上写的内容。仔细检查这些文件，确保你已经了解了它们。另外要求你在练习中设计一个更复杂的测试计划。

12.6　效率和其他考虑因素

在本章中，我们基于排序算法进行的比较次数来分析效率。为这个操作所做的 Big–O 分析是一个指标，表明当项数增加时，一个算法相对于另一个算法所需要的处理时间。但是在实践中，还有其他考虑因素会影响我们对算法的选择及其实现的细节。在本节中，将仔细研究这些其他因素。

12.6.1　当 N 很小时

通过排序完成的比较次数可以粗略估计所涉及的计算时间。伴随比较的其他活动（交换、跟踪布尔标志等）为该算法提供了比例常数。在比较 Big-O 评估时，我们忽略了常数和较小阶项，因为我们想知道该算法在 N 值较大时的性能。通常，$O(N^2)$ 排序除了比较之外几乎不需要额外的活动，因此它的比例常数很小。相反，$O(N\log_2 N)$ 排序可能更复杂，开销更大，因此比例常数更大。在 N 较小时，这种情况可能造成算法的相对性能出现异常。在这种情况下，N^2 不会比 $N\log_2 N$ 大很多，而常量可能会占主导地位，从而导致 $O(N^2)$ 排序比 $O(N\log_2 N)$ 排序执行得更快。

我们已经介绍了具有 $O(N^2)$ 或 $O(N\log_2 N)$ 复杂度的排序算法。显而易见的问题是：某些算法是否比 $O(N\log_2 N)$ 更好？不，已经从理论上证明了，对于基于键值比较的排序算法来说，无法做得比 $O(N\log_2 N)$ 更好。

12.6.2　取消对函数的调用

本章开头提到，出于对效率的考虑，尽可能地精简代码，甚至以牺牲可读性为代价，也许是可取的。然而，在某些情况下，可以两者同时兼顾。例如，我们一直使用：

```
Swap(item1, item2)
```

使用 inline 说明符而不是相应的 inline 扩展来定义函数：

```
tempItem = item1; item1 = item2; item2 = tempItem;
```

在 SelectionSort 中，我们将查找最小元素的操作编码为函数 MinIndex；在 BubbleSort 中，编写了函数 BubbleUp。将这样的操作编码为函数使代码更易于编写和理解，从而避免了更为复杂的嵌套循环结构。

尽管函数调用更清晰，但在实际编码中，最好使用 inline 说明符，甚至在编译器不接受提示的情况下直接对函数体进行编码。函数调用需要额外的开销，你可能希望在排序中避免这种开销，因为在排序中这些例程会被多次调用。

递归排序函数 MergeSort 和 QuickSort 也会导致类似的情况：它们在执行递归调用时需要额外的开销。你可能希望通过编写这些函数的非递归版本来避免这种开销。

12.6.3　程序员时间

如果递归调用的效率较低，那么为什么有人会决定使用某种递归排序的版本呢？该决定考虑了类型的效率的选择。到目前为止，我们只考虑了使用最少的计算机时间。随着时间的推移，计算机变得越来越快，越来越便宜，但尚不清楚计算机程序员是否会遵循这一趋势。在某些情况下，程序员的时间可能是选择排序算法及其实现时的重要考虑因素。在这方面，QuickSort 的递归版本比它的非递归版本更为可取，后者需要程序员模拟递归。这样做很可能会引入错误，需要花费更多的编程精力才能解决。幸运的是，在对大量数据进行排序时，我们通常可以依赖现有的程序包，如 C++ STL，其中包含高度优化和经过彻底调试的排序操作。

12.6.4 空间考虑

内存空间也是一个考虑效率的因素。在选择排序算法以对少量数据进行排序时，内存空间并不是一个非常重要的因素。但是随着 N 的增大，它会产生更大的影响。使用 MergeSort，所使用的空间是排序项所需空间的两倍，并且存在递归调用的开销。使用 QuickSort，可以在原始数组内对元素进行排序，但是在最坏情况下，递归可以将大约 N 组参数和局部变量压入运行时栈。如果要排序的项的大小与每次调用压入栈中的大小相似，则空间可能会再次翻倍。

HeapSort 算法也使用递归，但是仅在 ReheapDown 函数中使用，这可以使树保持完美平衡。因此，在任何给定时间，最多 $\log_2(N)$ 个调用被压入运行时栈。除了交换数组值以外，不需要额外的空间来存储数组值。因此，HeapSort 在时间和空间上都是有效的。

这是否意味着应该始终使用 HeapSort？如果要处理大量数据，这确实是更好的选择之一。但是它的复杂度意味着，对于较小量的数据，它可能比更简单的 O(N^2) 排序需要花费更多的时间，而 O(N^2) 排序又避免了递归的空间开销。在 12.6.5 小节中，将看到排序的另一个方面，这可能会使我们选择除 HeapSort 之外的排序算法。

12.6.5 键和稳定性

在对各种排序方法的介绍中，我们展示了使用主键对数组进行排序的示例。一条记录可能还包含辅键，这些辅键可以唯一，也可以不唯一。例如，一个学生记录可能包含以下数据成员：

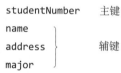

studentNumber   主键
name
address   辅键
major

如果数据元素只是单个整数，那么是否维持重复值的原始顺序并不重要。但是，保留具有相同键值记录的原始顺序可能是可取的。如果排序保持这个顺序，则称其为**稳定排序**。

假设数组中的项带有以下声明的学生记录：

> **稳定排序**
> 一种保留重复值的原始顺序的排序算法。

```
struct AddressType
{
    ⋮

StrType city;
    long zip;
};
struct NameType
{
    StrType firstName;
    StrType lastName;
};
struct PersonType
{
```

```
    long studentNumber;
    NameType name;
    AddressType address;
};
```

该列表通常可以按唯一键 studentNumber 排序。出于某些目的，可能希望看到按姓名排序的列表。在这种情况下，排序键将由 name 数据成员组成。为了按 ZIP 编码排序，我们将对 address.zip 数据成员进行排序。

如果排序是稳定的，可以通过两次排序获得按 ZIP 编码排序的列表，每个 ZIP 编码中，姓名按字母顺序排列：第一次按姓名排序，第二次按 ZIP 编码排序。一个稳定的排序在找到键上的匹配项时保存了元素的顺序。第二次（按 ZIP 编码）排序产生了许多这样的匹配项，但它保留了第一次排序时生成的字母顺序。

为了得到一个城市列表，每个城市按照 ZIP 编码排序，每个 ZIP 编码中的名称按字母顺序排列，我们将按下列键进行三次排序：

```
name
address.zip
address.city
```

首先将文件按名称的字母顺序排列；第一次排序的输出将用作 ZIP 编码排序的输入；这次排序的输出将用作城市名称排序的输入。如果使用的排序算法是稳定的，那么最终的排序会给出我们期望的结果。

在本书所介绍的排序种类中，只有 HeapSort 本质上是不稳定的。其他排序的稳定性取决于代码如何处理重复值。练习：检查编写的其他类型的代码，并判断它们是否稳定。

12.6.6 用指针排序

使用交换两个位置的内容的排序方法时，对大记录进行排序可能需要大量的计算机时间，每次进行交换仅仅是将内存区域从一个位置移动到另一个位置。我们可以通过设置指向记录的指针数组来减少移动时间，然后重新排列指针而不是实际的记录。图 12.12 说明了此方法。排序之后，记录仍然保持相同的物理排列，但是可以通过重新排列的指针数组按顺序访问它们。

图 12.12　用指针对数组进行排序

我们可以扩展此方法，从而使大数组可以按多个键排序。数据可以按照主键进行物理存储，辅助数组可以包含指向相同数据的指针，但可以根据辅键进行排序。

12.6.7 缓存

在算法中，将内存视为存储数据值的统一资源。但是，并非所有计算机内存都是一样的。存储单元是存储电荷的物理设备。它们非常小，可以紧密地封装在集成电路中。因此，它们含有少量电荷。从它们中读取数据需要时间，因为必须首先准备好电路，以便可以将存储单元的电荷与电路线路上的电荷区分开。接下来，必须反复放大电荷，使其大到足以工作。即便如此，取回的值也可能是错误的，所以必须通过额外的电路来纠正错误。读出电荷会清空该单元，因此必须将该值写回到该单元中。最后，将该值提供给计算机进行处理。

访问一个存储单元所花费的时间与计算机执行 100 条指令所花费的时间相当。回想一下，指令也存储在内存中。如果计算机必须等待，比如在从内存中读取每条指令之前敲 100 次手指，然后再次等待数据被读取并由该指令进行处理，则计算机的运行速度将大大降低。

解决方法是为计算机提供另一种更小的内存——高速缓存，它使用更大、更快的单元。最近使用的数据和指令都保存在缓存中，只要计算机执行指令，它们就可以被快速访问。

内存系统还会尝试提前预测我们将要使用的内存位置。当程序按顺序访问数组中的值时，它将在程序之前开始运行，并在需要元素之前将元素拉入缓存。结果是大多数延迟被隐藏了，因此内存似乎一直跟得上。

但是，程序可以执行某些操作来防止缓存隐藏访问主内存的成本。一种是以不可预测的方式访问内存位置。因此，我们可能会发现，ShortBubble 以其高度可预测的访问模式，在更大的数据集上优于难以预测的 HeapSort 的性能。

当我们使用指向对象的指针数组进行排序时，对象可以存储在内存中的分散位置。由于内存系统无法预测要检查的下一个对象的位置，因此程序可能不得不等待将其从主内存移动到缓存中。对链表进行排序也遇到了类似的问题，因为结点在内存中的排列顺序仅是逻辑上的，而不是物理上的。当在列表中重新定位它们时，不会将它们移动到相邻的内存位置。仅更改指针值以指示新的逻辑关系。

本节的目的是让你认识到，仅依靠理论来分析选择使用哪种排序方法时，只对所需的工作量和所需的空间进行分析的局限性。必须根据应用程序和数据集的大小，仔细考虑其他因素。性能优化可能涉及大量的实验和测量。

12.7 基数排序

将基数排序单独放在了一节，有两个原因：

第一，基数排序不是比较排序，也就是说，该算法不会比较列表中的两个项。因此，无法根据比较来分析所做的工作量。实际上，基数排序与其他排序唯一的共同之处在于，它接收无序列表作为输入并返回有序列表作为输出。

第二，基数排序用于排序，就像散列用于查找一样。也就是说，它使用各个键中的值来重新定位项，就像散列使用键值来确定将项放置在何处一样。与其他排序算法一样，参数是要排序的值的数量以及存储它们的数组。

基数排序的思想是将要排序的值划分为尽可能多的子组，因为键中每个位置都有多种可能的选择。例如，如果键是整数，则每个位置都是一个数字，并且有 10 种可能性：0~9。如果键是一串字母并且大小写不重要，则每个位置都有 26 种可能性：a~z。可能性的数量称为**基数**。将值细分为基数子组后，将它们再次合并到一个数组，并重复该

> **基数**
> 每个位置的可能性数量，数字系统中的数字。

过程。如果从键中最低有效位置开始，按照顺序重新组合值，并重复这个过程。只要键中有位置，每次向左移动一个位置，当完成后，数组已排好序。

考虑基数排序的一种方法是，将每个键分解为多个子键，然后对每个子键使用一系列稳定的排序。稳定排序技术是基于子键值的散列原理，因此速度非常快。

下面通过对三位数的正整数进行排序来说明该算法。在一个三位数的数字中，分别将个位、十位和百位分别称为位置 1、2 和 3。根据个位位置（位置 1）上的数字将这些值分为十个子组，并创建一个队列数组：queues[0]..queues[9]，以存储组。所有在个位位置具有 0 的项都排队到 queues[0] 中，所有在个位位置具有 1 的项都排队到 queues[1] 中，以此类推。我们正在使用该数字作为索引（一个普通的散列函数）来指示插入值的相应队列。

在第一次遍历数组之后，收集了子组（队列），其中 queues[0] 子组在顶部，queues[9] 子组在底部。此收集过程保留了我们已实现的排序，因此它实际上是给定数字上的稳定排序。

在十位和百位上重复该过程。当最后一次收集队列时，数组中的值是有序的。该算法如图 12.13 和图 12.14 所示。

原始数组	遍历一次后的数组	遍历两次后的数组	遍历三次后的数组
762	800	800	001
124	100	100	100
432	761	001	124
761	001	402	402
800	762	124	432
402	432	432	761
976	402	761	762
100	124	762	800
001	976	976	976
999	999	999	999

图 12.13　每次遍历后的数组

(a) 遍历一次后的队列

[0]	[1]	[2]	[3]	[4]	[5]	[6]	[7]	[8]	[9]
800	761	762		124		976			999
100	001	432							
		402							

(b) 遍历两次后的队列

[0]	[1]	[2]	[3]	[4]	[5]	[6]	[7]	[8]	[9]
800		124	432			761	976		999
100						762			
001									
402									

(c) 遍历三次后的队列

[0]	[1]	[2]	[3]	[4]	[5]	[6]	[7]	[8]	[9]
001	100			402			761	800	976
	124			432			762		999

图 12.14　每次遍历后的队列

每次遍历后查看数组，与遍历次数相对应的位置中的数字将被排序（见图 12.13）。同样，遍历对应的位置的数字与其所在队列的索引相同（见图 12.14）。

为这个示例的基排序编写算法，然后研究使其更具有一般性的方法。

RadixSort(values, numValues)

```
for 从 1 到 3 的每个 position
    for 从 0 到 numValues-1 的每个 counter
        设置 whichQueue 为在位置 values[counter] 中的 position 的数字
        queues[whichQueue].Enqueue(values[counter])
    收集队列
```

在这种算法中，外循环的每次迭代对应于图 12.13 和图 12.14 中的一次遍历。在第一次遍历中，使用整数项的个位来确定该项的适当队列。在第二次遍历中，使用十位。在第三次遍历中，使用百位。接下来，需要编写算法的 Collect Queues 步骤。在这里，从所有队列中收集项，然后将它们放回 values 数组中。

Collect Queues

```
将 index 设为 0
for 从 0 到 9 的每个 counter
    while !queues[counter].IsEmpty()
        queues[counter].Dequeue(item)
        将 values[index] 设为 item
        递增 index
```

既然理解了三位数整数键的算法，在编写代码之前，先看看如何使其更加通用。在第 4 章中，介绍将项插入有序列表中时，要求将两个项进行比较，以将其作为 ItemType 的成员函数。这里的相应想法是将访问键中的正确位置作为一个函数（SubKey）。例如，对于整数键，必须使用"/"和"%"提取数字，如果键是一个字符串，那么需要访问一个字符数组。这一点只有用户知道，因此用户应为 ItemType 提供成员函数以访问键中的连续位置。SubKey 函数将位置号作为参数。

但是，基数排序函数本身必须知道键中的位置数（numPositions）和键中每个位置的可能基数（radix），将 numPositions 和 radix 作为函数的参数。

```cpp
template<class ItemType>
void RadixSort(ItemType values[], int numValues, int numPositions, int radix)
// 后置条件: 值中的元素按键排序
{
    QueType<ItemType> queues[radix];
    // 使用默认构造函数, 每个队列大小为 500
    for (int position = 1; position <= numPositions; position++)
    {
        for (int counter = 0; counter < length; counter++)
        {
            whichQueue = values[counter].SubKey(position);

            queues[whichQueue].Enqueue(values[counter]);
```

```
        }
      CollectQueues(values, queues, radix);
    }
  }


  template<class ItemType>
  void CollectQueues(ItemType values[], QueType<ItemType> queues[],
      int radix)
  // 后置条件：队列通过顶部的队列 [0] 和底部的队列 [9] 连接起来，并复制到值中
  {
    int index = 0; ItemType item;

    for (int counter = 0; counter < radix; counter++)
    {
      while (!queues[counter].IsEmpty())
      {
        queues[counter].Dequeue(item);
        values[index] = item;
        index++;
      }
    }
  }
```

如果键是整数值，则 SubKey 函数必须获取位置编号并提取该位置的数字。让我们计算几个位置，并看看有什么规律。假设 itemKey 是四位整数 8749：

位置 1：itemKey % 10= 9

位置 2：(itemKey / 10) % 10= 4

位置 3：(itemKey / 100) % 10= 7

位置 4：(itemKey / 1000) % 10= 8

注意，随着位置数变大，除法运算的第二个操作数也会增加。如果将第一次计算改写为：

位置 1：(itemKey / 1) % 10

模式变得更加清晰：

$$Result = (itemKey / 10^{position - 1}) \% 10$$

如果键是字母，则 SubKey 必须获取每个字符并将其转换为 0~25（如果不区分大小写）或 0~51（如果区分大小写）之间的数字。

分析基数排序

基数排序完成的工作量比迄今为止我们研究过的任何情况都要复杂。数组中的每一项都要处理 numPositions 次，使 Big-O 分析成为两个变量的函数：N（要排序的项的数量）和 P（键中的位置数）。该处理包括从键中提取一个值、将该项插入队列、使每个项出队以及将每个项复制回数组。每个操作都是 O(1)，因此近似是 O(NP)。但是，当 N 很大时，它优于 P。（使用我们熟悉的类比，N 是大象，P 是金鱼。）

在基数排序的每次迭代中，都会收集队列，这意味着每个要排序的项在每次迭代中都会被处理两次：一次将其放入队列，一次在收集队列时进行。通过使用链接的队列实现并直接访问队列，以链接的形式重新创建中间列表，可以在某种程度上简化基数排序的处理。但是，这种方法需要将最终的链接版本复制到基于数组的形式。

对空间有什么需求呢？ RadixSort 函数要求每个元素至少有两个副本：数组中的一个位置和队列中的一个位置。如果队列是基于数组的，则空间量会大得惊人，因为每个队列必须为每个元素留出空间。如果队列是链接的，则需要为 N 个指针提供额外空间。如果要排序的值以链接的形式排列，这种算法同样有效，那么就可以减少空间需求。可以从链接结构中删除结点，然后将其移动到适当的队列中，最后可以通过链接队列来重新创建链接的结构。这样，在链接结构中或子组（队列）中，一个项（加上一个指针）只存在一个副本。

因此，如果我们使用队列和列表的链接版本，那么时间和空间要求都可以在基数排序中得到改善。

12.8 并行归并排序

对于大型数据集，即使使用 $O(N \log_2 N)$ 进行排序，也可能非常耗时。但是，在计算的早期，这几乎是我们所希望的最好的结果，因为计算机被设计为一次执行一个操作，称为**串行**或**顺序处理**。但是，现代计算机实际上由多个独立的计算机处理器（称为内核）组成。通过复制某些内部硬件组件，每个内核通常被设计为同时运行两个或多个程序。

如果我们可以利用这些功能在排序中同时执行操作，那么它的运行速度会更快。在 C++11 标准之前，如果不使用第三方类库是无法做到这一点的。但是从那时起，该语言就内置了对所谓的**并行处理**的支持，排序提供了演示并行处理的绝佳机会。

> **串行（顺序）处理**
> 一次只进行一个操作的计算。
> **并行处理**
> 同时执行多个操作的计算。

一个算法要想成为利用并行性的良好候选算法，所必需的一个条件就是将工作划分为多个独立的部分。当算法满足这个性能要求时，就很容易指定让其同时计算各个部分。因此，如果一个任务有 50 个独立的工作，并且计算机可以一次执行 50 个独立的程序（称为线程），则理论上我们可以获得 50 倍的性能提升。

我们强调"理论上"是因为创建每个线程需要花费一些精力，而这又是另一种形式的开销。尽管如此，如果还有很多工作要做，则创建线程的开销将相对较小，并且我们可以实现近乎最大的加速。如果要对大量的值进行排序，那么合并并行处理是非常值得的。

在我们研究过的多种排序算法中，最容易采用的一种是归并排序。回想一下，它是先通过递归将数组分成独立有序的部分，然后再进行合并来实现的。这些独立的排序是潜在并行的一个主要例子。

与先前分析的工作不同，在本节中，我们主要对特定计算机上的最佳实时性能进行介绍。因此，我们需要统计计算机在排序上花费的处理时间。应该怎么做？你可以让程序在排序之前和之后分别输出一条消息，并使用秒表对整个过程进行计时。但是除非你能做出令人难以置信的快速反应，否则不太可能获得准确的时间。幸运的是，大多数操作系统内置了计时器，而 C++ 允许我们通过一个名为 chrono 的库来访问它们。简单地写为：

```
#include <chrono>
```

在程序开始时，该库提供了一个名为 time_point 的模板类和另一个名为 system_clock 的类型，该类可用于定义保存高精度时间值的对象：

```
chrono::time_point<chrono::system_clock> start;
chrono::time_point<chrono::system_clock> end;
```

system_clock 提供了一个现在调用的函数，该函数返回当前时间。因此，我们可以在排序之前调用它，并将结果赋值给 start，然后在排序之后调用它，并将结果赋值给 end，如下所示：

```
start = chrono::system_clock::now();
MergeSort<ItemType>(valuesArray, 0, MAX_ITEMS, tempArray);
end = chrono::system_clock::now();
```

chrono 库还提供了一个称为 duration 的模板类，该类可以保存两个时钟值之间的差值，以秒为单位。然后，可以使用其 count 成员函数访问该时间。例如：

```
chrono::duration<float> elapsed = end-start;
cout << "Execution time in seconds = " << elapsed.count() << "\n";
```

下面是所有的片段，它们聚集在一个调用 MergeSort 的程序中，使用 int 作为 ItemType。该程序首先使用随机整数填充数组（使用 stdlib.h 中的 rand 函数），然后对其进行排序并报告执行时间：

```
int main(int argc, const char * argv[])
{
  chrono::time_point<chrono::system_clock> start;
  chrono::time_point<chrono::system_clock> end;
  // 用随机整数初始化数组
  for (int index = 0; index < MAX_ITEMS; index++)
  {
    numbers[index] = rand() % 1000000000;
  }
  start = chrono::system_clock::now();                    / 记录开始时间
  MergeSort<int>(numbers, 0, MAX_ITEMS-1, temp);          // 运行排序
  end = chrono::system_clock::now();                      // 记录结束时间
  chrono::duration<float> elapsed = end-start;            // 报告时间
  cout << "Execution time in seconds = " << elapsed.count() << "\n";
  return 0;
}
```

当我们使用含有 2000 万个值的数组运行此程序时，它报告的执行时间大约为 8.2 秒。强调 "大约" 是因为每次运行之间的时间相差约 0.05 秒。原因是操作系统会在后台运行其他程序，如检查电子邮件等，并且这些程序随机地与我们的程序竞争处理时间。

从理论上讲，在这台四核处理器的机器上，每个内核可以一次运行两个线程（具有八路并行性的潜力），应该可以将时间缩短到一秒多一点。看看如何做到这一点。首先导入另一个库：

```
#include <thread>
```

thread 类提供了一个构造函数，该构造函数将一个函数作为其第一个参数。在函数名称之后，列出函数的参数。然后，构造函数告诉操作系统将函数作为一个单独的程序执行，将参数传递给它，然后它就开始运行，完成所需执行的任何工作。真的那么简单吗？

一旦释放了线程，在尝试使用其结果之前，还必须检查它是否已完成。这需要再次调用一个名为 join 的函数。当调用 join 时，程序开始等待。一旦线程发送信息告诉 join 它已经完成了，程序便会继续执行。通过在调用 join 之前生成多个线程来获得并行性。在使用每个线程的结果之前，必须在每个线程上调用 join。MergeSort 函数编码如下：

```
template<class ItemType>
void MergeSort(ItemType values[], int first, int last, ItemType tempArray[])
// 后置条件：values 中的元素按键排序
{
  if (first < last)
  {
    int middle = (first + last) / 2;
    thread left (MergeSort<ItemType>, values, first, middle, tempArray);
    thread right (MergeSort<ItemType>, values, middle+1, last, tempArray);
    left.join();
    right.join();
    Merge<ItemType>(values, first, middle, middle+1, last, tempArray);
  }
}
```

每一个左、右排序都派生为一个单独的线程。当然，每个线程都会递归地产生一对新的线程，这样我们最终会拥有和值一样多的线程。这应该足以获得这台机器上所有潜在的并行性了。和以前一样，我们将对一个 int 值数组进行排序，只需尝试一个大小为 1 000 的数组即可。

运行原始 MergeSort 会为此数组花费 0.000 197 秒的时间，并行版本需要 1.51 943 秒，大约慢了 7 700 倍！还记得前面提到过的开销吗？当排序达到最低递归级别时，它将对单个值进行排序并返回它。这个微不足道的工作量比产生线程所需的工作少几千倍。因此，计算开销占主导地位。实际上，对于这台特定的计算机，超过约 1 000 个线程，程序就会崩溃，是因为操作系统限制了单个程序可以请求的线程数。我们显然需要不同的策略。

每个线程必须有足够的工作来隐藏创建线程的开销。可以在几个递归级别之后切换到运行常规的 MergeSort 函数，而不是在每个递归级别上生成一对线程。那该怎么做？一种方法是传递另一个参数，该参数在每个级别上递增。在函数中，可以检查级别计数并调用函数的串行（非并行）版本。问题是，如果数组很小，最终仍然可以通过很少的工作生成线程。

我们想要的是一种指定工作量的方法，这个工作量太小，不需要尝试并行化。可以在排序的并行版本中添加参数 chunkSize。当 last−first 大于 chunkSize 时，以递归方式生成线程来划分工作；否则，我们调用排序的串行版本来完成调用树的这部分中剩余的一小部分工作。下面展示了完整程序的代码，省略了 Merge 函数（它不变）：

```cpp
#include <iostream>
#include <stdlib.h>
#include <thread>
#include <chrono>

using namespace std;

const int MAX_ITEMS = 20000000;
int numbers[MAX_ITEMS];
int temp[MAX_ITEMS];
int chunk;
// 合并功能会出现在这里，限于篇幅，这里省略了
template<class ItemType>
void SerialMergeSort(ItemType values[], int first,
                     int last, ItemType tempArray[])

// 后置条件：values 中的元素按键排序
{
  if (first < last)
  {
    int middle = (first + last) / 2;
    SerialMergeSort<ItemType>(values, first, middle, tempArray);
    SerialMergeSort<ItemType>(values, middle+1, last, tempArray);
    Merge<ItemType>(values, first, middle, middle+1, last, tempArray);
  }
}

template<class ItemType>
void ParallelMergeSort(ItemType values[], int first,
                       int last, ItemType tempArray[], int chunkSize)
// 后置条件：values 中的元素按键排序
{
  if (first < last)
  {
    int middle = (first+last) / 2;
if (last-first > chunkSize)        // 如果还剩下足够的工作，就启动更多线程
    {
      thread left (ParallelMergeSort<ItemType>, values, first,
                   middle, tempArray, chunkSize);
      thread right (ParallelMergeSort<ItemType>, values, middle+1,
                    last, tempArray, chunkSize);
      left.join();
      right.join();
    }
```

```
else                                        // 否则在局部完成排序
  {
    SerialMergeSort<ItemType>(values, first, middle, tempArray);
    SerialMergeSort<ItemType>(values, middle+1, last, tempArray);
  }
  Merge<ItemType>(values, first, middle, middle+1, last, tempArray);
  }
}

int main(int argc, const char * argv[])
{
  chrono::time_point<chrono::system_clock> start;
  chrono::time_point<chrono::system_clock> end;
  // 用随机整数初始化数组
  for (int index = 0; index < MAX_ITEMS; index++)
  {
    numbers[index] = rand() % 1000000000;
  }
  cout << "Enter chunk size (<= " << MAX_ITEMS << "): ";
  cin >> chunk;
  start = chrono::system_clock::now();                        // 记录开始时间
  ParallelMergeSort<int>(numbers, 0, MAX_ITEMS-1, temp, chunk);   // 运行排序
  end = chrono::system_clock::now();                          // 记录结束时间
  chrono::duration<float> elapsed = end-start;               // 报告时间
  cout << "Execution time in seconds = " << elapsed.count() << "\n";
  return 0;
}
```

注意，我们没有指定固定的块大小，而是让用户输入它。这将使我们能够尝试不同的大小并查看效果如何。还将数组大小设置为 2 000 万，以提供足够的工作量来使处理器保持繁忙。我们正在显式实例化模板函数。在最初的排序中，编译器可以推断出函数的类型。但是使用 thread 构造函数，它无法做到这一点。你可能已经认识到，线程构造函数在处理另一个函数的参数方面是不寻常的，并且这种在库中完成的方式使编译器无法推断出模板类型。表 12.3 显示了一系列不同块大小的运行结果。

表 12.3 并行归并排序的性能

块规模	线程数	时间 / 秒
20 000 000	1	8.2
10 000 000	2	4.2
5 000 000	4	2.4
2 500 000	8	1.5
1 250 000	16	1.5

块规模	线程数	时间 / 秒
625 000	32	1.5
312 500	64	1.5
100 000	200	1.5
25 000	800	1.6

一旦线程数量达到该特定计算机的潜在并行度，时间就不会进一步减少。当块规模降至 25 000 以下时，开销开始成为重要因素，时间也会增加。如果对于较大的块来说开销很小，为什么时间没有减少到单个线程的八分之一？

答案是我们没有并行处理所有的工作。我们为排序函数启动了线程，但在它们连接之后，合并仍然是串行进行的。能把这个也并行化吗？答案是肯定的，但这并没那么简单。排序将数组分为两部分，因此每个线程都在处理自己的一半数组。为了使合并并行，我们需要将数组分成两对，这两对可以独立地合并。

这意味着两对中的值必须在独立的范围内。例如，假设要合并的两个数组包含 0~999 的值。如果我们可以将它们分为两对数组，使第一对数组包含 0~499 的值，而第二对数组包含 500~999 的值，那么我们可以并行合并这两个数组。

如何以这种方式拆分数组？必须查找两个数组以找到大约在其范围中间的分割值。因为它们已经按顺序排列好了，因此可以使用二分查找来快速完成此操作。我们可以递归地将数组拆分成更多可以并行合并的部分。但是拆分依赖于数据值，这可能导致大小明显不同的数组片段。例如，在前面的示例中，三分之二的值可能在 0~499 范围内。

有些部分可能非常小，以至于没有足够的工作来掩盖线程创建的开销。相反，不好的分割可能会将大部分工作分配给一个线程，因此它花费的时间几乎与串行合并的时间相同。并行合并步骤很复杂，并且不能保证会显著提高性能。

我们还应该了解一下并行算法的另一方面。Merge 函数将值合并到单个数组。通过仔细地安排索引，所有这些赋值都位于不同的位置，并且相互不会冲突。但考虑一下，如果我们试图将基排序并行化，将数组划分为不同的线程，每个线程将值从数组中各自部分的值并行地写入各个队列，会发生什么情况。

每个入队操作都包含多个步骤。在链接表示中，入队的关键步骤是：

```
if (rear == NULL)
  front = newNode;
else
  rear->next = newNode;
rear = newNode;
```

问题在于线程可以以任何顺序执行。因此，一个线程可能会更改 rear 元素的 next 字段，在它更新 rear 之前，可能会出现另一个线程并创建其自己的 newNode，并设置 newNode 指向它。因此，第一个线程的 newNode 将丢失。

要避免这样的问题，需要通过一个名为 mutex（互斥量）对象仔细协调写入值的时间。它是 thread 库中的另一个类，它使线程能够获得对其正在使用的数据结构的独占访问权限。处理并发访问是一个更高级的并行算法课程的主题。下面用最后一个例子来说明可能发生的问题，这是一个非常简单的线程程序：

```cpp
#include <iostream>
#include <thread>
using namespace std;

void hello (int n){
  cout << "Hello, World #" << n << "\n";
}

int main(int argc, const char * argv[])
{
  thread first(hello, 1);
  thread second(hello, 2);
  cout << "Goodbye, World!\n";
  first.join();
  second.join();
  return 0;
}
```

它只是原 HelloWorld 备用程序的一种变体，它输出两次消息，每次都在一个单独的线程中，并带有一个标识号。然后在退出之前输出"Goodbye，World！"。你认为会发生什么呢？运行了三次，得到如下的输出：

```
Goodbye, World!
HHeelllloo,,  WWoorrlldd  ##2
1
Goodbye, World!
Hello, World #Hello, World #2
1

Goodbye, World!
Hello, World #1
Hello, World #2
```

同你想象的一样，每次输出都是随机混杂的。线程确实在同时运行。每个字符在屏幕上显示之前，它们获得操作系统的关注，并将每个字符放入输出缓冲区中，放入的顺序取决于系统在做什么。

并行处理具有显著提高性能的潜力。并行归并排序运行速度提高了 5.5 倍，在一台机器上，可以达到的最佳速度是 8 倍。当一种算法为利用多线程提供如此简单的路径时，这样做是值得的。许多算法并行化并不容易。在这种情况下，可以使用更复杂的技术来并行完成工作，或者我们可能会寻找替代算法。有时，稍微慢一点的串行算法会为并行机制提供更多机会。

你可能会想知道使用并行算法是否真的值得。在我们的测试用例中，它将排序时间从 8.2 秒缩短到 1.5 秒，这几乎不足以令人吃惊。但是，请考虑一下，在预测明天的天气时，时间将产生 5 倍的差异。如果预测用时是 50 小时而不是 10 小时，那么直到后天才会发布明天的天气预测，这根本没有用。

同样，计算机中可用的并行性数量也在增长，以至于 32 路和 64 路并行性正变得越来越普遍。但许多计算机中的图形处理器已经可以支持数千个并行线程，尽管使用它们需要一种特殊的编程语言。而超级计算机，由数十万个处理器组成，可以运行数百万个线程。懂得如何利用并行算法显然是现代计算机编程的一项关键技术。

12.9 小结

在本章中，我们没有尝试描述所有已知的排序算法。相反，我们只介绍了几种常用的类型，其中存在许多变体。从该介绍中可以清楚地看出，没有一种排序能适合所有程序。对于相当小的 N 值，简单的、一般的 $O(N^2)$ 排序同样有效，有时还会更好。因为它们很简单，程序员编写和维护它们所需的时间相对较少。当添加功能以改善排序时，同时增加了算法的复杂性，既增加了例程所需的工作，又增加了程序员维护它们所需的时间。

选择排序算法时的另一个考虑因素是原始数据的顺序。如果数据已经排序（或几乎排序），则 ShortBubble 为 $O(N)$，而 QuickSort 的某些版本为 $O(N^2)$。

与往常一样，选择算法的第一步是确定特定应用程序的目标。此步骤通常会大大缩小选择范围。之后，对各种算法的优缺点的了解有助于更好地作出选择。即使这样，如果性能是一个关键目标，则可能有必要进行一些实验，以找到能够为给定计算机系统提供最佳速度的某种排序。

按照 Big-O 比较本章所介绍的排序算法，见表 12.4。

表 12.4 排序算法的比较

排序算法	数量级		
	最好情况	平均情况	最坏情况
直接选择排序	$O(N^2)$	$O(N^2)$	$O(N^2)$
冒泡排序	$O(N^2)$	$O(N^2)$	$O(N^2)$
短冒泡排序	$O(N)$ *	$O(N^2)$	$O(N^2)$
插入排序	$O(N)$ *	$O(N^2)$	$O(N^2)$
归并排序	$O(N \log_2 N)$	$O(N \log_2 N)$	$O(N \log_2 N)$
快速排序	$O(N \log_2 N)$	$O(N \log_2 N)$	$O(N \log_2 N)$（依赖于拆分）
堆排序	$O(N \log_2 N)$	$O(N \log_2 N)$	$O(N \log_2 N)$

* 数据几乎有序。

基数排序未在表 12.4 中体现，因为它不是基于键比较的。这种排序算法使用不同键位置中的值将列表依次划分为子列表，然后将子列表重新收集在一起。这个过程重复多次，只要键中有位置，就会对列表进行排序。

为了解决问题，程序员通常倾向于考虑创建新的算法，而不是改编别人的解决方法。但是，对于已经像排序一样深入探讨过的问题，熟悉基本技术非常重要。排序是你将在许多情况下重复使用的高级工具。正如木匠必须了解不同种类的锯子的性能和局限性一样，即使它们都用于切割木材，我们也需要知道哪种类型的排序算法适合涉及排序数据的不同问题。

现代计算机通过使用并行处理提供了改进性能的潜力。我们看到了 MergeSort 是如何方便地利用并行性的，因为它首先把工作分成独立的部分。我们使用 C++ 线程库的简单实现，使支持八路并行性的计算机上的速度提高了 5.5 倍。在此过程中，我们遇到了线程创建开销的问题，并且需要给每个线程足够的工作来掩盖这种开销。

对排序技术的介绍，为研究测量工具（Big-O）的近似能力和局限性提供了一个机会，它帮助我们确定一个特定算法所需的工作量。还了解到另一种测量工具——系统时钟，它让我们测量实际的处理时间。构建和测量工具都需要构建完善的程序解决方案。

12.10　练习

1. 列出下列排序第四次迭代之后数组中的内容。

43	7	10	23	18	4	19	5	66	14
[0]	[1]	[2]	[3]	[4]	[5]	[6]	[7]	[8]	[9]

 a. Bubble Sort

 b. Selection Sort

 c. Insert Sort

2. a. 说明练习 1 中数组中的值将如何重新排列才能满足堆的属性。

 b. 说明重堆后在已排序部分有四个值的数组看起来是怎样的。

3. a. 在第一次（非递归的）调用 MergeSort 并执行 Merge 函数之前，练习 1 中的数组值是如何被立即排列的。

 b. 在第一次调用 QuickSort 并执行 Merge 函数之前，练习 1 中的数组值是如何被立即排列的。

4. 给出如下数组：

26	24	3	17	25	24	13	60	47	1
[0]	[1]	[2]	[3]	[4]	[5]	[6]	[7]	[8]	[9]

判断排序算法在经过四次迭代后会产生以下哪种结果。

a.	1	3	13	17	26	24	24	25	47	60
	[0]	[1]	[2]	[3]	[4]	[5]	[6]	[7]	[8]	[9]
b.	1	3	13	17	25	24	24	60	47	26
	[0]	[1]	[2]	[3]	[4]	[5]	[6]	[7]	[8]	[9]
c.	3	17	24	26	25	24	13	60	47	1
	[0]	[1]	[2]	[3]	[4]	[5]	[6]	[7]	[8]	[9]

5. 使用 ShortBubble 对包含 100 个元素的数组进行排序，在以下情况下需要进行多少次比较？

　　a. 在最坏的情况下。

　　b. 在最好的情况下。

6. 调用排序函数可以对从文件中读取的 100 个整数列表进行排序。所有 100 个值都为 0，如果使用的排序方法为下列方法时，执行要求（以 Big-O 符号表示）会是什么？

　　a. QuickSort，第一个元素作为分割值

　　b. ShortBubble

　　c. SelectionSort

　　d. HeapSort

　　e. InsertionSort

　　f. MergeSort

7. 如果已经对原始数组值进行了排序，那么使用 SelectionSort 对包含 100 个元素的数组进行排序需要进行多少次比较。

　　　a. 10000

　　　b. 9900

　　　c. 4950

　　　d. 99

　　　e. 以上都不是

8. 使用归并排序按降序对 1000 个测试成绩的数组进行排序。下列哪些陈述是正确的？

　　a. 如果原始测试分数从最小到最大排序，则排序最快。

　　b. 如果原始测试分数完全随机，则排序最快。

　　c. 如果原始测试分数从最大到最小排序，则排序最快。

　　d. 无论原始元素的顺序如何，排序时间都是相同的。

9. 当调用排序算法时，列表按从小到大的顺序排序。以下哪种类型的执行时间最长，哪种类型的执行时间最短？

　　a. QuickSort，将第一个元素作为分割值

b. ShortBubble

c. SelectionSort

d. HeapSort

e. InsertionSort

f. MergeSort

10. a. 在什么情况下（如果有的话），冒泡排序的复杂度为 O(N)？

b. 在什么情况下（如果有的话），选择排序的复杂度为 O($\log_2 N$)？

c. 在什么情况下（如果有的话），快速排序的复杂度为 O(N^2)？

11. 要对一个非常大的元素数组进行排序，该程序将在内存有限的个人计算机上运行，选择堆排序还是归并排序更好？为什么？

12. 使用三问法验证 MergeSort。

13. 判断正误，并纠正错误的陈述。

a. MergeSort 比 HeapSort 需要更多的执行空间。

b. QuickSort（将第一个元素作为分割值）比 HeapSort 更适合几乎有序的数据。

c. HeapSort 的效率不受进入函数的元素顺序的影响。

14. 以下关于 QuickSort 的陈述，哪些是正确的？

a. 递归版本比非递归版本执行得更快。

b. 递归版本比非递归版本具有更少的代码行。

c. 与递归版本相比，非递归版本在运行时栈中占用更多的空间。

d. 它只能作为一个递归函数来编程。

15. "程序员时间是一个效率考量因素"这句话是什么意思？在这种情况下，举例说明程序员的时间用来决定算法的选择（可能以其他效率考量因素为代价）。

16. 判断下列哪些答案是正确的。当对指向列表元素的指针数组重新排列，而不是对元素本身进行排序，哪些条件比较有利？

a. 元素的数量非常大。

b. 单个元素的值很大。

c. 排序是递归的。

d. 有多个键可对元素进行排序。

17. 仔细阅读本章编码的排序算法，确定哪种编码算法是稳定的。如果存在不稳定的算法（除 HeapSort），请使其稳定。

18. 给出支持和反对使用函数（如 Swap）来封装排序例程中经常使用的代码的理由。

19. 编写一个冒泡排序算法的版本，该算法按降序对整数列表进行排序。

20. 本章讲述了 HeapSort 本质上是不稳定的，说明其原因。

21. 苏伊县即将举行一年一度的大猪（Big Pig）比赛。因为谢里夫（Sheriff）的儿子威尔伯（Wilbur）主修计算机科学，所以该县雇用他来对"大猪"进行计算机化判断。每头猪的名字（字符串）和体重（整数）将从键盘读入。该县预计今年将有 500 名参赛者。

所需的输出是十头最重的猪的列表，按从大到小排序。因为威尔伯刚在学校里学到了一些排序方法,他觉得自己能胜任编写这个"猪的重量"的任务。他编写了一个程序将所有条目读入一个记录数组，然后使用直接选择排序将整个数组按照 pigWeight 成员排序，然后从数组中输出十个最大的值。

你能想到一种更有效的方式编写此程序吗？如果能，请写出算法。

22. 某大学需要一份去年被录取的 14 226 名学生的 SAT 总百分位数的名单。数据在文本文件中，每位学生信息占据一行。该行包含学生的身份证号码、SAT 总分、数学成绩、英语成绩和高中成绩平均分。（两个字段之间用一个空格隔开。）所需要的输出是所有百分位分数的列表，每行一个，从最高到最低排序，输出副本。写出生成列表的 O(N) 算法。

23. 在以下情况下，你不会选择使用哪种排序算法？

    a. 排序稳定。

    b. 数据按键降序排列。

    c. 数据按键升序排列。

    d. 空间非常有限。

24. 根据移动的元素数量而不是比较数量来确定 SelectionSort 的 Big-O 复杂度：

    a. 最好情形。

    b. 最坏情形。

25. 根据移动的元素数量而不是比较数量来确定 BubbleSort 的 Big-O 复杂度：

    a. 最好情形。

    b. 最坏情形。

26. 根据移动的元素数量而不是比较数量来确定 QuickSort 的 Big-O 复杂度：

    a. 最好情形。

    b. 最坏情形。

27. 根据移动的元素数量而不是比较数量来确定 MergeSort 的 Big-O 复杂度：

    a. 最好情形。

    b. 最坏情形。

28. 如何修改基数排序算法以按降序对列表进行排序？

29. 基数排序算法使用队列数组，一个栈的数组同样有效吗？

30. 在 Web 上，Sorts.in 文件包含针对排序算法的最小测试计划，设计一个更全面的测试计划，并使用 SortDr.cpp 应用它。

31. 在你自己的计算机上运行并行归并排序，尝试不同大小的块，以查看你可以从可用的并行性中提高多少速度。

32. C++ 线程库提供了一个函数，该函数返回硬件能够运行的线程数。修改并行归并排序，以使用户能指定最小块大小。然后，程序应使用可用线程数和 MAX_ITEMS 来确定生成这么多线程的最大块大小。如果计算出的块大小大于用户指定的大小，则使用该值。以下是获取可用线程数的方法：

```
unsigned int maxthreads = thread::hardware_concurrency();
```

33. 将练习 31 中的测试结果与练习 32 中方法获得的性能进行比较，使用大于硬件可用数量的线程数是否会产生更快的性能？平均情况而言，是否有可能获得持续较好的性能，还是只在正常的变化范围之内？

34. 使用基数排序并行性的一种方法是将数组分成单独的部分，并用单独的线程检查每个部分，依次取每个值并调用 enqueue 将其放置在适当的队列中。你能发现这种方法有什么问题吗？

35. 向基数排序添加并行性的另一种方法是将进程反过来，并为每个队列分配一个线程。每个线程读取整个数组，寻找应该在其队列中排队的值。因此，所有队列都被并行填充。但是，如果你采用这种方法，将发现它并没有运行得更快。为什么会这样？

第**13**章

图

学习完本章后，你应该能够：

- 定义与图相关的如下术语：
    - ◆ 有向图。
    - ◆ 无向图。
    - ◆ 顶点。
    - ◆ 边。
    - ◆ 路径。
    - ◆ 完全图。
    - ◆ 加权图。
    - ◆ 邻接矩阵。
    - ◆ 邻接表。
- 使用邻接矩阵表示边来实现一个图。
- 解释图的深度优先搜索和广度优先搜索之间的区别，并使用栈和队列作为辅助存储来实现这些搜索策略。
- 实现最短路径操作，使用优先级队列访问权值最小的边。

到目前为止，我们已经介绍了栈、队列、链表、各种形式的树、堆、优先级队列、集合和映射。那么我们应该选择哪一种结构来布置与连接互联网设备呢？如果是要设计城市网络和连通道路呢？答案是，用我们迄今为止所考察的任何一个 ADT 来完成这些任务都具有挑战性。以前所有的 ADT 都具有非常规则的结构。但现实世界中存在着许多不规则的结构和关系的例子。在本章中，我们研究当完全放松链接结构的形状属性时会发生什么。结果就是计算机科学家所说的图。

13.1 图的定义与实现

13.1.1 逻辑层

二叉树提供了一种非常有用的表示存在层次结构的方式。也就是说，一个结点最多由另一个结点（其双亲结点）指向，每个结点最多指向另外两个结点（其子结点）。如果取消每个结点最多只能有两个子结点的限制，则我们将有一棵通用树，如下所示：

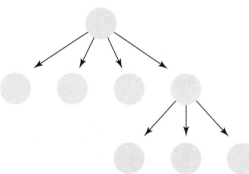

如果取消每个结点只能有一个双亲结点的形状限制，我们将拥有一个称为**图**的数据结构。图由一组称为**顶点**的结点和一组连接这些结点的称为**边（弧）**的线组成。请勿将图的这种用法与其他常见含义"在坐标系中绘制数据值或数学函数"混淆。

边的集合描述了顶点之间的关系。例如，如果顶点是城市的名称，连接顶点的边可以表示两座城市之间的道路。由于从休斯敦到奥斯汀的道路也是从奥斯汀到休斯敦的道路，所以图中的边没有方向，这种结构称为**无向图**。但是，如果连接顶点的边代表从一个城市到另一个城市的航线，则每个边的方向很重要。从休斯敦飞往奥斯汀的航班（边）的存在并不能保证从奥斯汀飞往休斯敦的航班也存在。每个边都是从一个顶点指向另一个顶点的图称为**有向图**。

从程序员的角度来看，顶点代表了研究的对象：人物、房屋、城市、课程等。在数学层面，顶点是图论赖以存在的未定义概念。实际上，大量的形式数学与图相关联。在其他计算机课程中，你可能会分析图形并证明

> **图**
> 一种数据结构，由一组结点和一组将结点彼此关联的边组成。
> **顶点**
> 图中的点。
> **边（弧）**
> 表示图中两个结点之间的连接顶点的线。
> **无向图**
> 边没有方向的图。
> **有向图**
> 每个边都从一个顶点指向另一个（或同一个）顶点的图。

有关它们的定理。本书将图作为 ADT 进行介绍，解释了一些基本术语，介绍了如何实现图，并描述了如何利用栈、队列和优先级队列操作图的算法。

在正式层面上，图 G 的定义如下：

$$G = (V, \ E)$$

其中，$V(G)$ 是一组有限的非空顶点集合；$E(G)$ 是边（写成顶点对）的集合。

要指定顶点的集合，在 {} 内用集合表示法列出它们。下面的集合定义了图 13.1（a）所示的图的四个顶点：

$$V(Graph1) = \{A, B, C, D\}$$

(a) Graph1 为无向图

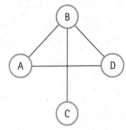

V(Graph1) = {A, B, C, D}
E(Graph1) = {(A, B), (A, D), (B, C), (B, D)}

(b) Graph2 为有向图

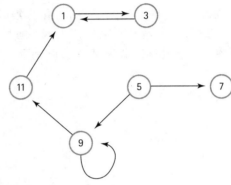

V(Graph2) = {1, 3, 5, 7, 9, 11}
E(Graph2) = {(1, 3), (3, 1), (5, 7), (5, 9), (9, 11), (9, 9), (11, 1)}

(c) Graph3 为有向图

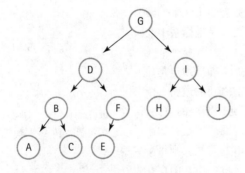

V(Graph3) = {A, B, C, D, E, F, G, H, I, J}
E(Graph3) = {(G, D), (G, I), (D, B), (D, F), (I, H), (I, J), (B, A), (B, C), (F, E)}

图 13.1　图的示例

边的集合是通过列出一系列边的序列来指定的。为了表示每条边，将它连接的两个顶点的名称写在括号中，并用逗号隔开。例如，图 13.1（a）中 Graph1 中的顶点由下面描述的四条边连接：

$$E(Graph1) = \{(A, B), (A, D), (B, C), (B, D)\}$$

由于 Graph1 是无向图,因此每个边中的顶点顺序并不重要。Graph1 中的边的集合也可以描述如下:

$$E(Graph1) = \{(B, A), (D, A), (C, B), (D, B)\}$$

如果图是有向图,则边的方向由最先列出的顶点指出。例如,在图 13.1(b)中,边 (5, 7) 表示从顶点 5 到顶点 7 的连接。但是,Graph2 不包含相对应的边 (7, 5)。注意,在有向图的图中,箭头指的是关系的方向。

如果图中的两个顶点通过一条边连接,则称它们为**相邻顶点**。在 Graph1 [见图 13.1(a)]中,顶点 A 和 B 相邻,但顶点 A 和 C 就不是相邻的。如果顶点由有向边连接,则称第一个顶点与第二个顶点相邻,第二个顶点与第一个顶点相邻。例如,在 Graph2 [见图 13.1(b)]中,顶点 5 与顶点 7 和 9 相邻,而顶点 1 与顶点 3 和 11 相邻。

图 13.1(c)中的 Graph3 可能看起来很熟悉——它是一棵树。树是有向图的一种特殊情况,在这种情况下,每个顶点可能只与另一个顶点(其双亲结点)相邻,一个顶点(根结点)不与任何其他顶点相邻。

从一个顶点到另一个顶点的**路径**由将它们连接起来的顶点序列组成。一条路径要存在,就必须有连续的边序列,从第一个顶点经过任意数量的顶点,到达第二个顶点。例如,在 Graph2 中,路径是从顶点 5 到顶点 3,而不是从顶点 3 到顶点 5。注意,在诸如 Graph3 [见图 13.1(c)]之类的树中,存在从根到树中每个其他结点的唯一路径。

在**完全图**中,每个顶点都与其他每个顶点相邻。图 13.2 显示了两个完全图。如果有 N 个顶点,则在完全的有向图中将有 $N(N–1)$ 条边,在完全的无向图中则有 $N(N–1)/2$ 条边。

在**加权图**中,每个边都带有一个值。加权图可以用来表示这样的情况,顶点之间的连接值很重要,而不仅仅是连接的存在。边的权值通常是与遍历它相关的成本之一。例如,在图 13.3 中的加权图中,顶点表示城市,边表示连接城市的航空公司航班,附在边上的权值代表两座城市之间的空中距离。

> **相邻顶点**
> 图中由边连接的两个顶点。
>
> **路径**
> 连接图中两个结点的顶点序列。
>
> **完全图**
> 每个顶点直接与其他每个顶点相连的图。
>
> **加权图**
> 每个边都包含一个值的图。

(a) 完全有向图

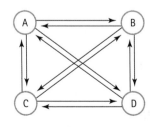

(b) 完全无向图

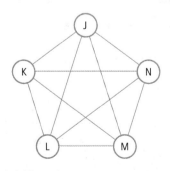

图 13.2 两个完全图

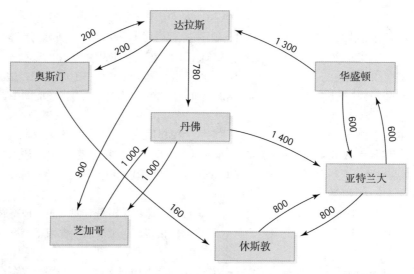

图 13.3　加权图

　　看看我们能否从丹佛到达华盛顿，需要在两座城市之间寻找一条路径。如果总行驶距离是由沿途每一对城市之间的距离之和决定的，那么我们可以通过将构成城市之间路径的边的权值进行相加来计算行驶距离。注意，两个顶点之间可能会有多条路径。在本章的后面，将介绍一种在两个顶点之间寻找最短路径的方法。

　　到目前为止，在抽象层次上把一个图描述为一组顶点和一组部分或所有顶点相互连接的边。图中定义了哪种操作？在本章中，我们指定并实现了一组有用的图操作。图中的许多其他操作也可以进行定义，我们选择的操作是在本章后面将要介绍的图程序。但是，我们必须先定义构建和处理图所需的操作。

　　我们需要添加顶点和边，确定边的权值，并获取与顶点相邻的顶点。让我们在 CRC 卡中收集有关创建图的观察结果：

类名: GraphType		超类:		子类:
职责		协作		
Initialize				
IsFull returns Boolean				
IsEmpty returns Boolean				
Add vertex to graph (vertex)		VertexType		
Add edge to graph (vertex, vertex, weight)		VertexType		
Return value weight (vertex, vertex)		VertexType, QueType		
Get a queue of to vertices (vertex, queue)				

以下是图 ADT 的规格说明：

图 ADT 的规格说明

结构：该图由一组顶点和一组将某些或所有顶点相互连接的加权边组成。

操作：

假设：　　　　　　　　在对图操作进行任何调用之前，必须先声明图，并已应用构造函数。

MakeEmpty

功能：　　　　　　　　初始化图为空状态。

后置条件：　　　　　　图为空。

Boolean IsEmpty

功能：　　　　　　　　测试图是否为空。

后置条件：　　　　　　函数值 = 图为空。

Boolean IsFull

功能：　　　　　　　　测试图是否已满。

后置条件：　　　　　　函数值 = 图已满。

AddVertex(VertexType vertex)

功能：　　　　　　　　向图中添加顶点。

前置条件：　　　　　　图未满。

后置条件：　　　　　　顶点在 V(graph) 中。

AddEdge(VertexType fromVertex, VertexType toVertex, EdgeValueType weight)

功能：　　　　　　　　添加一条从 fromVertex 到 toVertex 的具有指定权值的边。

前置条件：　　　　　　fromVertex 和 toVertex 在 V(graph) 中。

后置条件：　　　　　　(fromVertex, toVertex) 在 E(graph) 中并附有特定的权值。

EdgeValueType GetWeight(VertexType fromVertex, VertexType toVertex)

功能：　　　　　　　　确定从 fromVertex 到 toVertex 的边的权值。

前置条件：　　　　　　fromVertex 和 toVertex 在 V(graph) 中。

后置条件：　　　　　　如果边存在，则函数值 = 从 fromVertex 到 toVertex 的边的权值。

　　　　　　　　　　　如果边不存在，则函数值 = 特殊的 null-edge 值。

GetToVertices(VertexType vertex, QueType& vertexQ)

功能：　　　　　　　　返回与顶点相邻的顶点的队列。

前置条件：　　　　　　顶点在 V(graph) 中。

后置条件：　　　　　　顶点 Q 包含所有相邻顶点的名称。

13.1.2　应用层

图 ADT 的规格说明中仅包括最基本的操作。它不提供遍历操作。你可以想象，可以按照多种不同的顺序遍历一个图。因此，我们认为遍历是一种图应用程序，而不是固有操作。规格说明中给出的基本操作允许我们实现不同的遍历，而不用考虑图本身的实现方式。

在第 8 章中介绍了后序遍历问题，它深入树的最深层并不断向上到树的最高层。这种沿着分支向下到最深处然后向上移动的策略称为深度优先搜索策略。访问树中每个顶点的另一种系统方法是访问第 0 级（根）上的每个顶点，然后访问第 1 级上的每个顶点，然后访问第 2 级上的每个顶点，以此类推。以这种方式逐级访问每个顶点称为广度优先搜索策略。对于图，深度优先和广度优先搜索都是有用的。我们将在航空公司示例中描述这两种算法。

1. 深度优先搜索

我们可以根据图 13.3 来回答这样一个问题："我可以乘坐自己喜欢的航空公司的飞机从 X 市到达 Y 市吗？"这相当于问："图中是否存在从顶点 X 到顶点 Y 的路径？"，使用深度优先的搜索，开发一种算法，以查找从 startVertex 到 endVertex 的路径。

我们需要一个系统的方法来跟踪调查的城市。使用深度优先搜索，检查了与 startVertex 相邻的第一个顶点，如果是 endVertex，则搜索结束；否则，将检查从该顶点一步（与此顶点相邻）可以到达的所有顶点。同时，需要存储与 startVertex 相邻的其他顶点。如果从第一个顶点开始不存在路径，请返回并尝试第二个顶点、第三个顶点，以此类推。因为我们想沿着一条路径走得尽可能远，如果找不到 endVertex，则回溯，栈是一个很好的存储顶点的结构。

以下是使用的算法：

```
DepthFirstSearch

    将 found 设为 false
    stack.Push(startVertex)
    do
        stack.Pop(vertex)
        if vertex = endVertex
            写出最后的顶点
          将 found 设为 true
        else
            写出这个顶点
            将所有相邻顶点压入栈
    while !stack.IsEmpty() AND !found
    if (!found)
            输出 "路径不存在"
```

将此算法应用于图 13.3 所示的航线图。假设我们要从奥斯汀飞往华盛顿。我们通过将起始城市压入栈来初始化搜索［见图 13.4（a）］。在循环的开始，从栈中取出当前的城市奥斯汀。从奥斯汀可以直接到达的地方是达拉斯和休斯敦，将这两个顶点都压入栈［见图 13.4（b）］。在第二个迭代的开始处，从栈取出顶端的顶点——休斯敦。休斯敦不是我们的目的地，所以从这里继续搜索。从休斯敦飞往亚特兰大的航班只有一条，将亚特兰大压入栈［见图 13.4（c）］。再次，从栈中取出顶端的顶点——亚特兰大。亚特兰大也不是我们的目的地，所以继续从这里搜索。亚特兰大有飞往两个城市的航班：休斯敦和华盛顿。

但是我们刚从休斯敦过来！我们不想飞回已经到过的城市，这可能会导致无限循环。算法必须注意循环。也就是说，必须将一个城市标记为已访问过，以便不再对其进行第二次访问。假设已经标记了已经访问过的城市，然后继续这个示例。休斯敦已经被访问过，因此将其忽略。第二个相邻的顶点（华盛顿）尚未访问，因此将其压入栈［见图 13.4（d）］。最后，从栈中取出顶端的顶点——华盛顿。华盛顿是目的地，所以搜索已经完成。使用深度优先搜索从奥斯汀到华盛顿的路径如图 13.5 所示。

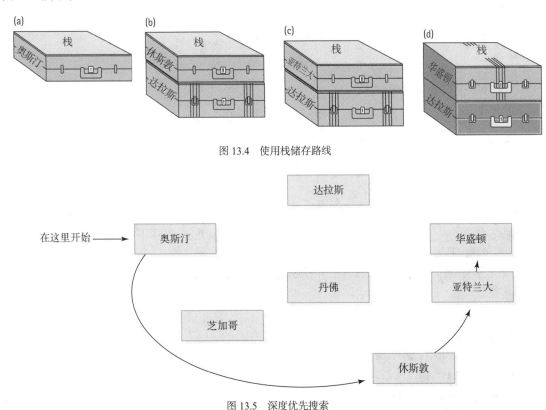

图 13.4　使用栈储存路线

图 13.5　深度优先搜索

这种搜索方式称为深度优先搜索，因为从最深的分支开始，检查从休斯敦开始的所有路径，然后再返回达拉斯进行搜索。当你不得不折回时，你就选择离死胡同最近的那条路。也就是说，在之前的分支采取可选的选择之前，尽可能地沿着一条路径前进走到尽可能远的地方。

在查看深度优先搜索算法的源代码之前，先了解一下在图上"标记"顶点的更多信息。在开始搜索之前，必须清除顶点上的所有标记，以表明它们尚未被访问，调用函数 ClearMarks。在搜索过程中访问每个顶点时，会对其进行标记，将此函数定义为 MarkVertex。在处理每个顶点之前，我们可以问："以前访问过这个顶点吗？"该问题的答案由 IsMarked 函数返回。如果已经访问过该顶点，则将其忽略并继续。我们必须将这三个函数添加到图 ADT 的规格说明文件中：

图 ADT 的附加规格说明

ClearMarks

    功能：   将所有顶点标记设置为 false。

    后置条件：   将所有标记均设置为 false。

MarkVertex(VertexType vertex)

    功能：   将顶点标记设置为 true。

    前置条件：   顶点在 V(graph) 中。

    后置条件：   IsMarked(vertex) 为 true。

Boolean IsMarked(VertexType vertex)

    功能：   判定顶点是否被标记。

    前置条件：   顶点在 V(graph) 中。

    后置条件：   函数值 = 顶点被标记为 true。

DepthFirstSearch 函数接收一个图的对象、一个起始顶点和一个目标顶点。它使用深度优先搜索策略来确定路径是否将起始城市连接到目的城市，并显示搜索中访问的所有城市的名称。注意，函数中的任何内容都不依赖于图的实现。该函数以图应用程序的形式实现，它使用图 ADT 操作（包括标记操作），而不考虑图是如何表示的。

在以下函数中，假设已包含 StackType 和 QueType 的头文件。还假设 VertexType 是定义了"=="和"<<"运算符的类型：

```cpp
template<class VertexType>
void DepthFirstSearch(GraphType<VertexType> graph,
    VertexType startVertex, VertexType endVertex)
// 假设 VertexType 是定义了 "==" 和 "<<" 运算符的类型
  using namespace std;
  StackType<VertexType> stack;
  QueType<VertexType> vertexQ;

  bool found = false;
  VertexType vertex;
  VertexType item;

  graph.ClearMarks();
  stack.Push(startVertex);
  do
  {
```

```
        stack.Pop(vertex);
        if (vertex == endVertex)
        {
          cout << vertex;
          found = true;
        }
        else
        {
          if (!graph.IsMarked(vertex))
          {
            graph.MarkVertex(vertex);
            cout << vertex;
            graph.GetToVertices(vertex, vertexQ);

            while (!vertexQ.IsEmpty())
            {
              vertexQ.Dequeue(item);
              if (!graph.IsMarked(item))
                stack.Push(item);
            }
          }
        }
    } while (!stack.IsEmpty() && !found);
    if (!found)
      cout << "Path not found." << endl;
  }
```

2. 广度优先搜索

广度优先搜索会在进入更深的层次之前，以相同的深度查看所有可能的路径。在航班示例中，广度优先搜索在检查任何两站式连接之前先检查所有可能的一站式连接。对于大多数旅客而言，这是预订机票的首选方法。

当在深度优先搜索中陷入死胡同时，将尽可能少地后退。尝试使用从最近的一个顶点获取另一条路径——栈顶部的路线。在广度优先搜索中，希望尽可能地后退，以找到从最早的顶点开始的路径。栈不是查找早期路线的合适结构，因为它以相反顺序跟踪事物，也就是说，最新路线位于最上面。为了跟踪事件发生的顺序，使用了 FIFO 队列。队列最前面的路线来自较早的顶点；而队列后面的路线则来自较后面的顶点。

为了将搜索修改为使用广度优先搜索，将所有对栈操作的调用更改为类似的 FIFO 队列操作。在寻找从奥斯汀到华盛顿的路径时，首先查询了所有可以直接从奥斯汀到达的城市：达拉斯和休斯敦〔见图 13.6（a）〕。然后将前端的队列元素退出队列。达拉斯并不是寻求的目的地，因此将所有尚未访问过的相邻城市进行排队：芝加哥和丹佛［见图 13.6（b）］（奥斯汀已经被访问过，所以没有进入队列）。再次从队列中取出前端元素。这个元素就是另一个"一站式"城市——休斯敦。休斯敦并不是想要的目的地，所以继续寻找。从休斯敦出发，只有一趟航班飞往亚特兰大。由于之前从未访问过亚特兰大，因此将它入队［见图 13.6（c）］。

现在知道我们不可能一站到达华盛顿，所以开始检查两站连接。芝加哥不是我们的目的地，将芝加哥出队，将它的邻近城市丹佛入队［见图 13.6（d）］。现在出现了一个有趣的情况：丹佛排了两次队。将一个城市放入队列时，应该将其标记为已访问城市吗？还是当我们检查其出发航班时，将其标记为已访问城市？如果只在它出队后才标记它，则队列可能包含同一个顶点的多个副本（因此需要检查一个城市在它出队后是否被标记）。

另一种方法是在将城市入队之前将其标记为已访问过。哪种方法更好？这取决于过程。你可能想知道是否存在可选路线，在这种情况下，你可能希望将一个城市多次放入队列中。

回到本示例。已经在第一步将丹佛放入队列，并在下一步删除了它先前的条目。丹佛不是目的地，因此将尚未标记的相邻城市（仅亚特兰大）入队［见图 13.6(e)］。此过程一直持续到华盛顿（从亚特兰大）入队，最后出队。我们已经找到了要找的城市，搜索已经完成。此搜索过程如图 13.7 所示。

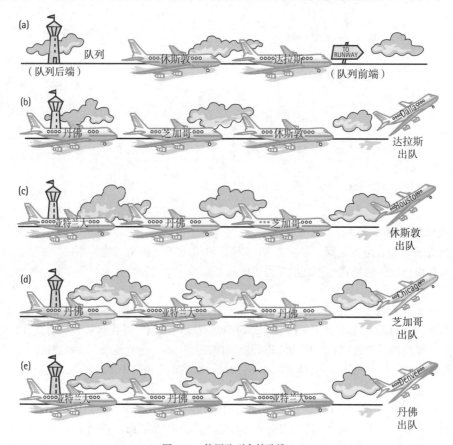

图 13.6 使用队列存储路线

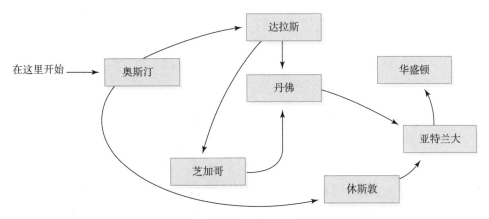

图 13.7 广度优先搜索

除了使用 FIFO 队列替换栈之外，BreadthFirstSearch 函数的源代码与深度优先搜索的源代码相同：

```cpp
template<class VertexType>
void BreadthFirstSearch(GraphType<VertexType> graph,
    VertexType startVertex, VertexType endVertex)
// 假设：VertexType 是定义了 "==" 和 "<<" 运算符的类型
{
  using namespace std;
  QueType<VertexType> queue;
  QueType<VertexType> vertexQ;

  bool found = false;
  VertexType vertex;
  VertexType item;

  graph.ClearMarks();
  queue.Enqueue(startVertex);

  do
  {
    queue.Dequeue(vertex);
    if (vertex == endVertex)
    {
      cout << vertex;
      found = true;
    }
    else
    {
      if (!graph.IsMarked(vertex))
      {
        graph.MarkVertex(vertex);
        cout << vertex;
        graph.GetToVertices(vertex, vertexQ);
        while (!vertexQ.IsEmpty())
        {
```

```
            vertexQ.Dequeue(item);
            if (!graph.IsMarked(item))
              queue.Enqueue(item);
          }
        }
      }
    } while (!queue.IsEmpty() && !found);
    if (!found)
      cout << "Path not found." << endl;
  }
```

3. 单源最短路径问题

从刚才介绍的两个搜索操作中我们知道，多个路径可以将一个顶点连接到另一个顶点。假设想找到 Air Busters 公司服务的从奥斯汀到其他城市的最短路径。"最短路径"是指其边值（权值）加在一起后总和最小的路径。考虑从奥斯汀到华盛顿的以下两条路径：

奥斯汀			奥斯汀		
休斯敦	}	160 英里	达拉斯	}	200 英里
亚特兰大	}	800 英里	丹佛	}	780 英里
华盛顿	}	600 英里	亚特兰大	}	1400 英里
			华盛顿	}	600 英里
总英里	1560 英里		总英里	2980 英里	

显然，第一条路径更可取——除非你想积累飞行里程。

开发一个算法，在图中显示从指定的起始城市到其他每一个城市的最短路径——这一次，我们将不搜索起始城市和目的城市之间的路径。正如本章前面描述的两个图搜索一样，我们需要一个辅助结构来存储后续要处理的城市。通过检索最近被放入结构中的城市，深度优先搜索试图继续"前进"。先尝试一航班解决方案，然后尝试二航班解决方案，接着尝试三航班解决方案，以此类推。仅当达到死胡同时，它才回溯到飞行较少的解决方案。相比之下，广度优先搜索通过检索结构中存在时间最长的城市，将尝试所有一航班解决方案，然后尝试所有二航班解决方案，以此类推。广度优先搜索可找到飞行次数最少的路径。

但是，最少的飞行次数并不一定意味着最少的飞行总距离。与深度优先搜索和广度优先搜索不同，最短路径遍历必须使用城市间的里程数（权值）。要检索与当前顶点最接近的顶点——连接最小边权值的顶点。如果认为最小距离是最高优先级，那么我们知道一个完美的结构——优先级队列。算法可以使用优先级队列，其元素是航线（边），并以距起始城市的距离为优先级。也就是说，优先级队列上的项是具有三个数据成员的结构变量：fromVertex、toVertex 和 distance：

ShortestPath

```
graph.ClearMarks()
将 item.fromVertex 设为 startVertex
将 item.toVertex 设为 startVertex
将 item.distance 设为 0
pq.Enqueue(item)
```

```
      do
          pq.Dequeue(item)
      if item.toVertex 未被标记
          标记 item.toVertex
          写    item.fromVertex、item.toVertex、item.distance
          将 item.fromVertex 设为 item.toVertex
          将 minDistance 设为 item.distance
          从 item.fromVertex 中获取相邻顶点的 vertexQ 队列
          while vertexQ 中还有顶点
              从 vertex 中获取下一个顶点
            If vertex 未被标记
                  将 item.toVertex 设为 vertex
                  将 item.distance 设为 minDistance+graph.GetWeight(fromVertex, vertex)
                  pq.Enqueue(item)
      while !pq.IsEmpty()
```

最短路径遍历的算法与我们用于深度优先搜索和广度优先搜索的算法相似，但有两个主要区别：

（1）使用优先级队列，而不是 FIFO 队列或栈。

（2）只在已没有城市需要处理时停止，不存在目的地。

下面是最短路径算法的源代码。此代码假设已包含 QueType 和 PQType 的头文件。注意，ItemType（被放置在优先级队列中的项的类型）必须重载关系运算符，以便使用较小的距离表示较高的优先级。因此，优先级队列使用最小堆实现。也就是说，对于堆中的每个项，item.distance 小于或等于其每个子项的 distance 成员：

```cpp
template<class VertexType>
struct ItemType
{
  bool operator<(ItemType otherItem);
  // "<" 表示距离较短
  bool operator==(ItemType otherItem);
  bool operator<=(ItemType otherItem);
  VertexType fromVertex;
  VertexType toVertex;
  int distance;
};

template<class VertexType>
void ShortestPath(GraphType<VertexType> graph,
    VertexType startVertex)
{
  using namespace std;
  ItemType item;
  int minDistance;
  PQType<VertexType> pq(10);          // 假设最多有 10 个顶点
  QueType<VertexType> vertexQ;
  VertexType vertex;
  graph.ClearMarks();
  item.fromVertex = startVertex;
  item.toVertex = startVertex;
```

```
        item.distance = 0;
        pq.Enqueue(item);
        cout << "Last Vertex  Destination   Distance" << endl;
        cout << "--------------------------------" << endl;
        do
        {
          pq.Dequeue(item);
          if (!graph.IsMarked(item.toVertex))
          {
            graph.MarkVertex(item.toVertex);
            cout << item.fromVertex;
            cout << "   ";
            cout << item.toVertex;
            cout << "   " << item.distance << endl;
            item.fromVertex = item.toVertex;
            minDistance = item.distance;
            graph.GetToVertices(item.fromVertex, vertexQ);

            while (!vertexQ.IsEmpty())
            {
              vertexQ.Dequeue(vertex);
              if (!graph.IsMarked(vertex))
              {
                item.toVertex = vertex;
                item.distance = minDistance +
                  graph.GetWeight(item.fromVertex, vertex);
                pq.Enqueue(item);
              }
            }
          }
        } while (!pq.IsEmpty());
}
```

该函数的输出是一个城市对（边）表，显示从 startVertex 到图中其他每个顶点的总距离，以及在到达目的地之前访问的最后一个顶点。如果 graph 包含图 13.3 所示的信息，则函数调用

```
ShortestPath(graph, startVertex);
```

其中，startVertex 对应华盛顿，输出如下：

最后一个顶点	目的地	距离
华盛顿	华盛顿	0
华盛顿	亚特兰大	600
华盛顿	达拉斯	1 300
亚特兰大	休斯敦	1 400
达拉斯	奥斯汀	1 500
达拉斯	丹佛	2 080
达拉斯	芝加哥	2 200

第二列和第三列表示从华盛顿到每个目的地的最短路径距离。例如，从华盛顿到芝加哥的航线总长为 2200 英里。第一列显示了在遍历过程中紧靠目的地的城市。

让我们算出从华盛顿到芝加哥的最短路径。从第一列看到路径中倒数第二个顶点是达拉斯。现在，在"目的地"列中查找达拉斯：达拉斯之前的顶点是华盛顿。整个路径是华盛顿——达拉斯——芝加哥（也可以考虑其他航空公司提供的更直接的航线）。

13.1.3　实现层

1. 基于数组的实现

表示 V(graph)（图中的顶点）的一种简单方法是使用数组，其中元素是顶点类型 (VertexType)。例如，如果顶点表示城市，则 VertexType 将是字符串的某种表示。表示 E(graph)（图形中的边）的一种简单方法是使用**邻接矩阵**，即边值（权值）的二维数组。因此，图由数据成员 numVertices、一维数组 vertices 和二维数组 edges 组成。图 13.8 描述实现七个城市之间的 Air Busters 航线图。为简单起见，我们省略了在遍历期间将顶点标记为"已访问"所需的额外布尔数据。尽管图 13.8 中的城市名称按英文的首字母顺序排列，但不要求对该数组中的元素进行排序。

> **邻接矩阵**
> 对于具有 N 个结点的图，一个 $N \times N$ 表，显示了图中所有边的存在和权值。

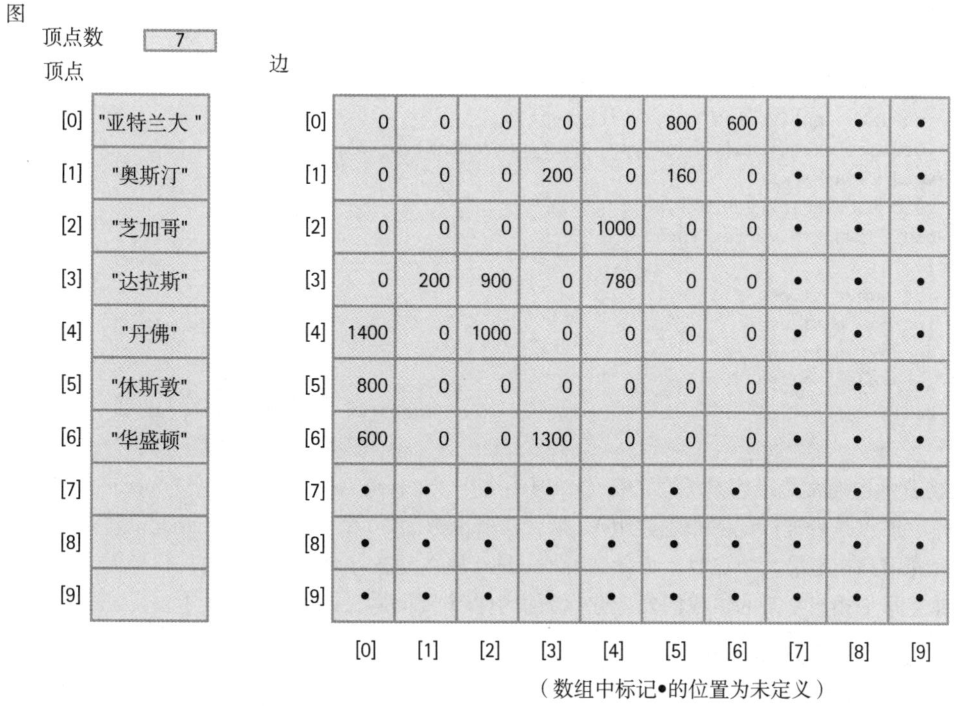

图

顶点数	7

顶点　　　　　　　　边

	顶点		[0]	[1]	[2]	[3]	[4]	[5]	[6]	[7]	[8]	[9]
[0]	"亚特兰大"	[0]	0	0	0	0	0	800	600	•	•	•
[1]	"奥斯汀"	[1]	0	0	0	200	0	160	0	•	•	•
[2]	"芝加哥"	[2]	0	0	0	0	1000	0	0	•	•	•
[3]	"达拉斯"	[3]	0	200	900	0	780	0	0	•	•	•
[4]	"丹佛"	[4]	1400	0	1000	0	0	0	0	•	•	•
[5]	"休斯敦"	[5]	800	0	0	0	0	0	0	•	•	•
[6]	"华盛顿"	[6]	600	0	0	1300	0	0	0	•	•	•
[7]		[7]	•	•	•	•	•	•	•	•	•	•
[8]		[8]	•	•	•	•	•	•	•	•	•	•
[9]		[9]	•	•	•	•	•	•	•	•	•	•

（数组中标记•的位置为未定义）

图 13.8　城市之间航线连线图的矩阵表示

在任何时候，在此图的表示中：
- numVertices 为图中顶点的数量。

● V(graph) 包含在 vertices[0]~vertices[numVertices – 1] 之中。

● E(graph) 包含在方阵 edges[0][0]~edges[numVertices – 1][numVertices – 1] 之中。

城市名称包含在 graph.vertices 中。graph.edges 中每个边的权值表示通过航线连接的两个城市之间的空中距离。例如，graph.edges [1] [3] 中的值告诉我们，奥斯汀和达拉斯之间有直飞航班，空中距离为 200 英里。graph.edges [1] [6] 中的 NULL_EDGE 值（0）告诉我们该航空公司在奥斯汀和华盛顿之间没有直飞航班。因为这是一个加权图，并且权值表示空中距离，所以我们使用 int 类型作为边值类型。如果这不是加权图，则 EdgeValueType（边值类型）可以是 bool，并且如果在一对顶点之间存在一条边，则邻接矩阵中的每个位置将为 true；如果不存在边，则为 false。

```
这是 GraphType 类的定义。为简单起见，我们假设 EdgeValueType（边值类型）为 int 类型：
template<class VertexType>
// 假设：VertexType 是定义了 "=" "==" "<<" 运算符的类型
class GraphType
{
public:
  GraphType();                                 // 默认为 50 个顶点
  GraphType(int maxV);                          // maxV <= 50
  ~GraphType();
  void MakeEmpty();
  bool IsEmpty() const;
  bool IsFull() const;
  void AddVertex(VertexType);
  void AddEdge(VertexType, VertexType, int);
  int GetWeight(VertexType, VertexType);
  void GetToVertices(VertexType, QueType<VertexType>&);
  void ClearMarks();
  void MarkVertex(VertexType);
  bool IsMarked(VertexType);
private:
  int numVertices;
  int maxVertices;
  VertexType* vertices;
  int edges[50][50];
  bool* marks;                                 // marks[i] 是 vertices[i] 的标记
};
```

类构造函数通常是最容易编写的操作，但不适用于 GraphType。我们必须为 vertices 和 marks 分配空间（指示顶点是否被标记的布尔数组）。默认构造函数为 50 个 vertices 和 marks 设置空间。参数化构造函数允许用户指定最大顶点数。为什么不把 edges 放在动态存储中？其实可以，但是为一个二维数组分配存储空间是相当复杂的，我们要把注意力集中在主要问题（Graph ADT）上：

```
template<class VertexType>
GraphType<VertexType>::GraphType()
// 后置条件：为标记和顶点动态分配大小为 50 的数组。numVertices 设置为 0；maxVertices 设置为 50
{
  numVertices = 0;
  maxVertices = 50;
```

```
    vertices = new VertexType[50];
    marks = new bool[50];
  }

  template<class VertexType>
  GraphType<VertexType>::GraphType(int maxV)
  // 后置条件: 为标记和顶点动态分配大小为 maxV 的数组。numVertices 设置为 0 ; maxVertices 设置为 maxV
  {
    numVertices = 0;
    maxVertices = maxV;
    vertices = new VertexType[maxV];
    marks = new bool[maxV];
  }
  template<class VertexType>
  GraphType<VertexType>::~GraphType()
  // 后置条件: 顶点和标记的数组已被释放
  {
    delete [] vertices;
    delete [] marks;
  }
```

AddVertex 操作将 vertex 放到顶点数组中的下一个可用空间中。因为新顶点尚未定义边，所以它也初始化相应的 edges 的行列，以包含 NULL_EDGE（在本例中为 0）：

```
  const int NULL_EDGE = 0;

  template<class VertexType>
  void GraphType<VertexType>::AddVertex(VertexType vertex)
  // 后置条件 : 顶点已存储在 vertices 中 ; 边的相应行和列已设置为 NULL_EDGE ; numVertices 已递增
  {
    vertices[numVertices] = vertex;
    for (int index = 0; index < numVertices; index++)
    {
      edges[numVertices][index] = NULL_EDGE;
      edges[index][numVertices] = NULL_EDGE;
    }
    numVertices++;
  }
```

要将边添加到图中，必须先找到定义要添加边的 fromVertex 和 toVertex。AddEdge 的参数类型为 VertexType。为了索引正确的矩阵槽，我们需要 vertices 数组中与每个顶点相对应的索引。一旦知道了该索引，在矩阵中设置边的权值就是变得很简单。算法如下:

AddEdge

> 将 fromIndex 设为 V(graph) 中 fromVertex 的索引
> 将 toIndex 设为 V(graph) 中 toVertex 的索引
> 将 edges[fromIndex][toIndex] 设为 weight

要找到每个顶点的索引，需要编写一个搜索函数，它接收一个顶点的名称，并返回它在 vertices

中的位置（索引）。由于 AddEdge 的前置条件是 fromVertex 和 toVertex 都在 V(graph) 中，所以搜索函数非常简单。我们将其编码为辅助函数 IndexIs：

```
template<class VertexType>
int IndexIs(VertexType* vertices, VertexType vertex)
// 后置条件: 返回 vertices 中顶点的索引
{
  int index = 0;

  while (!(vertex == vertices[index]))
    index++;
  return index;
}


template<class VertexType>
void GraphType<VertexType>::AddEdge(VertexType fromVertex,
    VertexType toVertex, int weight)
// 后置条件: Edge(fromVertex,toVertex) 存储在 edges 中
{
  int row;
  int col;

  row = IndexIs(vertices, fromVertex);
  col = IndexIs(vertices, toVertex);
  edges[row][col] = weight;
}
GetWeight 操作是 AddEdge 的镜像:
template<class VertexType>
int GraphType<VertexType>::GetWeight
(VertexType fromVertex, VertexType toVertex)
// 后置条件: 返回 edge(fromVertex,toVertex) 的权值
{
  int row;
  int col;

  row = IndexIs(vertices, fromVertex);
  col = IndexIs(vertices, toVertex);
  return edges[row][col];
}
```

我们指定的最后一个图操作是 GetToVertices。此函数将顶点作为参数，并返回与指定顶点相邻的顶点队列。也就是说，它返回一个可以从该顶点一步到达的所有顶点的队列。使用邻接矩阵表示边，确定 vertex 与之相邻的结点很简单。我们只是在 edges 中循环遍历相应的行，每当发现非 NULL_EDGE 值时，都会向队列中添加另一个顶点：

```
template<class VertexType>
void GraphType<VertexType>::GetToVertices(VertexType vertex,
    QueType<VertexType>& adjVertices)
// 后置条件: 返回与 vertex 相邻的顶点队列
```

```
{
    int fromIndex;
    int toIndex;

    fromIndex = IndexIs(vertices, vertex);
    for (toIndex = 0; toIndex < numVertices; toIndex++)
      if (edges[fromIndex][toIndex] != NULL_EDGE)
        adjVertices.Enqueue(vertices[toIndex]);
}
```

我们将此实现的完成和测试留给读者作为练习。

2. 链接实现

用邻接矩阵表示图中边的优点在于它的速度快和操作简单。给定两个顶点的索引，确定它们之间是否存在边（或权值）是 O(1) 运算。邻接矩阵的问题是，它们对空间的使用是 $O(N^2)$，其中 N 是图中最大的顶点数。如果最大顶点数很大，则邻接矩阵可能会浪费很多空间。另外，对于无向图，一半矩阵是冗余的。

过去，我们试图通过使用链接实现在运行时根据需要分配内存来节省空间。在实现图时，可以使用类似的方法。**邻接表**是链表，每个顶点一个列表，它标识每个顶点所连接的顶点。可以通过几种方式实现邻接表。图 13.9 和图 13.10 给出了图 13.3 中图的两种不同的邻接表表示。

> **邻接表**
> 一个链表，用于标识特定顶点与之相连的所有顶点，并且每个顶点都有自己的邻接表。

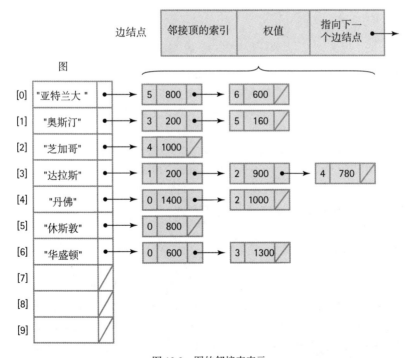

图 13.9 图的邻接表表示

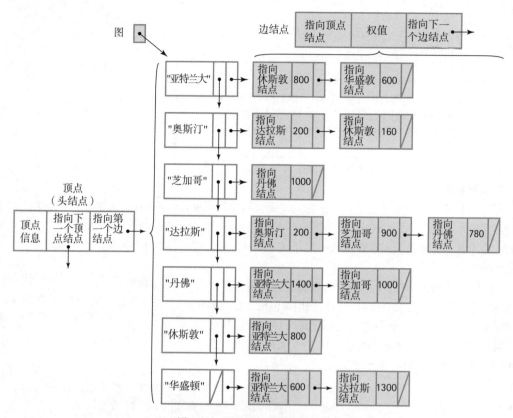

图 13.10　图的另一种邻接表表示

在图 13.9 中，顶点存储在一个数组中。该数组中的每个组件都包含一个指向边结点链表的指针。这些链表中的每个结点包含索引号、权值和指向邻接表中下一个结点的指针。现在，让我们看一下丹佛的邻接表。列表中的第一个项表示从丹佛飞往亚特兰大（索引为 0 的顶点）的航程为 1400 英里，从丹佛飞往芝加哥（索引为 2 的顶点）的航程为 1000 英里。

图 13.10 所示的实现并没有使用数组。相反，顶点列表是作为链表实现的。现在邻接表中的每个结点都包含一个指向顶点信息的指针，而不是顶点的索引。由于图 13.10 中出现了很多这样的指针，所以我们使用文本来描述每个指针所指定的顶点，而不是将它们绘制成箭头。

使用链接方法实现 GraphType 成员函数作为编程作业。

13.2　小结

在本章中，研究了图，这些图放松了数据结构的形状属性约束，使得我们可以表示任意的信息网络。图由一组称为顶点的结点组成，这些结点通过称为边的链接相连起来。图的顶点通常表示对象，而边表示对象之间的关系。边可以是没有方向的，也可以是有方向的，并且可以具有关联的权值。

就像树一样，遍历图也有多种方法。广度优先搜索和深度优先搜索是本章介绍的两种常见方法。遍历的目标之一可能是在两个顶点之间建立一条成本最小的路径，就像我们在航空公司示例中所做的那样。但是，图遍历还有许多其他方法和目标。例如，我们可能希望从一个顶点开始，然后找到一棵链接树，以最小的成本将其连接到其他每个顶点（称为最小生成树）。这样的树将有助于确定沿着现有道路（边）从自来水厂（开始顶点）到城镇中的房屋（其他顶点）铺设管道的最佳分布。

本章还介绍了如何用邻接矩阵轻松地表示图。但是，当一个图的顶点多且边很少时，邻接矩阵可能大部分被空值填充，因此在存储空间上非常低效。链接实现可以更有效地利用空间，但是在管理邻接表中顶点的添加和移除时，还涉及更复杂的算法。

图的各种变体和泛化都存在。例如，在更一般的图中，顶点类型可以是一个具有成员函数的对象，当遍历到达该对象时，可以对其数据执行操作。边也可以泛化，以允许顶点之间相互传递信息。变体可以包含额外的形状属性，这些属性会使得图呈现出更规则的几何形状（如方格网络），从而可以更有效地执行某些操作。

我们才刚刚开始探索图 ADT 的潜力。对图和图算法的深入研究可以轻松地写出另一整本书。

13.3 练习

对练习 1~4 使用以下无向图的规格说明。

EmployeeGraph= (V, E)

V(EmployeeGraph) = {Susan, Darlene, Mike, Fred, John, Sander, Lance, Jean, Brent, Fran}

E(EmployeeGraph) = {(Susan, Darlene), (Fred, Brent), (Sander, Susan), (Lance, Fran), (Sander, Fran), (Fran, John), (Lance, Jean), (Jean, Susan), (Mike, Darlene), (Brent, Lance), (Susan, John)}

1. 绘制一张 EmployeeGraph（员工关系图）。

2. 绘制 EmployeeGraph，要求实现为邻接矩阵。按字母顺序存储顶点值。

3. 使用练习 1 和练习 2 中的 EmployeeGraph 的邻接矩阵，描述从 Susan 到 Lance 的路径。

    a. 使用广度优先搜索策略。

    b. 使用深度优先搜索策略。

4. 下列哪个短语是 EmployeeGraph 中两个顶点之间的边所代表的关系的最佳描述？

    a. works for（效劳于）。

    b. is the supervisor of（是上司）。

    c. is senior to（职位高于）。

    d. works with（与后者共事）。

    对练习 5~8 使用以下有向图的规格说明。

```
ZooGraph    = (V, E)
V(ZooGraph) = {dog, cat, animal, vertebrate, oyster, shellfish, invertebrate, crab,
poodle, monkey, banana, dalmatian, dachshund}
E(ZooGraph) = {(vertebrate, animal), (invertebrate, animal), (dog, vertebrate), (cat,
vertebrate), (monkey, vertebrate), (shellfish, invertebrate), (crab, shellfish), (oyster,
shellfish), (poodle, dog), (dalmatian, dog), (dachshund, dog)}
```

5. 绘制一张 ZooGraph（动物园图）。

6. 给 ZooGraph 绘制邻接矩阵。顶点按字母顺序存储。

7. 若要判断 ZooGraph 中的某个元素是否与另一个元素有关系（X），就要查找它们之间的路径。使用图或邻接矩阵说明下列语句是否正确。

    a. dalmatian X dog（达尔马提亚狗 X 狗）。

    b. dalmatian X vertebrate（达尔马提亚狗 X 脊椎动物）。

    c. dalmatian X poodle（达尔马提亚狗 X 贵宾犬）。

    d. banana X invertebrate（香蕉 X 无脊椎动物）。

    e. oyster X invertebrate（牡蛎 X 无脊椎动物）。

    f. monkey X invertebrate（猴子 X 无脊椎动物）。

8. 以下哪个短语是练习 7 中关于关系 X 的最佳描述？

    a. has a（有）。

    b. is an example of（是后者的例子）。

    c. is a generalization of（是后者的推广）。

    d. eats（吃）。

使用下图完成练习 9~11。

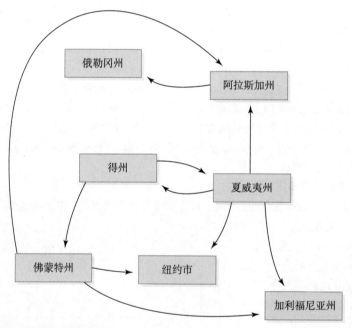

9. 用正式的图符号描述上述图形。

    V(StateGraph) =

    E(StateGraph) =

10. a. 图中有从俄勒冈州到其他任何州（市）的路径吗？

    b. 图中有从夏威夷州到其他所有州（市）的道路吗？

    c. 图中哪个州有通往夏威夷州的路径？

11. a. 表示出描述图的边的邻接矩阵，顶点按字母顺序存储。

b. 表示出描述图的边的指针数组邻接表。

12. 扩展本章中的 GraphType 类，以包含布尔 EdgeExists 操作，该操作确定两个顶点是否由一条边连接。

a. 编写此函数的声明，包括适当的注释。

b. 使用本章中开发的邻接矩阵实现和 a 部分的声明，实现该方法。

13. 扩展本章中的 GraphType 类，以包含 DeleteEdge 操作，该操作将删除给定的边。

a. 写此函数的声明，包括适当的注释。

b. 使用本章中开发的邻接矩阵实现和 a 部分的声明，实现该方法。

14. 扩展本章中的 GraphType 类，以包含 DeleteVertex 操作，该操作将从图中删除一个顶点。从图中删除顶点比删除边要复杂得多，说明其原因。

15. DepthFirstSearch 操作可以在不使用栈的情况下通过递归实现。

a. 命名基本条件与一般条件。

b. 编写递归深度优先搜索的算法。

16. 为什么不在 GraphType 中包含遍历操作？

17. 你有注意到我们没有包含 GraphType 的复制构造函数吗？讨论在实现此复制构造函数所涉及的问题。

18. 二叉树是图的一种类型。（正确或错误）

19. 栈是图的一种类型。（正确或错误）

20. 一个图顶点不能有一条与自己相连的边。（正确或错误）

21. 在无向图中，如果存在从顶点 A 到顶点 B 的路径，则存在从顶点 B 到顶点 A 的路径。（正确或错误）

22. 表示邻接矩阵的数组的元素个数与图中的边数一样多。（正确或错误）

23. 具有 N 个顶点的完全无向图中有多少条边？

24. 具有 N 个顶点的完全有向图中有多少条边？

25. 如果一个图具有 100 个顶点和 1000 条边，则表示其邻接矩阵的数组中有多少是用 NULL_EDGE 值填充的？

附录

》附录 A　保留字

以下标识符为保留字——在 C++ 语言中具有预定含义的标识符。在 C++ 程序中，程序员不能声明它们用于其他目的（如作为变量名）。

and	default	namespace	struct
and_eq	delete	new	switch
alignof	do	noexcept	template
asm	double	not	this
auto	dynamic_cast	not_eq	thread_local
bitand	else	nullptr	throw
bitor	enum	operator	true
bool	explicit	or	try
break	export	or_eq	typedef
case	extern	private	typeid
catch	false	protected	typename
char	float	public	union
char16_t	for	register	unsigned
char32_t	friend	reinterpret_cast	using
class	goto	return	virtual
compl	if	short	void
const	inline	signed	volatile
const_cast	int	sizeof	wchar_t
constexpr	while	static	xor
continue	long	static_assert	xor_eq
decltype	mutable	static_cast	

》 附录 B   运算符优先级

下表总结了 C++ 运算符的优先级。在表中，运算符按优先级（从高到低）分组，用一条水平线将每个优先级与下一个较低优先级隔开。一般情况下，二元运算符从左到右结合；一元运算符从右到左结合；"?:"运算符从右到左结合。例外情况：赋值运算符从右到左结合。

优先级（最高到最低）

运算符	结合律	注　释
::	从左到右	范围解析（二元）
::	从右到左	全局访问（一元）
()	从左到右	函数调用和函数类型转换
[]、->、.	从左到右	
++、--	从右到左	"++"和"--"作为后缀运算符
typeid、dynamic_cast	从右到左	
static_cast、const_cast	从右到左	
reinterpret_cast	从右到左	
++、--、!、一元 +、一元 -	从右到左	"++"和"--"作为前缀运算符
~、一元 *、一元 &	从右到左	
(cast)、sizeof、new、delete	从右到左	
->*、.*	从左到右	
*、/、%	从左到右	
+、-	从左到右	
<<、>>	从左到右	
<、<=、>、>=	从左到右	
==、!=	从左到右	
&	从左到右	
^	从左到右	
|	从左到右	
&&	从左到右	
||	从左到右	
?:	从右到左	

运算符	结合律	注　释
=、+=、−=、*=、/=、%=	从右到左	
<<=、>>=、&=、|=、^=	从右到左	
throw	从右到左	
,	从左到右	序列运算符，不是分隔符

≫ 附录 C　标准程序库选编

　　C++ 标准数据库提供了丰富的数据类型、函数和命名变量。本附录仅介绍了一些应用较为广泛的库实用工具。要了解标准库提供的其他类型、函数和常量，请查阅所用的特定系统的手册。

　　程序在访问所列项之前必须用 #include 包含相应的头文件，本附录即根据这些头文件的字母顺序排列。例如，要使用诸如 sqrt 这样的数学例程，你将使用 #include 包含 cmath 头文件，如下所示：

```
#include <cmath>
using namespace std;
  ⋮
y = sqrt(x);
```

　　注意，标准库中的每个标识符都在命名空间 std 中定义。如果没有上面的 using 指令，应当写为：

```
y = std::sqrt(x);
```

C.1　头文件 cassert

assert(booleanExpr)

参数：	逻辑（布尔）表达式。
效果：	如果 booleanExpr 的值为 true，程序将继续执行；如果 booleanExpr 的值为 false，执行立即终止，并给出一条消息声明该布尔表达式、包含源代码的文件名称以及源代码中的行数。
函数返回值：	无（void 函数）。

　　注意：如果在指令 #include <cassert> 之前放置 #define NDEBUG 预处理指令，所有 assert 语句将被忽略。

C.2　头文件 cctype

isalnum(ch)

参数：	一个 char 值 ch。
函数返回值：	一个 int 值，即
	● 如果 ch 是字母或数字字符（A~Z、a~z、0~9），则不为 0（true）。
	● 否则，为 0（false）。

isalpha(ch)

参数：　　　　　　　　　　　一个 char 值 ch。

函数返回值：　　　　　　　　一个 int 值，即

- 如果 ch 是字母（A~Z、a~z），则不为 0 (true)。
- 否则，为 0（false）。

iscntrl(ch)

参数：　　　　　　　　　　　一个 char 值 ch。

函数返回值：　　　　　　　　一个 int 值，即

- 如果 ch 是控制字符(在 ASCII 中，取值为 0~31 或 127)，则不为 0(true)
- 否则，为 0（false）。

isdigit(ch)

参数：　　　　　　　　　　　一个 char 值 ch。

函数返回值：　　　　　　　　一个 int 值，即

- 若干 ch 是数字字符（0~9），则不为 0（true）。
- 否则，为 0（false）。

isgraph(ch)

参数：　　　　　　　　　　　一个 char 值 ch。

函数返回值：　　　　　　　　一个 int 值，即

- 如果 ch 是非空格可输出字符（在 ASCII 中，为 "！" 至 "~"），则不为 0（true）。
- 否则，为 0（false）。

islower(ch)

参数：　　　　　　　　　　　一个 char 值 ch。

函数返回值：　　　　　　　　一个 int 值，即

- 如果 ch 是小写字符（a~z），则不为 0（true）。
- 否则，为 0 (false)。

isprint(ch)

参数：　　　　　　　　　　　一个 char 值 ch。

函数返回值：　　　　　　　　一个 int 值，即

- 如果 ch 是可输出字符，包含空格 (在 ASCII 中，为 " " 至 "~")，则不为 0（true）。
- 否则，为 0（false）。

ispunct(ch)

参数：　　　　　　　　　　　一个 char 值 ch。

函数返回值：　　　　　　　　一个 int 值，即

- 如果 ch 是标点字符（等价于 isgraph(ch) && !isalnum(ch) ），则不为 0（true）。

● 否则，为 0（false）。

isspace(ch)

    参数：   一个 char 值 ch

    函数返回值：   一个 int 值，即

        ● 如果 ch 是空白字符（空格、换行符、制表符、回车符、换页符），不为 0（true）。

        ● 否则，为 0（false）。

isupper(ch)

    参数：   一个 char 值 ch。

    函数返回值：   一个 int 值，即

        ● 如果 ch 是大写字母（A~Z），则不为 0（true）。

        ● 否则，为 0（false）。

isxdigit(ch)

    参数：   一个 char 值 ch。

    函数返回值：   一个 int 值，即

        ● 如果 ch 为十六进制数字（0~9、A~F、a~f），则不为 0（true）。

        ● 否则，为 0（false）。

tolower(ch)

    参数：   一个 char 值 ch。

    函数返回值：   一个字母，即

        ● 若 ch 是大写字母，则是其对应的小写字母。

        ● 否则，为 ch。

toupper(ch)

    参数：   一个 char 值 ch。

    函数返回值：   一个字母，即

        ● 若 ch 为小写字母，则是其对应的大写字母。

        ● 否则，为 ch。

C.3 头文件 cfloat

这个头文件提供了一些命名常量，用来定义你所用的特定机器上的浮点数性质。其中一些常量包括：

FLT_DIG：你所用机器上的 float 值的大致有效位数。

FLT_MAX：你所用机器上的最大正 float 值。

FLT_MIN：你所用机器上的最小正 float 值。

DBL_DIG：你所用机器上的 double 值的大致有效位数。

DBL_MAX：你所用机器上的最大正 double 值。

DBL_MIN：你所用机器上的最小正 double 值。

LDBL_DIG：你所用机器上的 longdouble 值的大致有效位数。

LDBL_MAX：你所用机器上的最大正 longdouble 值。

LDBL_MIN：你所用机器上的最小正 longdouble 值。

C.4　头文件 climits

这个头文件提供了一些命名常量，用来定义你所用的特定机器上的整数的上下限。其中一些常量包括：

CHAR_BITS：你所用机器上的一个字节的位数（如 8 位）。

CHAR_MAX：你所用机器上的最大 char 值。

CHAR_MIN：你所用机器上的最小 char 值。

SHRT_MAX：你所用机器上的最大 short 值。

SHRT_MIN：你所用机器上的最小 short 值。

INT_MAX：你所用机器上的最大 int 值。

INT_MIN：你所用机器上的最小 int 值。

LONG_MAX：你所用机器上的最大 long 值。

LONG_MIN：你所用机器上的最小 long 值。

UCHAR_MAX：你所用机器上的最大 unsignedchar 值。

USHRT_MAX：你所用机器上的最大 unsignedshort 值。

UINT_MAX：你所用机器上的最大 unsignedint 值。

ULONG_MAX：你所用机器上的最大 unsignedlong 值。

C.5　头文件 cmath

以下注释适用于下面所列的 math 例程：

（1）对不可计算或超范围结果的错误处理方式依赖于系统。

（2）严格来说，所有实参和函数返回值都是 double 类型（双精度浮点型）。但是，我们也可以向函数传送 float（单精度浮点型）的值。

acos(x)

　　参数：　　　　　　　　　　浮点表达式 x，其中 $-1.0 \leqslant x \leqslant 1.0$。

　　函数返回值：　　　　　　　x 的反余弦，范围为 $0.0 \sim \pi$。

asin(x)

　　参数：　　　　　　　　　　浮点表达式，其中 $-1.0 \leqslant x \leqslant 1.0$。

　　函数返回值：　　　　　　　x 的反正弦，范围为 $-\pi/2 \sim \pi/2$。

atan(x)

　　参数：　　　　　　　　　　浮点表达式 x。

　　函数返回值：　　　　　　　x 的反正切，范围为 $-\pi/2 \sim \pi/2$。

ceil(x)

　　参数：　　　　　　　　　　浮点表达式 x。

　　函数返回值：　　　　　　　x 的"上取整值"（$\geqslant$ x 的最小整数）。

cos(angle)

　　参数：　　　　　　　　　　浮点表达式 angle，单位为弧度。

函数返回值：　　　　　angle 的三角余弦。

cosh(x)

　　参数：　　　　　　　浮点表达式 x。

　　函数返回值：　　　　x 的双曲余弦。

exp(x)

　　参数：　　　　　　　浮点表达式 x。

　　函数返回值：　　　　数值 e (2.718…) 的 x 幂。

fabs(x)

　　参数：　　　　　　　浮点表达式 x。

　　函数返回值：　　　　x 的绝对值。

floor(x)

　　参数：　　　　　　　浮点表达式 x。

　　函数返回值：　　　　x 的"下取整值"（≤ x 的最大整数）。

log(x)

　　参数：　　　　　　　浮点表达式 x，其中 x > 0.0。

　　函数返回值：　　　　x 的自然对数（以 e 为基数）。

log10(x)

　　参数：　　　　　　　浮点表达式 x，其中 x > 0.0。

　　函数返回值：　　　　x 的常用对数（以 10 为基数）。

pow(x, y)

　　参数：　　　　　　　浮点表达式 x 和 y。若 x = 0.0，y 必须为正数；若 x ≤ 0.0，y 必须为整数。

　　函数返回值：　　　　x 的 y 次幂。

sin(angle)

　　参数：　　　　　　　浮点表达式 angle，以弧度为单位。

　　函数返回值：　　　　angle 的三角正弦。

sinh(x)

　　参数：　　　　　　　浮点表达式 x。

　　函数返回值：　　　　x 的双曲正弦。

sqrt(x)

　　函数：　　　　　　　浮点表达式 x，其中 x ≥ 0.0。

　　函数返回值：　　　　x 的平方根。

tan(angle)

　　参数：　　　　　　　浮点表达式 angle，以弧度为单位。

　　函数返回值：　　　　angle 的三角正切。

tanh(x)

　　参数：　　　　　　　浮点表达式 x。

　　函数返回值：　　　　x 的双曲正切。

C.6　头文件 cstddef

这个头文件定义了一些与系统有关的常量和数据类型。在这个头文件中，本书使用的唯一项就是以下符号常量。

NULL : null 指针常量为 0

C.7　头文件 cstdlib

abs(i)
> 参数：　　　　　　　　int 表达式 i。
> 函数返回值：　　　　　一个 int 值，即 i 的绝对值。

atof(str)
> 参数：　　　　　　　　一个表示浮点数的 C 字符串（以 null 结尾的 char 数组）str，可能带有前导的空白字符和一个 "+" 或 "−"。
> 函数返回值：　　　　　一个 double 值，它是 str 中字符的对应浮点值。
> 注释：　　　　　　　　当遇到 str 中第一个不能表示为浮点数的字符时，转换停止。如果没有找到适当的字符，其返回值取决于系统。

atoi(str)
> 参数：　　　　　　　　一个表示整数的 C 字符串（以 null 结尾的 char 数组）str，可能带有前导的空白字符和一个 "+" 或 "−"。
> 函数返回值：　　　　　一个 int 值，它是 str 中字符的对应整数值。
> 注释：　　　　　　　　当遇到 str 中第一个不能表示为整数的字符时，转换停止。如果没有找到适当的字符，其返回值取决于系统。

atol(str)
> 参数：　　　　　　　　一个表示长整数的 C 字符串（以 null 结尾的 char 数组）str，可能带有前导的空白字符和一个 "+" 或 "−"。
> 函数返回值：　　　　　一个 long 值，它是 str 中字符的对应长整数值。
> 注释：　　　　　　　　当遇到 str 中第一个不能表示为 long 整数的字符时，转换停止。如果没有找到适当的字符，其返回值取决于系统。

exit(exitStatus)
> 参数：　　　　　　　　int 表达式 exitStatus。
> 效果：　　　　　　　　程序执行过程在所有文件正确关闭后立即终止。
> 函数返回值：　　　　　无（void 函数）。
> 注释：　　　　　　　　根据约定，exitStatus 为 0 时，表示程序正常完成，为非 0 时，表示异常终止。

labs(i)
> 参数：　　　　　　　　long 表达式 i。
> 函数返回值：　　　　　一个 long 值，是 i 的绝对值。

rand()
参数：	无。
函数返回值：	0~RAND_MAX 范围内的一个随机 int 值，在 cstdlib 中定义的一个常量（RAND_MAX 通常与 INT_MAX 相同）。
注释：	见下面的 srand。

srand(seed)
参数：	一个 int 表达式 seed，其中 seed ≥ 0。
效果：	利用 seed 初始化随机数生成器，为后面调用 rand 函数作准备。
函数返回值：	无（void 函数）。
注释：	如果在首次调用 rand 之前没有调用 srand，则假定 seed 值为 1。

system(str)
参数：	一个表示操作系统命令的 C 字符串（以 null 结尾的 char 数组）str。完全就像是用户在操作系统命令行中输入的一样。
效果：	执行 str 表示的操作系统命令。
函数返回值：	一个取决于系统的 int 值。
注释：	程序员经常忽略的函数返回值，使用 void 函数调用的语法，而不是返回值的函数调用。

C.8 头文件 cstring

头文件 cstring（不要与头文件 string 混淆）支持对 C 字符串（以 null 终止的 char 数组）的操作。

strcat(toStr, fromStr)
参数：	C 字符串（以 null 终止的 char 数组）toStr 和 fromStr，其中 toStr 必须大到能够容纳其结果。
效果：	fromStr，包含 null 字符 "\0"，串联在（连接）toStr 的末尾。
函数返回值：	toStr 的基址。
注释：	程序员经常忽略函数返回值，使用 void 函数调用的语法，而不是返回值的函数调用。

Strcmp(str1, str2)
参数：	C 字符串（以 null 终止的 char 数组）str1 和 str2。
函数返回值：	一个 int 值，根据词典顺序，若 str1 < str2，则该 int 值 <0。
	根据词典顺序，若 str1 = str2，则该 int 值 =0；
	根据词典顺序，若 str1 > str2，则该 int 值 > 0。

strcpy(toStr, fromStr)
参数：	toStr 是一个 char 数组，fromStr 是一个 C 字符串（以 null 终止的 char 数组），toStr 必须大到能够容纳其结果。
效果：	fromStr 包含 null 字符 "\0"，被复制到 toStr，覆盖其内容。
函数返回值：	toStr 的基址。
注释：	程序员经常忽略函数返回值，使用 void 函数调用的语法，而不是返回值的函数调用。

strlen(str)

参数：　　　　　　　　　　一个 C 字符串（以 null 终止的 char 数组）str。

函数返回值：　　　　　　　一个 ≥ 0 的 int 值，表示 str 的长度（不包括 "\0"）。

C.9　头文件 string

这个头文件支持一种名为 string 的程序员定义的数据类型（具体来说，是一个类）。与 string 类型相关的是数据类型 string::size_type 和一个命名常量 string::npos，定义如下。

string::size_type：一个无符号整数类型，与字符串中的字符数相关。

string::npos：string::size_type 类型的最大值。

有数十个与 string 类型相关联的函数。下面是其中最重要的几个。在描述中，假定 s 是一个 string 类型的变量（对象）。

s.c_str()

参数：　　　　　　　　　　无。

函数返回值：　　　　　　　一个 C 字符串（以 null 终止的 char 数组）的基址，该字符串与 s 中存储的字符相对应。

s.find(arg)

参数：　　　　　　　　　　一个 string 或 char 类型的表达式，或者一个 C 字符串（如一个字面字符串）。

函数返回值：　　　　　　　一个 string::size_type 类型的值，给出 s 中找到 arg 的起始位置。如果没有找到 arg，则返回值为 string::npos。

注释：　　　　　　　　　　字符串中各字符的位置编号从 0 开始。

getline(inStream, s)

参数：　　　　　　　　　　输入流 inStream（istream 或 ifstream 类型）和一个 string 对象 s。

效果：　　　　　　　　　　由 inStream 输入字符并且存储在 s 中，直到遇到换行符为止（换行符会被消灭，但不会存储到 s 中）。

函数返回值：　　　　　　　尽管严格来说，该函数返回一个值（此处不作介绍），但程序员在调用该函数时通常将它看作 void 函数。

s.length()

参数：　　　　　　　　　　无。

函数返回值：　　　　　　　string::size_type 类型的一个值，给出字符串中的字符数。

s.size()

参数：　　　　　　　　　　无。

函数返回值：　　　　　　　与 s.length() 相同。

s.substr(pos, len)

参数：　　　　　　　　　　两个无符号整数：pos 和 len，分别代表位置和长度。pos 的值必须小于 s.length()。

函数返回值：　　　　　　　一个临时 string 对象，其中包含一个子字符串，该字符串最多 len 个字符，开始于 s 的位置 pos。如果 len 太大，则表示直到 s 中字符串的"最后"。

注释： 字符串中各字符的位置编号从 0 开始。

》》附录 D 美国信息交换标准代码（ASCII）字符集

下表给出了 ASCII 字符集的字符顺序。每个字符的内部表示都以十进制给出。例如，在 ASCII 字符集中，字母 A 在内部以整数 65 表示。空格（空白）字符用"□"表示。

请注意，ASCII 是国际 Unicode 字符集的前 128 个字符。

左数字	右数字	0	1	2	3	4	5	6	7	8	9
					ASCII						
0		NUL	SOH	STX	ETX	EOT	ENQ	ACK	BEL	BS	HT
1		LF	VT	FF	CR	SO	SI	DLE	DC1	DC2	DC3
2		DC4	NAK	SYN	ETB	CAN	EM	SUB	ESC	FS	GS
3		RS	US	□	!	"	#	$	%	&	'
4		(	)	*	+	,	–	·	/	0	1
5		2	3	4	5	6	7	8	9	:	;
6		<	=	>	?	@	A	B	C	D	E
7		F	G	H	I	J	K	L	M	N	O
8		P	Q	R	S	T	U	V	W	X	Y
9		Z	[	\	]	^	_	`	a	b	c
10		d	e	f	g	h	i	j	k	l	m
11		n	o	p	q	r	s	t	u	v	w
12		x	y	z	{	|	}	~	DEL		

代码 00~31 和 127 是以下非输出控制符：

NUL	Null 字符（空）	VT	垂直制表	SYN	同步空闲
SOH	头标开始	FF	换页	ETB	传输块结束
STX	正文开始	CR	回车	CAN	取消
ETX	正文结束	SO	移出	EM	介质结束
EOT	传输结束	SI	移入	SUB	替换
ENQ	查询	DLE	数据链路转义	ESC	转义
ACK	确认	DC1	设备控制 1	FS	文件分隔符
BEL	振铃（蜂鸣）	DC2	设备控制 2	GS	分组符

BS	退格	DC3	设备控制 3	RS	记录分隔符
HT	水平制表符	DC4	设备控制 4	US	单元分隔符
LF	换行符	NAK	否认	DEL	删除

附录 E 标准模板库（STL）

E.1 概述

STL 是 ISO/ANSI C++ 标准库的子集。STL 为 C++ 程序员提供了三种工具：容器、迭代器和通用算法。

STL 容器包含其他对象，很像你在本书中学习的容器：列表、栈、队列等。具体来说，STL 提供了许多有用的容器类，其中一些如下：

- list：可以向前和向后遍历的顺序访问列表。
- vector：一维数组的抽象，正如预期的那样，提供对数组元素的随机访问。
- stack：一个栈，具有通常的 LIFO 访问。
- queue：一个队列，具有通常的 FIFO 访问。
- deque：具有非同寻常的随机访问附加属性的双端队列（插入和删除可以发生在两端）。
- set：数学集合的抽象。

容器类是模板类，如我们声明类型为 list<int>、stack<float> 等的对象。

为了介绍 STL 迭代器和 STL 算法的概念，我们从下面的代码段开始，这个代码段输入几个整数值，然后以相反的顺序输出。代码行被编号，以便我们可以在代码段后面的介绍中引用它们。

```
1 #include <iostream>
2 #include <list>          // 对于 list<T> 类
3 #include <algorithm>     // 对于 reverse() 函数
    ⋮
4 using namespace std;

5 list<int> nums;
6 list<int>::iterator iter;
7 int number;

8 cin >> number;
9 while (number != -9999)
10 {
11   nums.push_back(number);
12   cin >> number;
13 }
14 for (iter = nums.begin(); iter != nums.end(); iter++)
15   cout << *iter << endl;
16 reverse(nums.begin(), nums.end());
```

```
17  for (iter = nums.begin(); iter != nums.end(); iter++)
18    cout << *iter << endl;
```

在这段代码中，第 2 行和第 3 行插入了头文件 list 和 algorithm，允许我们使用模板类 list 和名为 reverse 的函数。第 5 行创建了一个名为 nums 的列表，其组件类型为 int，该列表最初是空的。第 6 行声明 iter 的类型为 list<int>::iterator，这是 list<int> 类中定义的数据类型。我们马上就会它的用法。

第 8~13 行从标准输入设备读取整数值并将它们插入列表中。push_back 函数是 list 类的成员，它获取其参数列表中的值并将其附加到列表的后面（后面）。（请注意，动词 push 传统上仅用于插入栈，在整个 STL 容器类中都表示插入。）循环继续直到读取标记（尾）值 -9999，之后 nums 列表按照读取顺序保存输入值。

接下来，第 14 行和第 15 行中的循环从前到后遍历 nums 列表，依次输出每个列表项。在第 6 行声明的变量 iter 是一个 STL 迭代器。从某种意义上说，STL 迭代器类似于在本文中研究的迭代器概念（一个名为 GetNext 之类的类成员函数）。STL 迭代器和 GetNext 操作都支持在容器中循环，一次一个项。另一方面，STL 迭代器是一个比 GetNext 操作级别低的概念：它只是表示项在容器中的位置。因此，STL 迭代器是指针概念的泛化。迭代器允许 C++ 程序访问容器的存储项，而无须知道容器的内部结构。操作迭代器的语法与操作指针的语法几乎相同。要访问迭代器 iter 引用的项，可以使用 *iter。为了使迭代器前进以引用容器中的下一项，可以使用 iter++。迭代器的内部工作，如在容器中推进位置的细节，对用户是隐藏的，并且特定于正在使用的容器。每个 STL 容器类定义一个或多个迭代器类型，如 list<int>::iterator。根据特定的容器，迭代器可以实现为普通指针或类对象。

现在，回到第 14 行和第 15 行。在第 14 行，变量 iter 被初始化为函数调用 nums.begin() 返回的值。名为 begin 的函数是 list 类的成员，它返回列表中第一项的位置。（在 C++ 文献中——甚至在本附录中的某些地方——使用了短语"将迭代器返回到第一项"。真正的意思是"返回……的位置"。你甚至可以说"返回指向的指针"或"返回指向的地址"，尽管不能保证特定迭代器被实现为 C++ 指针变量。）在第 14 行 for 语句中，循环条件是 iter != nums.end()。名为 end 的函数是 list 类的成员，它返回一个假想列表项的位置，该位置刚好位于最后一个实际列表项的后面。［这个位置通常被称为逾尾（超过结尾）的位置。］for 语句的第三部分，即 iter++，表示将迭代器向前移动以指向下一个列表项。因此，每次循环时，我们都会获得下一个列表项的位置，并不断循环，直到越过列表的末尾。在每次循环迭代中，我们执行第 15 行所示的循环体：我们输出迭代器 iter 引用（或"指向"）的值。请注意，输出语句使用表达式 *iter，而不是 iter。也就是说，我们要输出列表项，而不是它的位置。

接下来，查看程序的第 16 行。通过头文件 algorithm 获得的 reverse 函数将两个迭代器（容器中的开始位置和结束位置）作为参数，并将从开始位置到（但不包括）结束位置的所有项以相反的顺序排列放入。所以在第 16 行，nums 列表中的所有项都被处理，因为第二个参数 nums.end() 指定了逾尾位置。最后，第 17 行和第 18 行遍历 nums 列表，输出列表的新内容。

reverse 函数是 STL 算法的一个例子。在计算机科学术语中，算法是一个抽象的程序概念，是解决问题的方法。用编程语言实现的算法就是程序。每个程序都实现一种或多种算法。相比之下，STL 对算法这个术语定义要狭义得多。STL 算法（或简称为算法）是一个模板函数，其参数类型具有迭代器。每个算法的描述指定了它需要的迭代器类型作为其参数。在后面的附录中，我们描述了 STL 提供的各种算法。

让我们看一个 STL 容器类的另一个例子：vector。vector 对象是一维数组的抽象，可以像内置数组一样使用：

```
#include <vector>                    // 对于 vector<T> 类
    ⋮
vector<float> arr(100);             // 一个包含 100 个元素的数组
    ⋮
arr[24] = 9.86;                     // 允许随机访问
arr[i+j] = arr[k];                  // 下标（索引）表达式
```

然而，vector 类比内置数组更通用。内置数组的一个主要限制是数组规模在编译时是固定的，并且在程序运行时不能增加或缩小。相比之下，向量的规模可以在运行时变化。假设我们想在运行时输入未知数量的整数值并将它们存储到一个数组中。对于内置数组，我们必须提前估计其规模，但估计可能太大（浪费内存）或太小（我们的程序有问题）。使用向量，我们不需要指定它的规模，可以让它根据需要增加：

```
vector<int> vec;                    // 初始化 size 为 0
int inputVal;

cin >> inputVal;
while (cin)                         // 假设在 EOF 发生前输入了 50 个数字
{
  vec.push_back(inputVal);
  cin >> inputVal;
}
cout << vec.size() << endl;        // 输出 50

for (int i = 0; i < vec.size(); i++)  // 我们仍然可以使用索引
  cout << vec[i] << endl;
```

在前面的代码中，vec 对象的规模根据需要不断增加，内存是动态隐式分配的。还要注意代码中的 push_back 是 vector<int> 类和 list<int> 类的成员。事实上，许多 STL 容器类都具有相同名称（如 push_back）和相同语义的成员函数。由于这种一致性，在另一个上下文中重用来从一个上下文的代码非常容易。例如，我们如何将几个整数值输入一个向量中，然后以相反的顺序输出它们？答案是回到第一个代码示例的第 1~18 行，只更改第 2、第 5 和第 6 行：

```
2  #include <vector>                    // 对于 vector<T> 类
5  vector<int> nums;
6  vector<int>::iterator iter;
```

程序中的其他行保持完全相同，因为：

- list 和 vector 的成员函数 push_back、begin 和 end 语义相同。
- reverse 算法并不关心它处理的是哪种容器，只要它接收到容器的起始位置和逾尾位置即可。

第一次深入学习 STL 时，可能很难知道从哪里开始。在 STL 中，容器构成了库的核心，但如果不了解 STL 算法和迭代器要求，就很难理解容器，反之亦然。在 STL 中，算法扩展了容器的功能，迭代器使容器和算法能够协同工作。事实上，如果用户希望使用迭代器构建他 / 她自己的容器或者创建满足 STL 要求的算法，这些结构将与 STL 组件正确交互。

一些人在第一次学习 STL 时遇到的一个问题是其中使用的一些术语（如迭代器和算法）与计算机科学中的常见用法不同。就像在计算机科学的每个新学科中一样，必须学习新词汇。STL 非常值得学习，因为它是一个快速、灵活且有用的库。

ISO/ANSI C++ 标准要求每个兼容的编译器都提供完整的 STL。STL 组件经过精心设计，可以很好地协同工作。它们的速度就像熟练的程序员在学习使用该库所需的时间内所能创建的任何东西一样快。

需要指出的是，在 STL 的设计中，标准委员会经过深思熟虑，决定提供速度而不是安全性，因此大多数 STL 组件不会抛出异常。大多数 STL 成员函数要么成功，要么什么都不做。除了随机访问容器支持的 at() 成员函数之外，我们不进一步介绍 STL 容器和算法中的异常。建议大家参考 1998 ISO/ANSI C++ Standard 14882 和 Josuttis 的 *The C++ Standard Library* 以进一步研究该主题。（可以参阅本附录末尾的参考资料。）

接下来我们将按照以下顺序更详细地检查 STL 组件：迭代器、容器和算法。

E.2 迭代器

在许多数据结构和容器中，我们需要了解某个项在结构中的位置或地点。在 C 语言中，以及在 STL 之前的 C++ 中，指针满足了这种需要。指针具有速度优势，但需要非常小心以避免陷阱。STL 提供迭代器作为指针的替代，它与指针一样高效但更安全。每个 STL 容器都提供一种或多种适合容器内部结构的迭代器类型。

我们已经看到迭代器是在 STL 容器中指定位置并允许 STL 算法循环遍历容器中项的对象。这是通过一个公共接口完成的，通过该接口操作迭代器。具体来说，每个迭代器类型必须至少支持以下操作：

- 前缀 *：解除引用（访问当前所指向的项）。
- ++：增量（指向下一项）。

不同类别的迭代器需要额外的操作。

最重要的一点是行为定义了迭代器。任何类似迭代器的操作都是迭代器。事实证明，int* 类型的变量（指向 int 的指针）可以作为内置 int 数组的迭代器。这使得许多泛型 STL 算法可以直接用于内置数组。相反，指针不能作为 list 容器的迭代器。如果 list 对象碰巧是用动态分配的结点链表实现的，指针操作 p++ 几乎肯定不会指向链表中的下一个结点（因为链表结点不太可能驻留在连续的内存位置）。因此，像 list<int> 这样的类提供了数据类型 list<int>::iterator，它以自己的方式重载 "++" 运算符，以便将迭代器推进到列表中的下一项。

总之，迭代器可以是普通指针（如果容器是内置数组），也可以是定义符合 STL 要求的类指针操作的类的对象。

1. 迭代器类别

不同的 STL 容器具有不同的属性，因此各种容器的迭代器也具有不同的属性。同样，不同的 STL 算法需要它们使用的迭代器的不同属性。例如，对容器进行排序需要随机访问；否则，性能会受到影响。因此，迭代器根据属性的 "强度" 增加分为输入迭代器、输出迭代器、前向迭代器、双向迭代器和随机迭代器。图 E.1 显示了迭代器类别之间的关系。正如我们稍后将介绍的，如果 STL 算法需要特定类别的迭代器，那么程序员可以使用该类别或任何强类别的迭代器，但不能使用较弱类别的迭代器。

> 下面的箭头（→）表示"比……更强"
>
> 随机访问→双向访问→正向访问→输入、输出

图 E.1　迭代器类别之间的关系

一些额外的迭代器类型是反向迭代器、流迭代器、插入迭代器和原始存储迭代器。反向迭代器允许从后向前遍历容器。流迭代器允许从 STL 算法读写文件。插入迭代器允许向容器中添加新项，而不是覆盖迭代器引用的位置。在本附录中，我们只能介绍其中的第一个。但是，附录末尾的参考资料可以帮助你探索更多内容。

2. 输入迭代器

输入迭代器每一步只能向前推进一项。此外，它们可能只在从集合中获取（而不是存储到）某个项时才解除引用。表 E.1 给出了输入迭代器的操作（r 和 r2 是输入迭代器）。

表 E.1　输入迭代器的操作

*r	提供对 r 表示的位置处的项的读取访问
r++	步骤 r 在容器中向前移动一个位置；返回原来的位置
++r	步骤 r 在容器中向前移动一个位置；返回新位置
r == r2	如果 r 和 r2 表示相同的位置则返回 true，否则返回 false
r != r2	如果 r 和 r2 表示不同的位置则返回 true，否则返回 false

输入迭代器的一个例子是流迭代器，它将键盘输入流视为一个"容器"，并遍历流，获取一个接一个的输入字符。（iostream 头文件提供了这样的迭代器。）在本附录中，我们不介绍输入流迭代器。

3. 输出迭代器

与输入迭代器一样，输出迭代器每一步只能向前推进一项。但是，可能会对输出迭代器解引用，以便在指定位置存储值（而不是从中获取值）。表 E.2 给出了输出迭代器的操作（r 为输出迭代器）。

表 E.2　输出迭代器的操作

*r = value	在由 r 表示的位置处存储 value
r++	步骤 r 在容器中向前移动一个位置；返回原来的位置
++r	步骤 r 在容器中向前移动一个位置；返回新位置

一开始，我们可以修改一些东西，但不能获取它，这可能看起来很奇怪，但如果你考虑到输出迭代器经常用于将数据发送到输出流（如 cout），那么它就变得更有意义了。（头文件 iostream 提供了输出流迭代器。）其思想是将输出流视为字符的"容器"，并使用输出迭代器将每个新字符逐个写入流。在本附录中，我们不再进一步介绍流迭代器。

4. 前向迭代器

我们已经研究了两类迭代器，它们通过容器向前推进，一类只允许获取，另一类只允许存储。通常，当我们遍历容器时，我们希望在特定位置获取和存储一个值。前向迭代器允许我们这样做。具体来说，前向迭代器上的有效操作与输入迭代器的相同，并且具有将数据存储到引用项的能力，见表 E.3（r 和 r2 为前向迭代器）。

表 E.3　前向迭代器的操作

*r	提供对 r 表示的位置处的项的读取访问
*r = value	在 r 表示的位置存储 value
r++	步骤 r 在容器中向前移动一个位置；返回原来的位置
++r	步骤 r 在容器中向前移动一个位置；返回新位置
r == r2	如果 r 和 r2 表示相同的位置，则返回 true 否则返回 false
r != r2	如果 r 和 r2 表示不同的位置，则返回 true 否则返回 false

下面是一个通用算法，说明了前向迭代器的使用：

```cpp
// 在任何支持前向迭代器的容器中，用 y 值替换每次出现的 x 值
template <class ForwardIterator, class T>
void replace(ForwardIterator first, ForwardIterator pastLast, const T& x,
             const T& y)
{
  while (first != pastLast)
  {
    if (*first == x)
      *first = y;
    ++first;
  }
}
```

请注意，第二个参数 pastLast 必须表示比要考虑的最后一项的位置要靠后一个位置。换句话说，replace 函数替换容器中从 first 表示的位置开始，一直到（但不包括）pastLast 表示的位置的项。或者，我们可以这样说：算法处理范围 [first, pastLast) 中的项，这是一个数学符号，表示一个在左边封闭（它包括左端点）但在右边开放（它不包括右端点）的区间。

对 replace 函数的调用可能像下面这样：

```cpp
list<int> lst;
    ⋮
replace(lst.begin(), lst.end(), 25, 125);
```

回想一下，在本附录的前面，lst.begin() 返回第一个列表项的位置，lst.end() 返回逾尾位置。

STL 实现了一些算法，如用能够执行手头任务的最弱迭代器 replace。在 replace 中，前向迭代器就

足够了。在指定了前向迭代器的情况下，可以使用任何更强的迭代器。

5. 双向迭代器

双向迭代器具有前向迭代器的所有属性，但允许在容器中向前或向后移动，见表 E.4。

表 E.4　双向迭代器的操作

r--	步骤 r 在容器中向后移动一个位置；返回原来的位置
--r	步骤 r 在容器中向后移动一个位置；返回新位置

添加从减运算符可以使某些算法更容易实现。我们将看到所有的 STL 容器都支持双向迭代器或随机迭代器。list 容器提供了双向迭代器。因此，有些人喜欢将 list 视为双向链表的抽象，因为它允许在任意方向上进行有效遍历。

6. 随机迭代器

随机迭代器具有双向迭代器的所有属性，但支持额外的操作以允许随机（直接）访问容器中的任何项，见表 E.5。

表 E.5　随机迭代器的操作

r[i]	提供对 r 所表示的位置处的项的索引读取或存储访问
r += i	步骤 r 在容器中向前移动 i 个位置
r -= i	步骤 r 在容器中向后移动 i 个位置
r + i	返回一个迭代器值，该值位于容器中超出 r 的 i 位置
r - i	返回一个迭代器值，该值位于容器中 r 之前的 i 位置
r - r2	返回在 r 和 r2 表示的位置之间存在的项的数目
r < r2	当且仅当 r 表示的位置在 r2 表示的位置之前时返回 true
r > r2	当且仅当 r 表示的位置在 r2 表示的位置之后时返回 true
r <= r2	当且仅当 r 表示的位置不在 r2 表示的位置之后时返回 true
r >= r2	当且仅当 r 表示的位置不在 r2 表示的位置之前时返回 true

vector 容器提供了随机迭代器，这是有意义的，因为 vector 是一维数组的抽象。

我们还没有提到反向迭代器，它非常重要。我们推迟介绍这些迭代器，直到我们介绍 vector 容器时，因为 vector 支持反向迭代器以及随机迭代器。

E.3　容器

STL 提供了三种容器：顺序容器、容器适配器和关联容器。

在顺序容器中，容器中的每个项都有一个位置，这个位置取决于插入的时间和位置，而不取决于项的值。序列容器有 vector、list 和 deque。这些容器有时被称为"一级容器"。每个 STL 容器提供了一组不同的操作，这些操作在时间和空间复杂度方面有不同的权衡。应相应地选择容器。vector 提供对其元素的随机访问，在后面（而不是中间）插入和删除非常有效。C++ 标准建议 vector 是应该默认使用的序列类型。如果你的程序需要在序列中间频繁插入和删除项，应该使用 list；如果需要在序列的开始和结束处频繁插入和删除项，则应该使用 deque。

关联容器有 map、multimap、set 和 multiset。这些容器基于关联数组的概念，关联数组是一种保存值对的数据结构：一个键和与该键相关联的值。我们将在后面介绍关联容器，但在本附录中不详细介绍它们。

容器适配器有 queue、stack 和 priority_queue。之所以称它们为适配器，是因为它们使用三种顺序容器（vector、list 或 deque）中的一种来实际保存项，并向程序员提供不同的接口（栈、队列或优先级队列）。

我们首先查看序列容器 vector、list 和 deque，以及标准库提供的另一个类：string。

1. vector<T> 类

vector 容器提供了对不同长度序列的快速随机访问，以及在向量的末尾快速插入和删除项。vector<T> 是一个使用动态分配数组实现的模板类，该数组可用于可赋值和可复制的任何类型 T。这意味着，如果 T 是类或结构类型，则必须为 T 定义 operator= 和复制构造函数。

vector 的行为类似于 C++ 数组，主要区别在于内置数组的规模是固定的，必须在编译时知道，而 vector 会从动展开以容纳新项。与第 3 章的列表 ADT 一样，vector 将其存储划分为包含插入项的初始段和称为 reserve 的未使用项的最后段。与列表 ADT 不同，当预留空间耗尽时，vector 将分配当前分配的两倍的新内存空间，将数据复制到新内存，然后释放旧内存空间。这个操作称为 resize。有一个成员函数可以执行此操作，但其通常是隐式的。这种分配更多内存的过程有时被称为 reallocation，特别是在隐式执行时。

我们把向量中的第一个位置称为 front，最后一个使用的位置称为 back。vector 容器支持在容器尾部插入和删除项，分摊时间为 $O(1)$。完成一项任务的术语 amortized time 是两件事的加权平均值：只做主要任务的时间（通常需要在短时间内频繁发生）和额外的时间来执行关联的任务（这通常需要很长时间，但很少发生）。对于 vector，插入操作时间很短，但概率很大。额外的任务是在 reserve 耗尽时重新分配内存并复制数据，这需要相当长的时间，但概率非常低。

以下是 vector 容器的一些属性：

- vector 提供随机访问，要么通过未经检查的索引（[]），要么通过范围检查 at() 成员函数进行访问。
- vector 迭代器为随机迭代器。因此，本质上是 C++ 指针的行为。迭代器可以被索引，也可以适用于指针算法。迭代器是在类 vector<T> 中定义的类型，可以通过以下书写来声明：vector<T>::iterator vIter;。
- 插入和删除操作可以在 vector 后面的 $O(1)$ 时间和其他地方的 $O(N)$ 时间完成。
- 插入和删除操作会使指向删除位置以外的所有迭代器失效。

与向量 vector v 相关联的规模有两个，一个是 v.size() 返回的值，是已插入向量的项数。另一个是从 v.capacity() 中返回的值，是插入的项数加上保留的位数。在图 E.2 中，容量为 9，规模为 4。

	插入的项				存储（reserve）			
迭代器位置	begin()				end()			
概念上的位置	Front			Back				
索引	0	1	2	3	4	5	6	7	8
值	8	2	34	2					

图 E.2　vector 内存分配

函数调用 v.front() 并返回 vector 中的第一项，而 v.back() 返回最后一项。存储在 reserve 部分中的值是不可访问的。v.begin() 所指向的位置是索引 0 的位置，也是 v.front() 函数从中获取数据的位置。v.end() 所引用的位置仅是逾尾位置。它超出了 v.back() 函数获取的位置。

为了描述 vector<T> 类的成员函数，我们现在提供一系列表格和示例（见表 E.6~ 表 E.11）。请注意，我们仅包含可用成员函数的代表性示例。有关完整列表，你可以查阅附录末尾的参考资料。

表 E.6　vector 构造函数和析构函数

vector<T> v;	默认的构造函数，创建一个空的 vector 对象：v
vector<T> vNew(vOld);	复制构造函数，创建一个向量（vNew）为另一个向量的副本（vOld），具有相同类型。所有成员均被复制
vector<T> v(n);	创建一个规模为 n 的向量，每个元素由类型 T 的默认构造函数构造
vector<T> v(n, value);	创建一个规模为 n 的向量，每个元素初始化为 value，类型为 T
vector<T> v(first, pastLast);	创建一个向量，其元素是具有相同基类型 T 的任何类型的另一个容器的子范围的副本。子范围是 [first, pastLast)——从迭代器 first 表示的位置到（但不包括）由迭代器 pastLast 表示的位置
v.~vector<T>()	析构函数。释放 v 的存储空间，并对 T 类型的元素调用析构函数（如果有）。通常不会显示调用；当 v 超出作用域时自动调用析构函数

下面是一个简短的程序，演示了几种构造函数的用法。

```
// 用于说明使用基本类型和用户定义类型作为基类型的向量构造函数的代码

#include <vector>    // 对于 vector<T> 类
#include <cassert>   // 对于 assert() 函数

struct node
{
  node()
  {
    iValue = 0;
    dValue = 0.0;
```

```
    }

    int iValue;
    double dValue;
};

int main()
```

表 E.7   vector 元素访问

v[index]	没有范围检查的索引访问。索引范围是 0~v.size()– 1。表达式 v[index] 可能会返回一个值或为其分配一个值
v.at(index)	带范围检查的索引访问。索引范围是 0~v.size()– 1。如果 index ≥ v.size()，则抛出 out_of_range 异常。表达式 v.at(index) 可能会返回一个值或为其分配一个值
v.front()	返回向量中的第一项。与 v[0] 或 v.at(0) 相同
v.back()	返回向量中的最后一项。与 v[v.size()–1] 相同

```
{
    using namespace std;

    vector<double> doubleVec;          // double 类型的空向量
    vector<int> intVec(5, 999);        // 5 个 int 值的向量，每个值都初始化为 999
    vector<node> nodeVec(100);         // 100 个结点的向量，每个结点都使用默认构造函数 node() 初始化
    assert(doubleVec.size() == 0);
    assert(intVec.size() == 5);
    assert(intVec[0] == 999);
    assert(nodeVec.size() == 100);
    assert(nodeVec[9].iValue == 0);
    assert(nodeVec[9].dValue == 0.0);
        :
}
// 演示 vector 元素访问的用法

#include <vector>                      // 对于 vector<T> 类
#include <iostream>

int main ()


{
    using namespace std;
```

```
    const int SIZE = 12;
    int array[SIZE] = {1, 2, 3, 5, 8, 13, 21, 25, 16, 9, 4, 1};
    vector<int> v(12);

    for (int i = 0; i < SIZE; i++)
      v[i] = array[i];

    cout << v.at(SIZE);                    // 会产生一个异常

    for (int i = 0; i < SIZE; i++)         // 或者使用 i <= v.size()
      cout << v.at(i) << endl;

    // 说明前面成员函数和后面成员函数的用法
    cout << v.front() << "same as" << v[0] << endl;
    cout << v.back () << "same as" << v[SIZE-1] << endl;
}
// 演示如何使用向量成员函数进行插入

#include <vector>                          // 对于 vector<T> 类
#include <iostream>

int main ()
{
  using namespace std;

  const int SIZE = 12;
  int array[SIZE] = {1, 2, 3, 5, 8, 13, 21, 25, 16, 9, 4, 1};
  vector<int> v(12);
  vector<int> w(12);

  // 使用 push_back 成员将数组中的元素赋给 v
  for (int i = 0; i < SIZE; i++)
    v.push_back(array[i]);

  // 赋予 w 从 0 到 SIZE-1 的值
  for (int i = 0; i < SIZE; i++)
    w.push_back(i);

  // 显示 v
  for (int i = 0; i < SIZE; i++)
    cout << v[i] << endl;
```

```
    // 交换 v 和 w 的身份
    v.swap(w);

    //  先显示 v, 然后显示 w
    for (int i = 0; i < SIZE; i++)
      cout << v[i] << endl;

    for (int i = 0; i < SIZE; i++)
      cout << v[i] << endl;
  }
```

表 E.8　用于插入的 vector 成员函数

v.push_back(item);	将 item 插入向量的后面。如果需要则调整规模。存储到第一个保留位置，并调整内部指针
v.insert(iter, item);	将 item 插入向量中由迭代器 iter 表示的位置之前。复制最后一项到保留区，如果需要则调整规模。依次复制项，直到到达 iter 所表示的位置。复制项到 iter 指定的位置
v.insert(iter, n, item);	从 iter 指定的位置开始，插入 n 个 item 副本
v.swap(vOther);	交换向量 v 和 vOther 的内容。这些向量必须是相同类型的。这个操作非常快，因为只改变了内部指针

表 E.9　关于项移除的 vector 成员函数

v.pop_back();	从 v 中移除最后一项（这只改变内部指针）
v.erase(iter);	移除 iter 表示的位置处的项。将数据从 iter 所表示的下一个位置复制到 iter 所表示的位置，然后依次复制，直到复制到最后一项。内部指针调整
v.erase(first, pastLast);	移除范围 [first, pastLast) 中的所有项

表 E.10　与规模相关的 vector 成员函数

v.empty()	如果 v 不包含任何项则返回 true，否则返回 false
v.size()	返回 v 中当前的项数
v.capacity()	返回容器中的项数与保留内存中的可用位置数
v.reserve(n);	增加容器容量到 n

v.resize(n, value);	if (n > v.size())
	　　v.insert(v.end(), n − v.size(), value);
	else if (n < v.size())
	　　v.erase(v.begin() + n, v.end());

表 E.11　与迭代器相关的 vector 成员函数

vector<T>::iterator itr;	为 vector<T> 创建随机迭代器
vector<T>::reverse_iterator itr;	为 vector<T> 创建（随机）反向迭代器
v.begin()	返回一个随机迭代器值，指示第一项的位置
v.end()	返回一个随机迭代器值，指示虚构的逾尾位置
v.rbegin()	返回一个反向迭代器值，指示反向迭代的第一项（即容器中的最后一项）的位置
v.rend()	返回一个反向迭代器值，指示反向迭代的虚构的逾尾位置（即容器中第一项之前的虚构项）

重新分配将使在重新分配之前设置的所有指向向量的引用、指针和迭代器失效，因为这些迭代器的值都指向旧的（先前分配的）内存。可以保证在调用 reserve() 之后的插入不会发生重新分配，直到向量达到在调用 reserve() 中指定的规模。

在我们查看下一个序列容器 list 之前，我们先检查 string 类，它与 vector<char> 有点相似，但具有成员函数和更适合字符串的优化。

2. string 类

接下来介绍来从 C++ 标准库的 string 类。虽然 string 不是 STL 的一部分，但它是标准库的一个组成部分。在程序员的工具箱中，string 类的知识是必不可少的。

标准库定义了一个 char_traits 类，它定义普通字符（char 类型）和宽字符［wchar_t 类型，它是 Unicode 字符集编码的宽（16 位）字符类型］的属性。虽然使用 C++ 标准处理字符特征，但我们不在附录中介绍。我们只处理字符类型为 char 的更简单的情况。

在标准 C++ 中，字符串这一词可能会引起混淆。所谓字符串，是指从 C 语言继承来的字符串吗（即以空字符结尾的 char 数组）？或者是指标准 C++ string 类对象吗？为了帮助大家消除这种歧义，我们将始终使用术语 string 时只引用类 string。相反，我们使用术语 cstring 来指代 C++ 从 C 继承的字符串类型（以空字符结尾的 char 数组）。这样做的一部分原因是提供操作 C 样式字符串的函数的头文件是文件 <cstring>，另一部分原因是 cstring 是从 C 语言继承来的。

标准 C++ 提供了两种字符串类型：string 和 wstring。这些名称是由两个专门用于模板类 basic_string 的 typedef 语句创建的：

```
typedef basic_string<char> string;      // 使用 ASCII 字符的常用字符串
typedef basic_string<wchar_t> wstring;  // 宽字符串
```

我们提到这个事实是为了让大家更好地理解 basic_string 的编译器的错误消息。另外，在将来的某个时候，你可能需要处理宽字符串（wstring 类型）。

我们通过展示一个同时使用 vector 和 string 的程序开始对 string 类的介绍。该程序从标准输入中读取一行，将该行拆分为单词，然后以它们在输入中出现的相反顺序输出单词。首先介绍这个程序，然后解释其实现细节。

```cpp
#include <iostream>
#include <string>        // 对于 string 类
#include <vector>        // 对于 vector<T> 类

using std::string;
using std::vector;

void parse(string& line, string& delimiters, vector<string>& strVec)
// 操作: 使用分隔符将行拆分为单词, 返回 strVec 中的单词
// 前置条件 : 行和分隔符已初始化 , 并且 strVec 为空
// 后置条件 : strVec 包含单词
{
  using namespace std;
  int lineLength = line.length();
  int wordPastEnd;
  int wordStart = line.find_first_not_of(delimiters, 0);

  while ( wordStart >= 0 && wordStart < lineLength )
  {
    wordPastEnd = line.find_first_of(delimiters, wordStart);

    if (wordPastEnd < 0 || wordPastEnd > lineLength)
      wordPastEnd = lineLength;

    strVec.push_back(line.substr(wordStart, wordPastEnd-wordStart));

    // 在第二个 arg 之后查找不在分隔符列表中的第一个字符
    wordStart = line.find_first_not_of(delimiters, wordPastEnd+1);
  }
}

int main()
{
  using namespace std;
  string line;
  string delimiters(" ,.?!:;");

  vector<string> wordVec;
  getline(cin, line, '\n');

  parse(line, delimiters, wordVec);

  vector<string>::iterator itr;
```

```
    // 按照单词在 wordVec 中出现的顺序输出单词
    for (itr = wordVec.begin(); itr < wordVec.end(); itr++)
      cout << *itr << endl;

    // 以在 wordVec 中出现的相反顺序输出单词
    vector<string>::reverse_iterator revItr;
    for (revItr = wordVec.rbegin(); revItr < wordVec.rend(); revItr++)
      cout << *revItr << endl;
}
```

给定输入为：

```
Now is the time for
```

该程序输出如下：

```
Now
is
the
time
for
for
time
the
is
Now
```

main 函数声明用于保存从键盘输入的 string 对象 line，string 对象 delimiters 包含空格、逗号、句号、问号、感叹号、冒号和分号等。getline 独立函数通过头文件 <string> 可用，它具有原型

ostream& getline(istream& is, string str, char delim);

　getline 的作用是从输入流中提取字符，直到出现以下情况之一：遇到流中的文件结尾，从输入流中提取分隔符字符，或已经提取到了 str.max_size() 字符。值 str.max_size() 是最大可能的 string 容器的规模。这个值取决于实现，但是对于一个典型的 32 位 C++ 实现来说大约是 4×10^9。

　调用带有签名的函数

```
void parse(string& line, string& delimiters,
           vector<string>& strVec);
```

将 line 拆分为由字符串 delimiters 分隔的单词。parse 函数使用 string 成员函数 find_first_of，该函数返回一个 int 值，该值是匹配分隔符字符串中任何字符的 line 中第一个字符的索引。类似地，find_first_not_of 返回 int 值，该值是不在分隔符字符串中的 line 中第一个字符的索引。这两个数字用于定位连续单词的起始和逾尾索引。使用 substr 成员函数从 line 中提取连续的子字符串，并使用 vector 的 push_back 成员函数将子字符串插入 strVec 的末尾。

　回到 main 函数中，当控制从 parse 函数返回时，参数 wordVec 包含 line 的连续子字符串。使用 vector<string> 迭代器从头到尾提取连续的字符串。声明一个向量迭代器，然后在 for 语句中初始化，指

向 begin() 成员函数返回的 wordVec 中的前项的位置。输出迭代器的所指对象，迭代器使用"++"运算符向前推进一步，并与 end() 成员函数获得的尾后值进行比较。结果是按从前到后的顺序显示 line 中的字符串。

接下来，strVec 中的字符串从后到前输出。声明了一个 vector<string>::reverse_iterator 类型的迭代器，然后在第二个 for 语句中将其初始化为一个反向迭代器值，该值通过 rbegin() 成员函数指向 wordVec 中的最后一项。迭代器的引用对象为输出。然后迭代器使用"++"操作符向前推进。（重载运算符"++"，将迭代器的位置移到列表的前面。）然后将迭代器与从 rend() 成员函数中获得的迭代器值进行比较。这个值的行为就好像它是一个"在第一个之前"的位置，允许从后到前的迭代终止。这个结果将以相反的顺序显示 line 中的子字符串。

在这个例子中，我们使用了 string 和 vector 的以下特征：

- 使用 vector 和 string 作为基类。
- 用于字符串的 getline 函数。
- string 成员函数 find_first_of、find_first_not_of、length 和 substr。
- vector<T>::iterator 类型的使用。
- vector<T>::reverse_iterator 类型的使用。

现在让我们更详细地了解 string 类。图 E.3 描述了一个包含 Bill 中的字符的字符串，该字符串的规模为 4，容量为 9。string 类有成员 begin() 和 end()，它们返回表示字符串的前端和逾尾位置的迭代器值。vector 和 string 的区别在于 vector 成员 front() 和 back() 在 string 中缺失。另一方面，string 有几个有用的搜索成员，如果 vector 中需要这些成员，则必须由泛型"查找"和"条件查找"STL 算法进行模拟。

迭代器位置	插入的项				存储			
	begin()				end()			
索引	0	1	2	3	4	5	6	7	8
值	'B'	'i'	'l'	'l'					

图 E.3 *string* 内存分配

正如我们对 vector<T> 类所做的那样，我们现在提供了一系列表，见表 E.12～ 表 E.17，描述了许多（但不是全部）可用的 string 成员函数，并穿插了一些注释。

表 E.12 string 构造函数和析构函数

string s;	默认构造函数。创建一个空字符串
string s(str);	复制构造函数。创建一个新的字符串 s 作为另一个字符串 str 的副本
string s(str, indx);	从 str 的索引 indx 处开始，创建一个新字符串 s
string s(str, indx, count);	从 str 的索引 indx 处开始，创建一个最多由 str 中的 count 个字符初始化的新字符串 s

string s(cstr);	创建一个用 cstring cstr 中的字符初始化的新字符串 s
string s(charArray, count);	创建一个新的字符串 s，最多使用 char 数组 charArray 中的 count 个字符进行初始化
string s(count, ch);	创建一个用字符 ch 的 count 个实例初始化的新字符串 s
string s(first, pastLast);	创建一个用任何 char 容器的迭代器范围 [first, pastLast) 中的字符初始化的新字符串 s
s.~string();	析构函数。释放分配给字符串 s 的内存

以下是一个简短的代码段，演示了部分 string 构造函数。

```
std::string s0("string");      // 创建字符串 s0，其包含 s、t、r、i、n、g
std::string s1;                // 创建空字符串 s1
std::string s2(s0);            // 用 s0 中的字符创建字符串 s2
std::string s3(s0, 3);         // 创建字符串 s3，其中的字符从 s0 的索引 3 开始：字符 i、n、g
char x[] = "string";           // 创建 1 个 cstring
std::string s4(x, x+3);        // 将 s4 创建为带有 s、t、r 的字符串
    // x 和 x + 3 是指向 cstring x 的指针。指针的行为类似于随机迭代器
```

表 E.13　string 元素访问

s[i]	没有范围检查的索引访问。可以获取或存储索引 i 处的字符
s.at(i)	有范围检查的索引访问。可以获取或存储索引 i 处的字符。如果 i ≥ s.size()，则抛出 out_of_range 异常
s.c_str()	返回指向表示字符串 s 中数据的 cstring 的指针（类型为 const char *）。cstring 以空字符 ('\0') 终止
s.data()	返回指向 s[0] 的指针（类型为 const char *）。注意：指向的序列不应被视为 cstring，因为它不能保证以空字符 ('\0') 终止

表 E.14　string 与规模相关的成员函数

s.length()	返回 s 中当前的字符数
s.size()	与 s.length() 相同
s.resize(newSize, padChar);	将 s 的大小更改为 newSize，如果有必要，使用重复的 padChar 字符填充
s.empty()	如果 s 为空返回 true, 否则返回 false
s.capacity()	返回 s 无须重新分配即可包含的字符数（即保留字符数与 s 的规模）

表 E.15　string 用于搜索和子字符串的成员函数

s.find(str)	返回字符串 str 在 s 中第一次出现的第一个位置的整数索引
s.find(str, pos)	返回字符串 str 在 s 中第一次出现的第一个位置的整数索引，从 s 的位置 pos 开始搜索
s.find_first_of(delim, pos)	返回字符串 delim 中第一次出现任何字符的第一个位置的整数索引，从 s 的位置 pos 开始搜索
s.find_first_not_of(delim, pos)	返回任何不在字符串 delim 中的字符第一次出现的第一个位置的整数索引，从 s 的位置 pos 开始搜索
s.substr(pos, len)	返回一个 string 对象，该对象表示从 s 的位置 pos 开始的至多 len 个字符的 s 子字符串。如果 len 太大，则表示到字符串 s 的"末尾"。如果 pos 太大，则会抛出 out_of_range 异常

注意：如果 find 的任何版本都找不到搜索值，函数的返回值是常量 string::npos，这是 string 类定义的无符号整型 string::size_type 的最大可能值。

表 E.16　string 比较

s1 == s2	如果 s1 和 s2 的所有字符成对相等，则返回 true；否则返回 false
s1 != s2	如果 s1 和 s2 的所有字符不是都成对相等，则返回 true；否则返回 false
s1 < s2	如果 s1 按字典顺序出现在 s2 之前，则返回 true；否则返回 false
s1 > s2	如果 s1 按字典顺序排在 s2 之后，则返回 true；否则返回 false
s1 <= s2	与 !(s1 > s2) 相同
s1 >= s2	与 !(s1 < s2) 相同

字典顺序比较相应位置的字符，直到找到 s1[i] ≠ s2[i] 的位置 i。那么表达式 s1 < s2 与 s1[i] < s2[i] 具有相同的布尔值。

表 E.17　string I/O 操作

该表假设有以下声明：

ostream os;	
istream is;	
os << str	将字符串 str 中的字符放到流 os 中
is >> str	将流 is 字符读入字符串 str。跳过前导空白字符，输入在第一个尾随空白字符处停止
getline(is, str, delimiter)	将流 is 中字符读入字符串 str，直到文件结束或直到提取字符 delimiter。分隔符从 is 和 discarded 中移除。注意：getline 不是 string 类的成员函数。它是一个独立的全局函数

3. list<T> 类

该 list 是三个 STL 序列容器中的第二个。 list 是一个顺序访问容器，针对列表中任意位置的插入和删除进行了优化。 尽管 C++ 标准不要求任何特定的实现，但快速插入和删除的要求和对双向迭代器的支持，以及缺乏随机访问的要求，都表明实现是一个双向链表。

要创建 list<T> 类型的对象，数据类型 T 必须是可赋值和可复制的。也就是说，如果 T 是类或结构类型，则必须为 T 定义 operator= 和复制构造函数。

以下是 list 容器的一些属性：

- list 提供顺序访问，因此没有索引访问，也没有 at() 成员。
- 迭代器是双向的。
- 插入和删除可以在 O(1) 时间内在列表中的任何位置完成。
- 插入和删除不会使引用未参与删除的项的迭代器无效。
- 有许多成员函数执行与外部 STL 算法相同的任务，但它们在 list 中更快，因为是更改内部指针而不是移动数据。
- 该 list 提供了最好的异常安全性，因为与其他容器相比，它的更多操作要么成功要么无效。

就像处理 vector 和 string 函数一样，我们现在给出一系列表，见表 E.18~ 表 E.24，详细描述了许多（但不是全部）list 成员函数。

提示：迭代器范围 [first, pastLast) 是指从 first 表示的容器位置开始，但不包括 pastLast 表示的位置。

表 E.18　list 构造函数和析构函数

list<T> lst;	默认构造函数。将 lst 创建为空列表
list<T> lst(oldList);	复制构造函数。将 lst 创建为 oldList 的副本
list<T> lst(count);	创建 count 项列表，每个计数项由类型 T 的默认构造函数构造
list<T> lst(count, typeTobj);	创建一个 count 项的列表，每个项都是 T 类型对象 typeTobj 的副本
list<T> lst(first, pastLast);	在另一个容器范围 [first, pastLast) 创建一个使用类型 T 对象初始化的列表
lst.~list<T>();	析构函数。释放分配给 lst 的内存

list 不提供随机访问。除了对迭代器进行解引用外，还通过成员函数 front() 和 back() 访问列表元素。

表 E.19　list 元素访问

lst.front()	返回列表中的第一项
lst.back()	返回列表中的最后一项

表 E.20 描述了 list 的插入和删除操作。请注意，类 list<T> 提供了用于删除的成员函数，但也有用于此目的的通用 STL 算法。然而，成员函数比算法更受欢迎，因为它改变内部指针而不是移动数据，所以它可能更快。

表 E.20   用于插入和删除的 list 成员函数

lst.insert(iter, item)	将 item 插入列表中由 iter 表示的位置之前。返回指向插入项的迭代器值
lst.insert(iter, count, item);	将 item 的 count 个副本插入列表中 iter 表示的位置之前。返回类型为 void
lst.push_front(item);	在列表的前面插入 item
lst.push_back(item);	将 item 追加到列表的后面
lst.pop_back();	移除列表后面的项
lst.pop_front();	移除列表前面的项
lst.remove(item);	移除所有等于 item 的列表元素
lst.remove_if(pred);	移除谓词 pred 返回 true 的所有项。参数 pred 可以是布尔函数的名称，也可以是函数对象（稍后在本附录中定义）
lst.erase(iter)	移除 iter 所指示位置上的项，返回指向下一项的迭代器值
lst.erase(first, pastLast)	移除范围 [first, pastLast) 中的所有项。返回指向下一项的迭代器值
lst.clear();	删除列表中的所有项

表 E.21   list 赋值和交换操作

lst1 = lst2;	在删除 lst1 中的所有项之后，将列表 lst2 中的所有项复制到 lst1 中
lst.assign(first, pastLast);	在删除 lst 中的所有项之后，将另一个类型为 T 的容器中的 [first, pastLast) 范围内的所有项复制到 lst
lst1.swap(lst2);	交换列表 lst1 和 lst2 的内容

表 E.22   与迭代器相关的 list 成员函数

list<T>::iterator itr;	为 list<T> 创建一个双向迭代器
list<T>::reverse_iterator itr;	为 list<T> 创建一个（双向）反向迭代器
lst.begin()	返回一个双向迭代器值，该值指示第一项的位置
lst.end()	返回表示逾尾位置的双向迭代器值
lst.rbegin()	返回一个反向迭代器值，表示反向迭代的第一项（即容器中的最后一项）的位置
lst.rend()	返回一个反向迭代器值，表示反向迭代的逾尾位置（即容器中的第一个位置的前面位置）

表 E.23　与规模和比较相关的 list 成员函数

lst.empty()	如果 lst 不包含任何项，则返回 true。返回与 lst.size() == 0 相同的结果，但 lst.empty() 可能更快
lst.size()	返回列表中当前的项数
lst.resize(newSize);	如果 newSize > lst.size()，则将默认构造类型 T 对象的 newSize –lst.size() 实例追加到列表的末尾
	如果 newSize < lst.size()，则从列表中删除最后 lst.size() – newSize 项，否则不进行任何操作
lst.resize(newSize, typeTobj);	如果 newSize > lst.size()，则将 typeTobj 的 newSize –lst.size() 副本追加到列表的末尾
	如果 newSize < lst.size()，则从列表中删除最后 lst.size() – newSize 项，否则不进行任何操作
lst1 == lst2	如果列表具有相同数量的项并且以相同的顺序包含相同的项，则返回 true，否则返回 false
lst1 < lst2 lst1 > lst2 lst1 <= lst2 lst1 >= lst2	比较是按字典顺序排列的。对连续成对的项进行比较。第一个不等对的顺序决定了哪个顺序关系返回 true

表 E.24　修改 list 的操作

lst1.splice(iter, lst2);	必要条件：&lst1 ≠ &lst2
	作用：将 lst2 的内容插入 lst1 中 iter 表示的 lst1 中的位置之前，lst2 变为空
lst1.splice(position, lst2, iter);	移除 lst2 中 iter 表示的位置的项，并将其插入 lst1 中 position 表示的位置之前
lst1.splice(position, lst2, first, pastLast);	必要条件：如果 &lst1 = &lst2，position 不能在 [first, pastLast) 范围内
	作用：移除 lst2 的 [first, pastLast) 范围内的所有项，并插入 lst1 中 position 表示的位置之前
lst.sort();	使用 "<" 运算符将列表项按升序排序以比较项
lst.sort(cmp);	使用比较函数 cmp 对列表项进行排序，它可以是布尔函数的名称或函数对象（稍后在本附录定义）
lst1.merge(lst2);	必要条件：两个列表中的项都按顺序排列（按 "<" 运算符排序）。
	作用：从 lst2 中移出所有项，合并到 lst1 中，这样 lst1 依然是排序好的

续表

lst1.merge(lst2, cmp);	必要条件：两个列表中的项都按顺序排列（按 cmp 函数排序）。比较函数 cmp 可以是布尔函数的名称或函数对象（稍后在本附录定义）
	作用：从 lst2 中移出所有项，合并到 lst1 中，这样 lst1 依然是排序好的
lst.unique();	删除任何序列中除第一个外的所有相等的连续项（满足"=="关系）
lst.unique(cmp);	删除满足比较函数 cmp 的任何连续项序列中除第一个之外的所有项，它可以是布尔函数的名称或函数对象（稍后在本附录中定义）
lst.reverse();	颠倒 lst 中项的顺序

4.deque<T> 类

三个 STL 序列容器中的第三个是 deque 容器。单词 deque 是双端队列的缩写。deque 容器和 vector 容器一样，提供了对可变长度序列的快速随机访问。与 vector 不同，deque 在集合的全部两端提供快速插入和删除操作。这是通过不仅在 deque 容器的开始处提供未使用的预留（vector 容器也是如此），而且在容器的末尾提供未使用的预留来实现的。

以下是 deque 和 vector 的主要区别：

- 插入 deque 队列的前后都非常快（摊销时间 O(1)）。vector 只在插入后面时快。
- 分配给 vector 的内存通常是连续的（即内置数组），因此 vector 迭代器通常是 C++ 指针。分配给 deque 对象的内存不能保证是连续的，因此 deque 通常实现为模拟指针的类对象。因此，访问 deque 中的项往往要比访问 vector 中的项慢。
- 与 vector 容器不同的是，deque 容器中没有提供任何成员函数来控制重分配或容量，因此，除了在容器的末端之外，任何插入或删除操作都会使 deque 容器的所有迭代器失效。

什么时候应该选择 deque 而不是 vector？如果你需要在前端和后端进行随机访问和频繁插入，那么 deque 是更好的结构。

表 E.25 显示了 deque 成员函数的典型示例。

表 E.25　deque 成员函数

构造函数、赋值和交换操作	
deque<T> d;	默认构造函数。创建一个空的 deque 对象 d
deque<T> d(otherDeque);	复制构造函数。创建一个新的双端队列 d 作为 otherDeque 的副本
deque<T> d(count);	创建 count 项的双端队列，每个项都由类型 T 的默认构造函数构造
deque<T> d(count, typeTobj);	创建一个 count 项的双端队列，每个计数项都是 typeTobj 的副本，类型为 T 的对象
d = otherDeque;	移除双端队列 d 中的所有项后，将 otherDeque 中的所有项复制到 d 中
d.swap(otherDeque);	交换 d 和 otherDeque 的内容

续表

元素访问和插入操作	
d[index]	没有范围检查的索引访问。可以获取或存储索引 index 处的元素
d.at(index)	有范围检查的索引访问。如果 index ≥ d.size()，则抛出 out_of_range 异常
d.front()	返回容器中的第一项。与 d[0] 相同
d.back()	返回容器中的最后一项。与 d[d.size()–1] 相同
d.insert(iter, item);	在 iter 表示的位置之前插入 item。返回指向插入项的迭代器值
d.insert(iter, first, pastLast);	在 iter 表示的位置之前插入 [first , pastLast) 范围内的所有项，这些项来从另一个包含 T 类型对象的容器
d.push_front(item);	在双端队列的前面插入项
d.push_back(item);	在双端队列的后面插入项
删除操作	
d.pop_front();	移除双端队列前面的项
d.pop_back();	移除双端队列后面的项
d.erase(iter)	移除 iter 表示的位置处的项。返回指向下一项的迭代器值
d.erase(first, pastLast)	移除范围 [first, pastLast) 中的所有项。返回指向下一项的迭代器值
d.clear();	移除双端队列中的所有项
与规模相关的操作	
d.size()	返回当前在双端队列中的项数
d.empty()	如果 d 不包含任何项则返回 true。返回与 d.size() == 0 相同的结果，但 d.empty() 可能更快
d.resize(number);	将规模更改为 number。如果 deque 增长，则由类型 T 的默认构造函数构造新项
与迭代器相关的操作	
deque<T>::iterator itr;	为 deque<T> 创建一个随机访问迭代器
deque<T>::reverse_iterator itr;	为 deque<T> 创建（随机访问）反向迭代器
d.begin()	返回一个随机迭代器值，该值指示第一项的位置
d.end()	返回一个随机迭代器值，该值指示逾尾位置
d.rbegin()	返回一个反向迭代器值，该值指示反向迭代的第一项（即容器中的最后一项）的位置
d.rend()	返回一个反向迭代器值，该值指示反向迭代的逾尾位置（即容器中的第一个位置的前面位置）

E.4 容器适配器：栈、队列和优先级队列

adapter（适配器）不直接实现保存数据项的结构。相反,它提供了用户和现有容器之间的新接口。它"调整"了其中一个序列容器的接口,以提供适用于栈或队列的操作。

1.stack 适配器

任何提供成员 empty()、size()、push_back()、pop_back() 和 back() 的序列容器都适合作为 stack 容器适配器的容器。所有三个序列容器——vector<t>、deque<t> 和 list<t> 都满足这些要求。默认情况下,deque<T> 是 stack<T> 适配器使用的容器。

读过本书的人都熟悉表 E.26 中的 stack 操作（stack 成员函数）。

表 E.26　stack 成员函数

stack<int> stck;	默认构造函数。默认情况下使用 deque<int> 来保存 int 类型的项
stack<float, vector<float> > stck;	默认构造函数。使用 vector<float> 来保存 float 类型的项（注意 ">>" 内需要有空格,以便区别于内置的 ">>" 运算符）
stack<string, list<string> > stck;	默认构造函数。使用 list<string> 来保存 string 类型的项
stack<char, vector<char> > stck(otherStck);	复制构造函数。初始化 stck 为 otherStck 的副本,即同一类型的另一个栈（即类型 stack<char, vector<char>>）
stack<char, vector<char> > stck(charVec);	复制构造函数。将 stck 初始化为 charVec 的副本,它是底层容器类型 vector<char> 的对象
stck.empty()	如果栈不包含任何项,则返回 true。等效于 stck.size()==0,但可能更快
stck.size()	返回容器中当前项的数量
stck.push(item);	将 item 的副本弹到栈顶部
stck.pop();	必要条件：stck.size() > 0
	作用：从栈中移除并丢弃顶部的项。返回类型为 void
stck.top();	必要条件：stck.size() > 0
	作用：返回栈顶部的项而不移除它
stck1 < stck2 stck1 > stck2 stck1 <= stck2 stck1 >= stck2 stck1 == stck2 stck1 != stck2	如果两个栈具有相同的规模并且所有项对都相等,那么它们就是相等的。比较是按字典顺序进行的。第一对不相等的元素决定了哪个关系运算符返回 true

2. queue 适配器

任何具有成员 back()、front()、push_back()、pop_front()、empty() 和 size() 的序列容器都可以用来保存 queue<T> 项。特别是 list<T> 也和 deque<T> 也可以使用。默认情况下,deque<T> 是 queue<T> 适配器使用的容器。

注意,在表 E.27 中,STL 使用 push() 而不是 enqueue(),使用 pop() 而不是 dequeue()。不管称之

为什么操作，我们仍然是在处理队列（FIFO 数据结构），而 push() 和 pop() 意味着插入和移除。该结构仍然返回结构中最早（老）的项，就像队列应该做的那样。

表 E.27　queue 成员函数

queue<int> q;	默认构造函数。使用 deque<int> 来保存 int 类型的项。queue<T> 类支持表 E.26 中为 stack<T> 类显示的相同种类的构造函数（除了 vector<T> 不能作为底层容器之外）
q.empty()	如果队列为空，则返回 true
q.size()	返回队列中的项数
q.front()	必要条件：q.size() > 0
	作用：返回队列中的第一项
q.back()	必要条件：q.size() > 0
	作用：返回队列中的最后一项
q.push(item);	在队列后面插入 item
q.pop();	必要条件：q.size() > 0
	作用：从队列中移除并丢弃第一个元素。返回类型为 void
q1 < q2 q1 > q2 q1 <= q2 q1 >= q2 q1 == q2 q1 != q2	如果两个队列具有相同的规模并且所有项对都相等，那么它们就是相等的。比较是按字典顺序进行的。第一对不相等的项决定哪个关系运算符返回 true

以下程序演示了如何声明和使用 string 对象 queue，使用默认的底层容器 deque<string> 来保存字符串。

```cpp
// 使用默认（deque）底层容器的队列示例

#include <iostream>
#include <queue>                // 对于 queue<T> 类
#include <string>               // 对于 string 类
#include <deque>                // 对于 deque<T> 类

int main()
{
  using namespace std;

  deque<string> deq;
  string str;
```

```cpp
  // 建立一个单词列表
  cout << "Type some words; 'quit' quits:" << endl << endl;
  cin >> str;
  while ( string("quit") !=  str )
  {
    deq.push_back(str);
    cin >> str;
  }

  // 通过从 deque 的实例底层容器中复制来创建 que1
  queue<string> que1(deq);

  // 创建 que2 作为 que1 的副本
  queue<string> que2(que1);

  cout << "The number of strings entered is " << que1.size() << endl;
  cout << "que1.front() yields: " << que1.front() << endl;
  cout << "que2.back()  yields: " << que2.back()  << endl;

  cout << "The strings from que1 are:  ";
  while ( !que1.empty())
  {
    cout << que1.front() << " ";
    que1.pop();
  }
  cout << endl;

  cout << "The strings from que2 are:  ";
  while ( !que2.empty())
  {
    cout << que2.front() << " ";
    que2.pop();
  }
  cout << endl;
}
```

此执行程序结果如下：

```
Type some words; 'quit' quits:

now is the time quit

The number of strings entered is 4
que1.front()  yields: now
que2.back()   yields: time
```

```
The strings from que1 are:  now is the time
The strings from que2 are:  now is the time
```

3. priority_queue 适配器

priority_queue 的声明位于头文件 <queue> 中，其操作有 empty()、size()、push()、pop() 和 top()。priority_queue 某种意义上类似于 queue，即 push() 表示进入队列，pop() 表示退出队列。但是，进入队列的项由 "<" 运算符排序。每当调用 push() 将一个项放入队列时，该项被插入序列的后面，然后立即进行重新排序，以确保最大值（最高优先级）的项位于队列的前面。因此，top() 操作总是返回优先级最高的项。

priority_queue<T> 适配器可以使用 vector<T>、list<T> 或 deque<T> 中的任何一个作为底层容器。默认值为 vector<T>。

4. 关联容器

前面我们说过 STL 提供了三种容器：顺序容器、容器适配器和关联容器。我们已经介绍了前两种，现在简单介绍一下第三种。

关联容器基于关联数组或映射的概念，关联数组或映射是一种保存键、值形式的有序对的数据结构。对于每个键，映射中都有一个关联的值。键可以是一种数据类型，关联的值可以是另一种数据类型。以下是使用模板类 map<K,T> 的代码段，其中 K 表示键类型，T 表示值类型：

```
#include <map>   // 对于 map<K,T> 类
  ⋮
map<int,float> m;
m[0] = 36.43;
m[1] = −15.9;
m[2] = 0.0;
```

如上所示，键值为整数的关联数组看起来非常像普通的一维数组。但是，看看下面的代码：

```
map<string,int> age;

age["Mary"] = 18;
age["Bill"] = 22;
```

关联数组可以被认为是允许除整数以外索引的数组。默认情况下，map 的内容使用 "<" 运算符按键值排序，map 迭代器逐步遍历容器，按键的升序传递项。

map> 头文件声明了两种容器类型：map<K,T> 和 multimap<K,T>。在 map 中，键必须是唯一的；在 multimap 中，允许重复键。

STL 提供了另外两个关联容器：set 和 multiset，它们可以通过头文件 <set> 来获得。set 是数学集合的抽象。在 STL 的上下文中，它只是关联数组的一种特殊情况，其中没有值与键相关联。因此，模板类 set<K> 只需要一个模板参数——它的键的数据类型（因此，集合元素的数据类型）。set 容器和 multiset 容器的区别在于，set 容器中的所有元素都必须是唯一的（就像数学集合一样），而 multiset 容器允许元素重复。

由于本书的篇幅限制，我们无法进一步探索关联容器。有关更多信息，请参阅附录末尾的参考资料。

E.5 算法

我们已经说过，STL 提供了容器、迭代器和泛型算法。在计算机科学术语中，算法是解决问题的一系列步骤。相反，STL 上下文中的"算法"一词的含义要具体得多：具有参数类型迭代器的模板函数。

STL 提供了大量操作容器的泛型算法，无论它们是 STL 容器还是用户定义的容器。算法具有通用性，因为每个算法都是模板化的，函数调用中的参数是迭代器，而不是容器。因此，一个泛型算法可以对任何提供满足算法迭代器要求的迭代器类型的数据结构进行操作。

STL 提供了具有下列签名的 sort 算法（所需的头文件和函数原型）：

```
#include <algorithm>
template <class RandomAccessIterator>
void sort( RandomAccessIterator first, RandomAccessIterator pastLast );
```

给定任何支持随机访问迭代器的容器，sort 算法使用 "<" 运算符将容器元素按升序排序。我们知道 STL vector 容器支持随机访问迭代器，因此我们可以使用 sort，如下所示：

```
#include <vector>                    // 对于 vector<T> 类
#include <algorithm>                 // 对于 sort() function 类
    ⋮
vector<int> v;
    ⋮
sort(v.begin(), v.end());           // 对整个向量进行排序
```

因为 sort 适用于迭代器满足要求的任何容器，所以可以按如下方式对内置数组进行排序。（回想一下，指向内置数组的指针满足随机访问迭代器的要求。）

```
int arr[100];
    ⋮
sort(&arr[0], &arr[100]);           // 或 sort(arr, arr+100);
```

在此代码中，对 sort 的调用将第一个数组元素的位置和虚构的逾尾元素的位置作为参数传递（因为 arr[99] 是最后一个有效的数组元素）。

1. 函数对象

考虑到 STL sort 算法，如果我们想按降序而不是升序对容器进行排序，该怎么办？ STL 提供了 sort 的第二个版本，其签名如下：

```
#include <algorithm>
template <class RandomAccessIterator, class Compare>
void sort( RandomAccessIterator first, RandomAccessIterator pastLast, Compare cmp );
```

这里，sort 调用中的第三个参数是用户提供的比较操作，排序基于该操作。该参数可以是函数名或 function object。为了演示第一种情况，我们可以编写一个 greater_than 函数，如下所示：

```
bool greater_than( int m, int n )
{
    return m > n;
}
```

然后将其名用作 sort 函数的参数，以便我们可以将 vector<int> 容器按降序排序：

```
sort(v.begin(), v.end(), greater_than);
```

为了处理第二种情况，我们引入了函数对象的一般概念。简单地说，函数对象是一个类似于函数的类对象。更准确地说，函数对象是重载函数调用运算符"()"的类的对象。下面给出一个例子：

```
class Double
{
public:
  int operator() ( int i )
  {
    return 2 * i;
  }
};
```

给定类 Double，可以按如下方式创建和使用函数对象 f：

```
Double f;
int n;

n = f(65);
```

函数调用 f(65) 等价于 f.operator()(65) 并返回结果 130。因此，虽然 f 被用作函数名，但实际上它是类对象的名称。

现在回到我们的排序问题。要将 vector<int> 按降序排序，可以先编写以下类：

```
class Greater
{
public:
    bool operator()(int m, int n)
  {
    return m > n;
  }
};
```

然后进行如下操作：

```
Greater greater_than;             // 创建一个函数对象, 并命名为 greater_than
sort(v.begin(), v.end(), greater_than);
```

当然，如果我们想要一个比较 float 值的类 Greater 和另一个比较 char 值的类等，我们必须将所有这些写成具有不同名称的不同类。幸运的是，STL 提供了一个模板类 greater<T>，它允许我们提供基类型作为模板参数，并让我们不必编写自己的比较类：

```
#include <functional>              // 对于 greater<T>
    ⋮
greater<int> greater_than;        // 创建一个函数对象, 并命名为 greater_than
sort(v.begin(), v.end(), greater_than);
```

请注意，greater<T> 中的模板参数必须是定义了 ">" 运算符的类型 T。

除 了 greater<T> 之 外，头 文 件 <functional> 还 定 义 了 以 下 模 板 类：less<T>、less_equal<T>、greater_equal<T>、equal_to<T> 和 not_equal_to<T>。 在所有情况下，类型 T 都必须是定义了相应运算符（如 <、<= 等）的类型。

2. 算法分类

一些 STL 算法是只读的（它们检查但不修改容器中的项），其他算法更改项的值，还有其他算法更改项的顺序。C++ 标准根据泛型算法的使用情况将其分类。

- 非可变序列算法。
- 可变序列算法。
- 排序及相关操作。
- 归并。
- 集合操作。
- 堆操作。
- 数值操作。
- 复数和数字数组。

接下来，我们将重点介绍前三个类别，并仅给出可用算法的一小部分示例。在这些算法的描述中，形参列表包含了具有以下含义的类型名称（T 是迭代器所指向的元素的类型）：

- **Predicate（谓词）**：接收一个 T 类型形参并返回一个 bool 值的函数或函数对象。
- **比较**：接收两个 T 类型形参（以便比较它们）并返回一个 bool 值的函数或函数对象。
- **一元运算**：接收一个 T 类型形参并返回一个 T 类型值的函数或函数对象。
- **二元运算**：接收两个 T 类型形参并返回一个 T 类型值的函数或函数对象。
- **一元函数**：接收一个 T 类型形参且不返回值的函数或函数对象。

注意：在以下描述中，使用迭代器算法来描述位置和范围仅出于描述性目的。我们并不想暗示迭代器类型支持指针运算。

3. 非可变序列算法

这类算法称为非修改算法，因为它们不修改迭代器所指向的容器元素。

算法：count、count_if。

概要：计算容器中匹配某个值或满足谓词的项的数量。

签名：

```
#include <algorithm>
template<class InputIterator, class T>
typename iterator_traits<InputIterator>::difference_type
count( InputIterator first, InputIterator pastLast, const T& value);

#include <algorithm>
template <class InputIterator, class Predicate>
typename iterator_traits<InputIterator>::difference_type
count_if( InputIterator first, InputIterator pastLast, Predicate pred);
```

语法说明： 从概念上讲，这两个函数返回整数值，但 int 类型可能不足以容纳结果。所以返回类型是根据两个迭代器值之间的差值来定义的。关键字 typename 告诉编译器接下来是类型的名称。iterator_traits 是一个结构体，它包含用于 difference_type 和其他标识符的 typedef 语句。类型 difference_type 最终被定义为 ptrdiff_t，它是两个指针值之间差值的整数类型。

必要条件： 对于 count 算法，T 必须是定义了 "==" 运算符的类型。

描述： 每个算法遍历迭代器的范围为 [first, pastLast)。count 算法返回与参数 value 匹配的范围内的项数。count_if 算法返回满足谓词 pred 的范围内的项数。

复杂度： 每个算法的运行时间在范围长度上是线性的，并且具有恒定的空间复杂度。

算法： find、find_if。

概要： 定位与特定值匹配的容器子范围中的第一项。谓词版本 find_if 定位满足传递给算法的谓词的第一项。

签名：

```
#include <algorithm>
template <class InputIterator, class T>
InputIterator find( InputIterator first, InputIterator pastLast, const T& value);

#include <algorithm>
template <class InputIterator, class Predicate>
InputIterator find_if( InputIterator first, InputIterator pastLast, Predicate pred);
```

必要条件： 对于 find 算法，T 必须是定义了 "==" 运算符的类型。

描述： find 在范围 [first, pastLast) 中搜索与 value 匹配的第一个项。find_if 在此范围内搜索满足谓词 pred 的第一项。如果找到，这两种算法都会返回一个指向该项的迭代器值。如果未找到该项，则返回值 pastLast。

复杂度： 每个算法都有一个与范围长度成线性关系的运行时间，并且需要恒定的空间复杂度。

算法： for_each。

概要： 将函数应用于范围内的每一项。

签名：

```
#include <algorithm>
template <class InputIterator, class UnaryFunction>
UnaryFunction for_each( InputIterator first, InputIterator pastLast, UnaryFunction f);
```

描述： 该算法将函数 f 应用于范围 [first, pastLast) 内的每一项。f 的返回值（如果有）将被忽略。算法的返回值是 f 被应用到每个容器项之后的值。如果 f 是一个具有跟踪的成员数据的函数对象，例如，f 被调用了多少次，这个返回值是有用的。如果 f 没有这样的成员数据，或者引用的是函数而不是函数对象，则调用者通常会忽略返回值。

复杂度： 算法运行时间与迭代器范围的长度成线性关系。它具有恒定的空间复杂度。

4. 可变序列算法

此类别中的算法被描述为可变的，因为它们可以更改迭代器在其形参列表中指向的对象。

算法：copy。

概要：将项从一个范围复制到另一个范围。

签名：

```
#include <algorithm>
template <class InputIterator, class OutputIterator>
OutputIterator copy( InputIterator first, InputIterator pastLast, OutputIterator result);
```

必要条件：目标范围的起始点 result 不能在 [first, pastLast) 范围内。另外，目标处必须有足够的空间来保存复制的项。

描述：该算法将范围 [first, pastLast) 中的项复制到范围 [result, result + (pastLast − first)) 中，从 first 开始并持续到 pastLast。函数返回一个迭代器值，该值指示目标范围的逾尾的位置，即由 (result + (pastLast − first)) 表示的位置。

复杂度：算法在长度范围内是线性的，执行 pastLast − first 进行赋值。

算法：fill。

概要：将范围内的每个项设置为指定的值。

签名：

```
#include <algorithm>
template <class ForwardIterator, class T>
void fill ( ForwardIterator first, ForwardIterator pastLast, const T& value );
```

描述：fill 遍历范围 [first, pastLast)，将每一项赋值为 value。

复杂度：算法在长度范围内是线性的。

算法：replace、replace_if。

概要：replace 遍历序列，用另一个值替换每个指定的值。replace_if 替换满足谓词的值。

签名：

```
#include <algorithm>
template <class ForwardIterator, class T>
void replace( ForwardIterator first, ForwardIterator pastLast, const T& old_value, const
T& new_value );

#include <algorithm>
template <class ForwardIterator, class Predicate, class T>
void replace_if( ForwardIterator first, ForwardIterator pastLast, Predicate pred, const
T& new_value );
```

必要条件：对于 replace 算法，T 必须是定义了 "==" 运算符的类型。

描述：replace 在 [first, pastLast) 范围内用 new_value 替换 old_value 的每一次出现。算法 replace_if

在 [first, pastLast) 范围内用 new_value 替换每个满足 pred 的项。

复杂度：算法在长度范围内是线性的。

算法：reverse。

概要：将一个范围内项的相对顺序颠倒过来。

签名：

```
#include <algorithm>
template <class BidirectionalIterator>
void reverse( BidirectionalIterator first, BidirectionalIterator pastLast );
```

描述：reverse 的作用是交换范围 [first, pastLast) 中的第一项和最后一项，然后交换第二项和倒数第二项，以此类推，直到检测到中间的项，进程停止。

复杂度：reverse 处理所有项一次，因此时间复杂度与范围长度成线性关系。

算法：transform。

概要：对一个或两个范围内的项应用操作，将结果放在另一个范围内。

签名：

```
#include <algorithm>
template <class InputIterator, class OutputIterator, class UnaryOperation>
OutputIterator transform( InputIterator first, InputIterator pastLast, OutputIterator
result, UnaryOperation op );

#include <algorithm>
template <class InputIterator1, class InputIterator2, class OutputIterator, class
BinaryOperation>
OutputIterator transform ( InputIterator1 first1, InputIterator1 pastLast1,
InputIterator2 first2, OutputIterator result, BinaryOperation binary_op );
```

必要条件：一元运算 op 和二元运算 binary_op 不能有副作用。

描述：将一元运算 op 应用于 [first, pastLast) 范围内的每个项，或将二元运算 binary_op 应用于两个范围 [first1, pastLast1) 和 [first2, pastLast2) 中的对应项对，每个都将结果存储在 从 result 表示的位置开始的另一个序列。对于每个版本，返回值是一个迭代器值，表示目标范围中最后一个位置。

复杂度：每个算法都是线性的。确切来说，将生成 op 或 binary_op 的 pastLast – first（或者，对于第二个版本，pastLast1 – first1）应用程序。

5. 排序及相关操作

算法：max_element。

概要：查找范围中最大的项。

签名：

```
#include <algorithm>
```

```
template <class ForwardIterator>
ForwardIterator max_element(ForwardIterator first, ForwardIterator pastLast);


#include <algorithm>
template <class ForwardIterator, class Compare>
ForwardIterator max_element(ForwardIterator first, ForwardIterator pastLast, Compare cmp);
```

必要条件： 对于第一个版本，容器中的项必须是定义了 "<" 运算符的类型。对于第二个版本，cmp 必须是一个语义为 "小于" 的布尔函数或函数对象。

描述： max_element 返回一个迭代器值，表示范围 [first, pastLast) 中最大项的位置。如果最大项出现多次，则返回第一个项的位置。如果 (first, pastLast) 是一个空范围，则返回 pastLast。max_element 的第一个版本使用 "<" 运算符比较项，第二个版本使用函数或函数对象 cmp 比较项。

复杂度： 算法在长度范围内是线性的。

算法： min_element。
概要： 查找范围中最小的项。
签名：

```
#include <algorithm>
template <class ForwardIterator>
ForwardIterator min_element(ForwardIterator first, ForwardIterator pastLast);


#include <algorithm>
template <class ForwardIterator, class Compare>
ForwardIterator min_element(ForwardIterator first, ForwardIterator pastLast, Compare cmp);
```

必要条件： 对于第一个版本，容器中的项必须是定义了 "<" 运算符的类型。对于第二个版本，cmp 必须是一个语义为 "小于" 的布尔函数或函数对象。

描述： min_element 返回一个迭代器值，表示范围 [first, pastLast) 中最小项的位置。如果最小项出现多次，则返回第一个的位置。如果 [first, pastLast) 是一个空范围，则函数返回 pastLast。min_element 的第一个版本使用 "<" 运算符比较项，第二个版本使用函数或函数对象 cmp 比较项。

复杂度： 算法在长度范围内是线性的。

算法： sort。
概要： 使用快速排序对范围内的项进行排序。一个版本使用 "<" 运算符进行排序，另一个版本使用用户提供的比较函数进行排序。
签名：

```
#include <algorithm>
template <class RandomAccessIterator>
```

```
void sort( RandomAccessIterator first, RandomAccessIterator pastLast );

#include <algorithm>
template <class RandomAccessIterator, class Compare>
void sort( RandomAccessIterator first, RandomAccessIterator pastLast, Compare cmp );
```

要求：对于第一个版本，容器中的项必须是定义了"<"运算符的类型。对于第二个版本，cmp 必须是一个语义为"严格小于"或"严格大于"的布尔函数或函数对象。

描述：两个版本都使用递归快速排序对 [first, pastLast) 范围内的项进行排序。第一个版本按升序对项进行排序。第二个版本根据比较函数 cmp 将项按升序或降序进行排序。

复杂度：由于例程是递归的，平均时间复杂度为 $O(N\log_2(N))$，空间复杂度为 $O(\log_2(N))$。最坏情况下的时间复杂度为 $O(N^2)$。如果最坏情况行为很重要，那么另外两个 STL 算法（stable_sort 和 partial_sort）提供了更好的最坏情况保证，但平均行为较差。

我们希望本附录能够激发你对 STL 中所有可用特征的兴趣。我们鼓励你查阅以下参考资料以获取更多信息。

参考材料

1. ISO/ANSI 标准 14882: *Programming Languages*—*C++*，美国国家标准协会，1998。

2. Niccolai Josuttis，*The C++ Standard Library*，Addison Wesley Longman，1999。

3. P. J. Plauger 是标准委员会的主要成员。其公司官网上有大量介绍 C++ 标准库的资源。

术语表

软件工程　软件工程是一门专门研究软件的开发、运行、维护等方面的工程学科，这些软件的开发要按时且要在预算范围内，并使用工具来帮助管理软件产品的规模和复杂性。

软件过程　软件过程是项目或组织使用的一套标准的、集成的软件工程工具和技术。

算法　在有限的时间内描述一个给定问题的解决方案的离散的逻辑序列。

需求　关于计算机系统或软件产品提供的内容的说明。

软件规格说明书　包含了软件产品的功能、输入、处理、输出和特殊要求的详细描述，提供了设计和实现程序所需的信息。

抽象　一个复杂系统的模型仅包含观察者角度必不可少的细节。

模块　一个有内聚性的系统子单元，可以完成部分工作。

信息隐藏　隐藏函数实现或数据结构细节的做法，目的是控制对模块细节的访问。

对象类（class）　具有相似属性和行为的一组对象的描述，用于创建单个对象的模式。

测试　旨在用设定的数据集执行程序以发现错误（bug）的过程。

调试　消除已知 bug 的过程。

验收测试　使用真实数据在真实环境中测试系统的过程。

回归测试　进行修改以确保程序仍然正常运行后，重新执行程序测试。

程序验证　确定软件产品满足其规格说明的程度的过程。

程序确认　确定软件产品达到其预期目的的程度的过程。

鲁棒性　程序在出现错误后进行自我恢复的能力和程序在不同环境中继续运行的能力。

断言　可以是真或假的逻辑命题。

前置条件　断言在进入操作或函数时必须为真，以保证后置条件。

后置条件　在前提条件为真的情况下，断言声明在操作或函数退出时预期得到的结果。

桌面检查　在纸上跟踪设计或程序的执行情况。

代码走查　团队对程序或设计进行人工检查的一种验证方法。

代码检查　团队的一个成员逐条语句讲述程序的逻辑结构，而其他成员指出错误的一种验证方法。

异常　一种通常不可预测的异常事件，可由软件或硬件检测到，并需要特殊处理。该事件可能是错误的，也可能不是错误的。

单元测试　单独对模块或函数进行测试。

函数定义域　一个程序或函数的有效输入数据集。

黑盒测试　根据所有可能的输入值测试程序或函数，将程序视为"黑盒子"。

白盒测试　基于代码覆盖率的所有语句、分支或路径来测试程序或函数。

语句覆盖率　程序中的每个语句至少执行一次。

分支覆盖率　并非总是执行的代码段。例如，switch 语句的分支数与用例标签数一样多。

路径　执行程序或函数时可能会遍历的分支的组合。

基于指标的测试　基于可测量因素的测试。

测试计划　描述了用于程序和模块测试用例活动的目的、输入、期望输出和进度的文档。

执行测试计划　使用测试计划中列出的测试用例运行程序。

测试驱动程序　通过对变量声明和初始值赋值来设置测试环境的程序，然后调用要测试的子程序。

集成测试　对已经进行过独立单元测试的程序模块进行集成测试。

存根　一个特殊的函数，可以在自上向下的测试中用来代替低级函数。

数据抽象　将数据类型的逻辑属性与其实现进行分离。

数据封装　将数据的表示形式与在逻辑层上使用数据的应用程序分离，是一种强制隐藏信息的编程语言特性。

抽象数据类型（ADT）　一种数据类型，其属性（域和操作）的定义独立于任何特定的实现。

数据结构　数据元素的集合，其组织的特征是访问用于存储和检索单个数据元素的操作，以及复合数据成员在 ADT 中的实现。

构造函数　创建类的新实例的操作。

转换函数　更改对象内部状态的操作。

观察者函数　一种操作，允许观察一个对象的状态而不改变其状态。

迭代器　一种操作，允许按顺序处理数据结构中的所有组件。

复合数据类型　一种数据类型，允许一组值与该类型的对象相关联。

类　一种非结构化类型，用操作函数封装固定数量的数据组件，其对类实例的预定义操作是整体赋值和组件访问。

客户端　声明和操作特定类的对象（实例）的软件。

self　访问成员函数的对象。

继承　一种与类层次结构一起使用的机制，其中每个子类都继承其祖先类的属性（数据和操作等）。

基类　被继承的类。

派生类　继承的类。

多态性　通过静态绑定和动态绑定确定具有相同名称的几个操作（方法）中的哪一个是最合适的。

重载　赋予多个函数相同的名称，或对多个操作使用相同的运算符，通常与静态绑定相关联。

绑定时间　名称或符号绑定到适当代码的时间。

静态绑定　在编译时确定哪种操作最合适。

动态绑定　在运行时确定哪种操作最合适。

组合（包含）　一种机制，将一个类的内部数据成员定义为另一个类的对象。

客户　软件用户。

Big-O 表示法（数量级）　将计算时间（复杂度）表示为函数中相对于问题的大小增长最快的项的一种符号。

最好情况复杂度　与算法所需的最少步骤数有关，在效率方面给出一组理想输入值。

最坏情况复杂度　与算法所需的最多步骤数有关，在效率方面给出可能的最差输入值。

平均情况复杂度　与算法所需的平均步骤数有关，该算法是在所有可能的输入值上计算的。

线性关系　除第一个元素外，每个元素都有一个唯一的前驱元素；除最后一个元素外，每个元素都有一个唯一的后继元素。

长度　列表中的元素个数，可以随着时间的推移而变化。

无序列表　数据项未按特定顺序放置的列表，数据元素之间的唯一关系是前驱和后继关系。

有序列表　按键值排序的列表，列表中元素的键之间存在语义关系。

键　记录（结构或类）的成员，其取值用于确定列表元素中的逻辑及（或）物理顺序。

泛型数据类型　定义了操作的类型，但没有定义要操作元素的数据类型。

类构造函数　类的特殊成员函数，在定义类对象时隐式调用。

解引用运算符　一种运算符，应用于指针变量时，指示指针所指向的变量。

动态分配　在运行时为变量分配内存空间（相对于编译时的静态分配）。

自由存储区（堆）　为动态分配数据保留的内存空间。

内存泄漏　只动态分配内存但从不释放内存时，导致可用内存空间丢失。

垃圾　无法再访问的内存空间。

有界 ADT　一种对结构中存储项的数量有逻辑限制的 ADT。

无界 ADT　一种对结构中存储项的数量没有逻辑限制的 ADT。

情景分析　描述客户端与应用程序或程序之间交互的一系列步骤。

用例　一组与公共目标相关的情景集合。

栈　一种只从一端添加或删除元素的 ADT，"后进先出"（LIFO）结构。

栈溢出　试图将一个元素压入已满的栈中所产生的状况。

栈下溢　试图弹出空栈所导致的情况。

队列　一种 ADT，其中元素添加到后端，并从前端删除，"先进先出"结构。

模板　一种 C++ 语言结构，它允许编译器利用参数化类型来生成类或函数的多个版本。

循环链表　每个结点都有一个后继结点的链表，last 元素后面是 first 元素。

双向链表　一个链表，其中每个结点都链接到其后继结点和其前驱结点。

头结点　链表开头的占位符结点，用于简化链表处理。

尾结点　链表末尾的占位符结点，用于简化链表处理。

浅拷贝　一种操作，将一个类对象复制到另一个类对象，而不复制任何指向的数据。

深拷贝　一种操作，不仅将一个类对象复制到另一个类对象，而且还复制任何指向的数据。

复制构造函数　类的特殊成员函数，当通过值传递参数、在声明中初始化变量并将对象作为函数值返回时隐式调用该函数。

语法糖　使程序更易于表达和阅读的另一种形式或语法，通常转换为基本语言支持的编程结构。

重构　重写现有代码以反映需求或设计决策的变化。

递归调用　一种函数调用，被调用的函数与进行调用的函数是同一个函数。

直接递归　当函数直接调用自身时。

间接递归　当由两个或两个以上的函数调用组成的函数链返回到发起该函数链的函数时。

递归定义　用某事物自身的较小版本来定义该事物的方式。

基础条件　可以非递归地表示解决方案的条件。

递归条件或一般条件　以其自身的较小版本表示解决方案的条件。

递归算法　用自身的较小实例和基础条件来表示的解决方案。

活动记录（栈帧）　在运行时用于存储有关函数调用的信息的记录，包括参数、局部变量、寄存器值和返回地址。

运行时栈　在程序执行期间跟踪活动记录的数据结构。

尾递归　一个函数只包含一个递归调用并且它是函数中要执行的最后一条语句。

二叉树　具有唯一起始结点（根）的结构，其中每个结点都可以具有两个子结点，并且其中存在从根结点到其他每个结点的唯一路径。

根结点　树结构的顶部结点，没有双亲结点（父结点）的结点。

叶结点　没有子结点的树结点。

层次　结点到根的距离，根的层次是 0。

高度　一棵树的最大层次。

二叉查找树　一种二叉树，其中任何结点的值都大于其左子结点及其任何孩子的值（左子树中的结点），并且小于其右子结点及其任何孩子的值（右子树中的结点）。

中序遍历（inorder traversal）　一种访问二叉树中所有结点的系统方法，先访问该结点左子树中的结点，再访问该结点，然后访问该结点右子树中的结点。

后序遍历（postorder traversal）　一种访问二叉树中所有结点的系统方法，先访问该结点左子树中的结点，再访问该结点右子树中的结点，然后访问该结点。

前序遍历（preorder traversal）　一种访问二叉树中所有结点的系统方法，先访问该结点，再访问该结点左子树中的结点，然后访问该结点右子树中的结点。

满二叉树　一种二叉树，其中所有叶结点位于同一级别，并且每个非叶子结点都有两个子结点。

完全二叉树　要么是一个满二叉树，要么一直到倒数第二级都是满二叉树，最后一层的叶结点尽可能位于左边。

堆　一种完全二叉树，其每个元素都包含一个大于或等于其每个子结点的值。

平衡因子　与树结点相关联的一个值，该值是其两个子树之间的高度差。

AVL 树　一种高度平衡的二叉查找树，它的任意两个子树的高度之差不超过 1。

平衡结点　平衡因子小于等于 1 的结点。

不平衡结点　平衡因子大于 1 的结点。

右旋转　一种旋转的形式，就像是在围绕着左子树的根旋转结点。

左旋转　一种旋转的形式，就像是在围绕着右子树的根旋转结点。

右左旋转　双旋转的一种，先向右旋转再向左旋转。

左右旋转　双旋转的一种，先向左旋转再向右旋转。

黑高度　红黑树的一种属性，指示从给定结点到 NULL 结点的每条路径具有相同数量的黑色结点。

组件（基）类型　集合中组件或项的数据类型。

子集　如果 X 的每一项都是 Y 的元素，则集合 X 是集合 Y 的子集；如果 Y 的至少一个元素不在 X 中，则 X 是 Y 的真子集。

全集　包含基类型所有值的集合。

空集　不含任何元素的集合。

并集　二进制集合操作，返回由两个输入集合中的所有项组成的集合。

交集　二进制集合操作，返回由两个输入集合中的所有相同的项组成的集合。

差集　二进制集合操作，返回第一个集合中含有但第二个集合没有的所有项的集合。

基数　集合中的项数。

位向量　将组件类型中的每个项映射为布尔标志的表示方法。

键　映射基类型中的值，用于查找其关联值。

键值对　映射中的一项，由两个值组成：键（从基类型中获取）和关联的值（可通过查找键来检索）。

散列函数　用于操作列表中元素的键以标识其在列表中的位置的函数。

散列　用于在相对恒定的时间内对列表中的元素进行排序和访问的技术，通过操作键来确定其在列表中的位置。

冲突（碰撞）　当两个或多个键产生相同的散列位置时产生的状况。

线性探测　通过从散列函数返回的位置开始按顺序查找散列表来解决散列冲突。

聚类　许多元素围绕一个散列位置进行分组造成元素在散列表中不均匀分布的趋势。

重散列　通过操作原始位置而非元素键的散列函数计算新的散列位置来解决冲突。

二次探测　通过使用重散列公式 $(HashValue \pm I^2) \%\ array\text{-}size$ 解决散列冲突，其中 I 是已应用重散列函数的次数。

随机探测　通过在 rehash 函数的连续应用程序中生成伪随机散列值来解决散列冲突。

桶　容纳与特定散列位置关联的元素的位置。

链　共享相同散列位置的元素的链表。

折叠法　一种折叠方法，可将键分为几部分，然后对某些部分进行连接或异或运算以形成散列值。

稳定排序　一种保留重复值的原始顺序的排序算法。

基数　每个位置的可能性数量，数字系统中的数字。

串行（顺序）处理　一次只进行一个操作的计算。

并行处理　同时执行多个操作的计算。

图　一种数据结构，由一组结点和一组将结点彼此关联的边组成。

顶点　图中的点。

边（弧）　表示图中两个结点之间的连接顶点的线。

无向图　边没有方向的图。

有向图　每个边都从一个顶点指向另一个（或同一个）顶点的图。

相邻顶点　图中由边连接的两个顶点。

路径　连接图中两个结点的顶点序列。

完全图　每个顶点直接与其他每个顶点相连的图。

加权图　每个边都包含一个值的图。

邻接矩阵　对于具有 N 个结点的图，一个 $N \times N$ 表，显示了图中所有边的存在和权值。

邻接表　一个链表，用于标识特定顶点与之相连的所有顶点，并且每个顶点都有自己的邻接表。